강구조 공학

김생빈 유우수 김기대 공저

기문당

머 리 말

과학기술의 발달로 강구조물의 설계나 시공기술 또한 일변하고 있습니다. 이제는 건설시장도 개방되어 세계 속의 우리 기술도 질적인 면에서 재검토를 해야 할 시기라고 봅니다. 다행히 지난 2000년에는 토목, 건축 분야에서 사용하고 있던 상충되는 용어나 기호 등이 일부나마 통일되었고, 2004년에 와서는 그 동안 수십 년간 사용해 오던 C. G. S. 단위를 국제단위인 SI단위로 전환함에 따라 콘크리트 표준시방서를 비롯하여 도로교 및 철도교에 관한 시방서가 모두 개정되었습니다.

즉 도로교 표준시방서의 설계편과 시공편이 각각 도로교설계기준(건설교통부제정, 2008년 1월 발행) 및 도로교 표준시방서(2005년 발행)로, 또 철도교에 관련된 시방서는 철도설계기준(철도교편, 철도청 제정, 2004년 12월 발행) 및 철도공사전문시방서(2004년 발행)로 개편되었습니다. 따라서 본 서도 개편된 이들 설계기준에 의해 내용을 전면 수정・보완하였고, 또한 부록에는 독자의 편의를 위해 도로교설계기준의 제3장 “강교” 편의 내용도 그대로 실었으며, 제1장 “총칙”과 제2장 “설계일반사항”에 대해서는 본문에서 상세히 설명하였습니다. 아울러 새로운 SI 단위체계와 C. G. S. 단위체계와의 상관관계를 독자가 알아보기 쉽도록 부록으로 실었으므로 참고하시기 바랍니다.

내용에 있어서도 미진한 부분이 있으면 다음 기회에 보완할 것을 약속드리며, 아울러 독자 제현의 충고가 있으시기 바랍니다.

본문에서 설계기준의 각 장과 각 절 등 항목을 인용할 때 다음과 같이 약자로 표기하였음을 알려 드립니다. 예로서,

도설, 제3장 3.3.2.1 ; 도로교설계기준, 제3장 강교의 3.3.2.1 구조용 강재의 허용응력,

철설, 제2편 2.2 ; 철도설계기준(철도교편), 제2편 강교의 제2장 2.2 구조용 강재 및 허용응력

끝으로, 개정작업에 도움을 주신 분과 어려움에도 불구하고 출판에 협조해주신 기문당 여러분의 노고에 대해 감사드립니다.

2012. 8

저 자

차 례

제1장 총 론

1-1 교량의 개요

교량이란 도로, 철도, 수로 등이 하천, 계곡, 해협 등 자연의 장해 또는 다른 통로를 건너가기 위하여 가설된 구조물을 말하며, 교량은 그 위를 지나는 사람이나 차량들을 안전하고 원활하게 통행시킬 수 있어야 한다.

다리 위의 노면은 통하는 것이 도로냐, 철도냐에 따라 교통물이 안전하게 지나갈 수 있도록 적당한 공간을 두어야 하는 데 이것을 시설한계(철도설계기준에서는 건축한계라 칭한다, construction gauge)라고 한다.

이러한 시설한계에 대하여 도로교 설계시에는 도로의 구조·시설기준에 관한 규칙(1999년 8월 개정)(그림 1-1), 철도교 설계시의 건축한계는 국유철도 건설규칙(2003년 12월 개정) (그림 1-2)의 규정에 따라야 한다.

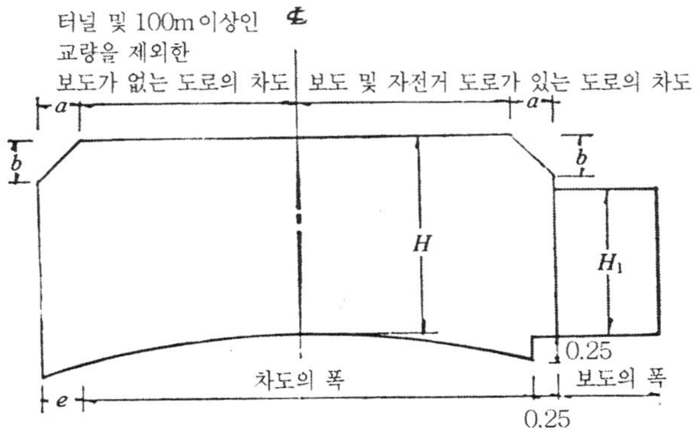

그림 1-1 도로의 시설한계

이 그림에서 H(통과 높이)는 4.5m이나 부득이한 경우에는 4.2m, a 및 e는 차도에 접속하는 길 어깨의 폭, 다만 a가 1m를 초과하는 경우에는 1m로 한다. b는 H에서 4.0m를 뺀 값으로 한다. H_1은 보도 또는 자전거도의 높이로서 2.5m로 한다.

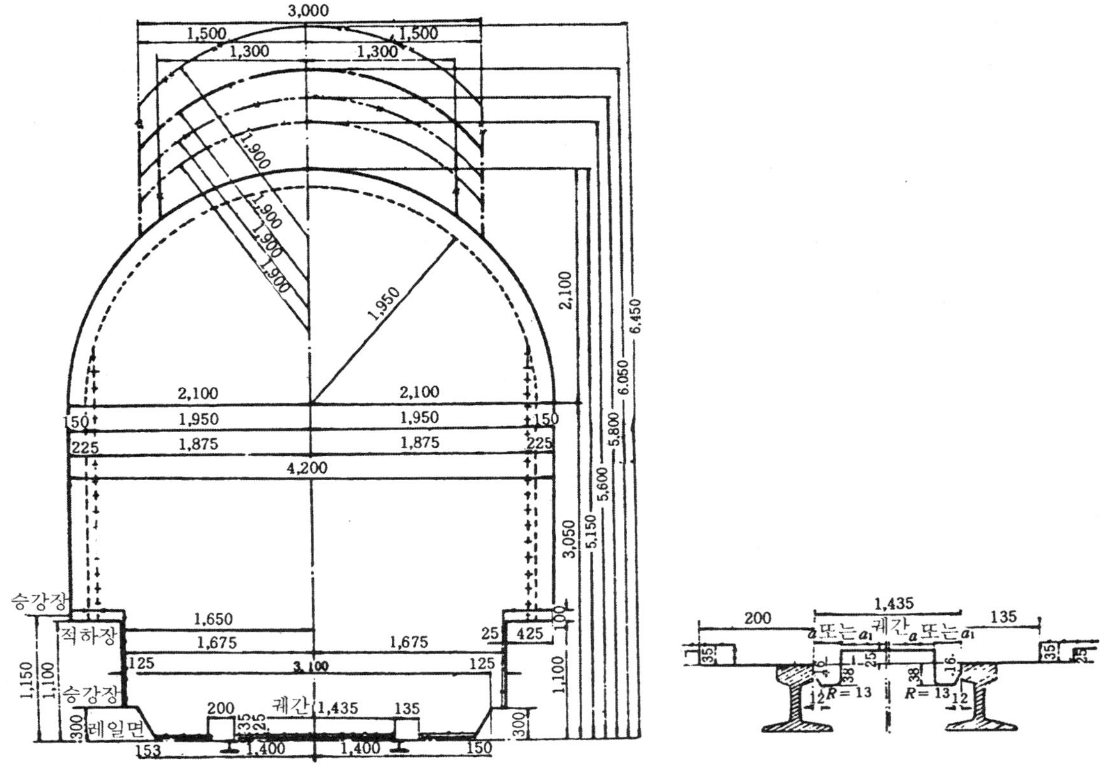

그림 1-2 철도의 건축한계

여기서, a_1 또는 a_2 …… 플랜지웨어, s …… 슬랙

① 일반의 경우 $a=75+s$

② 가드레일이 있는 쪽 … $a=40+s$

가드레일이 없는 쪽 … $a=75+s$

③ 텅레일의 경우 …… $a=70+s$

④ 크로싱부의 경우

a_1 … 크로싱 가드레일이 있는 쪽

a_2 … 크로싱 휠레일이 있는 쪽

a_1+a_2 … $90+28$ 로서 $a_1=40+s$

⑤ 가드레일이 있는 건널목의 경우 $a=65+s$

보기 (단위 : cm)

———————— 일반의 경우에 대한 한계

–·–·–·–·–·– 전기운전을 하는 구간에 있어서 가공전차선 및 그 연속장치를 제외한 상부에 대한 건축한계

- - - - - - - 측선에 있어서 급수, 급탄, 전차계중, 세차 등의 모든 설비신호주, 가공전차선, 지지주, 차고의 문 및 내부장치 등등에 대하여 건축한계를 축소할 수 있는 한계

+ + + + + + + 전철기 표시 등에 대하여 건축한계를 축소할 수 있는 한계

—•—•—•— 승강장 및 적하장에 대하여 건축한계를 축소할 수 있는 한계

→→→→→ 타넘기 부분에 대하여 건축한계를 줄일 수 있는 한계(다만, $a_1 = a_2 = 70$)

한편, 다리 밑 공간(chearance)은 다리 밑의 교차조건에 필요한 공간 및 유지관리에 필요한 공간을 관련시설 및 설계기준에 따라 합리적으로 정해야 하는 데 고속도로 건설공사 설계기준 및 하천 시설기준 등에 의하면 교차조건이 도로인 경우에는 4.5m 이상, 동계적설에 의한 한계높이의 감소나 포장 덧씌우기 등이 예상되는 경우에는 4.7m 이상으로 하고, 하천인 경우에는 계획홍수량에 따라 다음 값을 표준으로 하고 있다.

표 1-1 하천에서의 다리 밑 공간(교각의 받침장치 하단에서 홍수면까지)(하천설계기준 2002년)

계획홍수량 (m^3/sec)	다리 밑 공간 (m)
200 이하	0.6 이상
200～500	0.8～1.0
500～2,000	1.0～1.2
2,000～5,000	1.2～1.5
5,000～10,000	1.5～2.0
10,000 이상	2.0 이상

그러나 배가 다니는 하천에서는 보통 3～4.5m, 외양 기선이 다니는 대하천 또는 해협에서는 30～60m로 한다. 또한 도로교에서는 노면의 배수와 외관을 위하여 종단구배와 횡단구배를 두는 데 종단구배는 양 교대의 높이가 같으면 중앙에 정점을 갖는 포물선으로 하고 완만하면 0.5～1%, 보통 1.5～2%, 급한 경우는 3～4%로 한다. 철도교의 플레이트거더교에서는 보통 바닥이 열려 있으므로 이 경우 종단구배는 붙이지 아니한다.

횡단구배는 보도부에서 보통 1%의 직선구배, 차도부에서 포장의 종류에 따라 다르지만 1.5～2%의 포물선 구배로 한다.

1-2 교량의 구성

교량은 상부구조와 하부구조로 나누어지는데, 통과하중을 지지하는 바닥과 바닥틀, 주거더 (또는 트러스) 등을 상부구조(super structure)라 하고 상부구조를 받치는 교각이나 교대 및 그들의 기초를 하부구조(sub structure)라 한다.

1. 상부구조

상부구조는 구조상으로 교량의 주체가 되는 거더(girder), 트러스, 아치, 라멘 등으로 나눌 수 있고, 또 바닥, 바닥틀, 브레이싱 등으로 구성되며 받침도 포함된다.

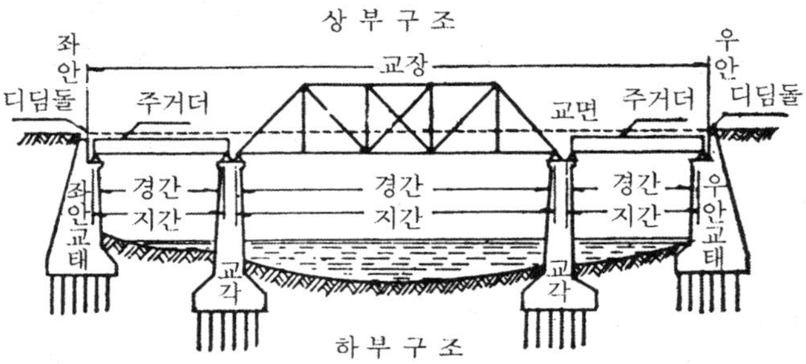

그림 1-3 교량의 구성

(1) 바닥과 바닥틀

바닥은 교통하중을 직접 지지하는 부분으로서 도로교에서는 교면과 그 밑에 있는 바닥판을 말하며 철도교에서는 궤도가 교면에 해당하고, 보통 바닥판은 없으나 도상식(ballast floor)의 경우에는 바닥판이 있다.

바닥틀(floor system)은 바닥을 지지하며 바닥에 작용하는 하중을 주거더 또는 트러스에 전달하는 역할을 한다. 일반적으로 가로보(cross beam)와 세로보(stringer)로 구성되며, 가로보는 주거더 또는 트러스에 직각으로 지지되는 횡방향의 거더이며 가로보 사이에 연결되어 있는 종방향의 거더가 세로보이다.

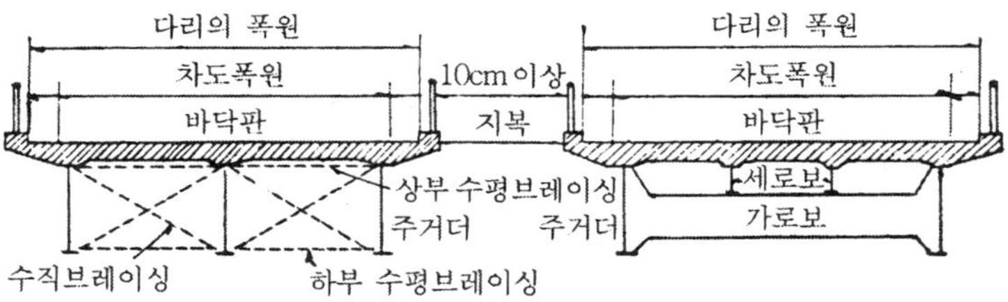

그림 1-4 바닥과 바닥틀

(2) 주거더와 트러스(main girder, truss)

거더교에서는 두 개 또는 그 이상의 주거더가 사용되고, 트러스교에서는 양측의 트러스가 상부구조의 주체가 된다. 바닥에 작용하는 하중은 바닥틀을 통하여 주거더 또는 주트러스에 전달되고 이것이 다시 받침에 전달된다.

(3) 브레이싱(bracing)

좌우의 주거더 또는 트러스를 입체적으로 연결시키며 수평하중이나 비틀림에 저항하는 구조이다.

① 수평브레이싱(lateral bracing)
주거더나 트러스 현재(弦材)의 길이방향에 설치된 수평방향의 브레이싱으로 횡하중을 받침에 전달하는 역할을 한다. 위에 있는 것을 상부 수평브레이싱, 아래에 있는 것을 하부 수평브레이싱이라 한다.

② 수직브레이싱(sway bracing)
주거더나 트러스에서 서로 마주보는 수직재를 연결하는 브레이싱으로 중간에 있는 것을 중간 수직브레이싱, 교단(橋端)에 있는 것을 단수직브레이싱이라 한다.

(4) 받침(bearing)

상부구조로부터 전달되는 하중을 확실하게 하부구조에 전달하는 구조부분으로서 받침에는 가동받침, 힌지(hinge)받침 및 고정받침 등 3종이 있다.

2. 하부구조

하부구조는 교대, 교각의 총칭으로 지상에 서 있는 부분을 구체(軀體, body), 지중에 묻혀 있는 부분을 기초(foundation)라 한다. 기초는 상부구조 못지 않게 중요한 부분으로 눈에 직접 보이지 않으며, 지반의 성질, 암반의 깊이에 따라 말뚝기초, 우물통 기초 등 여러 가지가 있다. 하부구조는 주로 콘크리트 및 철근콘크리트로 만들며, 특히 목교에서는 나무말뚝을 적당한 간격으로 박아서 교각용으로 이용하는 경우가 많은 데 이것을 나무벤트(wooden bent)라고 한다.

1-3 교량의 분류

교량은 여러 가지 관점에서 다음과 같이 분류된다.

1. 용도에 의한 분류

① 철도교(railway bridge) : 철도선로를 통과시키는 교량
② 도로교(road bridge) : 도로를 통과시키는 교량
③ 수로교(aqueduct) : 수로, 수력발전 또는 관개용수를 통과시키는 교량
④ 과선교(跨線橋, over bridge) : 철도선로 위에 가설하는 교량(주로 도로교)
⑤ 가도교(架道橋, over bridge) : 도로 위에 가설하는 교량
⑥ 육교(viaduct) : 저지, 계곡 등에서 물이 없는 곳에 가설하는 교량을 말하며, 철도 또는 도로를 횡단해서 가설된 보도용 교량도 육교라 한다.
⑦ 군용교 : 군사용으로 쓰여지는 교량으로 가반(可搬) 조립식 형식이 많다.

2. 교면의 위치에 의한 분류

① 상로교(deck bridge) : 노면이 교량의 거더나 트러스 위쪽에 있는 것

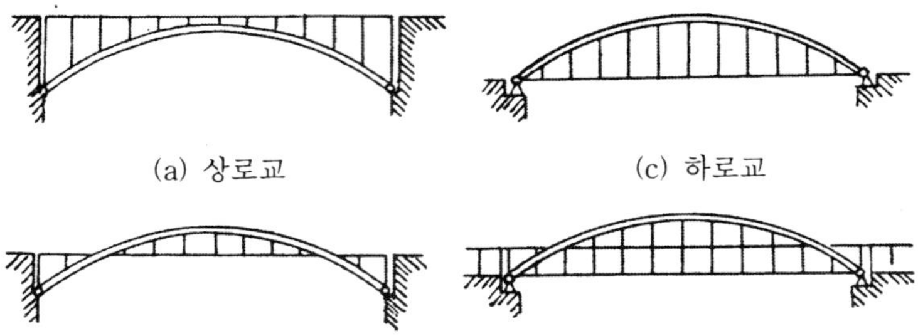

(a) 상로교 (c) 하로교

(b) 중로교 (d) 2층교

그림 1-5 교면의 위치에 의한 교량

② 중로교(half through bridge) : 노면이 교량거더 높이의 중간 부근에 있는 것
③ 하로교(through bridge) : 노면이 교량거더의 아래쪽에 있는 것
④ 2층교(double deck bridge) : 통로가 2단으로 나누어져 있는 것. 가령, 위쪽은 도로, 아래쪽은 철도용일 때이다.

3. 교량의 평면형에 의한 분류

① 직교(right bridge) : 하천이나 계곡 등 장애물에 직각으로 가설한 것. 교량의 대부분은 직교이다.
② 사교(skew bridge) : 장애물의 방향과 교량의 방향에 어떤 사각을 이루는 교량, 사교의 각도는 그림 1-6(b)와 같은 예각(銳角) 부분을 말한다.
③ 곡선교(curved bridge) : 교축 선이 곡선을 이룬 것

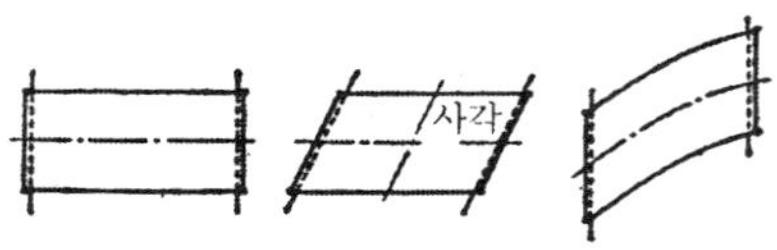

(a) (b) (c)

그림 1-6 평면형에 의한 교량

4. 교량의 동 · 부동에 의한 분류

선박의 항행을 위하여 주거더를 개폐하는 교량을 가동교(movable bridge)라고 한다. 가동교에는 다음과 같은 종류가 있다.

① 도개교(跳開橋, bascule bridge) : 주거더가 수평축의 주위를 회전하는 교량

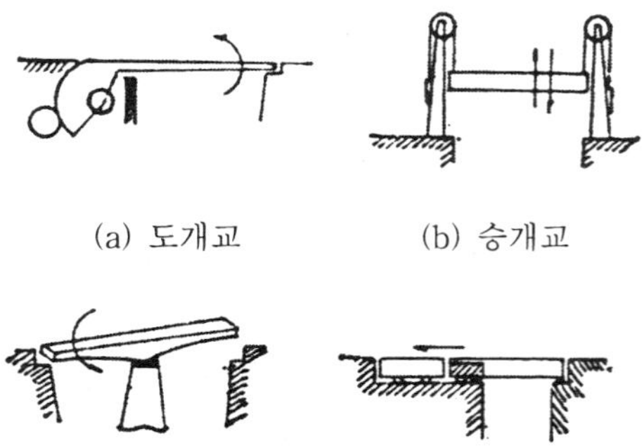

(a) 도개교 (b) 승개교

(c) 선개교 (d) 전개교

그림 1-7 가동교

② 승개교(昇開橋, lift bridge) : 주거더가 수직으로 승강하는 교량
③ 선개교(旋開橋, swing bridge) : 주거더가 수직축 둘레를 수평으로 회전하는 교량
④ 전개교(轉開橋, horizontal rolling bridge) : 받침부에 롤러를 만들어 주거더를 세로방향으로 이동하는 교량

5. 재료에 의한 분류

① 목교
옛날에는 목재를 손쉽게 구할 수 있어서 목교를 많이 만들었으나 지금은 산간지방에서도 보기 드물다. 내하력과 내구연한이 적고 또한 불에 약하기 때문에 차츰 소멸되고 있는 실정이다.

② 석교
단지간에서는 거더교, 장지간에서는 아치교로 많이 만들었다. 내구연한도 길기 때문에 옛날에는 많이 만들었으나 철근콘크리트가 나옴으로써 역시 지금은 거의 쓰이지 않고 있다.

③ 강교
현재 장대교량에서 가장 많이 쓰이며, 교량에 사용되는 강재는 보통 탄소강 중의 구조용 압연강재이다.

④ 철근콘크리트교
교량용 재료로서는 철근콘크리트가 비교적 오래되지는 않았으나 여러 가지 형식의 교량을 만들 수 있고, 내구력도 풍부하며 유지비도 적게 들어 종전부터 많이 채용되고 있다.

⑤ 프리스트레스트 콘크리트교
철근콘크리트교와 비슷하나 강도가 큰 콘크리트를 사용하고, 고장력의 PS 강재에 큰 프리스트레스(prestress)를 준 거더를 교량에 사용하는 것으로 현재 우리나라에서 고속도로와 고가도로에서 많이 볼 수 있다.

⑥ 경금속교
고장력 알루미늄 합금을 주재료로 한 교량이다.

6. 구조형식에 의한 분류

(1) 거더교

거더(girder)를 주체로 한 교량을 말하며, 이 때 이 거더를 주거더라 하고, 주거더에 I형강, H형강을 쓴 교량을 I형거더교, H형거더교라 하며, 강판을 조합시켜 I형 단면으로 한 플레이트거더(plate girder)를 주거더로 한 것을 플레이트거더교라 한다. 최근에는 상자형의 단면을 주거더로 한 것을 쓰는데, 이것을 박스거더교(box girder birdge)라 하고, 병렬주거더와 가로보로 구성하는 구조를 격자로 취급해서 계산하는 데 이를 격자형거더교라 한다. 또 철근콘크리트 슬래브와 이를 지지하는 플레이트거더를 듀벨(duvel) 등으로 일체구

조로 설계하는 것을 합성거더교(composite girder bridge)라 한다.

그리고 거더교는 받침의 구성조건에 따라 단순거더교, 연속거더교, 게르버거더교 등이 있다.

① 단순거더교(simple girder bridge)

양받침에서 일단은 회전, 타단을 가동으로 한 거더교를 말한다. 설계하기는 쉬우나 지간을 길게 할 수 없어서 하부구조의 교각의 수가 많아진다.

② 연속거더교(continuous girder bridge)

2경간 이상 연속된 주거더를 사용한 거더교를 말한다. 같은 지간의 단순거더교에 비하여 휨모멘트나 전단력이 감소되어 거더의 높이를 얕게 할 수 있어서 재료가 절약되고 고정하중도 적게 할 수 있다. 그러나 부정정구조(不靜定構造)가 되어 설계하기 까다롭고 지점침하의 위험이 있는 곳에는 가설할 수 없다.

(a) 한강대교(타이드 아치교)　　(b) 한강철도교(연속트러스교)

그림 1-8 한강교

③ 게르버거더교(gerber girder bridge)

그림 1-9와 같이 연속거더교에 힌지를 넣어 부정정구조물을 정정(靜定)으로 만든 교량이다. 연속거더교와 마찬가지로 지간을 길게 할 수 있어서 강교나 철근콘크리트교로서 매우 좋은 형식이다. 연속거더교와는 달리 기초기반이 견고하지 못한 곳에도 이 형식을 쓸 수 있으며 지점이 부등침하해도 거더에는 별 지장을 주지 않는다.

(a)　　(b)

그림 1-9 게르버거더교

(2) 트러스교(truss bridge)

트러스를 주체로 한 교량이다. 트러스교도 거더교와 같이 받침형식에 의하여 단순트러스교, 연속트러스교 또는 게르버트러스교 등으로 나눌 수 있다.

① 단순트러스교

받침구조가 단순지지된 것을 말하며, 지간은 보통 50 m ~ 100 m 까지 가설된다. 물론 100 m 이상에서도 쓸 수 있다.

② 연속트러스교

받침구조는 연속거더교와 같고 단순트러스교와 지간이 동일한 경우에는 부재응력도 적게 발생하여 단면을 감소시킬 수 있으며 재료를 절약할 수 있으나 부정정 구조물이기 때문에 응력계산이 약간 복잡하고 지반이 나쁜 곳에서는 쓸 수 없다. 우리나라의 한강철도교(복선)는 지간이 59.5 m + 78.5 m + 59.5 m 인 3경간 연속트러스교(그림 1-8(b))이다.

(a) 게르버거더교

(b) 연속거더교

그림 1-10 게르버거더교와 연속거더교의 예

③ 게르버트러스교

연속트러스교는 부정정구조이기 때문에 n경간 연속트러스에서는 $(n-1)$개의 힌지(hinge)를 넣어서 정정구조로 한 것이다.

연속트러스교의 장점을 살리고 단점을 보충한 것으로 장경간으로 할 수 있고 기초지반이 좋지 못한 곳에서도 가설할 수 있는 특징이 있다.

그림 1-11 캐나다의 퀘벡(Quebec)교(157 + 548.6 + 157)m

(3) 아치교(arch bridge)

교량의 주체를 아치구조로 하여 지점이 이동하지 못하도록 한 것이다. 장경간에서 경제적이며, 형태가 아름다워 간혹 소경간에도 사용된다.

① 힌지별, 형식별 아치교

힌지 수에 의하여 고정아치(hingeless arch), 1힌지 아치(1hinged arch), 2힌지 아치, 3힌지 아치로 구분된다. 1힌지 아치를 교량에 사용한 예는 드물고 2힌지 아치는 1차 부정정으로 주로 강교에 사용된다. 3힌지 아치는 정정구조로 강교 및 철근콘크리트교에 사용되며, 고정아치는 지점에서 수평반력 외에 고정모멘트가 작용하고 주로 철근콘크리트교에 사용된다.(그림 1-12 참조)

아치교의 형식에는 여러 가지가 있다. 그림 1-13(a)과 같이 리브(rib)가 통체단면으로 된 것을 솔리드 리브 아치(solid rib arch)라고 하고, (b)와 같이 리브가 트러스 형식으로 된 것을 브레이스드 리브 아치(braced rib arch)라고 하며, (c)와 같이 아치와 교량바닥 사이(이 부분을 스팬드럴이라 한다)를 뼈대(frame)로 한 것은 스팬드럴 브레이스드 아치(spandrel braced arch)라 한다.

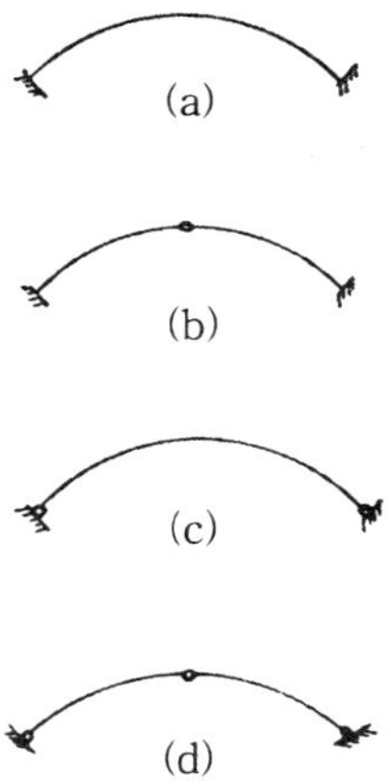

그림 1-12 힌지별 아치교

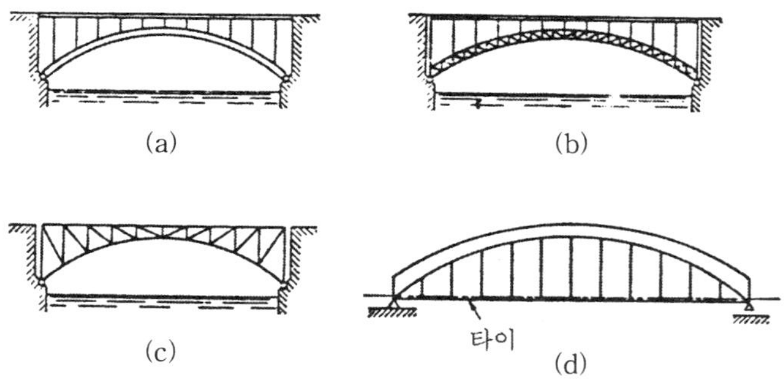

그림 1-13 형식별 아치교

② 타이드 아치교, 랭거교(langer bridge) 및 로제교(lohse bridge)

그림 1-13(d)과 같이 아치의 양단을 타이(tie, 계재)로 연결하면 지점에서 일어나는 수평반력을 타이가 받게 되어 받침에 수평반력이 일어나지 않게 된다. 이 구조는 내적으로는 1차 부정정이나 외적으로 정정이므로 반력은 단순보에서의 계산방법을 그대로 쓸 수 있게 된다. 이러한 아치를 타이드 아치(tied arch)라 한다. 제1한강교(그림 1-8(a))는 이 형식이다. 타이드 아치는 아치의 정의에 벗어나지만 응력해석이 2힌지 아치와 거의 같으므로 아치류에 예속시킬 수 있다.

이 밖에도 랭거교 및 로제교가 있다. 보통 아치에서는 축압축력 외에 휨모멘트, 전단력이 작용하는데 랭거교에서는 아치 그 자체는 비교적 가는 부재를 사용하며 아치부재는 압축력만을 받고 휨모멘트와 전단력은 따로 설치한 거더 또는 트러스가 받는다고 가정하는 것이다. 이 때의 거더 또는 트러스를 보강거더 또는 보강트러스라 하고 아치교 명칭을 랭거거더교 또는 랭거트러스교라 부른다.

또 타이드 아치의 타이 단면을 크게 하여 수평반력에 상당하는 인장력 외에 휨모멘트와 전단력도 분담하도록 한 것을 로제교라고 하며, 타이드 아치와 랭거교를 함께 결합한 형식이다. 그림 1-14의 (a), (b)는 랭거교이고 (c)는 로제교이다. 로제교 또는 랭거교에서 행거(hanger)를 경사지게 배치한 것을 니일센(Nielssen)교라 한다(그림 1-15 참조).

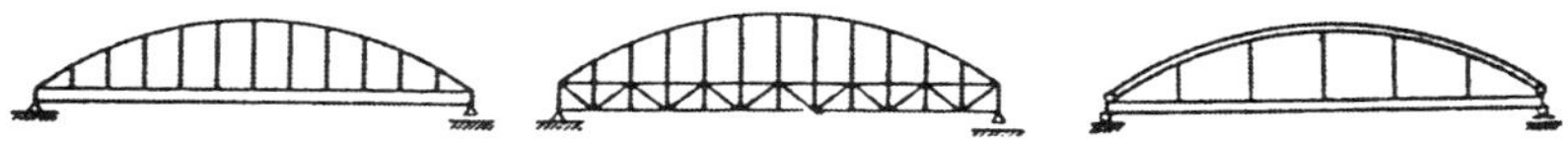

(a) (b) (c)

그림 1-14 랭거교, 로제교

(a) 스팬드럴 브레이스드 밸런스드 아치교

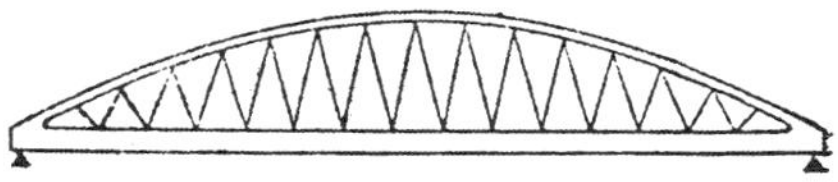

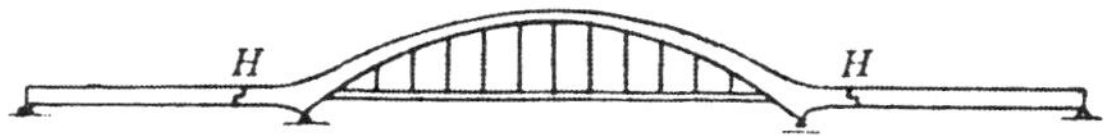

(b) 밸런스드 리브 타이드 아치교

그림 1-15 니일센교

그림 1-16 밸런스드 아치교

③ 밸런스드 아치교(balanced arch bridge)

측경간이 긴 경우에는 중앙경간의 아치를 측경간으로 캔틸레버식으로 연장시키고 여기에 거더나 트러스로 지지하게 하면 중앙경간의 아치의 응력이 감소되어 유리하다. 이런 형식을 밸런스드 아치라 하며, 그림 1-16(a)는 스팬드럴 브레이스드 밸런스드 아치(spandrel braced balanced arch)이고, (b)는 중앙경간이 타이드 아치 인 밸런스드 리브 타이드 아치(balanced rib tied arch)이다.

한강 위에 최장교($L=2,559\,\text{m}$)로 27번째로 가설된 방화대교(그림 1-17 참조)는 아치부의 리브가 트러스로 보강된 트러스 아치교로 볼 수 있으나(아치부 중앙경간 180 m 이고 양측 측경간이 각각 180 m 인 전길이 540 m) 호칭은 5경간 연속 아치트러스교로 부르고 있다.

그림 1-17 방화대교

(4) 라멘교(rahmen bridge)

라멘을 주체로 한 것이 라멘교이며, 그림 1-18에서 (a)와 (b)는 주로 철근콘크리트 또는 PS콘크리트구조로 하며, (b)는 고가도로에서 사용된다. (c)와 (d)는 주로 강교로 되는 형식이다.

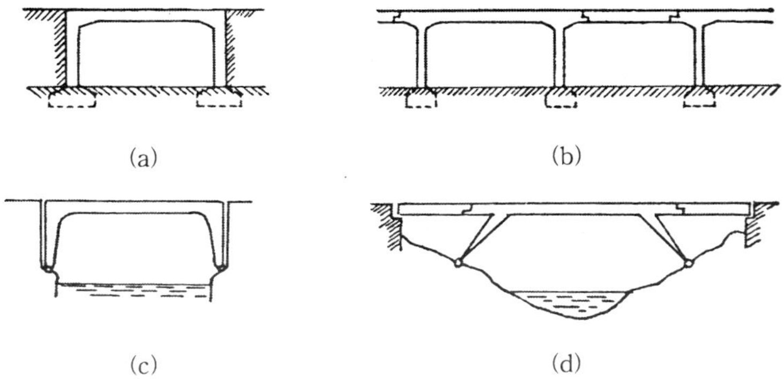

그림 1-18 라멘교

또 트러스에서 사재를 없애고 현재와 수직재를 강결시킨 비렌딜교(vierendeel bridge)는 외국에서 많이 채용되고 있다.

그림 1-19 비렌딜교

(5) 현수교(懸垂橋, suspension bridge)

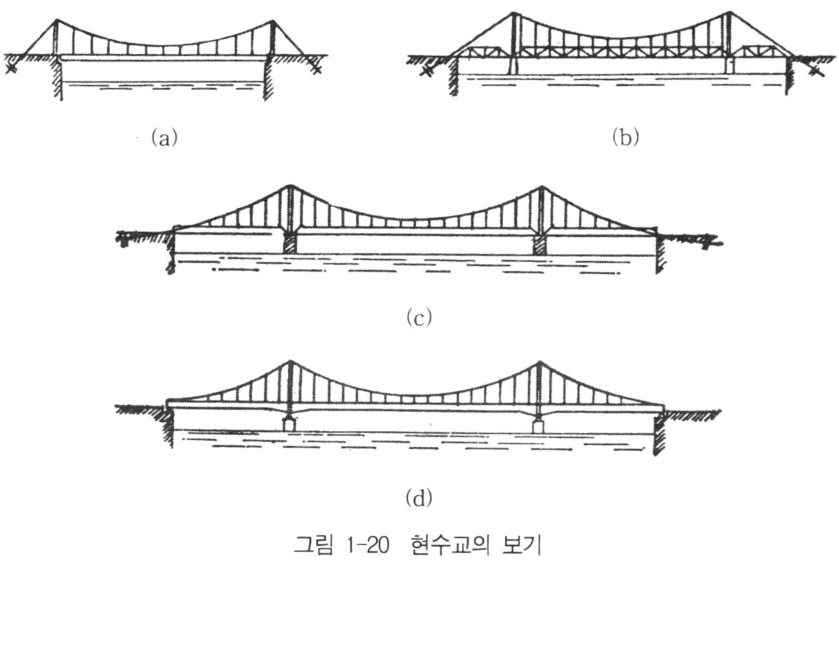

그림 1-20 현수교의 보기

현수교는 양단 지주에 케이블(cable)을 걸고, 이에 보강거더 또는 보강트러스를 행거(suspension rod)로 매어 단 형식의 교량으로 대경간에 적합한 형식이다. 이 때 케이블을 양단 지중에 정착시키는 블록정착식 현수교(block anchored suspension bridge)와 전길이를 통하여 연속한 보강거더를 사용하고 케이블의 양단을 이 보강거더 양단에 결합한 형식이 있는데, 이를 자정식(自碇式) 현수교(self anchored suspension bridge)라고 한다.

우리나라 남해대교는 전길이 660m(128m+404m+128m)이며, 블록정착식 현수교로 1973년 6월에 개통되었다. 또한 부산의 광안대로상에 가설되어 있는 광안대교 역시 블록정착식 현수교로 전길이 900m(200m+500m+200m)이며, 2002년 4월에 준공되어 현재 사용중에 있다. 세계 최장 경간의 현수교는 일본의 아까시(明石)대교(1998년 완공)로서 중앙경간 1,990m 이며 그 외 영국의 Humber교(1981년 완공)는 전길이 2,220m(280+1,410+530)이고 미국의 Verrazano Narros교(1964년 완공)도 전길이 2,039.04m(370.32+1,298.40+370.32)이다.(부록의 표 8-1 참조)

그림 1-21 남해대교(경남 하동과 남해도를 연결)

(6) 사장교(斜張橋, cable stayed bridge)

2경간 또는 3경간의 연속거더교의 중간교각에 그림 1-22와(그림 8-23 참고) 같이 탑에서

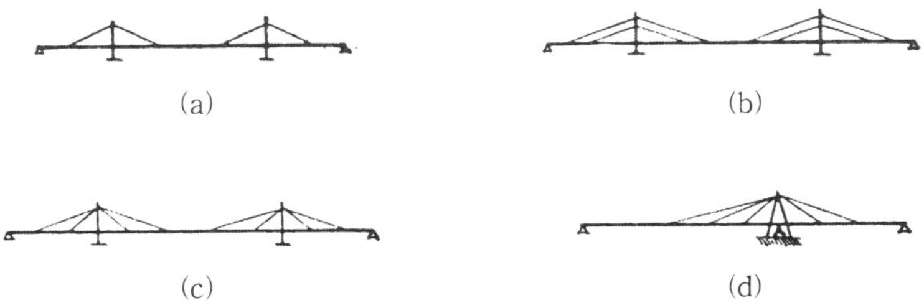

그림 1-22 사장교

그림 1-23 서해대교

경사된 인장재로 주거더를 지지하게 하는 구조의 교량을 사장교(cable stayed bridge)라 한다. 진도대교는 강박스거더형 사장교(1984년 10월 완공)로서 전길이 484m(중간지간 345m)이다.

또한 서해안 고속도로로 아산만에 건설되어 있는 서해대교(그림 1-23 또는 8-21 참조)는 상부형식이 강합성거더인 사장교로서, 국내 최대 경간 교량으로 전길이 990m(60+200+470+200+60m)이고 주탑의 높이 182m이며 2000년 11월에 준공되어 사용 중에 있으며, 현재 공사 중에 있는 인천과 영종도를 잇는 인천대교는 사장교로서 전길이 1,480m(80+260+800+260+80m)로 2009년 10월에 준공예정이다.

1-4 교량계획

교량계획은 가교 예정지점의 여러 가지 입지조건, 즉 하천이나 운하상에 가설하느냐 또는 도로나 철도상에 가설하느냐에 따라 차이는 있으나 일반적으로 기본 조사와 실측도를 작성하여 가설 위치를 선정하고 교량의 종류와 형식 및 경간을 결정한 후에 비로소 설계에 착수하게 된다.

또 교량을 설계, 시공함에 있어서는 교량의 안정성, 사용목적의 접합성, 시공 및 유지관리의 난이성, 경제성, 환경과의 조화를 고려해야 한다.

1. 기본조사

① 가교지점 부근의 평면도, 종단도를 1/100~1/300 정도로 실측 작성한다.
② 접속도로와 철도선로와의 관계를 조사한다.

③ 하천이나 해협상에 가설할 때는 계획고 수위나 저수위를 조사하고 오랜 기간에 생겼던 하상변화나 특히 선박 통과시는 선박의 크기 등을 조사한다.
④ 도로나 철도상에 가설할 때는 도로나 철도의 구성과 시설(또는 건축)한계 및 지하매설물 등을 조사한다.
⑤ 지질조사를 실시하여 양호한 장소를 택한다.

2. 교량 위치의 선정

대개의 경우는 선로계획에 의하여 결정되지만 하천이나 해협상에 가설할 경우는 다음 사항에 유의해야 한다.
① 될 수 있는 대로 하천에 대하여 설계나 시공, 경제적인 면에서 유리한 직교가 되도록 한다.
② 유심(流心)이나 하상이 변동하는 곳을 피하고, 세굴작용이 심한 하천 굴곡부를 피한다.
③ 하폭(河幅)이 좁은 곳은 교량공사비가 저렴해지는 데 하적(河積)을 협소케 함으로써 생기는 치수상의 나쁜 영향을 주는 곳은 피한다.

3. 경간 나누기

이것은 공사비에 중대한 영향을 줄 뿐만 아니라 치수, 선박, 미관 등 많은 문제와 관계가 있으므로 이론적으로 결정하기가 곤란하다.

공비의 관점에서 보면, 일반적으로 상부구조의 비용이 적게 들도록 설계할 때는 하부구조의 비용이 증가하며, 이와 반대로 하부구조의 비용을 감소시킬 때는 상부구조의 비용이 증가한다. 따라서 이 사이에 경제적인 경간 비율이 있어야 하겠지만 실제는 여러 가지 조건, 특히 지반의 양부에 의하여 달라지므로 원칙적인 방법을 찾기는 곤란하다. 대체적으로 상부구조와 하부구조의 공비가 같도록 경간 길이를 정하는 것이 좋을 것이다.

치수(治水)상으로 보아 그다지 크지 않은 하천에서 저수인 때, 유로가 일정치 않을 때는 동일 경간으로 하지만 개수 하천에서 저수부(低水敷)와 고수부(高水敷)로 되어 있을 때 저수부는 가능하면 대경간으로 하여 장애물을 감소시키는 것이 좋고, 고수부는 소경간으로 해도 무방하다.

또 교량이 수류 이외 철도 또는 도로 등을 횡단할 때 교각은 철도 및 도로의 교통에 지장이 없는 장소에 세워야 하는 것은 당연하다. 가령, 도로상에서는 보차도의 경계점에 가까운 보도상에 설치하고, 역구내의 철도상에 가설할 때는 신호등의 시야에 지장을 주지 않는 장소를 선정한다.

4. 교량등급의 선정

교량은 접속도로와 교통량에 따라 몇 등급으로 나누어서 설계한다. 즉 도로교에서는

DB-24로 설계하는 교량을 1등교, DB-18로 설계하는 교량을 2등교, DB-13.5로 설계하는 교량을 3등교로 한다.

① 고속국도 및 자동차 전용도로상의 교량은 1등교로 한다. 다만, 교통량이 많고 중차량의 통과가 불가피한 도로, 국방상 중요한 도로상에 가설하는 교량, 장대교량은 1등교로 할 수 있다.

② 일반국도, 특별시도와 지방도상의 교통량이 적은 교량은 2등교로 한다. 또한, 시도 및 군도 중에서 중요한 도로상에 가설하는 교량은 원칙적으로 2등교로 한다.

③ 산간벽지에 있는 지방도와 시도 및 군도 중에서 교통량이 적은 곳에서 가설하는 교량은 3등교로 한다.

철도교에서는 각 급선에 따라 활하중은 모두 LS-22를 표준으로 하고 있으나 설계속도는 1급선에서 200km/h, 2급선에서 150km/h, 3급선에서 120km/h, 4급선에서는 70km/h로 주행할 수 없는 것을 표준으로 하고 있고, 전동차 전용선의 경우에는 EL-18을 표준하중으로 한다(그림 2-4 참조).

5. 교량형식의 선정

지금까지 논한 여러 가지 조사를 토대로 해서 경제성에 주안을 두고 또 교량은 주위환경과 조화를 이룬 형식으로 만들어야 한다는 것도 잊어서는 안 된다. 경우에 따라서는 주위의 풍치나 미관을 위주로 하여 만들 때도 있다. 그러나 너무 미관에만 치우칠 때는 비용이 많이 들고 비경제적이 되므로 가능하면 피하는 것이 좋고, 어디까지나 교량으로서의 사명을 잊어서는 안 될 것이다.

미관에 그다지 구애받지 않는 곳에서는 경제성을 위주로 하고, 강성이 크고 내화성이 풍부하며 또한 유지비가 너무 들지 않는 형식으로 선정해야 한다.

가령 단순트러스교는 랭거교, 타이드아치교, 로제교 등보다는 미관상으로 약간 떨어지나 지간이 70～80m 정도에서는 경제적이고 강성도 훨씬 크다.

1-5 설계방법 및 안전율

강교와 강재교각은 종래와 같이 허용응력설계법에 따른다. 그러나 콘크리트교와 콘크리트 교대, 교각 등은 원칙적으로 강도설계법을 따르되 허용응력설계법도 사용할 수 있다.

1. 허용응력설계법

주하중 및 주하중에 해당하는 특수하중에 대한 허용응력은 (2) 및 (3)에 규정한 값으로 하고, 부하중 및 부하중에 해당하는 특수하중을 고려하는 경우의 허용응력은 (2) 및 (3)에 규정한 허용응력에 (1)에 주어진 증가계수를 곱한 값으로 한다.

(1) 하중조합 및 증가계수

1) 강교에서의 하중조합 및 증가계수는 표 1-2와 같다.

가설시 하중의 경우, 특히 가설기간이 길거나 신공법으로 가설되는 교량에 대해서는 허용응력을 증가시키지 않는다.

표 1-2 강교에서의 하중조합 및 증가계수

	하중조합	증가계수
1	주하중 + 주하중에 해당하는 특수하중 + 온도변화의 영향	1.15
2	주하중 + 주하중에 해당하는 특수하중 + 풍하중	1.25
3	주하중 + 주하중에 해당하는 특수하중 + 온도변화의 영향 + 풍하중	1.35
4	주하중 + 주하중에 해당하는 특수하중 + 풍하중 + 제동하중	1.25
5	주하중 + 주하중에 해당하는 특수하중 + 충돌하중	1.70
6	풍하중만 고려할 때	1.20
7	제동하중만 고려할 때	1.20
8	활하중 및 충격 이외의 주하중 + 지진의 영향	1.50
9	가설시 하중	1.25

2) 콘크리트교에서의 하중조합 및 증가계수는 표 1-3과 같다.

표 1-3 콘크리트교에서의 하중조합 및 증가계수

	하중조합	증가계수
1	주하중 + 주하중에 해당하는 특수하중 + 온도변화의 영향	1.15
2	주하중 + 주하중에 해당하는 특수하중 + 풍하중	1.25
3	주하중 + 주하중에 해당하는 특수하중 + 온도변화의 영향 + 풍하중	1.35
4	주하중 + 주하중에 해당하는 특수하중 + 풍하중 + 제동하중	1.25
5	주하중 + 주하중에 해당하는 특수하중 + 충돌하중	1.50
6	풍하중만 고려할 때	1.20
7	활하중 및 충격 이외의 주하중 + 지진의 영향	1.33
8	가설시 하중	1.25

가설시 하중에 대해서는 1)항의 규정에 따른다.

(2) 강교에서의 허용응력

강교에서 사용되는 강재의 허용응력은 3-5 허용응력 또는 도설, 제3장 3.3과 3.13(부록 참조)의 해당 규정을 따른다.

(3) 콘크리트교에서의 허용응력

철근콘크리트와 프리스트레스트 콘크리트 부재 설계시 사용하는 콘크리트 및 강재의 허용응력은 다음과 같으며, 상세규정은 도설, 제4장 4.5.2를 따른다.

1) 철근콘크리트 부재에서 콘크리트의 허용응력

① 허용휨응력

(ㄱ) 허용휨압축응력 $f_{ca}=0.4\,f_{ck}$

(ㄴ) 허용휨인장응력(무근 확대기초와 벽체에서) $f_{ta}=0.13\sqrt{f_{ck}}$

(ㄷ) 휨강도(파괴계수)

· 보통콘크리트 $f_{ru}=0.63\sqrt{f_{ck}}$

· 부분 경량콘크리트 $f_{ru}=0.53\sqrt{f_{ck}}$

· 전경량콘크리트 $f_{ru}=0.47\sqrt{f_{ck}}$

② 허용압축응력(무근 확대기초 및 벽체에서) $f_{ca}=0.25f_{ck}$

③ 허용전단응력

(ㄱ) 보 및 1방향 전단(1방향 슬래브 및 확대기초)

· 콘크리트의 허용전단응력 $v_{ca}=0.08\sqrt{f_{ck}}$

· 전단보강이 있는 부재의 최대 허용전단응력 $v_{ca}=0.32\sqrt{f_{ck}}$

(ㄴ) 2방향 전단(2방향 슬래브 및 확대기초)

· 콘크리트의 허용전단응력 $v_{ca}=0.08\left(1+\dfrac{2}{\beta_c}\right)\sqrt{f_{ck}}\leqq 0.16\sqrt{f_{ck}}$

· 전단보강이 있는 부재의 최대 허용전단응력은 도설, 제4장 4.5.5 참조

(ㄷ) 경량골재콘크리트의 허용전단응력

(ㄱ)항, (ㄴ)항에 규정된 값의 70%를 취한다.

④ 허용지압응력

(ㄱ) 허용지압응력은 다음의 값으로 한다.

$$f_{ba}=0.25\sqrt{\frac{A_c}{A_b}}f_{ck}\leq 0.5f_{ck}$$

여기서,

A_c : 지지하는 콘크리트의 전면적

A_b : 지압을 받는 재하면적

(ㄴ) 지지하는 콘크리트가 경사진 면이거나 계단식인 경우에는 지압면의 각 변으로부터 1:2(수직1, 수평2)의 기울기로 경사면을 부재 단부까지 그려 지압면의 도심과 일치하는 가장 큰 닮은꼴을 그렸을 때의 피라미드형 각추대나 원추대의 면적을 전면적(A_c)으로 취한다.

(ㄷ) 처짐이나 편심하중으로 인하여 지압면 단부에 큰 응력을 받는 경우에는 재하단면의 허용지압응력은 (ㄱ)항의 값에 0.75를 곱한 값을 취한다.

표 1-4 철근의 허용응력 (MPa=N/mm²)

응력, 부재의 종류 \ 철근의 종류			SD 300	SD 350	SD 400
인장응력	하중의 조합에 충돌하중 혹은 지진의 영향을 포함하지 않을 경우	일반적인 부재	150	175	180
		바닥판, 지간 10m 이하의 슬래브교	150	160	160
		수중 혹은 지하수위 이하에 설치하는 부재	150	160	160
	하중의 조합에 충돌하중 혹은 지진의 영향을 포함하는 경우의 허용응력의 기본값		150	175	180
압 축 응 력			150	175	180

2) 철근의 허용응력

① 철근의 허용응력은 지름 D32 이하의 철근에 대하여 표 1-4의 값으로 한다.

2. 강도설계법

콘크리트 구조물의 부재나 단면은 (1)의 설계하중조합과 (2)의 강도감소계수에 의해 계산되는 설계단면력 이상의 설계강도를 갖도록 설계해야 한다.

(1) 설계하중조합

1) 설계단면력

① 부재나 단면의 소요강도는 다음 2)항에서 규정한 하중계수를 사용한 하중조합에 따라 계산된 휨, 축방향력, 전단 및 비틀림 등으로 나타낸 극한외력에 대한 설계단면력 U에 기초를 두어야 한다.

② 다음 2)항에 규정된 하중조합 중에 가장 불리한 외력을 일으키는 조합을 사용하여 설계단면력을 계산해야 하며, 이 때 구조물의 특성, 재하환경으로 인하여 강설, 강우 또는 특수 상재하중 등이 재하되는 경우에는 이와 같은 특수하중의 재하효과도 하중조합에 포함시켜야 한다.

③ 장대교량의 설계에 있어서 작용하중, 사용조건, 구조재료 등이 본 설계기준의 조항과 다를 경우에는 이들을 합리적으로 고려하여 설계해야 하며, 따라서 설계자의 경험과 판단에 따라 다음 2)항에 규정된 하중계수를 증감시켜서 설계할 수 있다.

2) 주요 하중조합의 하중계수

$$U = 1.3D + 2.15(L + I) + 1.3CF + 1.7H + 1.3Q \quad (1\text{-}5\text{-}1)$$

$$U = 1.3D + 1.7H + 1.3Q + 1.3W \quad (1\text{-}5\text{-}2)$$

$$U = 1.3D + 1.3(L + I) + 1.3CF + 1.7H + 1.3Q + 1.3(0.5W + WL + BK) \quad (1\text{-}5\text{-}3)$$

$$U = 1.3D + 1.3(L + I) + 1.3CF + 1.7H + 1.3Q + 1.3G \quad (1\text{-}5\text{-}4)$$

$$U = 1.25D + 1.65H + 1.25Q + 1.25W + 1.25G \quad (1\text{-}5\text{-}5)$$

$$U = 1.25D + 1.25(L + I) + 1.25CF + 1.65H + 1.25Q + 1.25(0.5W + WL + BK) + 1.25G \quad (1\text{-}5\text{-}6)$$

$$U = 1.0(D + H + Q + E) \quad (1\text{-}5\text{-}7)$$

$$U = 1.3D + 1.3(L + I) + 1.3CF + 1.7H + 1.3Q + 1.3CO \quad (1\text{-}5\text{-}8)$$

$$U = 1.2D + 1.55H + 1.2Q + 1.2W + 1.2CO \quad (1\text{-}5\text{-}9)$$

여기서,

D = 고정하중 또는 이에 따른 단면력
L = 활하중 또는 이에 따른 단면력
I = 충격 또는 이에 따른 단면력
H = 토압 또는 이에 따른 단면력
W = 풍하중 또는 이에 따른 단면력
WL = 차량 활하중에 작용하는 풍하중 또는 이에 따른 단면력
BK = 제동하중 또는 이에 따른 단면력
E = 지진의 영향 또는 이에 따른 단면력
CF = 원심하중 또는 이에 따른 단면력
CO = 충돌하중 또는 이에 따른 단면력
G = 부등침하, 크리프, 건조수축, 제작 또는 시공시 치수의 착오, 습도변화 또는 온도변화 등으로 인한 팽창이나 수축변형으로 유발된 변형력 또는 이에 따른 단면력
Q = 부력 또는 양압력, 수압, 파압 등의 하중 또는 이에 따른 단면력

(2) 설계강도

1) 공칭 및 설계강도

콘크리트 구조물에 대한 강도설계법에서는 단면의 공칭강도에 2)항에서 규정한 강도감소계수를 곱하면 단면의 설계강도가 되고, 강구조물에 대한 하중계수설계법에서는 계산된 최대 공칭강도를 그대로 설계강도로 한다.

2) 강도감소계수(ϕ)

① 휨부재, 휨과 축방향 인장을 겸하여 받는 부재

(ㄱ) 보통 철근콘크리트 부재 : $\phi_f = 0.85$

(ㄴ) 프리스트레스트 콘크리트 부재

- 공장에서 생산된 프리캐스트 프리스트레스트 콘크리트 부재 : $\phi_f = 0.90$
- 현장치기된 포스트텐션 콘크리트 부재 : $\phi_f = 0.85$

(ㄷ) 적절한 품질관리로 공장생산된 프리캐스트 부재 : $\phi_f = 0.90$

② 축방향 인장부재 : $\phi_t = 0.85$

③ 축방향 압축부재, 휨과 축방향 압축을 겸하여 받는 부재

(ㄱ) 나선철근으로 보강된 철근콘크리트 부재 : $\phi_c = 0.75$

(ㄴ) 그 이외의 철근콘크리트 부재 : $\phi_c = 0.70$

(ㄷ) 압축부재의 축하중강도 $\phi_c P_n$이 $0.10 f_{ck} A_g$와 $\phi_c P_n$ 중 작은 값보다 작은 경우, ϕ_c값은 ③항의 ϕ_c값과 ①항의 $P_n = 0$에 대한 ϕ_c값, 즉 ϕ_f의 값 사이에 직선보간법을 적용하여 구한다.

④ 전단과 비틀림 : $\phi_v = 0.80$

⑤ 콘크리트의 지압 : $\phi_b = 0.70$

⑥ 무근콘크리트 : $\phi_{pc} = 0.65$

제2장 하중과 처짐

2-1 서 론

구조물에 작용하여 응력을 일으키는 원인이 되는 것을 하중이라 한다. 하중은 여러 가지 견지에서, 즉 작용빈도, 작용방법, 구조물에 주는 영향 등에 따라 분류되는 데 교량의 주요부분 설계시 항상 작용하고 있다고 보지 않으면 안 될 하중을 주하중이라 하고 항상 작용한다고 볼 수 없으나 때때로 작용한다고 볼 수 있으며, 하중 조합시에 반드시 고려해야 하는 하중을 부하중이라 한다. 또 교량 주요부분을 설계할 때 교량의 종류, 구조형식, 가설지점의 상황 등의 조건에 따라 특히 고려해야 할 하중을 특수하중이라 한다.

이들 하중의 종류를 도로교와 철도교별로 나누어 열거하면 다음과 같다.

1. 도로교의 하중(도설, 제1장 2.1)

① 주하중 : 고정하중, 활하중, 충격, 프리스트레스, 콘크리트의 크리프와 건조수축, 토압, 수압, 부력 또는 양압력

② 부하중 : 풍하중, 온도변화의 영향, 지진의 영향

③ 주하중에 상당하는 특수하중 : 설하중, 지반변동의 영향, 지점이동의 영향, 파압, 원심하중

④ 부하중에 상당하는 특수하중 : 제동하중, 가설시 하중, 충돌하중, 기타

2. 철도교의 하중(철설, 제1편 제2장)

① 주하중 : 고정하중, 활하중, 충격, 원심하중, 장대레일 종하중, 프리스트레스, 콘크리트의 크리프와 건조수축, 토압, 수압, 부력 또는 양압력

② 부하중 : 차량 횡하중, 시동하중 또는 제동하중, 풍하중

③ 주하중에 상당하는 특수하중 : 설하중, 지반변동의 영향, 파압

④ 부하중에 상당하는 특수하중 : 온도변화의 영향, 지진하중, 가설하중, 충돌하중, 탈선하중, 기타

이 밖에 난간이나 연석에 작용하는 수평추력, 기타의 상황에 따라서 필요한 하중을 고려해야 한다.

또 교량 설계시는 주하중과 부하중 등 여러 가지 하중을 조합해서 생각해야 하는 데 이런 경우에는 허용응력을 증가시켜 검토해야 한다.

2-2 하중의 종류

1. 고정하중(固定荷重, Dead Load)

교량의 자중과 가스관, 수도관 등 첨가물의 중량이 고정하중이며 세분하여 예거하면 다음과 같다.

① 교상의 제 시설(난간, 조명 등) 및 첨가물의 중량

② 바닥틀(floor system)의 중량

③ 바닥(slab 및 pavement)의 중량

④ 주거더 또는 주트러스(수직브레이싱, 수평브레이싱 포함)의 중량으로 나누어진다.

이 중 ①과 ②는 처음부터 거의 정확하게 산정될 수 있으나 ③과 ④는 설계 완료 후가 아니면 정확한 수치를 알 수 없다. 따라서 설계시는 처음에 이들의 하중을 적당한 방법으로 추정하여 고정하중을 정해야 한다.

보통의 거더교나 트러스교의 중량에 대해서는 데이터북(data book)이나 설계자료 등의 실험공식 및 도표(그림 2-1) 등을 이용하여 개략치를 추정할 수 있으나, 특별한 형태나 구조의 교량에서 유사한 실례 등을 참고로 하여 추정한다. 건설교통부에서 제정한 표준도를 이용하는 것도 많은 도움이 될 것이다.

이렇게 추정한 고정하중에 의거하여 설계가 완료되면 재계산하여 가정치와 비교하며 큰 차이가 있으면 재설계해야 한다.

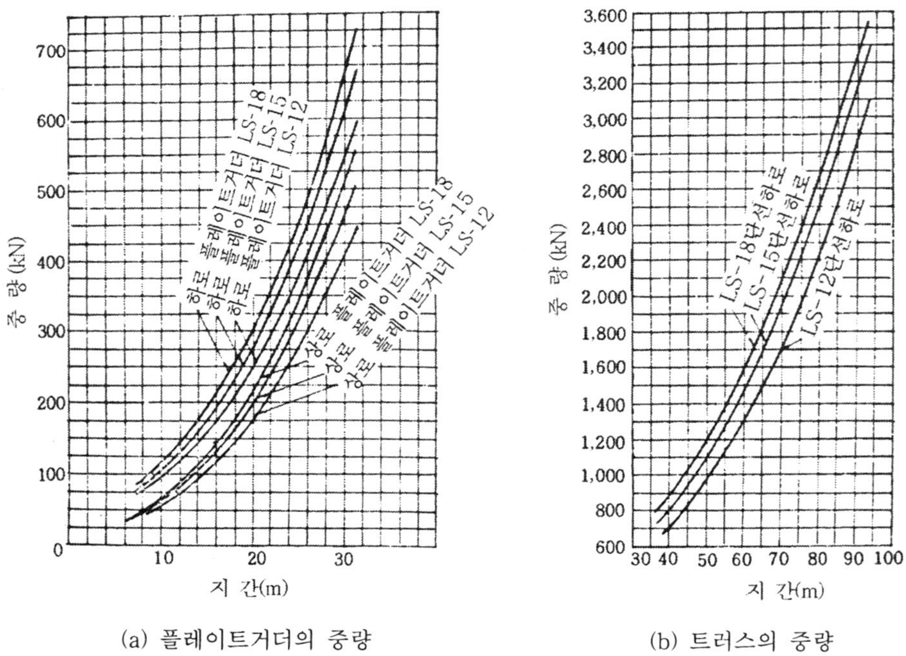

그림 2-1 플레이트거더교와 트러스교의 총 중량표

추정 고정하중과 실재 고정하중과의 오차 허용한도에 대해서는 특별한 규정은 없으나 고정하중의 오차에 의한 응력의 차가 전응력의 ±1% 이하가 되도록 하는 것도 한 방법이다.

고정하중은 엄밀하게는 등분포가 아니지만 주거더 혹은 주트러스를 설계할 경우는 보통 교면 전부에 등분포한다고 가정한다. 고정하중의 산출에 사용하는 각종 재료의 단위중량은 도설, 제2장 2.1.2나 철설, 제1편 제2장 2.2에 규정되어 있으며, 무근콘크리트 및 아스팔트 포장은 23 kN/m^3, 철근 및 프리스트레스트 콘크리트는 24.5 kN/m^{3}으로 보면 된다.

2. 활하중(活荷重, Live Load)

도로교에서는 자동차나 각종 차량 및 인마(人馬)를, 또 철도교에서는 열차 등을 활하중이라고 한다. 자동차뿐만 아니라 기관차나 객화차에도 여러 종류가 있으며, 그 각각에 대하여 모두 계산한다는 것은 거의 불가능할 뿐만 아니라 장래에 있어서도 설계 당시와는 다른 차량이 통과할 것도 고려해야 한다.

그래서 교량의 설계에서는 실재의 차량 대신에 장래의 통과차량도 고려하여 적당한 활하중을 상정하여 이것에 의해 설계한다.

(1) 도로교의 활하중(도설, 제2장 2.1.3)

도로교를 설계할 때 쓰이는 활하중은 표준 트럭하중(DB하중) 또는 차로하중(DL하중), 보도 등의 등분포하중, 궤도의 차량하중 등이다.

① 바닥판 및 바닥틀을 설계할 경우

차도부에는 DB하중(그림 2-2, 표 2-1)을 재하한다. DB하중은 한 교량에 종방향으로 차로당 한 대를 원칙으로 하고, 횡방향에는 재하 가능한 대수를 재하시켜 설계부재에 최대 응력이 생기도록 재하한다.

DB하중의 최외측 차륜중심 재하 위치는 교축 직각방향으로 볼 때 차도 단부로부터 30cm까지로 하며, 지간이 특히 긴 세로보 및 슬래브교는 DL하중(그림 2-3)으로도 검토하여 응력이 큰 쪽을 택하여 설계한다.

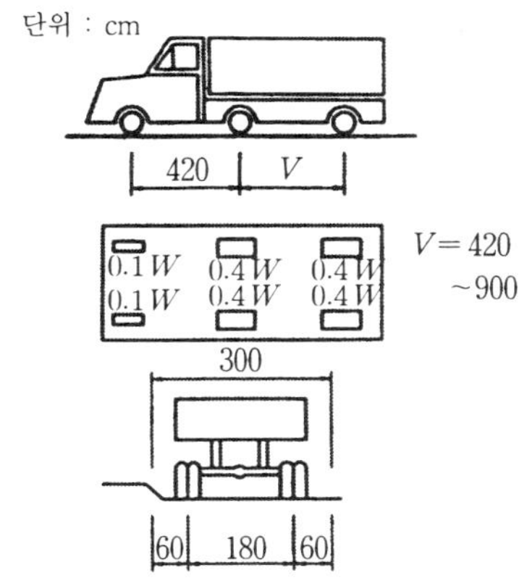

그림 2-2 DB하중

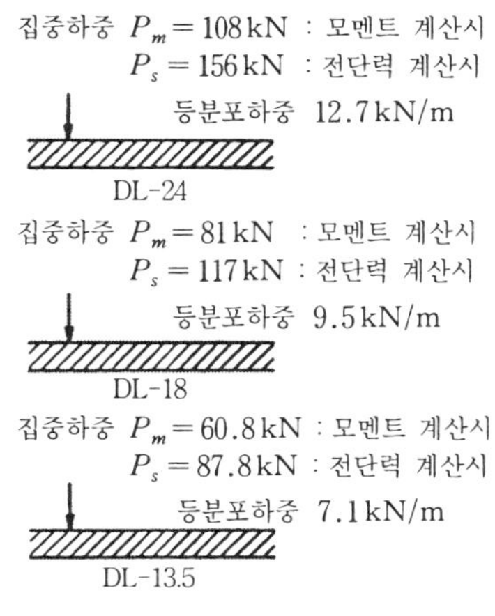

그림 2-3 DL하중

표 2-1 DB하중의 제원

교량등급	하중등급	중량 W(kN)	총하중 $1.8W$(kN)	전륜하중 $0.1W$(kN)	후륜하중 $0.4W$(kN)
1등교	DB-24	240	432	24	96
2등교	DB-18	180	324	18	72
3등교	DB-13.5	135	243	13.5	54

보도에는 5×10^{-3}MPa의 등분포하중을 재하하고, 또 궤도에는 궤도의 차량하중과 DB하중 중 부재에 큰 응력이 생기는 하중을 채용한다.

차륜의 접지면은 DB하중의 각 차륜에 대해 면적이 $\frac{12,500}{9}P(\text{mm}^2)$인 하나의 직사각형으로 간주하며, 이 직사각형의 폭과 길이의 비는 2.5 : 1로 한다. 여기서, P는 차륜의 중량(kN)이며, 접지압은 접지면에 균일하게 분포하는 것으로 가정한다.

② 주거더를 설계할 경우

차도부분에는 교축방향으로 차로당 1대의 DB하중 또는 1차로분의 DL하중 가운데 설계 부재에 불리한 응력을 주는 것을 재하한다.

DB하중이나 DL하중의 기본 점유폭은 3m이나, 교량폭이 넓어 여러 차로에 재하될 경우에는 다음 식에서 산출되는 차로폭 안에 두어야 한다. 이 때 한 교량의 단일차로 내에는 DB하중 한 대 또는 DL하중 한 차로분만 재하한다.

$$W = \frac{W_c}{N} \le 3.6\,\text{m}$$

여기서,

W_c : 연석간의 교폭 　　　　W : 설계 차로폭

N : 표 2-2에 표시된 차로수

또 어느 부재의 최대 응력이 3차로 이상의 활하중의 동시 재하로 일어나는 경우에는 그 활하중응력을 다음 백분율로 감소시킨다. 즉 3차로에서는 90%, 4차로 이상에서는 75%로 한다.

표 2-2 교폭에 따른 차로수

W_c의 범위 (m)	N	W_c의 범위(m)	N
$6.0 \le W_c < 9.1$	2	$23.8 \le W_c < 27.4$	7
$9.1 \le W_c < 12.8$	3	$27.4 \le W_c < 31.1$	8
$12.8 \le W_c < 16.4$	4	$31.1 \le W_c < 34.7$	9
$16.4 \le W_c < 20.1$	5	$34.7 \le W_c < 38.4$	10
$20.1 \le W_c < 23.8$	6		

연속보의 지점 휨모멘트를 구할 때에는 DL하중 외에 집중하중을 인접지간에 각각 하나씩 두어야 하며, 궤도의 차량하중은 대수에 제한 없이 좌우에 DB하중 또는 DL하중을 재하한다.

(2) 철도교의 활하중(철설, 제1편 2.3)

철도교의 활하중은 각국마다 약간 다르지만 우리나라 철도에서는 미국 주요철도에서 사용하고 있는 코퍼(Cooper)가 1894년에 제안한 E 하중을 kN과 meter로 환산하여 LS 하중(그림 2-4)이라 하고 표준하중으로 사용하고 있다.

이중 L 하중은 기관차(탄수차를 포함) 두 대를 연결한 후에 객화차에 상당하는 등분포하중을 연행한 것이며, S 하중은 2축이 특별히 큰 대형의 중차량을 상정한 것이다. 따라서, L 하중과 S 하중에서 영향이 큰 쪽을 사용한다. 일반적으로 바닥틀이나 소지간의 주거더에서는 대부분 S 하중이 큰 응력을 주며, 지간이 3.7m 이상되는 주거더나 주트러스에는 L 하중의 영향이 크다.

L 하중의 재하에서 기관차 하중은 단기(單機) 또는 중연에 의한 것으로 하고, 등분포하중의 길이에는 제한이 없고 부재의 응력이 최대가 되도록 재하한다.

축하중

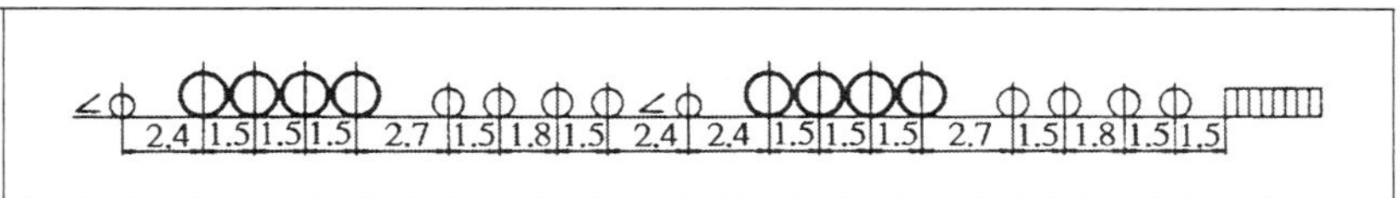

	1	2	3	4	5	6	7	8	9	10	11	12	13	14	15	16	17	18	등분포 하 중
L-18	90	180	180	180	180	120	120	120	120	90	180	180	180	180	120	120	120	120	60kN/m
L-22	110	220	220	220	220	$\frac{440}{3}$	$\frac{440}{3}$	$\frac{440}{3}$	$\frac{440}{3}$	110	220	220	220	220	$\frac{440}{3}$	$\frac{440}{3}$	$\frac{440}{3}$	$\frac{440}{3}$	$\frac{220}{3}$ kN/m

축하중

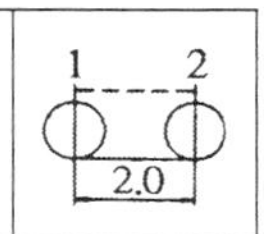

번호	1	2
S-18	220	220
S-22	2420/9	2420/9

축하중

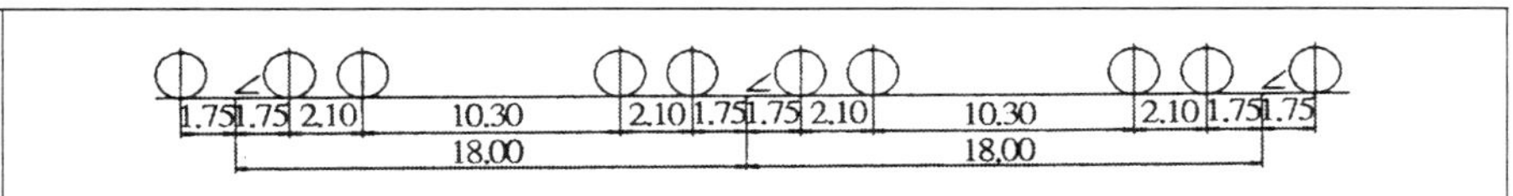

EL-18	180	180	180		180	180	180	180		180	180	180
EL-22	220	220	220		220	220	220	220		220	220	220

그림 2-4 LS 하중과 EL 하중

3. 충격하중(Impact Load)

활하중은 일반적으로 진동이나 충격 등의 동역학적 영향을 수반하는 동하중이다. 그러나 이 동역학적 영향은 열차, 자동차 등의 종류, 그 주행속도, 노면의 상태, 활하중과 고정하중의 비 등에 따라 다를 뿐만 아니라 교량 자체의 형식, 구조 등에 따라서도 변화하므로 이것을 처음부터 정확하게 고려하여 활하중을 규정한다는 것은 지극히 곤란하므로 교량의 설계에서는 먼저 활하중을 진동이나 충격이 없는 정역학적 하중, 즉 정하중으로 가정하고 응력을 산출한 후에 다시 여러 가지 동역학적 영향을 고려한 소위 충격을 산출하여 가산한다.

충격의 크기는 활하중에 대한 비율, 즉 충격계수로서 표시한다. 지금 활하중을 정하중이라 하고 산출한 응력을 활하중 응력(live load stress or L.L.S), 충격계수를 i, 충격에 의한 응력을 충격응력(impact stress, Imp.S)이라 하면,

$$\mathrm{Imp}.S = i \times \mathrm{L.L.S} \qquad (2\text{-}2\text{-}1)$$

충격에 대해서는 여러 가지 이론적 연구나 실측의 결과를 다음과 같이 생각할 수도 있다. 즉 충격의 영향은

① 활하중응력이 같아도 하중이 넓게 분포하여 작용하는 경우는 집중하여 작용하는 경우보다 작다.

② 하중이 동일해도 고정하중이 클수록 또 지간이 클수록 충격의 영향은 작아진다.

따라서 하중의 재하길이가 짧을수록, 또 지간이 길수록 i가 적어지도록 정한다.

도설, 제2장 2.14에서 충격계수는 다음 식으로 산출하며 0.3을 초과할 수 없다.

또한 철설, 제1편 2.4에는 강교 및 강합성교에서는 다음 표 2-3과 같이 규정하고 있다.

$$i = \frac{15}{40+L} \leq 0.3 \qquad (2\text{-}2\text{-}2)$$

표 2-3 철도교의 충격계수

기관차 종류	부재 및 교량형식	충격계수 i (%)
증기기관차	플레이트거더, 상로트러스의 중간지주, 하로트러스의 현수재	$l \leq 30\,\mathrm{m} : 70 - \frac{l^2}{45}$ $l > 30\,\mathrm{m} : \frac{540}{l-12} + 20$
	트러스	$\frac{1,200}{l+75} + 25$
디젤 및 전기기관차	–	$l \leq 24\,\mathrm{m} : 50 - \frac{l^2}{48}$ $l > 24\,\mathrm{m} : \frac{180}{l-9} + 26$

여기서 L은 원칙적으로 활하중이 등분포하중인 경우에 설계부재에 최대 응력이 일어나도록 활하중이 재하된 지간(m)이나 좀더 구체적인 것은 도로교 설계기준을 참고하기 바란다.

4. 풍하중(Wind Load)

교량 자체 및 교상의 활하중에 작용하는 풍압을 풍하중이라고 한다.

풍압은 일반적으로 구조물의 측면에 수직으로 작용하는 경우가 가장 위험하므로 교축

에 직각으로 작용하는 수평활하중으로 간주한다.

풍속과 풍압과의 관계는 일반적으로(도로교 설계기준, 제2장 2.1.11 참조)

$$p = 5 \times 10^{-7} \rho v^2 C_d G \qquad (2\text{-}2\text{-}3)$$

로 나타낼 수 있다.

여기서,

p : 풍압 ($\mathrm{MPa = N/mm^2}$) C_d : 항력계수

v : 풍속 (m/sec) G : 거스트 응답계수

ρ : 공기의 밀도(보통 $1.225\,\mathrm{kg/m^3}$)

거스트 응답계수 G는 순간 풍속 변동의 영향을 보정하기 위한 계수이고, 항력계수 C_d는 기존의 문헌, 실험, 해석 등의 합리적인 방법으로 산정한다.

(1) 도로교의 풍하중

일반적인 중소지간 교량의 상부구조에 작용하는 풍하중은 교축에 직각으로 작용하는 수평하중으로 하고, 고려하고 있는 부재에 가장 불리한 응력을 발생시키도록 재하한다. 이 때 식(2-2-3)에 기초한 표준적인 풍하중의 크기는 다음 ①~③항과 같다. 다만, 차음벽이 설치되어 있는 경우에는 바람의 특성 및 차음벽의 구조에 따라 풍하중을 저감시킬 수 있다.

① 플레이트거더교

플레이트거더교에 작용하는 풍하중은 교량 하나의 교축방향 길이 1m당 표 2-4에 나타낸 값으로 한다.

표 2-4 플레이트거더교의 풍하중(kN/m)

단면형상	풍하중
$1 \leq B/D < 8$	$(4.0 - 0.2B/D)D \geq 6$
$8 \leq B/D$	$2.4D \geq 6$

여기서,

B : 교량 총폭(m)
(그림 2-5 참조)

D : 교량 총높이(m)
(표 2-5 참조)

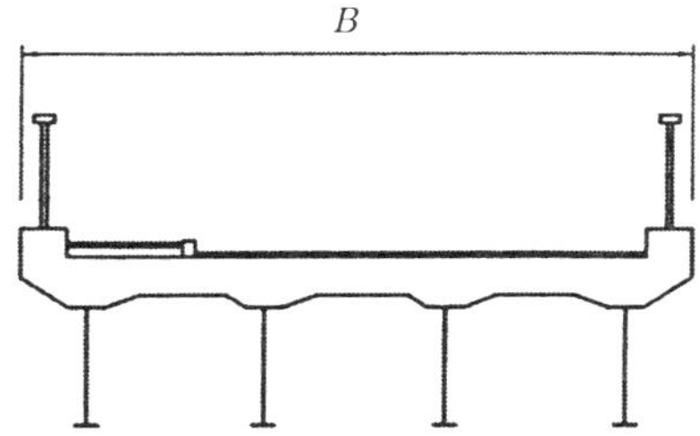

그림 2-5 교량 총폭 B

표 2-5 플레이트거더교의 총높이 D

교량용 방호울타리	벽형 강성 방호울타리	벽형 강성 방호울타리 이외
총높이 D	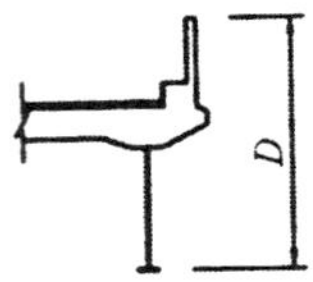	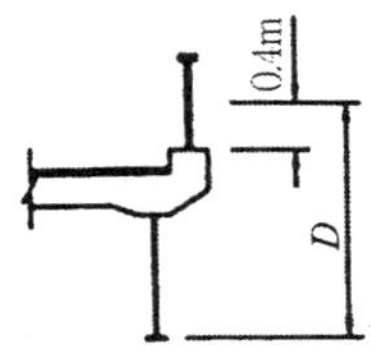

② 2주구 트러스

2주구 트러스에 작용하는 풍하중은 풍상측의 유효연직 투영면적 $1\,\mathrm{m}^2$당 표 2-6에 나타낸 값으로 한다. 다만, 표준적인 2주구 트러스에 대해서는 풍상측 현재의 교축방향의 길이 1m당 표 2-7에 나타낸 풍하중을 사용해도 좋다.

표 2-6 2주구 트러스에 작용하는 풍하중 (MPa)

트러스	활하중 재하시 활하중 비재하시	$1.25\times10^{-3}/\sqrt{\phi}$ $2.5\times10^{-3}/\sqrt{\phi}$
교량의 바닥판	활하중 재하시 활하중 비재하시	1.5×10^{-3} 3.0×10^{-3}

다만, $0.1 \leqq \phi \leqq 0.6$

여기서, ϕ : 트러스의 충실률(트러스 외곽 면적에 대한 트러스 투영면적의 비)

표 2-7 표준적인 2주구 트러스의 풍하중 (kN/m)

현 재		풍 하 중
재하현	활하중 재하시 활하중 비재하시	$1.5+1.5D+1.25\sqrt{\lambda h} \geq 6.0$ $3.0D+2.5\sqrt{\lambda h} \geq 6.0$
비재하현	활하중 재하시 활하중 비재하시	$1.25\sqrt{\lambda h} \geq 3.0$ $2.5\sqrt{\lambda h} \geq 3.0$

다만, $7 \leqq \lambda/h \leqq 40$

여기서,

D : 교량 바닥판의 총높이(m)

다만, 교축직각 수평방향에서 보아 현재와 중복되는 부분의 높이는 포함하지 않는다(그림 2-6 참조).

h : 현재의 높이(m)

λ : 하현재 중심에서 상현재 중심까지의 주구 높이(m)

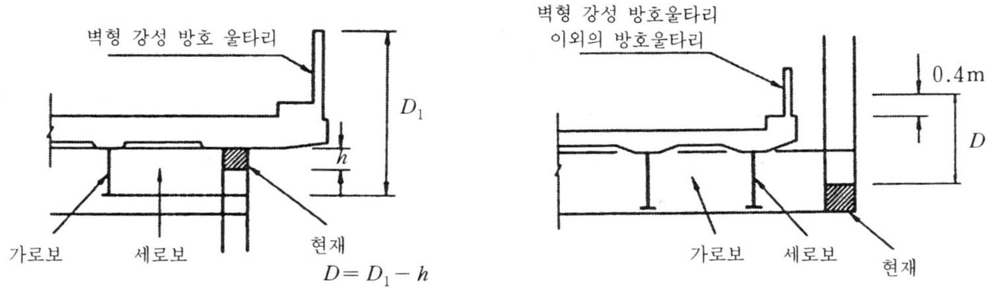

(a) 상로 트러스의 경우　　　(b) 하로 트러스의 경우

그림 2-6 2주구 트러스의 바닥판 총높이

표 2-8 플레이트거더교 또는 2주구 트러스 이외의 교량 부재에 작용하는 풍하중(MPa)

부재의 단면형상		풍 하 중	
		풍상측 부재	풍하측 부재
원형	활하중 재하시 활하중 비재하시	0.75×10^{-3} 1.5×10^{-3}	0.75×10^{-3} 1.5×10^{-3}
각형	활하중 재하시 활하중 비재하시	1.5×10^{-3} 3.0×10^{-3}	0.75×10^{-3} 1.5×10^{-3}

③ 기타 형식의 교량

기타 형식의 교량의 주거더 부분에 작용하는 풍하중은 주거더의 형상에 따라 ①항 또는 ②항을 적용한다. ①항 또는 ②항에 규정되지 않은 부재에 작용하는 풍하중은 단면형상에 따라 표 2-8에 나타낸 값을 사용한다. 또한 활하중이 재하될 때에는 교면상 1.5 m의 위치에서 1,500 N/m의 풍하중이 활하중에 대하여 작용하는 것으로 본다.

(2) 철도교의 풍하중

① 풍하중은 교량에 대하여 1방향으로 수평 및 직각으로 작용하는 것을 원칙으로 하고, 그 크기는 다음 각항에 의한다.

(ㄱ) 교량상에 열차가 없을 때

교량의 연직투사면 : $3.0\,\mathrm{kN/m^2}$

트러스의 바닥틀과 겹쳐지지 않는 바람맞이 반대편 주구의 연직투사면 : $2.0\,\mathrm{kN/m^2}$

(ㄴ) 교량상에 열차가 있을 때

교량의 연직투사면 : $1.5\,\mathrm{kN/m^2}$

트러스의 바닥틀과 겹쳐지지 않는 바람맞이 반대편 주구의 연직투사면 : $1.0\,\mathrm{kN/m^2}$

통과열차에 대하여 연직투사면 : 1.5 kN/m^2

다만, 열차의 연직투사면은 레일면상 4.0m의 폭으로 하고, 열차와 겹쳐지는 보의 바람맞이 쪽과 바람맞이 반대쪽의 부재에 대하여는 풍하중을 고려하지 않는다.

② 지간 80 m까지의 하로트러스에 대하여는 전항의 규정에 관계없이 바람맞이 쪽과 바람맞이 반대쪽을 합계하여 표 2-9의 값을 표준으로 한다.

표 2-9 지간 80m까지의 하로트러스의 풍하중 크기(단위 : kN/m)

구 분	상현재	하현재
교량상에 열차가 없는 경우	5.0	6.0
교량상에 열차가 있는 경우	3.0	8.0*

주) *열차에 대한 풍하중을 포함한 값이다.

5. 온도변화의 영향

아치나 라멘과 같이 양단의 상대변위가 구속된 구조물에서는 온도변화에 따른 신축이 자유롭지 못하기 때문에 구조물을 구성하는 부재에 응력이 생기는 데 이것을 온도응력이라 한다. 강도로교(도설, 제2장 2.1.12)에서 설계시의 온도변화는 가설시의 온도변화를 기준으로 하며, −10℃ ~ +50℃ 까지를 표준으로 하되, 특히 추운 지방에서는 −30℃ ~ +50℃ 까지로 하고 있다. 그리고 타이드아치, 보강거더가 있는 아치, 라멘, 강바닥판 등에서 태양의 직사부분과 그늘 부분과의 온도차는 15℃ 로 한다.

또 강철도교(철설, 제1편 2.18)에서 가설시의 온도변화는 −20℃ ~ +50℃ 까지로 하되, 특히 추운 지방에서는 −30 ℃~+50 ℃까지를 표준으로 하고 있고, 강재의 선팽창계수는 1 ℃에 대하여 0.000012 이다.

6. 종하중 · 횡하중

(1) 종하중(longitudinal load)

차량(기관차나 자동차)이 교량상에서 갑자기 정거할 때에 작용하는 하중이 제동하중(braking load)이고, 교량상에서 정지하고 있는 차량이 갑자기 움직일 때에 작용하는 하중이 시동하중(tractive load)이며 이들을 합쳐서 종하중이라 한다. 그러나 도로교에서는 이 양자를 구별하지 않고 단지 제동하중이라 하는데, 차량의 제동하중은 극단적으로 가벼운 교량 및 궤도가 있는 교량 등 특별한 경우에 고려하며, 이때의 제동하중은 자동차(DB 하중)하중 또는 궤도하중 총중량의 10% 가 교면 또는 레일면상 1.8m 위치에서 차량의 진행 방향으로 작용하는 것으로 한다(도설, 제2장 2.1.17 참조).

철도교에서 제동하중은 LS하중의 15%, 시동하중은 동륜하중의 25% 가 각각 레일면상 2.0m 높이에서 교축방향으로 작용하는 것으로 한다(철설, 제1편 2.13 참조).

(2) 횡하중

풍하중이나 원심하중도 교축에 직각으로 작용하는 횡하중이나 철도교에서 횡하중이란 차량, 특히 기관차의 사행 또는 횡진동에 의한 횡력을 말한다.

철설, 제1편 2.12에서는 그림 2-7과 같이 연행집중하중으로 하고 원칙으로 레일면상에서 교축에 직각이고 수평으로 작용하는 것으로 한다. 그 크기 Q는 L-하중 1동륜축 중의 15% 로 한다.

도로교에서 자동차의 횡력은 극히 적으므로 고려하지 않는다.

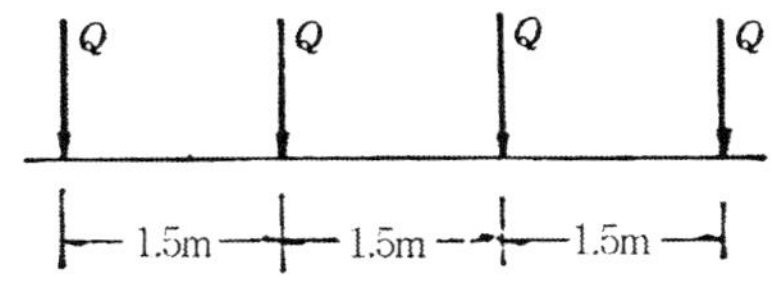

그림 2-7 횡하중

7. 원심하중(Centrifugal Load)

차량이 곡선상을 주행할 때의 원심력에 의한 횡하중이다. 원심하중은 교축에 직각이고 수평방향으로 작용하는 이동하중이라고 본다.

(1) 도로교

도로교에서 원심하중은 곡선궤도가 있는 경우에 한하여 궤도 차량하중의 8% 가 레일면상 1.8m 위치에서 횡방향으로 작용하는 것으로 본다(도설, 제2장 2.1.17). 곡선을 지나가는 차량의 원심력은 일반적으로 다음 식으로 표시한다.

$$CF = \frac{W \cdot V^2}{127R} \qquad (2\text{-}2\text{-}4)$$

여기서,

CF : 원심력(kN) W : 차량의 무게(kN)

V : 속도(km/h) R : 곡선 반지름(m)

(2) 철도교

철도교에서는 레일면상 2.0m 의 높이에서 수평으로 작용하되, 그 크기는 식(2-2-4)에 속도와 지간에 관련된 감소계수, 즉 식(2-2-5)의 f를 곱하여 구한다.

$$f = 1 - \left(\frac{V-120}{1,000}\right) \times \left(\frac{814}{V} + 1.75\right) \times \left(1 - \sqrt{\frac{2.88}{L}}\right) \qquad (2\text{-}2\text{-}5)$$

이 식에서 지간 $L \leq 2.88$m 이거나, 속도 $V \leq 120$km/h 일 때 f는 1.0 이다.

8. 지진하중(Seismic Load)

(1) 개요

우리나라에서도 근래 가벼운 지진이 있었고, 아울러 장래 예상할 수 있는 큰 지진에 대하여 교량이 받는 피해를 최소화시킬 수 있도록 중요한 교량의 상부구조나 하부구조 및 이들 연결부에 대하여 내진성 확보를 위한 내진설계가 필요하게 되었다.

교량에 대한 지진의 영향은 교량의 형식, 구조, 기초지반의 성질뿐 아니라 지진 자체의 동역학적 특성 등에 따라서 다르고 복잡하므로 이를 정확히 산정하기는 어렵다. 일반적으로 토목구조물에 사용되고 있는 내진계산(耐震計算) 및 해석법으로는 다음의 네 가지가 있다.

① 진도법(震度法)

② 수정진도법

③ 응답변위법(應答變位法)

④ 동적 해석법

여기서 ① 진도법이란 불규칙한 진동을 하는 지진동의 영향을 정적인 힘으로 치환하여 이를 구조물에 작용시켜 해석하는 방법이며, 이 방법으로 하면 지진시 구조물의 안정이나 부재의 응력계산을 평상시의 해석과 같게 간단하게 할 수 있다. 그러나 장대교량과 같이 처지기 쉬운 구조물은 지반의 움직임과 다르게 움직이므로 진도법을 적용하기에는 무리가 있다. 따라서 구조물의 진동특성을 가미시킨 진도, 즉 수정진도를 고려해서 계산해야 하는데 이를 ② 수정진도법이라 한다. 현재 일본의 내진설계는 ①과 ②를 기준으로 하고 있다. ③ 응답변위법이란 지중구조물과 같이 지반의 움직임이 구조물의 움직임을 좌우할 때는 지진시의 관성력(慣性力)에 따르기 보다는 지반 각부의 상대변위에 따라 구조물에 응력이 발생한다. 이 경우 변형을 구조물에 정적으로 작용시켜 구조물의 응력을 구하는 방법이 응답변위법인 것이다. 우리나라 교량 구조물의 내진설계는 이 방법을 근본으로 하고 있다. 그러나 현수교와 같은 대규모의 구조물에서는 지진동의 탁월주기(卓越周期)보다 긴 고유주기의 진동모드가 다수 존재하기 때문에 이런 경우에는 ④ 동적 해석법이 필요하다.

(2) 교량의 지진해석 방법

우리나라 교량의 지진해석 방법은 단일모드 스펙트럼해석법(① 및 ②항 참조)을 사용하는 것을 기본으로 하고 있으나 정밀한 해석을 요하는 교량의 경우에는 다중모드 스펙트럼 해석법이나 공인된 해석법을 사용할 수 있다(도설, 제6장 내진설계, 6.5 해석방법 참조). 그러나 단경간 및 지진구역 Ⅱ에 위치하는 내진 Ⅱ등급교는 상세한 지진해석을 할 필요가 없다. 즉 단경간교에서 상부구조와 교대 사이의 연결부에 대하여 고정하중 반력에 다음 (4)항에서 규정된 가속도계수와 (5)항에서 규정된 지반계수를 곱한 값의 수평지진력이 작용한다고 보고 종방향 및 횡방향에 대하여 안전하도록 설계한다. 또한 지진구역 Ⅱ에 위치하는 내진 Ⅱ등급교에서 상부구조와 하부구조를 연결하는 교량받침이나 기계장치는 고정하중의 20% 에 해당되는 수평지진력이 구속방향으로 작용한다고 보고 이에 저항하도록 설계한다(도설, 6.4 해석 및 설계에 대한 규정 참조).

① 단일모드 스펙트럼 해석법

다음에 제시된 단일모드 스펙트럼 해석법의 절차는 교축방향과 교축직각방향 지진운동에 대한 해석에 사용할 수 있다.

단계 1　가정된 등분포하중 p_0에 의한 정적 처짐 $v_s(x)$를 계산(그림 2-8 참조)

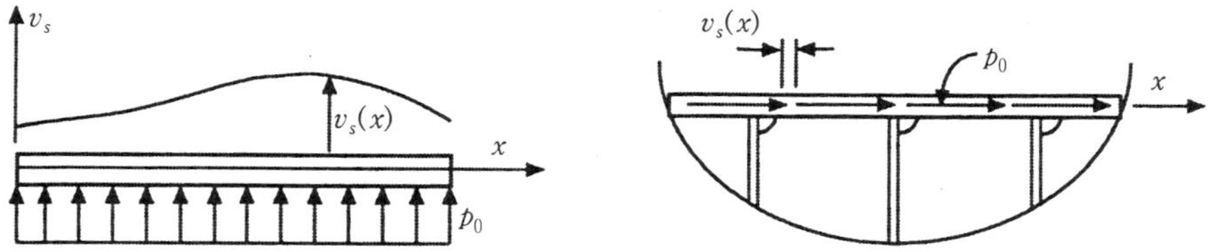

(a) 평면도, 횡방향 하중　　(b) 입면도, 종방향 하중

그림 2-8 횡방향 및 종방향으로 가정된 등분포하중을 받는 교량

단계 2　다음과 같이 α, β, γ를 계산한다.

$$\alpha = \int v_s(x)\,dx \tag{2-2-6}$$

$$\beta = \int w(x)\,v_s(x)\,dx \tag{2-2-7}$$

$$\gamma = \int w(x)\,v_s(x)^2\,dx \tag{2-2-8}$$

여기서, $w(x)$: 교량 상부구조와 상부구조의 동적 거동에 영향을 주는 하부구조의 단위길이당 고정하중

단계 3　교량의 주기, T를 계산한다.

$$T = 2\pi\sqrt{\frac{\gamma}{p_0\, g\, \alpha}} \tag{2-2-9}$$

여기서, g : 중력가속도, 9.81(m/s^2)

단계 4　등가정적 지진하중, $p_e(x)$를 계산한다.

$$p_e(x) = \frac{\beta C_s}{\gamma} w(x)\,v_s(x) \tag{2-2-10}$$

여기서, $p_e(x)$: 등가정적 지진하중이며 진동의 기본모드를 대표하기 위해 가하는 단위길이당 하중강도(그림 2-9 참조)

C_s : 탄성지진 응답계수(다음의 ②항 참조)

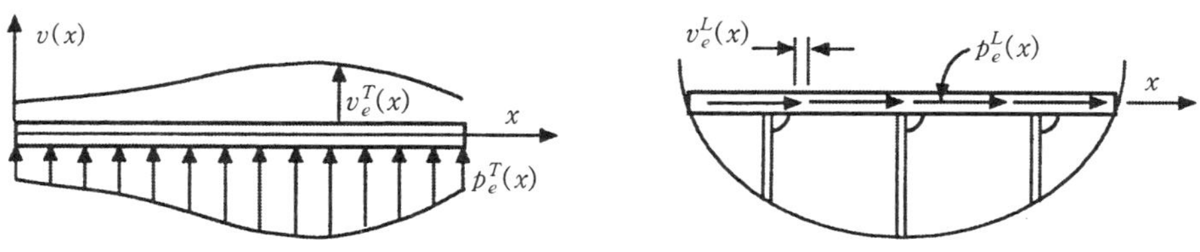

(a) 평면도, 횡방향 하중　　(b) 입면도, 종방향 하중

그림 2-9 횡방향 및 종방향의 등가지진하중을 받는 교량

② 탄성지진응답계수

설계하중의 결정에 쓰이는 탄성지진응답계수 (C_s)는 다음과 같은 무차원의 식으로 구한다.

$$C_s = \frac{1.2AS}{T^{2/3}} \leq 2.5A \qquad (2\text{-}2\text{-}11)$$

여기서,

A : 다음(4)항에서 규정된 가속도계수(표 2-13 참조)

S : 다음(5)항에서 규정된 지반 특성에 대한 무차원의 지반계수(표 2-14 참조)

T : 각 시설물편에서 정의한 방법에 의하여 결정된 시설물의 주기

(3) 교량의 내진등급과 설계지진 수준

교량의 내진등급은 표 2-10과 같이 교량의 중요도에 따라 내진 I 등급과 내진 II등급으로 분류한다. 다만, 교량의 관할기관에서 교량의 내진등급을 별도로 정할 수 있다. 또한 교량은 표 2-10에서 내진등급별로 규정된 평균재현주기를 갖는 설계지진에 대하여 설계되어야 한다.

표 2-10 도로교의 내진등급과 설계지진

내진등급	교 량	설계지진의 평균재현주기
내진 I 등급교	- 고속도로, 자동차전용도로, 특별시도, 광역시도 또는 일반국도상의 교량 - 지방도, 시도 및 군도 중 지역의 방재계획상 필요한 도로에 건설된 교량, 해당 도로의 일일계획교통량을 기준으로 판단했을 때 중요한 교량 - 내진 I 등급교가 건설되는 도로 위를 넘어가는 고가교량	1000년
내진 II 등급교	내진 I 등급교에 속하지 않는 교량	500년

표 2-11 지진구역 구분

지진구역	행정구역		구역계수 Z
I	시	서울특별시, 인천광역시, 대전광역시, 부산광역시, 대구광역시, 울산광역시, 광주광역시	0.11
	도	경기도, 강원도, 남부,[(1)] 충청북도, 경상북도, 경상남도, 전라북도, 전라남도 북동부[(2)]	
II	도	강원도 북부,[(3)] 전라남도 남서부,[(4)] 제주도	0.07

주) (1) 강원도 남부(군, 시) : 영월, 정선, 삼척시, 강릉시, 동해시, 원주시, 태백시

(2) 전라남도 북동부(군, 시) : 장성, 담양, 곡성, 구례, 장흥, 보성, 여천, 화순, 광양시, 나주시, 여천시, 여수시, 순천시

(3) 강원도 북부(군, 시) : 홍천, 철원, 화천, 횡성, 평창, 양구, 인제, 고성, 양양, 춘천시, 속초시

(4) 전라남도 남서부(군, 시) : 무안, 신안, 완도, 영광, 진도, 해남, 영암, 강진, 고흥, 함평, 목포시

(5) 행정구역의 경계를 통과하는 교량의 경우에는 구역계수가 큰 값을 적용한다.

(4) 가속도계수

지진재해도 해석 결과에 근거하여 우리나라의 지진구역을 표 2-11과 같이 설정한다. 각 지진구역에서의 평균재현주기 500년 지진지반운동에 해당하는 지진구역계수는 표 2-11에 수록된 바와 같이 구역 I 에서는 0.11, 구역 II 에서는 0.07 이고, 평균 재현주기별 최대 유효지반 가속도의 비를 의미하는 위험도계수는 표 2-12와 같다. 이 표에서 기준은 평균재현주기 500년 지진이다. 또한 교량이 위치할 부지에 대한 지진지반운동의 가속도계수 A는 (3)항에서 규정된 내진등급별 설계지진의 재현주기에 해당되는 위험도계수를 지진구역에 따른 지진구역계수에 곱하여 계산한다(표 2-13 참조).

표 2-12 위험도계수

재현주기(년)	500	1000
위험도계수, I	1	1.4

표 2-13 가속도 계수, A

내진등급	I 등급		II 등급	
재현주기	1000년		500년	
지진구역	I	II	I	II
가속도 계수	0.154	0.098	0.11	0.07

(5) 지반계수

지반의 영향은 교량의 지진하중을 결정하는 데 고려되어야 한다. 표 2-14에 명시된 지반계수 S는 표 2-15에서 정의된 지반의 종류(5종류)에 근거를 두고 있다.

표 2-14 지반계수

지반계수	지반종류			
	I	II	III	IV
S	1.0	1.2	1.5	2.0

표 2-15 지반의 종류

지반종류	지반종류의 호칭	지표면 아래 30 m 토층에 대한 평균값		
		전단파속도(m/s)	표준관입시험(N치[1])	비배수전단강도(kPa)
I	경암지반 보통암지반	760	-	-
II	매우 조밀한 토사지반 또는 연암지반	360에서 760	>50	>100

Ⅲ	단단한 토사지반	180에서 360	15에서 50	50에서 100
Ⅳ	연약한 토사지반	180 미만	<15	<50
Ⅴ	부지 고유의 특성평가가 요구되는 지반			

주) (1) 비점착성 토층만을 고려한 평균 N치

9. 기타 하중

(1) 가설하중(erection load)

교량 가설시에는 가설단계별 가설방법과 가설중의 구조를 고려하여 자중, 가설장비, 바람, 지진의 영향 등이 작용하는데, 이들 힘은 일시적으로 작용하는 것으로 이들을 가설하중이라 총칭하며, 필요한 경우에는 이에 대한 각부의 안전도를 조사할 필요가 있다.

(2) 난간에 작용하는 수평하중

군중이 교상에 밀집하여 그 추력에 의하여 난간이 파괴되어 사상자를 낸 사례가 있으므로 난간을 튼튼하게 만들어야 한다.

도설, 제2장 2.4.3.3에는 난간은 보도의 노면으로부터 110cm 이상의 높이로 하고 그 측면에 직각으로 도심도로상에는 3.75kN/m, 일반도로상에는 2.5kN/m의 수평력이 상단부에 작용하는 것으로 하고, 난간 정상부 윗면에는 수직력1.0kN/m가 작용하는 것으로 설계한다. 또 철도교 설계시에는 보도의 난간은 원칙으로 0.7kN/m의 횡력이 그 정부에 직각으로 작용하는 것으로 하고 있다.

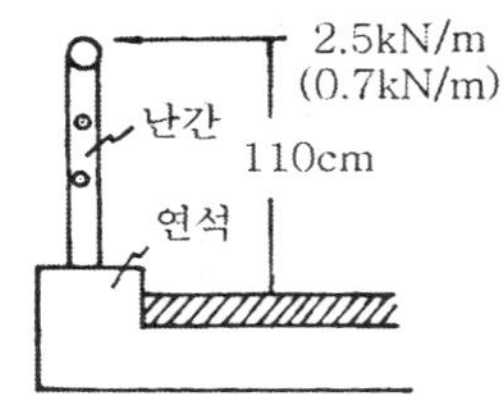

그림 2-10 난간의 수평추력

(3) 충돌하중(collision load)

도로의 입체교차 부분에 있는 교량의 각기둥 등을 설계하는 경우는 자동차의 충돌에 의한 하중을 생각해야 한다.

이 때의 하중은 노면상 1.8m 높이에서 수평으로 작용하며, 그 크기는 차도방향에 대하여 1,000kN, 차도의 직각방향에 대하여는 500kN으로 한다(도설, 제2장 2.1.19, 철설, 제1편 2.21 참조).

(4) 장대레일 종하중

철도교량상에 장대레일이 있을 때는 교량과 장대레일의 온도변화에 의한 신축량이 다르기 때문에 레일과 레일 체결장치 사이에 마찰력이 생겨서 이 반력이 교량거더 및 고정 받침부에 장대레일 종하중으로 작용한다.

이 종하중의 크기는 1궤도당 10kN/m이고 궤도 및 교량의 구조형식, 거더길이, 장대레일 신축이음, 지점의 배치 등을 고려하여 1궤도당 2,000kN을 초과하지 못하며 작용위치는 레일면 위에서 교축에 평행으로 작용한다.

2-3 처짐의 허용량

모든 구조물은 강도상 충분하더라도 강성이 부족하면 충격과 진동의 영향이 커질 뿐 아니라 차량의 운행상으로도 불안하며, 승차기분, 레일의 응력 등에 영향을 미치게 한다. 교량의 강성에 대한 검사방법의 하나로 교량의 최대 처짐을 산정하여 어느 제한값 안에 들도록 하는 방법을 취한다.

도로교(도설, 제3장 3.2.3)에서는 활하중(충격하중은 포함하지 않음)에 의한 강교의 주거더 및 가로보의 최대처짐은 표 2-16값 이하이어야 하며, 이 경우 처짐은 부재의 총단면으로 계산한다.

표 2-16 도로교의 허용처짐

L : 지간길이(m)

<table>
<tr><th colspan="3">교 량 형 식</th><th colspan="2">최 대 처 짐</th></tr>
<tr><th rowspan="5">플레이트거더 형식</th><th>종류</th><th>지간</th><th>단순지지거더 및 연속거더</th><th>게르버거더의 캔틸레버</th></tr>
<tr><td rowspan="3">철근콘크리트 슬래브가 있는 플레이트거더</td><td>$L \le 10$ m</td><td>$L/2,000$</td><td>$L/1,200$</td></tr>
<tr><td>$10 < L \le 40$ m</td><td>$\frac{L}{20,000/L}$</td><td>$\frac{L}{12,000/L}$</td></tr>
<tr><td>$L > 40$ m</td><td>$L/500$</td><td>$L/300$</td></tr>
<tr><td colspan="2">기타의 슬래브가 있는 플레이트거더</td><td>$L/500$</td><td>$L/300$</td></tr>
<tr><td colspan="3">현수교 형식</td><td colspan="2">$L/350$</td></tr>
<tr><td colspan="3">사장교 형식</td><td colspan="2">$L/400$</td></tr>
<tr><td colspan="3">기타 형식</td><td>$L/600$</td><td>$L/400$</td></tr>
</table>

철도교(철설, 제2편 3.3.1)에서 주거더의 처짐은 특별한 경우를 제외하고 되도록 표 2-17 값을 초과하지 않도록 하며, 다만 레일면에 솟음을 붙이는 등 처짐을 상쇄하는 경우에는 이 값을 완화할 수 있다. 또 가로보의 세로보 연속점에서의 처짐은 단부가로보에서 4mm 이하, 중간 가로보에서 5mm 이하로 하는 것을 원칙으로 한다.

표 2-17 철도교의 허용처짐

지간길이 L(m) / 열차속도 V(km/h)	$0 < L < 50$	$L \ge 50$
$V \le 120$	$L/180$	$L/700$
$120 < V \le 150$	$L/1,100$	$L/900$
$150 < V \le 200$	$L/1,600$	

처짐을 계산할 때는 거더의 단면변화를 고려하여 정밀계산을 실시하는 것을 원칙으로 하고, 약산식으로 검토할 경우에는 다음 식을 사용해도 좋다.

$$\delta = \frac{5.5ML^2}{48EI} \qquad (2\text{-}3\text{-}1)$$

여기서,

δ : 거더의 중앙부의 처짐

M : 열차하중 재하시 최대 휨모멘트

I : 거더 중앙부의 총단면 2차모멘트

제3장 강재의 성질과 허용응력

3-1 서 론

철이 교량에 사용된 것은 아주 오래되었으며 처음에는 주철교였다. 그 후 연철교로 만들어졌고 얼마 안 되어서 지금의 강교로 변한 것이다.

지금은 철교라 해도 실제는 강교를 말하며, 주철이나 연철은 극히 일부분에 사용되고 있는 실정이다. 철은 탄소의 함유량에 따라 그 성질이 크게 변한다. 주철의 탄소함유량은 1.7～6.67%로 아주 많으며 보통 주철의 탄소량은 2.0～4.5% 정도이다. 이의 성질은 취약하여 전성이나 연성이 없으므로 주입(鑄込)을 필요로 하는 부분, 즉 받침이나 난간 등에 사용된다.

이에 반하여 연철은 탄소의 함유량이 극히 적어 순철에 가까우며 유연하고 전연성(展延性)이 풍부하며 가공에 적합하다. 강은 탄소의 함유량이 0.04～1.7% 정도의 것으로 보통 구조물에 사용되는 것은 탄소의 함유량이 0.1～0.25% 정도의 탄소강의 일종이다.

강은 탄소의 함유량이 증가함에 따라 강도가 커지고 아울러 취성도 증가한다. 강은 탄소(C) 외에 인(P), 유황(S), 규소(Si), 망간(Mn) 등을 미소량 함유하고 있으며, 이들이 강의 성질에 영향을 주는 사항은 다음과 같다.

C : 탄소량이 많아지면 인장강도, 항복점, 경도가 증가되나 인성은 반대로 떨어진다.
P, S : 취성이 증대하나 충격치를 저하시킨다.
Si : 항복점이 높아진다.
Mn : 담금질(quenching)이 잘되고, 강도와 인성(靭性)을 높인다.

또 교량의 자중을 경감하기 위하여 경금속이 쓰이고 있는 데 경금속에는 알루미늄이나 마그네슘 혹은 그들의 합금 등 각종이 있으나 보통 사용되는 것은 알루미늄과 이의 합금이다.

알루미늄 합금의 중량은 강 혹은 철의 1/28이며, 이것을 교량에 사용하면 교량의 자중이 적어진다. 교량이 가벼워지면 단순히 응력의 경감, 제작, 운반, 가설의 편의뿐만 아니라 교대 및 교각에 대한 하중도 경감된다.

이 사실은 하부구조의 간이화에 기여하며 내진성도 좋아진다. 그러나 현재로서는 강재보다 고가이고 또 큰 치수의 재료를 생산하기가 곤란하므로 일반적으로 쓰이지 않으나 미국, 영국, 독일, 캐나다 등에서는 알루미늄 합금을 주체로 하는 교량이 가설되어 실용화되고 있다.

3-2 강의 분류

강은 그 제조법, 화학적 성분, 용도 등에 따라 다음과 같이 분류된다.

1. 제조법에 의한 분류

평로강(平爐鋼, siemens steel), 전로강(轉爐鋼, bessemer steel), 전기로강(electric steel) 및 도가니강(crucible steel) 등으로 분류된다.

2. 화학적 성분에 의한 분류

탄소강과 합금강으로 분류된다.

(1) 탄소강

탄소강이란 그 특성이 주로 이것이 함유하고 있는 탄소량에 지배되는 강을 말하는 데 보통 탄소강이 함유한 탄소량은 0.04～1.70% 정도로서 함유 정도에 따라 저탄소강 ($C<0.2$), 중탄소강 ($0.2<C<0.5$), 고탄소강 ($C>0.5$)으로 분류된다.

탄소 이외에도 Mn, Si, P, S, Cu를 함유하고 이것이 탄소강의 성질에 영향을 끼친다.

용융상태의 탄소는 전부가 강 속에 용해하고 있으나 이것이 서서히 냉각할 때의 조직 성분은 온도 및 탄소의 농도에 의해 변화한다.

탄소강의 성질은 탄소량에 따라 변화하는 데 탄소량이 증가하면 비중, 선팽창계수는 감소하고 비열, 전기저항성 등은 증대한다. 또 인장강도, 항복점 및 경도는 탄소량과 함께 증가하고 신장 및 충격치는 감소한다.

탄소량 0.5% 이하에서는 열처리가 기계적 성질에 미치는 영향이 적으나 탄소량 0.5% 이상의 고탄소강에서는 열처리의 영향이 뚜렷하며, 그 용도로부터 공구강이라고도 한다.

일반적으로 불림(normalizing)한 것은 풀림(annealing)한 것보다 인장강도와 항복점이 크고 신장은 작다. 즉 풀림에 의하여 연한 상태를 얻을 수 있고, 불림으로 강도가 큰 것을 얻을 수 있다.

표 3-1 탄소강의 분류

강종 No.	강이름	탄소함유량 (%)	인장강도 (N/mm^2)	늘음률(%)	담금질	용 도
No.1	극연강	<0.12	<380	25～20	부	리벳, 강선
No.2	연 강	0.13～0.20	380～440	22～18	〃	교량, 선박, 보일러, 건축재
No.3	반연강	0.21～0.35	440～500	20～16	〃	조선, 레일, 보일러
No.4	반경강	0.36～0.50	500～600	15～12	약간부	구조용 샤프트
No.5	경 강	0.51～0.80	600～700	12～9	양	샤프트류, 공구, 건축재
No.6	최경강	0.81～1.70	>700	8～6	양	공구, 스프링, 샤프트

탄소강을 탄소함유량 및 용도에 따라 분류하면 표 3-1과 같다.

(2) 합금강

합금강은 탄소강에 수종의 금속원소를 가하여 배합한 고급강이다. 그 성질은 강도를 높이는 것과 녹을 방지하는 것의 두 가지가 있다. 주요한 합금강에는 크롬강, 니켈크롬강, 니켈크롬 몰리브덴강, 크롬몰리브덴강 등이 있다. 또 특수용 합금강으로서 스테인리스 스틸이 있는 데 이것은 크롬만 함유시킨 것과 크롬과 니켈을 함유시킨 것의 2종류가 있으며 공기중 및 수중에서 녹이 슬지 않는 강의 방청재로서 사용된다.

최근 구조용, 특히 교량용에 고장력강이 쓰이고 있는 데 여기에는 니켈강, 규소강, 망간강 등이 있다. 니켈강은 Ni의 함유량을 2~3%로 하여 항장성(抗張性)을 준 것이고, 규소강은 Si를 0.2~1.2% 함유시킨 것이다. 망간강은 규소강을 개량하여 Mn량을 1.6% 정도 함유시킨 것이다.

특수강인 고장력강은 교량용 구조강재로서 중요한 재료인데 고장력강에 요구되는 특징을 들면 다음과 같다.

① 인장강도, 항복점이 높을 것.
② 용접성이 우수할 것.
③ 내식성이 양호할 것.
④ 압연한 대로 사용할 수 있고 열처리가 불필요한 것.
⑤ 가공성이 좋을 것.
⑥ 값이 쌀 것.

3. 용도에 의한 분류

구조용강과 공구강으로 분류되며, KS에서는 일반구조용 압연강재(KS D 3503, 표 3-2), 철근콘크리트용 봉강(KS D 3504, 표 3-3), 용접구조용 압연강재(KS D 3515, 표 3-4), 용접구조용 내후성 열간압연강재(KS D 3529, 표 3-5), 보일러용 압연강재(KS D 3560), 리벳용 원형강(KS D 3557, 표 3-6), 탄소강주강품(KS D 4101, 표 3-7) 및 회주철품(KS D 4301, 표 3-8) 등에 대하여 규정하고 있다.

표 3-2 일반구조용 압연강재(KS D 3503)

종류의 기호		인장강도 (N/mm^2)	적 요
SI단위	종래단위		
SS 330	SS 34	330~430	강판, 평강, 봉강 및 강대
SS 400	SS 41	400~510	강판, 평강, 봉강 및 형강
SS 490	SS 50	490~610	강판, 평강, 봉강 및 형강
SS 540	SS 55	540 이상	두께, 지름, 변 또는 대변거리가 40mm 이하의 강판, 평강, 형강, 봉강 및 강대

표 3-3 철근콘크리트용 봉강(KS D 3504)

종 류	기 호	종 류	기 호	인장강도 (N/mm^2)
원형봉강	SR 240	이형봉강	–	240 이상
	SR 300		–	300 이상
			SD 300	300 이상
			SD 350	350 이상
			SD 400	400 이상
			SD 500	500 이상

표 3-4 용접구조용 압연강재(KS D 3515)

종류의 기호	종래기호	인장강도 (N/mm^2)	적 요
SM 400A	SWS 400A	400~510	강판, 대강, 형강 및 평강의 두께 200mm 이하
SM 400B	SWS 400B		
SM 400C	SWS 400C		강판, 대강 및 형강의 두께 100mm 이하
SM 490A	SWS 490A	490~610	강판, 대강, 형강 및 평강의 두께 200mm 이하
SM 490B	SWS 490B		
SM 490C	SWS 490C		강판, 대강 및 형강의 두께 100mm 이하
SM 490YA	SWS 490YA	490~610	강판, 대강, 형강 및 평강의 두께 100mm 이하
SM 490YB	SWS 490YB		
SM 520B	SWS 520B	520~640	강판, 대강, 형강 및 평강의 두께 100mm 이하
SM 520C	SWS 520C		강판, 대강 및 형강의 두께 100mm 이하
SM 570	SWS 570	570~720	강판, 대강 및 형강의 두께 100mm 이하

표 3-5 용접구조용 내후성 열간압연강재(KS D 3529)

종 류			기 호	인장강도 (N/mm^2)	적 요
1종	A	W	SMA 41 AW	400~540	내후성을 갖는 두께 6mm 이상, 50mm 이하의 강판 및 형강
		P	SMA 41 AP		
	B	W	SMA 41 BW	400~540	
		P	SMA 41 BP		
	C	W	SMA 41 CW	400~540	내후성을 갖는 두께 6mm 이상, 50mm 이하의 강판
		P	SMA 41 CP		
2종	A	W	SMA 50AW	490~610	내후성이 우수한 두께 6mm 이상, 50mm 이하의 강판 및 형강
		P	SMA 50AP		
	B	W	SMA 50BW	490~610	
		P	SMA 50BP		
	C	W	SMA 50 CW	490~610	내후성이 우수한 두께 6mm 이상, 50mm 이하의 강판
		P	SMA 50 CP		
3종		W	SMA 58W	570~720	내후성이 우수한 두께 6mm 이상, 50mm 이하의 강판
		P	SMA 58P		

표 3-6 리벳용 원형강(KS D 3557)

종류의 기호 (SI 단위)	종래기호	인장강도 (N/mm²) (kgf/mm²)	연신율(%)	
SV 330	SV 34	330~400 (34~41)	2호 시험편	27 이상
			3호 시험편	34 이상
SV 400	SV 41	400~490 (41~50)	2호 시험편	25 이상
			3호 시험편	30 이상

표 3-7 탄소강 주강품(KS D 4101)

종류의 기호	종래기호	인장강도 (N/mm²)	적 요
SC 360	SC 37	360 이상	일반구조용, 전동기 부품용
SC 410	SC 42	410 이상	일반구조용
SC 450	SC 46	450 이상	일반구조용
SC 480	SC 49	480 이상	일반구조용

표 3-8 회주철품(KS D 4301)

종류	기호	종래기호	공시체의 주조된 상태의 지름 (mm)	인장강도 (N/mm²)	브리넬경도 (HB)
1종	GC 100	GC 10	30	100 이상	201 이하
2종	GC 150	GC 15	30	150 이상	212 이하
3종	GC 200	GC 20	30	200 이상	223 이하
4종	GC 250	GC 25	30	250 이상	241 이하
5종	GC 300	GC 30	30	300 이상	262 이하
6종	GC 350	GC 35	30	350 이상	277 이하

3-3 강의 성질과 검사

강은 압축, 인장 및 전단에 대해서 각각 뛰어난 강도를 가지고 있으나, 고열을 받으면 강도가 저하하고, 또 습기에 대해서 녹슬기 쉬운 결점이 있다.

따라서 구조재로서 사용할 경우는 내화피복이나 방식도장 등에 의해 이 결점을 보충해야 된다.

1. 인장강도와 시험

강재의 인장강도는 원재의 재형에 따라 결정된 그림 3-1과 같은 형의 시험편을 물리는 장치로 양단을 물려서 시험한다.

하중을 서서히 가하여 항복점 하중 및 파괴하중을 측정하고, 항복점 및 인장강도를 다음 식에 의해서 산정한다.

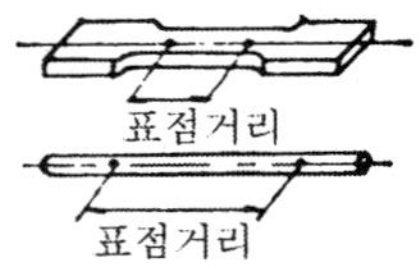

그림 3-1 강재의 인장시험편

$$f_s = \frac{P_s}{A} \quad (3\text{-}3\text{-}1)$$

여기서,

f_s : 항복점강도 (MPa 또는 N/mm^2)

P_s : 항복점 최대하중 (N)

A : 원단면적 (mm^2)

$$f_b = \frac{P_{\max}}{A} \quad (3\text{-}3\text{-}2)$$

여기서,

f_b : 인장강도 (MPa)

$P_{\max}$: 인장파괴하중 (N)

강재의 응력-변형률 관계를 보면 그림 3-2와 같이 응력이 탄성한도를 지나면 영구 변형이 생기므로 강의 구조는 가능하면 응력이 탄성한도 이내에 있도록 설계해야 한다. 따라서 항복점을 아는 것은 매우 중요하다.

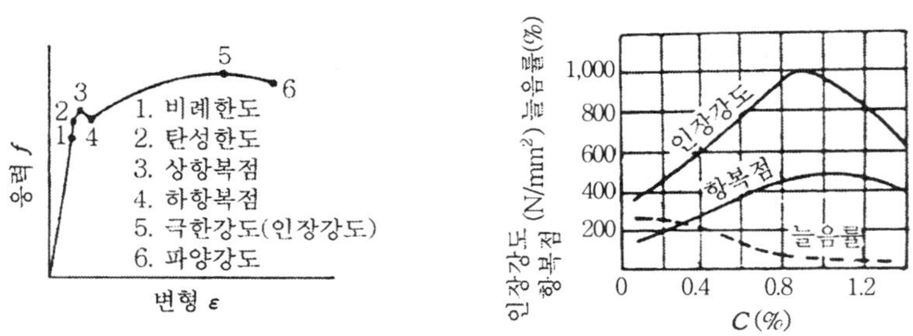

그림 3-2 인장강도와 항복점

강재의 인장강도 및 항복점은 탄소함유량의 증가와 함께 증대하지만 0.85% 부근이 최고이고 그 이상이 되면 오히려 저하한다.

응력과 변형의 관계를 조사할 경우 강재의 늘음률과 탄성계수는 시험편에 표적한 표점거리를 측정하여 다음 식으로 계산한다.

$$\varepsilon = \frac{l - l_0}{l} \times 100 \quad (3\text{-}3\text{-}3)$$

여기서,

ε : 늘음률

l : 파단시의 표점길이 (mm)

l_0 : 표점거리 (mm)

$$E = \frac{f_E}{\varepsilon_E} \tag{3-3-4}$$

여기서,

E : 탄성계수

f_E, ε_E : 탄성한도에서의 응력과 늘음률

강재의 굽힘시험은 휨강도를 조사하기 위한 것이 아니고, 가공성을 알기 위한 것이다. 시험편은 재료의 종류에 따라 결정된 치수의 형 또는 봉상을 그림 3-3과 같이 압력을 가하여 구부리고, 만곡부 외부의 파열 여부를 관찰한다.

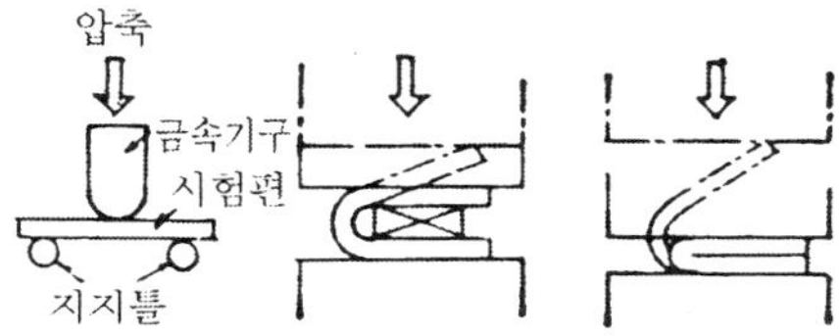

그림 3-3 강재의 굽힘시험

2. 내화성

탄소강의 강도는 200～300 ℃에서 상온의 강도보다는 약간 증대하지만, 500 ℃에서는 연화하여 상온의 약 50% 의 강도가 되고, 600 ℃에서는 약 30% , 1,000 ℃에서는 강도를 모두 잃으며, 1,400～1,500 ℃에서는 완전히 용해한다. 이와 같이 탄소강은 고온에서는 강도가 현저히 저하되므로 구조재로서는 절대 내화피복이 필요하다.

또 탄소강의 열팽창계수는 약 $(1.0 \sim 1.2) \times 10^{-5}$ 인데, 콘크리트의 그 계수와 거의 같다.

3. 내구성

강은 습한 상태 또는 수중에 있으면, 물의 분해에 의해서 전해작용을 일으켜 표면에 빨간 녹이 발생한다. 습기 및 수중에 탄산가스가 존재하면, 이 부식작용은 더욱 촉진된다. 그 외에 석탄, 코크스의 연소에 의한 유황의 산화물이나 공기 중의 먼지, 매연, 해변지대의 염분 등에 의해서도 부식된다.

따라서 강재가 부식하지 않게 하려면 도료 및 기타 다른 재료로 표면에 피막을 만들든가 또는 모르타르, 콘크리트 등으로 피복한다. 강은 알칼리 내에서는 안정하므로 모르타르, 콘크리트의 피복은 유효하며, 철근콘크리트 구조는 이러한 의미에서 이상적이다. 콘크리트는 오랜 기간이 지나면 표면에서 중성화되므로 콘크리트로 피복할 경우 충분한 두께로 해야 한다.

4. 열처리

열처리는 강을 가열냉각하여 내부조직을 변화시켜 성질을 개선・향상시키는 것이다.

그 방법에는 불림(normalizing), 풀림(annealing), 담금질(quenching or hardening) 및 뜨임(tempering) 등이 있다.

불림은 강괴를 변태점(906℃) 이상 약 40～60℃의 온도를 가열한 후 대기 중에서 냉각하는 조작으로 강의 조직이 미립화되어 강 내부의 변형이 제거되지만 인장강도가 저하되는 단점이 있다. 풀림은 거칠고 큰 조직의 강재를 조직의 정정과 내부응력의 제거를 목적으로 30분 내지 1시간 동안 고온에 두었다가 서서히 냉각하는 조작이다.

담금질은 가열한 후 냉수, 온수 또는 기름 등에 넣어 급속히 냉각시키는 것으로, 늘음률은 감소하지만 강도, 경도, 내마모성이 증가한다.

뜨임이란 담금질한 강은 일반적으로 너무 무디고 단단하며 내부에 변형이 일어나므로 이를 조정하고 적당한 강인성을 주기 위하여 다시 가열하여 공기 중에서 천천히 냉각하는 것이다.

5. 설계계산에 사용되는 물리상수

설계계산에 사용되는 강재의 물리상수는 표 3-9와 같다.

표 3-9 물리상수(도설, 제2장 2.3.3)

종 류	물리계수
강재 및 주강의 탄성계수	210,000 MPa
철근의 탄성계수	200,000 MPa
PS강재의 탄성계수	200,000 MPa
주철의 탄성계수	100,000 MPa
강재의 전단탄성계수	81,000 MPa
강재 및 주강의 포아송비	0.30
주철의 포아송비	0.25

6. 재료검사

강재는 대부분 규격품을 사용하나, 규격품이라 하더라도 경우에 따라서는 강도가 부족하거나 두께가 얇은 경우도 있고 또 규격 외의 것을 사용하는 경우도 있으므로 필요에 따라서 재료검사를 해야 한다.

재료검사는 판의 두께나 형상이 소정의 것인가 혹은 다소 차이가 있다 하더라도 허용되는 공차의 범위 내에 있는가를 검사한다.

재질의 시험으로서는 우리가 보통 실시하는 기계적 성질에 대한 시험을 의미하며, 대부분은 인장시험을 통하여 인장강도, 항복점 및 연성을 시험한다.

연성은 강재의 가공성 양부에 중대한 관계가 있으므로 이를 측정하는 데는 인장시켜 끊어질 때까지의 늘어나는 양으로 측정하며, 시험편에 따라 정해진 표점 간의 늘어난 분량을 백분율로서 나타낸다. 강재뿐만 아니라 모든 재료는 그 파괴강도(강재의 경우 항복점) 이하의 응력이라 하더라도 그것을 반복해서 가하면 파괴된다. 이 현상을 재료의 피로(fatigue)라 한다.

무한횟수로 반복해도 파괴를 일으키지 않는 응력의 한도를 피로한도(疲勞限度, fatigue limit)라고 한다.

사실상 무한횟수의 실험은 불가능하며, 목적에 따라 적당한 횟수(교량에서는 100만 회 정도)를 정하여 시험한다. 용접이음 등에 대해서는 이 피로시험이 특히 중요하다.

3-4 교량에 사용되는 압연강재

압연강재는 강판, 평강, 봉강 및 형강으로 생산되고 있다.

1. 강판

강판은 평평하게 압연된 것으로 판의 양단을 전단기로 절단한 판(전단연판)과 양단을 동시에 압연한 판(압연연판 또는 universal mill plate라 함)의 2종류가 있다. 강판에는 얇은 강판, 중강판, 후강판 등이 있으며, 교량에 사용되는 강판의 두께는 8~25 mm 정도이다.

강판의 표시는 수량~Pls 폭(mm)×두께(mm)×길이(m)로 표시한다. 또 무늬강판은 한쪽 표면에 무늬모양을 나타냄으로써 활동방지용의 부판(敷鈑), 단판(段鈑)으로 쓰인다.

2. 평강

평강은 단면이 직사각형의 형상으로 폭 55 mm 이하의 양측면이 압연된 것이다. 교량에 사용되는 평강의 두께는 보통 8~25 mm로서 수량~Fs 폭(mm)×두께(mm)×길이(m)로 표시한다.

3. 봉강

봉강은 단면이 원형, 정사각형으로 환강, 각강이라 부른다. 각강은 교량에는 거의 사용되고 있지 않으나, 환강은 슬래브의 철근이나 리벳재로서 많이 사용되고 있다.

환강의 표시는 지름(mm)×길이(m)로 표시한다.

4. 형강

특수한 단면형으로 압연된 강재로서 많은 종류가 있다. 보통 교량에 쓰이는 것은 L형강

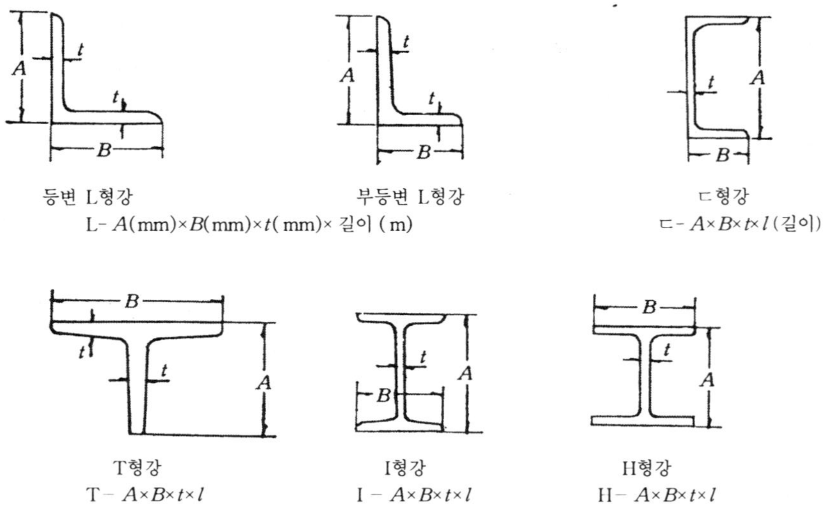

그림 3-4 형강의 종류

(앵글, 등변, 부등변), ㄷ형강(channel), I형강(I-beam), T형강(T-beam), H형강(H-beam) 및 레일(rail) 등이다. 기타 Z형, 각주, 원주형 등이 있으나 별로 쓰이지 않는다.

그림 3-4는 각종 형강을 표시한 것이고, 이들 치수에 대해서는 부록[Ⅱ]~부록[Ⅵ]을 참고하기 바란다.

3-5 허용응력

1. 안전율

교량에서 뿐만 아니라 일반구조물에서도 그것이 안전하려면 각 부분에 일어나는 응력이 재료의 파괴강도(강철의 경우 항복점)를 넘어서는 안 된다. 그러나 아무리 간단한 구조물이라 해도 각 부분에 일어나는 응력의 참값을 알기는 거의 불가능하며, 일반적으로 여러 가지 가정을 설정하여 계산한다.

이와 같이 구한 이론치는 이론적으로는 정당하더라도 그 값이 진실한 값이라고는 할 수 없다. 그러므로 응력계산의 기초가 되는 하중은 여러 가지 가정과 변화과정이 내포되어 있으며 또 재료에 대해서도 치수의 오차나 의외의 결점이 있을 수도 있고, 응력의 반복에 의한 재료의 피로현상도 있으므로 재료의 파괴강도 및 항복점까지를 응력의 허용치로 설정한다는 것은 사실상 매우 위험하다.

그래서 어느 제한치를 생각하여 응력이 이 제한치를 넘지 않도록 해야 한다.

이 제한치를 허용응력이라 하며 재료의 파괴강도(강에서는 항복점)와 허용응력과의 비를 안전율(factor of safety)이라 한다. 안전율의 값은 재료의 특성에 따라 다르며 목재에서는 4~5, 콘크리트에서는 3~3.5, 강재에 대하여는 1.8~2.0으로 한다. 허용응력의 값은 각종 설계기준이나 시방서 등에 자세히 규정되어 있다.

2. 장주의 좌굴

콘크리트의 원통 공시체와 같이 길이가 짧은 단주를 압축하면 눌리면서 파괴되는 순수한 압축파괴가 일어나지만 철근과 같이 가늘고 긴 것에 압축을 가하면 단주와 같이 눌려서 파괴되는 것이 아니라 횡방향으로 휘어지면서 파괴된다.

이런 현상을 장주의 좌굴이라 한다. 따라서 트러스 부재와 같은 압축재에서 순수한 압축파괴는 문제되지 않고 장주로서의 좌굴이 문제가 되며, 이에 대한 허용응력을 생각하지 않으면 안 된다.

따라서 압축재에서 좌굴이 되느냐 안 되느냐는 단면의 크기와 부재의 길이와의 비(比)로서 결정되며, 가늘고 길수록 좌굴이 잘 일어난다.

오일러(Euler)는 탄성이론에서 압축재가 좌굴을 시작할 때의 응력, 즉 좌굴응력(또는 한계응력)을 다음 식으로 유도하였다.

$$f_k = \frac{\pi^2 EI}{l^2 A} = \frac{\pi^2 E}{\lambda^2} \tag{3-5-1}$$

여기서,

A : 단면적

I : 최소단면 2차모멘트

$r = \sqrt{I/A}$: 최소 회전반지름

l : 길이(다만, 양단이 힌지가 아닌 경우에는 그림 3-5에서의 l을 취한다. 여기의 l을 자유좌굴길이라 한다)

$\lambda = l/r$: 세장비

E : 재료의 탄성계수

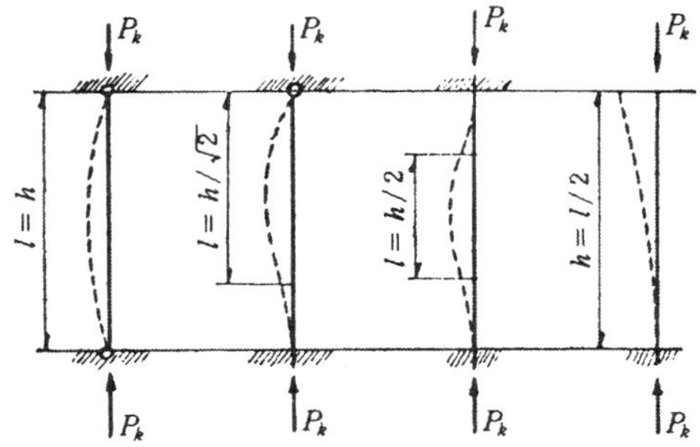

그림 3-5 기둥의 좌굴

이것이 유명한 오일러의 장주공식이며, f_k가 탄성한도 이하에서는 실험결과와도 잘 일치한다.

그러나 l이 작아지면 λ도 작아지고 f_k는 커진다. 따라서 λ가 어느 한도보다 작아지면 f_k는 재료의 탄성한도보다 커지고 탄성을 가정하는 오일러공식은 성립되지 않고 또 실험의 결과와도 부합되지 않는다.

이와 같은 비탄성의 좌굴에 대해서도 예로부터 많은 학자들 간에 이론적으로 또는 실험적인 연구가 계속되어 그 결과 비탄성영역의 좌굴에 대해서는 실용적으로 다음과 같은 Tetmajer나 Johnson 공식이 사용되고 있다.

$$f_k = A - B\lambda,\ f_k = A - B\lambda^2 \qquad (3\text{-}5\text{-}2)$$

여기서, A 및 B는 실험에 의해 정해지는 정수이나 A는 단주로서의 압축강도에 해당된다.

식(3-5-2) 중 λ의 1차식은 목재 및 콘크리트에 사용되고, 강재에 대해서는 λ의 2차식이 사용되고 있다.

3. 도로교의 허용응력

(1) 구조용 강재의 허용응력(도설, 제3장 3.3.2 참조)

① 구조용 강재의 허용축방향 인장응력 및 휨인장응력은 표 3-10에 표시된 값으로 한다.

표 3-10 허용축방향 인장응력 및 허용휨인장응력 (MPa=N/mm^2)

강종	SS 400, SM 400, SMA 400	SM 490	SM 490Y, SM 520, SMA 490	SM 570, SMA 570
인장응력	140	190	210	260

참고) 상기 값은 판두께 40mm 이하에 대한 값이고 40mm 이상에 대해서는 도설, 3.3.2 참조.

② 구조용 강재의 허용축방향 압축응력은 식(3-5-3)에 의해 계산한다.

$$f_{ca} = f_{cag} \cdot f_{cal} / f_{cao} \qquad (3\text{-}5\text{-}3)$$

여기서,

f_{cag} : 표 3-11에 표시한 국부좌굴을 고려치 않은 허용축방향 압축응력 (MPa)

f_{cal} : 표 3-12, 표 3-13, 표 3-14에 규정한 국부좌굴에 대한 허용응력 (MPa)

f_{cao} : 표 3-11에서의 국부좌굴을 고려치 않은 허용축방향 압축응력의 상한 값 (MPa)

표 3-11 국부좌굴을 고려하지 않은 허용축방향 압축응력(MPa)

강종	SS 400, SM 400, SMA 400	SM 490	SM 490Y, SM 520, SMA 490	SM 570, SMA 570
축방향압축응력	(a) $\frac{l}{r} \leqq 20$ 140	(a) $\frac{l}{r} \leqq 15$ 190	(a) $\frac{l}{r} \leqq 14$ 210	(a) $\frac{l}{r} \leqq 18$ 260
	(b) $20 < \frac{l}{r} \leqq 93$ $140 - 0.84\left(\frac{l}{r} - 20\right)$	(b) $15 < \frac{l}{r} \leqq 80$ $190 - 1.3\left(\frac{l}{r} - 15\right)$	(b) $14 < \frac{l}{r} \leqq 76$ $210 - 1.5\left(\frac{l}{r} - 14\right)$	(b) $18 < \frac{l}{r} \leqq 67$ $260 - 2.2\left(\frac{l}{r} - 18\right)$
	(c) $93 < \frac{l}{r}$ $\frac{1{,}200{,}000}{6{,}700 + (l/r)^2}$	(c) $80 < \frac{l}{r}$ $\frac{1{,}200{,}000}{5{,}000 + (l/r)^2}$	(c) $76 < \frac{l}{r}$ $\frac{1{,}200{,}000}{4{,}500 + (l/r)^2}$	(c) $67 < \frac{l}{r}$ $\frac{1{,}200{,}000}{3{,}500 + (l/r)^2}$
비고	l : 부재의 유효좌굴길이 (cm) r : 총단면의 단면 2차 반지름 (cm)			

참고) 상기 값은 판두께 40mm 이하에 대한 값이고 40mm 이상에 대해서는 도설, 3.3.2 참조

표 3-12 압축응력을 받는 양연 지지판의 국부좌굴에 대한 허용응력

강 종	국부좌굴에 대한 허용응력(MPa)	비 고
SS 400, SM 400, SMA 400	140	$\frac{b}{39.6i} \leqq t$
	$220{,}000\left(\frac{ti}{b}\right)^2$	$\frac{b}{80i} \leqq t < \frac{b}{39.6i}$
SM 490	190	$\frac{b}{34.0i} \leqq t$
	$220{,}000\left(\frac{ti}{b}\right)^2$	$\frac{b}{80i} \leqq t < \frac{b}{34.0i}$
SM 490Y, SM 570, SMA 490	210	$\frac{b}{32.4i} \leqq t$
	$220{,}000\left(\frac{ti}{b}\right)^2$	$\frac{b}{80i} \leqq t < \frac{b}{32.4i}$
SM 570, SMA 570	260	$\frac{b}{29.1i} \leqq t$
	$220{,}000\left(\frac{ti}{b}\right)^2$	$\frac{b}{80i} \leqq t < \frac{b}{29.1i}$

참고) 상기 값을 판두께 40mm 이하에 대한 값이고 40mm 이상에 대해서는 도설, 3.3.2 참조

여기서, t : 판두께(cm)

b : 판의 고정연 사이의 거리(cm)

i : 응력구배계수로서 $i = 0.65\psi^2 + 0.13\psi + 1.0$

ϕ : 응력구배로서 $\phi = (f_1 - f_2)/f_1$

f_1, f_2 : 각각 판의 양연에서의 응력(MPa)

다만, $f_1 \geqq f_2$ 이며 압축응력을 정(正)으로 한다.

표 3-13 압축응력을 받는 자유돌출판의 국부좌굴에 대한 허용응력

강　　종	국부좌굴에 의한 허용응력(MPa)
SS 400, SM 400, SMA 400	140 : $\frac{b}{13.1} \leqq t$ $24,000\left(\frac{t}{b}\right)^2$: $\frac{b}{16} \leqq t < \frac{b}{13.1}$
SM 490	190 : $\frac{b}{11.2} \leqq t$ $24,000\left(\frac{t}{b}\right)^2$: $\frac{b}{16} \leqq t < \frac{b}{11.2}$
SM 490Y, SM 520, SMA 490	210 : $\frac{b}{10.7} \leqq t$ $24,000\left(\frac{t}{b}\right)^2$: $\frac{b}{16} \leqq t < \frac{b}{10.7}$
SM 570, SMA 570	210 : $\frac{b}{9.6} \leqq t$ $24,000\left(\frac{t}{b}\right)^2$: $\frac{b}{16} \leqq t < \frac{b}{9.6}$

참고) 상기 값은 판두께 40mm 이하에 대한 값이고 40mm 이상에 대해서는 도설, 3.3.2 참조

여기서,

t : 자유돌출판의 두께로 $t \geq \frac{b}{16}$ (cm)

b : 자유돌출폭 (cm)

표 3-14 압축응력을 받는 양연이 지지보강된 판의 국부좌굴에 대한 허용응력

강　　종	국부좌굴에 의한 허용응력(MPa)
SS 400 SM 400 SMA 400	140 : $\frac{b}{28in} \leqq t$ $140-2.5\left(\frac{b}{tin}-28\right)^2$: $\frac{b}{56in} \leqq t < \frac{b}{28in}$ $220,000\left(\frac{tin}{b}\right)^2$: $\frac{b}{80in} \leqq t < \frac{b}{56in}$
SM 490	190 : $\frac{b}{24in} \leqq t$ $140-2.5\left(\frac{b}{tin}-28\right)^2$: $\frac{b}{48in} \leqq t < \frac{b}{24in}$ $220,000\left(\frac{tin}{b}\right)^2$: $\frac{b}{80in} \leqq t < \frac{b}{48in}$

참고) 상기 값은 판두께 40mm 이하에 대한 값이고 40mm 이상에 대해서는 도설, 3.3.2 참조

③ 구조용 강재의 허용휨압축응력은 다음의 규정에 따라 계산한다.

(ㄱ) 부재의 압축연의 허용휨압축응력은 표 3-15에 표시된 값으로 한다.

표 3-15 허용휨압축응력(MPa)

응력 \ 강종		SS 400 SM 400 SMA 400	SM 490	SM 490Y SM 520 SMA 490	SM 570 SMA 570
압축플랜지가 직접 콘크리트바닥에 고정되어 있는 경우 및 상자형, π형 단면의 경우		140	190	210	260
상기 이외의 경우	$\frac{A_w}{A_c} \leqq 2$	(a) $\frac{l}{b} \leqq 4.5$: 140 (b) $4.5 < \frac{l}{b} \leqq 30$: $140-2.4 \times\left(\frac{l}{b}-4.5\right)$	(a) $\frac{l}{b} \leqq 4.0$: 190 (b) $4.0 < \frac{l}{b} \leqq 30$: $190-3.8 \times\left(\frac{l}{b}-4.0\right)$	(a) $\frac{l}{b} \leqq 3.5$: 210 (b) $3.5 < \frac{l}{b} \leqq 27$: $210-4.4 \times\left(\frac{l}{b}-3.5\right)$	(a) $\frac{l}{b} \leqq 5.0$: 260 (b) $5.0 < \frac{l}{b} \leqq 25$: $260-6.6 \times\left(\frac{l}{b}-5.0\right)$
	$\frac{A_w}{A_c} > 2$	(a) $k\frac{l}{b} \leqq 9$: 140 (b) $9 < k\frac{l}{b}$: $140-1.2 \times\left(k\frac{l}{b}-9\right)$	(a) $k\frac{l}{b} \leqq 8$: 190 (b) $8 < k\frac{l}{b}$: $190-1.9 \times\left(k\frac{l}{b}-8\right)$	(a) $k\frac{l}{b} \leqq 7$: 210 (b) $7 < k\frac{l}{b}$: $210-2.2 \times\left(k\frac{l}{b}-7\right)$	(a) $k\frac{l}{b} \leqq 10$: 260 (b) $10 < k\frac{l}{b}$: $260-3.3 \times\left(k\frac{l}{b}-10\right)$

참고) 상기 값은 판두께 40mm 이하에 대한 값이고 40mm 이상에 대해서는 도설, 3.3.1 참조

여기서,

A_w : 복부판의 총단면적 (cm^2)

A_c : 압축플랜지의 총단면적 (cm^2)

l : 압축플랜지의 고정점 간의 거리 (cm)

$$k=\sqrt{3+\frac{A_w}{2A_c}}$$

b : 압축플랜지의 폭(cm)

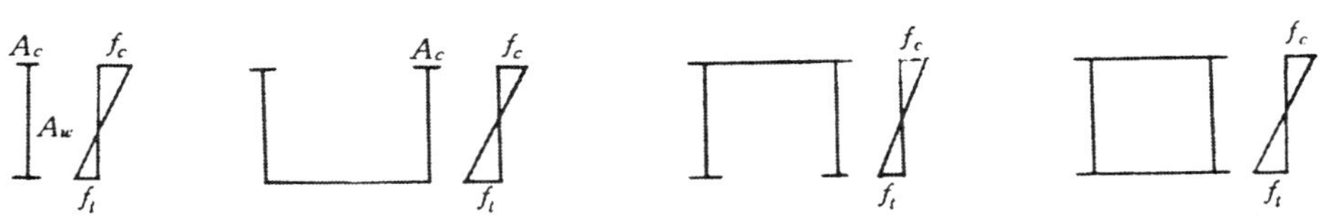

I형 단면 U형 단면 π형 단면 상자형 단면

그림 3-6 단면의 분류

(ㄴ) 압축을 받는 판 및 보강판에 규정된 국부좌굴에 대한 허용응력(표 3-12, 표 3-13, 표 3-14 참조)이 표 3-11에 표시된 값보다 작은 경우에는 위의 (ㄱ)항의 규정에 관계없이 표 3-12, 표 3-13, 표 3-14에서 규정된 국부좌굴에 대한 허용응력을 허용휨압축응력으로 한다.

④ 구조용 강재의 허용전단응력 및 허용지압응력은 각각 표 3-16에 규정한 값으로 한다.

표 3-16 허용전단응력 및 허용지압응력(MPa)

응력 \ 강종		SS 400 SM 400 SMA 400	SM 490	SM 490Y SM 520 SMA 490	SM 570 SMA 570
전단응력		80	110	120	150
지압응력	헬스공식	600	700	-	-
	강판과 강판간의 지압응력	210	280	310	390

참고) 상기 값은 판두께 40mm 이하에 대한 값이고 40mm 이상에 대해서는 도설, 3.3.2 참조

(2) 주단조품의 허용응력(제3장 3.3.2.2 참조)

받침부, 기타에 사용하는 주단조품의 허용응력은 표 3-17에 따른다.

표 3-17 주단조품의 허용응력(MPa)

종류		축방향 응력		휨응력		전단응력	지압응력			
		인장	압축[1]	인장	압축[1]		미끄러지지 않는 평면접촉	미끄러[2]지는 평면접촉	헬스공식으로 계산한 경우의 지압: 지압응력	헬스공식으로 계산한 경우의 지압: 필요경도
단조품	SF 490A	140	140	140	140	80	210	105	600	H_B 125 이상[3]
	SF 540A	170	170	170	170	100	250	125	700	H_B 145 이상
주강품	SC 450	140	140	140	140	80	210	105	600	H_B 125 이상
	SCW 410	140	140	140	140	80	210	105	600	H_B 125 이상
	SCW 480	170	170	170	170	100	250	125	700	H_B 145 이상
	LM*n*SC 1A	170	170	170	170	100	250	125	700	H_B 146 이상
	LM*n*SC 2A	190	190	190	190	110	280	140	780	H_B 163 이상
주철품	GC 250	60	120	60	120	50	120	60	650	H_B 135 이상
	GCD 400[4]	140	140	140	140	80	210	–	–	–

주) (1) 허용압축응력은 좌굴을 고려하지 않은 경우
(2) 곡면접촉일 때에는 단위 투영면적의 하중을 표시한다.
(3) H · KS B 0805의 규정에 의한 브리넬경도
(4) GCD 400에 대하여는 규정이 없는 항목은 사용하지 않는다.

(3) 용접부의 허용응력(제3장 3.3.2.3 참조)

용접부의 허용응력은 표 4-15와 같다. (MPa)

4. 철도교의 허용응력

(1) 강재 및 용접부의 기본허용응력(철설, 제2편 2.2조)

구조용 강재 및 용접부에 대한 기본허용응력은 표 3-18과 같다. 여기서 기본 허용응력이란 부재가 좌굴이나 반복하중 등을 받지 않고 순수한 축방향력이나 휨모멘트만을 받을 때의 기본이 되는 허용응력을 말한다.

표 3-18 기본허용응력(MPa)

<table>
<tr><th colspan="4">강재의 종류 / 응력의 종류</th><th>SS 400
SM 400
SMA 400</th><th>SM 490</th><th>SM 490Y
SM 520
SMA 490</th><th>SM 570
SMA 570</th></tr>
<tr><td rowspan="6">구조용 강재</td><td colspan="2" rowspan="2">인장응력
(순단면에 대하여)</td><td>축방향 응력</td><td rowspan="4">140</td><td rowspan="4">185</td><td rowspan="4">210</td><td rowspan="4">255</td></tr>
<tr><td>휨응력</td></tr>
<tr><td colspan="2" rowspan="2">압축응력
(총단면에 대하여)</td><td>축방향 응력</td></tr>
<tr><td>휨응력</td></tr>
<tr><td colspan="2">전단응력</td><td>총단면에 대하여</td><td>80</td><td>105</td><td>120</td><td>145</td></tr>
<tr><td colspan="2">지압응력</td><td>강판과 강판</td><td>210</td><td>280</td><td>315</td><td>380</td></tr>
<tr><td rowspan="8">용접부</td><td rowspan="5">공장용접</td><td rowspan="3">그루브(홈)용접</td><td>인장응력</td><td rowspan="2">140</td><td rowspan="2">185</td><td rowspan="2">210</td><td rowspan="2">255</td></tr>
<tr><td>인장응력</td></tr>
<tr><td>전단응력</td><td>80</td><td>105</td><td>120</td><td>145</td></tr>
<tr><td rowspan="2">필렛용접</td><td>비드 방향의 압축, 인장응력</td><td>140</td><td>185</td><td>210</td><td>255</td></tr>
<tr><td>목두께에 관하여 인장, 압축, 전단응력</td><td>80</td><td>105</td><td>120</td><td>145</td></tr>
<tr><td colspan="2" rowspan="3">현장용접</td><td>인장응력</td><td colspan="2" rowspan="3">각각의 경우에 있어서 상기의 값에 다음 계수를 곱한다.</td><td colspan="2">0.9</td></tr>
<tr><td>압축응력</td><td colspan="2">0.9</td></tr>
<tr><td>전단응력</td><td colspan="2">0.9</td></tr>
</table>

참고) 상기 값은 판두께 40mm 이하에 대한 값이고 40mm 이상에 대해서는 도설, 2.2.1 참조

(2) 좌굴허용응력

교량거더 부재에 대한 좌굴허용응력은 표 3-19와 같다.

표 3-19 좌굴허용응력 (MPa)

<table>
<tr><th colspan="2">강재종류 / 응력의 종별</th><th>SS 400
SM 400
SMA 400</th><th>SM 490</th><th>SM 490Y
SM 520
SMA 490</th><th>SM 570
SMA 570</th><th>비고</th></tr>
<tr><td rowspan="6">압축응력(총단면에 대하여)</td><td rowspan="3">축방향응력</td><td>$0 < l/r \leqq 6$일 때
140</td><td>$0 < l/r \leqq 9$일 때
185</td><td>$0 < l/r \leqq 6$일 때
210</td><td>$0 < l/r \leqq 10$일 때
255</td><td rowspan="3">①</td></tr>
<tr><td>$6 < l/r \leqq 130$일 때
$140 - 0.78(l/r-6)$</td><td>$9 < l/r \leqq 115$일 때
$185 - 1.22(l/r-9)$</td><td>$6 < l/r \leqq 105$일 때
$210 - 1.47(l/r-6)$</td><td>$10 < l/r \leqq 95$일 때
$255 - 2.07(l/r-10)$</td></tr>
<tr><td>$130 < l/r$일 때
$\dfrac{740{,}000}{(l/r)^2}$</td><td>$115 < l/r$
$\dfrac{740{,}000}{(l/r)^2}$</td><td>$105 < l/r$
$\dfrac{740{,}000}{(l/r)^2}$</td><td>$95 < l/r$
$\dfrac{740{,}000}{(l/r)^2}$</td></tr>
<tr><td rowspan="3">휨응력</td><td colspan="4">(1) 강축(强軸) 방향의 휨에 대하여, ①의 l/r 대신 다음 식으로 취한 등가세장비$(l/r)e$를 사용
$(l/r)e = F\left(\dfrac{l}{b}\right)$
I형 단면의 경우 $F = \sqrt{12 + 2\beta/\alpha}$
U형 단면의 경우 $F = 1.1\sqrt{12 + 2\beta/\alpha}$</td><td>②</td></tr>
<tr><td colspan="4">2) 약축(弱軸) 방향의 휨에 대하여</td><td rowspan="2"></td></tr>
<tr><td>140</td><td>185</td><td>210</td><td>255</td></tr>
</table>

주) (1) ①에서 l는 부재의 좌굴길이(m), r는 부재 총단면의 회전반지름(mm)이다. 부재 좌굴길이 l은 표 3-20에 의한다.

(2) ②에서 l은 플랜지의 고정점간의 거리(mm), b는 플랜지의 폭(m) 또는 박스 단면의 복부판의 중심간격(mm)을 표시한다. α는 플랜지 두께(t_f)와 복부판의 두께(t_w)의 비(t_f/t_w), β는 복부판의 높이(h)와 b와의 비(h/b)이다.

표 3-20 부재의 좌굴길이

부 재	l
트러스의 상하현재, 수직재, 수평 및 수직브레이싱	골조길이
트러스 단면 내의 사재	골조길이의 0.9

제4장 부재의 연결

4-1 서 론

강판이나 형강을 사용하여 부재를 조립하거나 이음 혹은 연결하여 교량을 만들 때는 고장력볼트이음으로 하거나 용접이음으로 하는 것이 보통이다. 용접이음을 쓰기가 곤란하거나 장래 분해할 필요가 있으면 고장력볼트이음으로 하고 부재단이 자유로이 회전할 필요가 있으면 핀이음으로 한다.

지금까지 연결이란 서로 다른 부재끼리의 접합을 뜻하고, 이음이란 같은 부재를 연장 접합할 때 이음판을 대고 접합하는 경우에 각각 독립적으로 사용해 왔다. 그러나 이들 용어는 부재 사이의 힘을 전단하는 것에 대해서 본질적으로 같은 뜻을 내포하고 있기 때문에 이것들을 합쳐 연결이라 하고, 이음도 연결의 한 종류로 본다. 리벳, 고장력볼트 또는 용접에 의한 부재의 연결은 도로교인 경우 작용응력에 대하여 또 철도교인 경우에는 계산응력보다 큰 응력에 대하여 설계하는 것을 원칙으로 하고 있으며, 부재 연결부의 구조에 대해서는 다음 사항을 지켜야 한다.

① 응력의 전달은 확실할 것.
② 구성하는 각 재편에 있어서 가급적 편심이 일어나지 않도록 할 것.
③ 해로운 응력집중을 일으키지 않도록 할 것.
④ 부재의 변형에 따른 영향을 고려할 것.
⑤ 해로운 잔류응력과 2차응력을 일으키지 않도록 할 것.

금속을 이음하는 방법에는 표 4-1과 같이 여러 가지가 있는 데 교량에서는 리벳이음, 아크용접이음, 핀이음 등이 쓰여 왔었으나 최근에는 용접기술의 발달로 공장이음에서는 용접, 현장이음에서는 고장력볼트가 쓰이며, 특히 회전을 요하는 곳에서는 핀이음으로 한다.

여기서 압접은 용융에 가까운 상태에 있는 금속을 기계적인 압력 또는 타격을 가해서 금속을 융합하여 잇는 방법이다. 이에 대해 융접은 용융상태에 있는 금속에 압력 또는 타격을 가하지 않고 금속을 융합해서 잇는 방법이다.

다음에 땜질(soldering)은 합금을 쓰는 방법으로 납땜류가 이에 속한다.

만일 부재의 연결에서 용접, 고장력볼트 등을 병용하는 경우 힘의 분담에 대해서는 다음과 같이 규정하고 있다.(도설, 제3장 3.5.1.2 참조)

① 홈용접의 맞대기이음과 고장력볼트 마찰이음 또는 응력방향에 나란한 필렛용접과 고장력볼트 마찰이음에서는 이들이 각각 응력을 부담하는 것으로 한다.
② 응력방향과 직각을 이루는 필렛용접과 고장력볼트 마찰이음을 병용해서는 안 된다.
③ 용접과 고장력볼트 지압이음을 병용해서는 안 된다.

표 4-1 금속이음의 방법

- 금속이음의 방법
  - 기계적 방법
    - 리벳이음
    - 볼트이음
    - 핀이음
    - 기 타
  - 용접
    - 융접
      - 가스용접
      - 아크용접
        - 탄소아크용접
        - 금속아크용접
        - 기 타
      - 테르밋용접
      - 기 타
    - 압접
      - 단접(鍛接)
      - 전기저항용접
      - 가압테르밋용접
      - 기 타
    - 땜질
      - 연땜질
      - 경땜질

4-2 리벳이음

1. 개설

리벳이음에 관한 교량 표준시방서(현재는 설계기준이라 부름) 규정을 보면 구 도로교표준시방서에서는 1992년판부터 리벳이음 규정을 삭제하고 있으므로 강도로교 설계시의 리벳이음은 하지 말고 용접이음이나 고장력볼트이음 등을 채용해야 한다.

그러나 구 강철도교 설계표준시방서에서는 1999년까지 리벳이음에 대한 규정이 고장력볼트와 같이 규정되어 있고 리벳이음 강철도교가 아직 많이 존재하고 있으므로 여기서는 우선 리벳이음에 대해 간단히 기술하기로 한다.

리벳이음은 강재를 서로 겹쳐서 구멍을 뚫고 여기에 리벳을 박아 기계적으로 결합시키는 것이다.

교량에 사용되는 리벳의 지름은 19 mm, 22 mm, 25 mm 이며 한 교량을 가설할 때에는 한 종류의 리벳을 사용하는 것이 좋다. 리벳의 종류는 머리모양에 따라 둥근리벳(丸, round head rivet), 접시리벳(皿, counter sunk head rivet), 평리벳(平, flat head rivet)이 있는 데 교량에서는 둥근리벳이 가장 많이 사용되며, 접시리벳은 리벳머리가 튀어 나와서 구조상 곤란한 때에 한하고, 평리벳은 강도가 둥근리벳에 비하여 약하기 때문에 거의 사용하지 않는다.

설계도에서 사용하는 리벳의 기호는 그림 4-1과 같다.

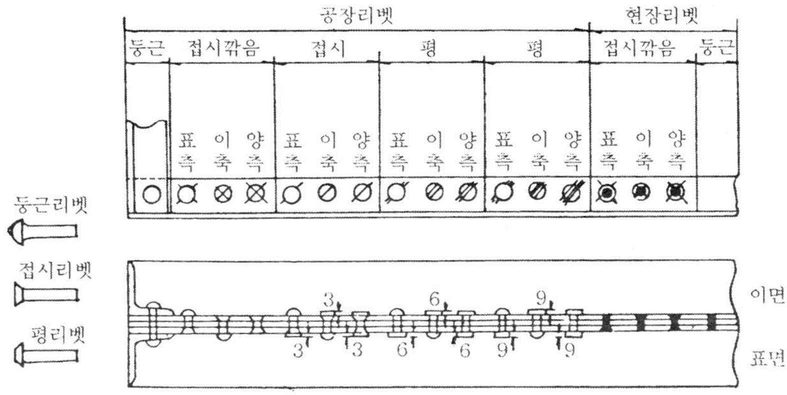

그림 4-1 리벳의 기호

리벳을 박을 때 리벳의 길이는 접합하는 강판의 두께에 따라 다르며, 표 4-2를 표준으로 하면 된다.

표 4-2 공장리벳의 표준길이 (mm)

리벳지름	리벳구멍의 지름	둥근리벳	평리벳
25	26.5	$34+1.12G$	$12+1.12G$
22	23.5	$29+1.12G$	$9+1.12G$
19	20.5	$26+1.12G$	$7+1.13G$
16	17.0	$23+1.13G$	$6+1.12G$

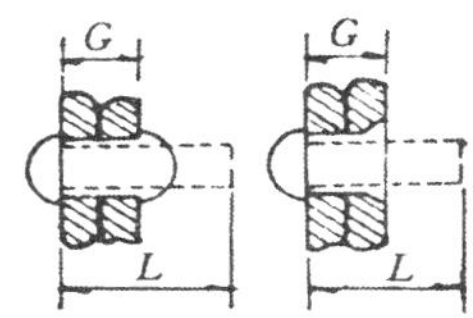

그림 4-2 리벳의 길이

현장리벳에서는 이보다 2 ~ 3mm 더 크게 한다.

여기서,

G : 판의 두께 (mm)로 줄기길이(grip)

L : 필요한 리벳의 길이 (mm)

2. 리벳의 강도

리벳으로 강판을 접합하는 방법에는 강판을 겹쳐서 접합하는 겹이음(lap joint)과 강판의 끝을 서로 맞대고 한쪽 또는 양쪽에 이음판(splice plate)을 대고 접합하는 맞이음(butt joint)이 있다. 겹이음은 힘을 전달하는 데 있어 부재가 편의되는 경향이 있어서 잘 쓰이지 않고 있으나 맞이음에서는 양쪽에 이음판을 댄 것이 힘의 전달이 대칭되므로 무리가 없어서 좋다.

또 리벳이음에서는 직접이음과 간접이음이 있는 데 직접이음은 접합하고자 하는 판을 직접 겹친다든지, 이음판이 접합하는 판에 직접 겹치는 경우이고 간접이음은 잇고자 하는 강판 사이에 채움판을 대고 간접으로 잇는 방법이다(그림 4-3 참고). 이음부에는 일반적으

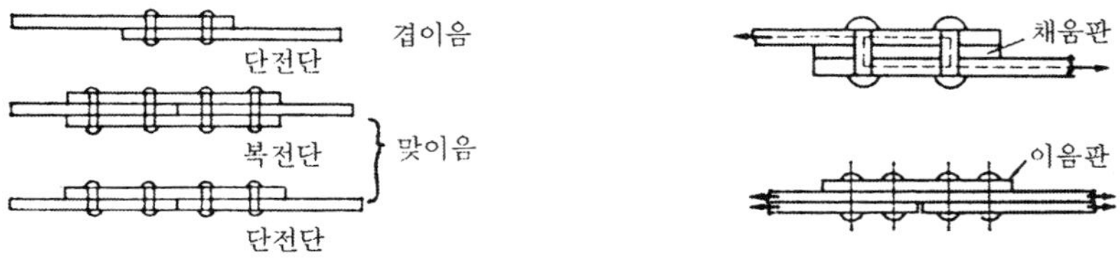

(a) 직접이음 (b) 간접이음

그림 4-3 리벳의 이음

로 인장, 압축, 전단력의 3종의 힘이 작용하는 데 이에 대하여 리벳(또는 고장력볼트)이나 강판이 이들 힘에 대하여 충분히 강해야 한다.

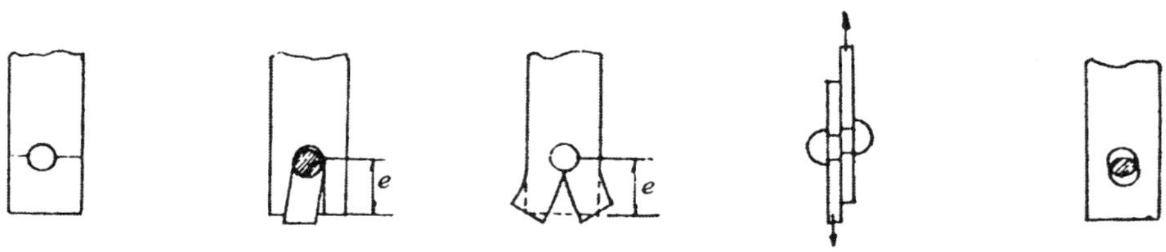

(a) (b) (c) (d) (e)

그림 4-4 이음부의 파괴

이음부에서 재편 자체의 파괴에는 그림 4-4에서 (a)인장파괴, (b)전단파괴, (c)벌어짐파괴 등이 있고 리벳 자신의 파괴에는 (d)전단파괴와 (e)리벳구멍에 리벳이 먹히는 파괴, 즉 지압파괴 등이 있다. 이들 파괴에 대하여 시방서 규정에 맞추어서 리벳팅을 했다고 하면, (a), (b), (c)와 같은 재편파괴가 일어나기 전에 (d), (e)와 같은 전단파괴 및 지압파괴가 일어난다.

따라서 리벳이음에서의 강도는 결국 리벳의 전단강도(ρ_s)와 지압강도(ρ_b) 중에서 적은 값으로 결정되며, 이 리벳 값(ρ)으로부터 이음에 필요한 리벳수를 계산할 수 있다.

(1) 전단강도

① 단전단인 경우 : 리벳의 허용단전단강도 ρ_s는

$$\rho_s = \tau_a \cdot \frac{\pi d^2}{4} \tag{4-2-1}$$

여기서,

τ_a : 리벳의 허용전단응력

d : 리벳의 지름

② 복전단인 경우 : 리벳의 허용복전단강도 ρ_s 는

$$\rho_s = 2\tau_a \cdot \frac{\pi d^2}{4} = \tau_a \cdot \frac{\pi d^2}{2} \tag{4-2-2}$$

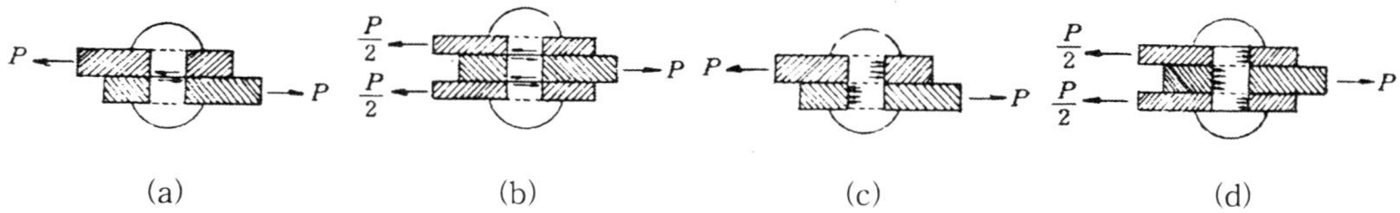

그림 4-5 리벳강도

(2) 지압강도

리벳의 허용지압강도 ρ_b 는

$$\rho_b = f_b \cdot d \cdot t \tag{4-2-3}$$

여기서,

f_b : 리벳의 허용지압응력

t : 가장 얇은 강판두께

이상과 같이 리벳값이 결정되면 필요한 리벳의 수는 부재에 작용하는 힘을 P라 할 때 다음 식으로 구한다.

$$n = P/\rho \tag{4-2-4}$$

부재의 이음이나 연결은 보통 부재의 전강으로 하는 데 부재의 전강이란 그 부재가 계산상 받을 수 있는 최대의 힘을 말한다.

리벳의 허용전단응력과 허용지압응력은 표 4-3, 표 4-4를 참고하면 된다.

표 4-3 리벳의 허용전단응력 (kgf/cm^2)

리벳재 / 종류	도시. 강교(구 시방서)		철시. 23조(구 시방서)	
	SV 34	SV 41	SV 34	SV 41
공장리벳	1,100	1,500	1,100	1,500
현장리벳	1,000	1,300	900	1,200

표 4-4 리벳의 허용지압응력(kgf/cm²)

종류 \ 리벳재 \ 강종	도시. 강교(구 시방서)		철시. 23조(구 시방서)	
강종	SS 400 SM 400 SMA 41	SM 490 SM 490Y SM 520 SM 570	SS 400 SM 400 SMA 41	SM 490 SM 490Y SM 520 SM 570 SMA 50
리벳재	SV 34 SV 41	SV 41	SV 34	SV 41
공장리벳	2,400	3,200	2,400	3,200
현장리벳	2,100	2,800	1,900	2,600

【계산예 4-1】 그림 4-6의 맞이음에서 인장력 $P=60\text{tonf}$이 작용할 때 리벳의 수를 계산하여라. (다만, 도로교의 공장리벳으로 리벳재는 SV 34, 지름 22mm를 쓴다.)

풀 이 복전단이음으로 식(4-2-2)과 식(4-2-3)으로부터 계산한다.

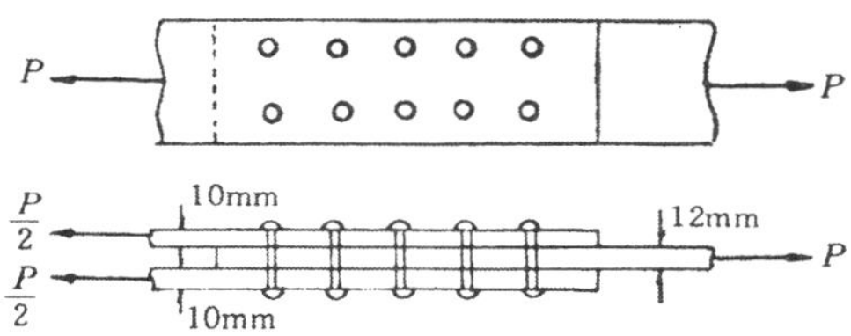

그림 4-6

$$\rho_s=\tau_a\frac{\pi d^2}{2}=1{,}100\times\frac{\pi\times 2.2^2}{2}=8{,}362\text{kgf}$$

$$\rho_b=f_b\cdot d\cdot t=2{,}400\times 2.2\times 1.2=6{,}336\text{kgf}$$

따라서 리벳의 값은 $\rho=\rho_b=6{,}336\text{kgf}$이다.

리벳의 수 n은

$$n=P/\rho=60{,}000/6{,}336=9.5\ \rightarrow\ 10\text{개 사용}$$

【계산예 4-2】 그림 4-7의 겹이음에서 인장력 $P=34\text{tonf}$이 작용할 때 리벳의 수를 계산하여라.(다만, 철도교의 현장리벳으로 리벳재 SV 41, 지름 22mm이다.)

풀 이 단전단이음으로 식(4-2-1)과 식(4-2-3)으로부터 계산한다.

$$\rho_s=\tau_a\frac{\pi d^2}{4}=1{,}200\times\frac{\pi\times 2.2^2}{4}=4{,}561\text{kgf}$$

$$\rho_b=f_b\cdot d\cdot t=2{,}600\times 2.2\times 1.0=5{,}720\text{kgf}$$

따라서 리벳의 값은 $\rho=\rho_s=4{,}561\text{kgf}$이다.

리벳의 수 n은

$$n = P/\rho = 34{,}000/4{,}561 = 7.5 \rightarrow 8\text{개 사용}$$

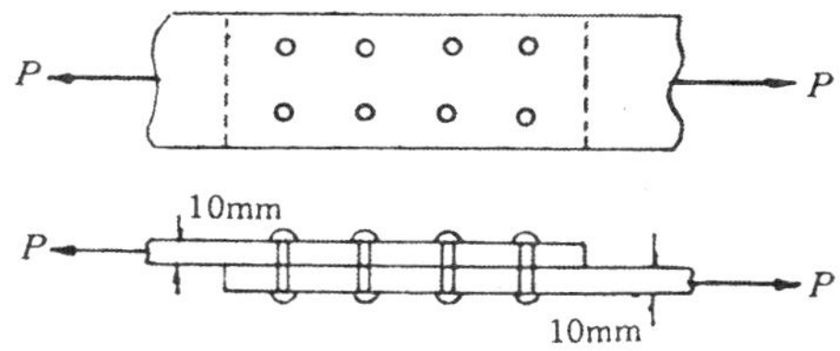

그림 4-7

4-3 고장력볼트이음

1. 개설

강구조물, 특히 강교량에서의 부재간 연결을 현장에서 하는 경우 이전에는 리벳에 의하는 경우가 많았다. 그러나 리벳이음에서는 60kg 강재보다 큰 70kg이나 80kg 등의 고강도 강재를 쓸 경우 이에 부합하는 강도의 리벳을 얻기 어렵고, 또 리벳을 조이는 숙련공도 적으며, 작업시 소음이 크게 일어나므로 이보다 작업성이나 강도면에서 신뢰성이 높은 고장력볼트의 사용이 현장접합에서 많이 이루어지고 있다.

고장력볼트이음에는 마찰이음, 지압이음 및 인장이음이 있으며 이들 이음에 대한 응력전달상태는 다음과 같다.

마찰이음 : 고장력볼트로 이음편재를 체결하여 편재 사이에서 일어나는 마찰력에 의해 응력을 전달하는 이음이다.

지압이음 : 볼트 원통부의 전단저항 및 볼트 원통부와 볼트구멍 벽 사이의 지압에 의해 저항하는 이음이다.

인장이음 : 볼트의 축방향에 외력이 작용하는 이음이다.

이 중에서 지압이음의 연구는 외국에서는 어느 정도 이루어지고 있으나 우리나라 교량에는 아직 사용한 예가 없기 때문에 이 이음의 사용은 충분한 검토가 필요한 것으로 본다.
고장력볼트 마찰이음의 장단점을 들면 다음과 같다.

장 점

① 재해의 위험성이 적다 : 리벳작업이나 용접보다는 화재에 대한 위험성이 감소한다.

② 소음이 덜한다 : 고장력볼트를 조일 때 임팩트 렌치(impact wrench)를 쓰는데 리벳팅 할 때의 뉴매틱 해머(pneumatic hammer)의 소음이나 데릭 크레인(derrick crane) 등의 소음보다는 덜하다.

③ 불량개소의 수정이 용이하다. : 리벳의 수정보다는 훨씬 쉽게 할 수 있다.

④ 이음부 강도가 크다.

⑤ 현장시공 설비가 간편하다 : 토크 렌치(torque wrench)에 의하면 콤프레서(compressor) 설비가 필요 없고, 임팩트 렌치를 사용할 때도 리벳을 가열하는 등의 설비가 필요 없다.

⑥ 노동력의 절약과 공사기간을 단축할 수 있으므로 경제적인 시공이 가능하다.

이와 같은 여러 가지 장점이 있으나 시공기계의 부족과 기능공의 능률 등 애로점이 있으므로 설계시공에는 고장력볼트 마찰이음의 본질을 충분히 이해하고 능숙한 기능공을 채용해야 할 것이다. 따라서 여기에 야기되는 제반 문제로 다음 사항에 대해 충분한 검토가 필요하다.

단 점

① 강판의 접촉면 상황(흑피, 녹, 칠, 도금 등)
② 볼트의 재질(경도)과 형상
③ 와셔(washer)의 재질과 형상
④ 나사 마무리의 정도
⑤ 조이는 방법과 조이는 힘
⑥ 슬립(slip)과 내력(friction force)

2. 고장력볼트의 허용응력

마찰이음과 지압이음에서 고장력볼트의 허용응력은 도로교 설계기준 및 철도교 설계기준에 각각 다음 표와 같이 규정하고 있다.

표 4-5 마찰이음의 허용력(kN)(1볼트 1마찰면마다)(도설, 제3장 3.3.2.3)

마찰이음용 볼트 \ 나사호칭	F8T			F10T, S10T		
M20, M22, M24	31	39	45	39	48	56

표 4-6 지압이음의 허용응력(MPa)

지압이음용 볼트 \ 응력의 종류	B8T	B10T
허 용 전 단 응 력	150	190

강종 \ 응력의 종류	SS 400 SM 400 SMA 400	SM 490	SM 490Y SM 520 SMA 490	SM 570 SMA 570
허용 지압응력	240	320	360	460

참고) 상기 값은 판두께 40mm 이하에 대한 값이고, 40mm 이상에 대해서는 도설, 3.3.2 참조

표 4-7 볼트의 기본 허용응력(MPa)(철설, 제2편 2.4)

응력의 종류 \ 볼트 / 규격	마찰이음용 고장력볼트		보통볼트
	F8T	F10T, S10T	4T
전단응력	100	125	90
지압응력	검사할 필요가 없음.		190

3. 고장력볼트

(1) 이음의 형식

고장력볼트의 이음에는 그림 4-8에서 보여주는 바와 같이 접합하는 재편을 겹치는 겹침이음과 재편을 서로 맞대고 이음판을 덧대서 접합하는 맞대기 이음이 있다. 맞대기 이음에서는 이음판을 한쪽에만 대는 경우와 양쪽에 대는 방법이 있는데, 양쪽에 대는 방법이 힘을 전달함에 있어 대칭이므로 무리가 없고 특히 반복하중을 받는 부재에 적합한 형식이다.

일반적인 교량의 부재에서는 인장력, 압축력 및 전단력이 각각 단독 혹은 동시에 작용하는데 그림 4-9와 같은 부재의 응력도 결국 위에 기술한 세 종류의 힘으로 분리할 수 있다.

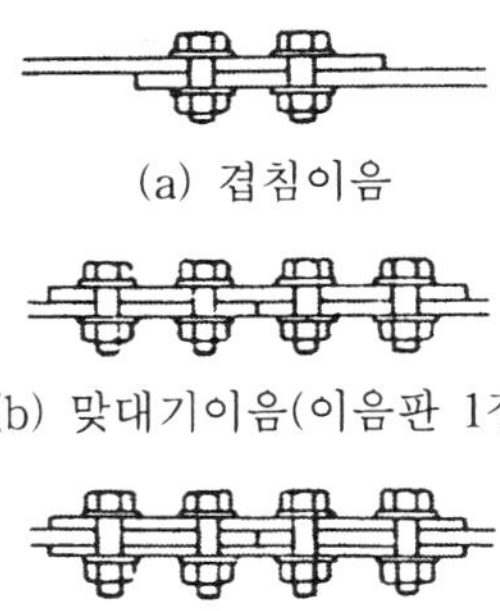

(a) 겹침이음

(b) 맞대기이음(이음판 1장)

(c) 맞대기이음(이음판 2장)

그림 4-8 고장력볼트 이음

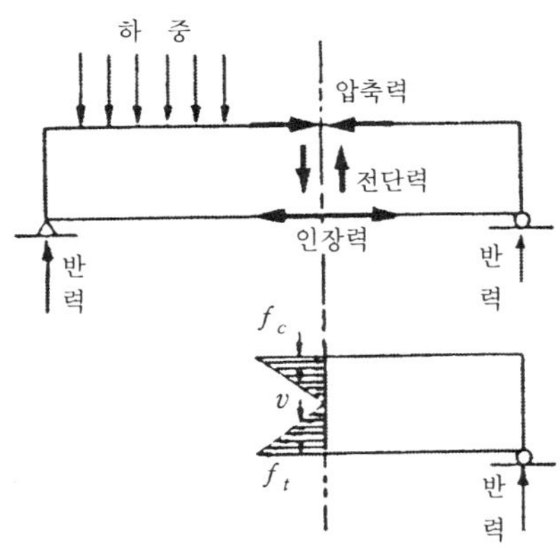

그림 4-9

(2) 고장력볼트에 작용하는 힘

고장력볼트 이음에서 볼트의 설계는 다음에 따른다.

1) 도로교 설계기준에 따른 볼트의 설계

① 축방향력 또는 전단력을 받는 판을 연결하는 경우의 볼트는 식(4-3-1)을 만족하도록 설계해야 한다.

$$\rho = \frac{P}{n} \leq \rho_a \tag{4-3-1}$$

여기서,

ρ : 볼트 1개에 작용하는 힘(kN)

ρ_a : 볼트 1개의 허용력(kN)

P : 축방향력(kN)

n : 볼트의 개수

② 휨모멘트가 작용하는 판을 연결하는 경우의 볼트는 식(4-3-2)를 만족하도록 설계해야 한다.

$$\rho = \frac{M}{\Sigma y_i^2} \cdot y_i \leqq \frac{y_i}{y_n} \rho_a \qquad (4\text{-}3\text{-}2)$$

여기서,

ρ : 볼트 1개에 작용하는 힘(kN)

ρ_a : 볼트 1개의 허용력(kN)

M : 휨모멘트(kN·mm)

y_i : 볼트로부터 중심축까지의 거리(mm)

Σ : 접합선의 한쪽 편에 있는 볼트군의 집합

y_n : 가장자리 볼트의 중심축으로부터 거리. 다만, 같은 연결부의 플랜지를 볼트로 연결한 경우에는 중심축으로부터 플랜지의 압축연 또는 인장연까지의 거리(mm)

③ 축방향력, 휨모멘트 및 전단력이 함께 작용하는 판을 연결할 경우의 볼트는 식(4-3-3)을 만족하도록 설계해야 한다.

$$\sqrt{(\rho_p + \rho_m)^2 + \rho_s^2} \leqq \rho_a \qquad (4\text{-}3\text{-}3)$$

여기서,

ρ_p : 축방향력에 의한 볼트 1개의 작용력(kN)

ρ_m : 휨모멘트에 의한 볼트 1개의 작용력(kN)

ρ_s : 전단력에 의한 볼트 1개의 작용력(kN)

ρ_a : 볼트 1개의 허용력(kN)

④ 휨에 의한 전단력을 받는 판을 수평방향으로 연결하는 경우는 식(4-3-4)를 만족하도록 설계해야 한다.

$$\rho_h = \frac{VQ}{I}\frac{p}{n} < \rho_a \qquad (4\text{-}3\text{-}4)$$

여기서,

- ρ_h : 수평방향으로 연결하는 볼트에 작용하는 힘(kN)
- V : 계산하는 단면에 작용하는 전단력(kN)
- Q : 부재 총단면의 중립축에 대한 전단력을 계산하는 접합선 외측의 단면 1차 모멘트(mm^3)
- I : 부재 총단면의 중립축에 대한 단면 2차모멘트(mm^4)
- p : 볼트의 피치(mm)
- n : 접합선에 직각 방향의 볼트 수
- ρ_a : 볼트 1개의 허용력(kN)

2) 철도교 설계기준에 따른 볼트의 설계

① 볼트의 맞이음 또는 겹이음에 인장력, 압축력 또는 전단력이 작용하는 경우 각 볼트에 발생하는 응력은 다음 식에 의해 산출하는 것으로 한다.

$$\rho = \frac{P}{n} \leq \rho_a \qquad (4\text{-}3\text{-}5)$$

고장력볼트를 이용한 마찰이음의 경우에는 볼트 1개당 1마찰면 주위의 허용전단력은, 볼트의 공칭지름에 기초한 단면적에 표 4-7에 규정한 허용응력을 곱하여 구한다. 이 때 지압응력에 대해서 검산할 필요는 없다.

지압이음용 고장력볼트의 허용력은, 그 공칭지름에 따라 허용전단력과 허용지압력을 계산하고, 그 가운데 작은 쪽의 값으로 한다.

볼트의 유효지압면적은 공칭지름과 지압을 받는 강재의 두께와의 곱으로 하며, 접시머리 볼트의 유효지압면적을 계산할 때 접시머리부는 그 깊이의 1/2을 유효한 것으로 한다.(그림 4-11 참조)

② 플레이트거더의 복부판 이음에는 이음판을 복부판의 양쪽에 대고, 이음선의 좌우 양쪽에는 2열 이상의 고장력볼트를 사용해야 하고, 복부판의 수직이음은 휨모멘트에 의한 작용력 및 전단력과 휨모멘트에 의한 작용력의 합력에 대해서 검산하는 것으로

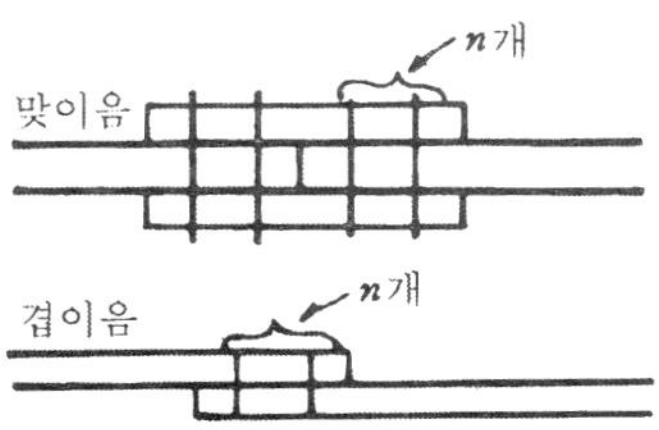

그림 4-10 응력계산에 사용되는 볼트의 수

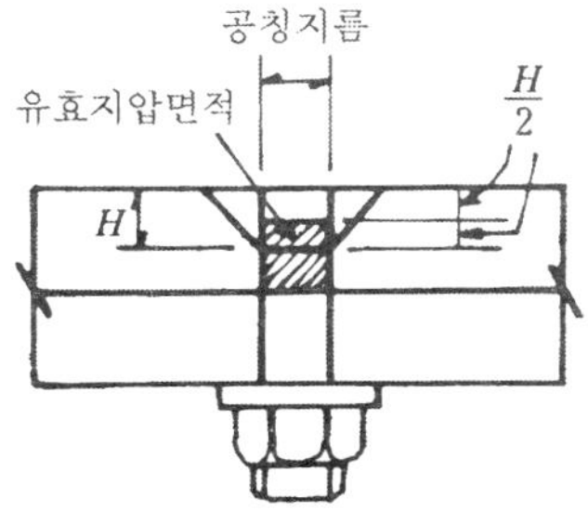

그림 4-11 접시머리볼트의 유효지압면적

한다. 이 경우 원칙적으로 고장력볼트에 작용하는 힘은 다음 식으로 산출하고, 피로의 영향은 고려하지 않아도 좋다.

$$R_1 = \frac{P_i}{n_i} \leqq \rho_a \qquad (4\text{-}3\text{-}6)$$

여기서,

R_1 : 휨모멘트에 의해 1개의 고장력볼트에 작용하는 힘(kN)

P_i : i열째 이음선의 한쪽에 있는 볼트군에 작용하는 힘(kN)(그림 4-12)

n_i : i열째 이음선의 한쪽에 있는 볼트군의 볼트 개수

ρ_a : 표 4-7에 규정한 고장력볼트의 기본 허용응력을 이용하고, ①항에 따라 구한 허용력(kN)

$$R_2 = \sqrt{\left(\frac{V}{n}\right)^2 + R_1^2} \leqq \rho_a \qquad (4\text{-}3\text{-}7)$$

여기서,

R_2 : 전단력과 휨모멘트에 의해 i열에 있는 1개의 고장력볼트에 작용하는 힘(kN)

V : 이음위치에 대한 최대 전단력(kN)

n : 이음선의 한쪽에 있는 복부판 연결용 고장력볼트의 총수

R_1 : 휨모멘트에 의해 1개의 고장력볼트에 작용하는 힘(kN)

ρ_a : 표 4-7에 규정한 고장력볼트의 기본 허용응력을 이용하고, ①항에 따라 구한 허용력(kN)

1렬의 볼트

$$b_1 = g_0 + \frac{g_1}{2}$$

$$P_1 = \frac{f_0 + f_1}{2} b_1 t$$

i열의 볼트

$$b_i = \frac{g_{i-1} + g_i}{2}$$

$$P_i = \frac{f_{i-1} + f_i}{2} b_i t$$

여기서, t는 판두께

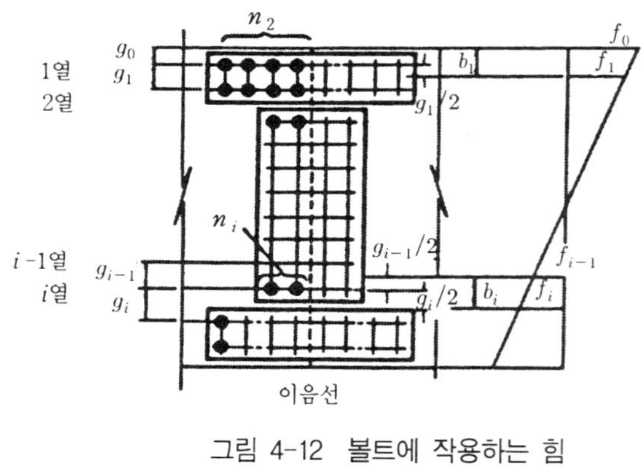

그림 4-12 볼트에 작용하는 힘

③ 플랜지 또는 복부판 서로를 교축방향으로 이음하는 경우 등에 이용하는 고장력볼트에 작용하는 힘은 다음 식으로 산출한다.

$$H = \frac{VQ}{I} p \qquad (4\text{-}3\text{-}8)$$

여기서,

H : 고장력볼트에 작용하는 힘(kN)

V : 계산 단면에 작용하는 전단력(kN)

Q : 전단력을 계산한 이음선에서부터 외측 총단면의 단면 1차모멘트로 플레이트 거더의 총단면 중립축에 대한 값(mm^3)

I : 부재의 총단면 중립축에 관한 단면 2차모멘트(mm^4)

p : 고장력볼트의 피치(mm)

(3) 이음판의 설계

고장력볼트이음에 있어서 이음판의 설계는 다음 규정에 의한다.

① 인장력이 작용하는 판의 이음판은, 다음 4. 항에 규정된 순단면에 생기는 응력이 허용인장응력 이하가 되도록 설계해야 한다.

② 압축력이 작용하는 판의 이음판은, 총단면에 생기는 응력이 앞서 기술한 3-5 허용응력에 규정된 허용압축응력의 상한값 이하가 되도록 설계해야 한다.

③ 휨모멘트가 작용하는 부재의 이음판은, 식(4-3-9)를 만족하도록 설계해야 한다.

$$f = \frac{M}{I} y \leq f_a \qquad (4\text{-}3\text{-}9)$$

여기서,

f : 이음판의 연단에 생기는 응력(MPa)

M : 이음판에 작용하는 휨모멘트(N－mm)

I : 부재의 중립축에 관한 이음판의 총단면의 단면 2차모멘트(mm^4)

y : 부재의 중립축으로부터 이음판의 연단까지 거리(mm)

f_a : 3-5항에 규정된 허용응력(MPa)의 상한값

4. 인장재(순단면적)와 압축재(총단면적)

부재에 압축력이 작용하면 설령 볼트(또는 리벳) 구멍이 있다 하더라도 볼트(또는 리벳)가 삽입되어 있으므로 압축력은 부재의 강판을 통하여 볼트(또는 리벳)에 전달된다. 따라서 총단면적이 유효하다고 보며 부재의 전강으로 이음부를 설계하게 된다. 부재에 압축력이 작용할 때 부재의 전강(full strength)은, 강판의 허용압축응력(f_{ca})에 총단면적(A_g)을 곱한 값이다.

그러나 부재에 인장력이 작용하는 인장재는 항상 볼트(또는 리벳) 구멍을 뺀 단순면적(net area)으로 계산하며, 부재의 전강은 강판의 허용인장응력(f_{ta})에 순단면적(A_n)을 곱

한 값이다. 즉

$$P \leq f_{ta} \cdot A_n \qquad (4\text{-}3\text{-}10)$$

볼트(또는 리벳) 구멍은 볼트 지름에 3mm를 가한 것으로 한다. 따라서 볼트(또는 리벳) 구멍이 하나만 있다든지 또는 여러 개가 재편의 길이방향에 직각으로 일렬로 배치되어 있는 경우에 순폭은 그 총폭에서 볼트 구멍의 지름만을 빼면 되지만, 지그재그형으로 볼트가 배치되어 있으면 재편의 순폭은 생각하고 있는 단면의 최초의 볼트 구멍에 대해서는 그 지름을 빼고, 이하 순차적으로 다음 식의 w를 볼트 구멍에 대하여 뺀다.(도설, 제3장 3.5.3.7 및 철설, 제2편 7.3.8 참조)

$$w = d - \frac{p^2}{4g} \qquad (4\text{-}3\text{-}11)$$

여기서,

d : 볼트 구멍의 지름(볼트의 공칭지름 + 3)(mm)

g : 볼트의 선간 거리(mm)

p : 볼트의 피치

지금 그림 4-13에 대하여 위 식을 적용하면 b_n : 순폭, b_g : 총폭인 경우,

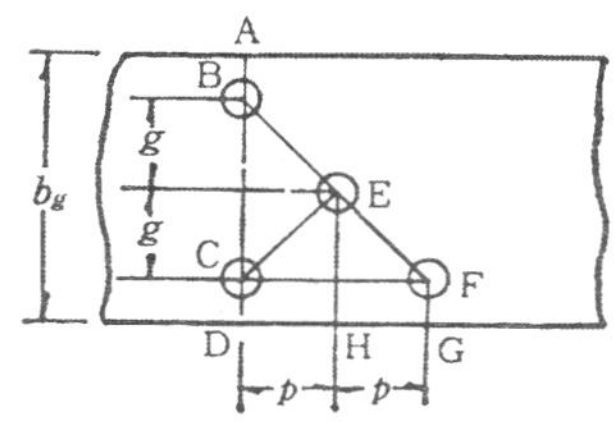

그림 4-13 단면의 순폭

단면 ABCD : $b_n = b_g - 2d$

단면 ABEH : $b_n = b_g - d - \left(d - \frac{p^2}{4g}\right)$

단면 ABECD : $b_n = b_g - d - \left(d - \frac{p^2}{4g}\right) - \left(d - \frac{p^2}{4g}\right)$

단면 ABEFG : $b_n = b_g - d - \left(d - \frac{p^2}{4g}\right) - \left(d - \frac{p^2}{4g}\right)$

로 되며, 이 중에서 가장 작은 값이 순폭이 된다.

또 T형, H형 등 조립단면의 순단면적은 각 재편마다 위 방법으로 구한 순단면적의 총합으로 하고, 압연형재의 경우에도 이것에 준하는 것으로 한다. 그러나 L형강, ㄷ형강에서는 그림 4-14에 표시한 바와 같이 전개한 모양에 대하여 순단면적을 산출한다.

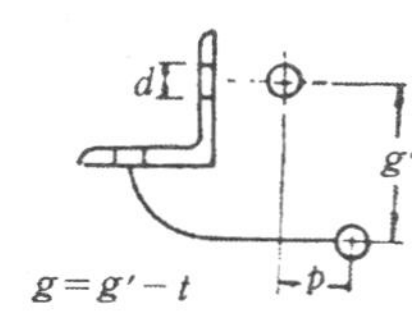

그림 4-14 L형강의 전개방법

여기서,

g : L형강 뒷면에 따라 잰 볼트 선간 거리(mm)

t : L형강 다리의 두께(mm)

【계산예 4-3】 그림 4-13에서 볼트지름 $\phi = 19\text{mm}$일 때 순폭을 계산하여라.
(다만, $b_g = 160\ \text{mm}$, $g = 50\ \text{mm}$, $p = 40\ \text{mm}$)

풀이 단면 ABCD : $b_n = b_g - 2d = 160 - 2(19 + 3) = 116\ \text{mm}$

단면 ABEH : $b_n = b_g - 2d + \dfrac{p^2}{4g} = 160 - 2\times 22 + \dfrac{1,600}{4\times 50} = 124\ \text{mm}$

단면 ABECD : $b_n = b_g - 3d + 2\times\dfrac{p^2}{4g} = 160 - 3\times 22 + 2\times\dfrac{1,600}{4\times 50}$

$= 110\ \text{mm}$

단면 ABEFG : $b_n = b_g - 3d + 2\times\dfrac{p^2}{4g} = 110\ \text{mm}$

$\therefore\ b_n = 110\ \text{mm}$ 이다.

【계산예 4-4】 그림 4-15의 L형강에서 순폭을 계산하여라.

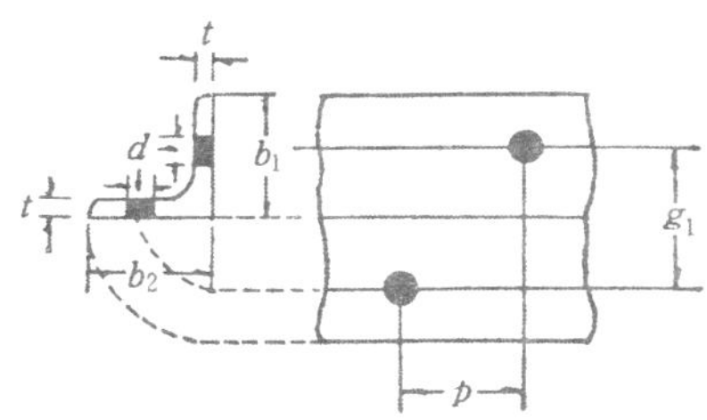

그림 4-15

풀이 $p^2/4g \le d$인 경우

$$b_n = b - d - \left(d - \frac{p^2}{4g}\right)$$

$$= b - 2d + \frac{p^2}{4g}$$

$p^2/4g \ge d$인 경우 $b_n = b - d$

여기서, $b = b_1 + b_2 - t$, $g = g_1 - t$

【계산예 4-5】 그림 4-16과 같은 1-PL180×10의 강판을 ϕ 22 mm의 볼트로 이음할 때 강판의 허용 인장력을 구하라.
(다만, $f_{ta} = 140\ \text{MPa}(\text{N/mm}^2)$)

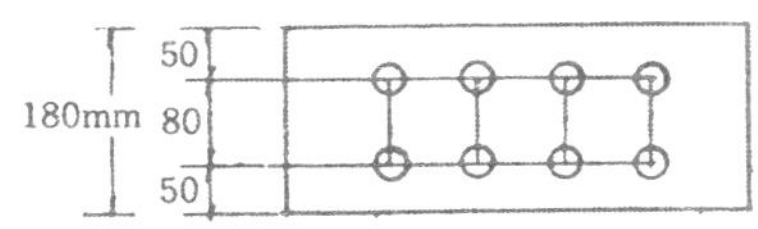

그림 4-16

풀이 $P = f_{ta}\times A_n = f_{ta}\cdot t\cdot b_n$

$= 140\times 10\times(180 - 2\times 25) = 182,000\ \text{N} = 182\text{kN}$

【계산예 4-6】 그림 4-17에서 강판의 전강을 구하여라.
(다만, ϕ22mm, 강판두께 10mm, 강판의 $f_{ta} = 140\text{MPa}$)

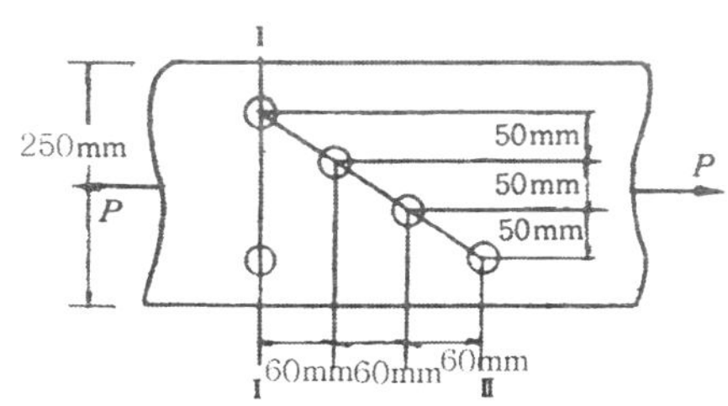

그림 4-17

풀이 I-I 단면의 순폭

$b_n = 250 - 2(22+3) = 200\text{mm}$

Ⅰ-Ⅱ 단면의 순폭

$$b_n = 250 - 4(22+3) + 3\times\frac{60^2}{4\times50} = 204\ \text{mm}$$

$$\therefore\ P = f_{ta}\cdot A_n = 140\times b_n\cdot t$$

$$= 140\times200\times10 = 280,000\ \text{N} = 280\text{kN}$$

【계산예 4-7】 그림 4-18의 1-L100×100×13인 압축재를 양단에서 볼트 이음으로 할 때 이 압축재가 받을 수 있는 허용 압축력을 부재의 길이 1.7 m와 2.0 m에 대해 계산하여라.

(다만, 강종은 SS 400이다.)

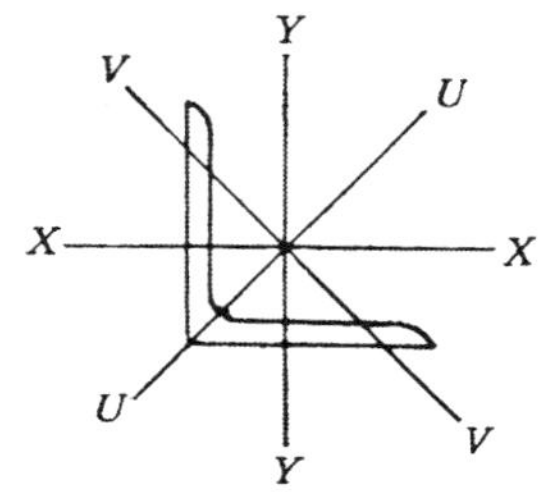

그림 4-18

풀이 부록[Ⅱ]의 등변 L형강 표에서 주축 V에 대한 $I_v = 91\text{cm}^4$, 최소 단면 2차반지름 $r_v = 1.93\text{cm}$, $A_g = 24.31\text{cm}^2$

a) 길이 1.7 m인 경우

$$\frac{l}{r} = \frac{170}{1.93} = 88.1$$

$20 < \dfrac{l}{r} < 93$ 이므로 허용압축응력은 강재의 허용응력 표 3-11에서

$$f_{ca} = 140 - 0.84\left(\frac{l}{r} - 20\right) = 140 - 0.84(88.1 - 20) \fallingdotseq 82.8\ \text{MPa}$$

$$\therefore\ P = f_{ca}\cdot A_g = 82.8\times2,431 = 201,287\ \text{N} = 201.29\ \text{kN}$$

b) 길이 2.0 m인 경우

$$\frac{l}{r} = \frac{200}{1.93} = 103.6$$

$93 < \dfrac{l}{r}$ 이므로

$$f_{ca} = \frac{1,200,000}{6,700 + \left(\frac{l}{r}\right)^2} = \frac{1,200,000}{6,700 + 103.6^2} \fallingdotseq 68.8\ \text{MPa(N/mm}^2)$$

$$\therefore\ P = f_{ca}\cdot A_g = 68.8\times2,431 = 167,250\ \text{N} = 167.25\ \text{kN}$$

5. 볼트의 배치 및 기타 규정

(1) 볼트의 배치

볼트로 조여진 부재의 재편이 전단파괴나 벌어짐파괴가 일어나지 않도록 볼트의 최소 중심간거리(표 4-8 참고), 최대 중심간거리(표 4-9 참고), 최소 연단거리(표 4-10 참고) 등 여러 가지 규정이 도로교 설계기준 제3장 강교편(부록 참고)이나 철도교 설계기준 제2편 강교편에 규정되어 있다.

표 4-8 볼트 최소 중심간격(mm)

볼트의 호칭	최소 중심간격
M 24	85
M 22	75
M 20	65

표 4-9 볼트의 최대 중심간격(mm)

볼트의 호칭	최대 중심간격(이음 또는 조립압축 부재)		
	피치(p)		선간거리(g)
M 24 M 22 M 20	170 150 130	$12t$, 지그재그인 경우는 $15t - \frac{3}{8} \cdot g$ 다만, $12t$ 이하	$24t$ 다만, 300 이하

여기서, t는 외측판 또는 형강의 두께 (mm)
인장부재를 이음하는 볼트의 응력방향 최대 중심간격은 $24t$로 하되, 300mm를 초과해서는 안 된다.

표 4-10 볼트의 최소 연단거리

볼트 호칭	전단연단, 수동가스 절단연단 (mm)	압연연단, 다듬질연단, 자동가스 절단연단 (mm)
M 24	42	37
M 22	37	32
M 20	32	28

볼트의 중심으로부터 재편이 겹쳐지는 부분의 연단까지의 최대 거리는 표면판 또는 형강 두께의 8배로 한다. 다만, 150mm를 초과해서는 안 된다.

L형강에 사용하는 볼트의 지름은 L형강의 다리길이에 따라 다음 표에 나타낸 값을 초과해서는 안 된다.

표 4-11 L형강에 사용하는 볼트(철설, 제2편, 7.3.13 참조)

L형강 다리길이(mm)	주요부재	2차 부재
	볼트 호칭	볼트 호칭
100 이상	M 24	M 24
90	M 22	M 24
75	M 20	M 22

(2) 볼트이음의 제 규정

① 마찰이음에 쓰이는 볼트, 너트 및 와셔는 KS B 1010에 규정한 제1종 및 제2종의 M 20, M 22 및 M 24를 사용하는 것을 표준으로 한다.

② 볼트 길이는 부재를 충분히 체결할 수 있도록 선택해야 한다. 특히 지압이음에 있어서는 나사부가 전단면(剪斷面)에 걸려서는 안 된다.

③ 부재의 순단면을 계산하는 경우의 볼트구멍은 공칭지름에 $3\,\mathrm{mm}$를 더한 것으로 한다.

④ 접시머리 볼트에 대해서는 그 단면형을 고려하여 공제단면적을 정한다.

⑤ 한 이음에서 2개 이상의 고장력볼트를 사용해야 한다.

【계산예 4-8】 복전단 고장력볼트의 마찰이음에서 강판에 $P = 370\mathrm{kN}$이 작용할 때 볼트 수는 몇 개 필요한가?(다만, 볼트는 M 20(지름 $20\,\mathrm{mm}$)으로 종류는 F8T를 사용한다.)

풀이 표 4-5에서 1마찰면에 대하여 M 20의 허용력은 31kN이므로 복전단에서는 2면 마찰이 작용하여 볼트의 허용강도는 62kN이다.

$$\therefore n = \frac{P}{\rho} = \frac{370}{62} = 5.97 \ \rightarrow \ 6\text{개 사용}$$

4-4 용접이음

1. 개설

용접은 고열을 이용하여 금속을 국부적으로 녹여 양쪽 모재를 결합하는 것을 말하며, 소형 구조물에서는 가스용접과 전기저항용접이 쓰이지만 강구조물, 특히 강교에서 금속 아크용접이 상용되고 있다.

용접이음을 다른 이음과 비교할 때 그 장 · 단점은 다음과 같다.

장 점

① 이음부에서 이음판과 같은 강재가 필요 없고, 부재를 직접 이을 수 있으므로 재료가 절약되는 동시에 단면이 간단해진다.

② 볼트나 리벳구멍으로 인한 인장재 단면적이 감소되지 않기 때문에 강도의 저하가 없고, 아울러 경비와 시간이 절약된다.

③ 리벳팅 작업에 따른 소음을 내지 않는다.

단 점

① 용접은 국부적으로 가열되므로 냉각 후에도 변형이나 응력이 남게 된다. 따라서 설계 및 제작시에는 이 점에 주의해야 한다.

② 용접은 내부검사가 간단하지 않다(X선 검사 등을 사용한다).

③ 용접구조는 볼트나 리벳구조에 비해 강하게 되므로 응력집중이 일어나기 쉽다.

(1) 금속 아크용접

그림 4-19(a)와 같이 탄소봉과 모재 사이에(약 20 mm) 회로를 만들어 주면 아크(arc)가 그 사이에서 생겨 모재가 녹는다. 이 때 모재와 동질인 용가재(용접봉)도 녹아서 접합이 이루어진다. 이 때 쓰이는 전류는 직류, 교류 어떤 것이든 좋지만 보통 직류가 쓰인다. 이와 같은 탄소 아크용접은 1885년 독일계 로서아 사람인 베나아도스(Benardos)가 처음 발견했는데, 그 후 1892년에 슬래비아노프(Slavianoff, 로서아 사람)는 탄소봉 대신에 모재와 동질인 금속 전극봉을 사용한 금속아크 용접법을 발견하였다.

이 때 금속 전극봉은 아크에 의하여 모재와 같이 녹아서 용접봉의 역할을 하며 접합이 이루어진다. 용접부의 최고온도는 아크류가 있는 곳에서 생기며 직류아크 용접기에서는 4,000～5,000 ℃, 교류아크 용접기에서는 3,000～5,000 ℃ 정도이다.

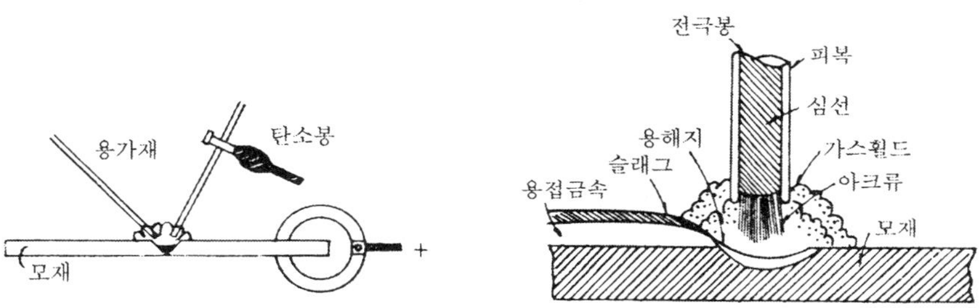

(a) 탄소 아크용접 (b) 금속 아크용접

그림 4-19 아크용접

또 잠호용접(submurged welding)이라 하는 자동 용접법이 있는 데 그림 4-20과 같이 용접선상에 쌓아둔 미세한 입상의 플럭스(flux) 중에 알몸의 심선을 넣어 모재와의 사이에서 아크를 내어 플럭스가 녹으면 다음은 플럭스의 저항열로서 용접봉(心線)과 모재가 녹아서 용접이 이루어진다. 이 방법을 일명 Union melt(상품명)이라고 한다.

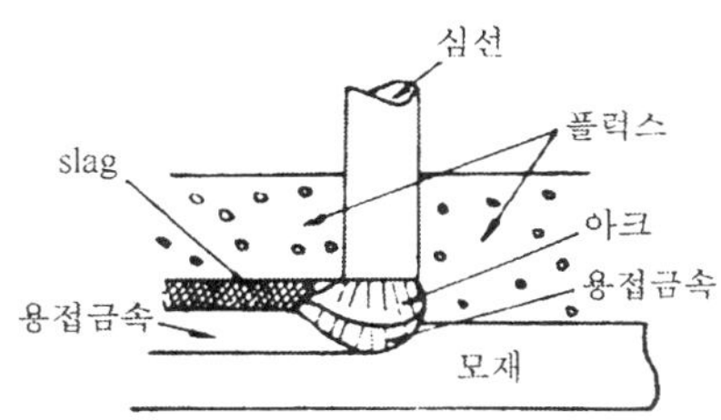

그림 4-20 잠호용접

(2) 가스용접

산소와 아세틸렌(acetylene) 혼합가스의 연소열을 이용하여 봉을 녹여서 용액을 용접부에 유입하는 방법이며, 큰 힘을 받을 수는 없다.

이 방법으로 강재를 절단하기로 한다.

(3) 전기저항용접

얇은 강판 2장을 겹친 후 그림 4-22와 같이 이 강판 상하부의 전극에 강한 압력을 가해서 지압력이 큰 부분에 아크를 형성시켜 국부적으로 맞붙게 하는 방법이다.

이 방법은 강판뿐만 아니라 강선을 용접하는 경우에도 이용된다.

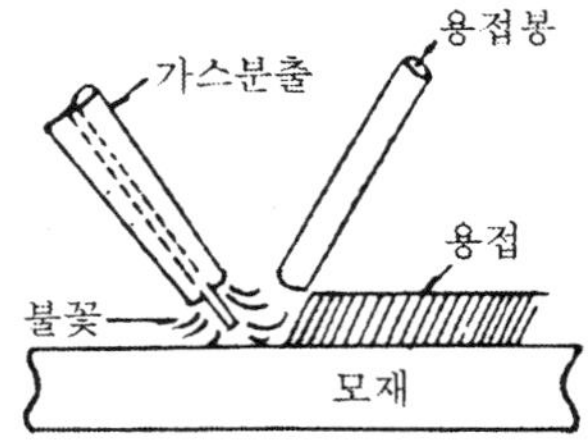

그림 4-21 가스용접

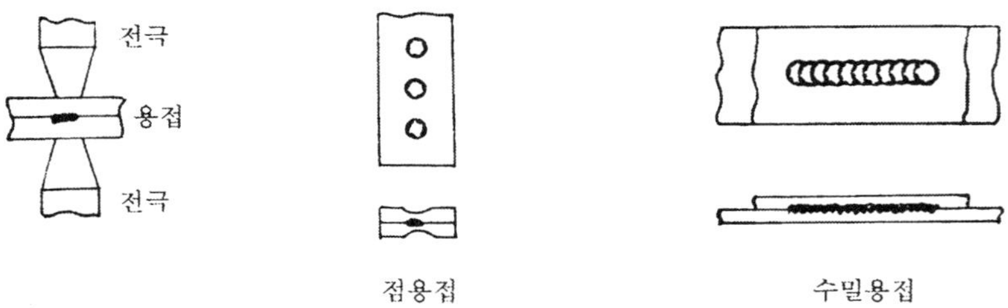

그림 4-22 전기저항용접

2. 용접이음의 종류

강판을 용접으로 잇는 방법에는 맞이음(butt joint), 겹이음(lap joint), T이음, 단부이음(edge joint) 및 모서리이음(corner joint) 등 5종이 있고, 용접방법에는 홈(또는 그루브)용접(groove welding), 필렛용접(fillet welding), 플러그용접(plug welding) 및 슬롯용접(slot welding) 등이 있다.

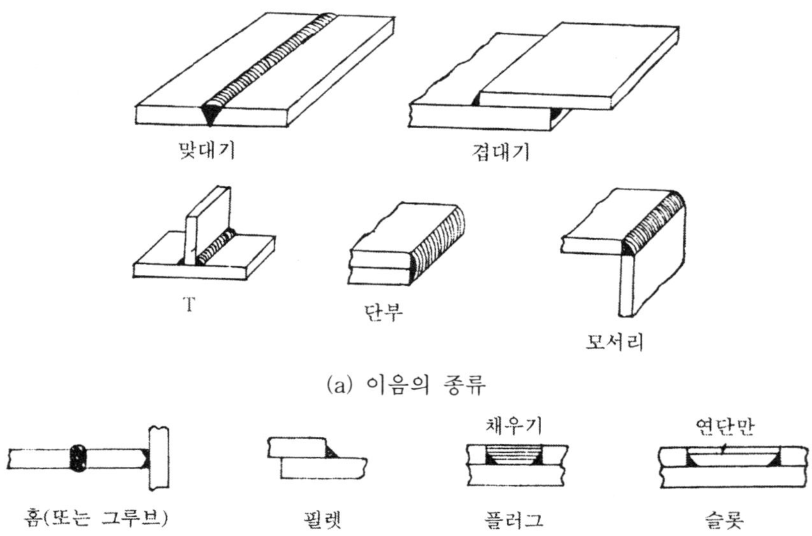

그림 4-23 이음과 용접의 종류

(1) 홈용접(또는 그루브 용접)

그림 4-24와 같이 양쪽 강판 사이에 홈을 두어 서로 맞댄다든지 또는 T형 이음에서는 양쪽 모재 사이의 홈에 용접금속을 넣는 용접으로 목두께(throat thickness)의 방향이 적어도 모재의 표면과 직각 또는 거의 직각을 이루게 하는 방법이다. 홈용접에는 홈의 모양에 따라 그림에서와 같이 여러 종류가 있는 데 일반적으로 V형이나 X형으로 하며 판의 두께가 19mm 이상에서는 X형으로 하고, 현장용접에서는 판의 두께가 특별히 크지 않는 한 V형으로 한다. 그림 4-24에서 홈의 간격을 루트(root) 간격이라 한다(그림 4-34 참조).

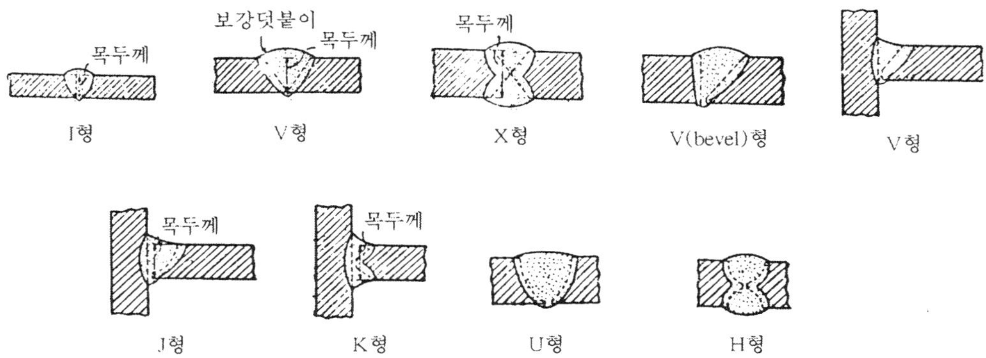

그림 4-24 홈용접의 모양

(2) 필렛용접

그림 4-25와 같이 목두께의 방향이 모재의 면과 45°가 되게 하는 용접방법이다.

또 용접선의 방향이 응력을 전달시키는 방향과 평행이냐, 경사냐 또는 직각인가에 따라서 측면 필렛용접, 사방(斜方) 필렛용접 및 전방 필렛용접 등으로 나눈다. 필렛용접은 삼각형의 다리길이가 같도록 하는 것이 원칙이며, 이때 목두께는 이등변 삼각형의 높이를 취한다. 다리길이가 같지 않을 경우에도 이등변 삼각형의 높이를 취한다(그림 4-25 참고).

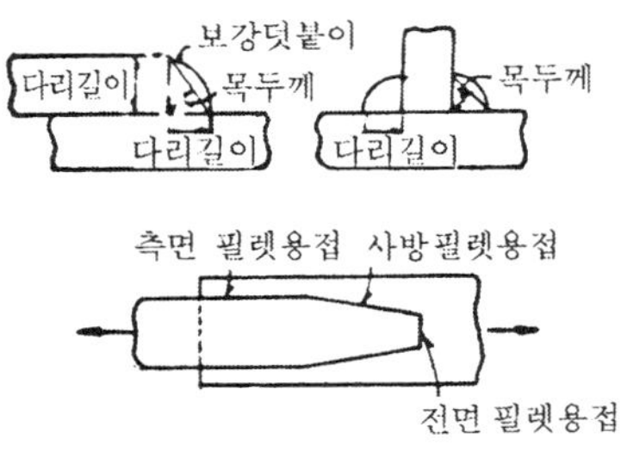

그림 4-25 필렛용접

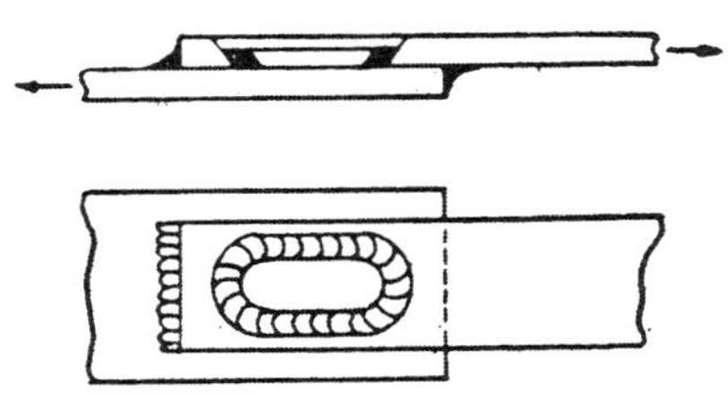

그림 4-26 슬롯용접

(3) 플러그용접과 슬롯용접

플러그용접은 그 강판을 겹칠 때 한쪽 강판에 둥근 구멍을 적당한 간격으로 뚫고, 그 구멍을 용접으로 완전히 메우는 것이며, 슬롯용접은 위에서 설명한 둥근 구멍 대신에 좁고 긴 구멍을 드문드문 뚫고(그림 4-26), 그 구멍 주위에 필렛용접을 하고 그 구멍을 완전히 채우지 않는 것이다.

그리고 한 용접선에 따라서 용접을 연속으로 할 때 이를 연속용접, 단속(斷續)으로 할 때를 단속용접이라 하며, 또 인접하는 2열의 용접선에 따라 단속으로 용접할 때는 상호간의 위치에 따라 병렬용접 또는 지그재그 용접을 하게 된다.(그림 4-27 참고)

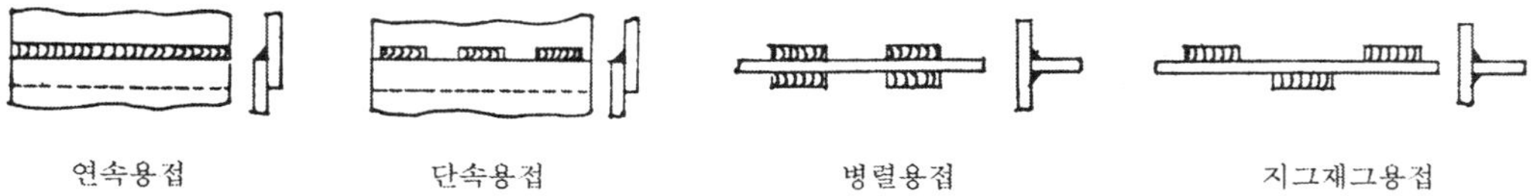

그림 4-27

3. 용접의 결함과 용접자세

좋은 용접을 하려면 좋은 기술을 갖고 있는 용접공이 좋은 설계도에 의하여 우수한 모재와 용접봉을 써서 알맞은 시공법으로 할 필요가 있다. 이와 같이 모든 조건을 동시에 구

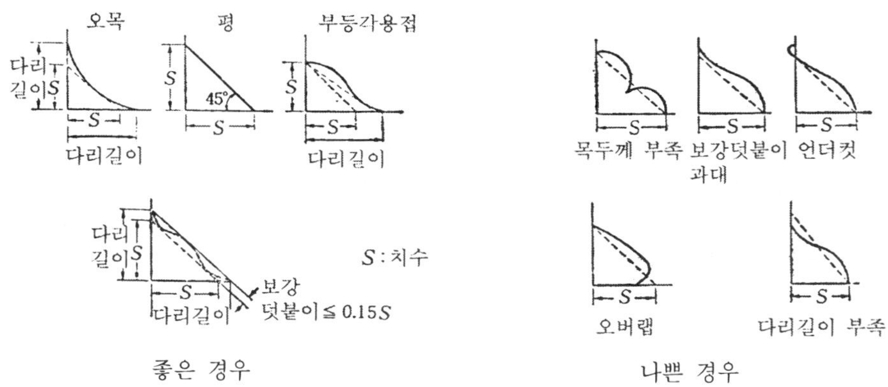

(a) 필렛용접

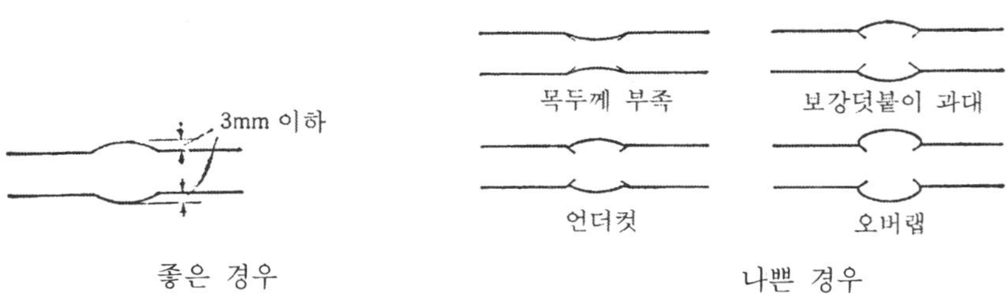

(b) 홈용접

그림 4-28 용접의 결함

비해서 시공한다는 것은 쉬운 일이 아니다. 따라서 용접에는 각종 결함이 따르게 된다.

예를 들면 균열, 공기구멍, 용융부족, 용재잠입, 오버랩(overlap), 언더컷(undercut), 다리 길이의 부족 등이다. 어떤 것이든 강도 부족이며, 응력집중을 가져오기 때문에 시공에 충분한 주의를 기울여야 한다.

이들의 검사법으로는 육안검사, X선검사, 기타 방법이 있는 데 중요한 부분은 X선 사진을 찍어 검사해야 한다. 또 용접의 자세에 따라서 용접의 난이도와 시공속도가 달라지고 용접부 강도에도 영향이 미친다. 용접의 자세는 그림 4-29와 같으며, 이 중 아래보기 자세가 가장 작업하기 수월하고, 끝맺음도 양호하며, 신뢰할 수 있는 용접이 될 뿐 아니라 작업 능률도 좋다. 따라서 가능하면 아래보기 자세로 용접할 수 있도록 설계하는 것이 좋다.

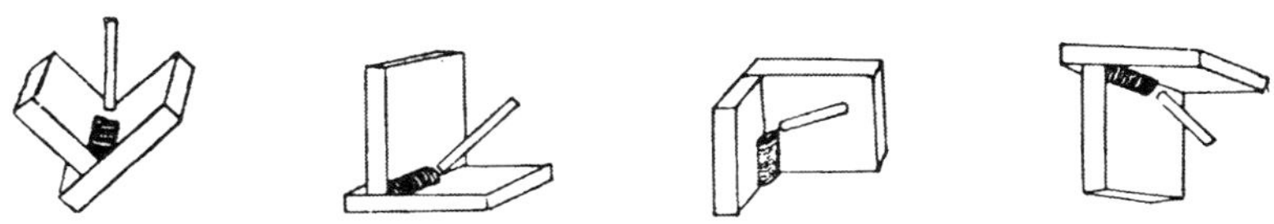

(a) 아래보기자세 (b) 수평자세 (c) 연직자세 (d) 위보기자세

그림 4-29 용접자세(필렛용접)

4. 용접기호(KS B 0052)

(1) 용접부의 기호

용접부의 기호는 기본기호 및 보조기호로 하고, 각각 표 4-12 및 표 4-13에 따른다.

표 4-12 용접부의 기본기호와 종류

용접의 종류	기본 기호	비 고
양쪽 플랜지형	八	−
한쪽 플랜지형	|\	−
I형	∥	옵셋용접, 플랜지용접, 마찰용접 등을 포함한다.
V형, X형 (양면 V형)	∨	X형은 설명선의 기선(이하 기선이라 한다)에 대칭으로 이 기호를 기재한다. 옵셋용접, 플랜지용접, 마찰용접 등을 포함한다.
⊬(bevel), K형(양면 ⊬형)	⊬	K형은 기선에 대칭으로 이 기호를 기재한다. 기호의 세로선은 왼쪽에 그린다. 옵셋용접, 플랜지용접, 마찰용접 등을 포함한다.
J형, 양면 J형	ɏ	양면 J형은 기선에 대칭으로 이 기호를 기재한다. 기호의 세로선은 왼쪽에 그린다.
U형, H형 (양면 U형)	Y	H형은 기선에 대칭으로 이 기호를 기재한다.

플레어 V형 플레어 X형	)(	플레어 X형은 기선에 대칭으로 이 기호를 기재한다.
플레어 V형 플레어 K형	|(	플레어 K형은 기선에 대칭으로 이 기호를 기재한다. 기호의 세로선은 왼쪽에 그린다.
필렛	◺	기호의 세로선은 왼쪽에 그린다. 병렬접속 필렛용접일 경우는 기선에 대칭으로 이 기호를 기재한다. 다만, 지그재그 계속 필렛용접일 경우는 오른쪽의 기호를 사용할 수 있다.
플러그, 슬롯	⊓	–
비드 살돋움	⌓	살돋움 용접인 경우는 이 기호 2개를 나열하여 기재한다.
점, 프로젝션, 심	✱	겹치기 이음의 저항용접, 아크용접, 전자빔 용접 등에 의한 용접부를 나타낸다. 다만, 필렛용접은 제외한다. 심용접일 경우는 이 기호를 2개 나열하여 기재한다.

표 4-13 보조 기호

구 분		보조 기호	비 고
용접부의 표면 모양	평탄 블록 오목	— ⌒ ‿	 기선의 밖으로 향하여 볼록하게 한다. 기선의 밖으로 향하여 오목하게 한다.
용접부의 다듬질 방법	치핑 연삭 절삭 지정 없음	C G M F	 그라인더 다듬질인 경우 기계 다듬질인 경우 다듬질 방법을 지정하지 않을 경우
현장 용접 전체둘레 용접 전체둘레 현장 용접		⚑ ○ ⚑○	전체 둘레 용접이 분명할 때는 생략해도 좋다.

(2) 용접부의 기호 표시방법

① 설명선

설명선은 용접부를 기호 표시하기 위하여 사용하는 것으로서 기선, 화살표 및 꼬리로 구성되며, 꼬리는 필요 없으면 생략해도 좋다.(그림 4-30(a), (b) 참조) 기선은 통상 수평선으로 하고 기선의 한쪽 끝에 화살표를 붙인다. 유감

화살표는 용접부를 지시하는 것으로서 기선에 대해 가능하면 60°의 직선으로 한다. 다 만, V형, K형, J형 및 양면 J형에서 그루브를 취하는 부재의 면을, 또 플레어 V형 및 플레어 K형에서 플레어가 있는 부재의 면을 지시할 필요가 있는 경우는 화살표를 선으로 하고, 그루브를 취하는 면 또는 플레어가 있는 면에 화살표의 앞 끝을 향한다.(그림 4-30(c) 참조)

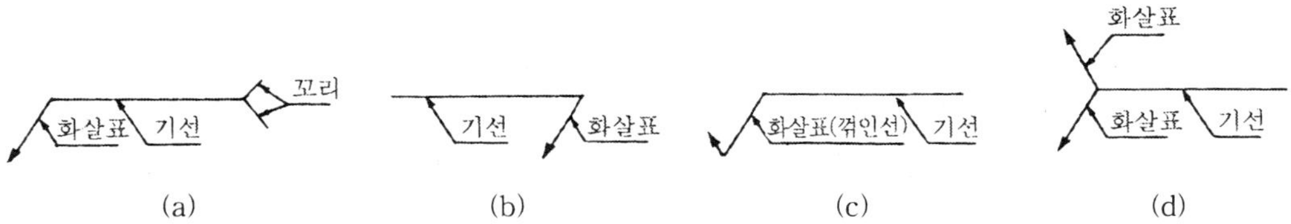

그림 4-30 설명선

화살표는 필요하면 기선의 한쪽 끝에서 2개 이상 붙일 수 있다.(그림 4-30(d) 참조) 다만, 기선의 양끝에 화살표를 붙일 수는 없다.

② 기본기호의 기재방법

기본기호의 기재방법은 용접하는 쪽이 화살표쪽 또는 앞쪽일 때는 기선의 아래쪽에(그림 4-31(a) 참조), 화살표의 반대쪽 또는 맞은편 쪽일 때는 기선의 위쪽에(그림 4-31(b) 참조) 밀착하여 기재한다.

기선을 수평으로 할 수 없을 경우는 그림 4-32에 따른다.

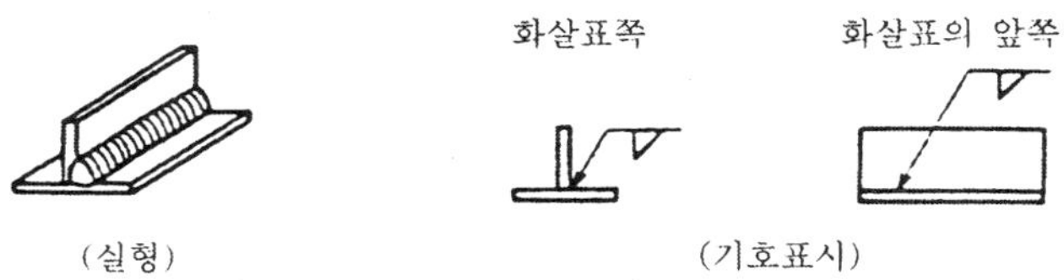

(a) 화살표쪽 또는 앞쪽의 용접

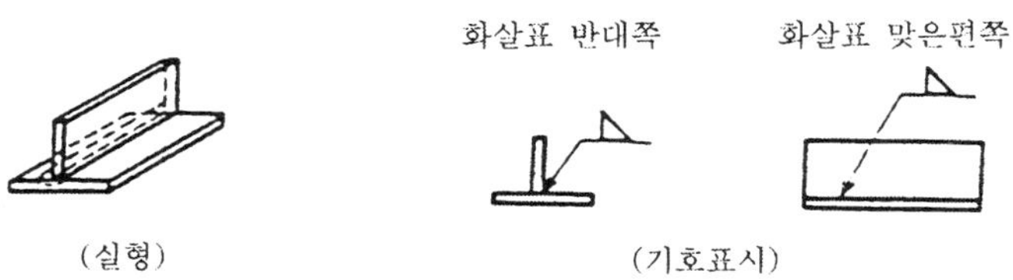

(b) 화살표의 반대쪽 또는 맞은편 쪽의 용접

그림 4-31 기선에 대한 기본기호의 상하위치 관계

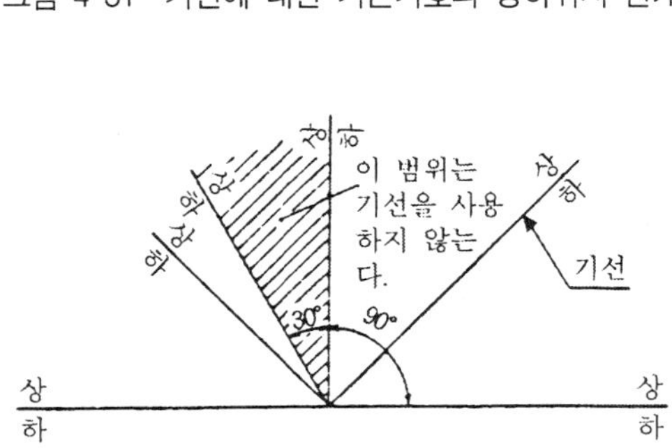

그림 4-32 기선의 위치와 기선의 위쪽 · 아래쪽의 관계

③ 보조기호 등의 기재방법

보조기호, 치수, 강도 등의 용접 시공내용의 기재방법은 기선에 대하여 기본기호와 같은 쪽에 그림 4-33과 같이 한다.

(ㄱ) 표면모양 및 다듬질 방법의 보조기호는 용접부의 모양기호 표면에 근접하여 기재한다.

(ㄴ) 현장용접, 전체 둘레용접 등의 보조기호는 기선과 화살표 선의 교점에 기재한다.

(ㄷ) 비파괴 시험의 보조기호는 꼬리의 가로에 기재한다.

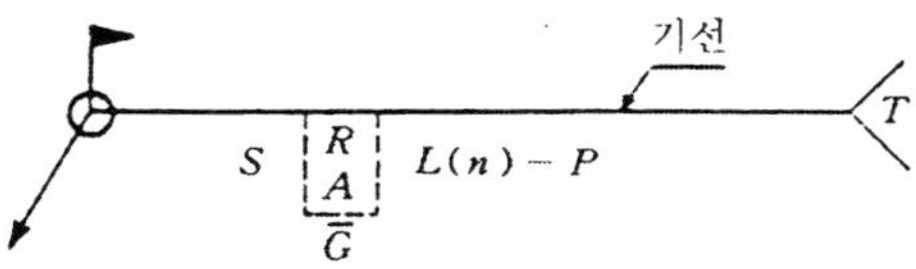

(a) 용접하는 쪽이 화살표쪽 또는 앞쪽일 때

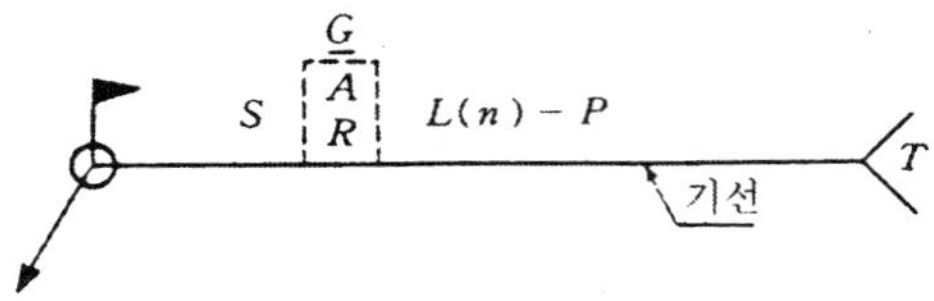

(b) 용접하는 쪽이 화살표 반대쪽 또는 맞은편 쪽일 때

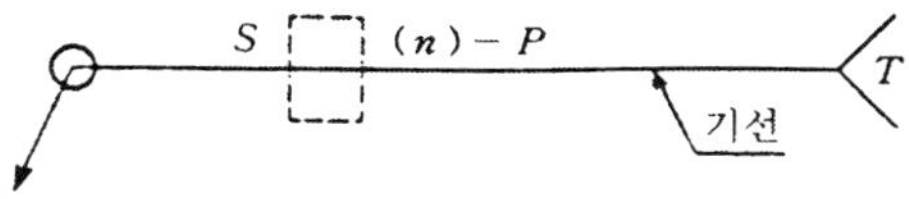

(c) 겹이음부의 저항용접(점용접 등)일 때

그림 4-33 용접시공 내용의 기재방법

▲ 용접시공 내용의 기호 예시

- ⬚ : 기본 기호
- S : 용접부의 단면치수 또는 강도(그루브 깊이, 필렛의 다리길이, 플러그 구멍의 지름, 슬롯홈의 너비, 심의 너비, 점용접의 너깃 지름 또는 단점의 강도 등)
- R : 루트 간격
- A : 그루브 각도
- L : 단속 필렛용접의 용접길이, 슬롯용접의 홈길이 또는 필요한 경우는 용접길이
- n : 단속 필렛용접, 플러그용접, 슬롯용접, 점용접 등의 수
- P : 단속 필렛용접, 플러그용접, 슬롯용접, 점용접 등의 피치
- T : 특별 지시사항(J형 · U형 등의 루트 반지름, 용접방법, 비파괴시험의 보조기호, 기타)
- − : 표면 모양의 보조기호
- G : 다듬질 방법의 보조기호
- ⚑○ : 전체둘레 현장 용접의 보조기호
- ○ : 전체둘레 용접의 보조기호

표 4-14 기재 예

용접의 종류		기 호		기재 예
홈 용 접	I형	||	루트 간격 2mm 경우	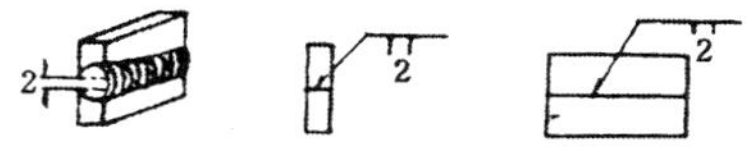
	V형	∨	홈의 깊이 16mm 홈의 각도 60° 루트 간격 2mm	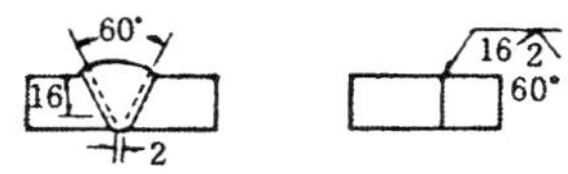
	X형	×	홈의 깊이 화살표쪽 16mm 반대쪽 9mm 홈의 각도 화살표쪽 60° 반대쪽 90° 루트 간격 3mm	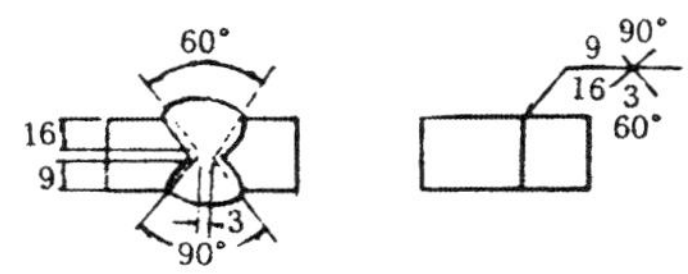
	U형	Y	홈의 각도 25° 루트 간격 0mm 루트 반지름 6mm	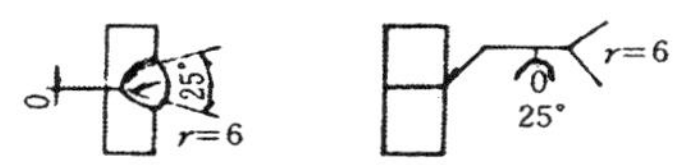
	H형		홈의 깊이 25mm 홈의 각도 25° 루트 반지름 6mm 루트 간격 0mm	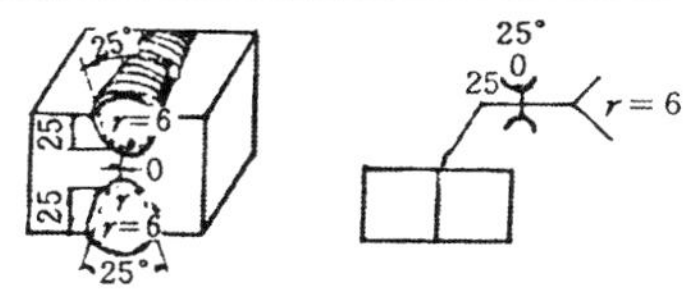
	V형	V	화살표 반대쪽	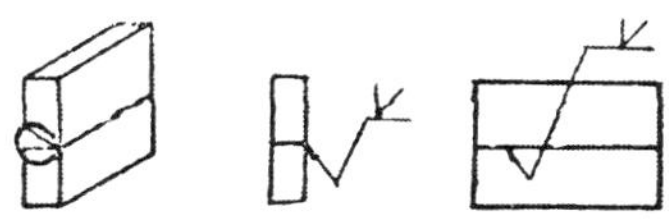
	K형	K	화살표쪽 홈의 깊이 16mm 반대쪽 9mm 화살표쪽 홈의 각도 45° 반대쪽 45° 루트 간격 2mm	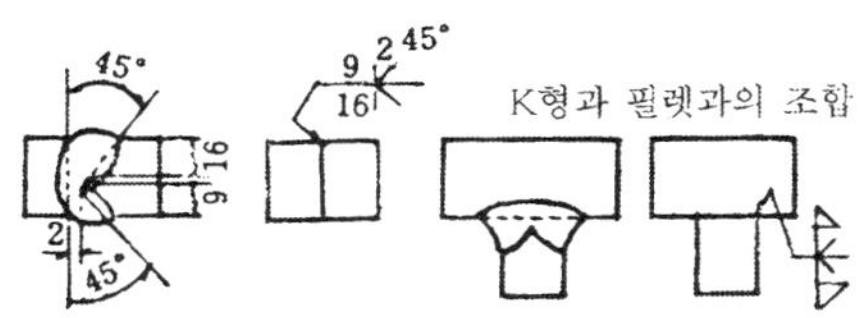
	J형		홈의 깊이 28mm 홈의 각도 35° 루트 반지름 13mm 루트 간격 2mm	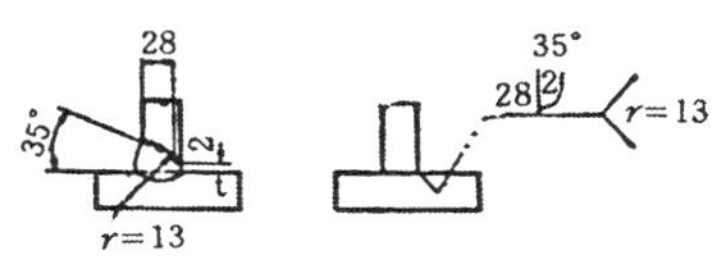
	양면 J형		홈의 깊이 24mm 홈의 각도 35° 루트 반지름 13mm 루트 간격 3mm	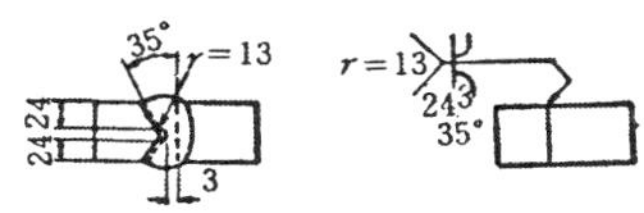

용접의 종류			기 호		기재 예
필렛용접	연속			다리의 길이 6mm의 경우 다리 길이가 다른 경우 작은 다리의 치수, 큰 다리의 치수를 차례로 쓰고 묶음으로 한다. 용접의 길이 500mm의 경우	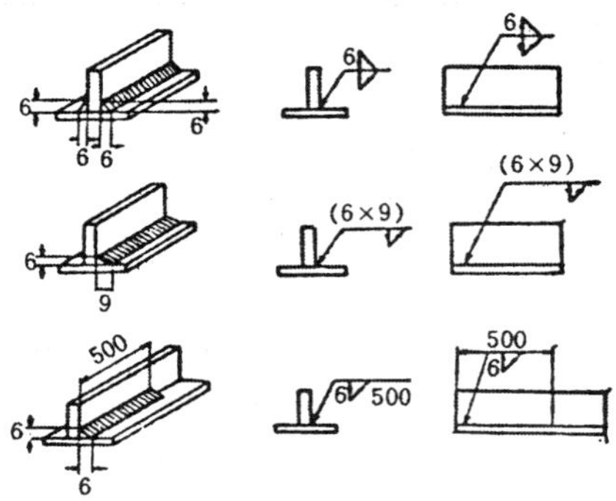
필렛용접	단속	병렬	L-P	용접의 길이 50mm 피치 150mm의 경우	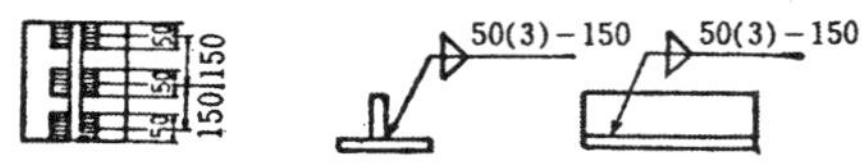
		지그재그		화살표 쪽의 다리길이 6mm, 화살표 반대쪽의 다리 길이 9mm, 용접의 길이 50mm, 피치 300mm의 경우	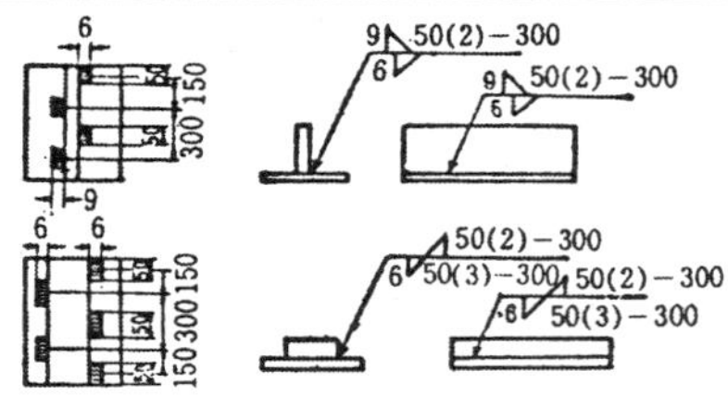
플러그용접				구멍지름 22mm 피치 100mm 홈의 각도 60° 용접깊이 6mm	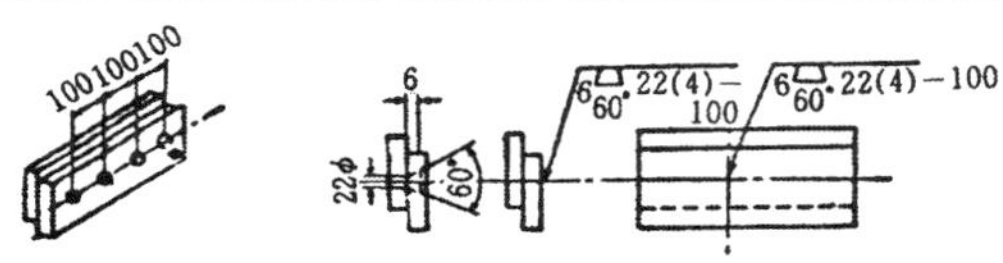

5. 용접부의 허용응력

용접부의 강도는 용접봉, 이음의 종류, 용접공의 우열, 용접자세, 용접기의 양부, 사용 전

표 4-15 용접부의 허용응력

용접의 종류		응력의 종류	허용응력 (MPa)			
			SM 400 SMA 400	SM 490	SM 490Y SM 520 SMA 490	SM 570 SMA 570
공장용접	홈용접	압축	140	190	210	260
		인장	140	190	210	260
		전단	80	110	120	150
	필렛용접	전단	80	110	120	150
현장용접		각각의 경우에 있어서 상기의 90%로 한다.				

참고) 상기 값은 판두께 40mm 이하에 대한 값이고 40mm 이상에 대해서는 도설, 3.3.2.3 참조

류의 적부 등 여러 가지 조건에 따라 영향을 받으며 하중의 종류, 즉 고정하중이나 활하중이냐 또는 설계하중에 가까운 하중이 되풀이해서 작용하느냐에 따라 크게 변화한다.

잘 시공된 용접금속은 모재와 대체로 같거나 그 이상의 인장강도와 피로한계를 갖고 있으며, 양호하면 모재와 같은 허용응력을 사용해도 좋다.

도로교설계기준, 제3장 강교 3.3.2.3에는 용접부의 허용응력으로 표 4-15와 같이 규정하고 있다.

6. 용접부의 강도

설계계산에서 용접부의 강도는 용접의 목두께와 유효길이에 비례하며, 목두께×유효길이 = 면적이 되고, 면적×허용응력 = 용접부의 강도가 된다.

(1) 목두께와 유효길이

목두께는 그림 4-34에서와 같이 전단면 용입 홈용접인 경우에는 모재의 두께로 하고, 모재의 두께가 서로 다른 경우에는 얇은 부재의 두께로 한다.

필렛용접인 경우에는 원칙으로 다리길이가 같도록 하고, 다리길이가 서로 다른 경우에도 목두께는 이음부의 루트를 꼭짓점으로 하는 내접 이등변 삼각형의 높이로 한다.

즉 목두께는 치수(s)× 0.707 이 된다.

또 용접의 유효길이는 용접의 시단과 종단은 급랭 등에 의해 결과가 좋지 못하므로 개시점의 불완전 부분 및 종단부의 크레이터(crater)를 제외한 완전한 목두께를 갖는 용접의 길이를 말하며, 개시점과 크레이터의 길이는 각각 목두께와 같은 길이를 취한다.(그림 4-35)

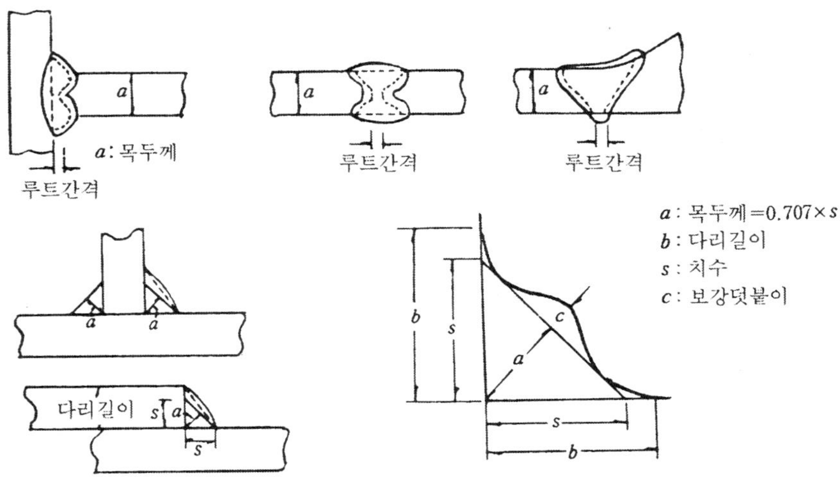

그림 4-34 목두께

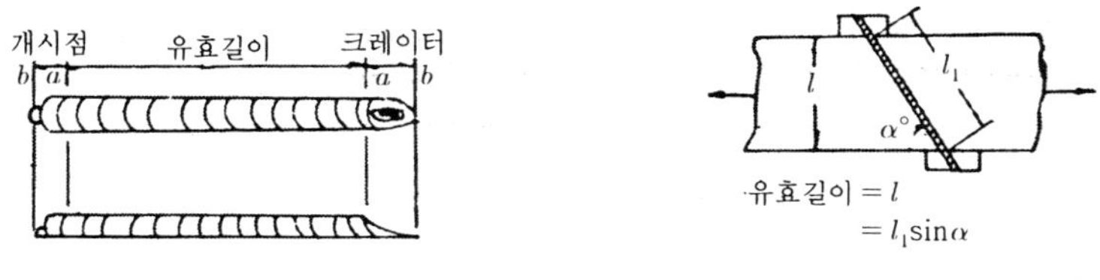

(a) (b)

그림 4-35 유효길이

중요한 부재의 필렛용접 유효길이는 치수의 10배 이상, 80 mm 이상으로 하고, 중요부재의 응력을 전달하는 필렛용접의 치수는 6 mm 이상으로 하며, 다음의 범위 내에 있는 것을 표준으로 한다. 용접과 보통 볼트를 병용한 이음에서 볼트는 응력을 받지 않는 것으로 한다.

$$t_1 > s \geq \sqrt{2t_2} \qquad (4\text{-}4\text{-}1)$$

여기서,

t_1 : 얇은 쪽의 모재 두께(mm)

s : 치수(mm)

t_2 : 두꺼운 쪽의 모재 두께(mm)

(2) 인장력, 압축력 또는 전단력을 받는 이음부의 응력

이음부에 인장력, 압축력 또는 전단력이 작용하는 경우의 맞대기 홈용접 또는 필렛용접에 생기는 응력은 다음 식으로 산출한다.

$$\left.\begin{aligned} f &= \frac{P}{\Sigma\, al} \\ v &= \frac{P}{\Sigma\, al} \end{aligned}\right\} \qquad (4\text{-}4\text{-}2)$$

여기서,

f : 용접부에 생기는 수직응력(MPa)

v : 용접부에 생기는 전단응력(MPa)

P : 용접부에 작용하는 외력(N)

a : 용접의 목두께(mm)

l : 용접의 유효길이(mm)

$\Sigma\, al$: 용접의 유효단면적 합계(mm^2)

【계산예 4-9】 다음 그림의 각종 용접에서 용접부에 생기는 응력은 무엇이며 크기는 얼마인가?

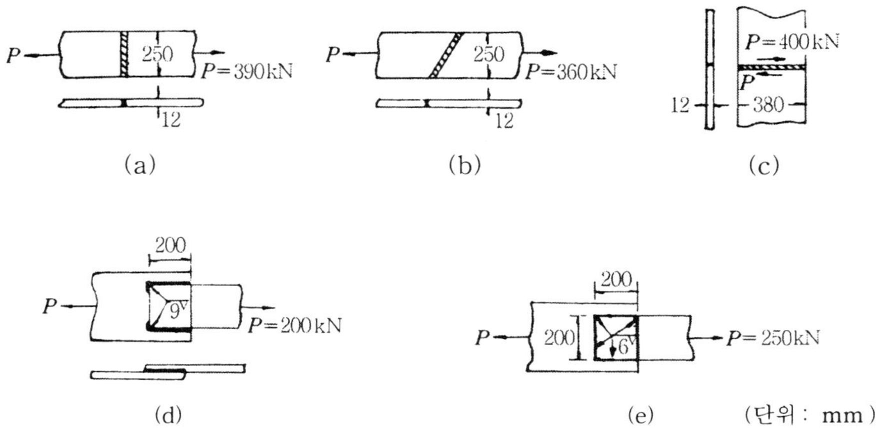

그림 4-36

(a) 홈용접으로 인장응력

$$f = \frac{P}{\Sigma\, al} = \frac{390,000}{12 \times 250} = 130\,\text{MPa}$$

(b) 힘의 작용과 경사를 이루는 홈용접으로 인장응력

$$f = \frac{P}{\Sigma\, al} = \frac{360,000}{12 \times 250} = 120\,\text{MPa}$$

(c) 홈용접으로 전단응력

$$v = \frac{P}{\Sigma\, al} = \frac{400,000}{12 \times 380} = 87.7\,\text{MPa}$$

(d) 필렛용접으로 전단응력

$$v = \frac{P}{\Sigma\, al} = \frac{200,000}{2 \times 6.363 \times 200} = 78.6\,\text{MPa}$$

목의 두께 $a = 9 \times 0.707 = 6.363$ mm

(e) 필렛용접으로 전단응력

$$v = \frac{P}{\Sigma\, al} = \frac{250,000}{2 \times 4.242 \times (200 + 200)} = 73.7\,\text{MPa}$$

(3) 휨모멘트를 받는 이음부의 응력

휨모멘트를 받는 용접이음부에 생기는 연단(緣端)응력은 다음 식으로 산출한다.

$$\text{홈용접 : } f = \frac{M}{I} \times y \qquad \text{필렛용접 : } v = \frac{M}{I} \times y \qquad (4\text{-}4\text{-}3)$$

여기서,

f : 용접부에 생기는 수직응력(MPa)

v : 용접부에 생기는 전단응력(MPa)

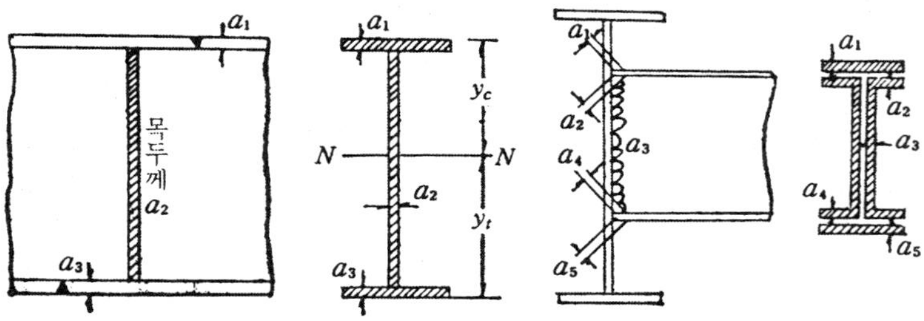

그림 4-37 휨응력을 받는 이음부

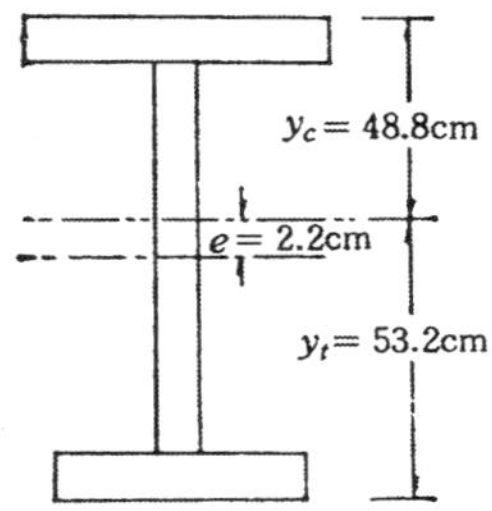

1 − Flg. pl. 270×12
1 − Web pl. 996×8
1 − Flg. pl. 220×12

그림 4-38

M : 용접부의 설계에 쓰이는 휨모멘트(N − mm)

I : 목두께를 이음면에 전개한 평면형의 중립축 둘레의 단면 2차모멘트(mm⁴)

y : 목두께를 이음면에 전개한 평면형의 중립축에서 착안점까지의 거리(mm)

【계산예 4-10】 그림 4-38과 같은 플레이트거더에 휨모멘트 M = 500 kN · m이 작용할 때 현장에서 맞대기로 홈용접을 한다면 안전한가?(다만, 강재는 SM 400을 사용한다.)

풀이

단 면	치 수	A(cm²)	y(cm)	$A \cdot y$(cm³)	$A \cdot y^2$(cm⁴)
1-Flg. pl.	270×12	32.4	50.4	1,633	82,300
1-Web pl.	996×8	79.7	0	0	65,870 = $0.8\times 99.6^3/12$
1-Flg. pl.	220×12	26.4	−50.4	−1,331	67,080
계		138.5		302	215,250

$$e=\frac{302}{138.5}=2.2\text{cm} \qquad y_c=\frac{99.6}{2}+1.2-2.2=48.8\text{cm}$$

$$y_t=99.6+1.2\times 2-48.8=53.2\text{cm}$$

$$I_N=215{,}250-138.5\times 2.2^2=214.580\text{cm}^4$$

$$f_c=\frac{M}{I}\cdot y_c=\frac{500\times 10^6}{214{,}580\times 10^4}\times 488=113.7\text{MPa}$$

$$f_t=\frac{M}{I}\cdot y_t=\frac{500\times 10^6}{214{,}580\times 10^4}\times 532=124.0\text{MPa}$$

SM 400 강재의 홈용접에서 압축 및 인장에 대한 허용응력은 표 4-15에서 현장인 경우, $f_a=140\times 0.9=126.0\text{MPa}$ 이므로 안전하다.

【계산예 4-11】 그림 4-39와 같은 필렛용접에서 $M = 100\text{kN}\cdot\text{m}$이 작용할 때 이음부에 생기는 최대 응력을 계산하여라.

풀이 목두께를 이음면에 전개한 평면도는 그림 4-40과 같고 이 때 목두께는

치수 6mm인 경우 $a_1 = 6 \times 0.707 = 4.24\text{mm}$

치수 8mm인 경우 $a_2 = 8 \times 0.707 = 5.66\text{mm}$

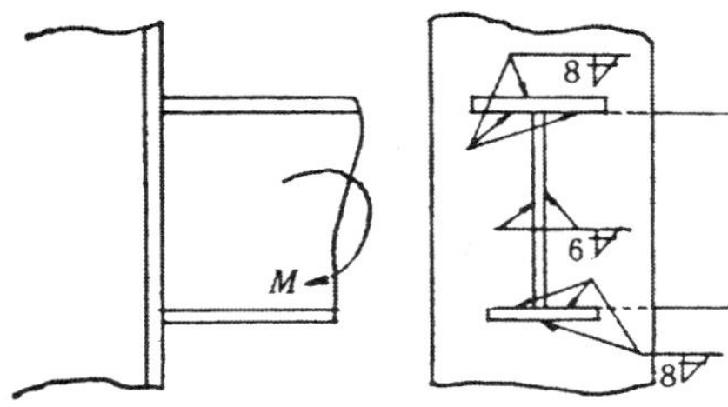

단면 1 - Flg. pl. 180×10
1 - Web pl. 400×8
1 - Flg. pl. 160×10

그림 4-39

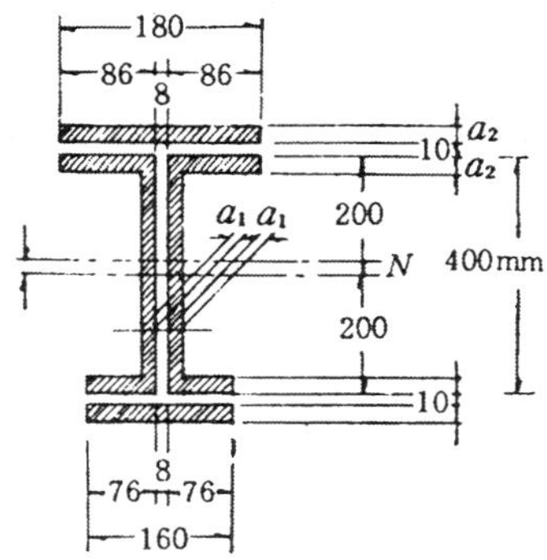

그림 4-40

단 면	치 수	$A(\text{cm}^2)$	$y(\text{cm})$	$Ay(\text{cm}^3)$	$Ay^2(\text{cm}^4)$
상플랜지 상	180.00×5.66	10.188	21.283	216.83	4,614.82
상플랜지 하	163.52×5.66	9.255	19.717	182.48	3,597.97
웨브	400.00×8.48	33.920	0.000	0.00	4,522.67
하플랜지 상	143.52×5.66	8.123	− 19.717	− 160.16	3,157.90
하플랜지 하	160.00×5.66	9.056	− 21.283	− 192.74	4,102.06
계		70.542		46.421	19,995.42

$$e = \frac{46.421}{70.542} = 0.66\text{cm} \qquad y_c = 20 + 1 + 0.566 - 0.66 \fallingdotseq 20.91\text{cm}$$

$$y_t = 20 + 1 + 0.566 + 0.66 \fallingdotseq 22.23\text{cm}$$

$$I_N = 19{,}995.42 - 70.542 \times 0.66^2 = 19{,}965\text{cm}^4$$

$$\therefore f_{\max} = \frac{M}{I_n} \cdot y = \frac{100 \times 10^6}{19{,}965 \times 10^4} \times 222.3 = 111.3\text{MPa}$$

(4) 휨모멘트와 전단력을 동시에 받는 용접이음의 검사

휨모멘트와 전단력을 동시에 받는 용접이음에서는 다음 식을 만족해야 한다.

$$\left.\begin{aligned} \text{홈용접 :} \quad & \left(\frac{f}{f_a}\right)^2 + \left(\frac{v_s}{v_a}\right)^2 \leq 1.2 \\ \text{필렛용접 :} \quad & \left(\frac{v_b}{v_a}\right)^2 + \left(\frac{v_s}{v_a}\right)^2 \leq 1.0 \end{aligned}\right\} \qquad (4\text{-}4\text{-}4)$$

여기서,

f : 축방향력과 휨모멘트에 의한 수직응력(MPa)

v_b, v_s : 휨 또는 전단력에 의한 전단응력(MPa)

f_a : 허용인장응력(MPa)

v_a : 허용전단응력(MPa)

f 및 v는 각각 f_a 및 v_a를 초과할 수 없다.

【계산예 4-12】 아래 그림에서 웨브판의 공장용접 이음부에 $M = 1,280\text{kN}\cdot\text{m}$, $V = 520\text{kN}$이 작용하고 있다. 이 때 이 맞대기 홈용접부의 응력을 검토하여라.(다만, 사용 강재는 SS 400으로 $f_{ta} = 140\text{MPa}$, $v_a = 80\text{MPa}$)

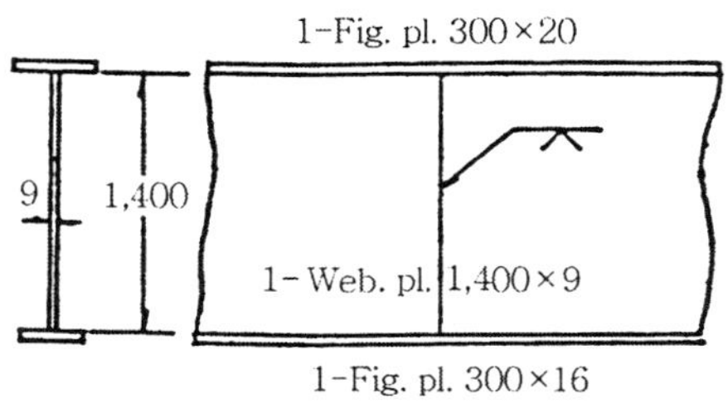

그림 4-41

풀이

단 면	치 수	$A(\text{cm}^2)$	$y(\text{cm})$	$Ay(\text{cm}^3)$	$Ay^2(\text{cm}^4)$
1-Flg. pl.	300×20	60	71	4,260	302,460
1-Web pl.	1,400×9	126	0	0	$205,800 = \left(\dfrac{0.9 \times 140^3}{12}\right)$
1-Flg. pl.	300×16	48	−70.8	−3,398	240,580
계		234		862	748,840

$$e = \frac{862}{234} = 3.68\text{cm}$$

$$I = 748,840 - 234 \times 3.68^2 \fallingdotseq 745.670\text{cm}^4$$

$$f = \frac{M}{I} \times y = \frac{1,280 \times 10^6}{745,670 \times 10^4} \times (700 + 36.8) = 126.5\text{MPa}$$

$$< f_{ta} = 140\text{MPa}$$

$$v_s = \frac{V}{\Sigma al} = \frac{520,000}{9 \times 1,400} = 41.3\text{MPa} < v_a = 80\text{MPa}$$

$$\left(\frac{f}{f_a}\right)^2 + \left(\frac{v_s}{v_a}\right)^2 = \left(\frac{126.5}{140}\right)^2 + \left(\frac{41.3}{80}\right)^2 = 0.82 + 0.27 = 1.09 < 1.2$$

∴ 안전함

제5장 I 빔교와 플레이트거더교

5-1 서 론

1. 일반구조

압연형강 중 I형강을 주거더로 한 교량이 I빔교이며, 지간이 짧은 경우(10m 정도)에 사용된다. 그러나 지간이 길어지면 일반적으로 설계하중에 의한 휨모멘트가 크게 되므로 I형강으로는 단면이 부족하여 사용할 수 없게 된다. 따라서 강판을 서로 조합시켜 I형으로 만든 플레이트거더(plate girder)를 주거더로 쓰게 되는데, 이와 같은 교량이 플레이트거더교(plate girder bridge)이다. 플레이트거더는 예전에는 대부분 L형강과 강판을 조합하여 리벳이음으로 만들었으나 현재에는 강판만을 조합해서 용접이음으로 제작하고 있으며, 특히 도로교에서 자주 쓰인다. 전자를 리벳이음 플레이트거더교, 후자를 용접 플레이트거더교라 한다. 플레이트거더교의 최대 지간은 철도교에서 단순거더인 경우 30 m 정도, 도로교(게르버교)에서는 40 m 정도 또는 그 이상으로도 가능하다. 연속거더로 박스 단면으로 할 경우는 200 m 이상으로도 할 수 있다.

플레이트거더의 단면은 플랜지(flange)와 복부(web)로 이루어지고, 플랜지는 리벳이음 플레이트거더에서는 플랜지 L형강과 덮개판(cover plate)으로 구성되며, 용접 플레이트거더에서 보통 L형강은 사용하지 않고 단지 플랜지판(flange plate)만으로 구성되는 경우가 대부분이다.

또 플레이트거더의 복부는 보통 강판 1장으로 되는 단일복부(single web)로 하지만 대규모의 플레이트거더가 되면 강판 두 장으로 되는 2중복부(double web)가 사용된다.

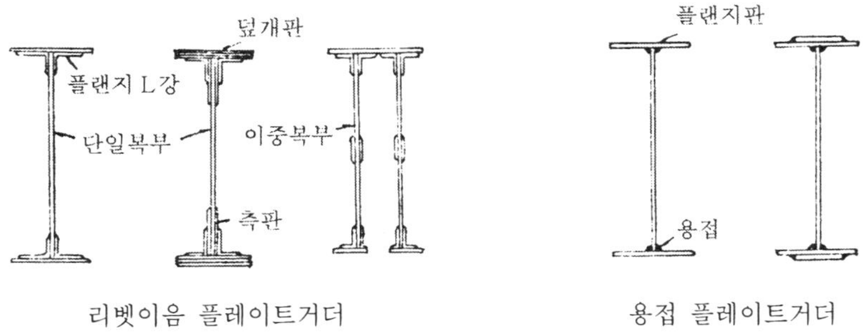

그림 5-1 플레이트거더

그림 5-1은 플레이트거더교의 단면을 나타낸 것인 데 리벳이음 플레이트거더에서 플랜지는 보통 여러 장의 덮개판과 플랜지 L형강으로 되며, 큰 단면에서는 플랜지에 측판(side plate)을 사용하는 경우도 있다. 용접 플레이트거더에서는 한 장의 플랜지판을 사용하고, 단면을 변화시키고자 할 때는 플랜지판의 두께와 폭을 조정하는 것이 좋다.

그림 5-2는 용접 플레이트거더교로서 단면은 박스단면이고 바닥은 강상판(鋼床板)으로 된 교량이다. 플레이트거더교는 일반적으로 복부판이 얇기 때문에 좌굴이 일어나기 쉽다. 이를 방지하기 위해서 그림 5-3과 같이 보강재를 복부판의 양쪽에 대서 좌굴이 일어나지 않도록 한다.

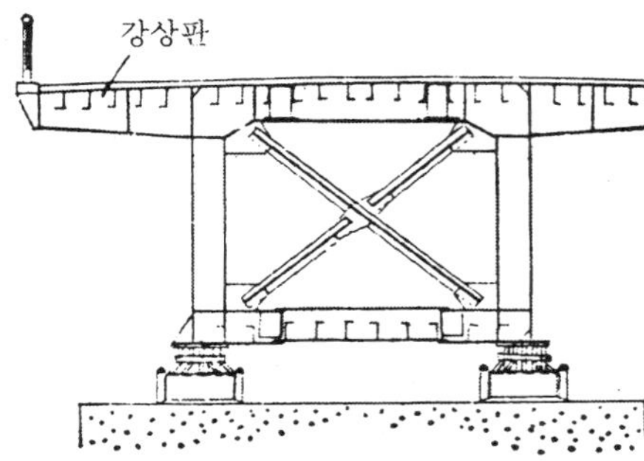

그림 5-2 박스 단면

보강재로서는, 리벳이음 플레이트거더에서는 L형강을 복부판에 리벳팅하고 용접 플레이트거더에서는 얇은 판을 복부판 양쪽에 대고 용접한다.

도로교에서는 위에서와 같은 주거더를 만들어 교량의 폭원에 따라 교축방향으로 여러 개 병렬시키고, 수평브레이싱(lateral bracing)을 위 플랜지와 아래 플랜지에 설치하고, 교량 종방향에 적당한 간격으로 수직브레이싱(sway bracing)을 배치한다.

철도교에서는 도로교와 같이 플레이트거더를 교량 방향으로 보통 두 개 병렬하고, 수평브레이싱과 수직브레이싱을 설치해서 그 위에 궤도를 부설한다.

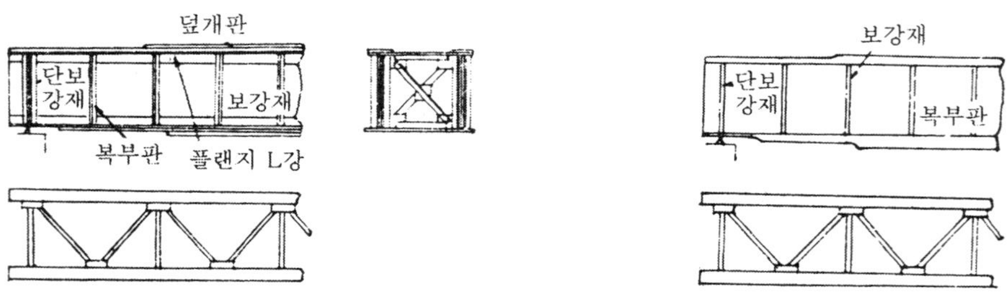

(a) 리벳이음 플레이트거더교 (b) 용접 플레이트거더교

그림 5-3 플레이트거더교

2. 바닥과 바닥틀

바닥은 직접 하중을 받는 부분이며 바닥틀은 바닥을 지지하고 바닥에 작용하는 하중을 주거더에 전달한다. 이들 구조는 도로교와 철도교에서 약간 차이가 있으므로 이에 대하여 기술한다.

(1) 도로교

상로교에서 주거더가 I형강으로 되는 경우, 보통은 바닥틀을 설치하지 않는다. 플레이트거더교인 경우도 플레이트거더를 몇 개 병렬하고 그 위에 직접 철근콘크리트 슬래브를 설치해서 바닥틀 없이도 교통을 허용할 수 있으나, 가로보(cross beam)와 세로보(stringer)를 설치해서 바닥틀을 구성하는 경우가 많다. 바닥틀은 가로보나 세로보 대신에 1장의 그림 1-4와 같이 수평브레이싱과 수직브레이싱으로 하는 경우도 있다.

그러나 하로교인 경우는 주거더의 간격이 커지기 때문에 꼭 바닥틀을 설치해야 한다.

세로보의 간격은 보통 1.5m 전후, 가로보의 간격은 주거더 간격에 좌우되나 보통 2.5 ~ 4.5m 정도이다. 또 도로교에서 바닥은 보통 철근콘크리트 슬래브(1장 그림 1-4 참조)로 하며 특수한 경우는 그림 5-2와 같이 강상판으로도 한다.

주거더의 위 플랜지 또는 가로보나 세로보의 위플랜지에는 슬래브와의 활동방지나 주거더의 압축 플랜지의 강도 저하 등의 방지를 위해 전단연결재(shear connector)를 설치하는 것이 좋다.

근래 도로교에서는 그다지 사용되고 있지는 않지만 전에는 잘 쓰인 버클 플레이트(buckle plate) 바닥판이 있는 데(제1한강교 타이드 아치부분에서 사용) 그림 5-4(a)와 같이 강판 두께 7 ~ 8mm 판을 갓부분은 그대로 두고 가운데 부분을 형으로 눌러, 대야 모양으로 만든 것이다. 이 버클 플레이트를 주거더나 세로보 또는 가로보의 위플랜지에 얹고 리벳지름 16mm 정도로 고정시킨 후 적당한 두께의 콘크리트를 쳐서 윗부분을 고르고 포장을 하면 그대로 교통이 가능하게 된다.

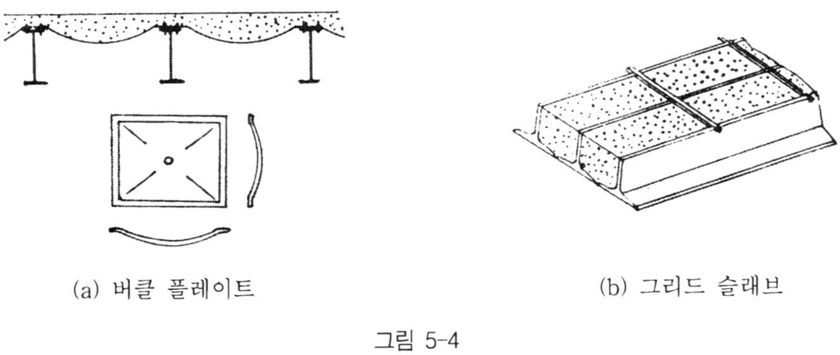

(a) 버클 플레이트 (b) 그리드 슬래브

그림 5-4

교량의 지간이 길어지면 바닥판의 자중에 의한 휨모멘트가 주거더에 작용하는 전휨모멘트의 상당량을 차지하게 된다. 지간이 짧으면 자중에 의한 것은 별로 문제가 되지 않으므로 장지간의 교량에서는 되도록 가벼운 바닥구조로 하는 것이 바람직하다. 이에 대하여 많은 제안이 있는데, 예를 들면 그리드 슬래브(grid slab)나 강상판 등이 대표적이다.

그리드 슬래브는 그림 5-4(b)와 같이 높이가 50 ~ 75mm, 단위중량 1.5 ~ 2.0kN/m^2 정도 되는 것으로, T형강을 병렬하고 평강 또는 봉강으로 용접 연결시켜서 한 단위로 제작한다. 단면에서 빈 곳을 콘크리트로 메우는 경우와 메우지 않는 경우가 있는 데 메우지 않은 것을 오픈 그리드 슬래브(open grid slab)라 한다.

(2) 철도교

플레이트거더의 상로교에서 바닥틀은 필요 없으나 하로교에서는 주거더의 중심간격이 크기 때문에 바닥틀을 설치한다.

철도교의 바닥에는 열린바닥(open floor)과 닫힌바닥(closed floor)이 있으며 일반적으로 열린바닥으로 한다. 열린바닥은 그림 5-5와 같이 주거더 위에 단지 침목을 설치한 것이고, 닫힌바닥은 그림 5-6과 같이 주거더 또는 바닥틀 위에 버클 플레이트, 철근콘크리트 바닥판이나 트로우플레이트(trough plate) (그림 5-7)를 설치하고 그 위에 도상을 얹고 궤도를 부설한 것으로, 열린바닥에 비해 소음이 적고 궤도(軌道)의 보수가 용이하지만 궤도 무게가 크기 때문에 주로 시가지 교량이나 가도교 등에서 많이 쓰이고 있다.

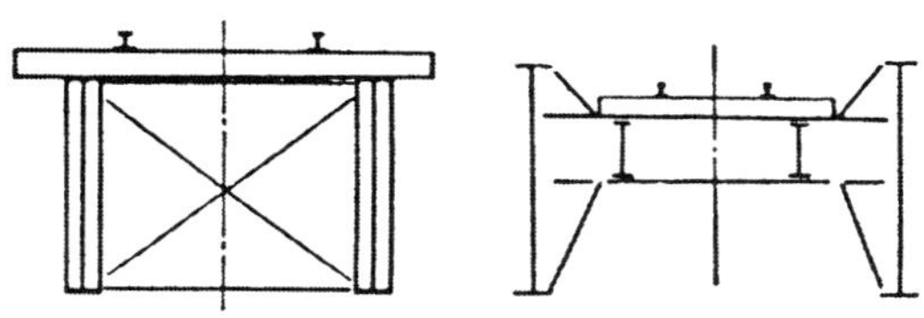

그림 5-5 열린 바닥

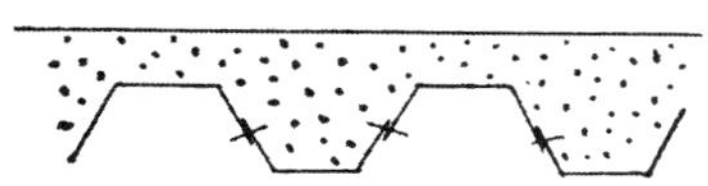

그림 5-7 트로우 플레이트

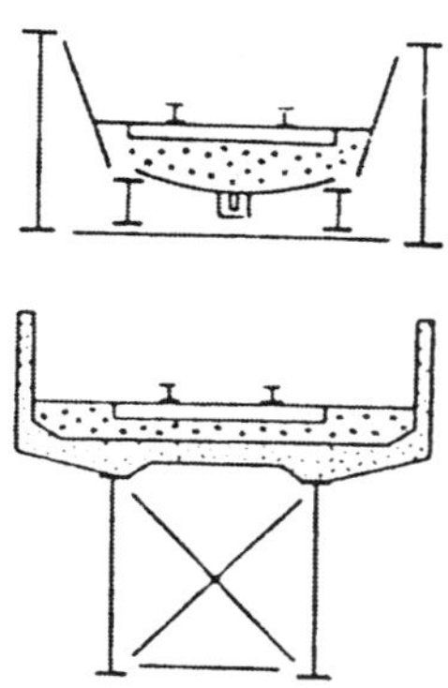

그림 5-6 닫힌 바닥

3. 도로교 철근콘크리트 바닥판

철근콘크리트 바닥판은 역학적으로 보를 2차원적으로 넓혀 본 평판(plate)으로 볼 수 있으며, 바닥판에 재하된 자동차하중을 직접 혹은 바닥틀을 통해 주거더에 전달시키는 역할을 한다. 그리고 바닥판은 주철근의 배치에 따라서 1방향 슬래브와 2방향 슬래브가 있는데, 4변에서 지지되고 있는 직사각형 패널에서 긴 변의 길이가 짧은 변의 길이의 두 배 이상인 경우, 짧은 변을 지간으로 하는 1방향 슬래브로 취급하며, 이 길이의 비가 2 이하일 때는 주철근을 2방향으로 배치하는 2방향 슬래브로 취급해서 근사해법으로 설계하는 것이 보통이다.

슬래브의 휨모멘트 계산은 복잡하고 상당한 수고가 따르기 때문에 설계자의 편의를 위해 도로교설계기준. 제3장, 3.6.1.4에서는 바닥판의 단위폭(1m)당의 설계 휨모멘트의 계산을 다음과 같이 규정하고 있다.

(1) 주철근의 방향이 차량 진행방향에 직각인 경우(0.6m ~ 7.3m)

① 단순판의 폭 1m에 대한 활하중 휨모멘트$\left(\frac{M}{E}\right)$는 다음 식으로 계산한다.

(충격은 별도로 생각한다.)

$$M = \frac{PL}{4}$$

$$\left.\begin{aligned} &\text{DB-24}: \frac{L+0.6}{9.6}P_{24}(\text{kN}\cdot\text{m/m}) \\ &\text{DB-18}: \frac{L+0.6}{9.6}P_{18}(\text{kN}\cdot\text{m/m}) \\ &\text{DB-13.5}: \frac{L+0.6}{9.6}P_{13.5}(\text{kN}\cdot\text{m/m}) \end{aligned}\right\} \quad (5\text{-}1\text{-}1)$$

여기서,

P : 트럭의 1후륜 하중(kN)

L : 계산지간(m)

$E = \frac{2.4L}{L+0.6}$: 1차륜이 분포되는 슬래브의 폭(m)

P_{24} : DB 24 하중에 대하여 96kN

P_{18} : DB 18 하중에 대하여 72kN

$P_{13.5}$: DB 13.5 하중에 대하여 54kN

슬래브가 세 개 이상의 지점을 가진 연속 슬래브의 정, 부의 휨모멘트는 위의 값의 0.8배를 취한다.

② 캔틸레버에 작용하는 윤하중은 다음과 같은 폭에 분포한다고 본다.

$$E = 0.8X + 1.14(\text{m}) \quad (5\text{-}1\text{-}2)$$

이 때 폭 1m당의 휨모멘트는

$$M = \frac{P}{E}X(\text{kN}\cdot\text{m}) \quad (5\text{-}1\text{-}3)$$

여기서,

X : 하중점에서 지지점까지의 거리(m)

(2) 주철근의 방향이 차량의 진행방향에 평행한 경우

① 윤하중이 분포되는 슬래브 폭 E는 다음 식으로 산출한다. 그러나 그 값이 2.1m 이하이어야 한다.

$$E = 1.2 + 0.06L(\text{m}) \quad (5\text{-}1\text{-}4)$$

이 폭을 가지는 슬래브에 소정의 트럭 윤하중이 작용하는 것에 대하여 설계해야 한다. 단순판에서 폭 1m에 대한 휨모멘트의 값은(충격은 별도로 생각한다) 대략 다음과 같다.

15 m 이하의 지간에 대하여

DB 24 하중에 대하여는 $18L$ (kN · m/m)

DB 18 하중에 대하여는 $13.4L$ (kN · m/m)

DB 13.5 하중에 대하여는 $10L$ (kN · m/m)

연속슬래브의 휨모멘트는 적합한 이론방식(주로 모멘트 분배법)으로 구한다.

② 캔틸레버에 작용하는 윤하중은 다음과 같은 폭에 분포한다고 본다.

$$E = 0.35X + 0.98\ (\mathrm{m}) \tag{5-1-5}$$

그러나 이 폭은 2.1 m 이내이어야 한다.

이 때 폭 1 m당의 휨모멘트는

$$M = \frac{PX}{E}\ (\mathrm{kN \cdot m}) \tag{5-1-6}$$

③ 주철근의 방향이 차량 진행방향에 평행할 때는 종방향으로 단부보가 있어야 한다. 단부보의 설계에 사용되는 휨모멘트의 크기는 다음과 같다.

$$\begin{aligned} &\text{단순보 : } 0.10PL\ (\mathrm{kN \cdot m}) \\ &\text{연속보 : } 0.08PL\ (\mathrm{kN \cdot m}) \end{aligned} \tag{5-1-7}$$

(3) 배력철근

바닥판에는 주철근의 방향에 직각으로 배력철근을 배치해야 한다.

배력철근의 주철근에 대한 백분율은 다음과 같다.

주철근이 차량 진행방향에 직각일 때

$$\frac{120}{\sqrt{L}} \quad \text{최대 } 67\,\% \tag{5-1-8}$$

주철근이 차량 진행방향에 평행할 때

$$\frac{55}{\sqrt{L}} \quad \text{최대 } 50\,\% \tag{5-1-9}$$

여기서,

L : 바닥판의 지간(m)

또 철근과 콘크리트의 허용응력은 표 5-1과 같다.

콘크리트의 허용응력은, 강거더와의 합성작용을 생각하지 않은 슬래브에서 콘크리트의 허용 휨압축응력은 $0.4f_{ck}$ 이하로 하되, 이 값은 11 MPa를 넘어서는 안 된다.

표 5-1 철근의 허용응력(도설, 제3장 3.6.1.7)

철근의 종류	허용인장응력 (MPa)	허용압축응력 (MPa)
SD 300	150	150
SD 350	160	175
SD 400	160	180

여기서, f_{ck}는 콘크리트의 설계기준강도로서 24 MPa 이상으로 한다.

4. 활하중에 의한 최대 및 절대최대 전단력과 휨모멘트

활하중이 연행집중하중인 경우에 대하여 설명한다. 도로교의 주거더에 작용하는 활하중은 결과적으로 1 개의 집중하중과 등분포하중이며, 철도교의 활하중은 예로서 LS-하중과 같이 상호 간격은 일정하지만 크기가 다른 불규칙한 집중하중의 한 무리로 본다.

(1) 최대 전단력

그림 5-8에서 P_1, P_2, ⋯ , P_n의 하중이 이동할 때 m 점의 전단력을 알아본다. 이 경우 하중군이 이동하더라도 하중의 일부가 보에서 벗어난다든지 또는 생각하고 있는 하중군 이외의 새로운 하중이 보에 들어오지 않는 것으로 한다.

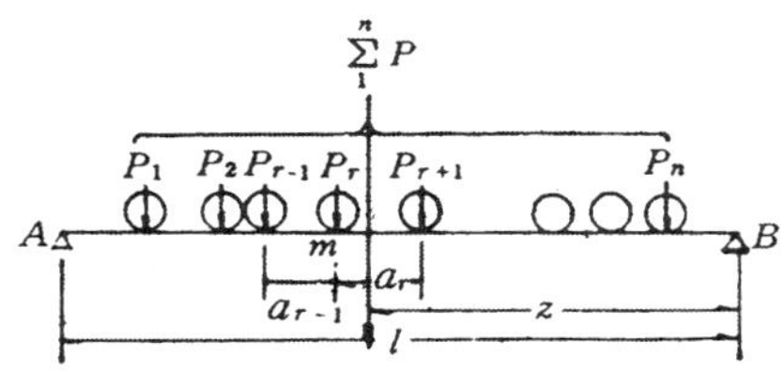

그림 5-8 전단력 계산

전단력 V는 다음과 같다.

$$V_m = \frac{z}{l}\sum_1^n P - \sum_1^{r-1} P$$

지금 하중계 전체를 a_r만큼 왼쪽으로 이동한다. 이 때 m 점의 전단력($V_m + \Delta V_m$)은 다음과 같다.

$$V_m + \Delta V_m = \frac{z + a_r}{l}\sum_1^n P - \sum_1^r P$$

$$\Delta V_m = \frac{a_r}{l}\sum_1^n P - P_r$$

V_m이 ($V_m + \Delta V_m$)보다 크게 되기 위해서는 $\Delta V_m < 0$ 로서

$$\frac{1}{l}\sum_1^n P < \frac{1}{a_r} P_r$$

가 된다. 다음 하중계 전체를 a_{r-1}만큼 오른쪽으로 이동한다. 이 때 전단력 ($V_m + \Delta V_m$) 은 다음과 같다.

$$V_m + \Delta V_m = \frac{z - a_{r-1}}{l} \sum_1^n P - \sum_1^{r-2} P$$

$$\Delta V_m = \frac{a_{r-1}}{l} \sum_1^n P + P_{r-1}$$

V_m이 $(V_m + \Delta V_m)$보다 크게 되기 위해서는 $\Delta V_m < 0$로서

$$\frac{1}{a_{r-1}} P_{r-1} < \frac{1}{l} \sum_1^n P$$

가 된다. 따라서

$$\frac{1}{a_{r-1}} P_{r-1} < \frac{1}{l} \sum_1^n P < \frac{1}{a_r} P_r \qquad (5\text{-}1\text{-}10)$$

를 만족하고 P_r이 m점상에 있을 때 m점의 전단력이 최대가 된다.

(2) 최대 휨모멘트

그림 5-9에서 m점의 휨모멘트를 알아본다.

$$M_m = \frac{\xi}{l}(a_n + z_2) \sum_1^n P - (a_{r-1} + z_1) \sum_1^{r-1} P$$

지금 하중계 전체를 Δx만큼 왼쪽으로 이동한다. 이때 m점의 휨모멘트는 변화하여 $(M_m + \Delta M_m)$이 된다.

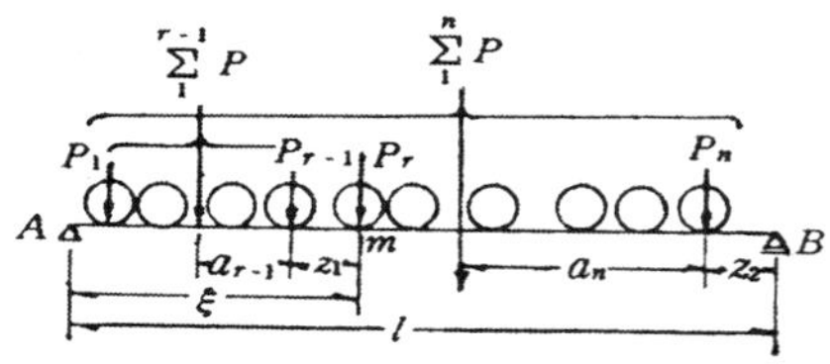

그림 5-9 휨모멘트

$$M_m + \Delta M_m = \frac{\xi}{l}(a_n + z_2 + \Delta x) \sum_1^n P$$

$$- (a_r + z_1 + \Delta x) \sum_1^{r-1} P - \Delta x P_r$$

따라서

$$\Delta M_m = \frac{\xi}{l} \Delta x \sum_1^n P - \Delta x \sum_1^{r-1} P - \Delta x P_r$$

$$= \Delta x \left\{ \frac{\xi}{l} \sum_1^n P - \sum_1^{r-1} P - P_r \right\} = \Delta x \left\{ \frac{\xi}{l} \sum_1^n P - \sum_1^r P \right\}$$

M_m이 최대가 되기 위해서는 $\Delta M_m < 0$이어야 한다.

$$\frac{1}{l} \sum_1^n P < \frac{l}{\xi} \sum_1^r P$$

다음에 하중계 전체가 Δx 만큼 오른쪽으로 이동하면

$$M_m + \Delta M_m = \frac{\xi}{l}(a_n + z_2 - \Delta x)\sum_1^n P - (a_{n-1} + z_1 - \Delta x)\sum_1^{r-1} P$$

$$\Delta M_m = -\frac{\xi}{l}\Delta x\sum_1^n P + \Delta x\sum_1^{r-1} P = \Delta x\left\{-\frac{\xi}{l}\sum_1^n P + \sum_1^{r-1} P\right\}$$

M_m 이 최대가 되기 위해서는 $\Delta M_m < 0$ 이어야 한다.

$$\frac{l}{\xi}\sum_1^{r-1} P < \frac{1}{l}\sum_1^n P$$

따라서 다음 식을 만족하고 P이 m 점에 있을 때 최대가 된다.

$$\frac{l}{\xi}\sum_1^{r-1} P < \frac{1}{l}\sum_1^n P < \frac{l}{\xi}\sum_1^r P \qquad (5\text{-}1\text{-}11)$$

(3) 절대최대 휨모멘트와 절대최대 전단력

단순보의 각 점의 휨모멘트는 하중군의 위치가 위의 식(5-1-11)을 만족하도록 계산할 때 최대가 된다. 각 점의 최대 휨모멘트를 각각 구해 이를 종거로 취해 그림으로 그린 것이 최대 휨모멘트도이다. 이 중에서 가장 큰 최대 휨모멘트 값이 절대최대 휨모멘트가 되며 절대최대 휨모멘트가 일어나는 위치는 다음과 같이 구할 수 있다.

그림 5-10에서 P_r 의 하중 작용점에서 절대최대 휨모멘트가 일어난다고 가정한다. 지금 하중군의 합력을 $\sum_1^n P$라 하고, 지점 B로부터의 거리를 z, 이 합력과 P_r 과의 거리를 s 라 할 때 다음 식이 성립한다.

$$R_A = \frac{z}{l}\sum_1^n P$$

여기서, $z = l - x - s$ 이다.

$$M_x = R_A \cdot x - P_1 a_1 - P_2 a_2 \ldots - P_{r-1} \cdot a_{r-1}$$

$$= \frac{z}{l}x\sum_1^n P - \sum_1^{r-1} Pa$$

$$= \frac{(l-x-s)x}{l}\sum_1^n P - \sum_1^{r-1} Pa$$

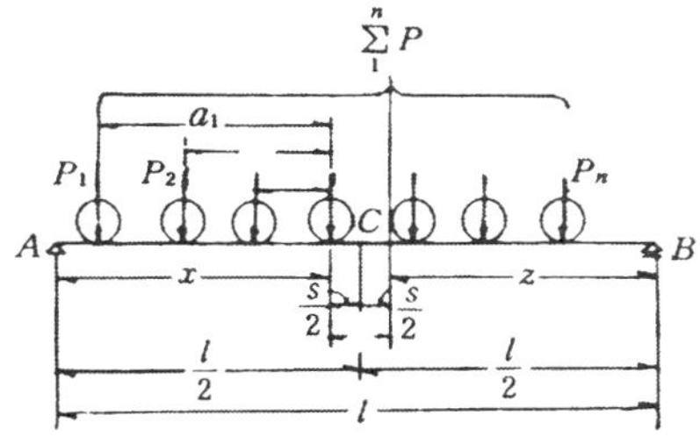

그림 5-10 절대최대 휨모멘트

M_x 가 최대가 되는 조건은

$$\frac{dM}{dx} = 0 \text{ 에서} \qquad \frac{dM}{dx} = \frac{(l-s-2x)}{l}\sum_1^n P = 0$$

$$\therefore \quad x = \frac{l-s}{2}$$

즉 합력 $\sum_{1}^{n} P$ 와 P_r과의 간격을 2등분하는 선이 지간 l을 2등분하는 선과 일치하도록 재하될 때 P의 하중작용점에서 절대최대 휨모멘트가 일어난다.

또 절대최대 전단력은 보의 지점에서 일어난다.

5. 철도교 LS-하중에 대한 여러 공식

철도교를 설계할 경우 규정된 활하중에 대해 위에서 기술된 방법으로 각 조건식을 만족하도록 하중위치를 구해서 최대휨모멘트, 최대전단력, 절대최대 휨모멘트를 구하면 된다.

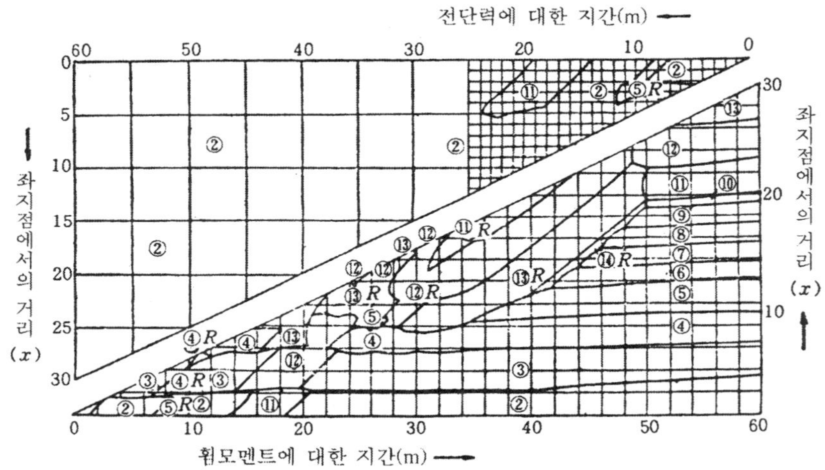

R자가 있는 것은 선두 차륜이 최대 휨모멘트를 구하려는 점에서 먼쪽에 지점이 있는 경우이다.

그림 5-11 단순보의 최대 휨모멘트, 최대 전단력이 생기는 L-하중

그러나 이 방법은 약간 복잡하고 수고가 들기 때문에 LS-하중에 대하여 모멘트표, 최대 휨모멘트, 최대 전단력, 절대최대 휨모멘트에 관한 도표나 표, 기타 설계자료 등이 있으므로 이를 이용해서 구하면 쉽게 구할 수 있다.

표 5-2 절대최대 휨모멘트에 관한 표

l : 지간(m)

x : 가까운 쪽이 지점에서 절대최대 휨모멘트가 생기는 점 E까지의 거리(m)

공식이 적용되는 지간 l의 한도(m)	E점에 실는 동륜번호	x를 구하는 공식
3.375	S_1	$l/2$
5.598	3	$l/2$
8.284	3	$l/2-3/8$
10.337	3	$l/2-7/60$
10.491	4R	$l/2-3/140$
11.593	4R	$l/2-87/310$
14.459	4	$l/2-27/350$
16.093	4	$l/2-59/130$
17.515	13	$l/2-21/430$
19.049	13	$l/2-201/470$
20.941	13	$l/2-1/34$
22.018	13	$1/3\{2(l+15.0)-\sqrt{(l+15.0)^2+333.25}\}$
24.313	13R	$1/3\{(l-34.0)+\sqrt{(l+17.0)^2+412.05}\}$
24.940	12	$1/3\{2(l+17.5)-\sqrt{(l+17.5)^2+476.85}\}$
28.429	13R	$1/3\{(l-38.0)+\sqrt{(l+19.0)^2+476.85}\}$
29.692	13	$1/3\{2(l+19.0)-\sqrt{(l+19.0)^2+476.85}\}$
31.685	12R	$1/3\{(l-47.0)-\sqrt{(l+23.5)^2+691.05}\}$
36.490	11R	$1/3\{(l-56.0)-\sqrt{(l+28.0)^2+1013.25}\}$
41.325	11R	$1/3\{(l-59.0)+\sqrt{(l+29.50)^2+1099.20}\}$
48.769	12R	$1/3\{(l-62.0)-\sqrt{(l+31.0)^2+1099.20}\}$
53.462	12	$1/3\{2(l+31.0)-\sqrt{(l+31.0)^2+1099.20}\}$
64.789	13	$1/3\{2(l+32.5)-\sqrt{(l+32.5)^2+1099.20}\}$
73.636	14	$1/3\{2(l+34.0)-\sqrt{(l+34.0)^2+1099.20}\}$
77.029	15	$1/3\{2(l+36.7)-\sqrt{(l+36.7)^2+1099.20}\}$
82.079	16	$1/3\{2(l+38.2)-\sqrt{(l+38.2)^2+1099.20}\}$
87.148	17	$1/3\{2(l+40.0)-\sqrt{(l+40.0)^2+1099.20}\}$
92.037	18	$1/3\{2(l+41.5)-\sqrt{(l+41.5)^2+1099.20}\}$
	U	$1/2\{l^2-366.4\}$

주) 동륜번호에 R로 표시된 것은 먼곳의 지점쪽에 기관차의 선륜이 오도록 하중을 싣는다.

표 5-3 모멘트표(1레일당) 하중 L-18

길이 1m에 대하여 30kN (등분포 하중선단)

	1	2	3	4	5	6	7	8	9	10	11	12	13	14	15	16	17	18		
	⑮ 2.4m	⑨ 1.5m	⑨ 1.5m	⑨ 1.5m	⑨ 2.7m	⑥ 1.5m	⑥ 1.8m	⑥ 1.5m	⑥ 2.4m	⑮ 2.4m	⑨ 1.5m	⑨ 1.5m	⑨ 1.5m	⑨ 2.7m	⑥ 1.5m	⑥ 1.8m	⑥ 1.5m	⑥ 1.5m		
등포하중선단	1,290 32.7 22,239.0	1245 30.3 20767.5	1155 28.8 18040.5	1065 27.3 1548.5	975 25.8 12991.5	885 23.1 10669.9	825 21.6 9283.5	765 19.8 7987.5	705 18.3 6799.5	645 15.9 5701.5	600 13.5 4986.0	510 12.0 3771.0	420 10.5 2691.0	330 9.0 1746.0	240 6.3 936.0	180 4.8 558.0	120 3.0 270.0	60 1.5 90		등분포 하중선단
18	1,290 31.2 20,304.0	1245 28.8 18900.0	1155 27.3 16308.0	1065 25.8 13851.0	975 24.3 11520.0	885 21.6 9342.0	825 20.1 8046.0	765 18.3 6840.0	705 16.8 5742.0	645 14.4 4734.0	600 12.0 4086.0	510 10.5 3006.0	420 9.0 2061.0	330 7.5 1251.0	240 4.8 576.0	180 3.3 288.0	120 1.5 90.0		1.5	18
17	1,230 29.7 18,459.0	1185 27.3 17122.5	1035 25.8 14665.5	1005 24.3 12343.5	915 22.8 10156.5	825 20.1 8104.5	765 18.6 6808.5	705 16.8 5782.5	645 15.3 4774.5	585 12.9 3856.5	540 10.5 3276.0	450 9.0 2331.0	360 7.5 1521.0	270 6.0 846.0	180 3.3 306.0	120 1.8 108.0	1200 1.5 90.0		3.0	17
16	1,170 27.9 16,353.0	1125 25.5 15097.5	1035 24.0 12802.5	945 22.5 10642.5	855 21.0 8617.5	765 18.3 6727.5	705 16.8 5629.5	645 15.0 4621.5	585 13.5 3721.5	525 11.1 2911.5	480 8.7 2412.0	390 7.2 1629.0	300 5.7 981.0	210 4.2 468.0	120 1.5 90.0	120 1.8 108.0	180 3.3 306.0		4.8	16
15	1,110 26.4 14,688.0	1065 24.0 13500.0	975 22.5 11340.0	885 21.0 9315.0	795 19.5 7425.0	705 16.8 5670.0	645 15.3 4662.0	585 13.5 3744.0	525 12.0 2934.0	465 9.6 2214.0	420 7.2 1782.0	330 5.7 1134.0	240 4.2 621.0	150 2.7 243.0	120 1.5 90.0	180 3.3 288.0	240 4.8 576.0		6.3	15
14	1,050 23.7 11,853.0	1005 21.3 10786.5	915 19.8 8869.5	825 18.3 7087.5	735 16.8 5440.5	645 14.1 3928.5	585 12.6 3082.5	525 10.8 2326.5	465 9.3 1678.5	405 6.9 1120.5	360 4.5 810.0	270 3.0 405.0	180 1.5 135.0	150 2.7 162.0	210 4.2 414.0	270 6.0 774.0	330 7.7 1224.0		9.0	14
13	960 22.2 10,113.0	915 19.8 9414.0	825 18.3 7632.0	735 16.8 5985.0	645 15.3 4473.0	555 12.6 3096.0	495 11.1 2340.0	435 9.3 1674.0	375 7.8 1116.0	315 5.4 648.0	270 3.0 405.0	180 1.5 135.0	180 1.5 135.0	240 4.2 387.0	300 5.7 729.0	360 7.5 1179.0	420 9.0 1719.0		10.5	13
12	870 20.7 9,108.0	825 18.3 8176.5	735 16.8 6529.5	645 1.53 5017.5	555 13.8 3640.5	465 11.1 2398.5	405 9.6 1732.5	345 7.8 1156.5	285 6.3 688.5	225 3.9 310.5	180 1.5 135.0	180 1.5 135.0	270 3.0 405.0	330 5.7 747.0	390 7.2 1179.0	450 9.0 1719.0	510 10.5 2349.0		12.0	12
11	780 19.2 7,938.0	735 16.8 7074.0	645 15.3 5562.0	555 13.8 4185.0	465 12.3 2943.0	375 9.6 1836.0	315 8.1 1260.0	255 6.3 774.0	195 4.8 396.0	135 2.4 108.0	180 1.5 135.0	270 3.0 405.0	360 4.5 810.0	420 7.2 1240	480 8.7 1764.0	540 10.5 2394.0	600 12.0 3114.0		13.5	11
10	690 16.8 6,282.0	645 14.4 5526.0	555 12.9 4230.0	465 11.4 3069.0	375 9.9 2043.0	285 7.2 1152.0	225 5.7 720.0	165 3.9 378.0	105 2.4 144.0	135 2.4 216.0	225 3.9 567.0	315 5.4 1053.0	405 6.9 1674.0	465 9.6 2250.0	525 11.1 2916.0	585 12.9 3690.0	645 14.4 4554.0		15.9	10
9	645 14.4 4,734.0	600 12.0 4086.0	510 10.5 3006.0	420 9.0 2061.0	330 7.5 1251.0	240 4.8 576.0	180 3.3 288.0	120 1.5 90.0	105 2.4 108.0	195 4.8 540.0	285 6.3 1107.0	375 7.8 1809.0	465 9.3 2646.0	525 12.0 3366.0	585 13.5 4176.0	645 15.3 5094.0	705 16.8 6102.0		18.3	9
8	585 12.9 3,856.5	540 10.5 3272.0	450 9.0 2331.0	360 7.5 1521.0	270 6.0 846.0	180 3.3 306.0	120 1.8 108.0	120 1.5 90.0	165 3.9 265.5	255 6.3 832.8	345 7.8 1534.5	435 9.3 2371.5	525 10.8 3343.5	585 13.5 4153.5	641.5 15.0 5053.5	705 16.8 6061.5	765 18.3 7159.5		19.8	8
7	525 11.1 2,911.5	480 8.7 2412.0	390 7.2 1629.0	300 5.7 981.0	210 4.2 468.0	120 1.5 90.0	120 1.8 108.0	180 3.3 306.0	225 5.7 562.5	315 8.1 1291.5	405 9.6 2155.5	495 11.1 3154.5	585 12.6 4288.5	645 15.3 5206.5	705 16.8 6214.5	765 18.6 7330.5	825 20.1 8536.5		21.6	7
6	465 9.6 2,214.0	420 7.2 1782.0	330 5.7 1134.0	240 4.2 621.0	150 2.7 243.0	120 1.5 90.0	180 3.3 288.0	240 4.8 576.0	285 7.2 900.0	375 9.6 1764.0	465 11.1 2763.0	555 12.6 3897.0	645 14.1 5166.0	705 16.8 6174.0	765 18.3 7272.0	825 20.1 8478.0	885 21.6 9774.0		23.1	6
5	405 6.9 1,120.5	360 4.5 810.0	270 3.0 405.0	180 1.5 135.0	150 2.7 162.0	210 4.2 414.0	270 6.0 774.0	330 7.5 1224.0	375 9.9 1669.5	465 12.3 2776.5	555 13.8 4018.5	645 15.3 5395.5	735 16.8 6907.5	795 19.5 8077.5	855 21.0 9337.5	915 22.8 10705.5	975 24.3 12163.5		25.8	5
4	315 5.4 648.0	270 3.0 405.0	180 1.5 135.0	180 1.5 135.0	240 4.2 387.0	300 5.7 729.0	360 7.5 1179.0	420 9.0 1719.0	465 11.4 2232.0	555 13.8 3474.0	645 15.3 4851.0	735 16.6 6363.0	825 18.3 8010.0	885 21.0 9270.0	945 22.5 10620.0	1005 24.3 12078.0	1065 25.8 13626.0		27.3	4
3	225 3.9 310.5	180 1.5 135.0	180 1.5 135.0	270 3.0 405.0	390 5.7 747.0	390 7.2 1179.0	340 9.0 1719.0	510 10.5 2349.0	555 12.9 2929.5	645 15.3 4306.5	735 16.8 5818.5	825 18.3 7465.5	915 19.8 9247.5	975 22.5 10597.5	1035 24.0 12037.5	1095 25.8 13585.5	1155 27.3 15223.5		28.8	3
2	135 3.4 108.0	180 1.5 135.0	270 3.0 405.0	360 4.5 810.0	420 7.2 1242.0	480 8.7 1764.0	540 10.5 2394.0	600 12.0 3114.0	645 14.4 3762.0	73.5 16.8 5274.0	825 18.3 6921.0	915 19.8 8703.0	1005 21.3 10620.0	1065 24.0 12060.0	1125 25.5 13590.0	1185 27.3 15228.0	1245 28.8 15226.0		30.3	2
1	135 2.4 216.0	225 3.9 567.0	315 5.4 1053.0	405 6.9 1674.0	465 9.6 2250.0	525 11.1 2918.0	585 12.9 3690.0	645 14.4 4554.0	690 16.8 5310.0	780 19.2 7038.0	870 20.7 8901.0	960 22.2 10899.0	1050 23.7 13032.0	1110 26.4 14616.0	1170 27.9 16290.0	1230 29.7 18072.0	1290 31.2 19944.0		32.7	1
	1	2	3	4	5	6	7	8	9	10	11	12	13	14	15	16	17	18		

모멘트 단위:1kN·m, 하중단위:1kN, 거리단위:1m

표 5-4 전단력, 교각반력 및 휨모멘트표(그의 1) 활하중 LS-18 (1레일당)

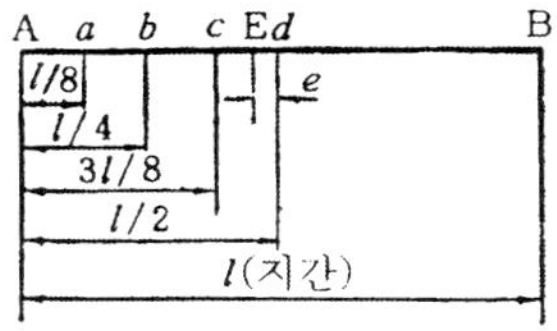

(E는 최대 휨모멘트가 생기는 점)

l(m)	전단력(kN)					교각반력	휨모멘트(kN · m)					e(m)	l(m)
	V_A	V_a	V_b	V_c	V_d	(kN)	M_a	M_b	M_c	M_d	M_E		
1.0	110.0	96.25	82.50	68.75	55.00	110.0	12.03	20.63	25.78	27.50	27.50	0	1.0
1.5	110.0	96.25	82.50	68.75	55.00	110.0	18.05	30.94	38.67	41.25	41.25	0	1.5
2.0	112.5	96.25	82.50	68.75	55.00	135.0	24.06	41.25	51.56	55.00	55.00	0	2.0
2.5	130.0	104.5	82.50	68.75	55.00	162.0	32.66	51.56	64.45	68.75	68.75	0	2.5
3.0	146.7	119.2	91.67	68.75	55.00	180.0	44.69	68.75	77.34	82.50	82.50	0	3.0
3.5	157.1	129.6	102.1	74.64	55.00	205.7	56.72	89.38	97.97	101.3	101.3	0	3.5
4.0	168.8	137.5	110.0	82.50	56.25	226.1	68.75	110.0	123.8	135.0	135.0	0	4.0
4.5	180.0	146.3	116.1	88.61	61.11	246.0	82.27	130.6	149.8	168.8	168.8	0	4.5
5.0	198.0	155.3	121.5	93.50	66.00	261.9	97.03	151.9	185.6	202.5	202.5	0	5.0
5.5	212.7	167.7	128.9	97.50	70.00	276.8	115.3	177.2	227.8	236.3	236.3	0	5.5
6.0	225.0	180.0	135.0	101.3	73.33	295.5	135.0	202.5	270.0	270.0	278.4	0.375	6.0
6.5	235.4	190.4	145.4	106.4	76.15	313.2	154.7	236.3	312.2	315.0	322.8	0.375	6.5
7.0	244.9	199.3	154.3	110.9	78.75	328.3	174.4	270.0	354.4	360.0	367.2	0.375	7.0
7.5	255.6	207.0	162.0	116.1	80.67	341.4	194.1	306.3	396.6	405.0	411.8	0.375	7.5
8.0	264.9	214.3	168.9	121.5	82.50	358.1	214.3	344.3	438.8	452.3	456.3	0.375	8.0
8.5	273.9	222.6	174.7	126.3	84.12	375.0	236.5	382.2	480.9	502.9	503.5	0.117	8.5
9.0	284.0	229.9	180.0	130.5	85.56	390.0	258.6	420.8	526.9	553.5	554.1	0.117	9.0
9.5	294.3	236.8	185.8	134.3	86.84	407.8	281.2	460.1	574.4	604.1	604.7	0.117	9.5
10.0	303.6	243.6	191.7	137.9	88.00	425.7	304.5	504.0	621.8	654.8	655.3	0.117	10.0
10.5	312.0	252.0	197.0	141.3	90.64	44.19	330.8	549.0	670.1	706.5	706.6	0.281	10.5
11.0	322.4	259.6	201.6	144.3	93.68	45.69	357.0	594.0	724.6	761.3	764.6	0.281	11.0
11.5	331.8	266.6	205.4	147.1	96.46	47.33	383.3	639.0	779.1	820.9	822.6	0.281	11.5
12.0	340.5	273.0	210.8	151.1	99.00	48.96	409.5	684.0	840.4	886.5	886.8	0.077	12.0
12.5	350.9	281.0	216.3	154.9	101.3	50.55	439.0	734.6	901.9	952.1	952.4	0.077	12.5

l(m)	전단력(kN)					교각반력	휨모멘트(kN · m)					e(m)	l(m)
	V_A	V_a	V_b	V_c	V_d	(kN)	M_a	M_b	M_c	M_d	M_E		
13.0	360.5	288.3	221.4	158.4	103.5	521.8	468.6	785.3	963.4	1,018	1,018	0.077	13.0
13.5	369.3	295.2	226.1	161.6	105.5	538.3	498.1	835.9	1,025	1,083	1,184	0.077	13.5
14.0	377.8	302.6	230.5	164.8	107.4	554.2	529.5	886.5	1,086	1,149	1,149	0.077	14.0
14.5	386.3	310.2	236.1	168.9	109.3	569.5	562.3	942.8	1,149	1,215	1,215	0..454	14.5
15.0	394.7	317.4	241.4	172.7	111.9	584.7	595.1	999.0	1,218	1,280	1,238	0.454	15.0
15.5	403.0	324.1	246.3	176.3	114.3	601.6	627.9	1,055	1,294	1,353	1,361	0.454	15.5
16.0	411.2	330.6	250.9	179.6	116.6	619.6	661.2	1,115	1,369	1,433	1,434	0.454	16.0
16.5	419.5	337.1	256.6	182.8	118.8	637.4	695.2	1,176	1,445	1,513	1,513	0.049	16.5
17.0	427.6	343.5	261.9	186.2	120.8	656.5	729.9	1,238	1,520	1,594	1,594	0.049	17.0
17.5	43.58	349.9	267.0	190.0	122.9	676.5	796.3	1,301	1,597	1,674	1,675	0.049	17.5
18.0	443.9	356.2	271.8	193.6	125.5	695.9	801.5	1,365	1,675	1,755	1,762	0.428	18.0
18.5	451.9	362.5	276.4	197.1	128.0	714.6	838.4	1,430	1,753	1,843	1,850	0.428	18.5
19.0	460.7	368.8	281.0	200.3	130.3	732.7	875.9	1,497	1,833	1,937	1,939	0.428	19.0
19.5	470.1	375.0	285.6	204.0	132.6	750.9	916.0	1,564	1,914	2,033	2,033	0.029	19.5
20.0	479.9	381.1	290.1	207.8	134.7	769.1	959.3	1,632	1,996	2,129	2,129	0.029	20.0
20.5	490.5	387.1	294.7	211.5	136.7	786.7	1,004	1,702	2,080	2,224	2,224	0.029	20.5
21.0	500.6	393.2	299.2	215.0	138.6	803.9	1,050	1,772	2,169	2,320	2,320	0.037	21.0
21.5	511.0	399.4	303.7	218.3	141.2	820.6	1,100	1,844	2,263	2,416	2,416	0.102	21.5
22.0	522.3	406.6	308.3	221.5	143.6	837.4	1,150	1,919	2,358	2,513	2,514	0.167	22.0
22.5	533.0	413.5	312.7	224.7	145.9	854.3	1,200	1,990	2,454	2,615	2,618	0.280	22.5
23.0	543.3	421.3	317.2	227.9	148.1	870.8	1,254	2,065	2,552	2,722	2,723	0.215	23.0
23.5	553.1	429.3	321.7	231.1	150.2	886.9	1,309	2,153	2,650	2,829	2,830	0.149	23.5
24.0	562.5	436.9	326.2	234.3	152.3	902.6	1,364	2,243	2,750	2,937	2,938	0.083	24.0
24.5	572.8	444.7	330.6	237.4	154.8	918.0	1,419	2,335	2,851	3,047	3,048	0.029	24.5
25.0	582.6	453.3	335.0	240.6	157.3	933.1	1,474	2,433	2,961	3,159	3,160	0.460	25.0
25.5	592.1	461.5	340.3	243.7	159.6	947.9	1,529	2,532	3,075	2,372	3,277	0.394	25.5
26.0	602.3	469.4	345.5	246.7	161.9	962.4	1,586	2,630	3,190	3,392	3,395	0.327	26.0
26.5	612.2	477.1	350.7	250.0	164.1	977.1	1,644	2,729	3,304	3,512	3,514	0.260	26.5
27.0	621.7	484.4	356.7	253.1	166.2	991.9	1,702	2,827	3,421	3,634	3,635	0.193	27.0
27.5	631.3	491.6	362.7	256.2	168.2	1,006	1,761	2,926	3,546	3,756	3,756	0.126	27.5
28.0	641.1	499.4	368.0	259.3	170.3	1,021	1,823	3,024	3,670	3,379	3,879	0.058	28.0
28.5	650.7	506.9	373.7	262.4	172.3	1,035	1,884	3,128	3,798	4,004	4,004	0.010	28.5
29.0	660.3	514.1	380.0	265.5	174.4	1,049	1,946	3,232	3,934	4,128	4,129	0.078	29.0
29.5	670.2	521.7	386.2	268.6	176.4	1,062	2,007	3,336	4,074	4,255	4,255	0.146	29.5
30.0	679.8	529.4	392.1	271.7	178.4	1,076	2,072	3,440	4,220	4,385	4,391	0.797	30.0

표 5-4 전단력, 교각반력 및 휨모멘트표(그의 2) 활하중 LS-18 (1레일당)

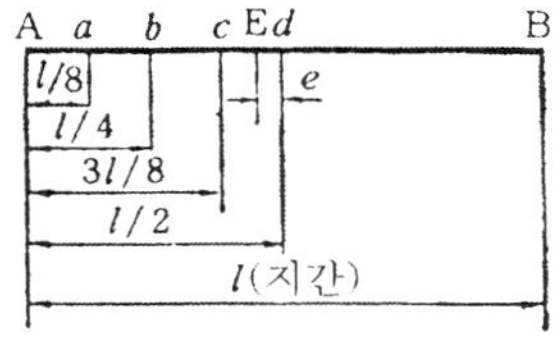

l(m)	전단력(kN)					교각반력 (kN)	휨모멘트(kN · m)					e(m)	l(m)
	V_A	V_a	V_b	V_c	V_d		M_a	M_b	M_c	M_d	M_E		
31	698.3	543.8	403.4	279.0	182.5	1,102	2,202	3,662	4,511	4,662	4,675	0.664	31
32	716.5	558.8	414.0	286.4	186.5	1,129	2,335	3,893	4,803	4,957	4,973	1.360	32
33	734.5	573.2	425.3	294.5	190.5	1,156	2,485	4,123	5,096	5,258	5,293	1.231	33
34	752.3	588.2	436.0	302.2	194.5	1,181	2,624	4,354	5,401	5,580	5,618	1.102	34
35	770.0	602.4	447.3	310.9	198.5	1,207	2,770	4,585	5,710	5,920	5,949	0.972	35
36	787.5	616.4	458.0	319.3	202.4	1,234	2,914	4,832	6,022	6,263	6,284	0.840	36
37	804.9	630.1	468.9	327.1	202.4	1,260	3,070	5,082	6,336	6,610	6,629	1.065	37
38	822.2	643.8	479.6	334.6	210.7	1,287	3,224	5,337	6,553	6,960	7,704	0.932	38
39	839.3	657.4	490.5	342.3	215.3	1,313	3,381	5,597	6,972	7,322	7,340	0.799	39
40	856.4	670.8	501.3	350.0	220.1	1,340	3,541	5,860	7,304	7,691	7,691	0.666	40
41	873.3	684.2	511.6	357.4	225.4	1,366	3,704	6,128	7,640	8,064	8,072	0.531	41
42	890.2	697.5	521.9	365.3	230.4	1,392	3,870	6,399	7,978	8,441	8,458	0.941	42
43	906.9	710.7	530.2	372.7	235.5	1,419	4,038	6,675	8,318	8,822	8,834	0.804	43
44	923.6	723.8	542.1	380.1	241.1	1,445	4,210	6,956	8,661	9,212	9,224	0.666	44
45	940.2	736.8	552.1	387.8	246.4	1,472	4,384	7,240	9,007	9,611	9,619	0.528	45
46	956.8	750.1	562.0	395.1	251.5	1,499	4,562	7,529	9,356	10,010	10,020	0.389	46
47	973.2	762.7	571.9	402.8	256.3	1,527	4,742	7,822	9,707	10,420	10,420	0.249	47
48	989.7	775.5	587.7	410.3	261.0	1,555	4,925	8,130	10,060	10,830	10,830	0.108	48
49	100.6	788.3	591.4	417.4	266.1	1,582	5,110	8,447	10,430	11,250	11,250	0.033	49
50	102.2	801.1	601.1	424.6	271.0	1,610	5,299	8,767	10,810	11,660	11,660	0.174	50
51	103.9	813.8	610.7	431.6	275.6	1,638	5,491	9,092	11,220	12,090	12,090	0.316	51
52	105.5	826.4	620.3	438.6	280.7	1,666	5,688	9,422	11,640	12,510	12,520	0.459	52
53	107.1	839.6	629.9	445.6	285.6	1,694	5,890	9,755	12,060	12,950	12,950	0.620	53
54	108.7	851.6	639.4	452.6	290.3	1,722	6,095	10,090	12,500	13,390	13,390	0.212	54
55	110.3	864.1	648.9	459.5	295.1	1,750	6,303	10,430	12,950	13,840	13,840	0.357	55
56	111.9	876.6	658.3	466.5	300.0	1,778	6,514	10,790	13,400	14,290	14,300	0.502	56
57	113.5	889.0	667.7	473.1	304.7	1,806	6,728	11,150	13,860	14,750	14,760	0.648	57
58	115.2	901.4	677.1	479.9	309.5	1,835	6,944	11,510	14,320	15,210	15,220	0.794	58
59	116.7	913.8	686.4	486.7	314.4	1,863	7,164	11,880	14,780	15,670	15,690	0.940	59
60	118.3	922.2	695.7	493.4	319.2	1,892	7,386	12,250	15,250	16,140	16,160	1.087	60

l(m)	전단력(kN)					교각반력 (kN)	휨모멘트(kN·m)					e(m)	l(m)
	V_A	V_a	V_b	V_c	V_d		M_a	M_b	M_c	M_d	M_E		
61	1,199	938.5	705.0	500.1	323.8	1,920	7,611	12,620	15,720	16,610	16,640	1.235	61
62	1,215	950.8	714.3	506.8	328.4	1,949	7,839	13,000	16,200	17,090	17,130	1.382	62
63	1,230	963.1	723.5	513.4	332.9	1,977	8,070	13,390	16,690	17,580	17,610	1.530	63
64	1,246	975.3	732.7	520.1	337.4	2,006	8,304	13,780	17,190	18,070	18,110	1.679	64
65	1,262	987.5	741.9	526.7	341.9	2,035	8,541	14,180	17,690	18,570	18,610	1.301	65
66	1,278	999.7	751.0	533.2	346.4	2,063	8,780	14,590	18,190	19,070	19,120	1.451	66
67	1,293	1,012	760.1	539.8	350.8	2,092	9,023	15,000	18,700	19,570	19,630	1.601	67
68	1,309	1,024	769.3	546.3	355.3	2,121	9,268	15,420	19,220	20,080	20,150	1.751	68
69	1,325	1,036	778.3	552.8	359.7	2,150	9,516	15,840	19,740	20,590	20,670	1.901	69
70	1,341	1,048	787.4	559.3	364.0	2,179	9,767	16,260	20,260	21,120	21,200	2.052	70
71	1,356	1,060	796.5	565.8	368.4	2,207	10,020	16,690	20,790	21,660	21,740	2.203	71
72	1,372	1,073	805.5	572.3	372.8	2,236	10,280	17,120	21,320	22,000	22,270	2.355	72
73	1,387	1,085	814.5	578.7	377.2	2,265	10,540	17,560	21,860	22,750	22,820	2.506	73
74	1,403	1,097	823.5	585.1	381.4	2,294	10,800	18,010	22,410	23,310	23,370	1.719	74
75	1,419	1,109	832.5	591.6	385.7	2,323	11,070	18,470	22,970	23,880	23,940	1.872	75
76	1,434	1,121	841.5	598.0	390.0	2,352	11,330	18,920	23,530	24,550	24,510	2.025	76
77	1,450	1,133	850.5	604.3	394.3	2,381	11,610	19,380	24,090	25,020	25,080	2.178	77
78	1,465	1,145	859.4	610.7	398.6	2,410	11,880	19,850	24,660	25,600	25,670	1.950	78
79	1,481	1,157	868.4	617.1	402.8	2,440	12,170	20,320	25,230	26,190	26,270	1.966	79
80	1,496	1,169	877.3	623.4	407.0	2,463	12,450	20,790	25,810	26,790	26,870	2.121	80
81	1,512	1,181	886.2	629.8	471.3	2,498	12,740	21,290	26,390	27,390	27,470	2.275	81
82	1,527	1,193	895.1	636.1	415.5	2,527	13,030	21,780	26,980	28,000	28,080	2.430	82
83	1,543	1,205	904.0	642.4	419.7	2,556	13,320	22,280	27,570	28,620	28,700	1.963	83
84	1,558	1,216	912.9	648.7	423.9	2,585	13,620	22,790	28,170	29,240	29,320	2.119	84
85	1,574	1,228	921.7	655.0	428.1	2,615	13,920	23,300	28,780	29,870	29,960	2.274	85
86	1,589	1,240	930.6	661.3	432.2	2,644	14,220	23,820	29,400	30,500	30,590	2.430	86
87	1,604	1,252	939.4	667.5	436.4	2,673	14,520	24,350	30,020	31,140	32,230	2.585	87
88	1,620	1,264	948.3	673.8	440.5	2,702	14,580	24,890	30,640	31,790	31,890	2.226	88
89	1,,635	1,276	957.1	680.0	444.7	2,732	15,140	25,430	31,270	32,450	32,540	2.382	89
90	1,651	1,288	965.9	686.3	448.8	2,261	15,450	25,450	31,000	33,120	33,210	2.538	90
91	1,666	1,300	974.8	692.5	452.9	2,790	15,770	26,520	32,540	33,800	33,880	2.695	91
92	1,681	1,311	983.6	698.7	457.1	2,820	16,090	27,070	33,180	34,490	34,550	2.852	92
93	1,697	1,323	992.4	705.0	461.2	2,849	16,410	27,630	33,830	35,180	35,240	1.970	93
94	1,712	1,335	1,001	711.2	465.3	2,878	16,740	28,190	34,500	35,880	35,940	1.949	94
95	1,727	1,347	1,010	717.4	469.4	2,908	17,060	28,750	35,170	36,590	36,650	1.928	95
96	1,743	1,359	1,019	723.6	473.5	2,937	17,400	29,320	35,830	37,310	37,360	1.903	96
97	1,758	1,371	1,027	729.3	477.5	2,967	17,730	29,890	36,530	38,030	38,090	1.889	97
98	1,774	1,382	1,036	735.9	484.6	2,996	18,070	30,470	37,220	38,160	38,820	1.869	98
99	1,789	1,394	1,045	742.1	485.7	3,026	18,400	31,060	37,920	39,500	39,550	1.851	99
100	1,804	1,406	1,054	748.3	489.7	3,055	18,750	31,650	38630	40,250	40,300	1.832	100

5-2 I 빔교의 설계

1. 설계개요

압연 I빔교의 설계는 비교적 간단하다. 즉 거더에 작용하는 절대최대 휨모멘트와 절대최대 전단력의 값을 구한 다음, 이 값에 대해 안전하게 저항할 수 있는 I형강의 적당한 단면을 강재표나 자료표 등에 의하여 결정하면 된다. 지금

M : 절대최대 휨모멘트(kN·mm)
V : 절대최대 전단력(kN)
I : 중립축 주위의 단면 2차모멘트(mm^4)
y_t : 중립축으로부터 인장연까지의 거리(mm)
y_c : 중립축으로부터 압축연까지의 거리(mm)
t : 복부판의 두께(mm)
A_g: 인장플랜지 총단면적(mm^2)
A_n: 인장플랜지 순단면적(mm^2)
h : 높이(mm)
f_t : 휨모멘트에 의한 휨인장응력(MPa)
f_c : 휨모멘트에 의한 휨압축응력(MPa)
v : 전단응력(MPa)
f_{ta}: 허용 휨인장응력(MPa)
f_{ca}: 허용 휨압축응력(MPa)
v_a : 허용 전단응력(MPa)

라 하면 다음 식을 만족해야 한다.

$$f_c = \frac{M}{I} \cdot y_c < f_{ca} \tag{5-2-1}$$

$$f_t = \frac{M}{I} \cdot y_t \cdot \frac{A_g}{A_n} < f_{ta}$$

$$v = \frac{3}{2} \frac{V}{th} < v_a \tag{5-2-2}$$

또 I빔교에서는 처짐도 검산해 보아야 하며, 이 때 허용처짐은 표 2-16, 표 2-17을 참고하기 바란다.

실제 처짐량은 근사식으로 식(2-3-1)나 식(5-2-3)에 의해 구해도 좋다.

$$\delta = \frac{5.5}{24}\left(\frac{f}{E}\right)\left(\frac{l}{h}\right)l \qquad (5\text{-}2\text{-}3)$$

여기서,

δ : 지간 중앙의 처짐(mm)

l : 지간(mm)

h : I형강의 높이(mm)

f : 최대 연단응력(MPa)

E : 탄성계수(2.1×10^5MPa)

최근에는 I형강 대신에 H형강이 도로교에서 많이 쓰이며 설계이론도 I형강과 같다. H형강으로 하면 휨모멘트나 전단력에 대하여 저항력이 커진다.

2. 설계 예

(1) 설계조건

하　　중 : 1등교 DB-24

유 효 폭 : 9.2 m(3차선)

교　　장 : 12 m(계산지간 11.3 m)

구조형식 : H형강을 사용한 단순지지의 비합성 거더교

허용응력 : 콘크리트 : $f_{ck}=24$ MPa ($n=9$), $f_{ca}=0.4\times24=9.6$ MPa

철　　근 : SD 300(표 5-1) $f_{sa}=150$ MPa

강　　재 : SS 400(표 3-10~표 3-16)

인장연 140 MPa,　　압축연 140 MPa

전단응력 80 MPa,　　지압응력 600 MPa

(2) 단면의 가정

단면은 그림 5-12와 같이 가정하고 주거더는 H-800×300×14×26을 사용한다.

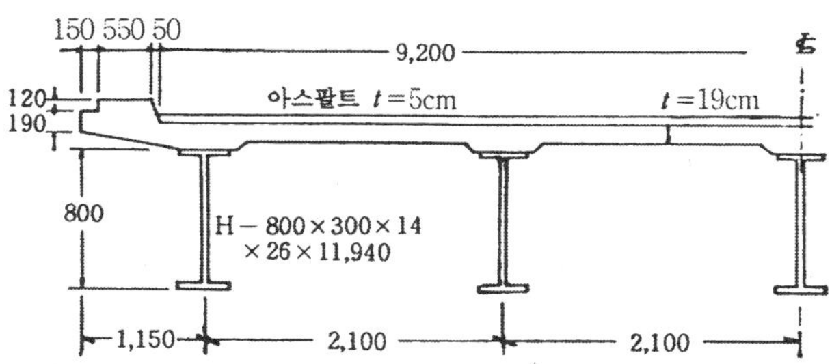

그림 5-12 교량 단면(단위 : mm)

(3) 철근콘크리트 바닥판의 설계

연속부분만 계산하고 캔틸레버 부분은 이에 준하기로 한다.

1) 휨모멘트와 전단력 계산

① 고정하중

아스팔트 포 장 $0.05 \times 23 \quad = 1.15$

콘크리트 슬래브 $0.19 \times 24.5 = 4.65$

계 $w_d = 5.80\text{kN/m}$

※ 바닥판의 최소두께는 도설, 3.6.1.5에 따라 연속판인 경우 $30L + 130 = 30(2.10 - 0.15) + 130 = 188.5\text{mm}$ 이상으로 해야 되므로 여기서는 190mm로 하였음.

② 고정하중 휨모멘트

$$M_d = \pm \frac{w_d l^2}{10} = \pm \frac{5.8 \times 2.1^2}{10} = 2.56\text{kN} \cdot \text{m/m} \ (l : \text{지지보의 중심간격})$$

③ 활하중에 의한 휨모멘트(5-1, 3.항 참조)

$$M_{l+i} = \frac{L+0.6}{9.6} P_{24} \times 0.8 \times 1.3 = \frac{2.1+0.6}{9.6} \times 96 \times 0.8 \times 1.3$$

$$= 28.08\text{kN} \cdot \text{m/m}$$

$$i = \frac{15}{40+l} = \frac{15}{40+2.1} = 0.356 > 0.3 \qquad \therefore \ i = 0.3\text{으로 한다.}$$

④ 합계 휨모멘트

$$M = M_d + M_{l+i} = 2.56 + 28.08 = 30.64\text{kN} \cdot \text{m/m}$$

⑤ 전단력

전단력에 대한 검토는 생략한다.

2) 단면의 결정

① 주철근

인장 주철근 A_s는 D19, ctc 12.5cm로 하고

압축 주철근 A_s'는 D19, ctc 25cm로 하면

$$A_s = 2.865 \times 100/12.5 = 22.92\text{cm}^2$$

$$A_s' = \frac{1}{2} \times A_s = 11.46\text{cm}^2$$

$$d' = 3.5 + \frac{1.9}{2} = 4.45\text{cm} \qquad d = 19.0 - 4.45 = 14.55\text{cm}$$

$$\rho = \frac{22.92}{100 \times 14.55} = 0.01575 \qquad \rho' = 0.00788$$

$$k = \frac{x}{d} = -n(\rho + 2\rho') + \sqrt{n^2(\rho + 2\rho')^2 + 2n\left(\rho + 2\rho' \frac{d'}{d}\right)}$$

$$= -9 \times 0.0315 + \sqrt{81(0.0315)^2 + 18 \times 0.0206} = 0.3882$$

$$\therefore \ x = k \cdot d = 0.3882 \times 14.55 = 5.65\text{cm}$$

$$I_i = \frac{bx^3}{3} + 2nA_s'(x-d')^2 + nA_s(d-x)^2$$

$$= \frac{100 \times 5.65^3}{3} + 18 \times 11.46(5.65 - 4.45)^2 + 9 \times 22.92(14.55 - 5.65)^2$$

$$= 22{,}649\text{cm}^4$$

$$\therefore \ f_c = \frac{M}{I_i} \cdot x = \frac{30.64 \times 10^6}{22{,}649 \times 10^4} \times 56.5 = 7.6\text{MPa} < f_{ca} = 9.6\text{MPa}$$

$$f_s = n\frac{M}{I_i}(d-x) = 9 \times \frac{30.64 \times 10^6}{22{,}649 \times 10^4}(145.5 - 56.5)$$

$$= 108\text{MPa} < f_{sa} = 150\text{MPa}$$

(4) 주거더의 설계

1) 지간 및 경간

그림 5-13에서 계산지간은 11.3m가 된다. 고정하중에 대한 영향은 외측거더가 크고 활하중에 대한 영향은 내측거더가 커서 대개는 같은 하중을 받게 되므로 내측거더만 설계하고 외측거더는 내측거더와 같은 단면을 쓴다.

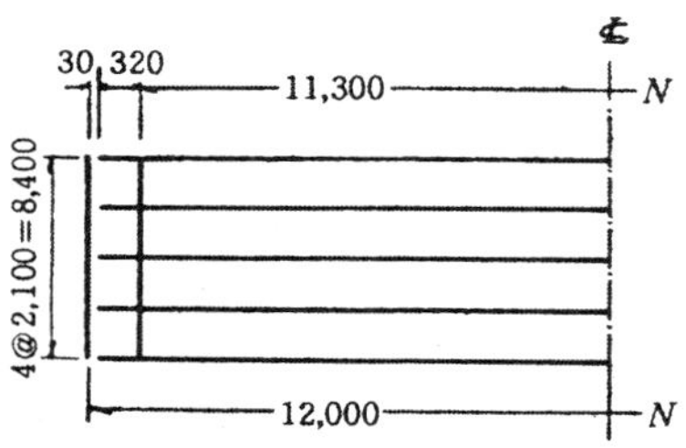

그림 5-13 계산 지간

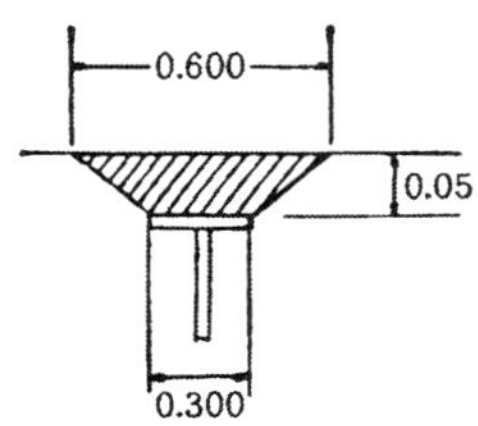

그림 5-14 슬래브 헌치

2) 하중

① 고정하중

아스팔트 포장	$0.05 \times 2.1 \times 23 = 2.42$
헌 치	$\frac{0.3 + 0.6}{2} \times 0.05 \times 24.5 = 0.55$
콘크리트 슬래브	$0.19 \times 2.1 \times 24.5 = 9.78$
강재(H-빔, 기타)	$\fallingdotseq 2.25$
계	15.0kN/m

② 활하중 및 충격하중

3차선이므로(도설, 제3장 3.7.2)

$$P = \frac{L}{1.65} P(1+i) \text{에서}$$

$$i = \frac{15}{40+l} = \frac{15}{40+11.3} = 0.292$$

$$P = 96\text{kN} \qquad L = 2.1\text{m}$$

후륜 $P = \dfrac{2.1}{1.65} \times 96 \times (1+0.292) = 157.9\text{kN}$

전륜 $P = \dfrac{2.1}{1.65} \times 24 \times 1.292 = 39.5\text{kN}$

3) 휨모멘트 및 전단력

① 고정하중

$$M_d = \frac{wl^2}{8} = \frac{15 \times 11.3^2}{8} = 239.4\text{kN}\cdot\text{m}$$

$$V_d = \frac{wl}{2} = \frac{15 \times 11.3}{2} = 84.8\text{kN}$$

② 활하중 및 충격

활하중에 의한 절대최대 휨모멘트는 지간 중앙에서 0.7m점에서 생기지만 고정하중 휨모멘트와의 합은 대개 지간 중앙점에서 최대가 되므로 그림 5-15에서

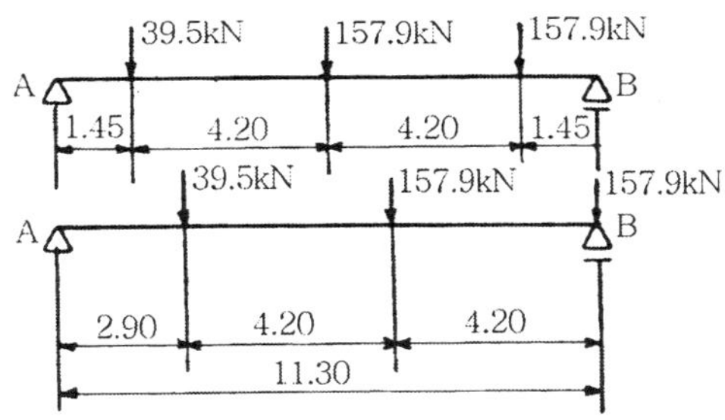

그림 5-15 최대 휨모멘트 및 전단력의 재하상태

$$R_B = \frac{157.9 \times (9.85+5.65) + 39.5 \times 1.45}{11.3} = 221.7\text{kN}$$

$$M_{l+i} = 221.7 \times 5.65 - 157.9 \times 4.2 = 589.4\text{kN}\cdot\text{m}$$

$$V_{l+i} = 157.9 + \frac{157.9 \times 7.1 + 39.5 \times 2.9}{11.3} = 267.3\text{kN}$$

③ 합계 휨모멘트 및 전단력

$$M = M_d + M_{l+i} = 239.4 + 589.4 = 828.8\,\mathrm{kN \cdot m}$$

$$V = V_d + V_{l+i} = 84.8 + 267.3 = 352.1\,\mathrm{kN}$$

4) 단면결정

주거더로 H-빔 $800 \times 300 \times 14 \times 26$을 쓰면 부록 [VI]에서 $I = 292{,}000\mathrm{cm}^4$이므로 휨응력 및 전단응력은

$$f_t = \frac{M}{I}y = \frac{828.8 \times 10^6}{292{,}000 \times 10^4} \times 400 = 113.5\mathrm{MPa} < f_{ta} = 140\mathrm{MPa}$$

$$v = \frac{3}{2} \times \frac{352{,}100}{14 \times 800} = 47.2\mathrm{MPa} < v_a = 80\mathrm{MPa}$$

(5) 기타 부재의 설계

1) 가로보 연결을 위한 수직보강재

도설, 제3장 강교 3.8.5.2의 규정에 따라 강판의 돌출각

$$L = \frac{1}{30}h + 50 = \frac{800}{30} + 50 = 77\mathrm{mm}$$

그러므로 $pl\,100 \times 14$를 복부판 양쪽에 붙인다.

2) 가로보의 설계

① 유효 연직투사면적(표 2-5 참조)

총높이 $D = 0.8 + 0.19 + 0.12 + 0.4 = 1.51\mathrm{m}$

총 폭 $B = (0.15 + 0.55 + 0.05) \times 2 + 9.2 = 10.70\mathrm{m}$

② 풍압계산(도설, 제2장 2.1.11 또는 표 2-4 참조)

$$B/D = 10.7/1.51 = 7.1$$

$1 \leq B/D < 8$이므로

$$p = [4.0 - 0.2(B/D)]D \geq 6 = [4.0 - 0.2 \times 7.1] \times 1.51 = 3.9\mathrm{kN/m}$$

따라서 $p = 6\mathrm{kN/m}$

풍압에 의한 반력

$$R = \frac{pl}{2} = \frac{6.0 \times 12}{2} = 36\mathrm{kN}$$

③ 가로보의 단면

ㄷ $- 300 \times 90 \times 9 \times 13 \times 2{,}036$을 사용하면($A = 48.57\mathrm{cm}^2$, $r = 2.59\mathrm{cm}$)

$$\lambda = \frac{l}{r} = \frac{203.6}{2.59} = 78.6$$

허용압축응력(표 3-11 참조)

$$f_{ca} = 140 - 0.84\left(\frac{l}{r} - 20\right) = 140 - 0.84(78.6 - 20) = 90.8\text{MPa}$$

소요 단면적 $A = \dfrac{R}{f_{ca}} = \dfrac{36,000}{90.8} = 396\text{mm}^2 <$ 사용 $A = 48.57\text{cm}^2$

너무 큰 것 같으나 비틀림 등을 고려해서 안전하게 그대로 사용하기로 한다.

⑹ 주거더의 처짐

계산처짐량은 식(5-2-3)에서 구한다.

활하중만에 의한 주거더의 휨모멘트 M_l은

$$M_l = M_{l+i} \times \frac{1}{(1+i)} = 589.4 \times \frac{1}{1.292} = 456.2\text{kN}\cdot\text{m}$$

$$f_l = \frac{M_l}{I} \cdot y = \frac{456.2 \times 10^6}{292,000 \times 10^4} \times 400 = 62.5\text{MPa}$$

$$\therefore\ \delta = \frac{5.5}{24}\left(\frac{f}{E}\right)\left(\frac{l}{h}\right)l = \frac{5.5}{24}\left(\frac{62.5}{2.1 \times 10^5}\right)\left(\frac{11,300}{800}\right) \times 11,300 = 10.9\text{mm}$$

허용처짐은 표 2-16에 의해 구하면 다음과 같다.

$$\delta_a = \frac{L(\text{mm})}{20,000/L(\text{m})} = \frac{11,300}{20,000/11.3} = 6.4\text{mm}$$

계산처짐은 허용처짐을 넘지만 강도상으로 안전하고 I값은 주거더와 슬래브가 거의 일체로 된 단면으로 작용하기 때문에 실제처짐은 계산처짐보다 훨씬 적을 것으로 본다. 따라서 그대로 사용한다(원칙적으로 따지면 처짐에 대해 불안하기 때문에 허용처짐 이내에 들도록 주거더 단면을 변경시켜야 한다). 부록 도면[1] H거더교 설계도 참조바람.

5-3 용접 플레이트거더교의 설계

1. 주거더의 높이와 처짐

용접 플레이트거더에서 주거더의 높이는 상하플랜지 배면 사이의 높이를 말하며, 지간을 l이라 할 때 보통 도로교에서는 $l/15 \sim l/17$, 철도교에서는 $l/10 \sim l/15$ 정도로 하는데 이것은 가설지점에서의 다리밑 공간(clearance), 처짐의 제한 및 경제적인 높이 등을 고려하여 정한다.

경제적인 주거더의 높이는 이론적으로 강의 무게를 최소로 하는 높이로서 다음 식으로 구한다.

$$h = 1.1\sqrt{\frac{M}{f \cdot t}} \tag{5-3-1}$$

여기서,

f : 허용휨응력 ($\mathrm{MPa} = \mathrm{N/mm^2}$)

M : 휨모멘트 (N · mm)

t : 복부판의 두께 (mm)

처짐에 대해서는 단순보에 등분포하중이 재하될 때 중앙점에서 최대이며 그 값은 다음과 같다.

$$\delta = \frac{5}{384} \cdot \frac{wl^4}{EI} = \frac{5}{24} \cdot \frac{l^2}{h} \cdot \frac{f}{E} \tag{5-3-2}$$

여기서, $f = \dfrac{M}{I} \cdot y = \dfrac{wl^2}{8I} \cdot \dfrac{h}{2} = \dfrac{wl^2 h}{16I}$

플랜지 단면은 어느 단면에서도 응력이 같게 일어나도록 이상적으로 변화시킨 경우 δ의 값은 식(5-2-3)으로 표시된다.

또 플레이트거더교에서 허용처짐은 표 2-16을 참고하면 된다.

2. 플레이트거더의 휨응력

플레이트거더의 휨응력 계산방법은 인장플랜지에 볼트 등의 구멍이 있는 경우 다음과 같이 규정하고 있다.(도설, 제3장 3.8.2.1 및 철설, 제2편 4.1.2 참조)

$$\left.\begin{aligned} f_c &= \frac{M}{I} y_c \\ f_t &= \frac{M}{I} \cdot y_t \frac{A_g}{A_n} \end{aligned}\right\} \tag{5-3-3}$$

여기서,

f_c : 압축연응력(MPa)

f_t : 인장연응력(MPa)

M : 휨모멘트(N · mm)

I : 총단면의 중립축에 대한 2차모멘트($\mathrm{mm^4}$)

y_c : 중립축에서 압축연까지의 거리(mm)

y_t : 중립축에서 인장연까지의 거리(mm)

A_g : 인장플랜지 총단면적($\mathrm{mm^2}$)

A_n : 인장플랜지 순단면적($\mathrm{mm^2}$)

3. 복부판

복부판은 주로 전단력에 저항한다. 복부판의 휨에 따르는 전단응력은 다음 식으로 구한다.

$$v_b = \frac{V}{A_w} \tag{5-3-4}$$

여기서,

v_b : 휨모멘트에 따른 전단응력(MPa)

V : 휨모멘트에 따른 전단력(N)

A_w : 복부판의 총단면적(mm^2)

또 복부판의 두께는 전단력이나 휨모멘트에 의하여 좌굴될 우려가 있으므로 도로교와 철도교의 경우 다음과 같이 제한한다.

(1) 도로교

비합성 플레이트거더의 최소 복부판 두께는 표 5-5와 같다.

표 5-5 최소 복부판 두께(도설, 제3장 3.8.4)

강종	SS 400 SM 400 SMA 400	SM 490	SM 490Y SM 520 SMA 490	SM 570 SMA 570
수평보강재가 없을 때	$\frac{b}{152}$	$\frac{b}{130}$	$\frac{b}{123}$	$\frac{b}{110}$
수평보강재 1단을 사용할 때	$\frac{b}{256}$	$\frac{b}{220}$	$\frac{b}{209}$	$\frac{b}{188}$
수평보강재 2단을 사용할 때	$\frac{b}{310}$	$\frac{b}{310}$	$\frac{b}{294}$	$\frac{b}{262}$

여기서, b : 상하 양플랜지의 순간격(mm) (그림 5-22 참고)

수평보강재 3단 이상을 사용할 때나 합성 플레이트거더에 대해서는 부록의 도로교설계기준 3.8.4.1 및 3.8.4.2 참조

(2) 철도교

표 5-6 중간수직보강재가 있는 경우 복부판의 최소 두께(철설, 제2편 5.3.1)

재 료	최대폭 두께비 (D / t)		
	수평보강재가 없는 경우		수평보강재가 1단 있는 경우
SS 400, SM 400, SMA 400	145	복부판의 응력이 작은 경우에는 $\sqrt{f_{cao}/f}$ 배로 해도 좋다. 다만, 1.2배를 넘지 않아야 한다.	250
SM 490	125		250
SM 490Y, SM 520, SMA 490	120		250
SM 570, SMA 570	105		250

여기서,

t : 복부판의 두께(mm)

D : 복부판의 높이(mm)

f : 복부판의 연압축응력(MPa)

휨모멘트를 받는 플레이트거더에서 중간 수직보강재가 있는 경우의 복부판 최소 두께는 표 5-6과 같다.

또 전단력과 휨모멘트를 받는 부재에서 중간 수직보강재를 설치할 필요가 없는 복부판의 최소 두께는 표 5-7과 같다.

표 5-7 중간 수직보강재가 없을 때 복부판의 최소 두께(철설, 제2편 5.3.2)

재 료	최대폭 두께비 (D / t)	
	플랜지에 직접 재하하는 부재의 복부판	플랜지에 직접 재하하지 않는 부재의 복부판
SS 400, SM 400, SMA 400	70	$\frac{630}{\sqrt{v}}$ 다만, 110 이하
SM 490	60	
SM 490Y, SM 520, SMA 490	55	$\frac{630}{\sqrt{v}}$ 다만, 100 이하
SM 570, SMA 570	50	

여기서, v : 전단응력(MPa)

4. 플랜지

(1) 플랜지의 단면적

주거더의 높이를 정하고 플랜지 단면을 구하려면 그림 5-16에서 플랜지 중심간 거리를 h라 한다. 용접 플레이트거더의 설계에서 휨모멘트에 의한 플랜지의 허용응력은 일반적으로 인장연과 압축연에서 다르기 때문에 이것들을 각각 f_t, f_c라 하고, 단면적은 복부판이 $h \cdot t$, 압축플랜지는 A_c, 인장플랜지는 A_t, 작용모멘트를 M이라 하면 이 그림에서

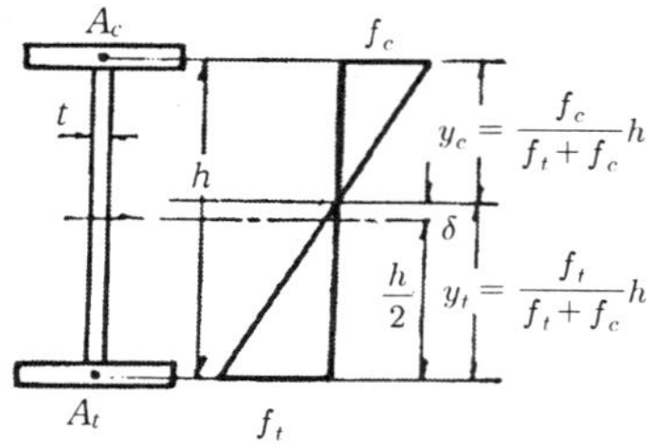

그림 5-16 용접이음

$$\delta = (y_t - y_c)/2 = (f_t - f_c)/(f_t + f_c) \times \frac{h}{2}$$

가 되며 다음 식이 성립한다.

$$\left.\begin{aligned} &A_t \cdot y_t + h \cdot t \cdot \delta = A_c \cdot y_c \\ &A_t \cdot f_t \cdot y_t + \frac{f_t}{2} \cdot y_t \cdot t \times \frac{2}{3} y_t + \frac{f_c}{2} \cdot y_c \cdot t \times \frac{2}{3} y_c + A_c \cdot f_c \cdot y_c = M \end{aligned}\right\} \tag{5-3-5}$$

위의 식은 각각 다음과 같이 된다.

$$\left.\begin{aligned} &A_t \frac{f_t}{f_t + f_c} h + ht \frac{f_t - f_c}{f_t + f_c} \cdot \frac{h}{2} = A_c \frac{f_c}{f_t + f_c} h \\ &A_t f_t \frac{f_t}{f_t + f_c} h + \frac{tf_t}{3} \left(\frac{f_t}{f_t + f_c} h \right)^2 + \frac{tf_c}{3} \left(\frac{f_c}{f_t + f_c} h \right)^2 \\ &\quad + A_c f_c \frac{f_c}{f_t + f_c} h = M \end{aligned}\right\} \tag{5-3-6}$$

위의 식에서 A_c와 A_t를 구하면 다음과 같이 된다.

$$\left.\begin{aligned} A_c &= \frac{M}{f_c h} - \frac{ht}{6} \frac{2f_c{}^2 - f_t(f_t - f_c)}{f_c(f_c + f_t)} \\ A_t &= \frac{M}{f_t h} - \frac{ht}{6} \frac{2f_t{}^2 - f_c(f_c - f_t)}{f_t(f_t + f_c)} \end{aligned}\right\} \tag{5-3-7}$$

위 식을 정리해서 간단히 하면 다음 식을 얻는다. 여기서 f_c는 f_{ca}, f_t는 f_{ta}로 한다.

$$\left.\begin{aligned} A_c &= \frac{M}{f_{ca} \cdot h} - \frac{h \cdot t}{6} \times \frac{2f_{ca} - f_{ta}}{f_{ca}} \\ A_t &= \frac{M}{f_{ta} \cdot h} - \frac{h \cdot t}{6} \times \frac{2f_{ta} - f_{ca}}{f_{ta}} \end{aligned}\right\} \tag{5-3-8}$$

즉 비합성의 용접 플레이트거더의 단면결정식을 얻을 수 있다.

(2) 플랜지판의 최소 두께

압축을 받는 플랜지의 자유 돌출부 판두께는 자유 돌출폭의 1/16 이상으로 하고 국부좌굴에 대한 허용응력은 표 5-8에 의하며, 인장력을 받는 플랜지의 자유 돌출부의 판두께는 강재 종류에 상관없이 플랜지 자유 돌출폭의 1/16 이상으로 한다.(그림 5-17 참조)

표 5-8 자유 돌출판의 국부좌굴에 대한 허용응력(도설, 제3장 3.4.2.2)

강재의 종류	국부좌굴에 대한 허용응력 (MPa)
SS 400, SM 400 SMA 400	$140 : b/13.1 \leq t$ $24,000(t/b)^2 : b/16 \leq t < b/13.1$

참고) 상기 값은 판두께 40mm 이하에 대한 값이고, 40mm나 다른 강재 종류에 대해서는 도설, 제3장 3.4.2.2 또는 부록을 참고하기 바람.

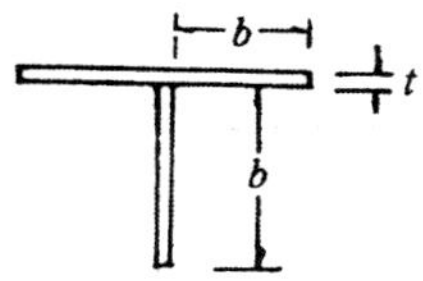

그림 5-17 자유 돌출폭 b

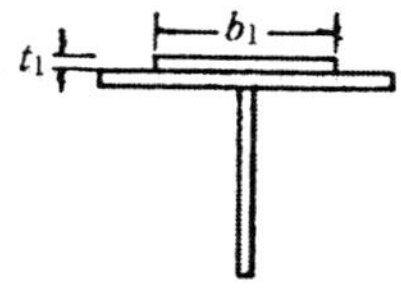

압축플랜지 : $t_1 \geq \dfrac{b_1}{24}$

인장플랜지 : $t_1 \geq \dfrac{b_1}{32}$

그림 5-18 플랜지 2장

철도교에서 압축플랜지 및 인장플랜지의 최소 두께는 강종에 따라, 또한 최대폭 두께비 (b/t)에 따라 다르며 철설, 제2편, 제5장을 참고하기 바란다.

플랜지는 한 장 또는 두 장으로 만드는 것을 원칙으로 하며 플랜지를 두 장 겹쳐서 만들 때(그림 5-18) 외측 플랜지판의 두께는 내측 플랜지판의 두께의 1.5배 이하이어야 하고, 압축플랜지에서는 외측 플랜지판 폭의 1/24 이상, 인장플랜지에서는 외측 플랜지판 폭의 1/32 이상으로 한다.

5. 덮개판(cover plate)의 길이

플레이트거더의 플랜지 단면은 휨모멘트에 대하여 덮개판의 매수를 가감하여 변화시키며, 덮개판의 길이를 구하는 방법에는 도해적인 방법과 이론적인 방법이 있지만 여기서는 도해적인 방법에 대하여 설명한다.

지간을 적당한 수로 등분하여(보통 8등분) 각 점의 최대 휨모멘트를 구한다. 즉 그림 5-19와 같이 a, b, c, d 각 점의 최대 휨모멘트를 구해서 M_a, M_b, M_c, M_d라 하고, 이에 따른 최대 휨모멘트도를 그린다. 다음 각 단면에 대한 저항모멘트를 압축플랜지를 기준으로 할 때 $R \cdot M_c$와 인장플랜지를 기준으로 할 때 $R \cdot M_t$를 구한다.

$$\left.\begin{aligned} R{\cdot}M_c &= \frac{I}{y_c} \cdot f_{ca} \\ R{\cdot}M_t &= \frac{I}{y_t} \cdot f_{ta} \cdot \frac{A_n}{A_g} \end{aligned}\right\} \qquad (5\text{-}3\text{-}9)$$

이 값 중 적은 값이 저항모멘트가 된다.

지금 최대 휨모멘트 (M_d)에 대하여 3매의 덮개판이 사용되었다면 덮개판 3매, 2매, 1매, 0매의 덮개판에 대한 저항모멘트를 각각 $R \cdot M_3$, $R \cdot M_2$, $R \cdot M_1$, $R \cdot M_0$로 하고 이들 값과 최대 휨모멘트도와 만나는 교점에서 지간 중앙까지의 거리 x_1, x_2, x_3 등을 구할 수 있다. 실제로는 단면의 급격한 변화를 막기 위해서 이 값보다 30 cm 이상 또 외측 플랜지판 폭의 1.5배 이상 여유길이를 둔다(도설, 제3장 3.8.3.3).

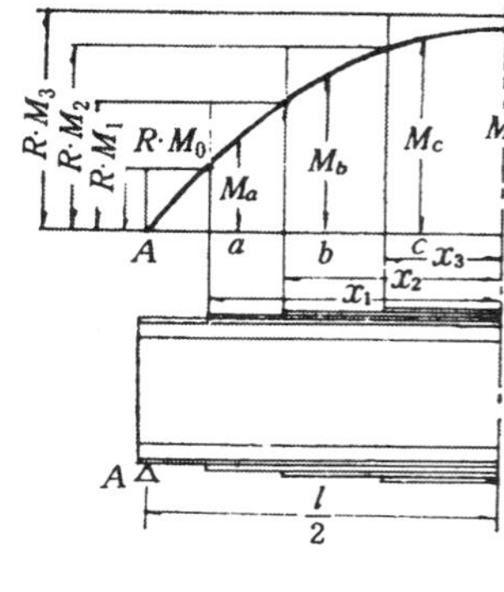

그림 5-19 덮개판의 길이

용접 플레이트거더에서 플랜지판의 판두께에는 제한이 있고 판두께가 너무 크면 재질적으로 특별한 고려가 필요하고 또 용접기술에도 예열의 문제 등이 있으므로 덮개판(cover plate)을 쓰는 것이 유리할 때가 있다.

이 경우 덮개판의 단부에서 강도저하를 막기 위해 부등치수의 연속 필렛용접을 사용하여 응력의 흐름이 자연스럽게 전달되도록 해야 한다.(도설, 제3장 3.8.3.3 및 철설, 제2편 9.2.4 참조)(그림 5-20 참조)

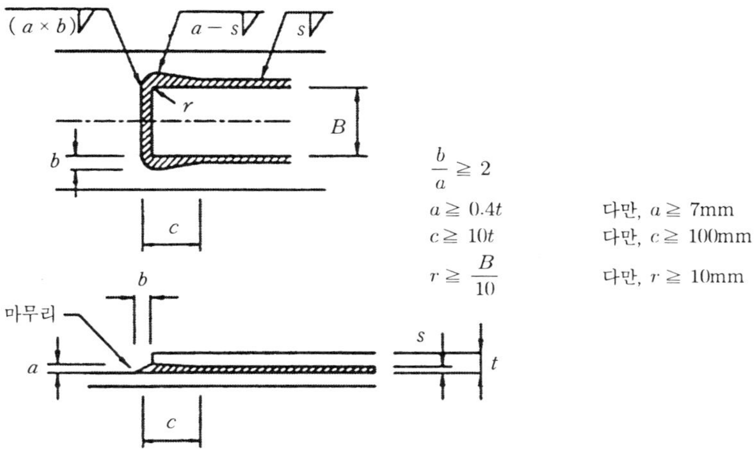

그림 5-20 부등치수의 연속 필렛용접

6. 보강재(Stiffener)

복부판의 좌굴을 막기 위해 보강재를 설치한다. 보강재는 수직보강재와 수평보강재가 있으며, 수직보강재는 지점상에 설치하는 단보강재와 중간에 설치하는 중간보강재가 있다.

단보강재와 복부판과의 연결은 보강재가 전 집중하중을 받는 것으로 보고 설계하며, 지점상의 보강재는 양쪽에 대칭으로 설치하되 플랜지까지 연장시키는 것이 좋다.

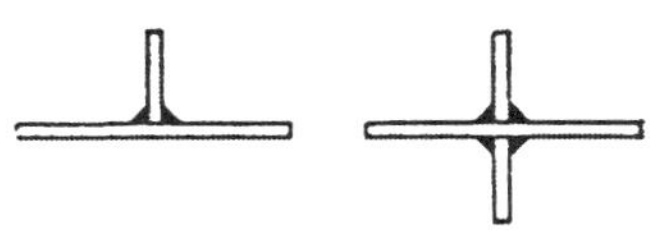

그림 5-21 보강재

(1) 중간 수직보강재

수직보강재의 간격은 도설, 제3장 3.8.5에서 다음 식의 관계를 만족하도록 결정해야 한다. 다만, 지점부에서는 $a/b \leqq 1.5$로 하고, 그 밖에는 $a/b \leqq 3.0$으로 한다.

① 수평보강재를 사용하지 않을 경우

$$\frac{a}{b} > 1, \left(\frac{b}{100t}\right)^4 \left[\left(\frac{f}{365}\right)^2 + \left\{\frac{v}{81 + 61(b/a)^2}\right\}^2\right] \leqq 1 \quad (5\text{-}3\text{-}10)$$

$$\frac{a}{b} \leqq 1, \left(\frac{b}{100t}\right)^4 \left[\left(\frac{f}{365}\right)^2 + \left\{\frac{v}{61 + 81(b/a)^2}\right\}^2\right] \leqq 1 \quad (5\text{-}3\text{-}11)$$

② 수평보강재를 1단을 사용할 경우

$$\frac{a}{b} > 0.80, \left(\frac{b}{100t}\right)^4 \left[\left(\frac{f}{950}\right)^2 + \left\{\frac{v}{127 + 61(b/a)^2}\right\}^2\right] \leqq 1 \quad (5\text{-}3\text{-}12)$$

$$\frac{a}{b} \leqq 0.80, \left(\frac{b}{100t}\right)^4 \left[\left(\frac{f}{950}\right)^2 + \left\{\frac{v}{95 + 81(b/a)^2}\right\}^2\right] \leqq 1 \quad (5\text{-}3\text{-}13)$$

여기서,

a : 수직보강재의 간격(mm)
b : 상하 플랜지의 순간격(mm)
t : 복부판의 두께(mm)
f : 복부판 연섬유의 압축응력(MPa)
v : 복부판의 전단응력(MPa)

만약, 상하 양플랜지의 순간격이 표 5-9의 값 이하일 때는 수직보강재를 설치하지 않아도 된다.

표 5-9 수직보강재를 생략할 수 있는 플랜지 순간격의 최대치

강 종	SS 400 SM 400 SMA 400	SM 490	SM 490Y SM 520 SMA 490	SM 570 SMA 570
상하 양플랜지의 순간격	$70t$	$60t$	$57t$	$50t$

수직보강재의 강도는 실제 계산된 보강재의 단면 2차모멘트 I(보강재가 복부판의 한 쪽에만 있는 경우에는 보강재 쪽의 복부판 표면에 관한 I, 양쪽에 있는 경우에는 복부판의 중립면에 관한 I를 취한다)가 $\frac{bt^3}{10.92}r$ 보다 커야 한다.

여기서, 수직보강재의 소요강비 $r = 8.0\left(\frac{b}{a}\right)^2$

또 수직보강재의 돌출각 폭은 복부판 높이의 1/30에 50mm를 더한 것보다 크게 잡는 것이 좋으며, 이 때 돌출각의 두께는 그 폭의 1/13 이상이 되어야 한다.

철설, 제2편 5.3.3에 의하면 전단력과 휨모멘트를 받는 부재에서 중간보강재의 간격은 수평보강재가 없는 경우

$$d \le 940\frac{t}{\sqrt{v}} \tag{5-3-14}$$

수평보강재를 압축플랜지측에서 $0.2b$ 부근에 1단을 배치하는 경우는 다음과 같다.

$$d \le 850\frac{t}{\sqrt{v}} \tag{5-3-15}$$

여기서, v는 복부판에 작용하는 평균전단응력으로 식(5-3-4)으로 계산한다.

⑵ 수평보강재(도설, 제3장 3.8.6)

그림 5-22과 같이 수평보강재 1단을 사용할 경우에는 $0.20b$ 부근, 2단을 사용할 경우에는 $0.14b$와 $0.36b$ 부근으로 정하는 것이 원칙이다.

또 실제 계산한 수평보강재의 단면 2차모멘트 I는 $\dfrac{bt^3}{10.92}r$보다 커야 한다.

여기서, $r = 30.0\dfrac{a}{b}$: 수평보강재의 소요강비

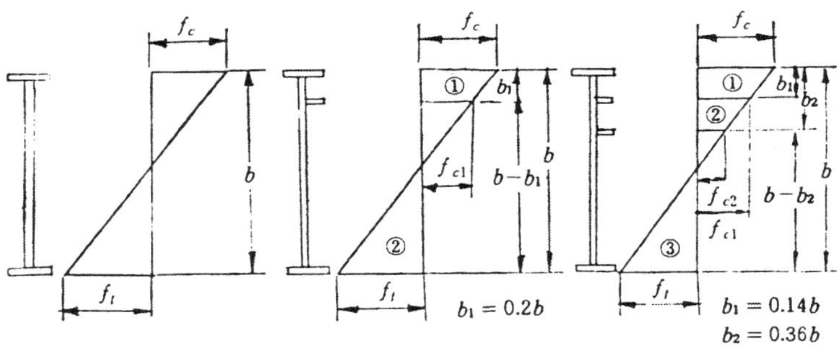

그림 5-22 복부판의 응력과 수평보강재의 위치

⑶ 단보강재

플레이트거더의 지점 및 가로보, 세로보, 수직브레이싱 등의 연결부와 같은 하중집중점에는 반드시 보강재를 설치해야 한다.

하중집중점의 수직보강재는 기둥이라 보고 3-5항에 규정한 허용축방향 압축응력에 따라 설계한다. 이 때 보강재 전단면과 복부판 가운데 보강재 부착부에서 양쪽으로 각각 복부판 두께의 12배까지를 유효단면적이라고 생각할 수 있다. 그러나 전체 유효단면적은 보강재 단면적의 1.7배를 넘어서는 안 된다.(도설, 제3장 3.8.7 참조)

허용응력의 계산에 사용하는 단면 2차반지름은 복부판의 중심선에 대하여 구하고, 유효좌굴길이는 플레이트거더 높이의 1/2로 한다.

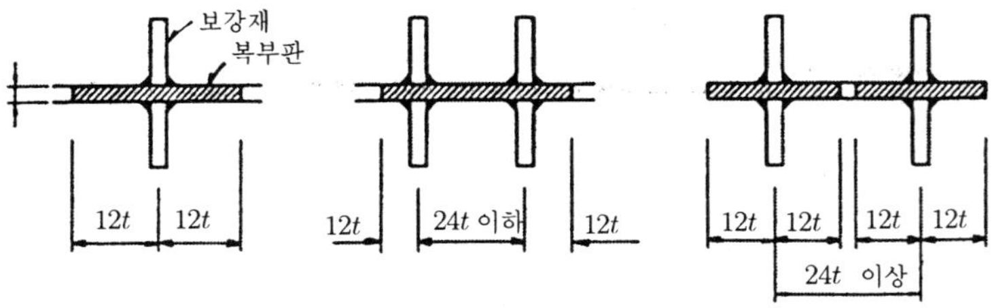

그림 5-23 하중집중점 보강재의 유효단면적

7. 플레이트거더의 이음

(1) 플랜지와 복부판 용접부의 응력

플레이트거더의 플랜지와 복부판과의 용접부에 작용하는 휨응력 및 전단응력은 다음 식으로 계산한다.(그림 5-24)

$$\left.\begin{aligned} f &= \frac{M}{I}y \leqq f_a \times \frac{y}{y_e}\,(\text{공장}) \leqq f_a \times 0.9 \times \frac{y}{y_e}\,(\text{현장}) \\ v &= \frac{V \cdot Q}{I\sum a} \fallingdotseq \frac{Q}{h\sum a} \leqq v_a\,(\text{공장}) \leqq v_a \times 0.9\,(\text{현장}) \end{aligned}\right\} \quad (5\text{-}3\text{-}16)$$

여기서,

f : 용접부에서의 휨응력(MPa)
M : 이음부의 휨모멘트(N·mm)
V : 이음부의 전단력(N)
v : 용접부의 전단응력(MPa)
Q : 용접선 밖에 있는 1플랜지 단면의 중립축 둘레의 단면 1차모멘트(mm^3)
I : 보 총단면의 중립축 둘레의 단면 2차모멘트(mm^4)
$\sum a$: 목두께의 합계(mm)

단순 플레이트거더에서 일반적으로 위 식에 의하여 구한 값은 작기 때문에 필렛용접의 치수는 작게 하는 것이 좋다. 플랜지 단면이 크면 열용량이 크기 때문에 치수가 작은 용접

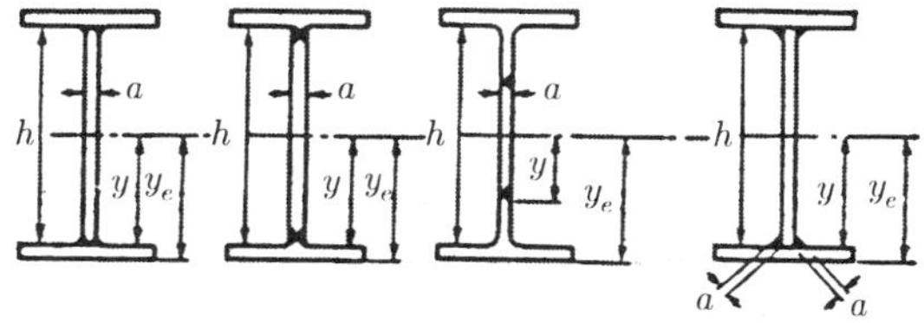

그림 5-24 플랜지와 웨브의 용접

에서는 급냉각으로 인하여 균열이 생길 수도 있다. 따라서 판두께에 알맞은 치수(size)로 해야 한다.

(2) 복부판 맞대기 용접부의 응력

복부판에서 축에 수직한 맞이음(그림 5-25 참조)에서도 일반적으로 휨모멘트와 전단력이 작용하는데, 이 때 휨응력 및 전단응력은 앞의 식(5-3-16)에 의해 구하고, 또 이에 대하여 다음의 검산을 해야 한다.

$$\left.\begin{aligned}&\left(\frac{f}{f_a}\right)^2+\left(\frac{v}{v_a}\right)^2 \leqq 1.2\\&f \leqq f_a,\ v \leqq v_a\end{aligned}\right\} \qquad (5\text{-}3\text{-}17)$$

여기서,

f : 복부판의 연단응력(MPa)

v : 복부판의 평균전단응력(MPa)

f_a : 표 4-15의 허용인장응력(MPa)

v_a : 표 4-15의 허용전단응력(MPa)

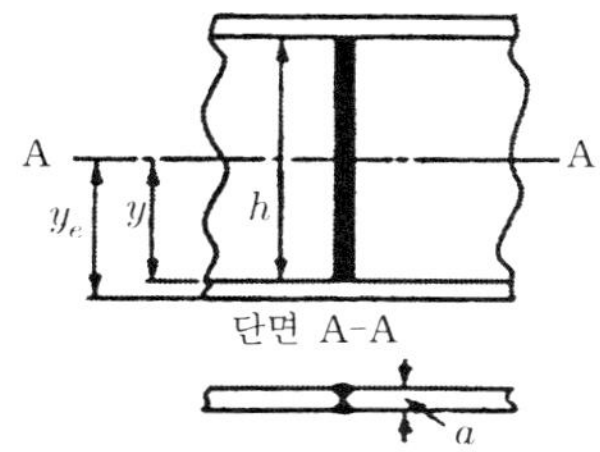

그림 5-25

(3) 복부판의 볼트이음

복부판이음은 플레이트거더의 현장이음으로 하고 플랜지 이음부와 같은 단면에서 잇는다. 간단한 방법은 그림 5-27과 같지만 볼트의 행줄수를 많이 할 경우에는 그림 5-26과 같이 이음판을 2종으로 배치하는데 A판을 모멘트판(moment plate), B판을 전단판(shear plate)이라 한다. 이 때 복부에 작용하는 휨모멘트는 A판이, 전단력은 B판이 부담하며 현장이음에서 많이 쓰인다. 일반적으로 이음부에서의 볼트는 휨모멘트에 의한 수평력과 전단력에 의한 수직력이 작용한다.

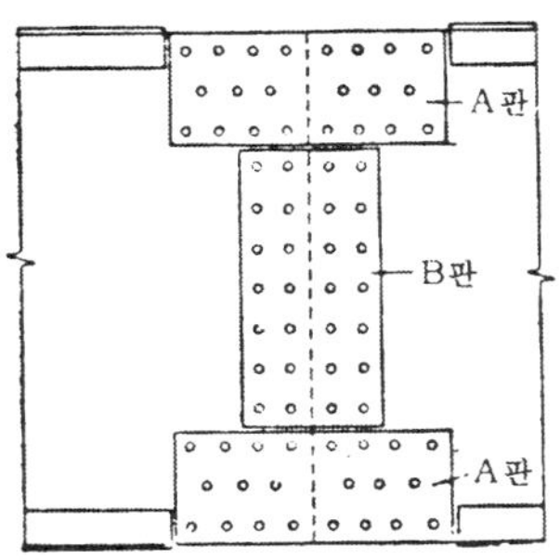

그림 5-26 복부판이음

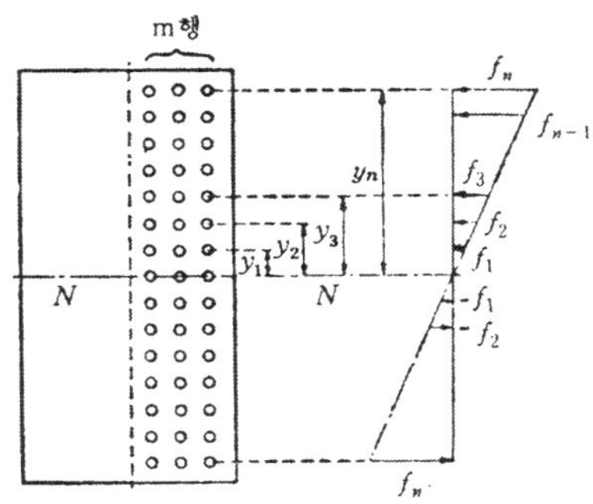

그림 5-27 볼트 응력

① 휨모멘트에 의한 볼트의 수평응력

그림 5-27에서 복부판에 작용하는 휨모멘트는 볼트에 의한 저항모멘트 M_w와 같다. 볼트 줄수를 m이라 하면,

$$M_w = 2m(f_1 y_1 + f_2 y_2 + ... + f_n y_n) \tag{5-3-18}$$

여기서, f와 y를 비례하는 것으로 하면

$$f_1 = f_n \times \frac{y_1}{y_n},\ f_2 = f_n \times \frac{y_2}{y_n},\ \cdots,\ f_n = f_n \times \frac{y_n}{y_n} \tag{5-3-19}$$

$$\therefore M_w = 2m \cdot \frac{f_n}{y_n}(y_1^2 + y_2^2 + ... + y_n^2) \tag{5-3-20}$$

따라서 $$f_n = M_w \frac{y_n}{2m(y_1^2 + y_2^2 + ... + y_n^2)} \tag{5-3-21}$$

여기서, $$M_w = M \times \frac{I_w}{I} \tag{5-3-22}$$

M : 주거더 전단면의 저항모멘트
I : 그의 단면 2차모멘트
I_w : 복부판의 단면 2차모멘트
t : 복부판의 두께
h_w : 복부판의 높이
h_s : 이음판의 높이
t_s : 이음판의 두께라 하면 이음판의 단면계수는 복부판의 그것보다 작아서는 안 된다.

$$\frac{2t_s \cdot {h_s}^2}{6} \geq \frac{t \cdot h_w^2}{6},\ \text{즉}\ t_s \geq \frac{t}{2}\left(\frac{h_w}{h_s}\right)^2 \tag{5-3-23}$$

모멘트판이 있는 경우는 모멘트판의 거더 중립축에 대한 단면 2차모멘트 I_m와 I_w 사이에는 다음 식이 성립되어야 한다.

$$I_m \geq I_w \tag{5-3-24}$$

② 전단력에 의한 볼트의 수직응력

n을 복부이음판 한쪽에 있는 볼트 총수, 볼트에 작용하는 전단력을 V라 하면 1볼트에 작용하는 평균 수직응력은 $v_v = V/n$이다.

따라서 볼트 1개에 작용하는 최대 합성응력 ρ_c는 ①과 ②항을 조합하여 다음 식을 만족해야 한다.

$$\rho_c = \sqrt{{f_n}^2 + {v_v}^2} \leqq \rho_a \tag{5-3-25}$$

ρ는 볼트 1개의 허용력(kN)이다.

8. 수평브레이싱 및 수직브레이싱

주거더 상호간의 위치를 확보하고 풍력과 횡력에 저항하며, 비틀림을 막기 위해 플랜지 면에는 수평브레이싱(lateral bracing)을, 또 단면의 연결에는 수직브레이싱(sway bracing)을 설치한다.(그림 5-28)

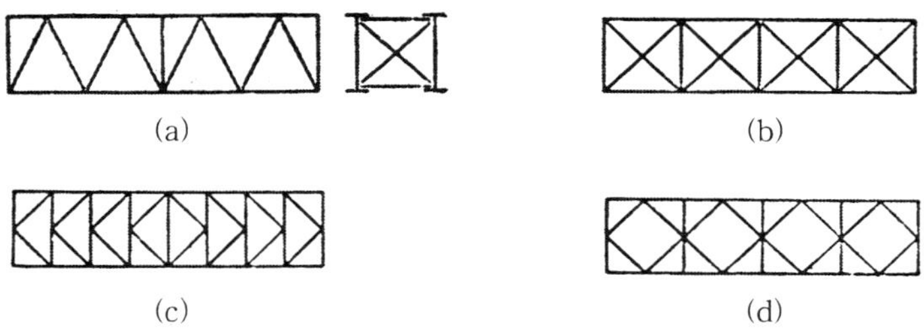

그림 5-28 브레이싱의 배치

(1) 수평브레이싱

주거더의 상부 플랜지 또는 트러스의 상현재를 서로 연결하는 수평브레이싱을 상부 수평브레이싱이라 하고, 하부 플랜지 또는 하현재를 연결하는 것을 하부 수평브레이싱이라 한다. 상로 플레이트거더에서 강상판 또는 철근콘크리트 바닥판과 주거더가 결합되어 있어서 횡방향 좌굴 등에 견딜 수 있을 때는 상부 수평브레이싱을 생략할 수 있고, 지간이 25m 이하이면서 튼튼한 수직브레이싱이 있을 경우에는 하부 수평브레이싱도 생략할 수 있다.

그림 5-28(a)에서는 비교적 작은 경간에, (b)는 수평브레이싱의 가장 일반적인 형식이며, (c)는 주거더 간격이 격간길이에 비해 큰 경우이고, (d)는 격간길이가 아주 길 때 압축재의 좌굴길이를 짧게 하는데 도움이 되는 형식이다.

수평브레이싱의 설계는 트러스에서 사재의 부재력을 계산하는 방법과 같으며, 이 때 하중은 풍하중과 횡하중(제2장 참고)을 기준으로 계산하면 되지만 대부분의 경우 최대 세장비에 지배되는 경우가 많다.(표 7-1 참고)

(2) 수직브레이싱

플레이트거더교의 지점에는 각 주거더 간에 단수직브레이싱을 반드시 설치하고, 또 6m 이내이고 플랜지폭의 30배를 넘지 않는 간격으로 중간 수직브레이싱을 설치해야 한다.(도설, 제3장 3.8.8.1)

단수직브레이싱은 지간에 작용하는 횡력을 받침에 전달하는 역할을 하며, 부재력은 다음 식으로 계산한다.

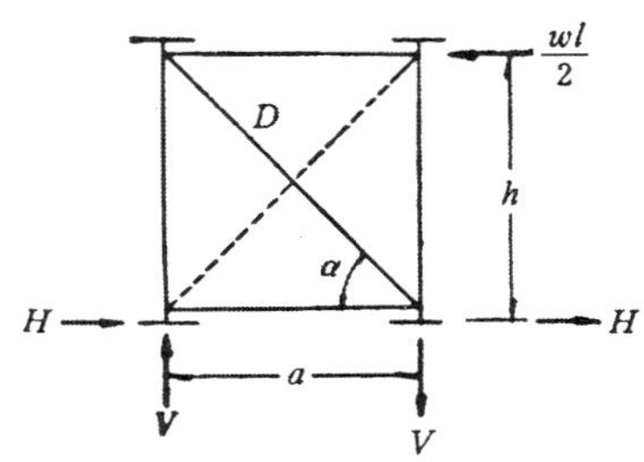

그림 5-29 수직브레이싱

$$D = \frac{wl}{2} \cdot \sec\alpha \quad \text{또는} \quad D = \pm\frac{wl}{4} \cdot \sec\alpha \tag{5-3-26}$$

$$V = \frac{wl}{2} \cdot \frac{h}{a} \qquad H = \frac{wl}{4} \tag{5-3-27}$$

9. 받침의 구조

주거더의 지점에는 받침을 놓는다.

한 단은 고정받침, 타단은 가동받침으로 하고, 응력에 의한 하부플랜지의 늘음이나 온도 변화에 따른 신축에 해를 주지 않는 구조로 한다.

받침에는 평면받침과 선받침이 있는 데 그림 5-30은 평면받침의 한 예를 나타낸 것이다. 이것은 지간이 작은 경우에 쓰인다. 소울판(sole plate)과 받침판(base plate)의 두께는 원칙적으로 22mm 이상을 쓰고 앵커볼트(anchor bolt)는 지름의 10배 이상의 길이를 하부구조 속에 고정시키고 최소지름은 25mm 로 한다.

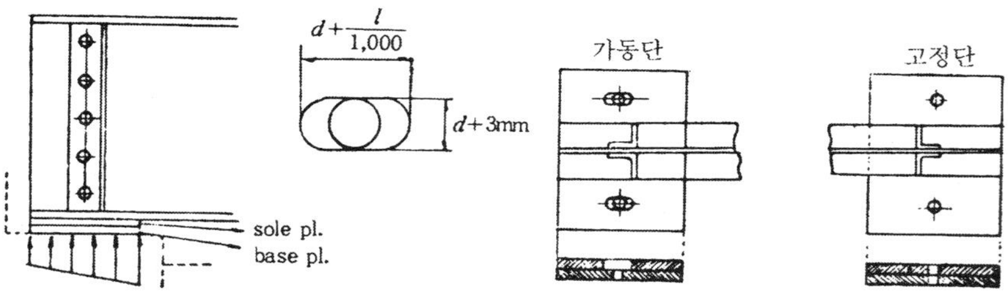

그림 5-30 평면받침

지간이 30～40m 이하의 플레이트거더교에서는 주강 또는 주철의 주물 슈(shoe)가 쓰이며, 선받침의 구조로 한다. 그림 5-31은 주물 슈받침의 일례로서 가동단에서는 규정량만큼 신축할 수 있도록 되어 있다.

지간이 30～40m 를 넘을 경우에는 고정단에서 슈나 핀받침을 사용하고, 가동단에서는 롤러(roller)나 로커(rocker) 받침을 사용한다.(7-8(2)항 받침 참조)

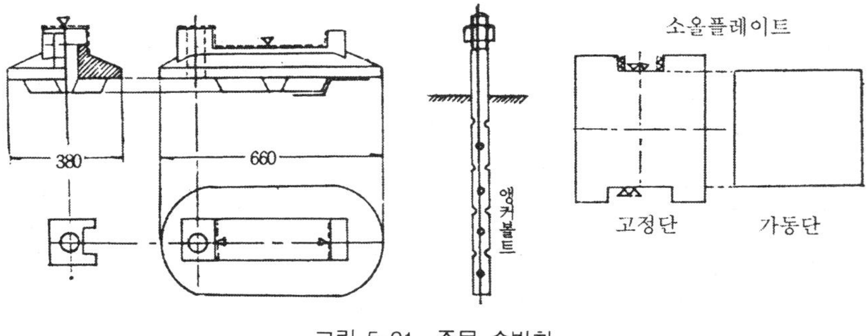

그림 5-31 주물 슈받침

5-4 플레이트거더 철도교 설계 예

설계조건은 지간 16.0m, 주거더 간격 1.7m, LS-18하중, 구조형식은 상로단선 용접 플레이트거더교

1. 주거더의 휨모멘트

지간을 8등분하고 이들 점을 a, b, c, d, … 라 하고 절대최대 휨모멘트가 생기는 점을 E라 한다.

(1) 고정하중 휨모멘트

그림 2-1(a)에서 플레이트거더의 무게는 $l = 16$m일 때 140kN이 된다.

$$\begin{array}{ll} \text{주거더의 무게} & 140{,}000/32 = 4{,}375\text{N/m} \\ \text{궤도의 무게} & \phantom{140{,}000/32 = }\ 3{,}000\text{N/m} \\ \hline & \phantom{140{,}000/32 = }\ 7{,}375\text{N/m} \fallingdotseq 7{,}400\text{N/m} \end{array}$$

$M_x = \dfrac{w_d}{2}x(l-x)$에서

$$M_a = \frac{7{,}400}{2} \times 2(16-2) = 103{,}600\text{N}\cdot\text{m}$$

$$M_b = \frac{7{,}400}{2} \times 4(16-4) = 177{,}600\text{N}\cdot\text{m}$$

$$M_c = \frac{7{,}400}{2} \times 6(16-6) = 222{,}000\text{N}\cdot\text{m}$$

$$M_d = \frac{w_d \cdot l^2}{8} = \frac{7{,}400 \times 16^2}{8} = 236{,}800\text{N}\cdot\text{m}$$

(2) 활하중 휨모멘트

E점의 위치 x는 표 5-2에서 $x = \dfrac{l}{2} - \dfrac{59}{130} = 8 - 0.454 = 7.546$m, 절대최대 휨모멘트는 윤하중 No.4가 E점에 실릴 때이고, 이 때 L-하중의 재하상태는 그림 5-33과 같다.

따라서 절대최대 휨모멘트의 값은 다음과 같다.

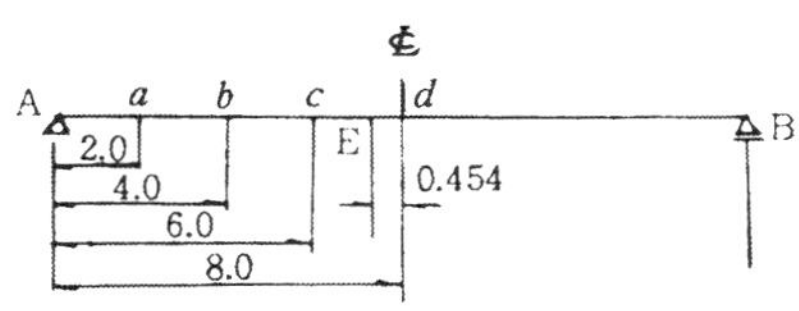

그림 5-32 지간의 8등분

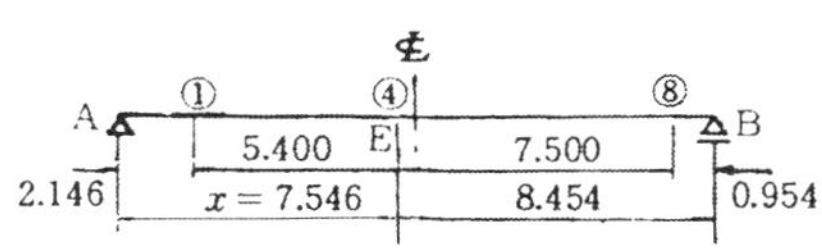

그림 5-33 절대최대 휨모멘트

$$M_E = R_A \times 7.546 - M_{④-①}$$

여기서, $M_{④-①}$은 윤하중 No.4의 재하점을 기준으로 할 때 윤하중 No.1까지의 모멘트 값이다. 즉 표 5-3의 모멘트표에서 No.4의 직하 굵은선에서 좌측으로 No.1 직하와 이루는 칸 안의 숫자 648.0kN·m 이다. 또 같은 칸 안의 상우의 값 5.4m 는 No.4에서 No.1까지의 거리이고, 상좌의 값 315kN 은 역시 No.4에서 No.1까지의 윤하중합 $\sum_4^1 P$를 나타낸다.

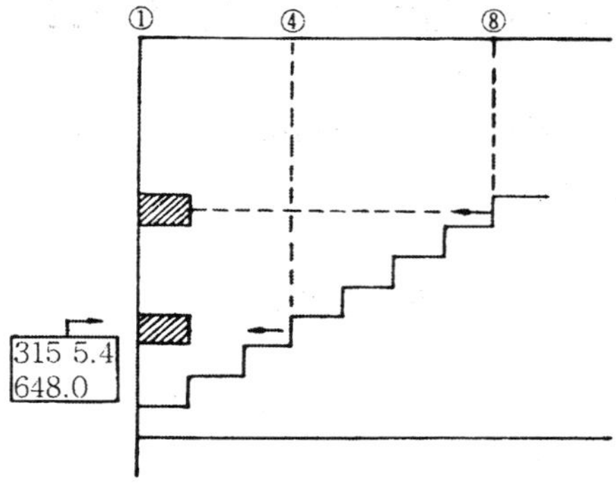

그림 5-34 모멘트표의 일부

$$\therefore M_E = R_A \times 7.546 - M_{④-①} = \frac{7.546}{16}\left(M_{⑧-①} + \sum_8^1 P \times 0.954\right) - 648.0$$

$$= \frac{7.546}{16}(3,856.5 + 585 \times 0.954) - 648.0 = 1,434.0\text{kN}\cdot\text{m}$$

a 점의 최대 휨모멘트는 그림 5-11에서 No.11 하중이 a 점에 재하할 때이다.

$$M_a = R_A \times 2.0 = \frac{2}{16}\left(M_{ⓤ-⑪} + \sum_u^{11} P \times 0.5 + \frac{30}{2} \times 0.5^2\right)$$

$$= \frac{2}{16}\left(4,986 + 600 \times 0.5 + \frac{30}{2} \times 0.5^2\right) = 661.2\text{kN}\cdot\text{m}$$

b 점의 최대 휨모멘트는 No.3과 No.12의 경계선상이기 때문에 각각에 대한 것을 구하여 큰 것을 취하면 되는 데 여기서는 재하상태가 동일하다.(그림 5-35 참조)

$$M_b = R_A \times 4.0 - M_{③-①} = \frac{4}{16}\left(M_{⑨-①} + \sum_9^1 P \times 1.5\right) - 310.5$$

$$= \frac{4}{16}(4,734.0 + 645 \times 1.5) - 310.5$$

$$= 1,114.9\text{kN}\cdot\text{m}$$

$$M_c = \frac{6}{16}(4,734.0 + 645 \times 1.0) - 648$$

$$= 1,369.1\text{kN}\cdot\text{m}$$

$$M_d = \frac{8}{16}(4,774.5 + 645 \times 0.5) - 1,116$$

$$= 1,432.5\text{kN}\cdot\text{m}$$

이상의 값들은 표 5-4에서 직접 구하면 더욱 간단하다.

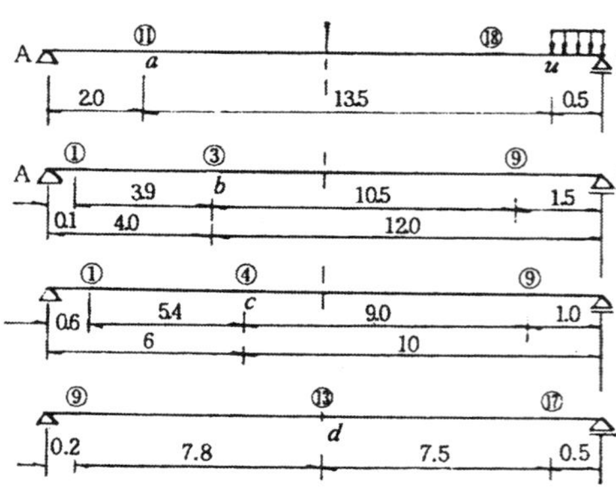

그림 5-35 각 점의 최대 휨모멘트

(3) 충격 휨모멘트

$$i = 70 - l/45 = 70 - 16^2/45 = 64\%$$

$$M_a = 0.64 \times 661.2 = 423.2\,\text{kN} \cdot \text{m}$$

$$M_b = 0.64 \times 1,114.9 = 713.5\,\text{kN} \cdot \text{m}$$

$$M_c = 0.64 \times 1,369.1 = 876.2\,\text{kN} \cdot \text{m}$$

$$M_d = 0.64 \times 1,432.5 = 916.8\,\text{kN} \cdot \text{m}$$

$$M_e = 0.64 \times 1,434.0 = 917.8\,\text{kN} \cdot \text{m}$$

따라서 합계 휨모멘트는 표 5-10과 같다.

표 5-10 합계 휨모멘트

단 면	M_d	M_l	M_i	ΣM (kN · m)
a	103.6	661.2	423.2	1,188.0
b	177.6	1,114.9	713.5	2,006.0
c	222.0	1,369.1	876.2	2,467.3
d	236.8	1,432.5	916.8	2,586.1
E	236.8	1,434.0	917.8	2,588.6

2. 주거더의 전단력

(1) 고정하중 전단력

$$V_A = R_A = \frac{w_d \cdot l}{2} = \frac{7,400}{2} \times 16 = 59,200\,\text{N}$$

$$V_a = 59,200 \times \frac{3}{4} = 44,400\,\text{N}$$

$$V_b = 59,200 \times \frac{2}{4} = 29,600\,\text{N}$$

$$V_c = 59,200 \times \frac{1}{4} = 14,800\,\text{N}$$

$$V_d = 0$$

(2) 활하중 전단력

지점 및 8등분점 a, b, c, d에 대하여 최대 전단력을 일으키는 재하상태를 그림 5-11에서 알아내고, 모멘트표(표 5-3)를 이용하여 앞의 활하중 휨모멘트를 구하는 방법으로 구해도 좋고, 직접 표 5-4를 이용해서 간단히 구할 수도 있다.

여기서는 표 5-4를 이용한다.

$$V_A = 411.2\,\mathrm{kN} \qquad V_a = 330.6\,\mathrm{kN} \qquad V_b = 250.9\,\mathrm{kN}$$
$$V_c = 179.6\,\mathrm{kN} \qquad V_d = 116.6\,\mathrm{kN}$$

(3) 충격 전단력

$$V_A = 0.64 \times 411.2 = 263.2\,\mathrm{kN}$$
$$V_a = 0.64 \times 330.6 = 211.6\,\mathrm{kN}$$
$$V_b = 0.64 \times 250.9 = 160.6\,\mathrm{kN}$$
$$V_c = 0.64 \times 179.6 = 114.9\,\mathrm{kN}$$
$$V_d = 0.64 \times 116.6 = 746\,\mathrm{kN}$$

따라서 합계 전단력은 표 5-21과 같다.

표 5-11 합계 전단력

단 면	V_d	V_l	V_i	ΣV (kN)
A	59.2	411.2	263.2	733.6
a	44.4	330.6	211.6	586.6
b	29.6	250.9	160.6	441.1
c	14.8	179.6	114.9	309.3
d	0	116.6	74.6	191.2

3. 주거더 단면 설계

(1) 복부판의 높이

주거더의 높이는 최대 휨모멘트가 주어지면 그림 5-36으로부터 구할 수 있다. 이 그림은 많은 비교설계의 결과로부터 결정된 경제적인 높이와 최대 휨모멘트와의 관계를 나타낸 곡선이다. 거더의 높이가 결정되면 복부판의 두께 t는 표 5-6에 의해 SM 400 강재를 사용할 경우 $t \geq D/145$ (여기서 D는 복부판의 높이)에서 구한다.

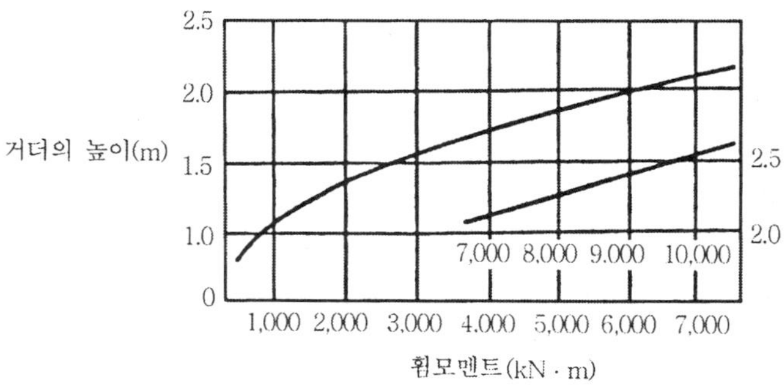

그림 5-36 플레이트거더의 경제적 높이

상로 플레이트거더에서는 침목을 깔기 쉽게 하기 위해 상플랜지의 상면을 가지런히 하고, 덮개판(cover plate)이 있는 경우에는 플랜지판의 하측에 붙도록 설계하기 때문에 복부판의 높이는 상플랜지의 두께 변화에 따라 변하고 거더 단부에서 가장 높아진다. 본 예에서는 $M = 2{,}588.6\text{kN·m}$ 이므로 그림 5-36으로부터 거더의 높이는 1.50m 가 되고, 복부판두께 $t \geq D/145 = 1{,}500/145 = 10.3\text{mm}$ 이므로 복부판 두께 11.0mm 로 하고, 복부판의 높이는 지간 중앙에서 1,500mm , 거더 단부에서 1,512mm 로 하였다.

(2) 주거더의 중앙단면

주거더의 중앙단면 치수를 다음과 같이 정한다.

	$A(\text{cm}^2)$	$y(\text{cm})$	$A \cdot y(\text{cm}^3)$	$I_x(\text{cm}^4)$
1-PL 360×34	122.4	76.7	9,388	720,070
1-PL 1,500×11	165.0			309,380
1-PL 400×26	104.0	−76.3	−7,935	605,460
계	391.4		1,453	1,634,910

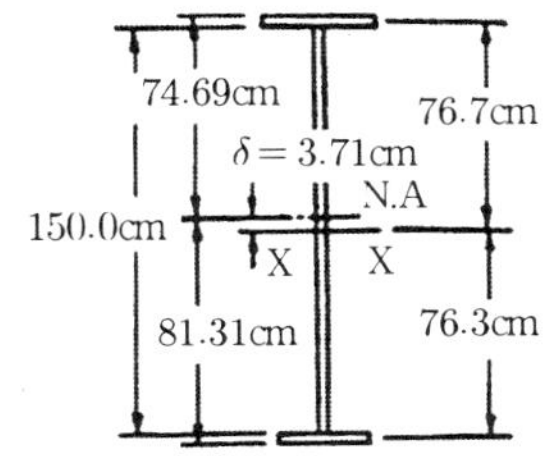

그림 5-37

$$\delta = \frac{1{,}453}{391.4} = 3.71\text{cm}$$

$$I_{NA} = 1{,}634{,}910 - 391.4 \times 3.71^2 = 1{,}629{,}520\text{cm}^4$$

$$y_c = 75.0 + 3.4 - 3.71 = 74.69\text{cm}$$

$$y_t = 75.0 + 2.6 + 3.71 = 81.31\text{cm}$$

$$\alpha = \frac{34}{11} = 3.09 \qquad \beta = \frac{1{,}500}{340} = 4.41$$

$$F = \sqrt{12 + 2\beta/\alpha} = \sqrt{12 + 2 \times \frac{4.41}{3.09}} = 3.85$$

$$\left(\frac{l}{r}\right)_e = F\left(\frac{l}{b}\right) = 3.85 \times \frac{280}{34} = 31.7$$

$6 < \dfrac{l}{r} < 130$ (철설, 제2편 2.2.2에 의해 $\dfrac{l}{r}$ 대신에 $\dfrac{l}{r_e}$ 를 쓴다)이므로

$$f_{ca} = 140 - 0.78(31.7 - 6) = 120\text{MPa}$$

$$f_c = \frac{2{,}588.6 \times 10^6 \times 746.9}{1{,}629{,}520 \times 10^4} = 118.7\text{MPa} < 120\text{MPa}$$

$$f_t = \frac{2{,}588.6 \times 10^6 \times 813.1}{1{,}629{,}520 \times 10^4} \times \frac{400}{375} = 137.8\text{MPa} < 140\text{MPa}$$

400/375 는 b/b_n 로서, 하부 수평브레이싱 연결판(gusset plate)의 붙임용 고장력볼트 구멍을 고려한 것이다.

복부판의 전단응력

$$V_A = 733.6\,\text{kN}$$

$$v = \frac{733,600}{16,630} = 44.1\text{MPa} < 80\text{MPa}\ (\text{강재 SM 400의 허용전단응력})$$

(3) 점감단면의 저항모멘트

	$A(\text{cm}^2)$	$y(\text{cm})$	$A \cdot y(\text{cm}^3)$	$Ix(\text{cm}^4)$
1- PL 360 × 30	108	76.7	8,284	635,350
1- PL 1,504 × 11	165.4			311,860
1- PL 400 × 22	88.0	−76.3	−6,714	512,310
계	361.4		1,570	1,459,520

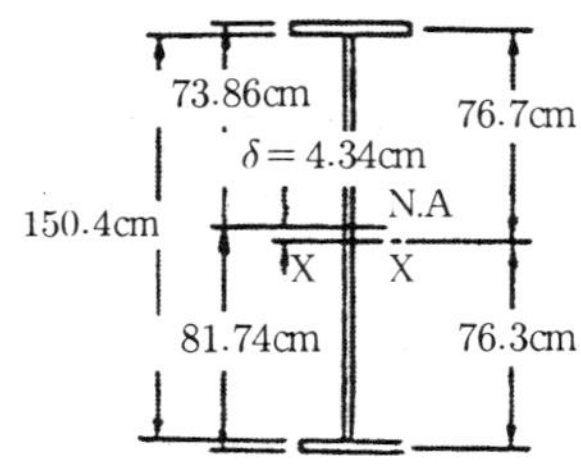

그림 5-38

$$\delta = \frac{1,570}{361.4} = 4.34\text{cm}$$

$$I_{NA} = 1,459,520 - 361.4 \times 4.34^2 = 1,452,710\text{cm}^4$$

$$y_c = 75.2 + 3.0 - 4.34 = 73.86\text{cm}$$

$$y_t = 75.2 + 2.2 + 4.34 = 81.74\text{cm}$$

$$\alpha = \frac{3.0}{1.1} = 2.73 \qquad \beta = \frac{150.4}{36} = 4.18$$

$$F = \sqrt{12 + 2 \times \frac{4.18}{2.73}} = 3.88$$

$$\left(\frac{l}{r}\right)_e = 3.88 \times \frac{280}{36} = 30.2$$

$6 < \frac{l}{r} \leqq 130$ 이므로 철설, 제2편 2.2.2에 의해

$$f_{ca} = 140 - 0.78(30.2 - 6) = 121\text{MPa}$$

$$f_{ta'} = 140 \times \frac{375}{400} = 131\text{MPa}$$

$$M_{rc} = \frac{121 \times 1,452,710 \times 10^4}{738.6} = 2,380 \times 10^6\text{N} \cdot \text{mm} = 2,380\text{kN} \cdot \text{m}$$

$$M_{rt} = \frac{131 \times 1,452,710 \times 10^4}{817.4} = 2,328 \times 10^6\text{N} \cdot \text{mm} = 2,328\text{kN} \cdot \text{m}$$

또 지점 부근의 주거더 단면을 그림 5-39와 같이 정하고, 이 단면의 저항모멘트를 계산한다.

	$A(cm^2)$	$y(cm)$	$A \cdot y(cm^3)$	$Ix(cm^4)$
1-PL 360×22	79.2	76.7	6,075	465,930
1-PL 1,512×11	166.3			316,860
1-PL 400×16	64.0	−76.4	−4,890	373,570
계	309.5		1,185	1,156,360

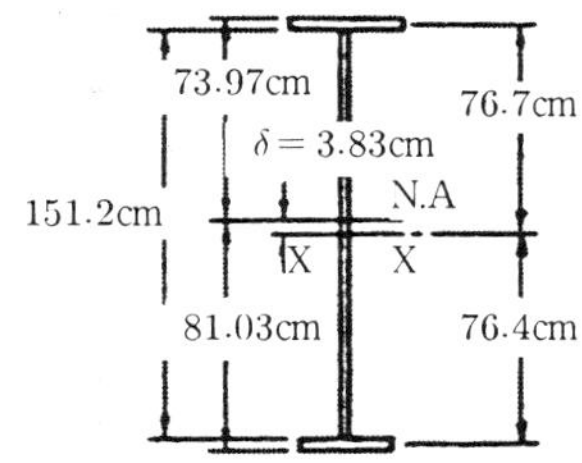

그림 5-39

$$\delta = \frac{1,185}{309.5} = 3.83\,\text{cm}$$

$$I_{N \cdot A} = 1,156,360 - 309.5 \times 3.83^2 = 1,151,820\,\text{cm}^4$$

$$y_c = 75.6 + 2.2 - 3.83 = 73.97\,\text{cm}$$

$$y_t = 75.6 + 1.6 + 3.83 = 81.03\,\text{cm}$$

$$\alpha = \frac{2.2}{1.1} = 2.0$$

$$\beta = \frac{151.2}{36} = 4.2$$

$$F = \sqrt{12 + 2 \times \frac{4.2}{2.0}} = 4.02$$

$$\left(\frac{l}{r}\right)_e = 4.02 \times \frac{280}{36} = 31.3$$

$6 < \dfrac{l}{r} \leq 130$ 이므로 철설, 제2편 2.2.2에 의해

$$f_{ca} = 140 - 0.78(31.3 - 6) = 120\text{MPa}$$

$$f_{ta'} = 140 \times \frac{375}{400} = 131\text{MPa}$$

$$M_{rc} = \frac{120 \times 1,151,820 \times 10^4}{739.7} = 186,857 \times 10^4\text{N} \cdot \text{mm} = 1,869\text{kN} \cdot \text{m}$$

$$M_{rt} = \frac{131 \times 1,151,820 \times 10^4}{810.3} = 186,213 \times 10^4\text{N} \cdot \text{mm} = 1,862\text{kN} \cdot \text{m}$$

4. 단면 변화의 위치

그림 5-40은 지간을 8등분했을 때 각 점의 최대 휨모멘트 및 전단력도를 표시한 것이다. 이 그림에 앞에서 계산한 주거더 중앙단면, 점감(漸減) 단면 및 지점부의 저항모멘트를 덮어 그려주면 단면변화의 위치를 구할 수 있다. 실제에는 단면변화부의 응력구배를 완화하기 위하여 이 값보다 30cm 이상 또는 외측 플랜지판 폭의 1.5배(하측 플랜지에 대해 $40 \times 1.5 = 60\text{cm}$) 이상 여유길이를 갖도록 한다.

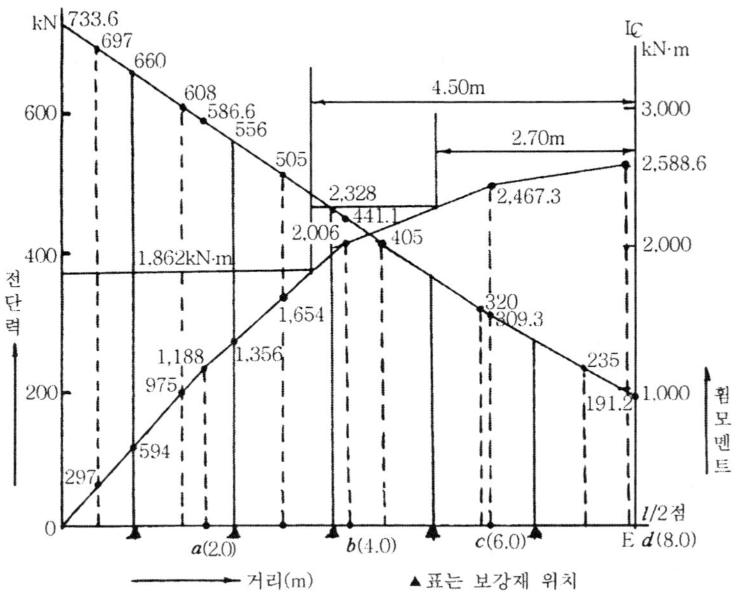

그림 5-40 단면변화의 위치

5. 주거더의 이음

지간 중앙에서 현장 볼트이음을 한다.

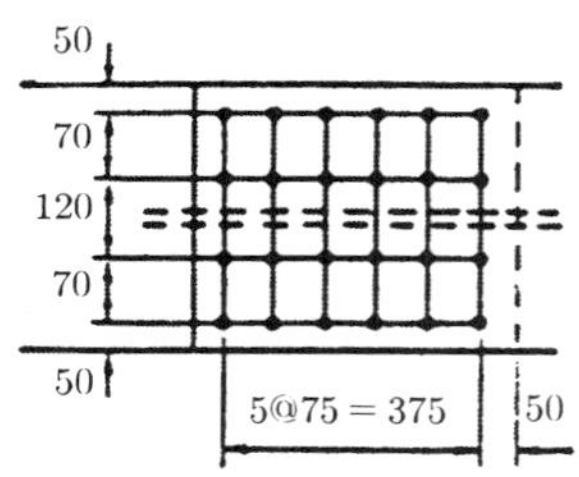

그림 5-41

(1) 상부 플랜지 이음

모재단면 $A_g(\text{cm}^2)$

$$1\text{-PL} \quad 360 \times 34 = 122.4\text{cm}^2$$

필요단면적은

$$122.4 \times \frac{118.7}{140} = 103.8\text{cm}^2$$

이음판

$$1\text{-PL} \quad 360 \times 17 = 61.2\text{cm}^2 > 103.8 \times \frac{1}{2} = 51.9\text{cm}^2$$

$$2\text{-PL} \quad 170 \times 17 = 57.8\text{cm}^2 > 103.8 \times \frac{1}{2} = 51.9\text{cm}^2$$

고장력볼트 수

$$n = \frac{118.7}{38,000} \times \frac{12,240}{2} = 19.1\text{개}(24\text{개 사용})$$

M22, F8T 고장력볼트의 1마찰면당 허용력(N)은 다음 식에서 구한다.

$$\rho_a = v_a \times \frac{\pi}{4} d^2 = 100 \times \frac{\pi}{4} \times 22^2 \fallingdotseq 38,000\text{N}$$

(2) 하부 플랜지 이음

모재단면		$A_g(\text{cm}^2)$	$A_n(\text{cm}^2)$
1-PL		$400 \times 26 = 104.0$	$-2.5 \times 2.6 = 97.5$

필요단면적

$$97.5 \times \frac{137.8}{140} = 96.0\text{cm}^2$$

이음부 단면		$A_g(\text{cm}^2)$	$A_n(\text{cm}^2)$
1-PL		$400 \times 30 = 120.0$	$-2 \times 2.5 \times 3.0 = 105.0 > 96.0$

이음판		$A_g(\text{cm}^2)$	$A_n(\text{cm}^2)$
2-PL		$185 \times 18 = 66.6$	$-4 \times 2.5 \times 1.8 = 48.6 > 96.0 \times \frac{1}{2} = 48.0$
1-PL		$400 \times 18 = 72.0$	$-4 \times 2.5 \times 1.8 = 54.0 > 96.0 \times \frac{1}{2} = 48.0$

고장력볼트 수

$$n = \frac{137.8 \times 9{,}750}{38{,}000 \times 2} = 17.7\text{개}(22\text{개 사용})$$

이음부의 순단면적 검토(그림 5-42, b단면)

전하중이 고장력볼트에 균일하게 작용한다고 보고, 첫 번째 줄의 2개분을 뺀 하중이 볼트구멍 네 개를 뺀 단면에 작용하는 것으로 보고 계산한다.

$$A_n = (40 - 4 \times 2.5) \times 3.0 = 90.0\text{cm}^2 > 96.0 \times \frac{22-2}{22} = 87.3\text{cm}^2$$

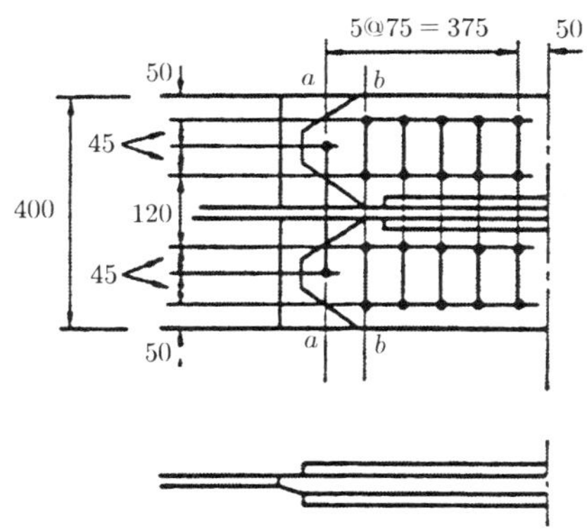

그림 5-42

(3) 복부판의 이음

볼트의 배치는 그림 5-43과 같이 대칭으로 배치하고 제4장 4-3, 3. (2) 2)항(철설, 제2편 7.3.5)에 따라 계산한다.

복부판 단부의 응력은 아래와 같다.

$$f_{c0} = 118.7 \times \frac{746.9 - 34}{746.9} = 113.3\text{MPa}$$

$$f_{t0} = 129.2 \times \frac{813.1 - 26}{813.1} = 125.1\text{MPa}$$

여기서, 하부플랜지 단의 최대응력 129.2MPa는 다음 식에서 구한다.

$$f_{\max} = \frac{M}{I} y = \frac{2,588.6 \times 10^6 \times 813.1}{1,629,520 \times 10^4} = 129.2\text{MPa}$$

응력이 큰 하부 플랜지측의 제1열에 작용하는 힘은

$$P_1 = (125.1 + 102.8) \times \frac{1}{2} \times 140 \times 11 = 175,480\text{N}$$

볼트 1개당의 힘은

$$R_1 = 175,480 \times \frac{1}{4} = 43,870\text{N}$$

전단력과 휨모멘트에 의한 고장력볼트의 작용력은 최대 전단력이 191.2kN이므로

$$R_2 = \sqrt{\left(\frac{191,200}{38}\right)^2 + 43,870^2} = 44,160\text{N} < \rho_a = 38,000 \times 2\text{N}$$

제2열에는

$$P_2 = (102.8 + 87.7) \times \frac{1}{2} \times 95 \times 11 = 99,540\text{N}$$

$$R_1 = 99,540 \times \frac{1}{4} = 24,880\text{N}$$

$$R_2 = \sqrt{5,032^2 + 24,880^2} = 25,380\text{N} < \rho_a = 76,000\text{N}$$

제3열에는

$$P_3 = (87.7 + 73.4) \times \frac{1}{2} \times 90 \times 11 = 79,750\text{N}$$

$$R_1 = 79,750 \times \frac{1}{2} = 39,880\text{N}$$

$$R_2 = \sqrt{5,032^2 + 39,880^2} = 40,200\text{N} < \rho_a = 76,000\text{N}$$

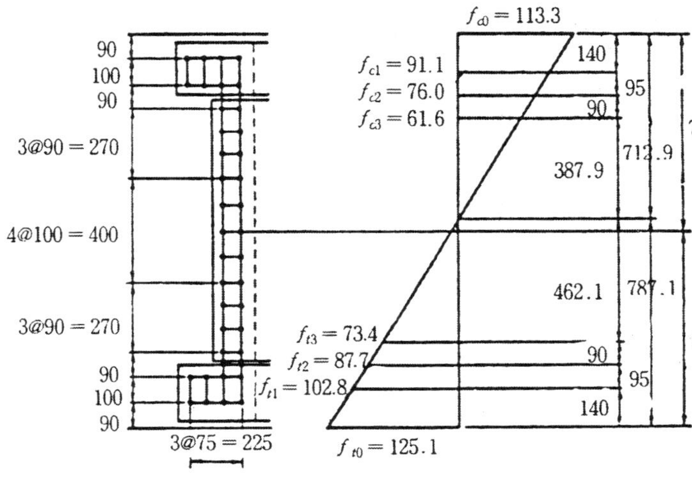

그림 5-43

모멘트판(PL −220×13×630)은 그 판에 배치한 고장력볼트의 전강(全强)과 같은 강도의 판을 사용한다.

소요단면적

압축측 $A_g = \dfrac{76,000}{140} \times 8 = 4,340\text{mm}^2 < 5,720\text{mm}^2$

인장측 $A_n = \dfrac{76,000}{140} \times 8 = 4,340\text{mm}^2 < 4,420\text{mm}^2$

	$A_g(\text{mm}^2)$	$A_n(\text{mm}^2)$
2-PL	$220 \times 13 = 5,720$	$-4 \times 25 \times 13 = 4,420\text{mm}^2$

전단판(PL −220×13×1,010)도 고장력볼트의 전강으로 설계한다. 전단판에는 볼트 22개가 배치되었고, 강판 SS400의 허용전단응력은 80MPa(표 3-18)이다.

$$t = \frac{76,000 \times 22}{80 \times 1,010} \times \frac{1}{2} = 10.3\text{mm}$$

따라서 모멘트판의 두께 $t = 13\text{mm}$로 한다.

6. 단보강재

단보강재는 거더높이의 1/2 높이의 압축재로 하여 계산한다.

$R_A = 733.6\text{kN}$

	$A_g(\text{cm}^2)$
2-PL	$130 \times 15 = 39.0$
1-웨브	$264 \times 11 = 29.04$
	68.04

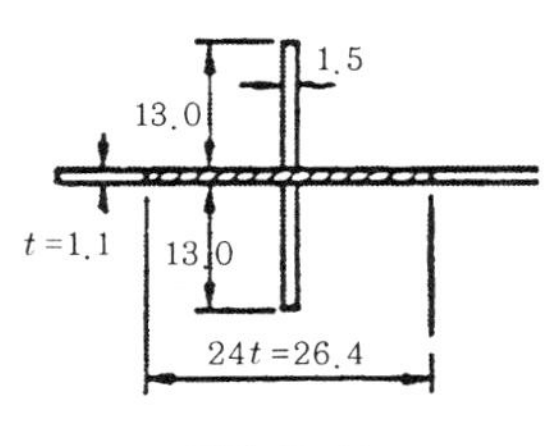

그림 5-44

$$I = \frac{1.5 \times 27.1^3}{12} = 2,488\,\text{cm}^4$$

$$r = \sqrt{\frac{2,488}{68.04}} = 6.0\,\text{cm}$$

$$\frac{l}{r} = \frac{75.6}{6.0} = 12.6$$

$$6 < \frac{l}{r} < 130$$

$$f_{ca} = 140 - 0.78(12.6 - 6) = 134.9\,\text{MPa}$$

$$f_c = \frac{733,600}{6,804} = 107.8\,\text{MPa} < 134.9\,\text{MPa}$$

지압응력

$$A = 27.1 \times 1.5 = 40.65\,\text{cm}^2$$

$$f_b = \frac{733,600}{4,065} = 180.5\,\text{MPa} < f_{ba} = 210\,\text{MPa}$$

7. 중간보강재(그림 5-40 참조)

(1) 보강재의 간격

① 지점에서 1.0 m 까지의 구간(단보강재 간격 $d = 1.0\,\text{m}$)

그림 5-40으로부터 평균전단력, 평균휨모멘트를 구한다.

$$\text{평균전단력} = (733.6 + 660) \times \frac{1}{2} = 697\,\text{kN}$$

$$\text{평균휨모멘트} = (0 + 594) \times \frac{1}{2} = 297\,\text{kN} \cdot \text{m}$$

$$f_c = \frac{297 \times 10^6}{1,151,820 \times 10^4} \times (739.7 - 22) = 18.5\,\text{MPa} < 65\,\text{MPa}$$

수평보강재가 없는 경우 고정선에 있는 복부판 휨압축응력 : 65 MPa

따라서 f와 v가 동시에 작용하는 보강재 간격을 고려할 필요는 없다.

$$v = \frac{733,600}{16,630} = 44.1\,\text{MPa}$$

$$d = 940\frac{t}{\sqrt{v}} = 940 \times \frac{11}{\sqrt{44.1}} = 1,557\,\text{mm} > 1,000\,\text{mm}$$

② 지점에서 1.00 ~ 2.40 m 구간 ($d = 1.4\,\text{m}$)

$$\text{평균전단력} = (660 + 556) \times \frac{1}{2} = 608\,\text{kN}$$

$$\text{평균휨모멘트} = (594 + 1,356) \times \frac{1}{2} = 975\,\text{kN} \cdot \text{m}$$

$$f_c = \frac{975 \times 10^6}{1,151,820 \times 10^4} \times (739.7 - 22) = 60.8\text{MPa} < 65\text{MPa}$$

$$v = 608,000/16,630 = 36.6\text{MPa}$$

$$d = 940 \times \frac{11}{\sqrt{36.6}} = 1,710\text{mm} > 1,400\text{mm}$$

③ 지점에서 2.40 ~ 3.80m 구간($d = 1.4$m)

$$\text{평균전단력} = (556 + 454) \times \frac{1}{2} = 505\text{kN}$$

$$\text{평균휨모멘트} = (1,356 + 1,952) \times \frac{1}{2} = 1,654\text{kN} \cdot \text{m}$$

$$f_c = \frac{1,654 \times 10^6}{1,452,710 \times 10^4} \times (738.6 - 30) = 80.7\text{MPa} > 65\text{MPa}$$

$$v = \frac{505,000}{16,540} = 30.5\text{MPa}$$

$\left(\frac{D}{100t}\right)^4 \left\{ \left(\frac{f}{325}\right)^2 + \left[\frac{v}{54 + 72\left(\frac{D}{d}\right)^2}\right]^2 \right\} \leq 1$ 의 식을 만족하는가 계산해 본다.

$$\left(\frac{1,504}{100 \times 11}\right)^4 \left\{ \left(\frac{80.7}{325}\right)^2 + \left[\frac{30.5}{54 + 72\left(\frac{1,504}{1,400}\right)^2}\right]^2 \right\}$$

$$= 3.49 \times \left\{ \left(\frac{80.7}{325}\right)^2 + \left(\frac{30.5}{137.1}\right)^2 \right\} = 0.39 < 1$$

④ 지점에서 3.80m ~ 5.20m 구간($d = 1.4$m), 5.20m ~ 6.60m 구간($d = 1.4$m) 및 6.60m ~ 8.00m (지간중앙) 구간($d = 1.4$m)에 대해서도 상기 방법으로 검사하면 모두 안전함을 알 수 있기 때문에 보강재 간격을 좌굴에 대하여 충분히 안전하다.

(2) 보강재의 단면

보강재의 필요강도(철설 제2편 5.3.5 참조)

$$r = 25\left(\frac{D}{d}\right)^2 - 20 = 25\left(\frac{1,512}{1,400}\right)^2 - 20 = 9.16 > 5$$

$$I = \frac{5}{22} \cdot d_s \cdot t^3 \cdot r = \frac{5}{22} \times 1,400 \times 11^3 \times 9.16 = 388 \times 10^4 \text{mm}^4$$

사용단면 1- PL 130 × 10

$$I = \frac{1}{3} \times 10 \times 130^3 = 732 \times 10^4 \text{mm}^4 > 388 \times 10^4 \text{mm}^4$$

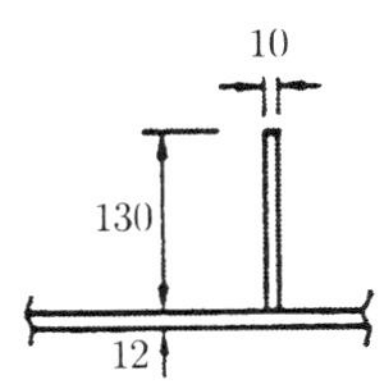

그림 5-45

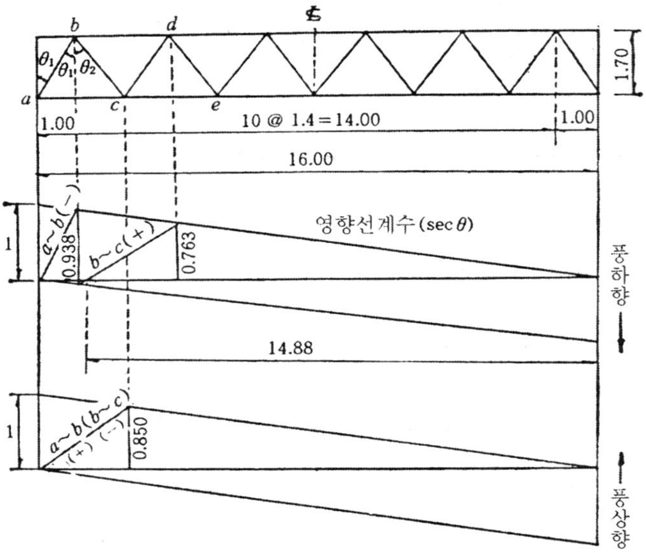

그림 5-46 수평브레이싱의 부재력 영향선

8. 수레평브이싱

상부 수평브레이싱만 설치하여 그림 5-46과 같이 배치해서 풍하중과 횡하중에 대한 부재력을 계산한다. 트러스의 복부재에 해당한다.

(1) 풍하중(철설, 제1편 2.14 참조)에 의한 사재 부재력

열차가 통과하지 않을 때 $3.0\times\left(\dfrac{1.60}{2}+0.36\right)=3.48\text{kN/m}$

열차가 통과할 때

$$1.5\times\left(\frac{1.60}{2}+0.36+4.00\right)=7.74\text{kN/m}$$

$$\overline{ab}=\sqrt{1.7^2+1.0^2}=1.97\text{m},\ \sec\theta_1=\frac{1.97}{1.7}=1.16$$

$$\overline{bc}=\sqrt{1.7^2+1.4^2}=2.20\text{m},\ \sec\theta_2=\frac{2.20}{1.7}=1.29$$

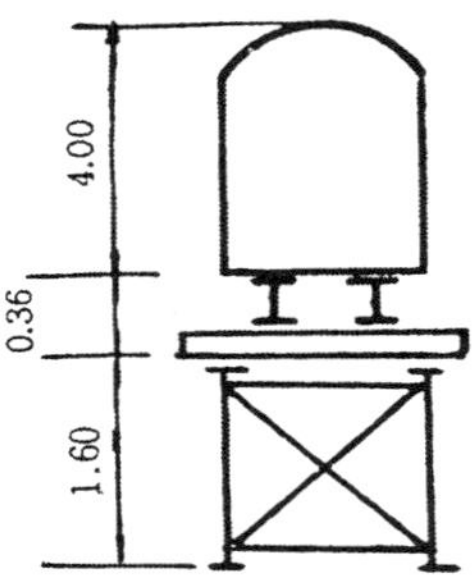

그림 5-47 풍하중의 높이

부재력 계산은 영향선 (그림 5-46)을 이용한다.

$$a\sim b=-7.74\times\frac{1}{2}\times16.00\times0.938\times1.16=-67.37\text{kN}\ (\text{압축력})$$

$$a\sim b=+7.74\times\frac{1}{2}\times16.00\times0.850\times1.16=+61.05\text{kN}\ (\text{인장력})$$

$$b \sim c = +7.74 \times \frac{1}{2} \times 14.88 \times 0.763 \times 1.29 = +56.68\ \text{kN}\ (\text{인장력})$$

$$b \sim c = -7.74 \times \frac{1}{2} \times 16.00 \times 0.850 \times 1.29 = -67.89\ \text{kN}\ (\text{압축력})$$

이와 같은 방법으로 $c \sim d$, $d \sim e$, $e \sim f$, $f \sim g$의 부재력도 구할 수 있으나 부재력이 위의 것보다 작기 때문에 위의 것과 같은 단면의 L형강을 쓴다.

(2) 횡하중(철설, 제1편 2.12 참조)에 의한 사재부재력

횡하중은 그림 5-48과 같이 연행하중으로 보며 그 크기는 L-하중 1동륜축 중의 15 % 로 본다.

$$Q = 180\ \text{kN} \times 0.15 = 27\ \text{kN}$$

횡하중에 의한 사재 최대 부재력의 재하상태와 종거는 그림 5-49와 같다.

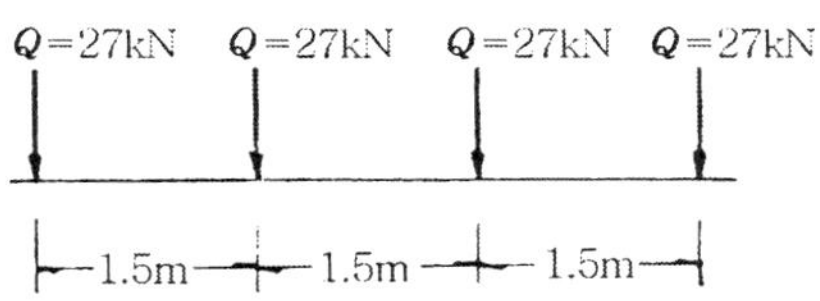

그림 5-48 횡하중 그림

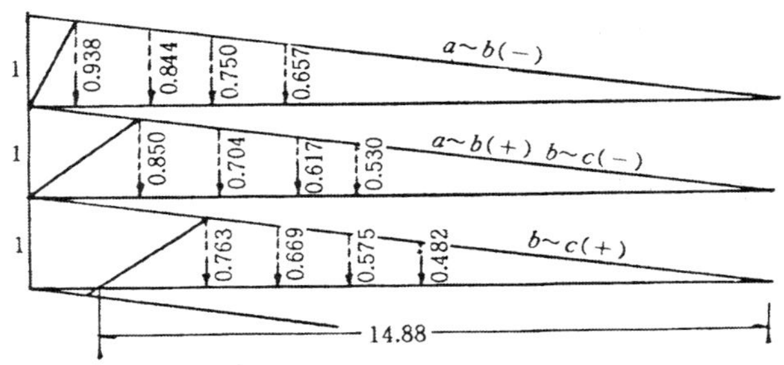

그림 5-49 횡하중의 재하상태

$$a \sim b = -27(0.938 + 0.844 + 0.750 + 0.657) \times 1.16 = -99.88\ \text{kN}$$

$$a \sim b = +27(0.85 + 0.704 + 0.617 + 0.530) \times 1.16 = +84.60\ \text{kN}$$

$$b \sim c = +27(0.763 + 0.669 + 0.575 + 0.482) \times 1.29 = +84.81\ \text{kN}$$

$$b \sim c = -27(0.85 + 0.704 + 0.617 + 0.530) \times 1.29 = -94.08\ \text{kN}$$

(3) 합계 부재력

$$a \sim b = -67.37 - 99.88 = -167.25\ \text{kN}$$

$$a \sim b = +61.05 + 84.60 = +145.65\ \text{kN}$$

$$b \sim c = +56.68 + 84.81 = +141.49\ \text{kN}$$

$$b \sim c = -67.89 - 94.08 = -161.97\ \text{kN}$$

(4) 사용단면

$1-L90 \times 90 \times 10$ 사재길이는 설계도면에서 1.75m

총단면적 $A_g = 17.0\text{cm}^2$ 순단면적 $A_n = 17-(2.5+4.5) \times 1 = 10.0\text{cm}^2$

최소 회전반지름 $r_{min} = 1.74\text{cm}$ 회전반지름 $r_x = r_y = 2.71\text{cm}$

중요하지 않은 부재에서는 r_{min} 대신 r_x를 써도 무관하다.

세장비 $\dfrac{l}{r} = \dfrac{175}{2.71} = 64.6 < 130$

표 3-19에 의하여 $6 < \dfrac{l}{r} \leqq 130$이므로

$$f_{ca} = 140 - 0.78\left(\frac{l}{r} - 6\right) = 140 - 0.78(64.6 - 6) = 94.3\text{MPa}$$

풍하중과 횡하중의 조합에 대하여 허용응력의 증가계수(철설, 제1편 3.2.2)는 1.25이므로

$$f_{ca} = 94.3 \times 1.25 = 117.9\text{MPa},\ f_{ta} = 140 \times 1.25 = 175\text{MPa}$$

압축재로서의 강도 $P_c = 117.9 \times 1{,}700 = 2{,}004\text{kN} > 167.25\text{kN}$

인장재로서의 강도 $P_t = 175 \times 1{,}000 = 1{,}750\text{kN} > 145.65\text{kN}$

9. 수직브레이싱

(1) 하중 및 부재력

$$P = 7.74 \times 8.0 + 27 \times \frac{16 + 14.5 + 13 + 11.5}{16}$$

$$= 154.7\text{kN}$$

$$\sec\theta = \frac{\sqrt{1.7^2 + 1.5^2}}{1.7} = 1.33$$

$$A \sim C\text{부재} = -154.7\text{kN}$$

$$B \sim C\text{부재} = \frac{154.7}{2} \times 1.33 = +102.9\text{kN}$$

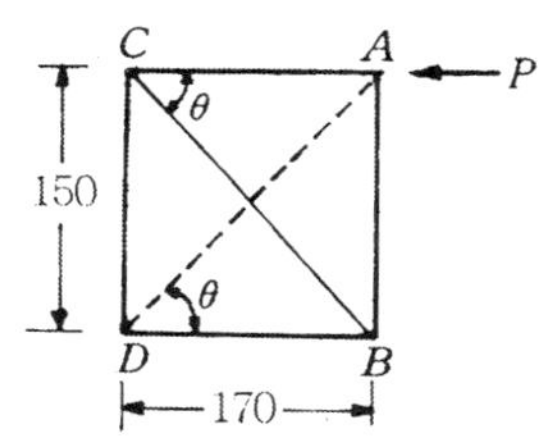

그림 5-50 수직브레이싱

(2) 사용단면

1-L $90 \times 90 \times 10$, $A_g = 17\text{cm}^2$, $A_n = 10\text{cm}^2$, $r_x = 2.71\text{cm}$, $\dfrac{l}{r} = \dfrac{170}{2.71} = 62.7$

따라서 $f_{ca} = 140 - 0.78(62.7 - 6) = 95.8\text{MPa}$, 증가계수 1.25이므로

$f_{ca} = 95.8 \times 1.25 = 119.8\text{MPa}$, $f_{ta} = 140 \times 1.25 = 175\text{MPa}$

압축강도 $119.8 \times 17 = 2,036.6\text{kN} > 154.7\text{kN}$

인장강도 $175 \times 10 = 1,750\text{kN} > 102.9\text{kN}$ $\therefore$ O.K

(3) 연결볼트 수

$\rho_a = 38,000\text{N}$ (5항 참조), $n = 154,700/(38,000 \times 1.25) = 3.3 \rightarrow 4$ 개 사용

10. 받침(支承, End bearing)

(1) 주철 슈(Cast steel shoe)

최대 반력 733.6kN, 이에 대하여 철도청 정규도의 플레이트거더교용 No.90 주철 슈를 쓴다.

이 슈는 지지력 900kN, 중량 1.45kN, 지압면적 2,198cm^2, 길이 66cm, 폭 38cm, 두께 14cm 이고 소울판과 접하는 폭은 34cm 이다(그림 5-31 참조).

콘크리트 $f_b = 733,600/219,800 = 3.3\text{MPa} < f_{ba} = 4.0\text{MPa}$(철설, 제2편 2.5.4 참조).

이 지압응력이 그림 5-51과 같이 작용할 때

슈 중심에서 $\frac{a}{4}$ 되는 위치에 $\frac{R_A}{2}$ 가 작용하므로 슈 중심의 휨모멘트 M은

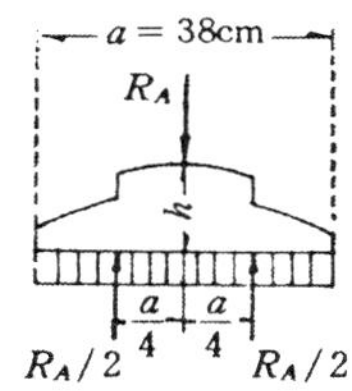

그림 5-51 슈의 휨모멘트

$$M = \frac{R_A}{2} \cdot \frac{a}{4} = \frac{733,600}{2} \times \frac{380}{4} = 34,846,000\text{N} \cdot \text{mm}$$

이 슈의 높이를 h라 하면 $W = \frac{bh^2}{6}$, $f = \frac{M}{W}$에서

$$h = \sqrt{\frac{6M}{f_{ba} \cdot b}} = \sqrt{\frac{6 \times 34,846,000}{60 \times 660}} = 73\text{mm} < 140\text{mm} \text{ 사용}$$

여기서, f_{ba} 는 주철 받침의 허용인장응력으로 철설, 제2편 2.5.2에 의하여 GC 250을 사용하는 경우 60MPa 이다.

(2) 소울판

거더의 하부플랜지와 소울판(sole palte)을 접시머리볼트로 연결하고 이것을 슈 위에 놓는다.

그림 5-52에서 굵은선으로 표시한 것이 소울판이다. 고정단의 소울판은 중앙에 요철(凹) 부가 있어서 이것이 받침의 F_1과 F_2에 걸려서 이동하지 못한다.

온도변화에 대한 거더의 신축량은 지간 1m 에 대하여 1.2mm 이상 이동할 수 있어야 하고, 소울판의 두께는 22mm 이상으로 하면 된다.

(3) 앵커볼트(Anchor bolt)

앵커볼트의 길이는 플레이트거더에서 지름의 10배 이상으로 하고, 그 지름 최소값은 30mm로 한다.

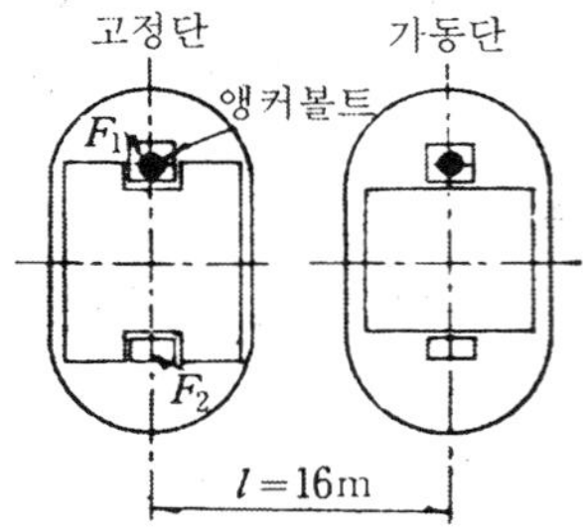

그림 5-52 소울판

5-5 용접 도로교 설계 예

설계조건은 지간 25.0m, 유효폭원 6.0m, 2등교, 구조형식은 상로식 용접 플레이트거더 도로교로 오른쪽 그림과 같다.

슬래브와 바닥틀(가로보 및 세로보) 설계는 제7장 트러스 설계 예의 슬래브와 바닥틀 설계를 참조하고 여기서는 생략한다.

주거더를 10등분한 각 점의 최대 휨모멘트 및 최대 전단력은 다음 값으로 한다.

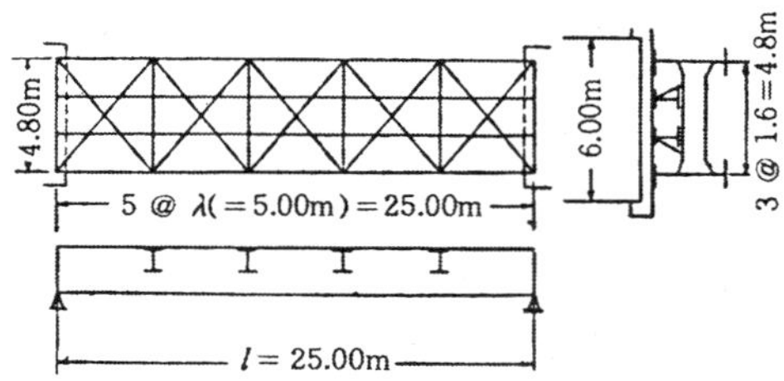

그림 5-53 구조도

점(거리 m)	0(0)	1(2.5)	2(5.0)	3(7.5)	4(10)	5(12.5)
M_{max}(kN·m)	0	1,600	2,800	3,600	4,000	4,100
V_{max}(kN)	700	580	470	370	260	150

1. 복부판

주거더의 높이는 도로교에서는 보통 지간의 1/15~1/17 정도로 하나, 여기서는 복부의 높이를 180cm로 가정한다.

복부판의 두께는 $t \geq \dfrac{b}{152} = \dfrac{1,800}{152} = 11.8\text{mm}$, 12mm를 사용한다.(표 5-5 참조)

이 때 $v = \dfrac{V}{A_w} = \dfrac{700,000}{1,800 \times 12} = 32.4\text{MPa} < v_a = 80\text{MPa}$(표 3-16 참조)

2. 주거더 단면의 설계

$M_{max} = 4,100\text{kN}\cdot\text{m}$, $h_w = 1,800\text{mm}$, (강재 SM 400 사용) $t = 12\text{mm}$, $A_w = 21,600\text{mm}^2$, 플랜지의 단면적은 식(5-3-8)에서 구한다. 즉 압축플랜지가 콘크리트 슬래브에 고정되어 있지 않은 비합성거더로서 허용휨압축응력을 130MPa로 가정하여 산정한다.

$f_{ca} = 130\text{MPa}$, $f_{ta} = 140\text{MPa}$로 한다.

$$A_c = \frac{410{,}000{,}000}{130\times 1{,}800} - \frac{1{,}800\times 12}{6}\times\frac{2\times 130 - 140}{130} = 14{,}300\text{mm}^2$$

$$A_t = \frac{410{,}000{,}000}{140\times 1{,}800} - \frac{1{,}800\times 12}{6}\times\frac{2\times 140 - 130}{140} = 12{,}400\text{mm}^2$$

따라서 다음과 같은 단면을 쓴다.

위 플랜지	1-*Co. pl.*	$380\times 15 = 57.0\text{cm}^2$	157.0cm^2
	1-*fl. pl.*	$400\times 25 = 100.0\text{cm}^2$	
아래 플랜지	1-*fl. pl.*	$390\times 25 = 97.5\text{cm}^2$	151.5cm^2
	1-*Co. pl.*	$360\times 15 = 54.0\text{cm}^2$	

(1) 휨응력

단 면	$A(\text{cm}^2)$	$y(\text{cm})$	$A\cdot y(\text{cm}^3)$	$A\cdot y^2(\text{cm}^4)$
1 *Co. pl.* 380×15	57	93.25	5,315.25	495,647
1 *Fl. pl.* 400×25	100	91.25	9,125.00	832,656
1 *We. pl.* 1,800×12	216	0	0	583,200
1 *Fl. pl.* 390×25	97.5	91.25	−8,896.88	811,840
1 *Co. pl.* 360×15	54	93.25	−5,035.50	469,560
	524.5		507.87	3,192,903

$$e = \frac{507.87}{524.5} = 0.968 \fallingdotseq 1.0\text{cm}$$

$$I = 3{,}192{,}903\times 10^4 - 52{,}450\times 9.7^2 = 3{,}192{,}409\times 10^4\text{mm}^4$$

$$y_c = 93.0\text{cm}$$

$$y_t = 95.0\text{cm}$$

$$f_c = (410{,}000{,}000/3{,}192{,}409\times 10^4)\times 930$$
$$= 119.4\text{MPa} < f_{ca} = 130\text{MPa}$$

$$f_t = (410{,}000{,}000/3{,}192{,}409\times 10^4)\times 950$$
$$= 122.0\text{MPa} < f_{ta} = 140\text{MPa}$$

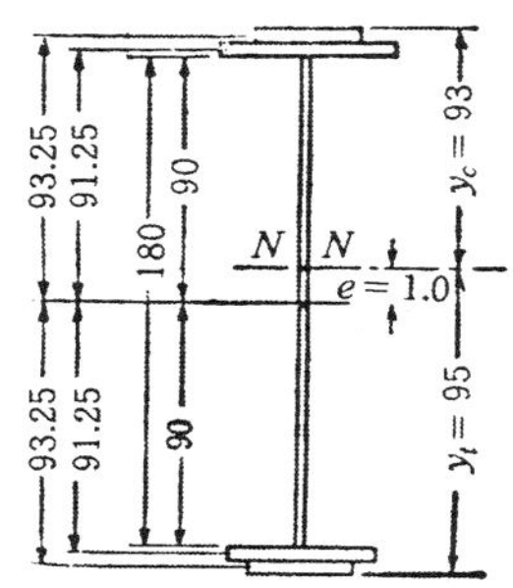

그림 5-54 주거더 단면

(2) 저항 모멘트

$$f_{ta}\times\frac{I}{y_t} = 140\times 3{,}192{,}409\times 10^4/950$$
$$= 4{,}705\times 10^6\,\text{N}\cdot\text{mm}$$

$$f_{ca} \times \frac{I}{y_c} = 130 \times 3,192,409 \times 10^4 / 930$$

$$= 4,463 \times 10^6 \text{N} \cdot \text{mm}$$

따라서 $= 4,463 \times 10^6 \text{N} \cdot \text{mm} = 4,463 \text{kN} \cdot \text{m}$

아래와 같은 여러 단면의 저항모멘트도 상기와 같은 방법으로 구하면 다음과 같다.

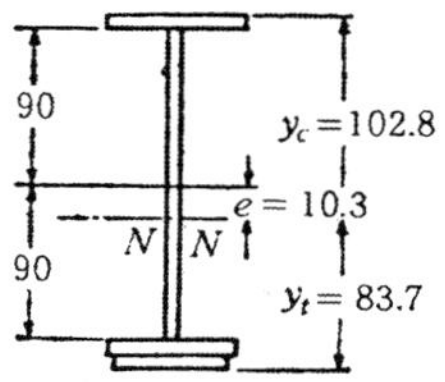

(a)

단 면	A	y	$A \cdot y$	$A \cdot y^2$
1 *Fl. pl.* 400×25	100.0	91.25	9,125	832,656
1 *We. pl.* 1,800×12	216.0	0	0	583,200
1 *Fl. pl.* 390×25	97.5	91.25	−8,897	811,840
1 *Co. pl.* 360×15	54.0	93.25	−5,036	469,560
	467.5		−4,808	2,697,256

$e = -10.3\text{cm}$ $\quad I = 2,647,658\text{cm}^4$

$y_c = 102.8\text{cm}$, $\quad y_t = 83.7\text{cm}$

$= 3,348.2\text{kN} \cdot \text{m}$

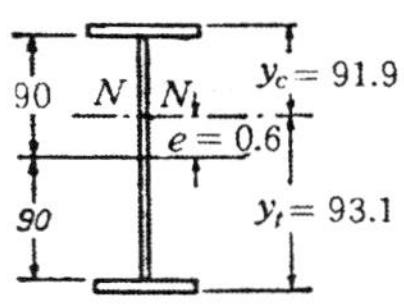

(b)

단 면	A	y	$A \cdot y$	$A \cdot y^2$
1 *Fl. pl.* 400×25	100.0	91.25	9,125	832,656
1 *We. pl.* 1,800×12	216.0	0	0	583,200
1 *Fl. pl.* 390×25	97.5	91.25	−8,897	811,840
	413.5		228.0	2,227,696

$e = +0.6\text{cm}$ $\quad I = 2,247,659\text{cm}^4$

$y_c = 91.9\text{cm}$, $\quad y_t = 93.1\text{cm}$

$= 3,175.9\text{kN} \cdot \text{m}$

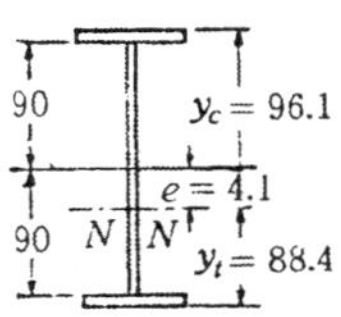

(c)

단 면	A	y	$A \cdot y$	$A \cdot y^2$
1 *Fl. pl.* 400×20	80.0	91.25	7,280	662,480
1 *We. pl.* 1,800×12	216.0	0	0	583,200
1 *Fl. pl.* 390×25	97.5	91.25	−8,897	811,840
	393.5		−1,617.0	2,057,520

$e = -4.1\text{cm}$ $\quad I = 2,050,905\text{cm}^4$

$y_c = 96.1\text{cm}$, $\quad y_t = 88.4\text{cm}$

$RM = 2,274.4\text{kN} \cdot \text{m}$

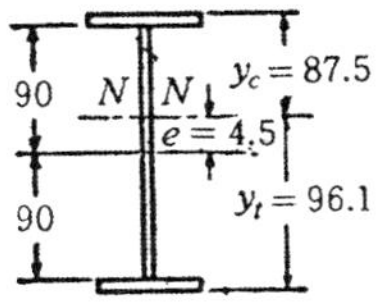

(d)

단 면	A	y	$A \cdot y$	$A \cdot y^2$
1 *Fl. pl.* 400×20	80.0	91.0	728.0	662,480
1 *We. pl.* 1,800×12	216.0	0	0	583,200
1 *Fl. pl.* 390×16	62.4	90.8	−566.6	514,466
	358.4		1,614.0	1,760,146

$e = 4.5\text{cm}$ $\quad I = 1,752,878\text{cm}^4$

$y_c = 87.5\text{cm},$ $\quad y_t = 96.1\text{cm}$

$RM = 2,553.6\text{kN}\cdot\text{m}$

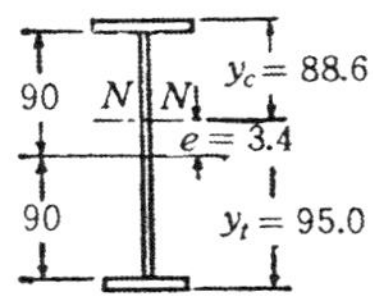

(e)

단 면	A	y	$A \cdot y$	$A \cdot y^2$
1 *Fl. pl.* 300×20	60.0	91.0	5,460	496,860
1 *We. pl.* 1,800×12	216.0	0	0	583,200
1 *Fl. pl.* 300×16	48.0	90.8	−4,358	395,746
	324.0		1,102	1,475,806

$e = 3.4\text{cm}$ $\quad I = 1,472,061\text{cm}^4$

$y_c = 88.6\text{cm},$ $\quad y_t = 95.0\text{cm}$

$RM = 2,159.1\text{kN}\cdot\text{m}$

그림 5-55
주거더의 여러 단면

3. 보강재의 설계

(1) 단보강재

압축재로서 유효한 단면은 그림 5-56과 같다.

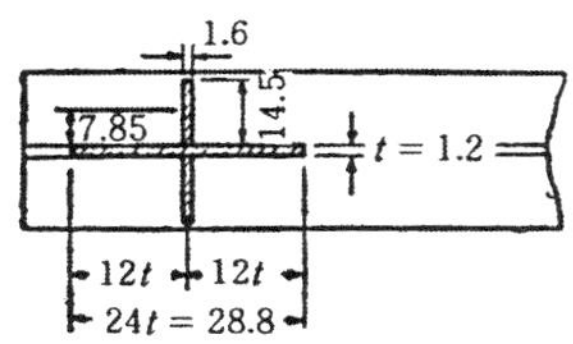

그림 5-56 단보강재

$V_{max} = 700\text{kN}$

$A = 28.8 \times 1.2 + 14.5 \times 1.6 \times 2 = 80.96\text{cm}^2$

$$I = \frac{28.8 \times 1.2^3}{12} + 2 \times \frac{1.6 \times 14.5^3}{12} + 2 \times 14.5 \times 1.6 \times 7.85^2 = 3,676\ \text{cm}^4$$

$$r = \sqrt{\frac{3,676}{80.96}} = 6.7\text{cm} \qquad l = \frac{h}{2} = 90\text{cm}$$

$\frac{l}{r} = 90/6.7 = 13.4 < 20$이므로

$f_{ca} = 140\text{MPa}$(표 3-11 참조)

$f_c = 700,000/8,096 = 86.5\text{MPa} < f_{ca} = 140\text{MPa}$

보강재 두께 ≥ 145/13 = 11.2mm(도설, 3.8.5.2 참조) 16mm를 사용한다.

(2) 중간보강재

격간의 길이가 5.0m 이기 때문에 3등분한 중간 2개소에 167cm 간격으로 배치할 때 안정도를 검토한다. 이 때

돌출변의 길이 $h/30+50=1,800/30+50=110\text{mm}\rightarrow 145\text{mm}$ 로 하고

두께 $\geqq 145/13=11.2\text{mm}\rightarrow 12\text{mm}$ 로 한다.

보강재의 간격 $a=167\text{cm}$,

상하 플랜지의 순간격 $b=180\text{cm}$

$a/b=167/180=0.93<1$ 이므로 식(5-3-11)을 만족해야 한다.

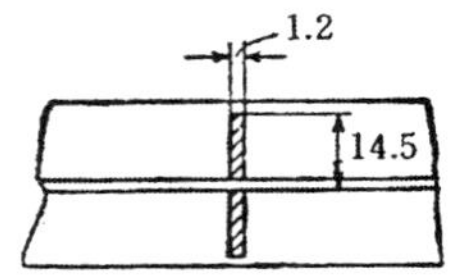

그림 5-57 중간보강재

즉,
$$\left(\frac{b}{100t}\right)^4\left[\left(\frac{f}{365}\right)^2+\left\{\frac{v}{61+81(b/a)^2}\right\}^2\right]\leqq 1$$

여기서, $t=12\text{mm}$ $f=0$ (지점)

$$v=\frac{V}{A_w}=700,000/(1,800\times 12)=32.4\text{MPa (지점)}$$

$$\therefore \left(\frac{1,800}{100\times 12}\right)^4\left\{\frac{32.4}{61+81\times 1.08^2}\right\}^2=0.22<1 \quad \therefore \text{O.K}$$

4. 복부판과 플랜지 및 덮개판 단부의 필렛용접

$V_{max}=700\text{kN}$ 지점에서의 단면은 그림 5-55(e)와 같으며 $I=1,472,061\text{cm}^4$, $y_c=88.6\text{cm}$, $y_t=95.0\text{cm}$, 필렛의 치수(size) 6mm 로 가정한다.

목 두께 $=6\times 0.707=4.2\text{mm}$, $\Sigma a=4.2\times 2=8.4\text{mm}$, $Q=48\times 94.2=4,522\text{ cm}^3$

따라서 복부판과 플랜지 이음에서의 전단응력은 다음과 같다. 식(5-3-16)에서

$$v=\frac{VQ}{I\Sigma a}=\frac{700,000\times 4,522\times 10^3}{1,472,061\times 10^4\times 8.4}=25.6\text{MPa}<v_a=80\text{MPa}$$

즉 6mm 의 치수로 충분하고 판두께로부터 검토해 보면 식(4-4-1)에서

$$12\text{mm}>\text{s}\geqq\sqrt{2\times 16}=5.6\text{mm} \text{ 를 만족한다.}$$

플랜지판과 덮개판과도 필렛용접으로 치수 6mm 로 하고, 덮개판 단부에서의 필렛용접의 길이는 다음 계산 값 보다 크게 하면 좋다.

(1) 압축측 덮개판

전면, 측면 모두 목두께 12mm 의 부등다리 필렛용접을 쓰면

$(B+2L)\times a\times v_a=f_{ca}\cdot A$ 에서

$$L=\frac{1}{2}\left(\frac{f_{ca}\cdot A}{a\cdot v_a}-B\right)=\frac{1}{2}\left(\frac{130\times380\times15}{80\times12}-380\right)=196\text{mm}$$

(2) 인장측 덮개판

압축측과 같이 목두께 12mm 의 부등다리 필렛용접을 쓰면

$$L=\frac{1}{2}\left(\frac{f_{ta}\cdot A}{a\cdot v_a}-B\right)=\frac{1}{2}\left(\frac{140\times360\times15}{80\times12}-360\right)=236\text{mm}$$

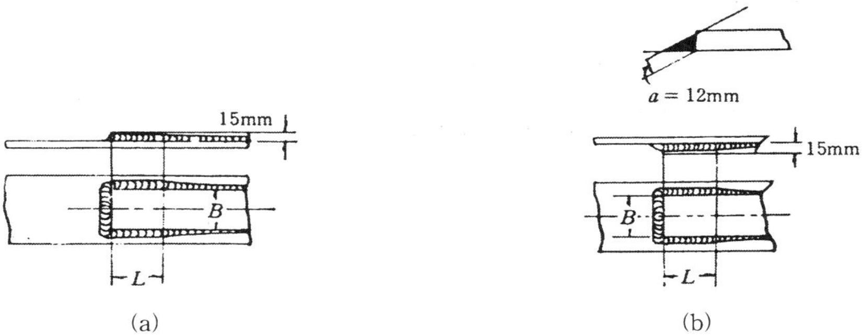

그림 5-58 덮개판 단부의 필렛용접

5. 플랜지판과 덮개판의 길이

최대 휨모멘트도와 저항모멘트도와의 교점에서 그림 5-59로부터 이론길이를 구하면 압축측 덮개판 600cm, 인장측 덮개판 650cm 가 된다.

압축측 플랜지판 두께 25mm 의 길이 760cm

인장측 플랜지판 두께 25mm 의 길이 810cm

실제는 여기에 40cm 씩 더 연장시킨다. 이 때 인장측 덮개판의 끝에서 (6.5 + 0.4

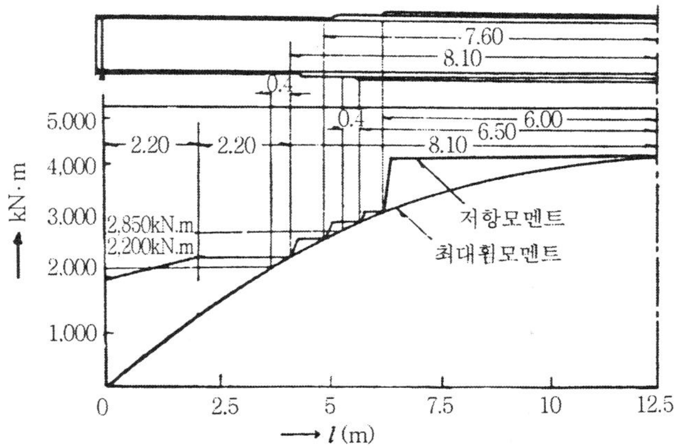

그림 5-59 덮개판의 길이

= 6.9m)의 최대 휨모멘트는 그림에서 2,850kN·m 이며, 거더의 단면은 그림 5-55(b)와 같다. 즉

$$I = 2,247,659\text{cm}^4, \quad y_t = 93.1\text{cm}$$

$$f_t = \frac{2,850,000,000}{2,247,659 \times 10^4} \times 931 = 118.0\text{MPa} < f_{ta} = 140 \times 0.9 = 126\text{MPa}$$

또 인장측 플랜지판의 맞대기 용접부에서의 최대 휨모멘트는 그림에서 2,200kN·m 이며, 이 단면은 그림 5-55(d)와 같다

$$I = 1,752,878\text{cm}^4, \quad y_t = 96.1\text{cm}$$

$$f_t = \frac{2,200,000,000}{1,752,878 \times 10^4} \times 961 = 120.6\text{MPa} < f_{ta} = 126\text{MPa}$$

따라서 안전하다.

6. 복부판의 이음

복부판의 이음은 지점에서 7.5m 되는 점에서 용접하며, 플랜지판 이음부에서 30~40cm 떨어지는 것이 좋다.

이 단면에서의 $M = 3,600\text{kN}\cdot\text{m}$, $V_{max} = 370\text{kN}$, $I = 3,192,409\text{cm}^4$, $y = 91.0\text{cm}$, $y_t = 95.0\text{cm}$ 이며 식(5-3-17)에 의해 검산해 본다.

$$f_{max} = \frac{M_{max}}{I} \cdot y = \frac{3,600,000,000}{3,192,409 \times 10^4} \times 910 = 102.6\text{MPa} < 120.7\text{MPa}$$

$$f_{ta} \times 0.9 \times \frac{y}{y_t} = 140 \times 0.9 \times \frac{910}{950} = 120.7\text{MPa}$$

$$v = \frac{V_{max}}{h \cdot t} = \frac{370,000}{1,800 \times 12} = 17.1\text{MPa} < v_a = 80 \times 0.9 = 72\text{MPa}$$

$$\left(\frac{f_b}{f_a}\right)^2 + \left(\frac{v_b}{v_a}\right)^2 = \left(\frac{102.6}{140 \times 0.9}\right)^2 + \left(\frac{17.1}{72}\right)^2 = 0.716 < 1.2$$

따라서 안전하다.

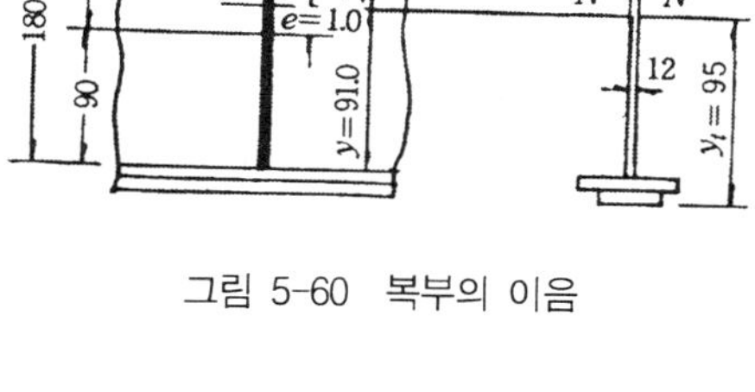

그림 5-60 복부의 이음

제6장 합성거더교

6-1 서 론

1. 개 설

합성거더(composite girder)란 철근콘크리트 슬래브와 강거더를 적당한 전단연결재(shear connector)로 연결하여 강(鋼)과 콘크리트가 일체가 되어 거더의 역할을 하도록 만든 구조체를 말한다. 합성거더의 이론이 실제로 적용된 것은 세계 제2차대전 당시라 한다. 합성거더의 특징은 강재의 절약, 거더 높이의 감소 등 여러 가지 이점이 있으며, 미국의 한 연구소의 보고에 의하면 합성거더에서 강재의 절약은 I형강에서 8%, 용접거더에서 30%까지라고 되어 있다. 비합성 플레이트거더에 비하여 구조 및 지간에 따라서는 경제적이고 특히 도로교에서 널리 사용되고 있다. 합성작용의 결과 단면의 중심이 위쪽으로 올라가므로 위 플랜지(upper flange)는 작게 하고 아래 플랜지(lower flange)는 크게 하는 것이 이상적이다. 그러므로 I형강을 사용한 합성형은 경제적인 면에서 불리하다.

2. 합성의 종류

합성거더는 슬래브와 강거더와의 결합순서에 따라 합성거더로 작용하는 하중이 달라지게 된다.

(1) 고정하중 및 활하중 합성

동바리공 위에서 강거더를 가설한 다음, 슬래브 콘크리트를 타설하고, 콘크리트가 완전히 경화되어 합성거더가 성립된 후 동바리공을 철거한다. 이 경우에 합성거더는 고정하중 및 활하중에 대하여 합성거더로 작용한다.

(2) 활하중 합성

강거더를 가설한 후 동바리공 없이 강거더 위에 슬래브 콘크리트를 타설한다. 콘크리트가 경화한 후 합성거더는 고정하중에 대해서 강거더가 부담하고 활하중에 대해서는 합성거더로 작용한다.

(3) 고정하중 일부 및 활하중 합성

지간의 일부에 가지점을 설치하여 콘크리트를 타설하면 가지점 위의 강거더는 (－)휨모멘트(M_{d1})를 받게 된다. 콘크리트가 경화된 후 가지점을 철거하면 연속보의 지점반력에 상당한 고정하중에 의한 휨모멘트(M_{d2})를 합성거더가 받게 된다.

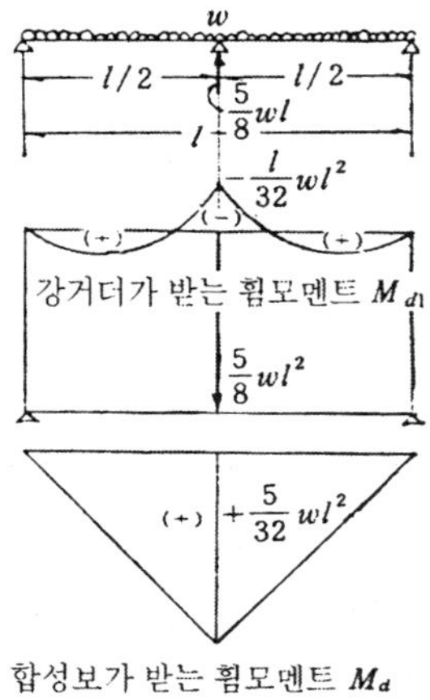

그림 6-1

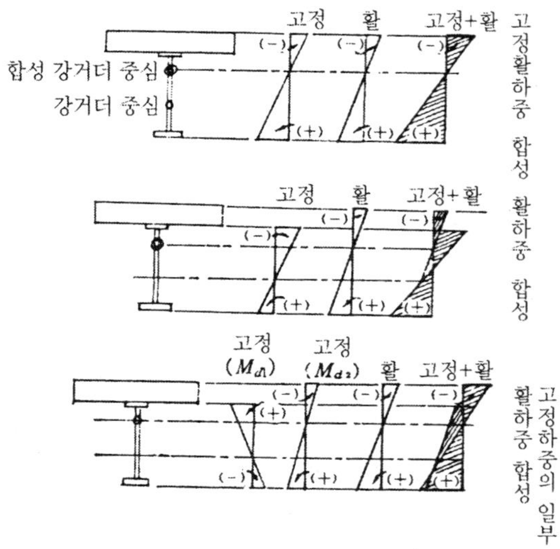

그림 6-2

6-2 전단연결재의 계산

1. 전단연결재의 종류

전단연결재(shear connector)는 주하중, 종하중, 건조수축이나 온도변화 등에 따른 콘크리트 슬래브와 강거더 사이에 생기는 전단력에 대하여 충분한 내하력을 가짐과 동시에 슬래브가 들뜨는 것을 방지하는 데 대해서도 유효한 구조로 해야 한다.

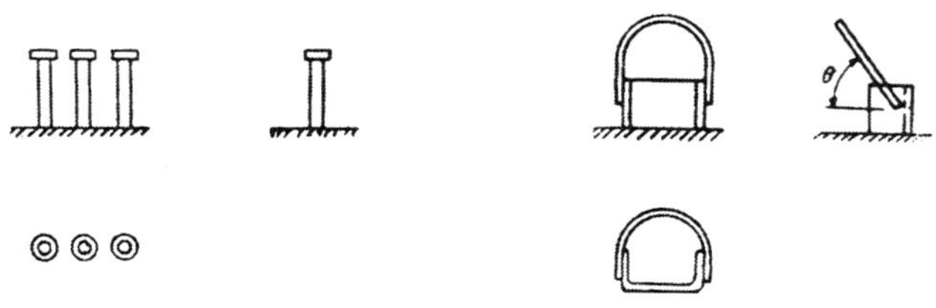

(a) 스터드 사용　　　(b) 반원형 철근을 붙인 ㄷ형강

그림 6-3 전단연결재의 종류

전단연결재에는 스터드(stud), 반원형 철근을 붙인 ㄷ형강 등 몇 가지가 사용되고 있지만 어떤 것이든 강거더의 플랜지와 잘 용접하고 콘크리트에 충분히 정착시켜야 한다. 도로교

설계기준에는 전단연결재로서 스터드를 표준으로 하고 있으며, 철도교 설계기준에서는 스터드 또는 반원형 철근을 붙인 ㄷ형강(그림 6-3에서 (a)와 (b))을 표준으로 규정하고 있다.

2. 전단연결재의 강도계산

(1) 전단연결재에 작용하는 힘

생각하고 있는 거더 단면에서의 전단력을 V, 합성단면의 중립축에 대한 바닥판의 단면 1차모멘트를 G_c, 합성단면의 중립축에 대한 단면 2차모멘트를 I_v라 하면, 콘크리트와 강거더와 접하는 면에 작용하는 단위길이당 수평력은 다음 식으로 계산한다.

$$v = \frac{VG_c}{I_v} \quad (6\text{-}2\text{-}1)$$

따라서 전단연결재의 간격을 a라 하면 전단연결재 1개에 작용하는 힘 H는 다음과 같다.

$$H = v \cdot a \quad (6\text{-}2\text{-}2)$$

전단연결재는 거더 중앙부에서는 약간 넓게, 거더 단부에서는 좁게 한다.

전단연결재의 최대 간격은 바닥판 콘크리트의 두께의 3배로 하고 600mm를 넘지 않도록 한다. 또한 전단연결재의 최소 간격은 스터드의 경우, 교축방향의 최소 중심 간격은 $5d$ 또는 100mm로 하고, 교축직각방향의 최소 중심간격은 $d+30$mm로 한다. 여기서 d는 스터드 줄기의 지름이다. 또 스터드와 플랜지 연단과의 최소 순간격은 25mm로 한다.

(2) 건조수축 및 온도차에 의해서 생기는 전단력

바닥판 콘크리트의 건조수축 및 바닥판 콘크리트와 강거더와의 온도차에 의해서 생기는 전단력은 바닥판의 단부에서 주거더 간격 a(a가 $L/10$보다 큰 때에 $L/10$로 한다)의 범위에 있는 전단연결재에 부담시켜야 한다. 전단연결재의 계산에는 그림 6-4와 같이 상부의 전단력의 전부가 지점상에 최대로 되는 삼각형 분포로 생각하면 된다. 여기서, L은 단순거더의 경우는 지간이고, 연속거더의 경우에는 지간의 합계이다.

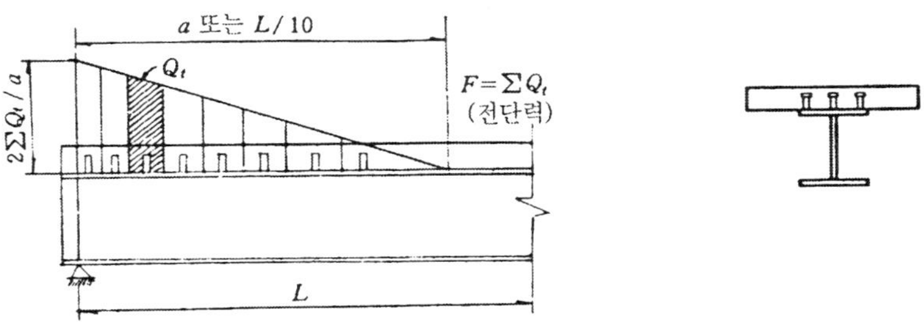

그림 6-4 전단력의 분포

(3) 스터드의 허용전단력

$(H/d \geqq 5.5)$ 인 경우 $\quad Q_a = 9.5d^2\sqrt{f_{ck}}$ (6-2-3)

$(H/d < 5.5)$ 인 경우 $\quad Q_a = 1.74dH\sqrt{f_{ck}}$ (6-2-4)

여기서,

Q_a : 전단연결재의 허용전단력(N)

H : 스터드의 전높이로서 150mm 정도를 표준으로 한다.

d : 스터드의 줄기지름으로 19mm, 22mm, 25mm 로 한다.

f_{ck} : 콘크리트의 설계기준강도(MPa)

(4) ㄷ형강에 반원형 철근을 경사지게 붙인 경우의 허용전단력(철설, 제2편 11.10.5)

① ㄷ형강에 반원형 철근을 경사지게 붙인 경우의 허용내하력 Q_a는 다음 두 식에 의하여 계산한 값 중 최소값을 사용한다.

$$Q_a = f_{ca}A_1 + 0.7f_{sa}A_2(\mathrm{N}) \tag{6-2-5}$$

$$Q_a = f_{ca}A_1 + 14\phi B(\mathrm{N}) \tag{6-2-6}$$

여기서,

f_{ca} : ㄷ형강 전면 콘크리트의 허용지압응력(MPa)

$A \geqq 5A_1$ 인 경우 $\quad f_{ca} = \dfrac{f_{ck}}{2}$

$A < 5A_1$ 인 경우 $\quad f_{ca} = \dfrac{f_{ck}}{4.5}\sqrt{\dfrac{A}{A_1}}$

A_1 : ㄷ형강의 유효 지압면적(mm^2)

A_2 : ㄷ형강에 경사지게 붙인 반원형 철근의 단면적(mm^2)

A : 헌치가 없는 바닥판 $2h_o^2(\mathrm{mm}^2)$

헌치가 있는 바닥판 $b_0h_c(\mathrm{mm}^2)$

f_{sa} : 철근의 허용인장응력(MPa)

ϕ : ㄷ형강에 경사지게 붙인 반원형 철근의 지름으로 16mm 이상

B : ㄷ형강의 폭(mm)

② 피로를 고려하는 경우에는 다음 식으로 계산한다.

$$Q_a' = f_{ca}A_1(\mathrm{N}) \tag{6-2-7}$$

여기서 Q_a'는 내하력의 허용변동범위이다.

전단연결재와 강거더와의 결합부 계산에는 전단력 및 휨모멘트를 고려하고 반원형 철근에 생기는 인장응력의 영향도 고려한다.

【계산예 6-1】 전단연결재로서 스터드($H=150\text{mm}$, $\text{d}=22\text{mm}$)를 사용할 때 허용전단력은 얼마인가?(다만, 바닥판 콘크리트의 $f_{ck}=28\text{MPa}$ 이다.)

풀이 $H/d=150/22=6.8$

따라서 식(6-2-3)에 의하여

$$Q_a=9.5d^2\sqrt{f_{ck}}=9.5\times22^2\sqrt{28}\fallingdotseq 24{,}300\text{N}=24.3\text{kN}$$

6-3 합성거더의 이론

1. 합성거더에 관한 여러 공식

합성거더는 바닥판 콘크리트와 강거더의 상부플랜지가 연속적으로 긴결되어 있으므로 콘크리트 단면을 같은 강성의 환산 강단면으로 고칠 때 등질휨 보와 같게 계산된다.

A_c : 바닥판 콘크리트의 단면적

A_s : 바닥판 콘크리트와 합성된 강거더의 단면적

I_c : 합성콘크리트 단면의 중심축(C)에 관한 단면 2차모멘트

I_s : 강거더의 중심축(S)에 관한 단면 2차모멘트

A_v : 강으로 환산한 총단면적

I_v : 강으로 환산한 총단면의 V축에 관한 단면 2차모멘트

n : $E_s/E_c=$ 강 및 콘크리트의 탄성계수비로 8을 표준으로 한다.

(1) 단면의 제 성질

그림 6-5(a), (b)에서

$$A_v=A_s+\frac{1}{n}A_c \qquad (6\text{-}3\text{-}1)$$

$$I_v=I_s+A_s d_s^{\,2}+\frac{1}{n}(I_c+A_c d_c^{\,2}) \qquad (6\text{-}3\text{-}2)$$

합성거더의 중립축의 위치는

$$\frac{1}{n}A_c\cdot d_c=A_s\cdot d_s\,, \qquad d=d_c+d_s \text{ 이므로}$$

$$d_c=\frac{A_s}{A_v}\cdot d \qquad d_s=\frac{A_c}{nA_v}\cdot d \qquad (6\text{-}3\text{-}3)$$

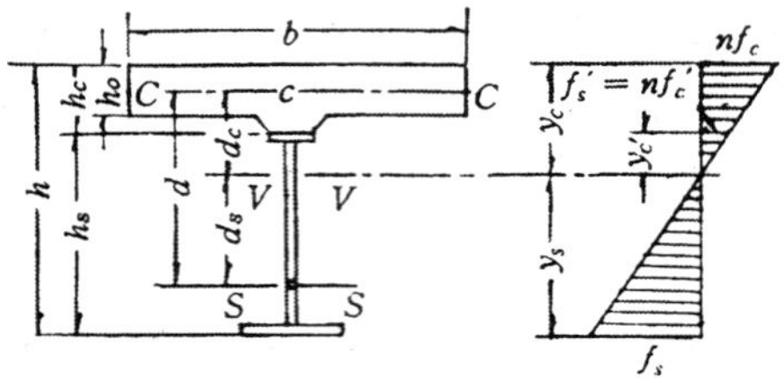

(a) (b)

그림 6-5 합성거더

(2) 휨모멘트 M에 의한 응력

$$\left.\begin{aligned} f_c &= \frac{M}{nI_v}\cdot y_c & f_c' &= \frac{M}{nI_v}\cdot y_c' \\ f_s &= \frac{M}{I_v}\cdot y_s & f_s' &= nf_c' \end{aligned}\right\} \qquad (6\text{-}3\text{-}4)$$

(3) 저항모멘트

$$M_{rc} = \frac{nI_v}{y_c}\cdot f_{ca} \qquad M_{rs} = \frac{I_v}{y_s}\cdot f_{sa} \qquad (6\text{-}3\text{-}5)$$

(4) 중심에 작용하고 축력 $\overline{N}$ 에 의한 응력

$$f_c = \frac{\overline{N}}{nA_v}, \qquad f_s = \frac{\overline{N}}{A_v} \qquad (6\text{-}3\text{-}6)$$

(5) 합성단면에 작용하는 모멘트 M

이 때 작용하는 모멘트 M은 축력 N_c, N_s로, 또 부분모멘트 M_c, M_s로 분해된다(그림 6-6(a) 및 (b) 참조).

$$\left.\begin{aligned} M &= N_c\cdot d + M_c + M_s \\ N_c &= -N_s = N = \frac{d_c A_c}{nI_v}M \\ M_c &= \frac{I_c}{nI_v}\cdot M \\ M_s &= \frac{I_s}{I_v}\cdot M \end{aligned}\right\} \qquad (6\text{-}3\text{-}7)$$

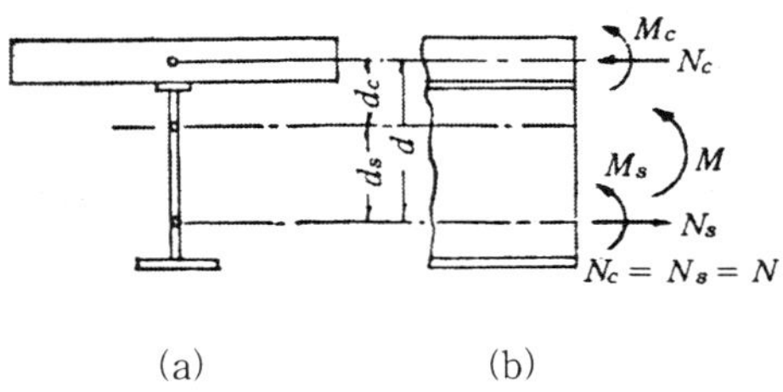

그림 6-6 M 의 분해

2. 합성거더 단면의 결정

바닥판 콘크리트의 단면과 강거더 높이가 주어질 때 합성거더 단면의 결정방법은 다음과 같다.

(1) 고정하중 및 활하중 합성의 경우

이 경우 경제적 단면은 $M_{rc} = M_{rs}$ 에서 결정되며, 이 조건을 만족하는 합성거더에 대해서는 식(6-3-5)에서

$$y_c = \frac{nf_{ca}}{f_{sa} + nf_{ca}}(y_c + y_s) = \frac{nf_{ca}}{f_{sa} + nf_{ca}} \cdot h \tag{6-3-8}$$

가 되어야 한다.

A_{s0} : 강거더 상부플랜지의 단면적

A_{su} : 강거더 하부플랜지의 단면적

G_{vc} : $V \sim V$축에 관한 슬래브의 단면 1차모멘트

G_{vs} : $V \sim V$축에 관한 강거더의 단면 1차모멘트

라 하고 $y_s + y_c'$를 근사적으로 복부판 높이로 보면(그림 6-5(b))

$$\left.\begin{aligned} G_{vc} &= A_c\left(y_c - \frac{h_0}{2}\right) \\ G_{vs} &= -A_{s0} \cdot y_c' + A_{su} \cdot y_s + \frac{t}{2}(y_s^2 - y_c'^2) \\ &= -A_{s0} \cdot y_c' + A_{su} \cdot y_s + \frac{A_w}{2}(y_s - y_c') \end{aligned}\right\} \tag{6-3-9}$$

여기서,

A_w : 복부판 단면적이다.

$G_{vs} = \dfrac{G_{vc}}{n}$ 인 관계로부터

$$A_{su} = \frac{1}{y_s}\left\{\frac{A_c}{n}\left(y_c - \frac{h_0}{2}\right) + A_{s0}\cdot y_c{}' - \frac{A_w}{2}(y_s - y_c{}')\right\} \tag{6-3-10}$$

바닥판 콘크리트의 단면, 강거더의 높이, 강거더 상부플랜지의 단면적, 허용응력 f_{ca}, f_{sa} 등이 주어진 경우 $M_{rc} = M_{rs}$가 되도록 강거더 하부플랜지의 단면적은 식(6-3-10)으로 정할 수 있다.

강거더와 합성작용을 하는 바닥판 콘크리트의 유효폭은 도로교설계기준, 제3장 3.9.2.4에 의하되, 지간에 따라서 일정치 않다. 즉 연속보나 게르버보 등의 지간 중앙부분과 중간지점에서 유효폭의 계산방법을 달리하고 있다(도설, 제3장 3.8.3.4). 그러나 단순보에서는 전 지간을 통해 유효폭의 값이 일정하며 다음 식으로 계산한다. 이 경우 바닥판의 헌치의 경사는 1 : 3보다 완화하게 하는 것이 좋으나 계산상에는 1 : 1로 취급한다.

$$\left.\begin{array}{ll} b/l \leqq 0.05 & \lambda = b \\ 0.05 < b/l < 0.30 & \lambda = \{1.1 - 2(b/l)\}b \\ b/l \geqq 0.3 & \lambda = 0.05l \end{array}\right\} \tag{6-3-11}$$

여기서, l = 지간, 2λ = 유효폭, b는 그림 6-7 참고

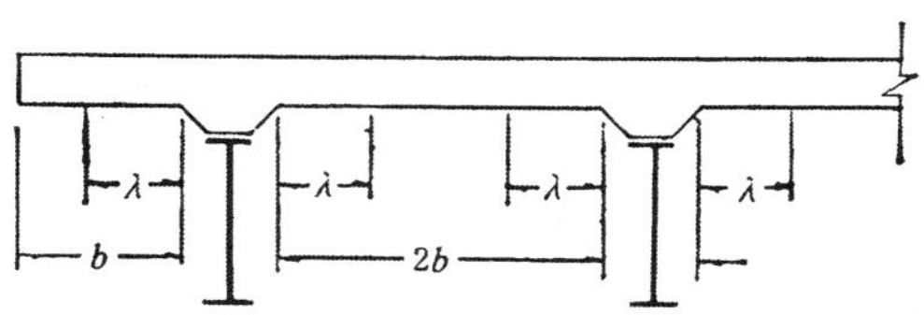

그림 6-7 2λ와 b를 취하는 방법

거더높이의 제한으로서 콘크리트에 인장이 생기지 않도록 하기 위하여 합성거더의 중립축은 강거더 안에 있어야 한다. 즉 $y_c \geqq h_c$이어야 하므로 $y_c = \dfrac{nf_c}{f_s + nf_c}(h_s + h_c)$에서 다음과 같이 된다.

$$h_s \geqq \frac{f_s}{nf_c}\cdot h_c \tag{6-3-12}$$

(2) 활하중합성의 경우

이 경우에는 식(5-3-8)에서 A_{so} 및 A_{su}를 계산한다. 이 식에서 f_{ca}, f_{sa} 및 M은 고정하중에 대한 값 f_{cd}, f_{sd} 및 M_d를 사용한다. 즉 다음 식에 의한다.

$$\left.\begin{aligned} f_{cd} &= f_{ca} \times \frac{M_d}{M_d + M_l} \\ f_{sd} &= f_{sa} \times \frac{M_d}{M_d + M_l} \end{aligned}\right\} \tag{6-3-13}$$

여기서,

f_{ca} : 강거더 상부플랜지의 허용압축응력

f_{sa} : 강거더 하부플랜지의 허용인장응력

다음에 이 강거더 단면을 사용한 합성거더 단면에 대하여 활하중 모멘트 M_l에 의한 강거더의 연응력 f_{cl}, f_{sl}을 구한다. 또한

$$f_{cd}' = f_{ca} \times \frac{f_{cd}}{f_{cd} + f_{cl}} \qquad f_{sd}' = f_{sa} \times \frac{f_{sd}}{f_{sd} + s_{sl}} \tag{6-3-14}$$

로 하고, M_d에 대하여 강거더 단면을 고치고, 이 강거더 단면을 사용한 합성거더 단면에 대하여 M_l에 의한 f_{cl}, f_{sl}을 구한다.

이 방법을 되풀이하면 $f_{cd} + f_{cl} = f_{ca}$, $f_{sd} + f_{sl} = f_{sa}$가 된다. 이 경우의 거더의 높이는 도로교와 같이 고정하중이 큰 것에 대해서는 고정하중에 대한 경제적 높이를 목표로 하면 된다.

이상에서 단면의 설계방법에 대하여 설명하였는데, 실제로 설계할 경우에는 여러 가 지 강거더의 높이에 대하여 강의 허용응력을 일정하게 놓고 콘크리트의 응력 f_c를 여러 가지로 변화시켜서 각종 단면을 구하고 이중 가장 경제적인 단면을 결정하면 된다.

3. 건조수축 및 크리프로 인한 응력계산

고정하중에 의한 콘크리트의 압축변형은 크리프로 인하여 당초 변형의 수배에 달하고, 이는 수년에 걸쳐 계속된다. 건조수축 및 크리프의 결과 바닥판 콘크리트의 응력은 감소되고 강거더의 응력은 증가한다.

건조수축 및 크리프에 의한 응력을 구할 때는 콘크리트와 강거더의 경계면이 일체로 작용해야 된다는 전제조건하에 다음 식으로 계산한다.

여기서, ε_s = 최종 건조수축률(27×10^{-5})

ϕ_2 = 크리프계수$(= 2\phi_1 = 4)$

n_s = 탄성계수비$= n\left(1 + \dfrac{\phi_2}{2}\right)$

E_s = 강의 탄성계수$(2.1 \times 10^5 \text{MPa})$

A_c^n = 콘크리트를 강으로 환산한 환산단면적, A_s = 강의 단면적

$I_c^{\,n}$ = 콘크리트의 도심축에 대한 콘크리트를 강으로 환산한 환산단면의 단면 2차모멘트

I_s = 강단면의 단면 2차모멘트

$d = A_c$ 와 A_s 의 도심 사이의 거리(그림 6-5 참고)

이때 건조수축과 크리프로 인한 거더의 축방향력 N은 다음 식으로 계산한다.

$$N_s = \frac{\varepsilon_s \cdot E_s}{\dfrac{1}{A_c^{\,n}} + \dfrac{1}{A_s} + \dfrac{d^2}{I_c^{\,n} + I_s}} \tag{6-3-15}$$

4. 온도차로 인한 응력계산

바닥판 콘크리트와 강거더와의 온도차는 10℃를 표준으로 하고, 현저한 온도차가 생기는 경우에는 별도로 고려한다.

ε_T : T℃차에 대한 변형률($T \times 12 \times 10^{-6}$)

이 때 온도차로 인한 거더의 축방향력 N은 다음 식으로 계산한다.

$$N_T = \frac{\varepsilon_T \cdot E_s}{\dfrac{1}{A_c^{\,n}} + \dfrac{1}{A_s} + \dfrac{d^2}{I_c^{\,n} + I_s}} \tag{6-3-16}$$

【계산예 6-2】 그림 6-5(a)에서 $A_c = b \times h_0 = 160 \times 16 = 2{,}560\text{cm}^2$, $A_{so} = 14 \times 1 = 14\text{cm}^2$, 바닥판 콘크리트의 헌치 높이 5cm, 강거더의 높이 $h_s = 100\text{cm}$, 웨브의 단면 $A_w = 0.9 \times 97$일 때 고정활하중 합성의 경우 $M = 1{,}300\text{kN} \cdot \text{m}$가 작용할 때 강거더 하부플랜지의 단면적 A_{su}를 계산하여라.(다만, $f_{sa} = 140\text{MPa}$, $f_{ca} = 8.0\text{MPa}$, $n = 7$)

풀이 식(6-3-8)에 의하여

$$y_c = \frac{nf_{ca}}{f_{sa} + nf_{ca}} \times h = \frac{7 \times 8}{140 + 7 \times 8}(100 + 5 + 16) = 34.57\text{cm}$$

$$y_s = h - y_c = 121 - 34.57 = 86.43\text{cm}$$

$$y_c' = y_c - h_c = 34.57 - (16 + 5) = 13.57\text{cm}$$

식(6-3-10)에 의하여 A_{su}를 계산한다.

$$A_{su} = \frac{1}{y_s}\left\{\frac{A_c}{n}\left(y_c - \frac{h_0}{2}\right) + A_{so} \cdot \; y_c' - \frac{A_w}{2} \cdot \; (y_s - y_c')\right\}$$

$$= \frac{1}{86.43}\left\{\frac{2,560}{7}\left(34.57-\frac{16}{2}\right)+14\times 13.57-\frac{0.9\times 97}{2}(86.43-13.57)\right\}$$

$$= 77.83\text{cm}^2$$

따라서 강거더 총단면적은 다음과 같다.

$$A_{so} = 14\times 1 = 14\text{cm}^2$$

$$A_{su} = 39\times 2 = 78\text{cm}^2$$

$$A_w = 0.9\times 97 = 87.3\text{cm}^2$$

$$A_s = 179.3\text{cm}^2$$

이 합성단면을 비합성단면인 용접 플레이트거더와 비교해 본다.

식(5-3-8)에 의하여 $f_{ta}=140\text{MPa}$, $f_{ca}=120\text{MPa}$로 해서 계산한다.

$$h = 100-\frac{1}{2}-\frac{2}{2} = 98.5\text{cm}$$

$$A_c = \frac{M}{f_{ca}\times h}-\frac{ht}{6}\times\frac{2f_{ca}-f_{ta}}{f_{ca}}$$

$$= \frac{1,300,000,000}{120\times 985}-\frac{985\times 9}{6}\times\frac{2\times 120-140}{120} = 9,770\text{mm}^2$$

$$A_t = \frac{M}{f_{ta}\times h}-\frac{hf}{6}\times\frac{2f_{ta}-f_{ca}}{f_{ta}}$$

$$= \frac{1,300,000,000}{140\times 985}-\frac{985\times 9}{6}\times\frac{2\times 140-120}{140} = 7,740\text{mm}^2$$

따라서 플레이트거더의 총단면적은 다음과 같다.

$$A_c = 97.7\text{cm}^2$$

$$A_t = 77.4\text{cm}^2$$

$$A_w = 87.3\text{cm}^2$$

$$A_s = 262.4\text{cm}^2$$

∴ 합성단면적의 용접 플레이트거더 단면적에 대한 비

$$\frac{179.3}{262.4}\times 100 = 68.3\%$$ (강재 31.7% 절약)

5. 부의 휨모멘트를 받는 바닥판의 합성작용

이상은 정의 휨모멘트를 받는 합성거더, 즉 바닥판 콘크리트가 압축응력을 받을 때의 합성작용에 관한 것이었다. 그러나 게르버보의 중간지점이나 연속보의 중간지점에는 부의 휨모멘트가 작용하기 때문에 바닥판 콘크리트가 인장응력을 받게 된다. 이 때의 설계방법은 다음 두 가지 경우가 있다.

표 6-1 합성작용(도설, 제3장 3.9.1.2)

부의 휨모멘트	1. 인장응력을 받는 바닥판에서 콘크리트의 단면을 유효로 하고 설계를 하는 경우. 바닥판 콘크리트를 거더의 단면의 일부로 본다.	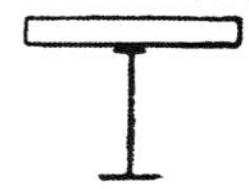
	2. 인장응력을 받는 바닥판에서 콘크리트의 단면을 무시하는 경우. 바닥판측의 교축방향 철근만을 거더의 단면의 일부로 본다.	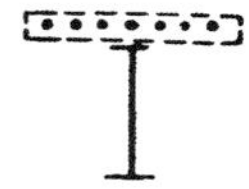

인장력을 받는 바닥판의 배근에 대해서는 도설, 제3장 3.9.2.3에 다음과 같이 규정하고 있다.

① 인장력을 받는 바닥판에서 콘크리트의 단면을 유효로 하고 설계를 하는 경우에는 바닥판에 작용하는 전인장력을 철근이 받도록 해야 한다.

② 교축방향 철근이 인장력을 받는 바닥판에서 콘크리트의 단면을 무시하고 설계를 하는 경우에는 바닥판 콘크리트의 단면적의 2% 이상의 교축방향 철근을 배치해야 하며, 교축방향 철근의 총주변 길이의 바닥판 콘크리트의 단면적에 대한 비, 즉 주장률은 0.0045mm/mm^2 이상으로 하면 좋다. 또한 바닥판으로서의 작용을 위하여 배치된 철근을 교축방향 철근의 일부로 볼 수 있다.

철근은 고정하중에 의한 휨모멘트의 부호가 변하는 점을 지나서 바닥판 콘크리트의 압축측에 정착시켜야 한다.

기타 바닥판 콘크리트의 허용압축응력은 $0.4f_{ck}$로 하되 f_{ck}는 27MPa 이상이 되어야 하고, 철근의 허용응력은 표 5-1에 따른다.

6-4 용접 플레이트거더 활하중 합성교 설계 예

1. 설계조건

(1) 하중 : 2등교(DB-18)

(2) 거더길이 : 30m (계산지간 29.3m)

(3) 유효폭 : 9.2m (3차선)

(4) 허용응력

콘크리트 : $f_{ck} = 27\text{MPa}$ (도설, 제3장 3.9.2.1)

$f_{ca} = 0.4 \times 27 = 10.8\text{MPa}$ (도설, 제3장 3.9.3.1)

$n = 8$ (도설, 제3장 3.9.2.2 참조)

철　　근 : SD 300(표 5-1)

허용압축 및 인장응력 $f_{sa} = 150\text{MPa}$

강 재 : SM 490Y(표 3-10), 허용휨응력 $f_{sa} = 210\text{MPa}$,
허용지압응력 $f_{ba} = 310\text{MPa}$, 허용전단응력 $v_a = 120\text{MPa}$
브레이싱에는 SS 400 강재를 사용함

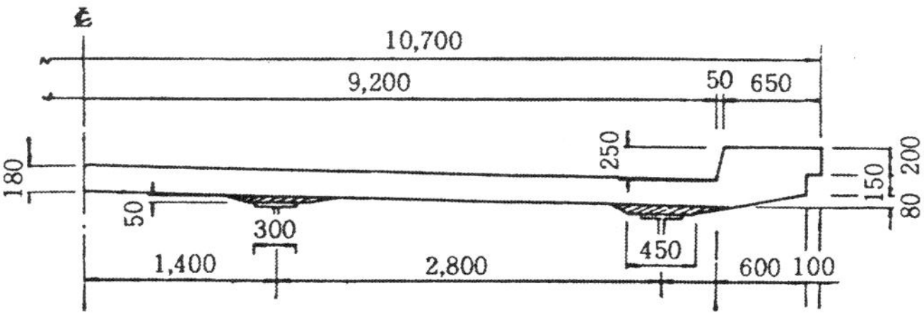

그림 6-8 횡단면도

(5) 단면 가정

단면은 그림 6-8과 같이 가정한다.

상부구조에 관해서는 거더 간격을 3m 이상으로 하는 것이 경제적이지만 거더 높이가 커지면 하부구조에 큰 하중이 작용하게 되므로 이를 피할 정도의 거더 간격으로 한다.

2. 바닥판의 설계

5-2, 2.설계예, (3) 철근콘크리트의 바닥판의 설계를 참조하고 여기서는 생략한다.

3. 주거더의 설계

내측 주거더만 계산하고 외측 주거더는 같은 단면으로 한다.

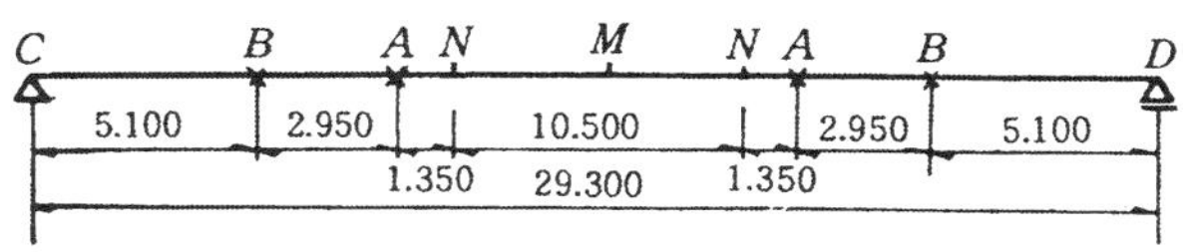

그림 6-9 주거더의 이음 및 변단면점

휨모멘트의 감소에 따른 강거더 플랜지의 단면이 변하는 A 및 B점의 전단력과 휨모멘트를 계산하기로 한다. N점은 주거더의 이음부이다.

(1) 고정하중 휨모멘트(M_d) 및 전단력(V_d)

고정하중	포 장	$0.05 \times 23 \times 2.8$	$= 3.22$
	슬 래 브	$0.18 \times 24.5 \times 2.8$	$= 12.35$
	슬래브헌치	$\dfrac{0.45+0.65}{2} \times 0.05 \times 24.5$	$= 0.67$
	강중(가정)		$\fallingdotseq 3.76$
			20.0kN/m

① $\dfrac{l}{2}$점 $M_{\frac{l}{2}} = \dfrac{wl^2}{8} = \dfrac{20 \times 29.3^2}{8} = 2,146.23\text{kN}\cdot\text{m}$, $V_{\frac{l}{2}} = 0$

② 지점(C점) $V_c = \dfrac{wl}{2} = \dfrac{20 \times 29.3}{2} = 293\text{kN}$, $M_c = 0$

③ B점

$$M_B = \left(\frac{l}{2} \times 5.1 - \frac{5.1^2}{2}\right)w = \left(\frac{29.3}{2} \times 5.1 - 13.01\right) \times 20 = 1,234.1\text{kN}\cdot\text{m}$$

$$V_B = \left(\frac{l}{2} - 5.1\right)w = \left(\frac{29.3}{2} - 5.1\right) \times 20 = 191.0\text{kN}$$

④ A점 $M_A = \left(\dfrac{29.3}{2} \times 8.05 - \dfrac{8.05^2}{2}\right) \times 20 = 1,710.6\text{kN}\cdot\text{m}$

$$V_A = \left(\frac{29.3}{2} - 8.05\right) \times 20 = 132\text{kN}$$

⑤ N점 $M_N = \left(\dfrac{29.3}{2} \times 9.4 - \dfrac{9.4^2}{2}\right) \times 20 = 1,870.6\text{kN}\cdot\text{m}$

$$V_N = \left(\frac{29.3}{2} - 9.40\right) \times 20 = 105\text{kN}$$

(2) 활하중 및 충격에 의한 휨모멘트 및 전단력

활하중 및 충격하중(2-2절 3. 참고)

$$i = \frac{15}{40 + 29.3} = 0.216$$

후륜 $P_{l+i} = \dfrac{L}{1.65} \cdot P_{18} \cdot (1+i) = \dfrac{2.8}{1.65} \times 72 \times 1.216 = 148.57\text{kN}$

전륜 $P_{l+i} = \dfrac{2.8}{1.65} \times 18 \times 1.216 = 37.14\text{kN}$

$$M_{\frac{l}{2}} = 148.57 \times (5.225 + 7.325) + 37.14 \times 5.225 = 2,058.61\text{kN}\cdot\text{m}$$

$$M_N = 148.57 \times (6.384 + 5.037) + 37.14 \times 3.689 = 1,833.83\text{kN}\cdot\text{m}$$

$$M_B = 148.57 \times (4.214 + 3.481) + 37.14 \times 2.750 = 1,245.38\text{kN}\cdot\text{m}$$

$$M_A = 148.57 \times (5.838 + 4.684) + 37.14 \times 3.530 = 1,694.36\text{kN}\cdot\text{m}$$

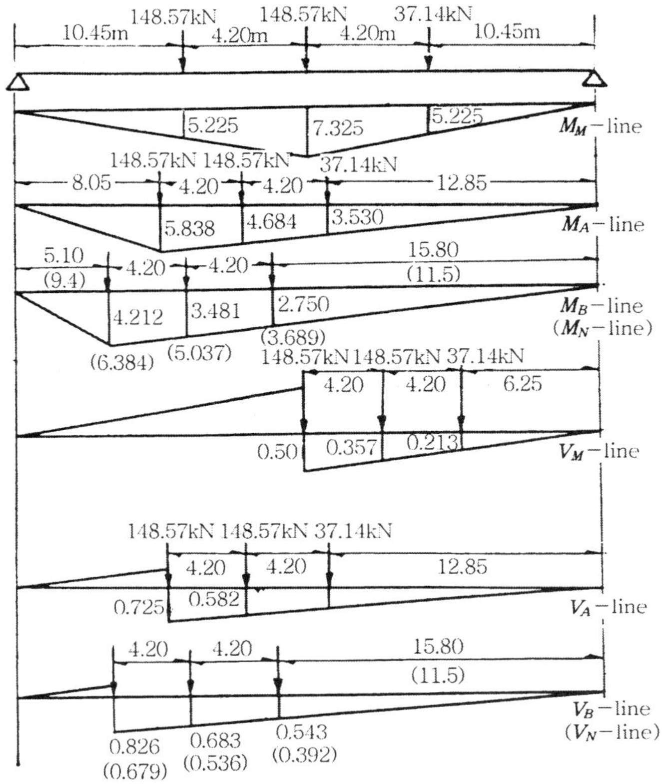

그림 6-10 주거더의 영향선

$$V_{\frac{1}{2}} = 148.57 \times (0.5 + 0.357) + 37.14 \times 0.213 = 135.24\text{kN}$$

$$V_N = 148.57 \times (0.679 + 0.536) + 37.14 \times 0.392 = 195.07\text{kN}$$

$$V_B = 148.57 \times (0.826 + 0.683) + 37.14 \times 0.543 = 244.36\text{kN}$$

$$V_C = 148.57 \times \frac{14.857 \times 25.1 + 37.14 \times 20.9}{29.3} = 302.34\text{kN}$$

$$V_A = 148.57 \times (0.725 + 0.582) + 37.14 \times 0.439 = 210.49\text{kN}$$

(3) 합계 휨모멘트 및 전단력

표 6-2 합계 휨모멘트 및 전단력

분 점	M_d	M_{l+i}	계(kN · m)	V_d	V_{l+i}	계(kN)
$l/2(M)$	2,146.23	2,058.61	4,204.84	0	135.24	135.24
B	1,234.10	1,245.83	2,479.93	191.0	244.36	435.36
A	1,710.63	1,694.36	3,404.99	132.0	210.49	342.49
N	1,870.60	1,833.83	3,704.43	105.0	195.07	300.07
지점	0	0	0	293.0	302.34	595.34

(4) 단면결정

① **강거더높이** 대부분 지간의 $\frac{1}{17} \sim \frac{1}{22}$ 정도로 하므로 강거더높이는 1.5m 로 가정한다.

② **유효폭** 그림 6-7 및 식(6-3-11)에서 $\frac{b}{l} = \frac{1.4}{29.3} = 0.048 < 0.05$ 이므로 유효폭 $2\lambda = 2b = 2.8$m 로 결정된다.

③ **강단면의 가정** 강단면을 그림 6-11, 6-12와 같이 가정하여 도심 및 도심축에 대한 단면 2차모멘트를 구하면 다음과 같다.

표 6-3에서 $e = \frac{\sum Ay}{\sum A} = \frac{28,460.4}{295.8} = 96.2\text{cm}$

$I_v = I' - Ae^2 = 3,804,000 - 295.8 \times 96.2^2 = 1,067,000\text{cm}^4$

표 6-3 $\frac{l}{2}$ 단면

강단면	치 수	$A(\text{cm}^2)$	$y(\text{cm})$	$Ay(\text{cm}^3)$	$Ay^2(\text{cm}^4)$
상플랜지 복 부 판 하플랜지	300×14 1,500×9 540×22	42 135 118.8	0.7 76.4 152.5	29.4 10,314.0 18,117.0	20 $I_0 = 253,125$ 787,989 2,762,842
Σ		295.8		28,460.4	3,804,000

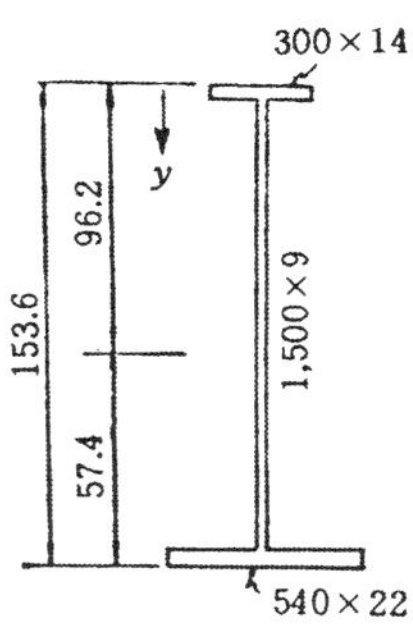

그림 6-11 $\frac{l}{2}$ 점의 강단면

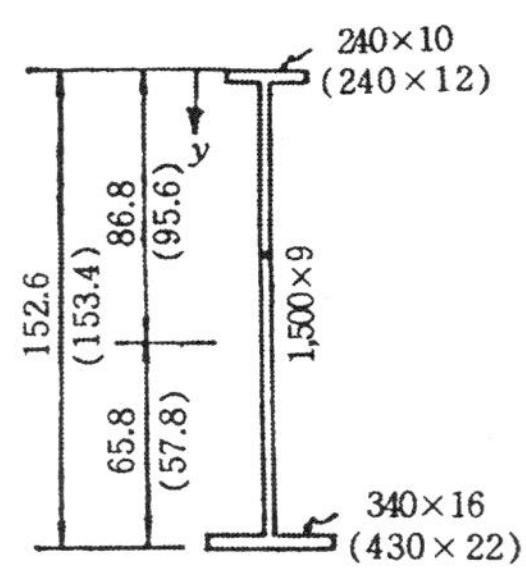

그림 6-12 $B(A)$의 강단면

표 6-4 B, (A) 단면

강단면	치 수	$A(\text{cm}^2)$	$y(\text{cm})$	$Ay(\text{cm}^3)$	$Ay^2(\text{cm}^4)$
상플랜지	240×10 (240×12)	24 (28.8)	0.5 (0.6)	12 (17.28)	6 10

복 부 판	1,500×9	135	76 (76.2)	10,260 (10,287)	779,760 $I_0=253,125$ (783,869 $I_0=253,125$)
하플랜지	340×16 (430×22)	54.4 (94.6)	151.8 (152.3)	8,257.92 (14,407.58)	1,253,552 (2,194,274)
Σ		213.4 (258.4)		18,530 (24,710)	2,286,000 (3,231,000)

$$e_B=\frac{18,530}{213.4}=86.8\text{cm} \qquad I_v=2,286,000-213.4\times86.8^2=678,000\text{cm}^4$$

$$e_A=\frac{24,710}{258.4}=95.6\text{cm} \qquad I_v=3,231,000-258.4\times95.6^2=869,000\text{cm}^4$$

④ **합성단면치** $\frac{1}{2}$, (B), $((A))$의 단면의 단면치는 다음과 같다.

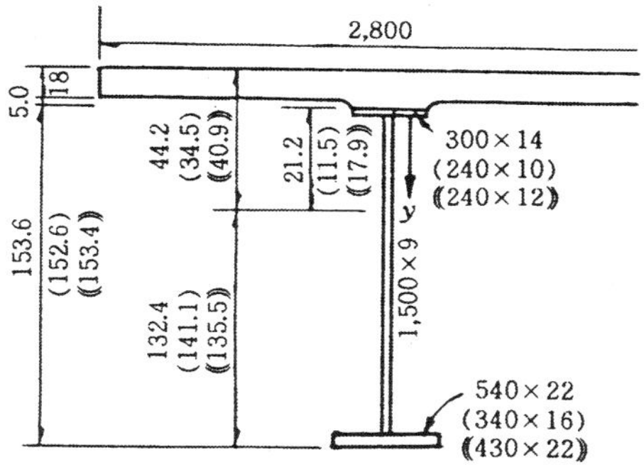

그림 6-13 $\frac{l}{2}$, B, $((A))$의 합성단면

표 6-5 합성단면적

단 면	치 수	$A(\text{cm}^2)$	$y(\text{cm})$	$Ay(\text{cm}^3)$	$Ay^2(\text{cm}^4)$	비 고
강	M단면 B단면 A단면	295.8 213.4 258.4	96.2 86.8 95.6	28,460 18,530 24,170	3,804,000 2,286,000 3,231,000	$l/2$ B A
콘크리트 $n=8$	2,800×180	$\frac{280\times18}{8}$ $=630$	(−)14	(−)8,820	123,480 $I_0=17,010$	$l/2$ B A
Σ		925.8 843.4 888.4		19,640 9,710 15,890	3,944,490 2,426,490 3,371,490	$l/2$ B A

$$e_{\frac{1}{2}} = \frac{19,640}{925.8} = 21.2\text{cm} \quad I_v = 3,944,490 - 21.2^2 \times 925.8 = 3,528,000\text{cm}^4$$

$$e_B = \frac{9,710}{843.4} = 11.5\text{cm} \quad I_v = 2,426,490 - 11.5^2 \times 843.4 = 2,315,000\text{cm}^4$$

$$e_A = \frac{15,890}{888.4} = 17.9\text{cm} \quad I_v = 3,371,490 - 17.9^2 \times 888.4 = 3,087,000\text{cm}^4$$

⑤ 하중으로 인한 연응력

연응력은 $f = \frac{M}{I}y$에서 구하고 고정하중응력 f_d는 강단면에서, 활하중 및 충격하중응력 f_{l+i}는 합성단면에서 구한다.

중앙점($l/2$)에 대하여 계산해 본다.

f_d : 강의 상(하) 연응력$= \frac{M_d}{I} \cdot y = \frac{2,146,230,000}{1,067,000 \times 10^4} \times \begin{pmatrix} 962 \\ (574) \end{pmatrix} = \begin{pmatrix} 193.5 \\ (115.5) \end{pmatrix}$

f_{l+i} :콘크리트의 상(하) 연응력

$$= \frac{M_{l+i}}{nI} \cdot y = \frac{2,058,610,000}{8 \times 3,528,000 \times 10^4} \times \begin{pmatrix} 442 \\ (262) \end{pmatrix} = \begin{pmatrix} 3.22 \\ (1.91) \end{pmatrix}$$

강의 상(하) 연응력$= \frac{M_{l+i}}{I} \cdot y = \frac{2,058,610,000}{3,528,000 \times 10^4} \times \begin{pmatrix} 212 \\ (1,324) \end{pmatrix} = \begin{pmatrix} 12.4 \\ (77.3) \end{pmatrix}$

B단면과 A단면에 대해서도 상기 방법에 의하여 구해본다.

B단면에 대하여

f_d : 강의 상(하) 연응력$= \frac{1,234,130,000}{6,780,000 \times 10^4} \times \begin{pmatrix} 868 \\ (658) \end{pmatrix} = \begin{pmatrix} 158.0 \\ (119.8) \end{pmatrix}$

f_{l+i} : 콘크리트의 상(하) 연응력$= \frac{1,245,830,000}{8 \times 2,315,000 \times 10^4} \times \begin{pmatrix} 345 \\ (165) \end{pmatrix} = \begin{pmatrix} 2.32 \\ (1.11) \end{pmatrix}$

강의 상(하) 연응력$= \frac{1,245,830,000}{2,315,000 \times 10^4} \times \begin{pmatrix} 115 \\ (1,411) \end{pmatrix} = \begin{pmatrix} 6.19 \\ (75.9) \end{pmatrix}$

A단면에 대하여

f_d : 강의 상(하) 연응력$= \frac{1,710,630,000}{8,690,000 \times 10^4} \times \begin{pmatrix} 956 \\ (578) \end{pmatrix} = \begin{pmatrix} 188.2 \\ (113.8) \end{pmatrix}$

f_{l+i} : 콘크리트의 상(하) 연응력$= \frac{1,694,360,000}{8 \times 3,087,000 \times 10^4} \times \begin{pmatrix} 409 \\ (229) \end{pmatrix} = \begin{pmatrix} 2.81 \\ (1.57) \end{pmatrix}$

강의 상(하) 연응력$= \frac{1,694,360,000}{3,087,000 \times 10^4} \times \begin{pmatrix} 179 \\ (1,355) \end{pmatrix} = \begin{pmatrix} 9.82 \\ (74.4) \end{pmatrix}$

표 6-6 하중으로 인한 연응력

재 료		콘크리트		강	
응력 \ 부분		상연	하연	상연	하연
$\frac{l}{2}$ 점	f_d	0	0	−193.5	115.5
	f_{l+i}	−3.2	−1.9	−12.4	77.3
	Σ	−3.2	−1.9	−205.9	192.8
B 점	f_d	0	0	−158.0	119.8
	f_{l+i}	−2.3	−1.1	−6.2	75.9
	Σ	−2.3	−1.1	−164.2	195.7
A 점	f_d	0	0	−188.2	113.8
	f_{l+i}	−2.8	−1.6	−9.8	74.4
	Σ	−2.8	−1.6	−198.0	188.2
지점	$v = 1.5 \times \frac{595,340}{9 \times 1,500} = 66.1 < v_a = 120\text{MPa}$				

최소 복부판의 두께는 (표 5-5)에 의하여 $t = \frac{b}{209} = \frac{1,500}{209} = 7.2 ≒ 9$로 한다.

4. 건조수축 및 크리프에 의한 응력(f_s)

6-3절 3에 따라서 계산해 본다.

ε_s = 최종 건조수축률 $= 27 \times 10^{-5}$ $\qquad \phi_2$ = 크리프계수 $= 2\phi_1 = 4$

n_s = 탄성계수비 $= n\left(1 + \frac{\phi_2}{2}\right) = 8 \times \left(1 + \frac{4}{2}\right) = 24$

(1) $\frac{l}{2}$ 점에서

축방향력 N_s은 식(6-3-15)으로부터

$$N_s = \frac{\varepsilon_s E_s}{\frac{1}{A_c{}^n} + \frac{1}{A_s} + \frac{d^2}{I_c{}^n + I_s}}$$

$$= \frac{27 \times 10^{-5} \times 2.1 \times 10^5}{\frac{1}{21,000} + \frac{1}{29,580} + \frac{1,102^2}{(5,670 + 1,067,000) \times 10^4}}$$

$$= 291,300\text{N} = 291.3\text{kN}$$

여기서,

E_s = 강의 탄성계수 $= 2.1 \times 10^5\text{MPa}$

$A_c{}^n = A_c{}^{24}$ = 콘크리트의 강환산단면적 $\frac{180 \times 2,800}{24} = 21,000\text{mm}^2$

A_s = 강의 단면적 $= 295.8\text{cm}^2$, $I_c = \dfrac{280 \times 18^3}{12} = 136{,}080\text{cm}^4$

$I_c{}^n = I_c{}^{24} = \dfrac{1}{24} I_c = \dfrac{280 \times 18^3}{24 \times 12} = 5{,}670\text{cm}^4$

I_s = 강의 단면 2차모멘트 $= 1{,}067{,}000\text{cm}^4$

$d = A_c$ 와 A_s 의 중심간 거리 $= 96.2 + 5 + 9 = 110.2\text{cm}$

$M = N_s \cdot d = 219.3 \times 1.102 = 321.01\text{kN}\cdot\text{m}$

M_c = 콘크리트 단면에 작용하는 휨모멘트

$$= M \times \frac{I_c{}^n}{I_c{}^n + I_s} = 321.01 \times \frac{5{,}670}{5{,}670 + 1{,}067{,}000} = 1.70\text{kN}\cdot\text{m}$$

M_s = 강 단면에 작용하는 휨모멘트

$$= M - M_c = 321.01 - 1.70 = 319.94\text{kN}\cdot\text{m}$$

콘크리트의 연응력

$$f_c\binom{상}{하} = \frac{N_s}{A_c} \mp \frac{M_c}{I_c} y\binom{상}{하} \quad (+\text{는 인장})$$

$$= \frac{291{,}300}{180 \times 2{,}800} \mp \frac{1.70 \times 10^6}{136{,}080 \times 10^4} \times 90 = \begin{matrix}+0.5\\+0.7\end{matrix}\ \text{MPa}$$

강재의 연응력

$$f_s(\text{상}) = -\frac{N_s}{A_s} - \frac{M_s}{I_s} y(\text{상}) = -\frac{291{,}300}{29{,}580} - \frac{319.94 \times 10^6}{1{,}067{,}000 \times 10^4} \times 962$$

$$= -38.7\text{MPa}$$

$$f_s(\text{하}) = -\frac{N_s}{A_s} + \frac{M_s}{I_s} y(\text{하}) = -\frac{291{,}300}{29{,}580} + \frac{319.94 \times 10^6}{1{,}067{,}000 \times 10^4} \times 574$$

$$= 7.4\text{MPa}$$

(2) B 점에서

$$N_s = \frac{27 \times 2.1}{\dfrac{1}{21{,}000} + \dfrac{1}{21{,}340} + \dfrac{1{,}008^2}{(5{,}670 + 678{,}000) \times 10^4}}$$

$$= 233{,}238\text{N} = 233.24\text{kN}$$

$(A_s = 213.4\text{cm}^4,\ d = 86.8 + 5 + 9 = 100.8\text{cm},\ I_s = 678{,}000\text{cm}^4)$

$M = N_s \cdot d = 233.24 \times 1.008 = 235.11\text{kN}\cdot\text{m}$

$$M_c = M \times \frac{5{,}670 \times 10^4}{(5{,}670 + 678{,}000) \times 10^4} = 1.95\text{kN}\cdot\text{m}$$

$M_s = M - M_c = 233.16\text{kN}\cdot\text{m}$

$$f_c\binom{상}{하} = \frac{233,240}{180 \times 2,800} \mp \frac{1.95 \times 10^6}{136,080 \times 10^4} \times 90 = \begin{matrix} +0.3 \\ +0.6 \end{matrix} \text{MPa}$$

$$f_s(상) = -\frac{233,238}{21,340} - \frac{233.16 \times 10^6}{678,000 \times 10^4} \times 868 = -40.8\text{MPa}$$

$$f_s(하) = -\frac{233,238}{21,340} + \frac{233.16 \times 10^6}{678,000 \times 10^4} \times 658 = 11.7\text{MPa}$$

(3) A 점에서

$$A_s = 258.4\text{cm}^2,\ d = 95.6 + 5 + 9 = 109.6\text{cm},\ I_s = 869,000\text{cm}^4$$

$$N_s = \frac{27 \times 2.1}{\dfrac{1}{21,000} + \dfrac{1}{25,840} + \dfrac{1,096^2}{(5,670 + 869,000) \cdot 10^4}}$$

$$= 253,520\text{N} = 253.52\text{kN}$$

$$M = 253.52 \times 1.096 = 277.86\text{kN}\cdot\text{m}$$

$$M_c = M \times \frac{5,670 \times 10^4}{(5,670 + 869,000) \times 10^4} = 1.80\text{kN}\cdot\text{m}$$

$$M_s = M - M_c = 276.06\text{kN}\cdot\text{m}$$

$$f_c\binom{상}{하} = \frac{253,520}{180 \times 2,800} \mp \frac{1.8 \times 10^6}{136,080 \times 10^4} \times 90 = \begin{matrix} +0.4 \\ +0.6 \end{matrix} \text{MPa}$$

$$f_s(상) = -\frac{253,520}{25,840} - \frac{276.06 \times 10^6}{869,000 \times 10^4} \times 956 = -40.2\text{MPa}$$

$$f_s(하) = -\frac{253,520}{25,840} + \frac{276.06 \times 10^6}{869,000 \times 10^4} \times 578 = 8.6\text{MPa}$$

5. 온도차에 의한 응력(f_T)

강과 바닥판 콘크리트와의 온도차는 10℃ 로 한다. 바닥판 콘크리트 및 강의 열팽창계수 $\alpha = 12 \times 10^{-6}/1℃$ (6-3절 4.참조)

(1) $\dfrac{l}{2}$ 점에서

$$N_T = \frac{\varepsilon_T E_s}{\dfrac{1}{A_c{}^n} + \dfrac{1}{A_s} + \dfrac{d^2}{I_c{}^n + I_s}}$$

$$= \frac{12 \times 10^{-5} \times 2.1 \times 10^5}{\dfrac{1}{63,000} + \dfrac{1}{29,580} + \dfrac{1,102^2}{(17,010 + 1,067,000) \times 10^4}}$$

$$= 155,840\text{N} = 155.84\text{kN}$$

여기서,

N_T = 온도차에 의한 축방향력

$\varepsilon_T = T$℃ 차에 대한 변형률$= 12 \times 10 \times 10^{-6} = 12 \times 10^{-5}$

$$A_c{}^{n} = A_c{}^{8} = \frac{18 \times 280}{8} = 630\text{cm}^2$$

$$I_c{}^{n} = I_c{}^{8} = \frac{1}{8} \times \frac{280 \times 18^3}{12} = 17{,}010\text{cm}^4$$

$$M = N_T \cdot d = 155.84 \times 1.102 = 171.73\text{kN} \cdot \text{m}$$

$$M_c = M \times \frac{I_c{}^{n}}{I_c{}^{n} + I_s} = M \times \frac{17{,}010 \times 10^4}{(17{,}010 + 1{,}067{,}000) \times 10^4} = 2.695\text{kN} \cdot \text{m}$$

$$M_s = M - M_c = 169.035\text{kN} \cdot \text{m}$$

$$f_c\binom{상}{하} = -\frac{N_T}{A_c} \pm \frac{M_c}{I_c} y_c$$

$$= -\frac{155{,}840}{180 \times 2{,}800} \pm \frac{2.695 \times 10^6}{136{,}080 \times 10^4} \times 90 = \begin{matrix} -0.1 \\ -0.5 \end{matrix}\text{MPa}$$

$$f_s(\text{상}) = \frac{N_T}{A_s} + \frac{M_s}{I_s} y(\text{상}) = \frac{155{,}840}{29{,}580} + \frac{169.035 \times 10^6}{1{,}067{,}000 \times 10^4} \times 962$$

$$= 20.5\text{MPa}$$

$$f_s(\text{하}) = 5.268 - \frac{169.035 \times 10^6}{1{,}067{,}000 \times 10^4} \times 574 = -3.8\text{MPa}$$

(2) B 점에서

$$N_T = \frac{12 \times 2.1}{\dfrac{1}{63{,}000} + \dfrac{1}{21{,}340} + \dfrac{1{,}008^2}{(17{,}010 + 678{,}000) \times 10^4}}$$

$$= 120{,}620\text{N} = 120.62\text{kN}$$

$$M = N_T \cdot d = 120.62 \times 1.008 = 121.58\text{kN} \cdot \text{m}$$

$$M_c = M \times \frac{I_c{}^{n}}{I_c{}^{n} + I_s} = 121.58 \times \frac{17{,}010 \times 10^4}{(17{,}010 + 678{,}000) \times 10^4} = 2.976\text{kN} \cdot \text{m}$$

$$M_s = M - M_c = 118.604\text{kN} \cdot \text{m}$$

$$f_c\binom{상}{하} = -\frac{120{,}620}{180 \times 2{,}800} \pm \frac{2.976 \times 10^6}{136{,}080 \times 10^4} \times 90 = \begin{matrix} -0.04 \\ -0.4 \end{matrix}\text{MPa}$$

$$f_s(\text{상}) = \frac{120{,}620}{21{,}340} + \frac{118.604 \times 10^6}{678{,}000 \times 10^4} \times 868 = 20.8\text{MPa}$$

$$f_s(\text{하}) = 5.65 - \frac{118.604 \times 10^6}{678{,}000 \times 10^4} \times 658 = -5.9\text{MPa}$$

(3) A 점에서

$$N_T = \frac{12 \times 2.1}{\dfrac{1}{63{,}000} + \dfrac{1}{25{,}840} + \dfrac{1{,}096^2}{(17{,}010 + 869{,}000) \times 10^4}}$$

$$= 132{,}530\text{N} = 132.53\text{kN}$$

$$M = 132.53 \times 1{,}096 = 145.25\text{kN}\cdot\text{m}$$

$$M_c = M \times \frac{17{,}010 \times 10^4}{(17{,}010 + 869{,}000) \times 10^4} = 2.789\text{kN}\cdot\text{m}$$

$$M_s = M - M_c = 142.461\text{kN}\cdot\text{m}$$

$$f_c\begin{pmatrix}\text{상}\\\text{하}\end{pmatrix} = -\frac{132{,}530}{180 \times 2{,}800} \pm \frac{2{,}789 \times 10^6}{136{,}080 \times 10^4} \times 90 = \begin{matrix}-0.08\\-0.4\end{matrix}\,\text{MPa}$$

$$f_s(\text{상}) = \frac{132{,}530}{25{,}840} + \frac{142.461 \times 10^6}{869{,}000 \times 10^4} \times 956 = 20.8\text{MPa}$$

$$f_s(\text{하}) = \frac{132{,}530}{25{,}840} - \frac{142.461 \times 10^6}{869{,}000 \times 10^4} \times 578 = -4.4\text{MPa}$$

6. 종합응력

재 료		콘크리트(MPa)			강(MPa)			비 고
응력 \ 부분		상연	하연	f_{ca}	상연	하연	f_{sa}	
$\frac{l}{2}$ 점	f_{d+l+i}	−3.2	−1.9		−205.9	192.8		
	f_s	0.5	0.7		−38.7	7.4		
	f_t	−0.1	−0.5		20.5	−3.8		
	Σ	−2.8	−1.7	−8.1	−224.1	196.4	262.5	$f_{sa} = 210 \times 1.25$)
B 점	f_{d+l+i}	−2.3	−1.1		−164.2	195.7		(도설, 제2장 2.2.2)
	f_s	0.3	0.6		−40.8	11.7		종합응력이 허용응력
	f_t	−0.0	−0.4		20.8	−5.9		이내이고 주하중에
	Σ	−2.0	−0.9	−8.1	−184.2	201.5	262.5	대한 응력도 허용응력
A 점	f_{d+l+i}	−2.8	−1.6		−198.0	188.2		이내이므로 모두
	f_s	0.4	0.6		−40.2	8.6		안전하다.
	f_t	−0.1	−0.4		20.8	−4.4		
	Σ	−2.5	−1.4	−8.1	−217.4	192.4	262.5	

7. 전단연결재의 계산

6-2절 2.에 따라서 계산한다.

(1) 고정 및 활하중에 의한 수평전단력 H

$H = \dfrac{VG}{I}$ 에서

① 지점(= B단면)

$$G = A_c{}^n \times \left(e + 5 + \frac{t}{2}\right) = 280 \times 18 \times \frac{1}{8} \times (11.5 + 5 + 9) = 16,065 \text{ cm}^3$$

$$H = \frac{595,340 \times 16,065 \times 10^3}{2,315,000 \times 10^4} = 413 \text{ N/mm}$$

② A 점

$$G = 630 \times (17.9 + 14) = 20,097 \text{ cm}^3$$

$$H = \frac{342,490 \times 20,097 \times 10^3}{3,087,000 \times 10^4} = 223 \text{ N/mm}$$

③ $\dfrac{l}{2}$ 점

$$G = 630 \times (21.2 + 14) = 22,176 \text{ cm}^3$$

$$H = \frac{135,240 \times 22,176 \times 10^3}{3,528,000 \times 10^4} = 85 \text{ N/mm}$$

(2) 크리프 및 건조수축에 의한 수평전단력

이 전단력은 고정 및 활하중과 반대방향이며, 지점에서만 영향받는 것으로 하고 그외 단면에서는 작용전단력에 대한 수평전단력만을 고려한다.

$$H_s = \frac{2F}{a} = \frac{2 \times 233,238}{2,800} = 167 \text{ N/mm}$$

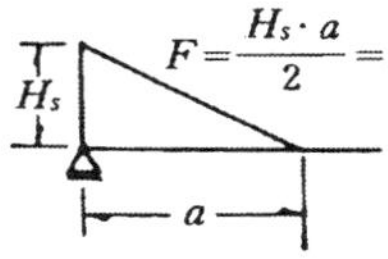

그림 6-14

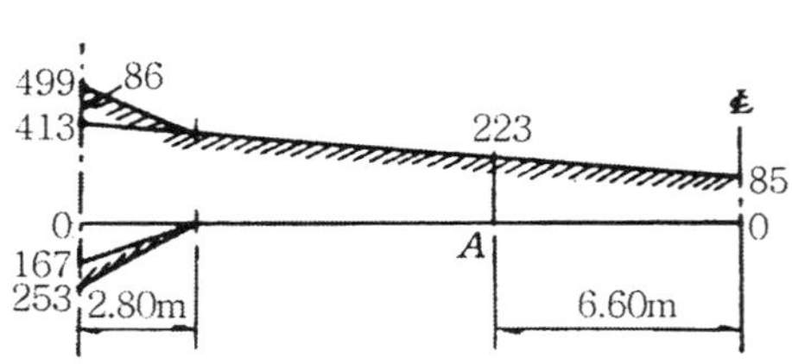

그림 6-15

(3) 온도차에 의한 수평전단력 H_t

고정 및 활하중과 같은 방향일 때도 있고 건조수축과 같은 방향일 때도 있다.

$$H_t = \frac{2 \times 120,620}{2,800} = 86\,\text{N/mm}$$

이상 (1), (2), (3)을 그림으로 그리면 그림 6-15와 같다.

(4) 전단연결재의 설계

전단연결재로서 ㄷ형강 (ㄷ $-$ 125×65×6×190)을 사용하면

$$A_1 = 12.5 \times 19 = 237.5\,\text{cm}^2,\ \ A = b_o h_c = 24 \times 23 = 552\,\text{cm}^2$$

여기서, b_o = 헌치의 최소 폭으로 24 cm, $h_c = 5 + 18 = 23\,\text{cm}$

따라서 $A = 552\,\text{cm}^2 < 5A_1 = 5 \times 237.5 = 1,187.5\,\text{cm}^2$ 이므로 콘크리트의

허용지압응력 $f_{ca} = \frac{f_{ck}}{4.5}\sqrt{\frac{A}{A_1}}$ 가 된다.

① 콘크리트의 허용지압응력

$$f_{ca} = \frac{f_{ck}}{4.5}\sqrt{\frac{A}{A_1}} = \frac{27}{4.5}\sqrt{\frac{552}{237.5}} = 9.1\,\text{MPa}$$

② ㄷ형강의 허용전단력 Q_a (6-2-6 식)

$$Q_a = f_{ca} A_1 = 9.1 \times 23,750$$
$$= 216,130\,\text{N} = 216.13\,\text{kN}$$

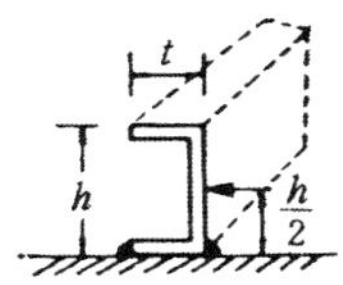

그림 6-16

③ ㄷ형강의 간격 p

$p = \frac{Q_a}{H}$ 에서

$$\frac{l}{2}\text{점}:\ p = \frac{216,130}{85} = 2,540\,\text{mm}$$

최대 간격 $180\,\text{mm} \times 3 = 540\,\text{mm} < 600\,\text{mm}$ 이므로 $p = 500\,\text{mm}$ 로 한다.

A 점: $p = \frac{216,130}{223} = 970\,\text{mm}$ 안전을 위하여 290 mm 로 한다.

지점 : $p = \frac{216,130}{413} = 520\,\text{mm}$ 안전을 위하여 150 mm 로 한다.

④ ㄷ형강의 용접치수 s

지점의 전도모멘트 $M = (H \cdot p) \times \frac{h}{2} = (413 \times 150) \times \frac{125}{2}$

$$= 3,872,000\,\text{N} \cdot \text{mm} = 3.872\,\text{kN} \cdot \text{m}$$

이에 대하여 $s = 8\text{mm}$로 하여 검토하면

용접단면적 $A = 2 \times \dfrac{8}{\sqrt{2}} = 11.3\text{mm}^2$

용접단면계수 $Z = I/\dfrac{t}{2} = A \times \left(\dfrac{t}{2}\right)^2 / \dfrac{t}{2} = \dfrac{At}{2} = \dfrac{11.3}{2} \times 65 = 367\text{mm}^3$

$$v_s = \frac{H \cdot p}{Al} = \frac{413 \times 150}{11.3 \times 190} = 28.9\text{MPa}$$

$$v_b = \frac{M}{Zl} = \frac{3.872 \times 10^6}{367 \times 190} = 55.5\text{MPa}$$

식(4-4-4)에 의한 검산(필렛용접)

$$\left(\frac{v_b}{v_a}\right)^2 + \left(\frac{v_s}{v_a}\right)^2 = \left(\frac{55.5}{120}\right)^2 + \left(\frac{28.9}{120}\right)^2 = 0.27 < 1.0$$

따라서 안전하다.

8. 주거더의 이음(설계도면 참조)

주거더의 현장까지 운반관계로 N점에서 현장이음을 하기로 하고, 볼트이음 계산을 한다. 주거더의 단면 및 이음판의 강종은 SM 490 Y를 사용한다.

(1) 위플랜지의 이음

① 이음판

$P_L - 300 \times 10 \times 720$ 1장, $P_L - 140 \times 10 \times 720$ 2장으로 하면 $A = 30 + 14 \times 2 = 58\text{cm}^2$가 되며 본 플랜지 단면적 $30 \times 1.4 = 42\text{cm}^2$보다 크므로 안전하다.

② 볼트(표 4-5, F 10 T, M 24)

$$\text{볼트수} = \frac{\text{전강}}{\text{볼트강도}} = \frac{882}{112} = 8 \rightarrow 10\text{개 사용}$$

$$\text{전강} = 4,200 \times 210 = 882,000\text{N} = 882.0\text{kN}$$

볼트의 허용력은 2면마찰면에 대해 $\rho_a = 56 \times 2 = 112\text{kN}$

(2) 아래플랜지의 이음

① 이음판

$P_L - 540 \times 16 \times 1,370$ 1장, $P_L - 250 \times 16 \times 1,370$ 2장을 사용하면 $A = 54 \times 1.6 + 25 \times 1.6 \times 2 = 166.4\text{cm}^2$가 되며, 본 플랜지 단면적 $54 \times 2.2 = 118.8\text{cm}^2$보다 크므로 안전하다.

② 볼트(표 4-5, F 10 T, M 24)

$$볼트강도 = \rho_a = 112\text{kN}$$

$$b_n = 54 - 2.7 - \left(2.7 - \frac{6.5^2}{4 \times 10.5}\right) - 2.7 - \left(2.7 - \frac{6.5^2}{4 \times 10.5}\right)$$

$$= 54 - 2.7 \times 4 + 1.02 \times 2 = 45.24\text{cm}$$

$$전강 = 452.4 \times 22 \times 210 = 2{,}090{,}000\text{N} = 2{,}090\text{kN}$$

$$볼트수 = \frac{2{,}090}{112} = 18.7 \rightarrow 20개\ 사용$$

(3) 복부판의 이음

전 단 판 : 370 × 9 × 1,070 - 2장

모멘트판 : 190 × 9 × 1,050 - 4장을 사용하면

$$I_w = \frac{0.9 \times 150^3}{12} = 253{,}125\text{cm}^4$$

$$I_m = 4 \times \left(\frac{0.9 \times 19^3}{12} + 19 \times 0.9 \times 63.5^2\right) = 277{,}864\text{cm}^4 > I_w$$

따라서 식(5-3-24)을 만족한다.

또, $\frac{t}{2} \times \left(\frac{h_w}{h_s}\right)^2 = \frac{9}{2} \times \left(\frac{1{,}500}{1{,}070}\right)^2 = 8.8 < t_s = 9\text{mm}$

따라서 식(5-3-23)도 만족한다.

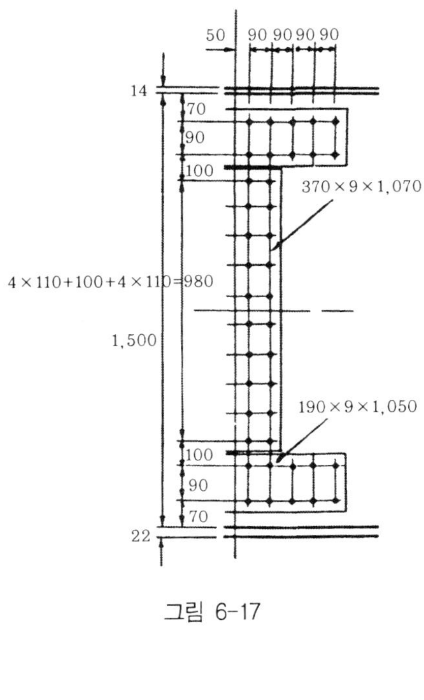

그림 6-17

$$W = \frac{2\sum my^2}{y_n} = 2 \times \frac{5 \times (68^2 + 59^2) + 2 \times (49^2 + 38^2 + 27^2 + 16^2 + 5^2)}{68}$$

$$= 1,477.5\text{cm}$$

f_a 를 복부판의 허용휨응력, h_w 를 복부판의 높이라 하면 $f_a = \frac{M_w}{I_w} \times \frac{h_w}{2}$ 에서

$$M_w = \frac{2f_a}{h_w} I_w = \frac{2 \times 210}{1,500} \times 253,125 \times 10^4$$

$$= 70,875 \times 10^4 \text{N} \cdot \text{mm} = 708.75\text{kN} \cdot \text{m}$$

식(5-3-21)에 대입하면

$$f_n = \frac{M_w}{W} = \frac{708,75 \times 10^6}{14,775} = 47,970\text{N} = 47.97\text{kN}$$

$$v_r = \frac{V_N}{n} = \frac{300.07}{40} = 7.5\text{kN}$$

합성응력 $R = \sqrt{{f_n}^2 + {v_r}^2} = \sqrt{47.97^2 + 7.5^2} = 48.55\text{kN} < \rho_a$

볼트는 F 10 T, M 22 사용, 볼트의 허용력 $\rho_a = 48 \times 2 = 96\text{kN}$

따라서 안전하다.

9. 복부판의 전단응력

$$v = \frac{V}{A_w} = \frac{595,340}{1,500 \times 9} = 44.1\text{MPa} < v_a = 120\text{MPa}$$

따라서 안전하다.

10. 세부설계

(1) 플랜지와 복부판의 용접

$$v = \frac{V}{\sum a} \cdot \frac{Q}{I}$$ 식(5-3-16), 그림 6-13 참조.

$$I = 2,315,000\text{cm}^4$$

$$Q = 630 \times (34.5 - 9) + 24 \times 1 \times (11.5 - 0.5) = 16,329\text{cm}^3$$

치수를 6mm로 하면

목두께 $a = \frac{6}{\sqrt{2}} = 4.24\text{mm}$

$$\therefore v = \frac{595,340 \times 16,329 \times 10^3}{2 \times 4.24 \times 2,315,000 \times 10^4} = 49.5\text{MPa} < v_a = 120\text{MPa}$$

따라서 안전하다.

(2) 단보강재

$$A = 11.5\times1.2\times2 + 24\times0.9\times0.9 = 47.04\,\text{cm}^2$$

$$I = \frac{1.2\times23.9^3}{12} + \frac{21.6\times0.9^3}{12} = 1{,}366.5\text{cm}^4$$

$$r = \sqrt{\frac{I}{A}} = \sqrt{\frac{1{,}366.5}{47.04}} = 5.4\,\text{cm}$$

$$\lambda = \frac{l}{r} = \frac{150}{5.4\times2} = 13.9 < 14$$

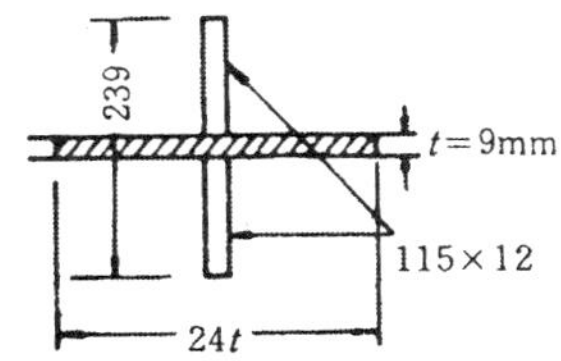

그림 6-18

표 3-11에서 $f_{ca} = 210$ MPa (SM 490 Y)

$$f_c = \frac{V}{A} = \frac{595{,}340}{4{,}704} = 126.6\text{MPa} < f_{ca} \quad \therefore \text{ 만족한다.}$$

(3) 중간 수직보강재(5-3절 6. 참조)

돌출각의 폭 $\quad \dfrac{h}{30} + 5 = \dfrac{150}{30} + 5 = 5 + 5 = 10$ cm

돌출각의 두께 $\quad \dfrac{\text{돌출각의 폭}}{13} = \dfrac{10}{13} = 0.77 < 0.9$ cm 사용

수직보강재의 간격은 수평보강재 1단을 사용하였으므로 수직보강재의 간격 $a = 100$ cm로 배치할 때 상하 플랜지의 순간격 $b = 150$ cm이므로 $a/b = 100/150 = 0.67$, 즉 $a/b < 0.80$이므로 식(5-3-13)을 만족해야 한다.

$$\left(\frac{b}{100t}\right)^4 \left[\left(\frac{f}{950}\right)^2 + \left\{\frac{v}{95 + 81(b/a)^2}\right\}^2\right] \leqq 1$$

여기서,

$t = 9$ mm (복부판의 두께)

$f = 164.2$ MPa (표 6-6에서 B점의 강거더 상연응력)

$$v = \frac{V}{A_w} = \frac{435{,}360}{1{,}500\times9} = 32.3\text{ MPa} \;(V\text{값은 표 6-2의 } B\text{점})$$

$$\left(\frac{1{,}500}{100\times9}\right)^4 \left[\left(\frac{164.2}{950}\right)^2 + \left\{\frac{32.3}{95 + 81\times1.5^2}\right\}^2\right] = 0.29 < 1 \quad \therefore \text{ 만족}$$

또 보강재의 소요단면 2차모멘트는 다음 값 이상이라야 한다.

$$I = \frac{bt^3}{10.92}r = \frac{bt^3}{10.92}\times8.0\left(\frac{b}{a}\right)^2 = \frac{150\times0.9^3}{10.92}\times8\times1.5^2 = 180\text{cm}^4$$

실제의 단면 2차모멘트는

$$I = \frac{0.9 \times 10^3}{12} + 0.9 \times 10 \times 5^2 = 300\,\text{cm}^4 > 180\,\text{cm}^4 \quad \therefore \text{ 만족}$$

(4) 수직 및 수평브레이싱

일반참고도에 따라 부록도면 [2]와 같이 설치한다.
수직 및 수평브레이싱의 강종은 SS 400을 사용한다.

11. 처짐의 검토

활하중만의 처짐은 식(5-3-2)으로 구한다.

$$\delta = \frac{5}{24}\frac{l^2}{h}\frac{f_t}{E} = \frac{5}{24} \cdot \frac{29,300^2}{1,500} \cdot \frac{63.5}{2.1 \times 10^5} = 3.6\,\text{cm}$$

여기서, $f_{l+i} = f_t(1+i) = f_t \times 1.216 = 77.3 \rightarrow f_t = 63.5\,\text{MPa}$
허용처짐은 표 2-16에서 구하면

$$\delta_a = \frac{L(\text{cm})}{20,000/L(\text{m})} = \frac{2,930}{20,000/29.3} = 4.3\,\text{cm} > 3.6\,\text{cm} \quad \therefore \text{ 만족}$$

부록 도면[2] 용접 플레이트거더 활하중 합성교 설계도 참조

제7장 트러스교

7-1 서 론

직선부재를 한 평면 내에서 순차로 결합시켜 3각망으로 한 구조를 골조라 한다. 이와 같은 골조를 거더로 사용한 교량이 트러스교이며, 트러스는 전체가 거더로 작용하여 외력에 저항한다.

강교에서는 지간이 50m 정도 이상이 되면 플레이트거더교보다 트러스교가 유리하다고 한다. 물론 이 이하에서도 트러스교가 사용되는 경우가 있다. 최근에는 연속 합성거더교 및 강상판거더교 등이 출현하여 대지간에도 플레이트거더교가 가설되고 있지만 일반적으로 50～100m 지간에서는 트러스교가 가장 알맞은 형식이라 볼 수 있다.

트러스를 구성하는 부재(member)의 연결점을 절점(또는 격점)이라 하여 계산상 모두 마찰이 없는 힌지(hinge)로 가정하기 때문에 트러스교 발달 초기에는 이에 알맞게 하기 위해서 한 점에 모이는 여러 부재를 하나의 핀(pin)으로 연결하는 소위 핀트러스(pin truss)교가 주로 채용되었다. 그러나 이 핀트러스교는

① 교량 전체로서 강성이 적어 흔들리기 쉽고

② 힌지구멍 사이에는 상당한 마찰력이 있어 완전한 힌지로 작용하지 않으며

③ 힌지구멍이 점차 타원형으로 확대되어 수명이 짧으며

④ 한 부재의 손상에 의하여 트러스 전체가 위험하게 되고

⑤ 가로보나 수평브레이싱을 연결하는데 불편한 점 등이 있다.

오늘날에 와서는 특별한 경우를 제외하고는 이것을 사용하지 않고 현재는 격점을 리벳 또는 볼트로 연결한 강결트러스로 하고 있다. 강결트러스교로 하면 절점이 강결되어 강성이 커지고, 격점에 의해 수명이 좌우되지 않으며, 아이 바(eye bar)와 같은 특수 부재가 필요 없으며, 보강이 비교적 쉽고, 가로보와 수평브레이싱 연결에 알맞은 구조가 되는 이점이 있으나 다음과 같은 결점도 있다.

① 절점이 마찰력없는 힌지라는 가정과는 달리 2차응력을 계산해야 하고

② 대지간에서는 많은 연결판(gusset plate)이 필요하며

③ 리벳팅 및 용접하는 수고가 들게 된다.

한강 단선 철도트러스교는 가설 당시에는 핀 트러스교였으나 지금은 볼트 트러스교로 개조되어 전용 철도교로 사용되고 있으며, 삼랑진의 구철도교(핀트러스교 2대)도 지금은 도로교로 사용되고 있다.

그림 7-1은 도로 하로트러스교의 일반적인 구조를 나타낸 것인데, 트러스의 구성은 상하

에 종방향으로 현재(弦材, chord member, 상현재와 하현재가 있다)가 있고, 이를 연결하는 복부재(腹部材, web member)가 있다. 복부재는 수직재(vertical member)와 사재(斜材, diagonal member)를 모두 말하는데, 수직재 가운데 인장력을 받는 것은 행거(hanger), 압축력을 받는 것을 지주(支柱)라고 하는 경우가 있다. 또 트러스의 단부를 형성하는 사재는 단주(端柱, end post)라 하며, 상하 양현재 사이에 바닥틀이 붙어 있는 쪽을 짐 실리는 현(loaded chord), 이와 반대쪽의 현을 짐 안 실리는 현(unloaded chord)이라 한다.

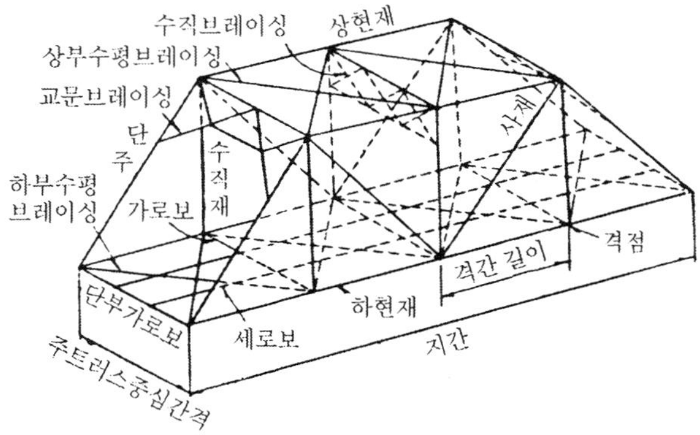

그림 7-1 트러스의 구성

트러스교로서 가장 일반적인 하로트러스교의 구성은 그림 7-1과 같으며, 교량의 주체가 되는 부분이 주트러스(main truss)이고 이 사이에는 바닥틀이 있으며, 바닥틀은 가로보와 세로보로 이루어지는 것이 보통이다.

교량에는 연직하중 이외에 풍하중과 횡하중 등에 의한 수평하중이 작용하여 이것 때문에 트러스가 횡방향으로 휘게 되는데, 이를 막기 위해서 교단부에는 교문브레이싱(portal bracing)을, 중간에는 수직브레이싱(sway bracing)을, 또 상현과 하현에는 수평브레이싱(lateral bracing)을 설치하여 트러스의 강성을 증가시킨다. 이와 같은 수평브레이싱, 교문브레이싱, 수직브레이싱을 총칭해서 대풍(對風)브레이싱이라 한다.

지간이 짧아 트러스 높이가 낮아지면 차량교통 관계상 상부 수평브레이싱을 설치할 수 없는데, 이런 때는 포니 트러스(pony truss)교로 한다(그림 7-2 참조).

그림 7-2 포니 트러스교

7-2 트러스의 종류와 치수

1. 트러스의 종류

트러스는 상·하 현재의 배치형태에 따라 직현(또는 평행현)트러스와 곡현트러스가 있으며, 보통은 복부재의 연결방법에 따라 다음과 같이 분류한다.

(1) 와렌 트러스(Warren truss)

상로교의 단지간에 쓰면 좋고, 하로교에서는 가로보의 연결을 쉽게 하기 위해 부수직재를 넣어 격간(格間)을 분격하는 경우가 많다. 현재 트러스교로서 가장 널리 사용되는 형식이다.(그림 7-3)

(a) (b)

그림 7-3 와렌 트러스

(2) 하우 트러스(Howe truss)

그림 7-4와 같이 사재의 방향이 지간중심선에 대하여 위에서 아래로 향하여 바깥으로 나간 트러스이며, 사재는 일반적으로 압축재, 수직재는 인장재가 되며, 강교에서는 보통 쓰이지 않고 목교에서 많이 쓰이는 형식이다.

하우 트러스 프랫 트러스

그림 7-4 하우 트러스와 프랫 트러스

그림에서 두꺼운 실선은 보통 하중상태에서 압축재, 가는 실선은 인장재, 파선은 경우에 따라 사용되는 대재(對材, counter bracing)로서, 트러스의 중앙부근 격간에서는 활하중의 위치에 따라서 정부(正負)의 전단력이 작용하기 때문에 항장재(抗張材)로서 넣을 때도 있다. 이 때 넣는 사재를 대재라 한다.

(3) 프랫 트러스(Pratt truss)

사재의 방향이 하우트러스와 반대로 된 트러스이다. 이 때 사재는 인장재, 수직재는 제일 바깥에 있는 것을 제외하고는 압축재가 된다. 그림 7-4에서 (a)는 하로교에 (b)는 주로 상로교에 쓰이는 형식이다.

(4) 분격트러스(Subdivided panel truss)

지간이 길어지면 트러스 높이가 높아지고, 사재의 경사각도 관계로 격간 길이가 길어지며, 압축재로서 불리하게 되고, 또 가로보도 길어져서 비경제적으로 되기 때문에 격간을 나누는 것이 좋다. 그림 7-5는 프랫 트러스의 분격트러스로서 페티트(pettit) 트러스이다.

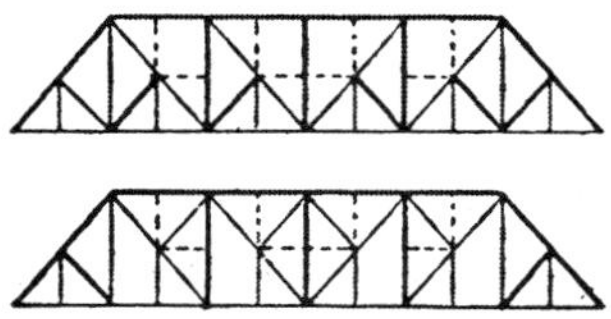

(a) 볼티모어(baltimore) 트러스

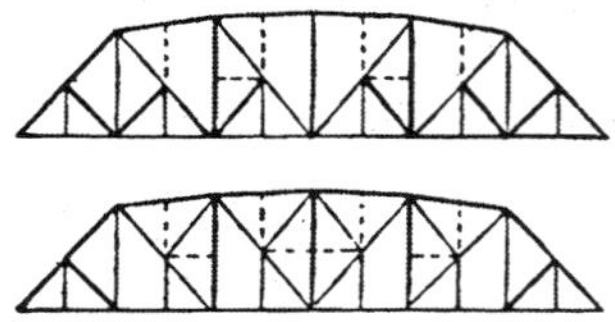

(b) 펜실베이니아(pennsylvania) 트러스

그림 7-5 페티트 트러스

(5) 기타 트러스

그림 7-6에서 (a), (b)는 K트러스로 주트러스에는 별로 쓰이지 않고 수평브레이싱에 잘 쓰이며, (a)는 정정이나, (b)는 1차 부정정이다. (c)는 더블 와렌 트러스이고, (d)는 다이아몬드 트러스, (e) 이하는 현재 잘 쓰이지 않는 형식들이다.

(a)

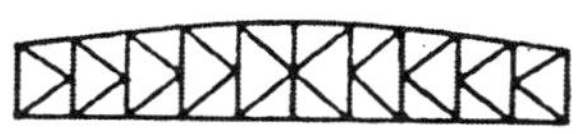

(b) K 트러스

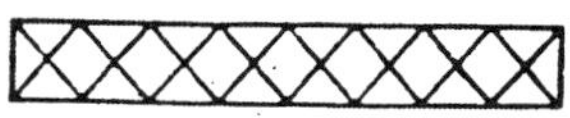

(c) 더블(double) 트러스

(d) 다이아몬드(diamond) 트러스

(e) 래티스(lattice) 트러스

(f) 위플(whipple) 트러스

(g) 슈바이덜러(schwedler) 트러스

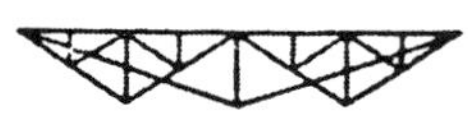

(h) 스윙(swing) 트러스

그림 7-6 기타 트러스

2. 트러스의 치수

(1) 트러스의 높이

구조적으로 알맞고 경제적으로도 유리한 트러스교를 설계하려면 우선 지간에 대한 트러스의 높이, 격간수 등을 정해 놓아야 한다. 보통 지간 l에 대한 트러스의 높이 h의 비는 다음과 같다.

즉 직현트러스에서 도로교는 1/8～1/6, 철도교는 1/7～1/6
　곡현트러스에서 도로교는 1/8～1/5.5, 철도교는 1/7～1/5.5

(2) 주트러스의 간격과 격간길이

주트러스의 간격은 도로의 건축한계를 고려하여 정하며, 너무 간격이 좁으면 횡하중에 의한 주트러스 부재력이 커지므로 되도록 좁지 않게 정해야 하며, 최소한 지간의 1/20 이상으로 하는 것이 좋다.

격간의 길이도 어느 정도 경제성과 관련이 있기 때문에 도로교에서 지간 60m 정도에서는 격간길이 6m 전후가 경제적이고, 지간이 커지면 트러스 높이도 높아진다. 사재의 경사각도는 수평에 대하여 약 35～55°가 좋고 격간길이가 너무 길어지면 분격트러스로 한다.

7-3 트러스의 부재력 해법

1. 가정

트러스교는 실제로 입체이지만 입체적 해석은 계산이 너무 복잡하여 전산처리로만 가능하다.

일반적으로는 2주 트러스 사이에 실리는 하중을 가로보에 전달시키고 가로보의 양끝의 반력이 주트러스에 집중하중으로 작용하게 하여, 평면트러스로 취급해서 다음과 같은 가정 아래 부재력을 계산한다.

① 트러스는 평면트러스로서 외력은 모두 트러스면 내에 작용한다.
② 외력은 모두 격점에 집중되어 작용한다.
③ 부재는 모두 직선으로 그 축선은 모두 격점에서 만난다.
④ 격점은 모두 마찰 없는 힌지로 본다.
⑤ 변형은 미소하여 격점의 이동과 부재의 회전은 없다고 본다.

이상의 가정 아래에서 구한 부재응력을 1차응력이라고 한다. 그러나 근년의 트러스는 상기의 가정과는 반드시 일치하지는 않는다. 예를 들어 외력이 트러스면 외에서 작용한다든지, 트러스면 내에서 작용해서 편심이 있든지, 또 부재의 축선은 꼭 격점을 통하지 않는 경우도 있다. 그리고 격점은 거의 리벳 또는 볼트로 결합되어 있으므로 힌지구조와는 차이가 있으며, 상당히 강성이 있는 구조로 되어 있다. 이와 같은 여러 가지 원인에 의해 트러스는

1차응력 이외에 다른 여분의 응력을 받게 되는데, 이 여분의 응력을 2차응력이라고 한다. 2차응력은 이상과 같이 많은 요인을 갖고 있기 때문에 설계계산 단계에서 당연히 계산하여 얻을 수 있는 것과 설계가 모두 끝난 후가 아니면 계산할 수 없는 것이 있다.

2차응력 중에서도 가장 문제가 되는 것은 격점의 강성에 기인되는 휨응력인데, 설계계산상 무시할 수 없을 정도의 큰 값이다. 이 휨응력은 설계가 끝나지 않으면 계산할 수 없을 뿐만 아니라 그 계산과정도 복잡하다. 그러나 다행히 현재로서는 과거의 많은 연구 결과에 의해 보통형의 트러스에서는 대략 그 값을 예상할 수 있을 정도이므로 허용응력을 정할 때 그에 대한 고려를 하고 있다. 즉 도로교 설계기준이나 철도교 설계기준에 준해서 설계하면 1차응력만으로 설계해도 좋다.

2. 트러스의 안정, 불안정, 정정, 부정정

(1) 내적 부정적 차수

그림 7-3이나 그림 7-4는(파선으로 표시된 부재가 없으면) 모두 삼각형의 연속으로 구성되어 있다. 삼각형은 3변의 길이가 일정하면 결코 그 모양이 변하지 않는다. 그러므로 삼각형의 연속으로 구성된 트러스는 내적으로 안정하다. 다음의 해법에서 알 수 있지만 삼각형의 연속으로 된 트러스는 평형조건 $\sum H=0$, $\sum V=0$ 및 $\sum M=0$으로 부재력의 풀이가 가능하다. 그러므로 이런 트러스를 내적으로 정정이라고 한다. 만일 그림 7-7에서 중간 어느 격점 사이의 사재 하나를 없애면 그 부분에는 사각형이 되는데 사각형은 4부재의 길이가 일정하더라도 그 모양은 쉽게 변한다. 그러므로 사각형이 포함된 트러스는 불안정하기 때문에 이를 내적 불안정이라고 한다.

반대로 그림 7-7의 파선으로 표시된 부재가 들어 있다면 3평형 조건으로 풀 수 없다.

이런 부재를 군부재(冗部材)라고 하며 군부재가 1개 있으면 내적으로 1차 부정정이다. 즉 군부재 수가 곧 내적 부정정차수가 된다.

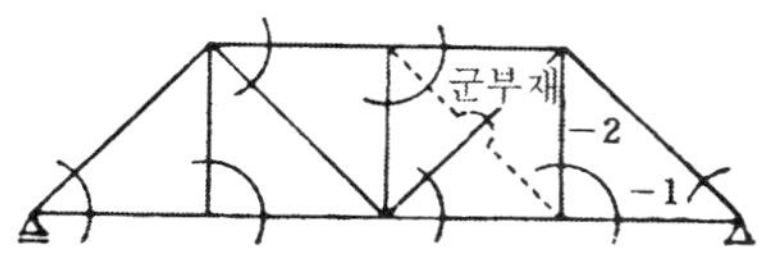

그림 7-7

군부재가 없이 삼각형만으로 구성된 트러스는 그림 7-7에서와 같이 1격점에서 2부재씩 끊어 가면 전 격점에 대하여 부재가 세 개 모자란다. 즉 격점수를 j, 부재수를 m이라 하면

$$2j=m+3 \text{ 또는 } m=2j-3 \tag{7-3-1}$$

식(7-3-1)은 내적으로 안정이고 정정인 조건식이다. 따라서 내적 부정정차수 n은 다음과 같다.

$$n_1=(m+3)-2j \tag{7-3-2}$$

(2) 외적 부정정차수

외적으로는 트러스 자체를 하나의 보로 본다. 즉 단순트러스는 단순보로, 연속트러스는 연속보, 게르버트러스는 게르버보 등으로 보고 안정, 불안정, 정정 및 부정정차수를 구한다.

일반적으로 반력의 수 r이 3 이면 정정이나 연속트러스에서 받침구조가 모두 가동이면 수평하중에 의해 평형을 유지할 수 없으므로 설령 반력수가 3 이상이라 하더라도 불안정 트러스가 된다.

따라서 외적 부정정차수 n_2는 다음과 같다.

$$n_2 = r - 3 \tag{7-3-3}$$

(3) 부정정차수

위에서 설명한 바와 같이 트러스의 전체 부정정차수 n은

$$\begin{aligned} n &= n_1(\text{내적 부정정차수}) + n_2(\text{외적 부정정차수}) \\ &= (m+3) - 2j + (r-3) = m + r - 2j \end{aligned} \tag{7-3-4}$$

그림 7-8에서 (a) 그림은 불안정

(b) 그림에서 $n = 14 + 3 - 2 \times 8 = 17 - 16 = 1$차

(c) 그림에서는 $n = 15 + 4 - 2 \times 8 = 19 - 16 = 3$차 부정정이다.

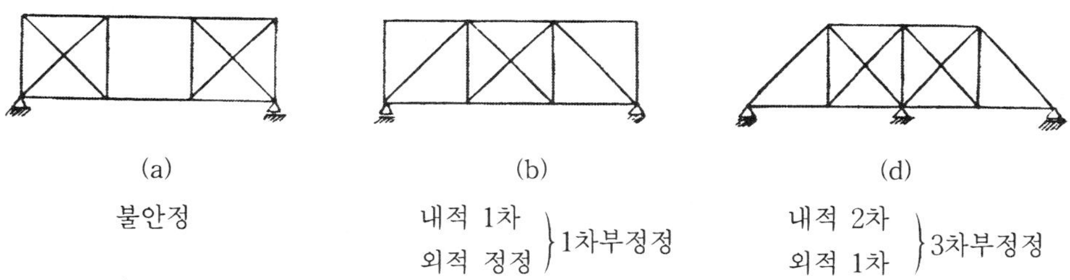

그림 7-8 트러스의 부정정 차수

3. 트러스 응력의 일반해법

(1) 단면법(section method)

트러스를 어떤 가상단면으로 절단하여 그 절단면의 한쪽 자유체(free body)에 대하여 $\sum V = 0$, $\sum H = 0$, $\sum M = 0$의 세 개의 평형조건식을 적용하여 부재응력을 구하는 방법이다. 여기서 처음에는 부재응력이 압축력인지 인장력인지 알 수 없으므로 모두 인장력으로 가정하여 계산하며, 그 결과가 정이면 응력은 인장력이 되고, 부가 되면 압축력이 된다.

지금 그림 7-9에서 가상단면 $t-t$의 좌측 자유체에서 $\sum V = 0$을 적용하면

$$S_m + U_m \cdot \sin\beta_m - D_m \cdot \sin\phi_m - L_{m-1} \cdot \sin\alpha_{m-1} = 0 \tag{7-3-5}$$

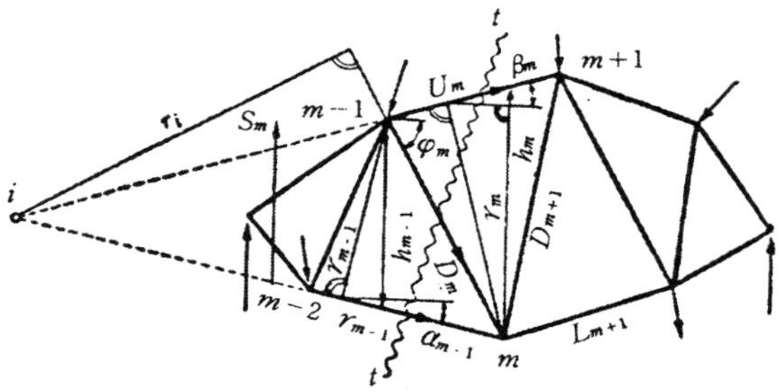

그림 7-9 단면법

여기서, S_m 은 단면 $t-t$ 의 좌측부분에 작용하는 외력의 연직분력의 합계이고 또, $\sum H=0$ 을 적용하면

$$H_m + U_m \cdot \cos\beta_m + D_m \cdot \cos\phi_m + L_{m-1} \cdot \cos\alpha_{m-1} = 0 \quad (7\text{-}3\text{-}6)$$

여기서, H_m 은 단면 $t-t$ 의 좌측부분에 작용하는 외력의 수평분력의 합계이다. 마지막으로 격점 $m-1$ 을 모멘트 중심으로 한 $\sum M=0$ 을 적용하면

$$M_{m-1} - L_{m-1} \cdot r_{m-1} = 0 \quad (7\text{-}3\text{-}7)$$

여기서, M_{m-1} 은 단면 $t-t$ 의 좌측 여러 외력의 $(m-1)$ 점에 대한 합모멘트이다. 이상의 3개 식에서 부재력 U_m, L_{m-1}, D_m 을 구할 수 있다. 즉 L_{m-1} 은 식(7-3-7)에서 곧

$$L_{m-1} = \frac{M_{m-1}}{r_{m-1}} = \frac{M_{m-1}}{h_{m-1}} \cdot \sec\alpha_{m-1} \quad (7\text{-}3\text{-}8)$$

같은 방법으로 $t-t$ 단면의 격점 m 에서 $\sum M=0$ 을 적용하면

$$U_m = -\frac{M_m}{r_m} = -\frac{M_m}{h_m} \cdot \sec\beta_m \quad (7\text{-}3\text{-}9)$$

지금 $H_m = 0$ (연직하중만 작용)이라 하고, 식(7-3-8), (7-3-9)을 식(7-3-6)에 대입하면

$$D_m = \left(\frac{M_m}{h_m} - \frac{M_{m-1}}{h_{m-1}} \right) \sec\phi_n \quad (7\text{-}3\text{-}10)$$

그러나 사재응력은 $t-t$ 단면 좌측에 대하여, i 점에 대한 $\sum M=0$ 에서

$$M_i + D_m \cdot r_i = 0,\ D_m = -\frac{M_i}{r_i} \qquad (7\text{-}3\text{-}11)$$

(2) 격점법(Joint method)

한 개의 격점에 작용하는 부재응력 및 외력에 대하여 $\sum H = 0$, $\sum V = 0$의 평형조건식을 적용해서 구하며, 한 격점에 미지 부재응력이 두 개이면 이 방법으로 구할 수 있다.

그림 7-10(a)에서 반력을 간단히 알 수 있으므로 우선 격점 1에서 미지(未知) 2부재의 응력을 구하고 다음에 격점 2에서 또 3에서 계속 미지 부재응력을 구할 수 있다.

즉 (b)그림의 격점 1에서

$$\sum V = 0\ ;\ R_A + D_1 \cdot \sin\alpha = 0 \quad \therefore D_1 = -R_A \cdot \operatorname{cosec}\alpha \qquad (7\text{-}3\text{-}12)$$

$$\sum H = 0\ ;\ D_1 \cdot \cos\alpha + L_1 = 0 \quad \therefore\ L_1 = -D_1 \cdot \cos\alpha + R_A \cdot \cot\alpha \qquad (7\text{-}3\text{-}13)$$

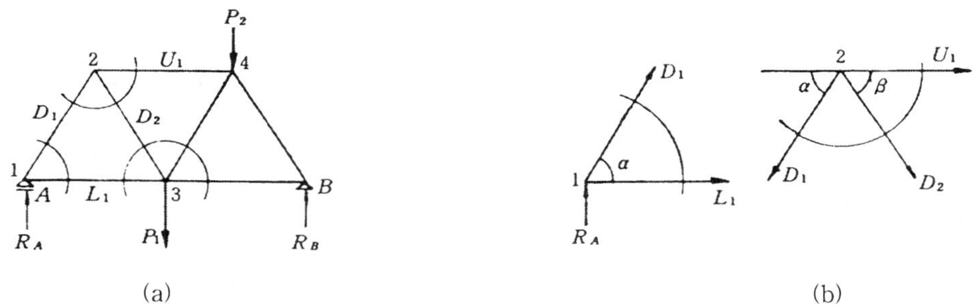

그림 7-10 격점법

(b) 그림의 격점 2에서

$$\sum V = 0\ ;\ -D_1 \cdot \sin\alpha - D_2 \sin\beta = 0$$

$$\therefore\ D_2 = -D_1 \cdot \sin\alpha / \sin\beta = +R_A \cdot \operatorname{cosec}\beta \qquad (7\text{-}3\text{-}14)$$

$$\sum H = 0\ ;\ U_1 \cdot \cos\beta - D_1 \cdot \cos\alpha = 0$$

$$\therefore\ U_1 = -D_1 \cos\alpha - D_2 \cos\beta = -R_A(\cot\alpha + \cot\beta) \qquad (7\text{-}3\text{-}15)$$

(3) 도해법(Graphical solution)

이것은 크레모나(Cremona)의 방법이라고도 하며, 격점법을 도식으로 구하는 방법이다. 여기서는 그림 7-11의 (a)에서와 같이 부재응력과 하중 사이의 공간에 Bow의 기호 A, B, $C \cdots$ 등을 붙여서 힘다각형을 그려서 부재응력을 구한다.

이외에도 여러 가지 방법이 있으나 여기서는 생략한다. 실제 부재응력을 구할 때는 상기의 방법을 혼용하여 구하면 편리하다.

예를 들어 K트러스에 대하여 설명한다. 그림 7-12에서 단면 $s-s$의 좌측에 대한 자유체에서 $\sum H = 0$ 및 격점 $m-1$에 대한 $\sum M = 0$을 적용하면

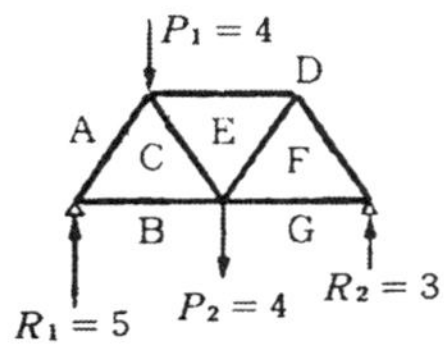

(a)

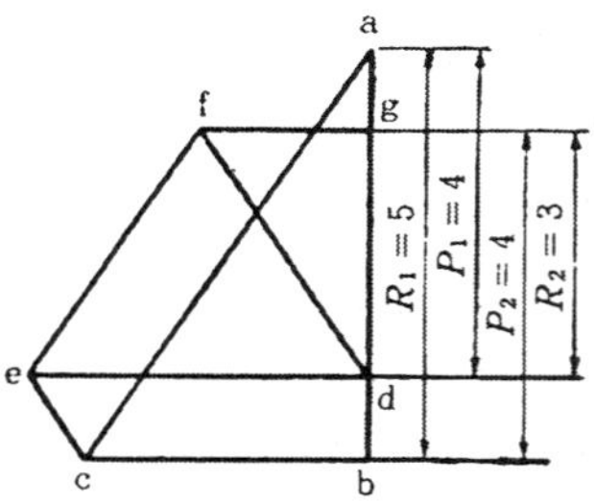

(b)

그림 7-11 도해법

$$U_m + L_m = 0,\ U_m \cdot h/2 - L_m \cdot h/2 + M_{m-1} = 0$$

이 양식에서

$$U_m = -M_{m-1}/h \qquad (7\text{-}3\text{-}16)$$

$$L_m = +M_{m-1}/h \qquad (7\text{-}3\text{-}17)$$

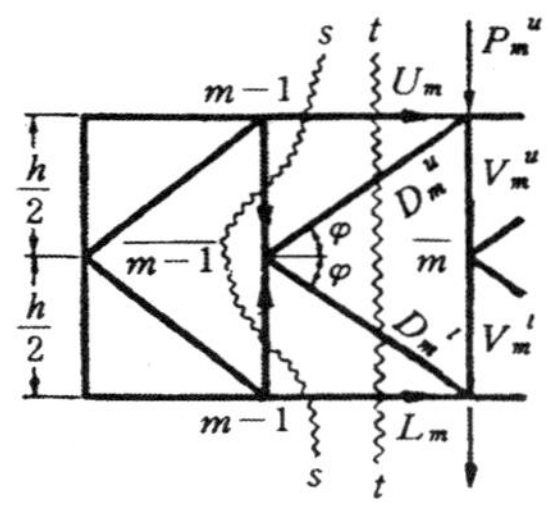

그림 7-12 K트러스

다음에 단면 $t-t$ 의 좌측에 대해서 $\Sigma H = 0$, $\Sigma V = 0$ 를 적용하면

$$U_m + (D_m{}^u + D_m{}^l)\cos\phi + L_m = 0,$$

$$(D_m{}^u - D_m{}^l)\sin\phi + S_m = 0$$

$$\therefore\ D_m{}^l = -D_m{}^u = +S_m/(2\sin\phi) \qquad (7\text{-}3\text{-}18)$$

또 상하의 격점 m 에 대하여 격점법으로 $\Sigma V = 0$ 을 적용하면

$$V_m{}^u + D_m{}^u \cdot \sin\phi + P_m{}^u = 0,\ V_m{}^l + D_m{}^l \cdot \sin\phi - P_m{}^l = 0$$

이 식과 식(7-3-18)에서

$$V_m{}^u = S_m/2 - P_m{}^u,\ V_m{}^l = -S_m/2 + P_m{}^l \qquad (7\text{-}3\text{-}19)$$

4. 영향선(Influence line)

트러스 설계에서는 활하중에 의한 부재응력의 최대값을 알아야 하는데, 이 최대 응력이 생기는 활하중의 위치와 이 때의 최대 활하중 응력을 구하려면 영향선을 이용하면 편리하다.

(1) 현재응력의 영향선

현재응력은 식(7-3-8), (7-3-9)를 이용하여 구할 수 있듯이 현재응력의 영향선은 보의 휨모멘트 영향선에 $1/r_m$을 곱하면 된다. 직현트러스에서는 $r_m = h$이기 때문에 $M_m = h$

의 영향선을 그리면 된다. 그러나 와렌 트러스에서 짐 안실리는 격점에 대한 영향선은 짐 실리는 현(예를 들면, 그림 7-13에서 L_{m-1})에 대해서는 간접하중이기 때문에 그 부분만 머리가 찔린 모양이 된다.

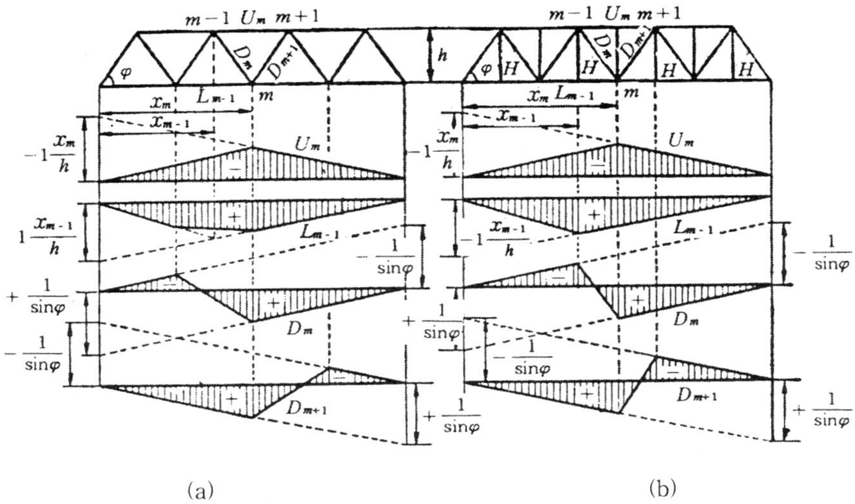

그림 7-13 와렌 트러스

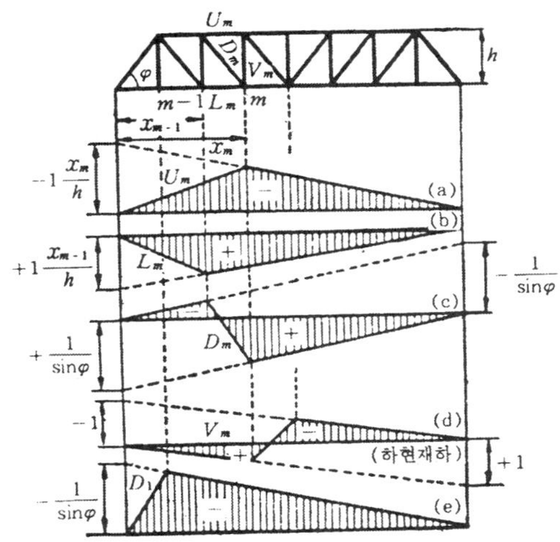

그림 7-14 프랫 트러스

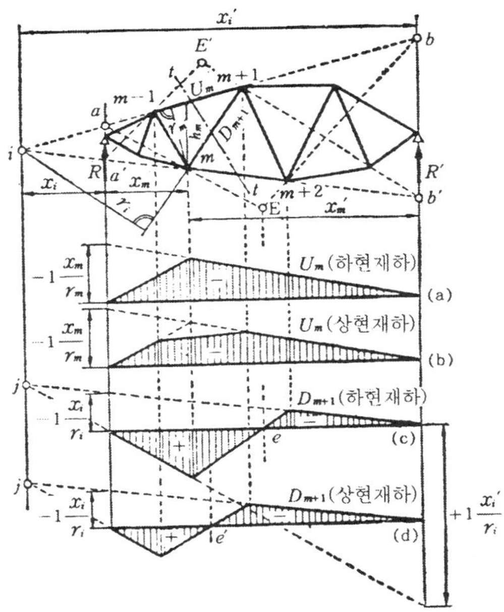

그림 7-15 곡현 트러스

(2) 복부재응력의 영향선

직현트러스의 사재, 수직재의 응력 영향선은, 모두 전단력 영향선에 적당한 계수를 곱해서 구한다. 또 곡현트러스에서는 그림 7-15에서 단위하중 $P=1$이 $t-t$ 단면 우측에 있을 때, 좌측 자유체에 대한 i점의 $\sum M=0$에서

$$-D_{m+1}\cdot r_i - R\cdot x_i = 0,\ D_{m+1} = -R\frac{x_i}{r_i} \qquad (7\text{-}3\text{-}20)$$

같은 방법으로 $P=1$이 $t-t$단면 좌측에 있을 때, 우측 자유체에 대한 점의 $\sum M_i=0$에서

$$+D_{m+1}\cdot r_i - R'\cdot x_i' = 0,\ D_{m+1} = +R'\cdot\frac{x_i'}{r_i} \qquad (7\text{-}3\text{-}21)$$

따라서 D_{m+1}의 영향선은 하현 재하에서는 그림 7-15(c), 상현 재하에서는 (d)그림과 같게 한다.

(3) 부수직재의 영향선

와렌 트러스의 부수직재는 그림 7-16과 같이 국부적인 하중에 의한 응력을 받기 때문에 하현재하에서 부수직재 V_2는 격점 n에 작용하는 하중과 같은 인장력을 받는다.

따라서 그 영향선은 높이가 1인 삼각형으로 되며, V_1이나 V_3은 계산상 응력이 생기지 않는 부재이다.

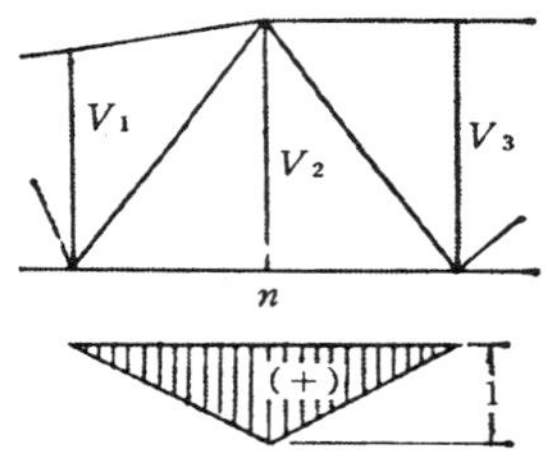

그림 7-16 부수직재

7-4 부재의 단면

1. 단면의 형상

트러스교의 부재 단면에서 쓰이는 기본적인 형상은 그림 7-17과 같다.

싱글 웨브(single web) 단면은 단면의 회전 2차 반지름이 작아서 가벼운 트러스교에 사용된다. 보통 많이 사용되는 것은 박스형의 더블 웨브(double web)단면이다.

현재는 격간마다 부재응력이 다르기 때문에 단면적도 변화한다.

용접단면의 경우는 강판의 두께를 변화시켜 비교적 쉽게 부재의 중심위치를 변하지 않고 단면을 변화시킬 수 있으나, 볼트 단면의 경우는 기본단면에 그림 7-18이나 그림 7-20과 같이 순차로 강판을 대서 단면적을 변화시켜야 되기 때문에 덧대는 강판에 의해 기본단면의 중심위치가 너무 떨어지지 않도록 조심해야 한다.

우리나라의 용접기술은 1970년대까지만 해도 양호한 상태가 아니었기 때문에 그전의 트

구조부재	볼트구조				용접구조		
	1	2	3	4	1	2	3
복부판	싱글웨브(單腹)		더블웨브(複腹)		싱글	더블	
상현재 단 주							
하현재							
사 재 수직재							

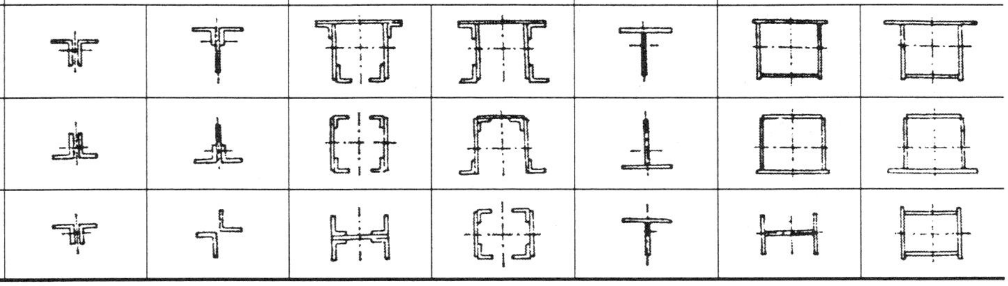

그림 7-17 부재의 기본단면

그림 7-18 상현재와 단주의 단면변화

러스교는 대부분이 리벳구조의 트러스로 설계되었다. 그러나 근래 용접기술의 발달로 최근에 가설되는 트러스교는 거의가 용접구조로 이루어지고 있다. 따라서 앞으로는 용접구조에 대하여 설명하기로 한다.

2. 상현재와 단주

이 두 부재는 단순트러스교에서는 압축재이다. 그림 7-19는 이 단면의 기본치수를 나타낸 것으로 높이 h와 복부판 간격 B에 대해서는 다음과 같은 여러 실험 공식들이 있다.

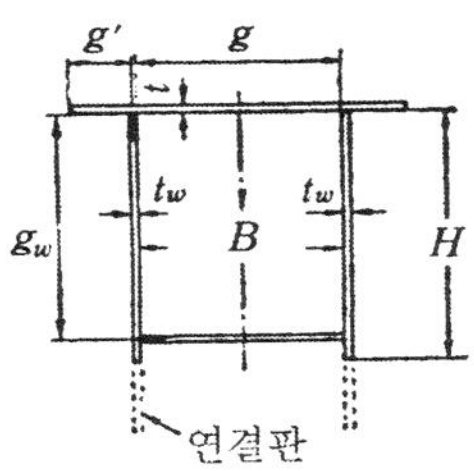

그림 7-19 상현재와 단주

① 세페르(Shper 독일인)에 의하면

$$H = l - \frac{l^2}{400} \qquad \left.\begin{array}{l} \text{중지간 : } B = H - 0.1l \\ \text{대지간 : } B = H - 0.2l \end{array}\right\} \tag{7-4-1}$$

② 멜란(Melan)에 의하면

$$\left.\begin{array}{ll} l < 65\,\mathrm{m}: & B = 12 + 0.5l \\ l > 65\,\mathrm{m}: & B = 25 + 0.3l \end{array}\right\} H = B + 0.1l \qquad (7\text{-}4\text{-}2)$$

다만, 단위는 H와 B는 cm, l는 지간으로 m이다.

상기의 실험공식들은 강재의 강도가 높은 고장력 강을 쓰는 경우는 너무 큰 경향이 있다. 도설, 제3장 3.10.7에는 주트러스 부재의 부재높이는, 부재길이의 1/10보다 작게 하는 것이 좋다고 되어 있다.

3. 하현재

이 부재는 단순트러스교에서 인장재이다. 보통 트러스교에서는 그림 7-17 용접구조에서 더블단면인 박스형이 가장 많이 쓰인다. 이 경우에는 판의 두께를 변화시킴에 따라 비교적 쉽게 부재의 중심위치가 변하지 않고 부재단면을 변화시킬 수 있다.(그림 7-20 참고)

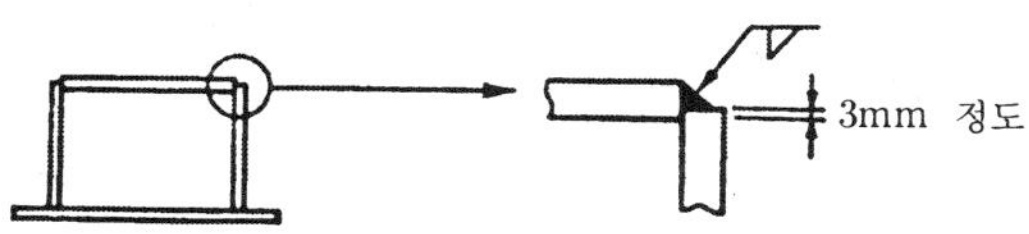

그림 7-20 하현재 단면

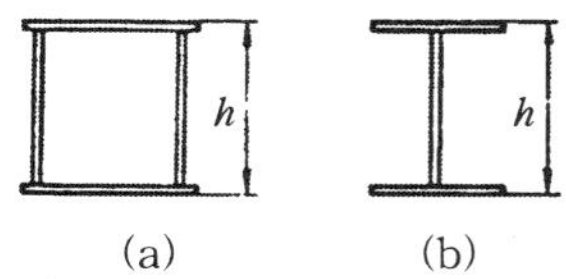

그림 7-21 복부재 단면

4. 복부재

복부재 단면에는 여러 가지가 있으나 수직재로는 그림 7-17의 용접구조에서 I형 단면이 가장 많이 쓰이고, 사재도 주로 인장재이기 때문에 같은 단면을 쓰며, 특히 응력이 큰 압축재에서는 그림 7-21(a)의 상자형 단면이 사용된다. 브레이싱의 사재는 일반적으로 응력이 작기 때문에 L형강으로 충분하지만 응력이 크면 T형이나 I형 단면을 사용한다.

7-5 부재의 설계

1. 부재의 세장비

응력 계산상으로는 단면이 충분하더라도 너무 세장한 부재를 쓰면 강성의 부족으로 변형이 크게 일어나기 쉽고 운반중에 손상을 입기 쉬우므로 너무 가는 부재를 써서는 안 된다.

이에 대하여 도설, 제3장 3.4.1.4와 철설, 제2편 3.6에는 표 7-1에 표시된 값 이하로 하도록 규정하고 있다.

세장비는 부재의 길이 l 과 부재의 총단면의 단면 2차 반지름의 최소치 r 과의 비를 말하며, 주요부재란 주구조와 바닥틀을 말하고, 2차부재(부부재라고도 한다)는 1차적으로 응력을 받지 않는 트러스부재의 군부재나 수평브레이싱, 수직브레이싱 등을 말한다. 또 부재의 길이 l 은 일반적으로 표 3-20의 값을 취하면 된다.

표 7-1 부재의 세장비

부재의 종류			세장비 (l/r)
도로교	압축재	주요부재	120
		2차부재	150
	인장재	주요부재	200
		2차부재	240
철도교	압축재	주압축재	100
		부압축재	120
	인장재	주 · 부압축재	200

2. L형 및 T형 단면을 갖는 압축부재

다른 부재들을 서로 연결할 경우에는 부재의 축에 대해 가능하면 대칭으로 배치하여 편심이 없도록 설계한다. 그러나 실제에는 대칭으로 배치하는 것이 불가능한 경우가 있다. 예로서 그림 7-22(a)의 경우는 $x-x$ 및 $y-y$ 양축에 대하여 편심이 생기며, (b)의 경우 $y-y$ 축에 대하여 편심이 있게 된다.

그림 7-22의 (a)와 같은 경우에는 그 부재단면의 중심(重心)을 통한 연결판(gusset plate)에 평행한 축 둘레의 편심에 의한 휨모멘트 및 축방향 압축력을 받는 부재로 해서 설계기준(도설, 제3장 3.4.3 참조)에 의해 설계하는 것이 바람직하다. 그러나 부재마다 계산하는 것은 번잡스럽기 때문에 설계기준(도설, 3.4.5 참조)에는 다음 식으로 설계해도 좋은 것으로 하고 있다.

$$\frac{P}{A_g} \le f_{ca}\left(0.5 + \frac{l/r_x}{1,000}\right) \qquad (7\text{-}5\text{-}1)$$

여기서,

P : 축방향 압축력(N)

A_g : 부재의 총단면적(mm^2)

f_{ca} : l/r_x를 사용하여 3-5, 3. 1)의 규정으로부터 계산한 허용압축응력(MPa)

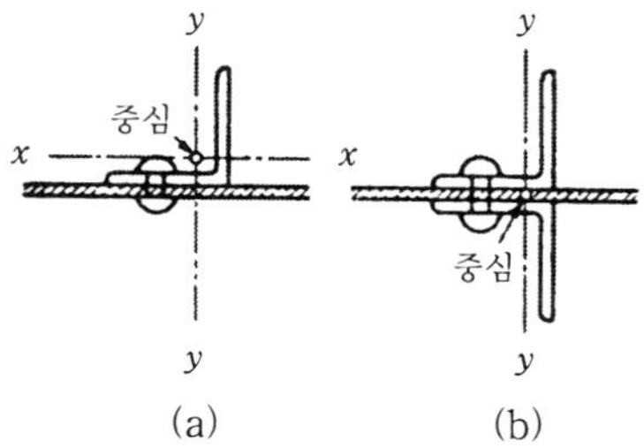

그림 7-22

3. 구멍뚫린 판과 다이어프램

(1) 구멍 뚫린 판(perforated plate)

구멍 뚫린 판의 주요치수는 그림 7-23에서 응력방향으로 잰 구멍의 길이는 구멍 폭의 두 배 이하로 해야 하며, 또 응력방향으로 잰 구멍과 구멍 사이의 판의 길이는 d(내측 용접선간 거리)보다 크게 해야 한다.

그러나 단부의 구멍 끝과 구멍 뚫린 판의 끝까지의 거리는 $1.25d$보다 크게 해야 한다. 그리고 구멍의 연단부 곡률 반지름은 40 mm 이상으로 해야 한다.

강판의 두께 t는 도설, 제3장 3.4.4에서 SS 400, SM 400에 대하여 $t \geq d/50(e \leq 13t)$, SM 490에 대하여 $t \geq d/40(e \leq 11t)$으로 규정하고 있다.

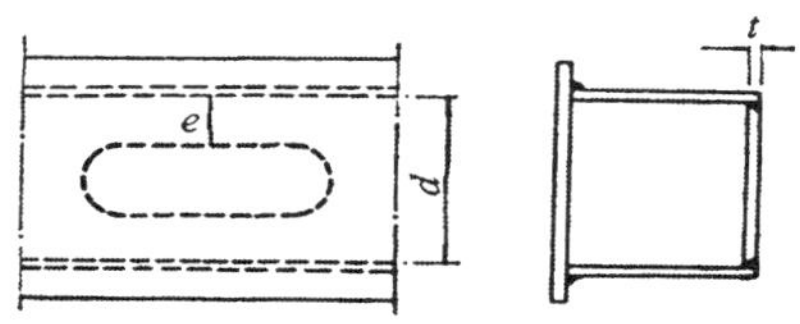

그림 7-23 구멍 뚫린 판

(2) 다이어프램(diaphragm)

트러스의 격점, 트러스 부재의 중간부에서 수평브레이싱 등을 연결하는 곳과 현장이음부의 양쪽에는 다이어프램을 설치해야 하며, 현장이음부의 양측의 다이어프램은 밀폐형으로 한다.

또 트러스의 받침부, 가로보의 연결점과 같이 집중력이 작용하는 부분의 현재와 연결판에는 다이어프램(전에는 칸막이라 칭하였다.)을 설치하여 힘의 전달이 확실하게 되도록 해야 한다(도설, 제3장 3.10.4 참조).

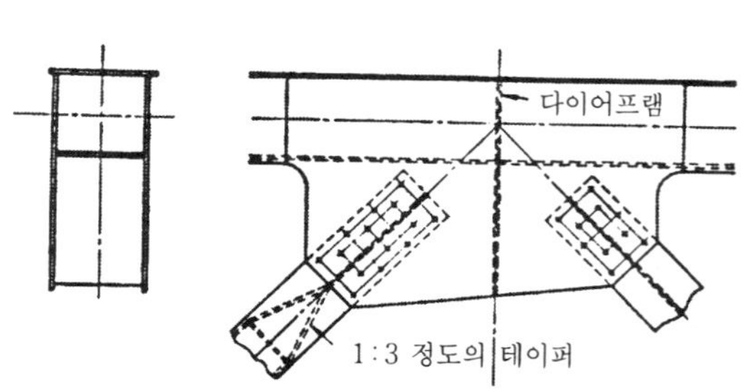

그림 7-24 다이어프램

7-6 부재의 연결

1. 부재의 이음과 연결

단일 부재를 중간에서 서로 결합시키는 것을 이음이라 한다. 복부재(web member)는 격점에서 결합시키는 부재이기 때문에 중간에서 이음이 필요 없으나, 현재는 지간이 길어서 몇군데서 서로 이음한다. 볼트구조에서 곡현재는 격점에서 잇는 것이 원칙이지만 직현재 또는 용접구조의 곡현재는 임의 점에서 이어도 좋다.

볼트구조에서는 격점에서 이으면 재료는 절약되나 구조가 복잡하기 때문에 가설공사가 어렵게 된다. 따라서 보통은 그림 7-25와 같이 격점 부근에서 응력이 적게 일어나는 쪽, 즉 지점 가까이에서 이음한다. 볼트이음에서는 이음판을 대서 잇는데, 이 때 이음부의 설계는 계산된 응력과 부재 허용강도의 평균치에 대하여 또는 부재의 전강으로 설계한다. 그림 7-26은 현재의 이음에 대한 예이다.

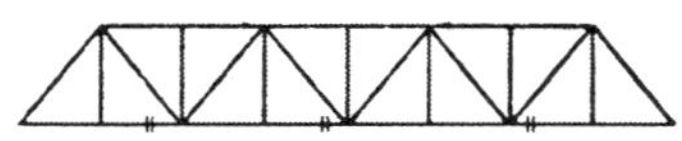

그림 7-25 부재의 이음

또한 다른 부재들을 한 격점에서 서로 결합시키는 것을 부재의 연결(그림 7-26 참조)이라 하는데, 부재를 연결할 때는 연결되는 부재의 재축이 한 점에서 만나도록 해야 하며, 불가피한 경우 편심된 연결을 할 때는 합성응력이 허용응력을 초과하지 않도록 해야 한다.

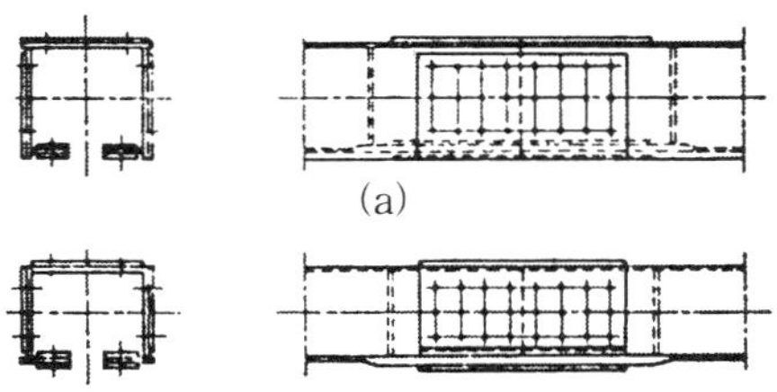

(a)

(b)

그림 7-26 현재의 이음

2. 격점

(1) 격점의 구조

격점의 설계에 있어서 가능하면 단순한 구성으로 해야 하며, 각 부재의 연결이 쉽고, 또한 검사나 배수, 청소 등의 유지작업을 지장 없이 시행할 수 있도록 배려해야 한다.

부재가 싱글웨브 단면으로 된 경우는 격점구조가 간단하지만 보통 부재는 더블웨브 단면으로 되어 있어 격점구조가 약간 복잡하다.

보통 상자형 단면으로 구성되는 트러스는 일반적으로 그림 7-27과 같다.

그림 7-27에서와 같이 현재의 복부판을 격점부에서 크게 확대하여 연결판으로 한다. 그림 중 A부분에는 응력집중이 되기 때문에 둥글게 판을 깎아야 한다.

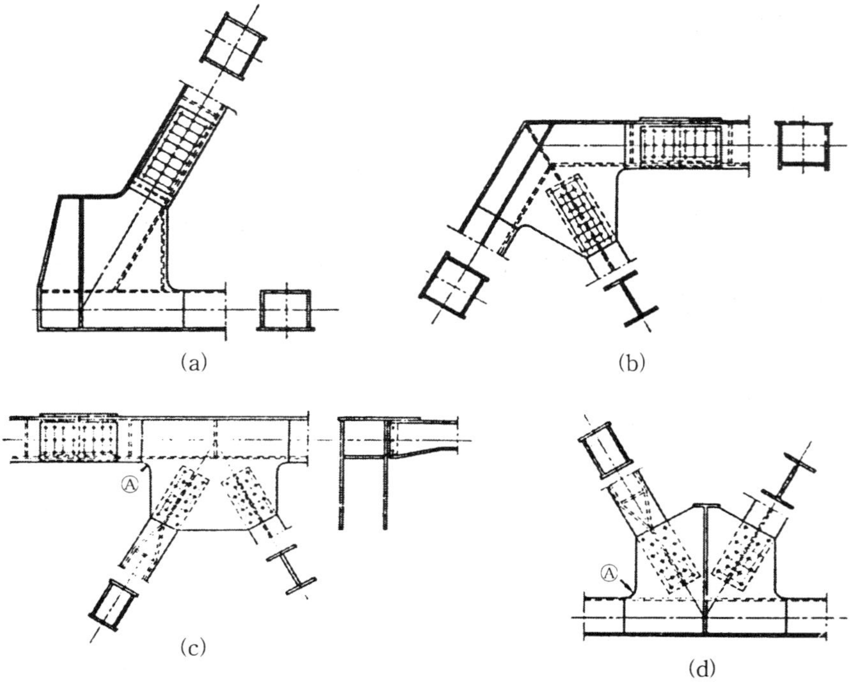

그림 7-27 격점의 구조

(2) 연결판(gusset plate)

연결판은 격점을 형성하는 주요 부재로서 그 크기는 부재를 연결시키는데 필요한 볼트 수를 수용할 수 있는 크기이면 된다. 너무 큰 것을 쓰면 격점의 강성이 커져서 부재의 2차 응력이 증대되어 불리하다.

연결판의 모양은 그림 7-28과 같으며, 그림 (a)와 같이 둥글게 판을 깎아 외관상으로나 응력전달에도 무리 없게 하는 것이 좋으나 수고가 들기 때문에 보통은 (b), (c)와 같이 다각형으로 자른다.

부재를 연결판에 연결하는 고장력볼트의 배치는 가급적 부재축에 대칭이 되게 하며, 또한 부재와 연결판의 접촉면 전체에 걸쳐 배치되어야 한다.

또 주트러스 격점에서 현재의 복부판(web)에 연결판을 겹쳐 붙이는 구조에서, 부재 양면에 연결판을 사용하는 경우, 그 각각의 두께는 강재의 종류에 관계없이 다음 식에 의해 산출된 값을 표준으로 한다.

$$\left.\begin{aligned} t &= 2.0\times\frac{P}{b} \geq 9\,\text{mm}\,(\text{도설}) \\ t &= 2.2\times\frac{P}{b} \geq 11\,\text{mm}\,(\text{철설}) \end{aligned}\right\} \qquad (7\text{-}6\text{-}1)$$

여기서,

t : 연결판의 두께 (mm)

P : 그 연결판에 연결되는 1부재에 작용하는 최대부재력 (kN)

b : 그 연결판에 연결되는 부재의 연결판면에 접하는 부분의 폭 (mm)

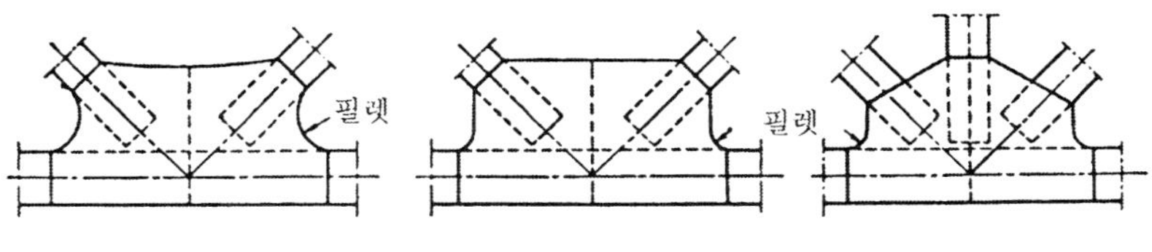

그림 7-28 연결판의 모양

7-7 대풍 브레이싱

1. 수평브레이싱(lateral bracing)

보통 트러스교에서는 풍하중이나 횡력 등의 수평하중에 저항하기 위하여 상하의 수평브레이싱과 교문브레이싱 또는 단수직브레이싱을 설치하는데(그림 7-1 참조), 이것들을 통틀어서 대풍 브레이싱이라 한다. 이 외에 중간의 격점에서는 중간 수직브레이싱을 설치하는 것이 일반적이지만, 수평하중에 대한 계산에서는 이것을 무시한다. 그러나 트러스 전체에 강성을 주기 위하여 이것을 설치하는 것이 좋다.

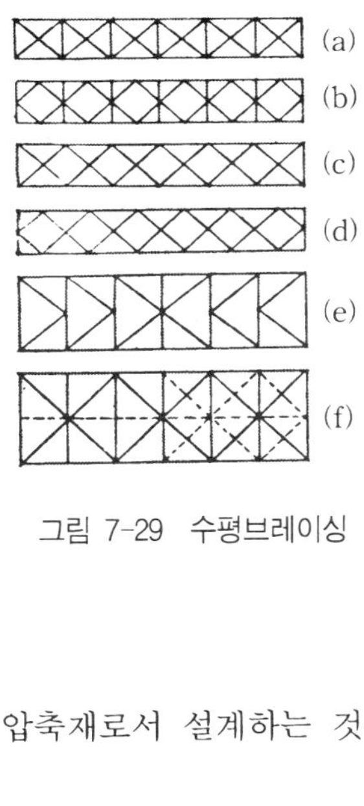

그림 7-29 수평브레이싱

수평브레이싱의 모양은 주트러스의 중심간격에 따라 다르지만, 보통폭원의 교량에서는 그림 7-29의 (a) 또는 (b)가 일반적으로 많이 쓰인다. 중간 수직브레이싱이 없을 때는 상부 수평브레이싱으로 (c) 또는 (d)의 형식이 쓰인다. 가로교 등의 주트러스 중심간격이 클 때에는 (e)의 K트러스 또는 (f)가 채용된다.

수평브레이싱의 사재는 보통 L형강 한 개 정도가 사용되며, 압축재로서 설계하는 것은 무리이기 때문에 일반적으로 인장재로서 설계한다.

그림 7-30에서 (a)의 경우는

$$\left.\begin{aligned} D &= +S/\sin\theta \\ V &= -S \end{aligned}\right\} \qquad (7\text{-}7\text{-}1)$$

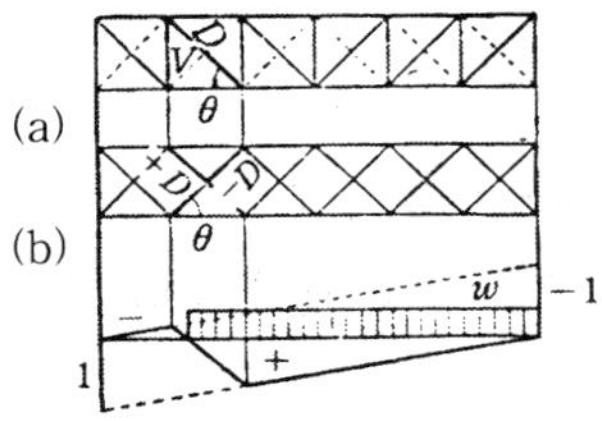

그림 7-30 수평브레이싱의 부재력

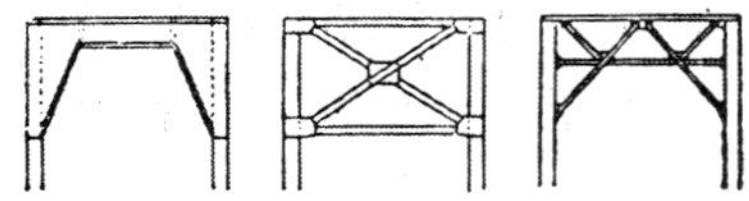

그림 7-31 교문브레이싱

(b)그림에서는

$$D = \pm S/(2\sin\theta) \tag{7-7-2}$$

여기서, S는 그 격간의 수평하중에 의한 전단력이다.

2. 교문브레이싱과 수직브레이싱

교문브레이싱의 형상은 교문의 높이와 주트러스 간격 등에 따라 다르다. 그림 7-32(a)는 2힌지 문형 라멘으로 계산하고, (b)는 브레이싱이 있는 것으로 압축재의 사재는 무시하고 계산한다.

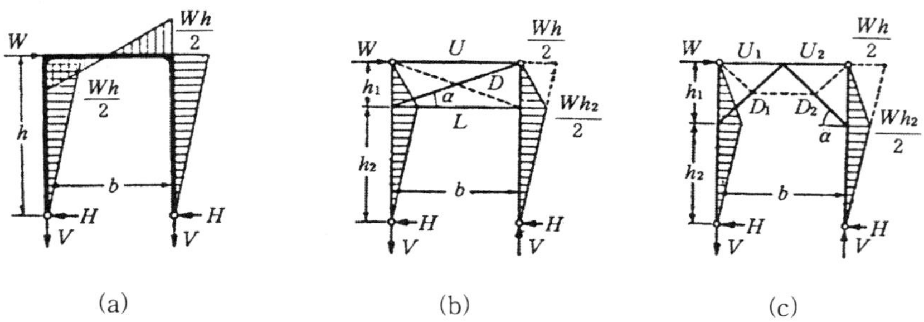

그림 7-32 교문브레이싱에서의 부재응력

이 때 반력과 부재응력은 다음과 같다.

$$H = \frac{W}{2},\ V = \pm\frac{Wh}{b} \tag{7-7-3}$$

$$U = -\frac{W(h+h_1)}{2h_1},\ L = -\frac{Wh}{2h_1},\ D = +\frac{Wh}{b\sin\alpha} \tag{7-7-4}$$

(c)는 A형 교문브레이싱으로서 반력은 위와 같고 부재응력은

$$U_1 = -\frac{W(h+h_1)}{2h_1},\ U_2 = +\frac{Wh_2}{2h_1},\ D_1 = -D_2 = +\frac{Wh}{b\sin\alpha} \tag{7-7-5}$$

최대 휨모멘트는 $M = Wh_2/2$ 이다.

그림 7-33은 하로트러스의 중간 수직브레이싱을 나타낸다.

3. 포니 트러스

또 포니 트러스(pony truss)의 횡력 및 방향에 대한 것은 도설, 제3장 3.10.7에 다음과 같이 규정하고 있다.

포니 트러스의 수직재, 가로보 및 수직재와 가로보의 연결은 식(7-7-6)에 의하여 산출된 횡력에 저항할 수 있는 설계가 되도록 해야 하며, 이 횡력은 트러스의 각 상현 격점에 작용하는 것으로 간주한다.

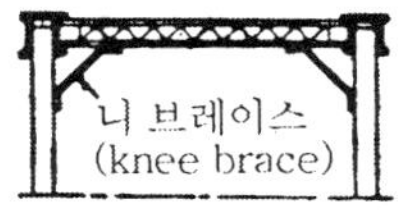

그림 7-33 중간 수직브레이싱

$$H = \frac{P}{100} \tag{7-7-6}$$

여기서,

H : 횡력(kN)

P : 상현재에 작용하는 최대 축방향 압축력(kN)

그리고 포니 트러스 상현재의 수직축에 대한 단면 2차반지름은 수평축에 대한 단면 2차반지름의 1.5배 이상이어야 한다.

7-8 솟음과 받침의 구조

1. 솟음(camber)과 처짐(deflection)

교량 각부 응력이 허용응력 이내에 있더라도 처짐이 너무 크면 여러 가지 지장이 있기 때문에 처짐에 대하여 제한을 가한다(도설, 제3장 3.2.3 및 철설, 제2편 3.3 참조). 또한 트러스에서는 제작시 솟음을 붙이는데 도로교(도설, 제3장 3.10.9)에서는 고정하중의 처짐량 만큼, 철도교(철설, 제2편 3.11)에서는 고정하중과 등분포하중의 1/3을 전길이에 실었을 때의 처짐량과 같게 한다. 솟음을 붙일 때는 상현재의 길이를 가감시켜서 붙이는 것이 원칙이며, 이 때 하현 격점이 한 원호상에 놓이도록 하면 편리하다. 그림 7-34에서 하현재의 길이,

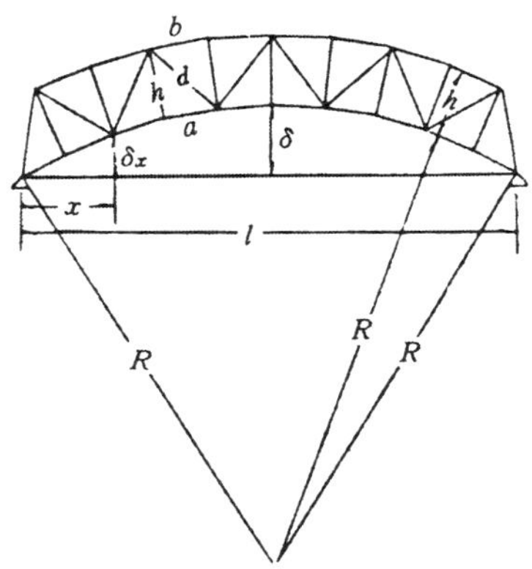

그림 7-34 트러스의 솟음

즉 설계상의 격간길이, 상현재의 길이, 즉 솟음을 붙였을 때의 격간길이 b, 수직재의 높이 h, 사재의 길이 d, 중앙점에서의 솟음 δ, 임의의 점의 솟음을 δ_x라 하면 다음과 같은 관계가 있다.

$$R=\left(\frac{l^2}{4}+\delta^2\right)\frac{1}{2\delta}\fallingdotseq\frac{l^2}{8\delta}$$

$$\delta_x=\delta-\left(R-\sqrt{R^2-x^2}\right)$$

$$b=\left(1+\frac{h}{R}\right)a,\ d=\sqrt{ab+h^2} \tag{7-8-1}$$

2. 받침의 구조

트러스의 받침은 플레이트거더교의 경우와 같게 1단이 고정받침, 타단은 가동받침이다.

단순트러스교의 지간은 보통 40m 이상으로 가동단의 이동량이 크기 때문에 가동받침은, 그림 7-35와 같은 롤러 또는 로커받침을 원칙으로 한다. 외국에서는 최근 마찰계수가 극히 적은 곡면마찰면 슈를 쓰기도 한다. 고정단은 확고하게 앵커로 해야 하며, 보의 처짐을 위해 힌지, 핀 장치 또는 곡면마찰면 슈를 사용한다.

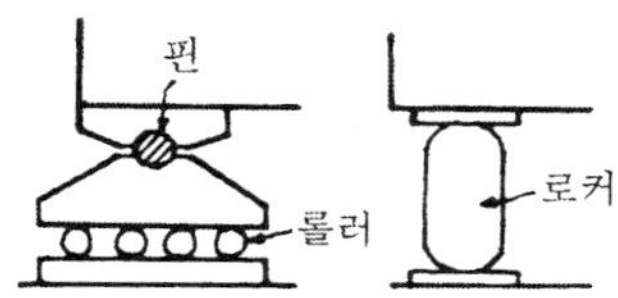

그림 7-35 롤러와 로커

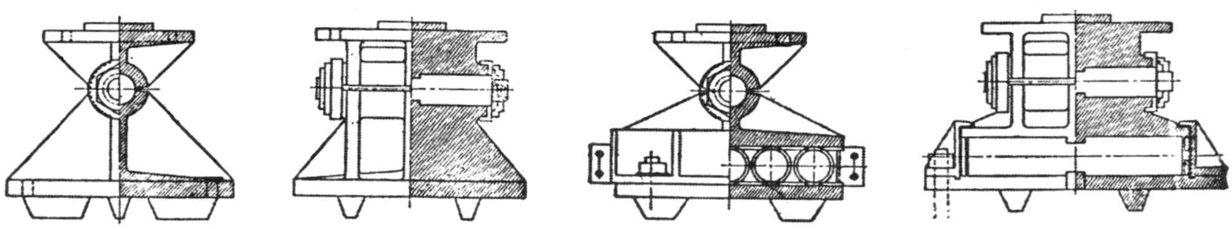

그림 7-36 고정받침과 가동받침

7-9 하로트러스 도로교 설계 예

1. 설계조건

교량 길이 : 68.10m, 폭원 : 6.00m, 지간 : 67.20m, 설계하중 : 2등교(DB-18 또는 DL-18) 사용강재 : SM 490, SM 400 또는 SS 400 사용

콘크리트의 설계기준강도 $f_{ck}=24\text{MPa}$, 철근은 SD 300으로 $f_y=300\text{MPa}$

구조형식은 하로곡현 와렌 트러스교이다.

2. 일반형식 및 치수

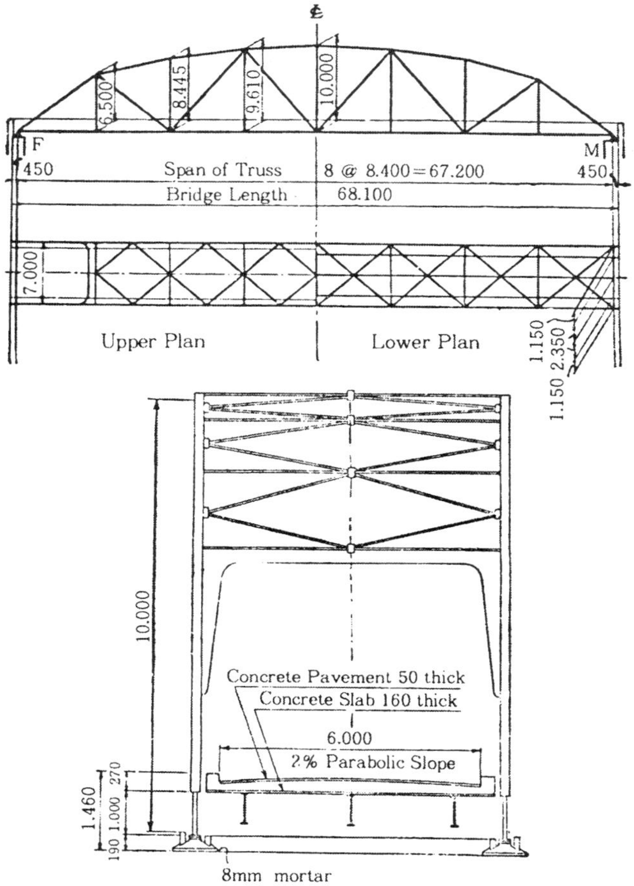

그림 7-37 일반형상

3. 바닥판의 설계

(1) 하중

① 고정하중

콘크리트포장

$$23 \times 0.05 = 1.15\text{kN/m}^2$$

철근콘크리트 슬래브

$$24.5 \times 0.16 = 3.92\text{kN/m}^2$$

$$w_{\alpha} = 5.07\text{kN/m}^2$$

지복 $\quad 24.5 \times 0.31 \times 0.30$

$p_{d_1} = 2.28\text{kN/m}$

난간(가정) $p_{d_2} = 0.3\text{kN/m}$

난간(추력) $p_h = 2.5\text{kN/m}$ (도설, 제2장 2.4.3.3)

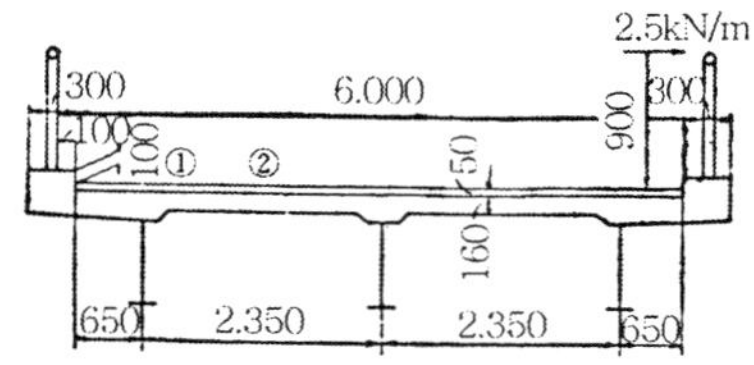

그림 7-38 바닥판

② 활하중 및 충격계수(도설, 제2장, 1.4)

$P = 72\text{kN}$ 세로보 플랜지 폭을 20cm 로 가정한다.

캔틸레버판 : $i = \dfrac{15}{40+l} = \dfrac{15}{40+0.35} = 0.372 > 0.3$

$(l = 0.65 - 0.25 - 0.05 = 0.35)$

연 속 판 : $i = \dfrac{15}{40+2.35} = 0.354 > 0.3$

$\therefore\ i = 0.3$ 을 사용한다.

(2) 휨모멘트

① 고정하중에 의한 휨모멘트(M_d)

캔틸레버판 : $M_d = -\dfrac{1}{2} \times 5.07 \times 0.60^2 - (2.28 + 0.3) \times 0.75 - 2.5 \times 0.9$

$= -5.10\text{kN}\cdot\text{m}$

연 속 판 : $M_d = 1/10 \times 5.07 \times 2.35^2 = 2.80\text{kN}\cdot\text{m}$

② 활하중에 의한 휨모멘트(M_l)(도설, 제3장 3.6.1.4)

캔틸레버판 : $M_l = -\dfrac{Pl}{E} = -\dfrac{72 \times 0.35}{0.8 \times 0.35 + 1.14} = -17.75\text{kN}\cdot\text{m}$

연 속 판 : $M_l = \dfrac{l + 0.6}{9.6} \times P \times 0.8 = \dfrac{2.35 + 0.6}{9.6} \times 72 \times 0.8 = 17.70\text{kN}\cdot\text{m}$

③ 충격에 의한 휨모멘트(M_i)

캔틸레버판 : $M_i = -17.75 \times 0.3 = -5.33\text{kN}\cdot\text{m}$

연 속 판 : $M_i = 17.70 \times 0.3 = 5.31\text{kN}\cdot\text{m}$

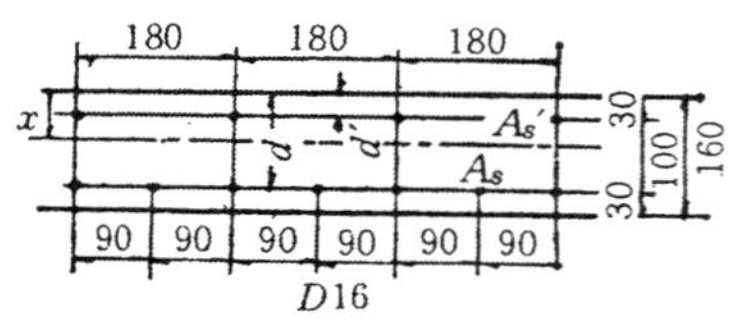

그림 7-39 슬래브 단면

④ 합계 휨모멘트($\sum M$)

캔틸레버판 : $\sum M = -5.10 - 17.75 - 5.33$

$= -28.18\text{kN}\cdot\text{m}$

연 속 판 : $\sum M = 2.80 + 17.70 + 5.31 = 25.81\text{kN}\cdot\text{m}$

(3) 단면결정

$$M_{max} = 28.18\text{kN}\cdot\text{m}$$
$$A_s = 22.07\text{cm}^2 \qquad A_s' = 11.03\text{cm}^2$$
$$d = 13.0\text{cm} \qquad d' = 3.0\text{cm}$$
$$x = -\frac{n(A_s + 2A_s')}{b} + \sqrt{\left\{\frac{n(A_s + 2A_s')}{b}\right\}^2 + \frac{2n}{b}(dA_s + 2d'A_s')}$$
$$= -3.97 + 8.91 = 4.94\text{cm}$$
$$f_{ck} = 24\text{MPa},\ f_{ca} = 0.40 \cdot f_{ca} = 9.6\text{MPa},$$
$$n = 9,\ f_{sa} = 150\text{MPa}$$

로 한다.

콘크리트의 연응력 f_c는

$$f_c = M/\left\{\frac{b \cdot x}{2}\left(d - \frac{x}{3}\right) + 2nA_s'\frac{x - d'}{x}(d - d')\right\} = 7.87\text{MPa} < f_{ca}$$

인장철근의 응력 f_s는

$$f_s = nf_c\frac{d - x}{x} = 9 \times 7.87 \times \frac{13.0 - 4.94}{4.94} = 115.6\text{MPa} < f_{sa}$$

배력철근의 주철근에 대한 백분율은 주철근이 차량진행방향에 직각이므로 도설, 제3장 3.6.1.4에 의하여 $120/\sqrt{l}$ 로 최대 67% 이다.

따라서 $\dfrac{120}{\sqrt{l}} = \dfrac{120}{\sqrt{2.35}} = 78\% > 67\%$ 이므로 주철근의 67% 인 $22.07 \times 0.67 = 14.8\text{cm}^2$ 를 써야 하므로 실제 배력철근은 $D16$mm 철근 13.5cm 간격으로 배치한다.

사용철근량은 $1.99 \times \dfrac{100}{13.5} \fallingdotseq 14.8\text{cm}^2$ 로 한다.

4. 세로보의 설계

(1) 외측세로보 ST_1, ST_2(부록 도면(3) 참조)

1) 하중

① 고정하중

포장 및 슬래브 $5.07 \times 1.915 = 9.71\text{kN/m}$

지복 및 난간 $(2.28 + 0.3) \times 1.34 = 3.46\text{kN/m}$

자중(가정)	0.9 kN/m
헌치, 기타	0.43 kN/m
	$w_d = 14.50$ kN/m

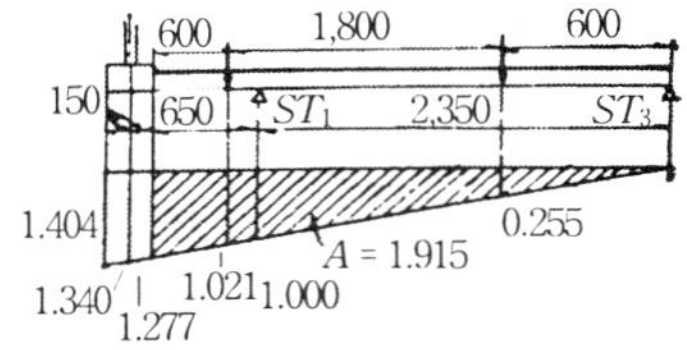

그림 7-40 외측 세로보 반력

② 활하중 및 충격계수

후륜하중 : $P_1 = 72(1.021 + 0.255) = 91.87$ kN

전륜하중 : $P_2 = 18(1.021 + 0.255) = 22.97$ kN

충격계수 : $i = \dfrac{15}{40 + l} = \dfrac{15}{40 + 8.4} = 0.310 > 0.3 \quad \therefore \; i = 0.3$

2) 휨모멘트

단순거더로서 지간 중앙의 휨모멘트 M_0는

$$M_0 = (91.87 \times 2.10 \times 1.3 + 14.50 \times 8.82)$$
$$= 378.70 \text{ kN} \cdot \text{m}$$

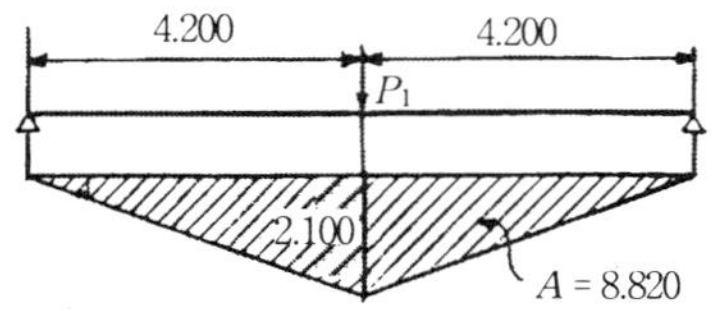

그림 7-41 외측 세로보의 휨모멘트

따라서 단부지간의 최대 휨모멘트

$$= 0.9M_0 = 340.83 \text{ kN} \cdot \text{m}$$

중간지간의 최대 휨모멘트 $= 0.8M_0 = 302.96$ kN · m

중간지점의 최대 휨모멘트 $= -0.7M_0 = -265.09$ kN · m

3) 전단력(지점)

$$V_d = 14.50 \times 4.20 = 60.90 \text{ kN}$$
$$R_{l+i} = (91.87 \times 1 + 91.87 \times 0.5) \times 1.3$$
$$= 179.15 \text{ kN}$$
$$\Sigma V = 240.05 \text{ kN}$$

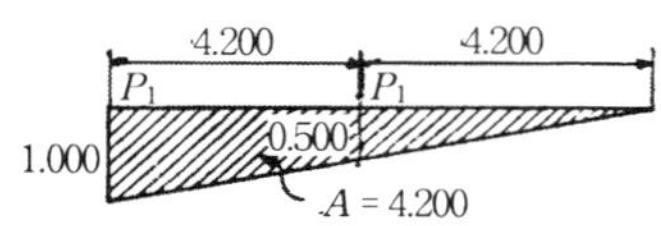

그림 7-42 외측 세로보의 전단력

4) 단면결정

① 단부지간의 단면 (ST_1)

㈀ 중앙점의 정휨모멘트 $M = 340.83$ kN · m

강재 SM 490 사용

단 면	A_g	y	$A_g \cdot y$	$A_g \cdot y^2$
1~*fl. pl.* 190 × 12	22.80	37.0	844	31,210
1~*we. pl.* 728 × 8	58.24			25,720
1~*fl. pl.* 190 × 10	19.00	−36.9	−701	25,870
	100.04		143	82,800

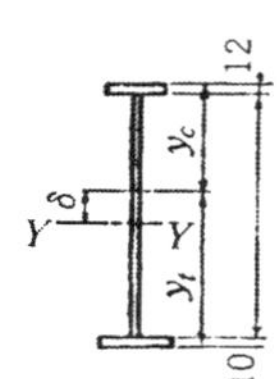

그림 7-43 단부지간의 단면

$$\delta = \frac{143}{100.04} = 1.43\text{cm}$$

$$I = 82{,}800 - 100.04 \times 1.43^2 = 82{,}600\text{cm}^4$$

$$y_c = 36.4 + 1.2 - 1.43 = 36.17\text{cm}\,,\ y_t = 36.4 + 1.0 + 1.43 = 38.83\text{cm}$$

$$f_c = \frac{340{,}830{,}000}{82{,}600 \times 10^4} \times 361.7 = 149.2\text{MPa} < f_{ca} = 190\text{MPa}$$

$$f_t = \frac{340{,}830{,}000}{82{,}600 \times 10^4} \times 388.3 = 160.2\text{MPa} < f_{ta} = 190\text{MPa}$$

(ㄴ) 지점상 부휨모멘트 $M = -265.09\text{kN} \cdot \text{m}$

$$f_t = \frac{265{,}090{,}000}{82{,}600 \times 10^4} \times 361.7 \times \frac{190}{140} = 157.5\text{MPa} < 190\text{MPa}$$

$$f_c = \frac{265{,}090{,}000}{82{,}600 \times 10^4} \times 388.3 = 124.6\text{MPa} < f_{ca} = 160.6\text{MPa}$$

다만, $\dfrac{A_w}{A_c} = \dfrac{58.24}{19.00} = 3.07 > 2$, $K = \sqrt{3 + \dfrac{A_w}{2A_c}} = 2.13$

$K\dfrac{l}{b} = 2.13\dfrac{840/4}{19} = 23.5 > 8$ (도설, 제3장 3.3.2.1 참조)

$$\therefore\ f_{ca} = 190 - 1.9\left(K\frac{l}{b} - 8\right) = 160.6\text{MPa}$$

② 중간지간의 단면(ST_2)

(ㄱ) 중앙점의 정휨모멘트 $M = 302.96\text{kN} \cdot \text{m}$

강재 SM 490 사용

단 면	A_g	y	$A_g \cdot y$	$A_g \cdot y^2$
1~*fl. pl.* 200×11	22.0	37.05	815	30,200
1~*we. pl.* 730×8	58.4			25,930
1~*fl. pl.* 190×9	17.1	−36.95	−632	23,350
	97.5		183	79,480

$$\delta = \frac{183}{97.5} = 1.88\text{cm}$$

$$I = 79{,}480 - 97.5 \times 1.88^2 = 79{,}140\text{cm}^4$$

$$y_c = 36.5 + 1.1 - 1.88 = 35.72\text{cm}\,,\ y_t = 36.5 + 0.9 + 1.88 = 39.28\text{cm}$$

$$f_c = \frac{302{,}960{,}000}{79{,}140 \times 10^4} \times 357.2 = 136.7\text{MPa} < f_{ca} = 190\text{MPa}$$

$$f_t = \frac{302{,}960{,}000}{79{,}140 \times 10^4} \times 392.8 = 150.4\text{MPa} < f_{ta} = 190\text{MPa}$$

(ㄴ) 지점상 부휨모멘트 $M=-265.09\,\text{kN}\cdot\text{m}$

$$f_t=\frac{265,090,000}{79,140\times10^4}\times357.2\times\frac{200}{150}=159.5\text{ MPa}<190\text{ MPa}$$

$$f_c=\frac{265,090,000}{79,140\times10^4}\times392.8=131.6\text{ MPa}<f_{ca}=159.6\text{ MPa}$$

다만, $\frac{A_w}{A_c}=\frac{58.4}{17.1}=3.42>2$, $K=\sqrt{3+\frac{A_w}{2A_c}}=2.17$

$K\frac{l}{b}=2.17\frac{210}{19}=24.0>8$ (도설, 제3장 3.3.2.1 참조)

$\therefore\ f_{ca}=190-1.9\left(K\frac{l}{b}-8\right)=159.6\text{ MPa}$

(2) 내측 세로보 ST_3, ST_4(부록 도면(3) 참조)

1) 하중

① 고정하중

포장, 슬래브	$5.07\times(2.35-2\times0.09)=$	11.00 kN/m
지복, 난간	$-(2.28+0.3)\times2\times0.34=$	-1.75 kN/m
자중(가정)		0.95 kN/m
헌 치		0.80 kN/m
		11.0 kN/m

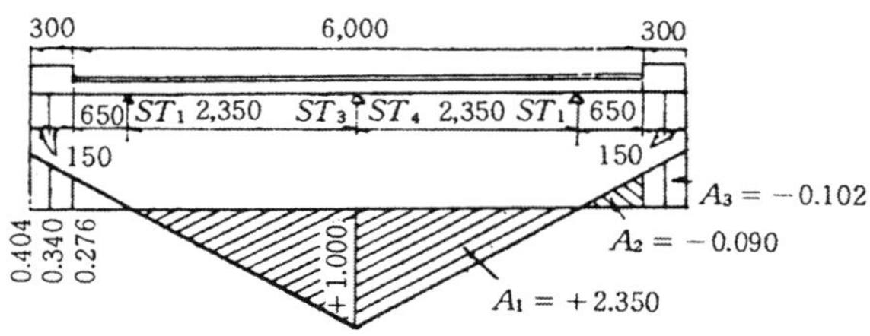

그림 7-44 내측 세로보 반력

② 윤하중의 분포 및 충격계수(도설, 제3장 3.7.2)

$$P'=\frac{l}{1.65}\cdot P,\qquad l\leq4.2\text{ m}$$

$$i=\frac{15}{40+8.4}=0.310\qquad\therefore\ i=0.3$$

후륜하중 $P_1=\frac{2.35}{1.65}\times72=102.53\text{ kN}$

전륜하중 $P_2 = \frac{2.35}{1.65} \times 18 = 25.63\text{kN}$

2) 휨모멘트

영향선은 그림 7-41을 참조하면 좋다.

$$M_0 = 102.53 \times 2.1 \times 1.3 + 11.0 \times 8.82 = 376.93\text{kN} \cdot \text{m}$$

따라서 단부지간의 최대휨모멘트$= 0.9M_0 = 339.24\text{kN} \cdot \text{m}$

중간지간의 최대휨모멘트$= 0.8M_0 = 301.54\text{kN} \cdot \text{m}$

중간지점의 최대휨모멘트$= -0.7M_0 = -263.85\text{kN} \cdot \text{m}$

3) 전단력(지점)

세로보의 전단력 계산에 쓰이는 활하중은 휨모멘트의 경우와 같다.

$P_1 = 102.53\text{kN}$ (그림 7-42 참조)

$\therefore\ V = 11.0 \times 4.2 + 102.53 \times 1.5 \times 1.3 = 246.13\text{kN}$

4) 단면결정

① 단부지간의 단면(ST_3)

(ㄱ) 중앙점의 정휨모멘트 $M = 339.24\text{kN} \cdot \text{m}$

SM 490 사용

단 면	A_g	y	$A_g \cdot y$	$A_g \cdot y^2$
1~*fl. pl.* 200×13	26.00	36.95	961	35,500
1~*we. pl.* 726×8	58.08			25,510
1~*fl. pl.* 200×11	22.00	−36.85	−811	29,870
	106.08		150	90,880

$$\delta = \frac{150}{106.08} = 1.41\text{cm}$$

$$I = 90{,}880 - 106.08 \times 1.41^2 = 90{,}670\text{cm}^4$$

$$y_c = 36.3 + 1.3 - 1.41 = 36.19\text{cm}\ ,\ y_t = 36.3 + 1.1 + 1.41 = 38.81\text{cm}$$

$$f_c = \frac{339{,}240{,}000}{90{,}670 \times 10^4} \times 361.9 = 135.4\text{MPa} < f_{ca} = 190\text{MPa}$$

$$f_t = \frac{339{,}240{,}000}{90{,}670 \times 10^4} \times 388.1 = 145.2\text{MPa} < f_{ta} = 190\text{MPa}$$

(ㄴ) 지점상 부휨모멘트 $M = -263.85\text{kN}\cdot\text{m}$

$$f_t = \frac{263,850,000}{90,670\times10^4}\times361.9\times\frac{200}{150} = 140.7\text{MPa} < 190\text{MPa}$$

$$f_c = \frac{263,850,000}{90,670\times10^4}\times388.1 = 112.9\text{MPa} < f_{ca} = 163.8\text{MPa}$$

다만, $\dfrac{A_w}{A_c} = \dfrac{58.08}{22.0} = 2.64 > 2$, $K = \sqrt{3+\dfrac{A_w}{2A_c}} = 2.08$

$$K\frac{l}{b} = 2.08\frac{210}{20} = 23.5 > 8$$ (도설, 제3장 3.3.2.1 참조)

$$\therefore\ f_{ca} = 190 - 1.9\left(K\frac{l}{b} - 8\right) = 163.8\text{MPa}$$

② 중간지간의 단면(ST_4)

(ㄱ) 중앙점의 정휨모멘트 $M = 301.54\text{kN}\cdot\text{m}$

SM 490 사용

단 면	A_g	y	$A_g\cdot y$	$A_g\cdot y^2$
1~*fl. pl.* 200×13	26.00	37.0	926	35,590
1~*we. pl.* 727×8	58.16			25,620
1~*fl. pl.* 200×10	20.00	−36.85	−737	27,160
	104.16		225	88,370

$$\delta = \frac{225}{104.16} = 2.16\text{cm}$$

$$I = 88,370 - 104.16\times2.16^2 = 87,880\text{cm}^4$$

$$y_c = 36.35 + 1.3 - 2.16 = 35.49\text{cm},\ y_t = 36.35 + 1.0 + 2.16 = 39.51\text{cm}$$

$$f_c = \frac{301,540,000}{87,880\times10^4}\times354.9 = 122.8\text{MPa} < 190\text{MPa}$$

$$f_t = \frac{301,540,000}{87,880\times10^4}\times395.1 = 135.6\text{MPa} < 190\text{MPa}$$

(ㄴ) 지점상 부휨모멘트 $M = -263.85\text{kN}\cdot\text{m}$

$$f_t = \frac{263,850,000}{87,880\times10^4}\times354.9\times\frac{200}{150} = 142.1\text{MPa} < 190\text{MPa}$$

$$f_c = \frac{263,850,000}{87,880\times10^4}\times395.1 = 118.6\text{MPa} < f_{ca} = 163.1\text{MPa}$$

다만, $\dfrac{A_w}{A_c} = \dfrac{58.16}{20.0} = 2.91 > 2$, $K = \sqrt{3 + \dfrac{A_w}{2A_c}} = 2.11$

$$K\frac{l}{b} = 2.11\frac{210}{20} = 22.16 > 8$$

$$\therefore\ f_c = 190 - 1.9\left(K\frac{l}{b} - 8\right) = 163.1\ \text{MPa}$$

(3) 수직보강재(도설, 제3장 3.8.5.1)

수직보강재로서 SM 400을 사용할 경우, 수직보강재를 생략할 수 있는 플랜지의 순간격의 최대 치수는 $70t = 70\times 8 = 560\,\text{mm}$ 이며, 실제 상하플랜지의 순간격은 728~730mm 이므로 보강재가 필요하다.

본 설계에서는 ST_1 에 대하여 지점 부근에서 검사해 본다.

지금 보강재의 간격 $a = 105\,\text{cm}$ 로 하고, 상하플랜지 순간격 $b = 72.8\,\text{cm}$ 인 경우 $a/b = 105/72.8 = 1.44 < 1.5$ 이고, $a/b = 1.44 > 1$ 이므로 식(5-3-10)을 만족해야 한다.

$$\left(\frac{b}{100t}\right)^4 \left[\left(\frac{f}{365}\right)^2 + \left\{\frac{v}{81 + 61(b/a)^2}\right\}^2\right] \le 1$$

여기서, $t = 8\ \text{mm}$, 지점상의 $f = 157.5\ \text{MPa}$

$$v = \frac{V}{A_w} = \frac{240,050}{728\times 8} = 41.2\,\text{MPa} < v_a = 80\ \text{MPa}$$

$$\left(\frac{728}{100\times 8}\right)^4 \left[\left(\frac{157.5}{365}\right)^2 + \left\{\frac{41.2}{81 + (61\times 0.693^2)}\right\}^2\right] = 0.22 < 1 \quad \therefore \text{ 만족}$$

(4) 가로보와 세로보의 연결(부록 도면[3] 참조)

내측 세로보의 최대 전단력 및 지점상 휨모멘트에 대하여 계산해 본다.

$$V = 246.13\,\text{kN} \qquad M = -263.85\,\text{kN}\cdot\text{m}$$

단면은 1-*fl. pl.* 200×13, 1-*we. pl.* 727×8, 1 *fl. pl.* 200×10

① 상플랜지의 연결

pl. 200×13 $\quad A_g = 26.0\ \text{cm}^2 \quad A_n = 19.5\ \text{cm}^2$

$f_t = 142.1\,\text{MPa} \quad f_{ta} = 190\ \text{MPa}$

볼트 1개의 허용값 $\rho_a = 48\ \text{kN}$(고장력볼트 F 10 T(M 22), 표 4-5 참조)

$\therefore$ 볼트 수 $n = \dfrac{142.1 + 190}{2} \times \dfrac{1,950}{48,000} = 6.7$ 8 개 사용

② 복부판의 연결

$pl.\ 727 \times 8 A_g = 58.16\text{cm}^2$ $\quad V = 246{,}130\text{N}$

볼트 1개의 허용값 $\rho_a = 48\text{kN}$ (F 10 T(M 22), 단전단, 표 4-5 참조)

$$n = \frac{246{,}130}{48{,}000} = 5.1 \qquad \text{7 개 사용}$$

③ 하플랜지 연결

$pl.\ 200 \times 10$ $\quad A_g = 20.0\text{cm}^2$

$f_c = 118.6\text{MPa},\ f_{ca} = 163.1\text{MPa},\ \rho_a = 48\text{kN}$

$$n = \frac{118.6 + 163.1}{2} \times \frac{2{,}000}{48{,}000} = 5.9 \qquad \text{8 개 사용}$$

5. 가로보의 설계($l = 0.67\text{m}$)

(1) 단부가로보

1) 하중

① 고정하중

외측세로보 반력

$R_1 = 14.5 \times 4.559 = 66.11\text{kN}$

내측세로보 반력

$R_2 = 11.0 \times 4.559 = 50.15\text{kN}$

거더자중(가정)$= 1.2\text{kN/m}$

② 활하중 및 충격계수

활하중에 의한 반력

$P = P_1 \times (1.042 + 0.542) + P_2 \times 0.042$

$= 72 \times 1.584 + 18 \times 0.042 = 114.80\text{kN}$

$i = \dfrac{15}{40 + 6.67} = 0.321 > 0.3 \quad \therefore\ i = 0.3$

$P_{l+i} = 114.80 \times 1.3 = 149.24\text{kN}$

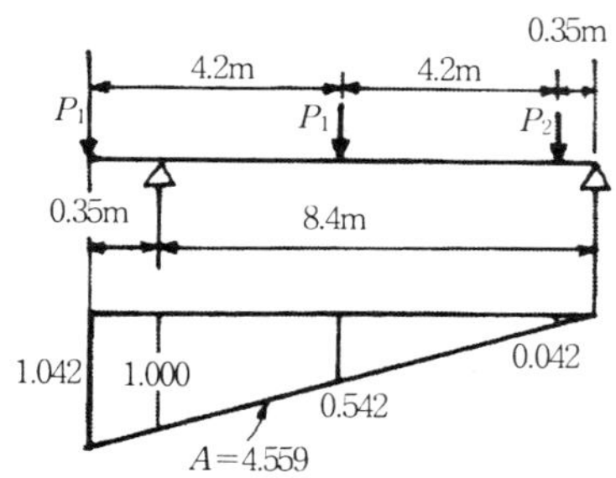

그림 7-45 단부가로보 반력

2) 휨모멘트

① 고정하중 휨모멘트

지간 중앙점 그림 7-46(b)도 참조

$M_d = 66.11 \times 0.493 \times 2 + 50.15 \times 1.668 + 1.2 \times 5.561 = 155.51\text{kN}\cdot\text{m}$

지간 1/4 점 (c)도 참조

$$M_d = 66.11 \times (0.737 + 0.248) + 50.15 \times 0.840 + 1.2 \times 4.192 = 112.27\text{kN} \cdot \text{m}$$

② 활하중 휨모멘트

지간 중앙점 (b)도 참조

$$M_{l+i} = 149.24 \times (1.36 + 0.465) \times 2 = 544.73\text{kN} \cdot \text{m}$$

지간 1/4 점 (c)도 참조

$$M_{l+i} = 149.24 \times (0.700 + 0.991 + 0.689 + 0.236) = 390.41\text{kN} \cdot \text{m}$$

③ 합계 휨모멘트

지간 중앙점

$$\sum M = 155.51 + 544.73 = 700.27\text{kN} \cdot \text{m}$$

지간 1/4점

$$\sum M = 112.27 + 390.41 = 502.68\text{kN} \cdot \text{m}$$

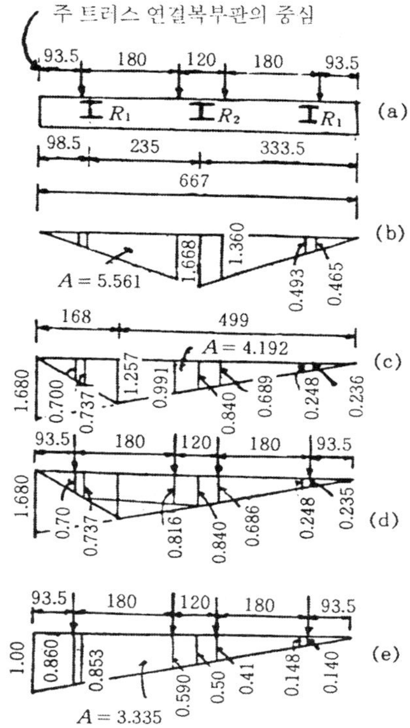

그림 7-46 영향선

3) 단면결정

① 중앙단면 SM 490

단 면	A_g	y	$A_g \cdot y$	$A_g \cdot y^2$
1~*fl. pl.* 270×18	48.60	49.25	2,394	117,823
1~*we. pl.* 967×8	77.36			57,375
1~*fl. pl.* 260×15	39.00	−49.10	−1,915	94,022
	164.96		479	269,220

$$\delta = \frac{479}{164.96} = 2.90\,\text{cm}$$

$$I = 269,220 - 164.96 \times 2.90^2 = 267,833\text{cm}^4$$

$$y_c = 48.35 + 1.8 - 2.90 = 47.25\text{cm}$$

$$y_t = 48.35 + 1.5 + 2.90 = 52.75\text{cm}$$

$$f_c = \frac{700,240,000}{267,833 \times 10^4} \times 472.5 = 123.5\text{MPa} < 190\text{MPa}$$

$$f_t = \frac{700,240,000}{267,833 \times 10^4} \times 527.5 = 137.9\text{MPa} < 190\text{MPa}$$

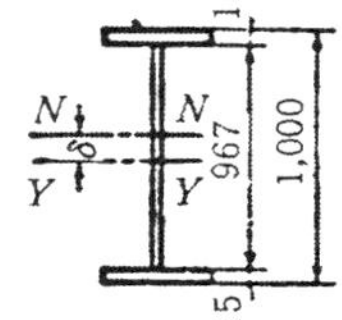

그림 7-47 단부가로보 단면

② 단면변화(지간 1/4 점에서 변화시킨다)

단 면	A_g	y	$A_g \cdot y$	$A_g \cdot y^2$
1~*fl. pl.* 210×14	29.40	49.45	1,454	72,890
1~*we. pl.* 975×8	78.00			61.790
1~*fl. pl.* 210×11	23.10	−49.30	−1,139	56,140
	130.50		315	189,820

$$\delta = \frac{315}{130.50} = 2.41\,\text{cm}$$

$$I = 189,820 - 130.50 \times 2.41^2 = 189,060\,\text{cm}^4$$

$$y_c = 48.75 + 1.4 - 2.41 = 47.74\,\text{cm}, \quad y_t = 48.75 + 1.1 + 2.41 = 52.26\,\text{cm}$$

$$f_c = \frac{502,680,000}{189,060 \times 10^4} \times 477.4 = 126.9\,\text{MPa} < 190\,\text{MPa}$$

$$f_t = \frac{502,680,000}{189,060 \times 10^4} \times 522.6 = 139.0\,\text{MPa} < 190\,\text{MPa}$$

(2) 중간 가로보

1) 하중

① 고정하중

외측 세로보 반력

$$R_1 = 14.50 \times 8.4 = 121.8\,\text{kN}$$

내측 세로보 반력

$$R_2 = 11.0 \times 8.4 = 92.4\,\text{kN}$$

거더 자중(가정) = 1.4 kN/m

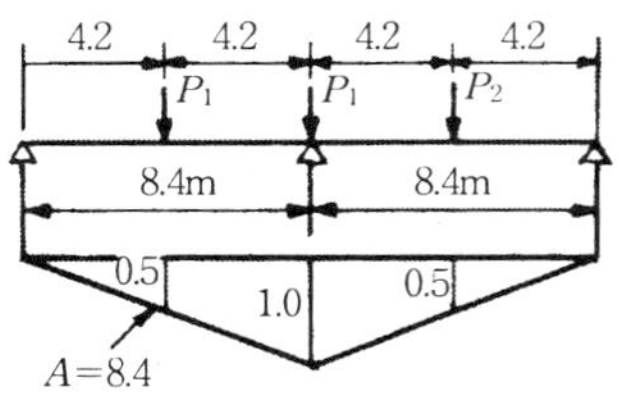

그림 7-48 중간 가로보 반력

② 활하중 및 충격계수

활하중에 의한 반력

$$P = P_1 \times 1.5 + P_2 \times 0.5 = 72 \times 1.5 + 18 \times 0.5 = 117.0\,\text{kN}$$

$$i = 0.3 \qquad P_{l+i} = 117.0 \times 1.3 = 152.1\,\text{kN}$$

2) 휨모멘트

① 고정하중 휨모멘트(그림 7-46 (b), (c)도 참조)

지간 중앙점 $M_d = 121.8 \times 0.493 \times 2 + 92.4 \times 16.68 + 1.4 \times 5.561$

$= 282.0\,\text{kN} \cdot \text{m}$

지간 1/4 점 $M_d = 121.8 \times (0.737 + 0.248) + 92.4 \times 0.84 + 1.40 \times 4.192$

$= 203.46\,\text{kN} \cdot \text{m}$

② 활하중 휨모멘트(그림 7-46 (b), (d)도 참조)

지간 중앙점 $M_{l+i}=152.1\times(1.36+0.465)\times2=555.17\,\mathrm{kN\cdot m}$

지간 1/4점 $M_{l+i}=152.1\times(0.70+0.816+0.686+0.235)=370.67\mathrm{kN\cdot m}$

③ 합계 휨모멘트

지간 중앙점 $\Sigma M=282.0+555.17=837.17\,\mathrm{kN\cdot m}$

지간 1/4 점 $\Sigma M=203.46+370.67=574.13\,\mathrm{kN\cdot m}$

3) 단면결정

① 중앙단면 SM 490 사용

단 면	A_g	y	$A_g\cdot y$	$A_g\cdot y^2$
1~*fl. pl.* 310×19	58.90	49.2	2,898	142,580
1~*we. pl.* 965×8	77.20			59,910
1~*fl. pl.* 300×16	48.00	−49.05	−2,354	115,480
	184.10		544	317,970

$$\delta=\frac{544}{184.10}=2.95\mathrm{cm}$$

$$I=317,970-184.1\times2.95^2=316,370\ \mathrm{cm}^4$$

$$y_c=48.25+1.9-2.95=47.20\,\mathrm{cm}$$

$$y_t=48.25+1.6+2.95=52.80\,\mathrm{cm}$$

$$f_c=\frac{837,170,000}{316,370\times10^4}\times472.0=124.9\,\mathrm{MPa}<f_{ca}=176.3\ \mathrm{MPa}$$

$$f_t=\frac{837,170,000}{316,370\times10^4}\times528.0=139.7\,\mathrm{MPa}<190\,\mathrm{MPa}$$

다만, $\dfrac{A_w}{A_c}=\dfrac{77.20}{58.9}=1.3<2,\ \ l/b=\dfrac{235}{31}=7.6$

$4.0<\dfrac{l}{b}=7.6<30$ 이므로

$$f_{ca}=190-3.8\left(\frac{l}{b}-4.0\right)=176.3\,\mathrm{MPa}$$

② 단면변화(지간 1/4 점에서 변화시킨다)

단 면	A_g	y	$A_g\cdot y$	$A_g\cdot y^2$
1~*fl. pl.* 240×16	38.40	49.40	1,897	93,700
1~*we. pl.* 927×8	77.76			61,222
1~*fl. pl.* 240×12	28.80	−49.20	−1,417	69,714
	144.96		480	224,636

$$\delta = \frac{480}{144.96} = 3.31\,\text{cm}$$

$$I = 224,636 - 144.96 \times 3.31^2 = 223,048\,\text{m}^4$$

$$y_c = 48.60 + 1.6 - 3.31 = 46.89\,\text{cm},\quad y_t = 48.60 + 1.2 + 3.31 = 53.11\,\text{cm}$$

$$f_c = \frac{574,130,000}{223,048 \times 10^4} \times 468.9 = 120.7\,\text{MPa} < f_{ca} = 168\,\text{MPa}$$

$$f_t = \frac{574,130,000}{223,048 \times 10^4} \times 531.1 = 136.7\,\text{MPa} < 190\,\text{MPa}$$

다만, $\frac{A_w}{A_c} = \frac{77.76}{38.40} = 2.03 > 2,\quad K = \sqrt{3 + \frac{A_w}{2A_c}} = 2.0$

$$K\frac{l}{b} = 2\frac{235}{24} = 19.58 > 8$$

$$\therefore\ f_{ca} = 190 - 1.9\left(K\frac{l}{b} - 8\right) = 168\,\text{MPa}$$

(3) 가로보와 주트러스의 연결

중간 가로보에 대한 전단력이 크기 때문에 이에 대하여 설계한다.

1) 최대 전단력(그림 7-46 (e)참조)

① 고정하중에 의한 전단력

$$V_d = 121.8 \times (0.853 + 0.148) + 92.4 \times 0.50 + 1.40 \times 3.335 = 172.79\,\text{kN}$$

② 활하중에 의한 전단력

$$V_{l+i} = 152.1 \times (0.860 + 0.590 + 0.410 + 0.140) = 304.20\,\text{kN}$$

③ 합계 전단력

$$\Sigma V = 172.79 + 304.20 = 476.99\,\text{kN}$$

2) 연결 볼트수

볼트 1개의 허용값

$\rho_a = 48$ kN (F 10 T(M 22), 표 4-5 참조)

$n = \frac{476,990}{48,000} = 9.9$ 13 개 사용

6. 주트러스의 설계

① 주트러스의 치수

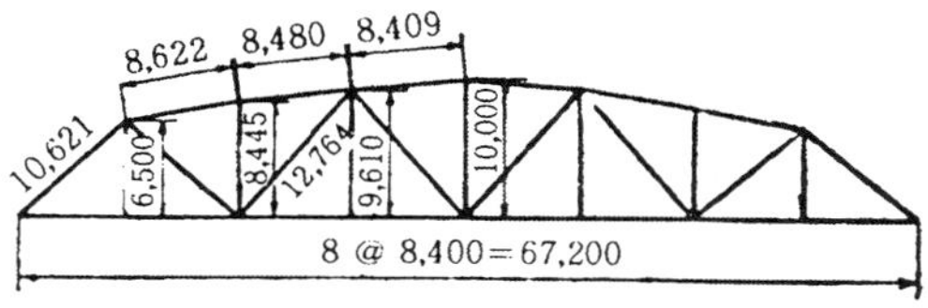

그림 7-49 주트러스의 치수

② 영향선의 여러 값

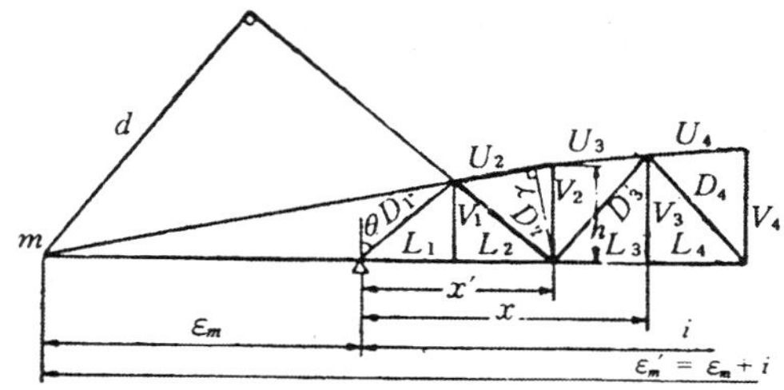

그림 7-50 영향선의 여러 값

표 7-2 부재의 기호와 치수

부 재	기 호	h	r	ξ	ξ'	d	η	η'
상현재	U_2		8,228				2.043	
〃	U_3		8,366				2.008	
〃	U_4		9,989				3.364	
하현재	L_1, L_2	6,500					1.292	
〃	L_3, L_4	9,610					2.622	
단 주	D_1						1.634 (secθ)	
사 재	D_2			19,672	86,872	22,321	0.881	3.892
〃	D_3			44,091	111,291	45,845	0.962	2.428
〃	D_4			181,785	248,985	162,163	1.121	1.535

$\eta = \frac{x'}{r}$: 상현재, $\eta = \frac{x}{h}$: 하현재, $\eta = \frac{\xi}{d}$, $\eta' = \frac{\xi'}{d}$: 사재

(3) 하 중

1) 고정하중

포 장	$23.0\times0.05\times6.0\times\frac{1}{2}$	$= 3.45$ kN/m
슬래브	$24.5\times0.16\times6.0\times\frac{1}{2}$	$= 11.76$ kN/m
지 복	$24.5\times0.31\times0.30$	$= 2.28$ kN/m
난 간		$= 0.30$ kN/m
주트러스	(2.30 kN/m^2 가정)	$= 6.90$ kN/m
헌치 기타		$= 1.31$ kN/m
		$w_d = 26.0$ kN/m

2) 활하중

차로하중에 대한 영향이 트럭하중에 의한 것보다 크다.

2등교에서 차로하중은 등분포하중 9.5 kN/m 와 집중하중은 휨모멘트 계산에서 81 kN, 전단력 계산에서 117 kN 이다.

3) 충격계수

상현재, 하현재 및 단주 $i=\dfrac{15}{40+l}=\dfrac{15}{40+67.2}=0.140$

사 재 $i=\dfrac{15}{40+0.75l}=\dfrac{15}{40+0.75\times67.2}=0.166$

행 거 $i=\dfrac{15}{40+l}=\dfrac{15}{40+7.0}=0.319$ (l : 가로보의 지간) $\therefore\ i=0.3$

(4) 부재응력 계산

1) 상현재 응력

U_2 : 고정하중 $=-26.0\times51.475=-1{,}338.35\,\text{kN}$

활 하 중 $=-81\times1.532-9.5\times51.475=-613.1\,\text{kN}$

충 격 $=-613.1\times0.14=-85.83\,\text{kN}$

$\therefore\ U_2=-2{,}037.28\,\text{kN}$

U_3 : 고정하중 $=-26.0\times50.602=-1315.65\,\text{kN}$

활 하 중 $=-81\times1.506-9.5\times50.602=-602.71\,\text{kN}$

충 격 $=-602.71\times0.14=-84.38\,\text{kN}$

$\therefore\ U_3=-2{,}002.74\,\text{kN}$

U_4 : 고정하중 $=-26.0\times55.515=-1{,}469.39\,\text{kN}$

활 하 중 $=-81\times1.682-9.50\times56.515=-673.13\,\text{kN}$

충 격 $=-673.13\times0.14=-94.24\,\text{kN}$

$\therefore\ U_4=-2{,}236.76\,\text{kN}$

2) 하현재 응력

$L_1(L_2)$: 고정하중 $=26\times38.002=988.05\,\text{kN}$

활 하 중 $=81\times1.131+9.5\times38.002=452.63\,\text{kN}$

충 격 $=452.63\times0.14=63.37\,\text{kN}$

$\therefore\ L_1=L_2=1{,}504.05\,\text{kN}$

$L_3(L_4)$: 고정하중 $=26\times55.070=1{,}431.82\,\text{kN}$

활 하 중 $=81\times1.639+9.5\times55.070=655.93\,\text{kN}$

충 격 $= 655.93 \times 0.14 = 91.83\,\text{kN}$

$\therefore\ L_3 = L_4 = 2,179.58\,\text{kN}$

3) 사재의 응력

D_1 : 고정하중 $= -26 \times 48.048 = -1,249.25\,\text{kN}$

활 하 중 $= -81 \times 1.430 - 9.5 \times 48.048 = -572.29\,\text{kN}$

충 격 $= -572.29 \times 0.14 = -80.12\,\text{kN}$

$\therefore\ D_1 = -1,901.66\,\text{kN}$

D_2 : 고정하중 $= 26 \times 15.345 = 398.97\,\text{kN}$

활 하 중 $= 81 \times 0.661 + 9.5 \times 18.257 = 227.15\,\text{kN}$

충 격 $= 227.15 \times 0.166 = 37.71\,\text{kN}$

$\therefore\ D_2 = 663.83\,\text{kN}$

D_3 : 고정하중 $= -26 \times 7.497 = -194.92\,\text{kN}$

활 하 중 $= -81 \times 0,601 - 9.5 \times 13.877 = -180.54\,\text{kN}$

충 격 $= -180.54 \times 0.166 = -29.97\,\text{kN}$

$\therefore\ D_3 = -405.43\,\text{kN}$

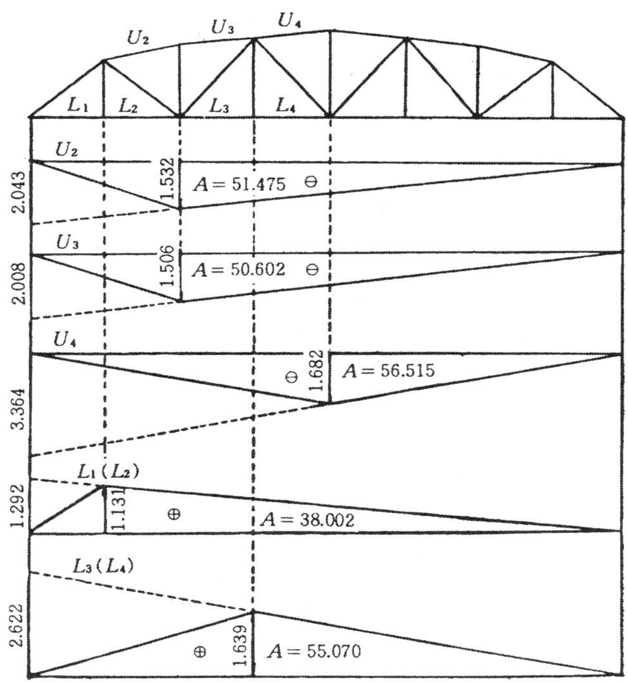

그림 7-51 상현재, 하현재 영향선

D_4 : 고정하중 $= 26\times2.149 = 55.87\ \text{kN}$

활하중 $\begin{cases} = 81\times0.561 + 9.5\times10.587 = 146.02\ \text{kN} \\ = -81\times0.576 - 9.5\times8.438 = -126.81\ \text{kN}\ (\text{상반응력}) \end{cases}$

충　격 $\begin{cases} = 146.02\times0.166 = 24.24\ \text{kN} \\ = -126.81\times0.166 = -21.05\ \text{kN} \end{cases}$

$\therefore D_4 \begin{cases} = 55.187 + (146.02 + 24.24) = 226.13\ \text{kN} \\ = 55.187 - (126.81 + 21.05) = -91.99\ \text{kN}\ (\text{교번응력}) \end{cases}$

4) 수직재의 응력

$V_1(V_3)$: 고정하중 $= 26\times8.40 = 218.4\ \text{kN}$

활 하 중 $= 81\times1.00 + 9.5\times8.40 = 160.8\ \text{kN}$

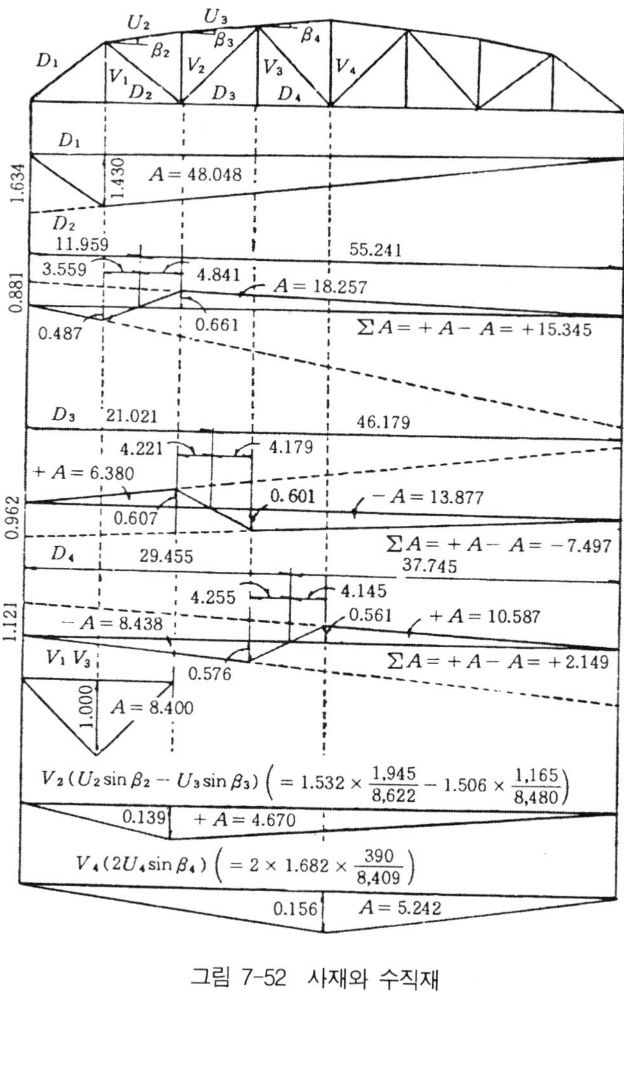

그림 7-52 사재와 수직재

충　　격 $= 160.80 \times 0.3 = 48.24\,\text{kN}$

$\therefore\ V_1 = V_3 = 427.44\ \text{kN}$

V_2　: 고정하중 $= 26 \times 4.670 = 121.42\ \text{kN}$

활 하 중 $= 81 \times 0.139 + 9.5 \times 4.670 = 55.53\,\text{kN}$

충　　격 $= 55.53 \times 0.14 = 7.77\,\text{kN}$

$\therefore\ V_2 = 184.72\ \text{kN}$

V_4　: 고정하중 $= 26 \times 5.242 = 136.29\ \text{kN}$

활 하 중 $= 81 \times 0.156 + 9.5 \times 5.242 = 62.44\,\text{kN}$

충　　격 $= 62.44 \times 0.14 = 8.74\,\text{kN}$

$\therefore\ V_4 = 207.47\ \text{kN}$

(5) 단면의 결정

1) 상현재

① U_2, U_3 :

$$U_2 = -2,037.28\,\text{kN},\quad U_3 = -2,002.74\,\text{kN}$$

SM 490 사용

단 면	A_g	y	$A_g \cdot y$	$A_g \cdot y^2$
1~*cov. pl.* 390×12	46.8	19.10	894	17,070
2~*web pl.* 370×11	81.4			9,290
1~*bott. pl.* 320×11	35.2	− 16.45	− 579	9,530
	163.4		315	35,890

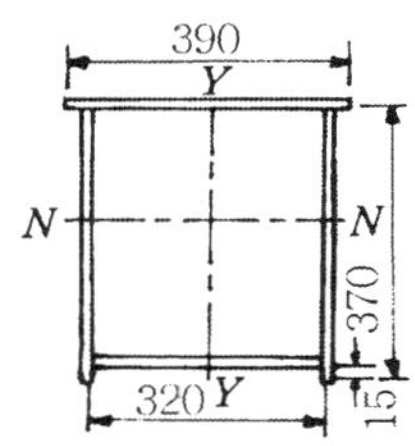

그림 7-53 상현재 단면

$$\delta = \frac{315}{163.4} = 1.93\text{cm}$$

$$I_N = 35,890 - 163.4 \times 1.93^2 = 35,280\text{cm}^4$$

$$I_Y = \frac{1}{12} \times 1.2 \times 39^3 + \frac{1}{12} \times 1.1 \times 32^2 + 81.4 \times 16.55^2 = 31,230\text{cm}^4$$

$$\gamma_y = \sqrt{\frac{31,230}{163.4}} = 13.8\text{cm},\qquad l/\gamma_y = 862.2/13.8 = 62.5$$

$$f_{ca} = 190 - 1.3\left(\frac{l}{r} - 15\right) = 128.3\,\text{MPa}$$

$$U_2\ :\ f_c = \frac{2,037,280}{16,340} = 124.7\text{MPa} < f_{ca} = 128.3\text{MPa}$$

$$U_3\ :\ f_c = \frac{2,002,740}{163,40} = 122.6\text{MPa} < f_{ca}$$

· 현장이음

이음부에는 단면의 아래측에 100ϕ 핸드 홀(hand hole)을 만들기 때문에 단면의 손실을 보충하기 위하여 아래 판두께를 늘린다.

$$1\sim bott.\ pl.\ 320\times16 \qquad A_n=(32.0-10.0)\times1.6=35.2\text{cm}^2$$

이음판의 단면은 설계도면을 참조하고, 이 때 필요한 소요 볼트수(F10T(M22) 사용)는 다음과 같다.

$cov.\ pl.\ A_g=46.8\text{cm}^2,\ \rho=48\text{kN}$ (단전단, 표 4-5 참조)

$$n=\frac{124.7+128.3}{2}\times\frac{4,680}{48,000}\fallingdotseq12.3 \qquad 15\text{개 사용}$$

$web\ pl.\ A_g=81.4\text{cm}^2$

$$n=\frac{124.7+128.3}{2}\times\frac{8,140}{48,000}=21.5 \qquad 24\text{개 사용}$$

$bott.\ pl.\ A_g=35.2\text{cm}^2,\ \rho=2\times48\text{kN}$ (복전단, 표 4-5 참조)

$$n=\frac{124.7+128.3}{2}\times\frac{3,520}{2\times48,000}=4.6 \qquad 6\text{개 사용}$$

② U_4 : $U_4=-2,236.76\text{kN}$

SM490 사용

단 면	A_g	y	$A_g\cdot y$	$A_g\cdot y^2$
1～*cov. pl.* 390×12	46.8	19.1	894	17,070
1～*web pl.* 370×12	88.8			10,130
1～*bott. pl.* 320×12	38.4	−16.4	−630	10,330
	174.0		264	37,530

$$\delta=\frac{264}{174}=1.52\text{cm}$$

$$I_N=37,530-174\times1.52^2=37,130\text{cm}^4$$

$$I_Y=\frac{1}{12}\times1.2\times39^3+\frac{1}{12}\times1.2\times32^3+88.8\times16.6^2=33,680\text{cm}^4$$

$$\gamma_y=\sqrt{\frac{33,680}{174}}=13.9\text{cm} \qquad l/\gamma_y=\frac{8,409}{13.9}=60.5$$

$$f_{ca}=190-1.3\left(\frac{l}{r}-15\right)=130.9\text{MPa}$$

$$f_c=\frac{2,236,760}{17,400}=128.5\text{MPa}<f_{ca}=130.9\text{MPa}$$

· 현장이음

이음부에는 단면의 아래측에 100ϕ 핸드 홀을 만들기 때문에 판두께를 늘린다.

1~*bott. pl.* 320×18, $A_n = (32-10)\times 1.8 = 39.6\,\text{cm}^2 > 38.4\,\text{cm}^2$

이음판의 단면은 설계도면을 참조하고, 이 때 필요한 소요 볼트수(F10T(M22) 사용)는 다음과 같다.

cov. pl. $A_g = 46.8\text{cm}^2$, $\rho = 48\text{kN}$ (단전단)

$$n = \frac{128.5 + 130.9}{2} \times \frac{4,680}{48,000} \fallingdotseq 12.6 \qquad \text{15개 사용}$$

web pl. $A_g = 88.8\text{cm}^2$, $\rho = 48\text{kN}$

$$n = \frac{128.5 + 130.9}{2} \times \frac{8,880}{48,000} = 24.0 \qquad \text{30개 사용}$$

bott. pl. $A_g = 39.6\text{cm}^2$, $\rho = 2\times 48\text{kN}$ (복전단)

$$n = \frac{128.5 + 130.9}{2} \times \frac{3,960}{2\times 48,000} = 5.4 \qquad \text{6개 사용}$$

2) 하현재

① L_1, L_2 :

$L_1 = L_2 = 1,504.05$ kN

SM490사용

단 면	A_g
1~*cov. pl.* 320×8	25.6
2~*web pl.* 240×8	38.4
1~*bott. pl.* 380×8	30.4
	94.4

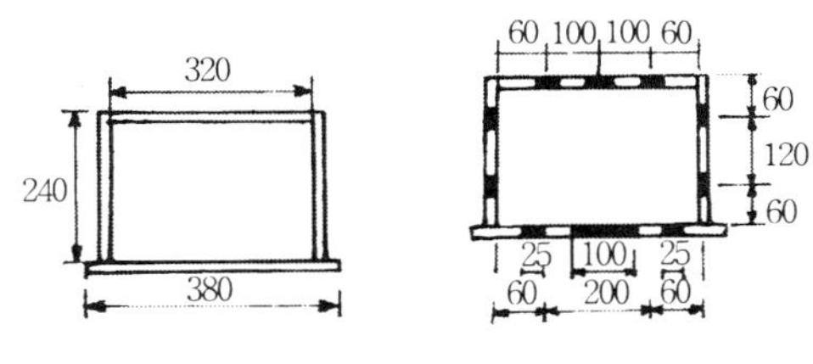

그림 7-54 하현재 단면

$$f_t = \frac{1,504,050}{9,440} = 159.3\text{ MPa} < f_{ta} = 190\text{ MPa}$$

이음부의 단면 SM490 사용

단 면	A_g	A_n	
1~*cov. pl.* 320×11	35.2	(32.0 − 3×2.5)×1.1	= 26.95
2~*web pl.* 240×10	48.0	2×(24.0 − 2×2.5)×1.0	= 38.00
1~*bott. pl.* 380×14	53.2	(38.0 − 10.0 − 2×2.5)×1.4	= 32.20
	136.4		97.15 cm²

$$f_t = \frac{1,504,050}{9,715} = 154.8\,\text{MPa} < 190\,\text{MPa}$$

이음부의 단면 SM 490 사용

1~*spl. cov. pl.* 320×11 $A_g = 35.2\text{cm}^2$ $A_n = 26.95\ \text{cm}^2$

2~*spl. web. pl.* 302×11 $A_g = 50.6\ \text{cm}^2$ $A_n = 39.6\ \text{cm}^2$

2~*spl. bott. pl.* 100×9 18.0
2~*spl. bott. pl.* 140×9 25.2 } $A_g = 43.2\text{cm}^2$ $A_n = 34.2\ \text{cm}^2$

소요 볼트수(F 10 T(M 22) 사용)

cov. pl. $A_n = 26.95\text{cm}^2$, $\rho = 48\text{kN}$ (단전단)

$$n = \frac{154.8 + 190.0}{2} \times \frac{2,695}{48,000} = 9.7$$ 11 개 사용

web pl. $A_n = 38.0\text{cm}^2$, $\rho = 4,800\text{kN}$

$$n = \frac{154.8 + 190.0}{2} \times \frac{3,800}{48,000} = 13.6$$ 16 개 사용

bott. pl. $A_n = 32.20\text{cm}^2$, $\rho = 2 \times 48\text{kN}$ (복전단)

$$n = \frac{154.8 + 190}{2} \times \frac{3,220}{2 \times 48,000} = 5.8$$ 8 개 사용

② L_3, L_4 :

$L_3 = L_4 = 2,179.58\,\text{kN}$

SM 490 사용

1~*cov. pl.*	320×11	35.2
2~*web pl.*	240×11	52.8
1~*bott. pl.*	380×10	38.0
		126.0

$$f_t = \frac{2,179,580}{12,600} = 172.9\,\text{MPa} < 190\,\text{MPa}$$

이음부의 단면 SM 490 사용

단 면	A_g	A_n	
1~*cov. pl.* 320×14	44.8	(32.0 − 3×2.5)×1.4	= 34.3
2~*web pl.* 240×14	67.2	2×(24.0 − 2×2.5)×1.4	= 53.2
1~*bott. pl.* 380×17	129.2	(38.0 − 10.0 − 2×2.5)×1.7	= 39.1
	241.2		126.6 cm²

$$f_t = \frac{2,179,580}{12,660} = 172.2\,\text{MPa} < 190\,\text{MPa}$$

이음부의 단면 SM490 사용

1~*spl. cov. pl.* 320×14		$A_g = 44.8\ \text{cm}^2$	$A_n = 34.3\ \text{cm}^2$
2~*spl. web pl.* 230×15		$A_g = 69.0\ \text{cm}^2$	$A_n = 54.0 > 53.2\ \text{cm}^2$
2~*spl. bott. pl.* 100×11	22.0	$A_g = 52.8\ \text{cm}^2$	$A_n = 41.8\ \text{cm}^2$
2~*spl. bott. pl.* 140×11	30.8		

소요 볼트수(F10T(M22) 사용)

cov. pl. $A_n = 34.3\text{cm}^2$, $\rho = 48\text{kN}$

$$n = \frac{172.2 + 190.0}{2} \times \frac{3,430}{48,000} = 12.9$$ 15개 사용

web pl. $A_n = 53.2\text{cm}^2$, $\rho = 48\text{kN}$

$$n = \frac{172.2 + 190.0}{2} \times \frac{5,320}{48,000} = 20.1$$ 24개 사용

bott. pl. $A_n = 39.10\text{cm}^2$, $\rho = 2 \times 48\text{kN}$ (복전단)

$$n = \frac{172.2 + 190.0}{2} \times \frac{3,910}{2 \times 48,000} = 7.4$$ 8개 사용

3) 사재

(D_1은 단주로서 교문브레이싱에서 설명한다)

① D_2 :

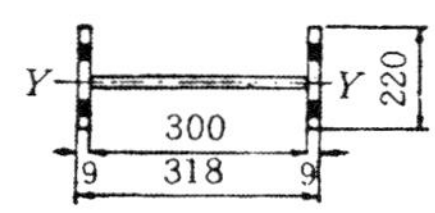

그림 7-55 D_2 단면

$D_2 = 663.83\ \text{kN}$, $l = 1,062.1\ \text{cm}$

SS400 사용

단 면	A_g	A_n
2~*pls.* 220×9	39.6	2×(22.0−2×2.5)×0.9 = 30.6
1~*pl.* 300×8	24.0	= 24.0
	63.6	54.6 cm²

$$I_Y = \frac{1}{12} \times 0.9 \times 22^3 \times 2 = 1,597\ \text{cm}^4$$

$$r_y = \sqrt{\frac{1,597}{63.6}} = 5.01\ \text{cm}$$

$$l / r_y = \frac{1,062.1 \times 0.9}{5.01} = 190.8 < 200$$

$$f_t = \frac{663,830}{5,460} = 121.6\ \text{MPa} < 140\ \text{MPa}$$

연결 볼트수(F 8 T(M 22) 사용)

$A_n = 54.6\text{cm}^2$ $\qquad\rho = 39\text{kN}$

$$n = \frac{121.6 + 140.0}{2} \times \frac{5,460}{39,000} = 18.3 \qquad 20\text{개 사용}$$

② D_3 :

$D_3 = -405.43\ \text{kN} \qquad l = 1,276.4\ \text{cm}$

SS 400 사용

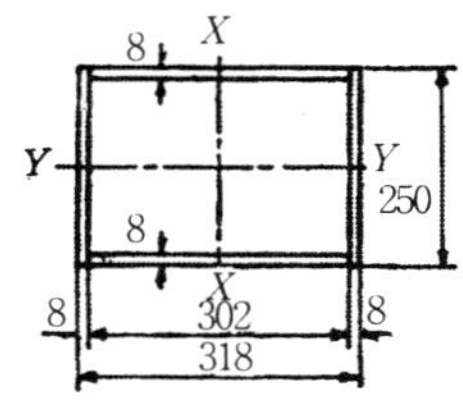

그림 7-56 D_3 단면

단 면	A_g
2~*pls.* 250×8	40.00
2~*pls.* 302×8	48.32
	88.32

$$I_X = 40.0 \times 15.5^2 + \frac{1}{12} \times 30.2^3 \times 0.8 \times 2 = 13,282\ \text{cm}^4$$

$$I_Y = 48.32 \times 12.1^2 + \frac{1}{12} \times 25^3 \times 0.8 \times 2 = 9,158\ \text{cm}^4$$

$$r_x = \sqrt{\frac{13,282}{88.32}} = 12.3\ \text{cm}$$

$$l/r_x = 1,276.4 \times 0.9/12.3 = 93.4 < 120$$

$$r_y = \sqrt{\frac{9,158}{88.32}} = 10.18\ \text{cm}$$

$$l/r_y = 1,276.4 \times 0.9/10.18 = 112.8 < 120$$

$$f_{ca} = \frac{1,200,000}{6,700 + (l/r)^2} = 61.8\ \text{MPa}$$ (도설, 제3장 3.2.1)

$$f_c = \frac{405,430}{8,832} = 45.9\ \text{MPa} < f_{ca} = 61.8\ \text{MPa}$$

연결 볼트수(F 8 T(M 22) 사용)

$A_g = 88.32\text{cm}^2$ $\qquad\rho = 39\text{kN}$

$$n = \frac{45.9 + 61.8}{2} \times \frac{8,832}{39,000} = 12.2 \qquad 16\text{개 사용}$$

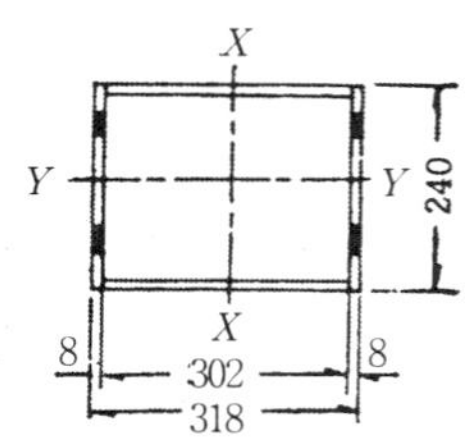

그림 7-57 D_4 단면

③ D_4 : $D_4 = +226.13\ \text{kN}$

$D_4 = -91.99\ \text{kN} \qquad l = 1,276.4\ \text{cm}$

SS 400 사용

단 면	A_g	A_n
2~pls. 240×8	38.40	2×(24.0 − 2×2.5)×0.8 = 30.40
2~pls. 302×8	48.32	48.32
	86.72	78.12 cm²

$$I_X = 38.4 \times 15.5^2 + \frac{1}{12} \times 30.2^3 \times 0.8 \times 2 = 12,898 \text{ cm}^4$$

$$I_Y = 48.32 \times 11.6^2 + \frac{1}{12} \times 24^3 \times 0.8 \times 2 = 8,345 \text{ cm}^4$$

$$r_x = \sqrt{\frac{12,898}{86.72}} = 12.2 \text{ cm} \qquad l/r_x = 1,276.4 \times 0.9/12.2 = 94.2 < 120$$

$$r_y = \sqrt{\frac{8,345}{86.72}} = 9.81 \text{ cm} \qquad l/r_y = 1,276.4 \times 0.9/9.81 = 117.1 < 120$$

$$f_{ca} = \frac{1,200,000}{6,700 + (l/r)^2} = 58.8 \text{ MPa} \qquad f_{ta} = 140 \text{ MPa}$$

$$f_c = \frac{91,990}{8,672} = 10.6 \text{ MPa} < 58.8 \text{ MPa}$$

$$f_t = \frac{226,130}{7,812} = 29.0 \text{ MPa} < 140 \text{ MPa}$$

연결 볼트수(F 8 T(M 22) 사용)

$A_g = 86.72\text{cm}^2$, $A_n = 78.12\text{cm}^2$, $\rho = 39\text{kN}$

$n = 58.8 \times 0.75 \times 8,672/39,000 = 9.8$ 개

$n' = 140 \times 0.75 \times 7,812/39,000 = 21.0$ 개 24 개 사용

4) 수직재 $V_1 \sim V_4$

수직재의 응력은 값이 다르지만 같은 단면을 쓰기로 한다.

최대 응력 $V_1 = V_3 = 427.44$ kN $l = 1,000$ cm

SS 400 사용

단 면	A_g	A_n
2~pls. 210×8	33.60	25.60
1~pl. 302×8	24.16	24.16
	57.76	49.76 cm²

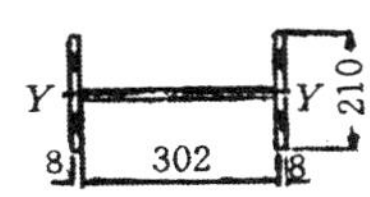

그림 7-58 $V_1 \sim V_4$ 단면

$$I_Y = \frac{1}{12} \times 0.8 \times 21^3 \times 2 = 1,235 \text{ cm}^4$$

$$r_y = \sqrt{\frac{1,235}{57.76}} = 4.62\,\text{cm} \qquad l/r = 1,000\times0.9/4.62 = 194.8 < 200$$

$$f_t = 427,440/4,976 = 85.9\,\text{MPa} < 140\,\text{MPa}$$

연결 볼트수(F 8 T(M 22) 사용)

$A_n = 49.76\text{cm}^2$, $\rho = 39\text{kN}$

$$n = \frac{85.9 + 140.0}{2} \times \frac{4,976}{39,000} = 14.4$$ 20 개 사용

7. 수평브레이싱, 교문브레이싱 및 단주

(1) 하부 수평브레이싱

1) 풍하중

도설, 제2장 2.1.11에 의하여 재하현에 작용하는 풍하중은

재 하 시 : $w_1 = 1.5 + 1.5D + 1.25\sqrt{\lambda \cdot h} = 1.5 + 1.5\times1.44 + 1.25\sqrt{6.5\times0.25}$
$= 5.25\,\text{kN/m} < 6.0\,\text{kN/m}$

무재하시 : $w_2 = 3.0D + 2.5\sqrt{\lambda \cdot h} = 3.0\times1.44 + 2.5\sqrt{6.5\times0.25}$
$= 7.5\,\text{kN/m} > 6.0\,\text{kN/m}$

여기서,

D : 교량 바닥판의 총높이 = 주거더높이 + 연석높이 + 0.4
$= 0.73 + 0.31 + 0.4 = 1.44\,\text{m}$

λ : 주트러스 높이 = 6.5 ~ 10 m, h : 하현재의 높이 = 0.25 m

따라서, 풍하중은 $\lambda = 6.5\,\text{m}$ 일 때 $w = 7.5\,\text{kN/m}$
$\lambda = 8.445\,\text{m}$ 일 때 $w = 7.95\,\text{kN/m}$
$\lambda = 9.61\,\text{m}$ 일 때 $w = 8.2\,\text{kN/m}$
$\lambda = 10.0\,\text{m}$ 일 때 $w = 8.27\,\text{kN/m}$

가 된다.

2) 부재응력

$$D_1 = 7.5\times\frac{1}{2}\times67.2\times0.875\times1.562 = 344.42\,\text{kN}(\lambda = 6.5\,\text{m})$$

$$D_2 = 7.95\times\frac{1}{2}\times57.6\times0.750\times1.562 = 268.23\,\text{kN}(\lambda = 8.445\,\text{m})$$

$$D_3 = 8.2\times\frac{1}{2}\times48.0\times0.625\times1.562 = 192.13\,\text{kN}(\lambda = 9.61\,\text{m})$$

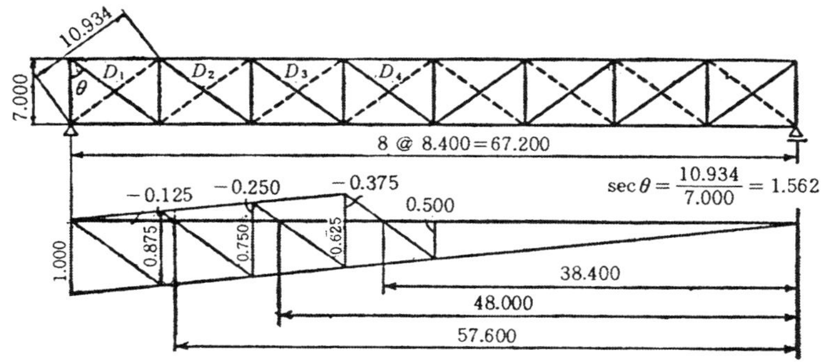

그림 7-59 하부 수평브레이싱의 부재응력 영향선

$$D_4 = 8.27\times\frac{1}{2}\times38.4\times0.50\times1.562 = 124.01\,\mathrm{kN}(\lambda = 10.0\,\mathrm{m})$$

3) 단면결정

하부 수평브레이싱은 그림 7-60에서와 같이 세로보의 밑부분과 연결시키는 것이 일반적이다. OP의 길이는 546.7 cm

교면 외에 좌굴할 때 $l = 546.7\,\mathrm{cm}$

교면 내에 좌굴할 때 $l = 546.7\times0.9 = 492.0\,\mathrm{cm}$

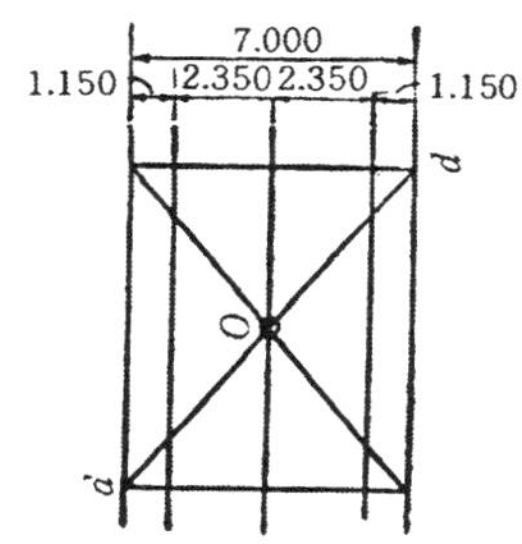

그림 7-60 하부 수평브레이싱

① D_1 : SS 400 사용

단 면	A_g	A_n
1~$pl.$ 190×9	17.1	17.1
1~$pl.$ 100×8	8.0	4.0
	25.1	21.1 cm²

$$\delta = \frac{17.1\times5.45}{25.1} = 3.71\,\mathrm{cm}$$

$$I_X = 17.1\times5.45^2+\frac{1}{12}\times0.8\times10^3-25.1\times3.71^2 = 230\,\mathrm{cm}^4$$

$$r_x = \sqrt{\frac{230}{25.1}} = 3.03$$

$$l/r_x = 546.7/3.03 = 180 < 240$$

$$I_Y = \frac{1}{12}\times0.9\times19^3 = 514\,\mathrm{cm}^4$$

$$r_y = \sqrt{\frac{514}{25.1}} = 4.53\,\mathrm{cm}$$

$$l/r_y = 492/4.53 = 109 < 240$$

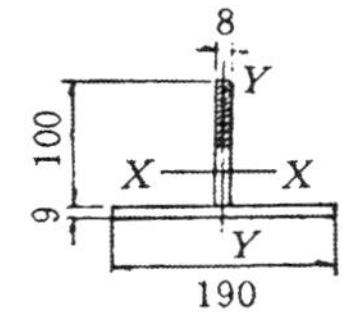

그림 7-61 하부 수평브레이싱 단면

$f_t = 344,420/2,110 = 163.2\,\text{MPa} < f_{ta} = 168.0\,\text{MPa}$

풍하중만 고려할 때 허용응력의 증가는 도설, 제2항 2.2.2.2에 의하여 20% 증가시킨다.

$\therefore\ f_{ta} = 140 \times 1.20 = 168\,\text{MPa}$

연결 볼트수(F 8 T(M 22) 사용)

볼트 구멍 공제분만 판두께를 증가시킨다.

단 면	A_g	A_n
1~pl. 190×13	24.7	$(19.0 - 2\times2.5)\times1.3 = 18.2 > 17.1\,\text{cm}^2$

볼트 값 $\rho = 39\text{kN}$

볼트 20% 증가값 $\rho = 39 \times 1.20 = 46.8\text{kN}$

$\therefore\ n = 344,420/46,800 = 7.3$ 8개 사용

② D_2 : SS 400 사용

단 면	A_g	A_n
1~pl. 140×9	12.6	12.6
1~pl. 90×8	7.2	3.6
	19.8	16.2 cm²

$$\delta = \frac{12.6\times4.95}{19.8} = 3.15\,\text{cm}$$

$$I_X = 162\,\text{cm}^4,\quad r_x = \sqrt{\frac{162}{19.8}} = 2.86\,\text{cm},\quad l/r_x = 546.7/2.68 = 191 < 240$$

$$I_Y = 206\,\text{cm}^4,\quad r_y = 3.23\,\text{cm},\quad l/r_y = 492/3.23 = 152 < 240$$

$$f_t = 268,230/1,620 = 165.6\,\text{MPa} < 168\,\text{MPa}$$

연결 볼트수(볼트 구멍 공제분만 판두께 증가)

단 면	A_g	A_n
1~pl. 190×9	17.1	$(19.0 - 2\times2.5)\times0.9 = 12.6\,\text{cm}^2$

$n = \dfrac{268,230}{46,800} = 5.7$ 6개 사용

③ D_3, D_4 : SS 400사용

단 면	A_g	A_n
1~pl. 100×9	9.0	9.0
1~pl. 90×8	7.2	3.6
	16.2	12.6 cm²

$$\delta = \frac{9 \times 4.95}{16.2} = 2.75 \text{ cm}$$

$I_X = 147 \text{ cm}^4$, $r_x = 3.01 \text{ cm}$, $l/r = 181.6 < 240$

$I_Y = 75 \text{ cm}^4$, $r_y = 2.15 \text{ cm}$, $l/r = 229 < 240$

$f_t = 192,130/1,260 = 152.5 \text{ MPa} < 168 \text{ MPa}$

연결 볼트수(볼트 구멍 공제분만 판두께 증가)

단 면	A_g	A_n
1~pl. 150×9	13.5	$(15.0-2\times2.(5))\times0.9 = 9.0 \text{ cm}^2$

$n = \frac{192,130}{46,800} \fallingdotseq 4.0$ 4개 사용

(2) 상부 수평브레이싱

1) 풍하중

무재하현에 작용하는 풍하중은 도설, 제2장 2.1.11에 의해

재 하 시 : $1.25\sqrt{\lambda \cdot h} = 1.25\sqrt{6.5\times0.4} = 2.02 \text{ kN/m} < 3.0 \text{ kN/m}$

비재하시 : $2.5\sqrt{\lambda \cdot h} = 2.5\sqrt{6.5\times0.4} = 4.03 \text{ kN/m} > 3.0 \text{ kN/m}$

h= 상현재의 높이 = 0.4 m

따라서, 풍하중은 4.03 kN/m로 한다.

$$\sec\theta = \frac{5.467}{3.5} = 1.562$$

2) 부재응력

$$D_1 = \pm0.5\times4.03\times23.071\times1.562 = \pm72.61 \text{ kN}$$

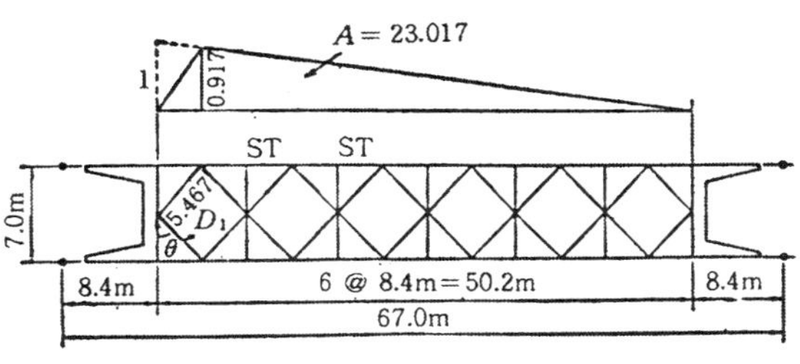

그림 7-62 상부 수평브레이싱의 부재응력 영향선

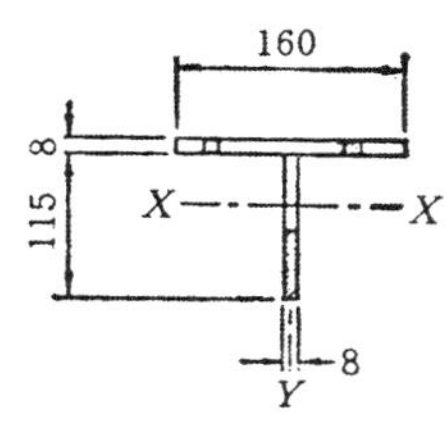

그림 7-63 상부 수평브레이싱 단면

3) 단면 결정

상부 수평브레이싱은 모두 그림 7-63과 같은 단면을 쓴다.

SS 400 사용

단 면	A_g	A_n
1~*pl.* 160×9	12.8	(16.0 − 2×2.5)×0.8 = 8.8
1~*pl.* 115×8	9.2	4.6
	22.0	13.4 cm²

$$\delta = \frac{12.8\times6.15}{22} = 3.57\ \text{cm}$$

$$I_X = \frac{1}{12}\times0.8\times11.5^3 + 12.8\times6.15^2 - 22\times3.57^2 = 305\ \text{cm}^4$$

$$r_x = \sqrt{\frac{305}{22}} = 3.9,\ \ l/r_x = 546.7/3.9 = 139 < 150$$

$$I_Y = \frac{1}{12}\times0.8\times16^3 = 273\ \text{cm}^4$$

$$r_y = \sqrt{\frac{273}{22}} = 3.6,\ \ l/r_y = 546.7\times0.9/3.6 = 138 < 150$$

$l/r > 93$ 이므로 f_{ca}는 다음과 같으며, 이 때 20% 증가시킨다.

$$f_{ca} = \left(\frac{1,200,000}{6,700 + 139^2}\right)\times1.20 = 55.3\ \text{MPa}$$

$$f_c = \frac{72,610}{2,200} = 33.0\ \text{MPa} < f_{ca} = 55.3\ \text{MPa}$$

$$f_t = \frac{72,610}{1,340} = 54.2\ \text{MPa} < f_{ta} = 140\times1.20 = 168\ \text{MPa}$$

(3) 교문브레이싱

1) 풍하중

$$P = \frac{1}{2}\times4.03\times50.2 = 101.15\ \text{kN}$$

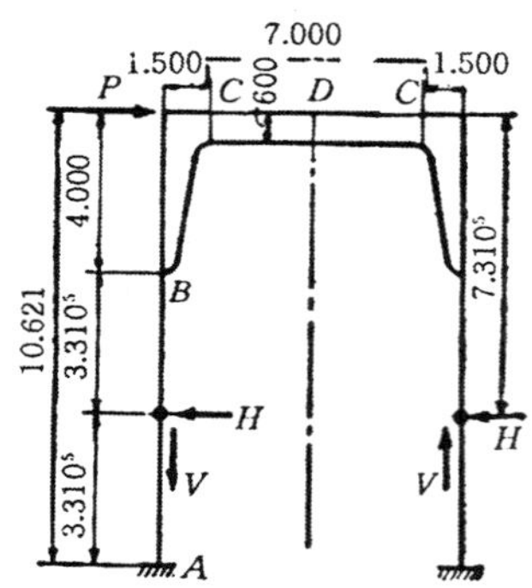

그림 7-64 교문브레이싱

2) 응력계산

$$H = \frac{1}{2}\times101.15 = 50.58\ \text{kN}$$

$$V = \frac{101.15\times7.31}{7.0} = 105.63\ \text{kN}$$

$$M_c = 50.58\times7.31 - 105.63\times1.5 = 211.29\ \text{kN}\cdot\text{m},\ \ M_D = 0$$

$$M_A = M_B = 50.58\times3.31 = 167.42\ \text{kN}\cdot\text{m}$$

3) 단면결정

단면 C-C SM490 사용

단 면		A_g
2~*pls.*	180×9	32.4
1~*web pl.*	600×8	48.0
		80.4 cm²

$$I_X = \frac{1}{12} \times 0.8 \times 60.0^3 + 32.4 \times 30.45^2 = 44,441\,\text{cm}^4$$

$$f_c = \frac{211.29 \times 10^6}{44,441 \times 10^4} \times 309 = 146.9\,\text{MPa} < f_{ca} = 192.5\,\text{MPa}$$

다만, $\dfrac{A_w}{A_c} = \dfrac{48.0}{16.2} = 2.96 > 2,\ K = \sqrt{3 + \dfrac{A_w}{2A_c}} = \sqrt{3 + \dfrac{48.0}{32.4}} = 2.12$

$$K\frac{l}{b} = 2.12\frac{400/2}{18} = 23.56 > 8$$

$$\therefore\ f_{ca} = \left\{190 - 1.9\left(K\frac{l}{b} - 8\right)\right\} \times 1.20$$

$$= \{190 - 1.9(23.56 - 8)\} \times 1.20$$

$$= 192.5\,\text{MPa}$$

(4) 단주 D_1

1) 풍하중

$$\lambda = 6.5\,\text{m},\ h = 38.4\,\text{cm}$$

$$7 \le \lambda/h = 16.9 \le 40$$

무재하현의 활하중 재하시 풍하중 w는

$$w = 1.25\sqrt{\lambda h} = 1.25\sqrt{6.5 \times 0.384} = 1.98\,\text{kN/m} < 3.0\,\text{kN/m}$$

$$\therefore\ w = 3.0\,\text{kN/m}$$

$$P = \frac{1}{2} \times 3.0 \times 50.2 = 75.3\,\text{kN}$$

2) 응력계산

$$H = \frac{1}{2} \times 75.3 = 37.65\,\text{kN}$$

$$V = \frac{75.3 \times 7.31}{7.0} = 78.63\,\text{kN}$$

B 단면의 휨모멘트

$$M = H \times h = 37.65 \times 3.31 = 124.62\,\text{kN} \cdot \text{m}$$

3) 단주의 합력응력

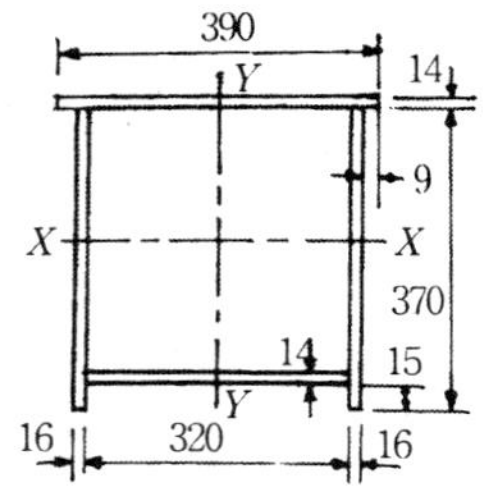

그림 7-65 단주 단면

주하중에 의한 축방향력 $D_1 = 1,901.66\,\text{kN}$

풍하중에 의한 축방향력 $N_w = \quad 78.63\,\text{kN}$

$1,980.29\,\text{kN}$

풍하중에 의한 휨모멘트 $M_w = 124.62\,\text{kN}\cdot\text{m}$

4) 단면결정 SM 490 사용

단 면	A_g	y	$A_g\cdot y$	$A_g\cdot y^2$
1~*cov. pl.* 390×14	54.6	19.2	1,048	20,130
1~*web pl.* 370×16	118.4			13,510
1~*bott. pl.* 320×14	44.8	−16.3	−730	11,900
	217.8		318	45,540 cm⁴

$$\delta = \frac{318}{217.8} = 1.46\ \text{cm}$$

$$I_X = 45,540 - 217.8\times1.46^2 = 45,080\ \text{cm}^4$$

$$I_Y = 118.4\times16.8^2 + \frac{2}{12}\times1.6^3\times37 + \frac{1}{12}\times39^3\times1.4 + \frac{1}{12}\times32^3\times1.4$$

$$= 44,186\ \text{cm}^4$$

$$r_x = \sqrt{\frac{45,080}{217.8}} = 14.4\ \text{cm} \qquad l/r_x = 1,062.1/14.4 = 73.8 < 120$$

$$r_y = \sqrt{\frac{44,186}{217.8}} = 14.2\ \text{cm} \qquad l/r_y = 1,062.1/14.2 = 74.8 < 120$$

$$f_{ca} = 190 - 1.3\left(\frac{l}{r} - 15\right) = 112.3\ \text{MPa}$$

5) 응력검토

상시 : $f_c = \dfrac{1,901,660}{21,780} = 87.3\ \text{MPa} < f_{ca} = 112.3\ \text{MPa}$

풍하중을 고려할 때 ; 휨과 축력을 받는 부재의 검산

도설, 제3장 3.4.3(축방향력 및 휨 모멘트를 받는 부재)에 따라

$$f_{bcy} = \frac{124.62\times10^6}{44,186\times10^4}\times195 = 55.0\,\text{MPa}$$

$$f_c = \frac{1,980,290}{21,780} = 90.9\,\text{MPa}$$

$$f_{cax} = 1.25\times112.3 = 140.4\,\text{MPa}$$

$$f_{bagy} = 1.25\times190.0 = 237.5\,\text{MPa}$$

$$f_{Ey}=\frac{1,200,000}{\left(\frac{l}{r_y}\right)^2}=\frac{1,200,000}{74.8^2}=214.5\,\text{MPa}$$

$$\frac{f_c}{f_{cax}}+\frac{f_{bcy}}{f_{bagy}\left(1-\frac{f_c}{f_{Ey}}\right)}=\frac{90.9}{140.4}+\frac{55.0}{237.5\left(1-\frac{90.9}{214.5}\right)}\fallingdotseq 1\leq 1\quad\therefore\ \text{OK}$$

$$f_c+\frac{f_{bcy}}{1-\frac{f_c}{f_{Ey}}}=90.9+\frac{55.0}{1-\frac{90.9}{214.5}}=186.3\,\text{MPa}<f_{cal}$$

$$=190\,\text{MPa}\qquad\therefore\ \text{OK}$$

이음 볼트수(F 10 T(M 22) 사용)

cov. pl. $A_g=54.6\text{cm}^2$, $\rho=48\text{kN}$ (단전단)

$$n=\frac{87.3+112.3}{2}\times\frac{5,460}{48,000}=11.4$$ 12 개 사용

web pl. $A_g=118.4\text{cm}^2$, $\rho=48\text{kN}$

$$n=\frac{87.3+112.3}{2}\times\frac{11,840}{48,000}=24.6$$ 30 개 사용

bott. pl. $A_g=44.8\text{cm}^2$, $\rho=2\times 48\text{kN}$ (복전단)

100ϕ의 핸드 홀(hand hole)을 만들기 때문에 판두께를 늘린다.

	A_g	A_n
1~pl.	$32.0\times 2.0=64.0$	$(32.0-10.0)\times 2.0=44.0\,\text{cm}^2$

$$n=\frac{87.3+112.3}{2}\times\frac{4,480}{2\times 48,000}=4.7$$ 6 개 사용

8. 받침의 설계

(1) 최대반력

$$R_d=26.0\times 33.944=882.54\,\text{kN}$$

$$R_l=117.0\times 1.005+9.5\times 33.944$$

$$=440.07\,\text{kN}$$

$$R_i=440.07\times 0.14=61.61\,\text{kN}$$

$$\therefore\ R=1,384.22\,\text{kN}$$

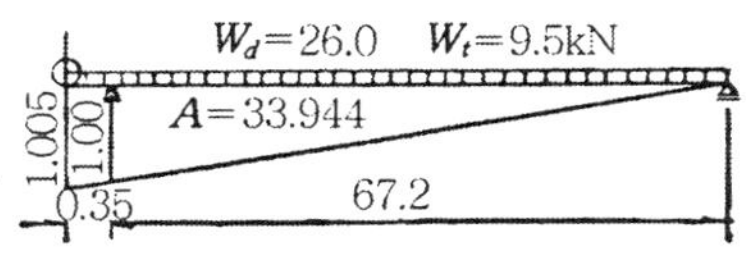

그림 7-66 반력 영향선

(2) 슈 받침

받침은 마찰계수가 극히 적은 마찰판 슈(GC 250)를 사용한다(부록도면[3] 참조).

이 때 지압면적 $A=24\times 39=936\,\text{cm}^2$

$f_b = 1,384,220/93,600 = 14.8\,\text{MPa} < 60\,\text{MPa}$

콘크리트의 지압면적 $A = 45 \times 65 = 2,925\,\text{cm}^2$

$f_b = 1,384,220/292,500 = 4.8\,\text{MPa} < f_{ba}$

$f_{ba} = 0.25 f_{ck} = 0.25 \times 21.0 \fallingdotseq 5.3\,\text{MPa}$

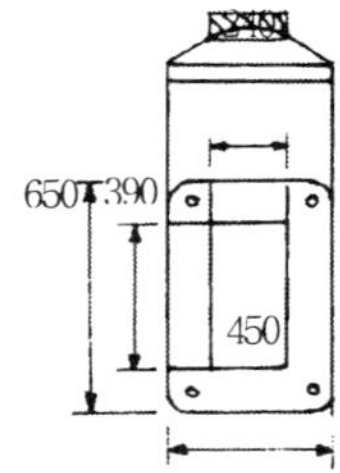

그림 7-67 슈 받침

9. 처 짐

고정하중에 의한 처짐과 활하중(충격은 포함하지 않음)에 의한 처짐을 구한다. 전자는 트러스에서 솟음량을 결정하는 데 기준이 되고, 후자는 처짐에 대한 제한 값(도설, 제3장 3.2.3 규정인 지간의 1/600 이하)을 검산하는데 사용하다(표 2-16 참조).

(1) 고정하중에 의한 지간 중앙점의 처짐(δ_d)

처짐공식 $\delta = \Sigma \dfrac{S \bar{S} l}{EA}$

여기서,

S : 고정하중 응력

표 7-3 처짐계산을 위한 여러 값

부재	S(kN)	$\bar{S}$	l (mm)	$S\bar{S}l \times 10^{-3}$	A(mm^2)	$\dfrac{S\bar{S}l}{A}$	$\bar{S}^2 l$	$\dfrac{\bar{S}^2 l}{A}$
U_2	−1,338.35	−1.022	8,622	11,793.1	16,340	722	9,010	0.5514
U_3	−1,315.65	−1.004	8,480	11,201.3	16,340	686	8,560	0.5239
U_4	−1,469.39	−1.682	8,409	20,783.0	17,400	1,194	23,900	1.3736
L_1, L_2	+988.05	+0.646	16,800	10,723.1	9,440	1,136	7,010	0.7425
L_3, L_4	+1,431.82	+1.311	16,800	31,535.5	12,280	2,568	28,870	2.3510
D_1	−1,249.25	−0.817	10,621	10,840.2	21,780	498	7,090	0.3255
D_2	+398.97	+0.441	10,621	1,868.7	6,360	294	2,070	0.3255
D_3	−194.92	−0.481	12,764	1,196.7	8,830	136	2,950	0.3341
D_4	+55.87	+0.561	12,764	400.1	8,670	46	4,020	0.4637
V_1	+218.40	0	6,500	0	5,780	0	0	0
V_2	+121.42	0.092	8,445	94.3	5,780	16	70	0.0121
V_3	+218.40	0	9,610	0	5,780	0	0	0
V_4	+136.29	0.156	10,000	212.6	5,780	37/2	240	0.0415/2
						$\Sigma = 7,314$		$\Sigma = 7.0241$

$$\delta_d = \frac{2 \times 7,314 \times 10^3}{2.1 \times 10^5} = 70\text{mm}$$

$\overline{S}$: 지간 중앙점에 $P=1$을 실었을 때의 응력
l : 부재 길이(mm)
A : 부재의 총단면적(mm^2)
E : 강의 탄성계수 2.1×10^5MPa

(2) **활하중에 의한 지간 중앙점의 처짐**(충격은 포함하지 않음)

① 등분포하중에 의한 처짐

등분포하중에 의한 처짐은 고정하중에 의한 처짐에 하중비를 곱하면 된다.

$$\delta_w = 70\times\frac{9.5}{26}=26\text{mm}$$

② 집중하중에 의한 처짐

이 경우의 응력 S는 $S=\overline{S}\times P=\overline{S}\times117{,}000$

$$\delta_p = \frac{2\times7.0241\times117{,}000}{2.1\times10^5}=7.8\text{mm}$$

③ 처짐 합계

$$\delta=\delta_w+\delta_p=26+7.8=33.8\text{mm}$$

④ 처짐량의 조사

$$\delta<\frac{l}{600}\text{ 에서 }\frac{33.8}{67{,}200}=\frac{1}{1{,}988}<\frac{1}{600}$$

따라서 처짐에 대하여 안전하다.

부록 도면[3] 하로트러스 도로교 설계도 (Ⅰ), (Ⅱ), (Ⅲ), (Ⅳ) 참조

제8장 기타 교량

8-1 라멘교

1. 개 설

라멘을 주구조로 하여 부재의 기능을 유효하게 발휘하도록 하고 공간을 효율적으로 이용할 수 있게 한 교량이며, 교각과 일체가 되어 외적으로 부정정구조인 것이 많다.

그림 8-1은 교각이 경사진 라멘교인데 이 형식은 역학적으로는 2힌지 아치교와 유사하며 장대 지간에 적합하다. 현재 이 형식의 최대 지간은 룩셈부르크의 강상판 도로교로서 그 지간은 234.1m이다. 우리나라의 경부고속도로에도 가도교에 이와 같은 라멘교를 가설한 실례가 많이 있다.

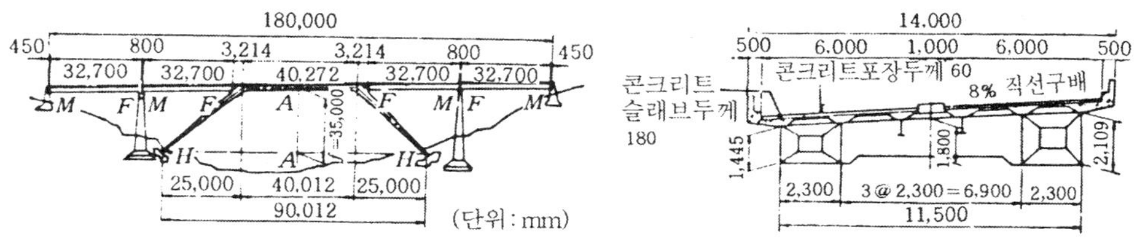

측면도 단면도

그림 8-1 사각 라멘교

대지간 라멘교의 경우에는 재하로 인한 골조형상 변화의 영향으로 휨모멘트가 크게 증가하므로 주의해야 한다. 이와 같은 현상은 아치교의 경우도 마찬가지이다.(8-2절 4.참조)

외적 정정인 구조로는 1층 다경간 라멘교인 비렌딜교를 들 수 있다.

라멘교의 부재는 일반적으로 축방향력, 휨모멘트, 전단력을 동시에 받는 삼력부재이므로 응력의 검토, 국부적 또는 전체적 좌굴의 검토는 신중히 해야 한다. 재하에 의하여 골조의 형상이 변하더라도 절점에 모인 부재축의 교각은 변하지 않는 것이 기본적 전제조건이므로 절점구조의 설계도 이 조건을 만족시킬 수 있어야 한다.

또 기초공과의 접촉 위치나 기초의 마루 위치를 고정절점으로 하여 라멘의 부재길이를 취하는 것은 이런 뜻에서 적당하지 않은 경우가 있다.

외적 부정정구조인 경우에는 하부구조의 각종 변위가 상부구조에 불리한 영향을 끼치지 않도록 기초공 설계에 주의해야 한다. 기초공의 변위가 부득이할 경우에는 기초공도 라멘

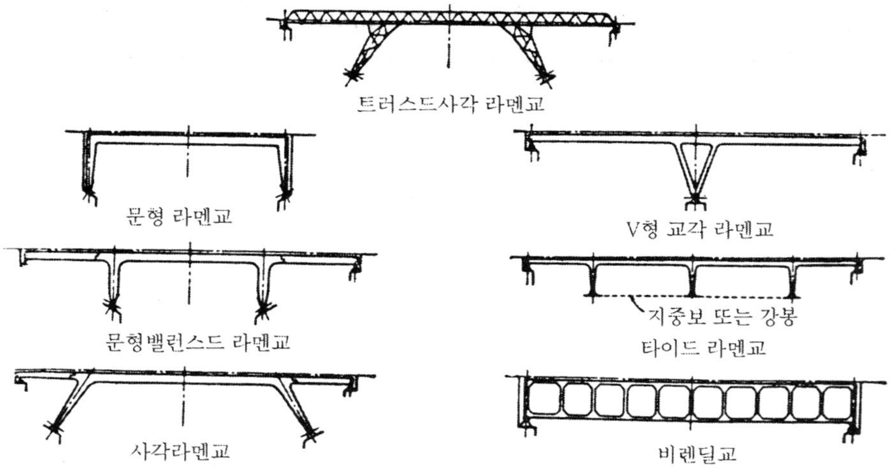

그림 8-2 라멘교의 종류

구조의 1부에 포함시키는 것이 좋다. 또 기초공의 수평반력에 대한 저항력이 작고 이것을 보강하는 데 큰 공비가 소요되는 경우에는 그림 8-2와 같이 지중보 또는 강봉 등으로 기초 사이를 연결하는 것도 효과적인 한 방법이라고 볼 수 있다.

2. 라멘교의 종류

라멘교는 부재의 첨가나 절점에서 부재의 연결방법 여하에 따라 여러 가지 종류의 형식을 만들 수 있으나 일반적으로 사용되는 라멘교의 종류는 그림 8-2와 같다.

3. 주요부재의 구조

(1) 부재단면

소지간이고 부재의 축방향 압력축이 비교적 작을 때는 I형 단면을 사용하는 것이 경량이고 제작도 쉽다. 부재의 축방향 압축력이 큰 대지간의 교량에서는 좌굴에 대하여 안전한 상자형 단면을 사용하는 것이 유리하다.

각 방향으로 수평력이 작용하는 라멘 각주에는 원심력 주강관을 쓰면 가로보와의 용접에 편리할 뿐만 아니라 절점 부근의 구조처리가 용이하다.

(2) 사각 라멘의 우각부

그림 8-3은 사각 라멘교의 우각부 구조의 한 예이다. 이 부근에는 직교의 경우보다도 복잡한 응력이 작용하므로 충분한 배려를 요한다. 우각부의 내측 플랜지판은 곡선으로 처리되는데 곡선부의 플랜지와 복부판에는 법선방향으로 작용하는 2차응력에 대한 검토와 처리가 필요하다. 또한 불규칙한 형상의 복부판에 생기는 불규칙한 응력상태에 대한 좌굴도 아울러 조사해야 한다.

(3) 받침

각주 하단이 힌지인 라멘교의 받침에는 일반적인 플레이트거더교나 트러스교와 같은 형식의 핀 받침이 사용되지만 수평반력이 큰 경우에는 수평저항이 큰 피벗 받침이 사용된다. 외적 부정정 수평력이 특히 클 경우에는 그림 8-4와 같은 특수형식의 받침을 사용할 때도 있다.

사각 라멘의 받침은 2힌지 솔리드 리브 아치교의 경우와 같이 한다.

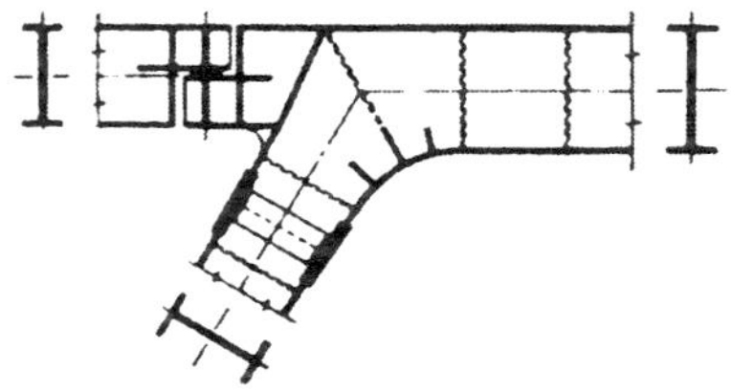

그림 8-3 사각라멘의 우각부

(4) 각주의 매입단

각주의 매입단은 설계상 고정절점으로 보는 곳이므로 그 조건에 맞도록 설계해야 한다. 그림 8-5는 그 설계 예이다. 각주의 하단 부근은 교통에 의한 충돌의 위험이 있으므로 상자형 단면의 경우는 그 안에 콘크리트를 주입하여 강도를 증가시키는 것이 좋다.

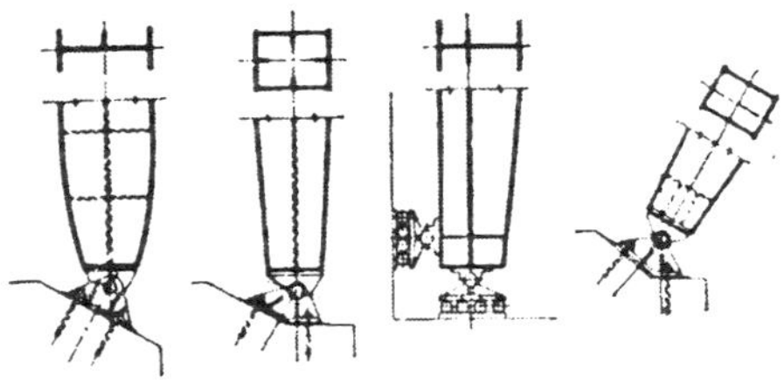

그림 8-4 라멘교의 받침

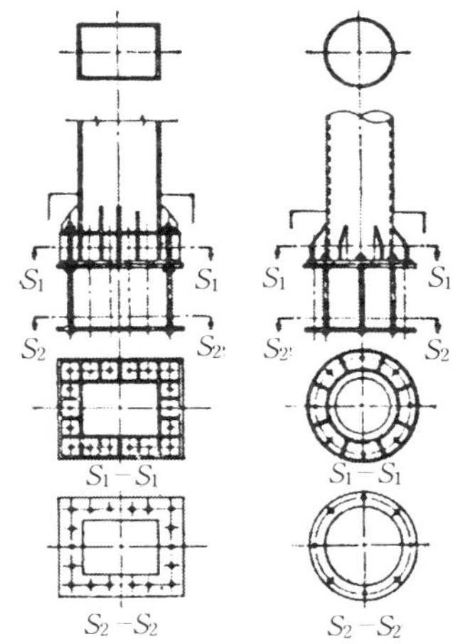

그림 8-5 라멘 각주의 매입단

8-2 아치교

1. 개설

아치 작용을 하는 부재를 주구에 사용한 교량으로서, 연직하중의 재하로 인해 생기는 수평반력이 효과적으로 작용하고, 부재의 단면력을 줄일 수 있도록 알맞게 설계되었을 경우, 매우 유리하고 경제적인 교량이 될 수 있다. 본래 아치교는 독특한 곡선의 아름다움 때문에 옛날부터 널리 사용되어 왔다.

적용 지간도 현수교와 사장교 다음으로 장대 지간으로 할 수 있다. 부산영도의 부산대교는 중로 타이드 아치교로서 중간지간이 160 m 인데, 현재 최대의 아치교는 미국의 New River George교로서 중앙지간이 518 m 이다. 그림 8-6은 도로교로서 아치교의 한 예이다.

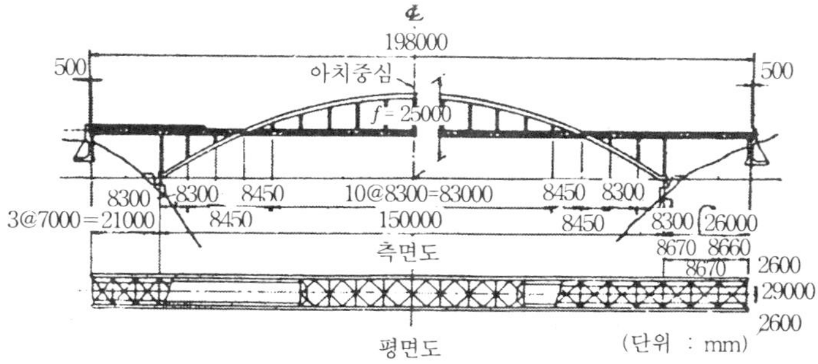

그림 8-6 도로 아치교

등분포하중을 받는 축선이 포물선인 아치교는 축방향 압축응력만 받게 되므로(전단력과 휨모멘트는 0 이다), 축선을 2차 포물선이 되게 설계하면 경제적이 된다. 기원 1세기의 로마시대에 가설된 아치는 모두 2차 포물선형이다. 강아치의 경우에는 고정하중을 교량의 전 길이에 걸쳐 일정하다고 볼 수도 있으나 지간이 장대해지면 고정하중 강도가 교량의 단부에 가까워짐에 따라 증대되므로 2차 포물선 이외의 곡선으로 할 때도 있다.

아치교에서 중요한 역할을 하는 수평반력은 하부구조에 의하여 지지하거나 이음재나 보강거더 등으로 처리되는데, 전자의 경우에는 기초공의 변위가 전체 아치에 대하여 나쁜 영향을 미치지 않도록 충분히 검토해야 한다. 또 후자의 경우에는 교상구조에 수평 인장력의 일부가 도입되어 불리한 일이 일어나는 경우가 있으므로 주의를 요한다.

솔리드리브 아치부재는 휨모멘트, 전단력, 축방향력 등 삼력부재가 되므로 휨모멘트와 전단력만을 받는 일반 단순보와는 구별해야 한다. 지간에 비해 폭이 좁은 아치교는 안정검토에 더욱 세심한 주의가 필요하다.

2. 아치교의 종류

아치 부재 및 보강거더는 규모가 작은 교량에는 솔리드리브로 구성되지만, 규모가 큰 경우에는 트러스구조로 처리되는 경우가 많다. 일반 아치교의 종류는 제1장에서 이미 언급했지만 2경간 이상을 연속한 아치교의 종류는 그림 8-7과 같다.

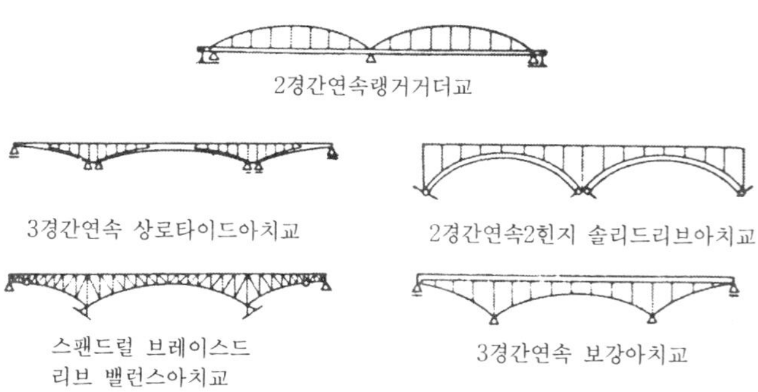

그림 8-7 아치교

3. 아치교의 라이스와 거더높이를 취하는 방법

아치교에서는 라이스와 거더높이를 취하는 방법에 따라 교량의 경제성 및 강성에 큰 영향을 미친다.

라이스 (f) 와 지간 (L) 의 비 (f/L) 는 보통 1/5~1/10 정도로 하는 데 1/7~1/8 정도의 것이 가장 많다. 그러나 라이스는 가교의 위치 등 여러 가지 조건에 관계되므로 실제로는 1/25~1/17 정도의 교량도 있다.

f/L가 작을수록 미관은 아름다워지나 교량의 중량이 커지고 처짐량, 부가응력 등도 증대하는 경향이 있어서 f/L를 크게 취하는 편이 경제적이고 안정된 아치교가 된다.

보통 사용되는 지간 중앙부에서 아치리브의 높이 h는 표 8-1을 표준으로 하고 있다.

거더높이 h를 크게 하면 온도응력은 증가하나 변형은 적게 된다. 또 랭커거더교, 보강아치교 등의 아치 부재와 같이 휨모멘트를 받지 않도록 설계된 경우에는, 2차응력인 휨모멘트량이 증가된다. 최대 응력은 지간의 1/4 점 부근에서 생기므로 거더높이 h도 지간의 1/4 점에서의 응력을 고려하여 결정하고, 또 이 점에서의 변형을 검토하여 단면을 결정한다.

표 8-1 h/L의 값

아치교의 종류	h/L
브레이스드리브 아치교	1/45~1/15
스팬드럴 브레이스드리브 아치교	1/60~1/25
브레이스드리브 타이드 아치교	1/45~1/25
솔리드리브 아치교	1/60~1/40
보강아치교 및 랭거거더교	1/50~1/25
로제교 및 니일센 아치교	1/130~1/80

4. 주요부재의 구조

(1) 아치 부재

일반적으로 솔리드리브 아치 부재는 소지간의 교량에서 I형 단면으로 하고, 장대지간의 교량에서는 상자형 단면을 사용하는데, 주로 휨모멘트와 축방향력이 가해지므로 국부적 좌굴, 전체좌굴에 대한 영향 때문에 플레이트거더에 비하여 각부의 판두께도 두껍고, 보강재의 간격도 좁게 된다. 또 수직브레이싱이나 수평브레이싱의 조립방법도 신중을 기하여야 한다.

브레이스드리브 아치 부재 및 트러스교의 트러스 부재 단면은 트러스교의 단면구성과 거의 같게 된다.

(2) 보강거더

솔리드리브의 경우에는 아치 부재와 똑같이 소지간의 것은 I형 단면, 장대지간의 것은 상자형 단면이 많이 쓰인다.

하로교의 경우에는 행거와의 연결관계로 상부플랜지의 폭이 일정하게 되도록 단면을 구성하고 또 통행자의 시계를 방해하지 않도록 바닥틀의 연결부 높이를 결정하는 것이 좋다.

트러스 형식의 경우에는 보통의 트러스교와 같으나, 특히 하로형식의 보강트러스는 부재응력의 최대 최소치의 차가 크므로 단면 외형 치수를 결정할 때는 이 점에 유의하여 효과적인 선택을 해야 한다.

(3) 지재, 행거

상로교의 수직재는 압축응력을 받으므로 이것을 지재(支材)라 하고, 하로교의 수직재는 인장응력을 받으므로 이것을 행거라 한다. 단면의 구성은 트러스의 경우와 같으며 일반적으로 I형 단면 또는 상자형 단면이 사용된다. 부재의 아치면내 방향의 폭은 2차응력을 적게 하기 위하여 가능한 한 좁게 취하고 있다. 행거에 대하여는 케이블, 강봉 등의 고강도의 재료로서 가는 단면을 사용하며, 지재에는 강관이 사용한 예도 있다.

지재와 행거의 강성이 작고, 또 거기에 수직브레이싱을 연결하지 않는 경우에는 아치 부재나 보강거더의 좌굴에 대하여 충분한 검토를 해야 한다. 또 지재나 행거 등이 바람에 의한 진동이 생기지 않도록 해야 한다.

(4) 각부의 구조

그림 8-8은 랭거거더교에서 보강거더의 연결부 구조로서, 보통 교량의 경우 보강거더는 I형 단면이고 아치부재는 상자형 단면인 경우가 많은데, 이와 같이 부재구성이 다른 것의 연결에는 세부에 걸쳐서 주의할 필요가 있다. 특히 용접작업이 부적당한 설계에는, 외형은 정연하여도 용접강도를 기대할 수 없으므로 위급한 결과가 된다. 또 용접할 위치를 결정할 때는 운반 가능 여부도 고려해야 한다.

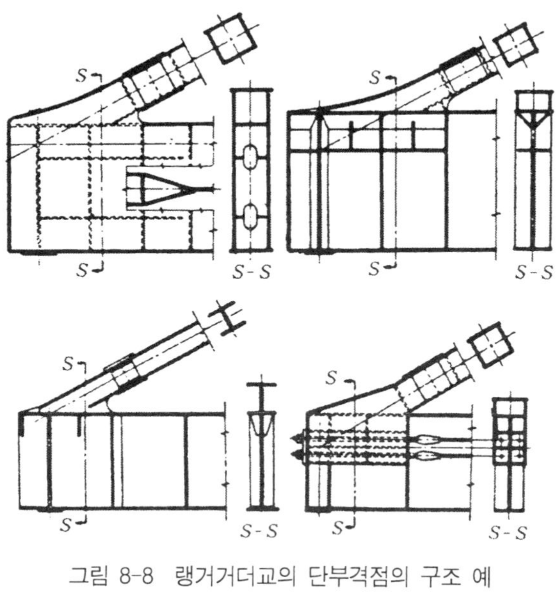

그림 8-8 랭거거더교의 단부격점의 구조 예

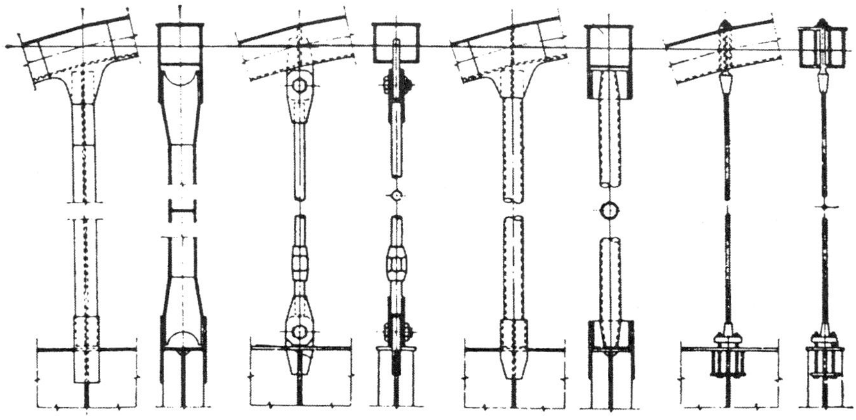

(a) (b) (c) (d)

그림 8-9 수직재의 연결

그림 8-9는 수직재와 아치 부재와의 연결부를 표시한 것이다. 그림 (b)는 행거로서 강봉을 사용한 경우이고, 그림 (c)는 지재로서 강관을 사용한 예이며, 그림 (d)는 케이블을 사용한 예이다.

그림 8-10은 수평력을 받는 2힌지 아치교의 받침부 예를 표시한 것인데, 받침부 설치에 대해서는 아치의 특성을 충분히 고려하여 결정해야 한다.

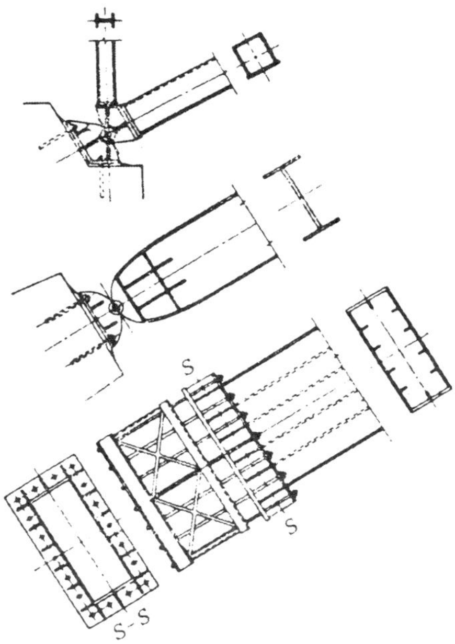

그림 8-10 아치교의 받침부

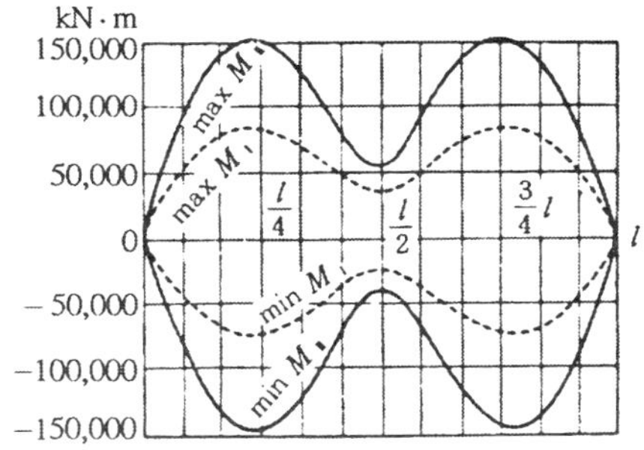

M_I : 변형을 무시한 경우의 휨모멘트

M_{II} : 변형의 영향을 생각한 경우의 휨모멘트

그림 8-11 리브아치의 최대 · 최소 휨모멘트도

(5) 변형에 의한 영향

일반적으로 교량의 응력계산에는 재하로 인한 구조치수의 변화에 의한 응력은 무시하지만 장대지간 아치교에서는 형상변화로 인한 응력을 계산할 필요가 있다.

변형하기 쉬운 아치교일수록 변형으로 인한 응력이 크게 된다. 따라서 장대지간의 경우에는 브레이스드리브 형식으로 하든가, 고정형식을 채용하여 변형을 방지하며, 변형으로 인한 부가응력을 적게 하는 편이 유리하다.

라이스가 작은 아치교일수록 부가응력은 증가하는 경향이 있으나, 라이스가 커지면 수평변위에 의한 부가응력이 증가하기 쉽다. 그림 8-11은 $l = 330$m 의 2힌지 리브 아치 도로교에서 변형에 의한 응력의 증가상태를 표시한 것이다.

8-3 현수교

1. 개설

현수교는 인장재인 케이블을 주부재로 한 교량이다. 따라서 재료가 인장력만 받게 되며, 가장 경제적인 단면이 되고 장대교로서 적합한 교량이다.

현수교의 역사는 매우 오래 되었으며 그 기원은 기원 전부터 사용되어 왔다. 현수교는 중소지간에서 장대지간에 이르기까지 또 옛날부터 현재에 이르기까지 여러 가지 형식이 사용되어 왔는데, 역학적 원칙은 같으나 그 규모에 따라 구조에는 천양지차가 있다. 각종 교량들의 지간길이에 따른 경제성에 대해서는 8-4절에서 언급하겠지만, 지간 500m 를 넘는 교량은 거의 현수교량 거더식을 취하고 있다. 최근에는 지간길이 2,000m 에 가까운 현수교도 설계되고 있다. 일본의 아까시대협교(明石大峽橋)는 중앙지간이 1,990m로서(1998년 완공) 세계 최대로 현재 사용중이다.

현수교의 주된 구성요소는

① 케이블

주부재는 인장재이며 옛날에는 체인, 바(bar)도 사용되었으나 현재는 와이어 케이블이 주로 사용되고 있다.

② 앵커

케이블의 장력을 지반에 전달하고 고정시키기 위한 것으로 중력식 앵커, 터널식 앵커 등의 형식이 있다. 자정식 현수교(自碇式 懸垂橋)에서는 케이블의 장력을 보강거더의 축력으로 전달시키므로 특별한 앵커는 설치하지 않는다.

③ 탑

케이블의 최고점을 지지하기 위한 것으로 탑마루에서 케이블을 교축방향으로 구속하지 않는 구조로 한다.

④ 보강거더 또는 보강트러스

교량바닥에 작용하는 활하중을 분산시켜 변형하기 쉬운 케이블을 보강한 것이다. 보강거더가 없는 무보강 현수교도 있다.

⑤ 행거(hanger)

교량바닥과 보강거더를 케이블에 달아매기 위한 인장재다.

현수교는 보강거더의 형식, 즉 보강거더의 경간 수에 따라 단경간 현수교, 3경간 현수교, 5경간 현수교 등으로 분류한다. 경간 수는 홀수로 하는 것이 보통인데, 보강의 지점구조에 의해 2힌지 현수교, 연속현수교 등으로 구별한다.

2힌지 현수교는 지점이 힌지구조로 되어 있는 것이고, 연속현수교는 보강거더가 연속형식인 것이다.

중소지간의 현수교에서는 단경간, 2힌지로 하는 것이 가장 일반적이며, 장대지간에서는 3경간 2힌지로 하는 것이 보통이다. 그런데 연속현수교에서는 중간지점에 큰 부의 휨모멘트가 생기므로 종래에는 이 형식을 피하였지만, 2힌지로 하면 중간지점에 처짐 각의 불연속성이 생겨 차량의 주행성에 나쁜 영향을 끼치게 되므로 특히 철도교에서는 연속형식의 보강거더를 채용하게 되었다. 현수교에 속하는 기타의 구조형식으로 보강거더 중앙에도 힌지를 설치하는 3힌지 형식과 연직행거 이외에 사장행거로 보강하는 형식 등 특수구조형식의 현수교도 있다.

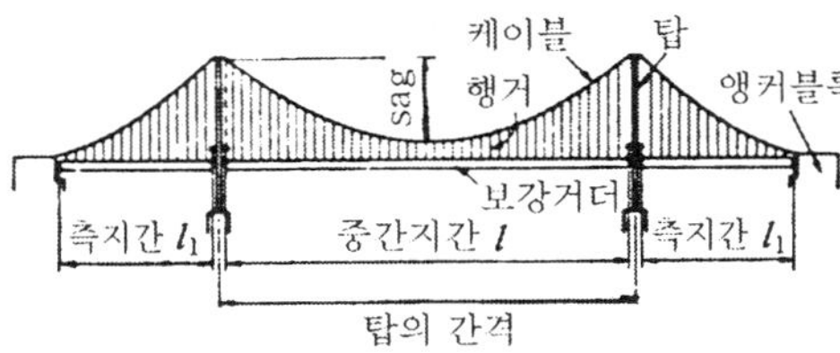

그림 8-12 현수교의 구성

2. 현수교의 이론

(1) 연직면 내의 거동

연직면 내의 거동에 관한 현수교의 이론에는 미소변형을 가정하는 탄성이론과 변형 후의 평형식을 기초로 하는 소위 요도이론이 있다. 탄성이론은 비교적 강성이 높은 중소 교량에 적용되며, 보통의 구조역학 이론에 의하지만 요도이론(撓度理論)은 현수교의 지간이 장대해짐에 따라 실측되는 변형이나 응력이 이론치를 크게 하회한다는 경험에서 고안된 것으로, 현수교 고유의 이론이라 할 수 있다. 이하 요도이론을 중심으로 기술하기로 한다. 요도이론은 다음의 가정을 전제로 하고 있다.

① 케이블은 휨에 저항하지 않는다.

② 보강거더와 케이블의 고정하중 분포는 균등하고, 따라서 케이블의 고정하중 재하시의 선형은 2차 포물선이다.

③ 고정하중은 모두 케이블에 지지된다. 따라서 고정하중에는 보강재의 응력, 지점반력 등이 생기지 않는다.

④ 행거는 매우 조밀하게 배치되어 있어 보강거더는 연속적으로 매달려 있다고 생각한다.

⑤ 탑은 케이블의 교축방향 변위에 저항하지 않는다.

⑥ 행거의 신축 및 경사의 영향은 무시한다.

이상의 가정하에 보강거더의 처짐은 다음 식으로 구한다.

$$EI\frac{d^4\eta}{dx^4}-(H_w+H)\frac{d^2\eta}{dx^2}=p(x)-\frac{H}{r} \tag{8-3-1}$$

여기서,

EI : 보강거더의 휨강성

H_w : 케이블의 고정하중시 수평장력

H : 케이블의 수평장력의 증분

p : 활하중

r : 케이블의 고정하중시 선형 y로부터 결정되는 것으로 포물선 케이블 $y=4fx(l-x)/l^2$에 대하여

$$l/r=-\frac{d^2y}{dx^2}=\frac{8f}{l^2}$$

이 된다.

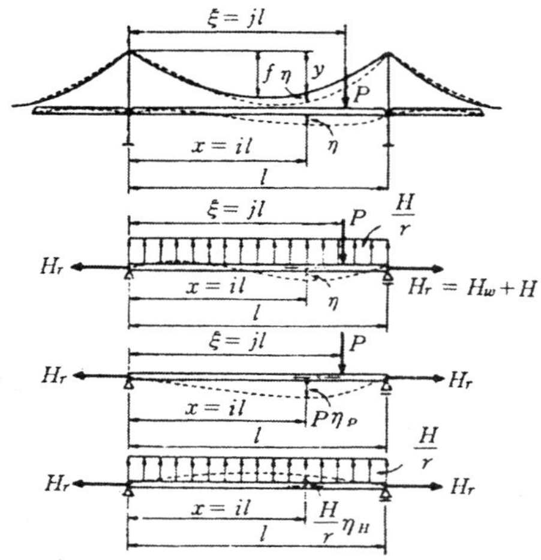

그림 8-13 현수교의 이론

탄성이론과의 차이는 식(8-3-1)의 우변 제2항의 유무에 있다. 즉 이 항은 케이블의 변형 후의 평형에서 유도된 것이다. 또, 이 항의 계수 중 미지수 H는 η와 관계되므로 현수교는 비선형이 된다. 식(8-3-1)은 장력 $H_r=H_w+H$를 받는 거더에 활하중 p와 반대방향의 등분포하중 $-H/r$가 작용하고 있는 문제와 흡사하다.(그림 8-13 참조)

지금 H를 기지로 가정하고 등단면의 2힌지 현수교에 집중하중 P가 $\xi=jl$되는 점에 작용하고 있는 경우를 생각하면 $x=il$에서의 해를 $H_r=H_w+H$, $c^2=H_r/EI$로 할 때

$$\eta=P\eta_p-\frac{H}{r}\eta_H \tag{8-3-2}$$

$$\left.\begin{aligned}\eta_p&=\frac{l}{H_r}\left[i(1-j)-\frac{1}{cl}\frac{\sinh cil\sinh c(1-j)l}{\sinh cl}\right],\ 0\leq i\leq j\\&=\frac{l}{H_r}\left[j(1-i)-\frac{1}{cl}\frac{\sinh cjl\sinh c(1-i)l}{\sinh cl}\right],\ j\leq i\leq 1\\\eta_H&=\frac{l}{H_r}\left[\frac{1}{2}i(1-i)-\frac{1}{(cl)^2}\left\{1-\frac{\cosh c(1/2-i)l}{\cosh cl/2}\right\}\right]\end{aligned}\right\} \tag{8-3-3}$$

로 된다.

처짐각 $\theta=d\eta/dx$, 휨모멘트 $M=-EI\cdot d^2\eta/dx^2$, 전단력 $Q=dM/dx$ 등도 식(8-3-2)

을 각각 미분하여 구한다. 또 활하중 p가 분포하중으로 주어졌을 경우의 해는 식(8-3-2) 이하를 $dp = Pd\xi$, $\xi = jl$로 하여 하중점 ξ에 관하여 적분하면 된다. 예를 들면 등분포하중일 때는 η_p는 η_H와 일치한다.

보강거더가 다경간일 경우, 변단면의 경우, 또 연속일 경우 등의 해는 케이블의 수평장력 H_r, H가 전경간에 걸쳐서 일정하므로 장력 H_r를 받는 보의 해석을, 경우에 따라 수정하면 구할 수 있다.

한편 케이블의 고정하중 재하시의 수평장력 H_w는 고정하중 강도 w와 새그(sag) f와 지간길이 l로부터 구할 수 있다.

$$H_w = -w \Big/ \frac{d^2y}{dx^2} = \frac{wl^2}{8f} = wr \tag{8-3-4}$$

케이블의 수평장력의 증분 H는 케이블의 정착점간 거리가 일정하다는 조건하에서, 다음 케이블 방정식에 의하여 결정된다.

$$H\frac{L_E}{E_cA_c} + \gamma t L_T - \frac{1}{\gamma}\int_0^l \eta dx = 0 \tag{8-3-5}$$

$$L_E = \int_c^{c'} \sec^3\phi dx,$$

$$L_T = \int_c^{c'} \sec^2\phi dx$$

여기서,

E_cA_c : 케이블의 신장강성

γ : 선팽창계수

t : 온도변화

ϕ : 케이블의 경사각

다경간 현수교의 경우에는 식(8-3-5)의 마지막 항은 각 경간에서의 적분치의 항으로 치환해야 한다.

식(8-3-1), 식(8-3-5)이 현수교 요도이론의 기본식이다.

주어진 재하상태, 요도이론에 대하여 식(8-3-1), 식(8-3-5)을 풀면 그 해는 얻어지나 H를 구하는 방법에 따라 축차근사법, 보간법 등으로 나눈다. 예를 들면 2힌지 현수교에 집중하중이 작용할 때 식(8-3-2)을 식(8-3-5)에 대입하면 H는

$$H = \frac{\gamma t L_T - \dfrac{P}{r}\displaystyle\int_0^l \eta_p dx}{\dfrac{L_E}{E_cA_c} + \dfrac{1}{\gamma}\displaystyle\int_0^l \eta_H dx} \tag{8-3-6}$$

이 된다. η_p, η_H에는 미지수 $c = \sqrt{(H_w + H)/EI}$ 를 포함하고 있으므로 가정한 c에 따라 H를 식(8-3-6)에서 구하고, 그 결과로부터 c를 수정하여 계산을 반복한다. 이렇게 하여 충분한 정도에 이를 때까지 계산을 반복하는 방법을 축차근사법(또는 정밀해법)이라고 한다. H_w에 비하여 H는 일반적으로 적으므로 해의 수감도는 매우 빠르다. 또 $H_r = H_w + H$를 2개의 값으로 가정하여 각각의 H_r에 대하여 얻어진 H_1, H_2로부터 다음 식에서 H를 근사시킨다. 같은 보간을 처짐 η와 기타의 해에 대해서도 행하는 방법을 보간법이라고 한다.

$$H = \frac{H_1}{1 - \dfrac{H_2 - H_1}{H_{r_2} - H_{r_1}}}$$

$$\eta = \eta_1 + \frac{H_w + H - H_{r_1}}{H_{r_2} - H_{r_1}}(\eta_2 - \eta_1) \qquad (8\text{-}3\text{-}7)$$

보간법에 의한 경우 가정된 H_r에 대해서는 해가 선형성이 되므로 영향선 해법도 가능하다. 계수 c에 대한 H의 변화의 영향을 무시하는 방법을 선형화된 요도이론이라고 한다. 지간길이 1,000 m를 넘는 장대현수교에서는 간이해법으로도 충분한 정밀도를 얻을 수 있다.

(2) 교축 직각방향의 거동

현수교에 바람이나 지진 등에 의한 횡방향 하중이 작용할 경우 그 하중은 케이블과 보강거더에 의하여 지지된다. 행거는 케이블과 보강거더를 연결하고 있으므로 이 두 구조부분이 독립적으로 변형하지 못하게 한다. 즉 보강거더와 케이블 사이에 횡변위의 차가 생기게 되면, 행거는 상대변위에 따라 경사지게 되어 행거장력의 수평분력을 보강거더와 케이블에 재분배하게 된다. 이와 같이 생각한 해법을 탄성분배법이라 한다. 케이블과 보강거더 사이에 전달력 X는 그림 8-14에서

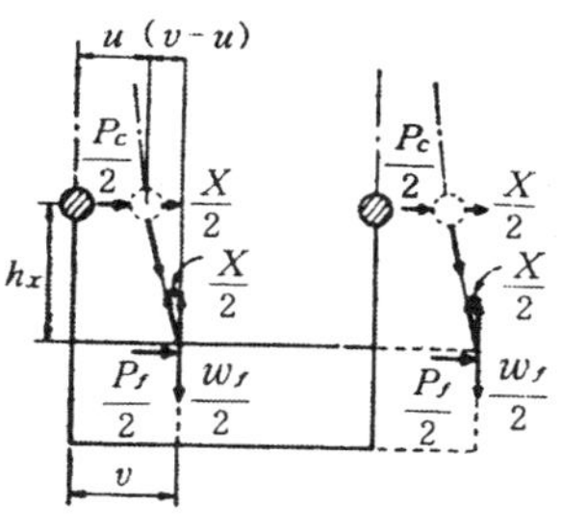

그림 8-14

$$X = \frac{w_f}{h_x}(v - u) \qquad (8\text{-}3\text{-}8)$$

이 전달력 X를 고려하면 보강거더의 처짐 v와 케이블의 처짐 u는 각각 다음 식으로 표시된다.

$$\left.\begin{array}{ll}\text{보강거더에 대하여} & EI_h \dfrac{d^4 v}{dx^4} = p_f - X \\ \text{케이블에 대하여} & -H_r \dfrac{d^2 u}{dx^2} = p_c + X \end{array}\right\} \quad (8\text{-}3\text{-}9)$$

여기서,

EI_h : 보강거더의 횡휨강성

미지력 X에 포함된 행거길이 h_x가 x의 2차식이 되므로 식(8-3-8), (8-3-9)을 해석적으로 풀기는 곤란하다. X의 분포를 가정해서 계산결과의 X가 가정치와 일치할 때까지 계산을 반복해도 된다. 또 행거가 유한의 간격으로 배치되어 있다고 보고, 유한 개의 미지수 X_i를 매트릭스 계산으로 구하는 방법도 있다. 이 때 식(8-3-8), (8-3-9)은 계차방정식(階差方程式)으로 고쳐진다.

횡하중에 대해서 케이블의 수평장력 H_r는 불변한다고 보아도 계산결과의 정도에는 거의 상관이 없다.

(3) 내풍안정성

현수교는 다른 교량에 비하면 강성이 낮기 때문에 진동현상의 점에서 문제가 될 때가 많다. 특히 바람에 의한 공력탄성진동은 중요하다. 현수교의 공력적 거동에서 주가 되는 것은 ① 자연풍이 흐트러짐에 의한 거스트(gust) 응답 ② 후류중에 발생하는 와류에 의한 강제진동, ③ 유동(비틀림 유동 또는 휨유동) 등이 있다. 이 중 ① ②는 진동진폭이 어느 한도 이상으로는 증대되지 않으므로 한정진동으로 나타나지만, ③은 진동이 발산하여 붕괴까지 이를 수 있다. 유동현상은 자동진동현상의 일종이다.

3. 설계

(1) 케이블

케이블재료에는 스파이럴 로프(spiral rope)나 평행선 스트랜드(strand)를 사용한다.

장대현수교에는 탄성계수가 큰 평행선 스트랜드가 적합하다. 중소지간의 간이현수교에는 취급하기 쉬운 공심스트랜드 로프를 사용할 수도 있으나 역학적 특성이 다른 것에 비하여 떨어지므로 케이블 재료로는 부적합하다.

스트랜드 로프는 장경간 현수교의 행거용 재료에 적합하다. 평행선 스트랜드는 원형와이어를 평행하게 배열해서 묶은 것이다. 가선법에는 현장에서 와이어를 늘어뜨려 배치하는 에어 스피닝공법(air spinning method)과 프레화프 평행선 스트랜드를 가선하는 공법(shop fabricated parallel wire strand method) 등이 있다.

케이블의 장력은 수평장력을 케이블 경사각의 코사인(余弦)으로 나누어서 구한다. 따라서 최대 케이블의 장력은 최대 경사각을 이루는 탑의 근방에서 생기고, 이 장력이 케이블 단면의 설계응력이 된다.

기초방정식 식(8-3-1)의 우변 제1항은 활하중 내의 보강거더 분담분에 상당하고 제2항이 케이블의 분담분에 상당한다. 따라서 케이블 수평장력 H_r이 클수록 보강거더의 응력과 처짐은 작아진다. 이것은 식(8-3-3)에서도 알 수 있다. 고정하중시 케이블 수평장력 H_w는 식(8-3-4)이고, 이것은 경간길이 l과 고정하중 w와 함께 커지고, 새그 f를 크게 함으로써 감소한다. 장대현수교에서는 H_w에 비하여 활하중에 의한 증분 H는 무시할 수 있을 정도이므로 최대 현수교의 역학적 특성은 거의 선형으로 보아도 된다.

중소현수교에서는 케이블 수평장력을 크게 해서 강성을 높이는 뜻에서 새그 f는 비교적 작게 하는 것이 좋으나, 장대현수교에서는 케이블을 절약하기 위하여 새그 f를 크게 하는 경향이 있다. 그런데 새그를 크게 하면 케이블의 경사각도 커지고, 따라서 탑의 높이가 높아진다. 지금까지의 실적에서 새그 f는 경간길이 l에 대한 비로소 대개 $f/l = 1/8 \sim 1/12$의 범위 내에 있다.

(2) 보강거더

중소현수교에서는 원시적 현수교에서 볼 수 있는 무보강에 가까운 것으로부터 케이블이 거더를 보강하고 있다고 할 정도로 큰 강성에 이르기까지 보강거더의 강성에는 여러 가지가 있다.

그런데 장대현수교에서는 활하중을 보강거더를 통하여 지점에 전달할 수 있을 정도로 보강의 강성을 크게 할 수는 없고 보강거더는 활하중을 분산시켜 케이블에 전달하는 역할을 할 뿐이다. 또 보강거더의 강성을 무시해도 케이블의 수평장력 H_r을 충분히 크게 함으로써 안정된 현수교의 설계가 가능하다. 이러한 종류의 현수교를 중교상식 무보강 현수교라고 한다.

보강거더의 형식에는 플레이트거더형식, 트러스형식, 박스거더형식이 있다(그림 8-15).

플레이트거더 형식은 내풍안정성 면에서 결함이 있으므로 장대현수교의 보강거더에는 부적합하다.

박스거더 형식은 플레이트거더의 불안정성을 유선형상으로 함으로써 보충하였으며 경제적인 보강거더 형식이다. 그러나 트러스 형식이 가장 일반적이다. 트러스 형식은 내풍안정성이 비교적 좋다.

(a) 플레이트거더 형식

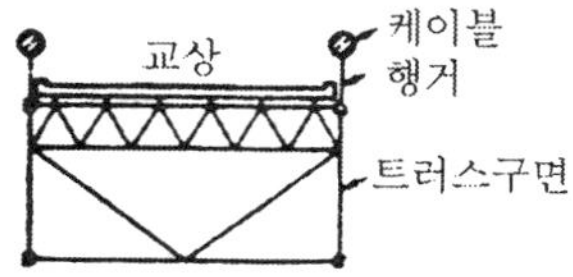

(b) 트러스 형식

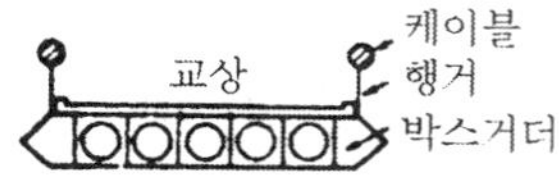

(c) 박스거더 형식

그림 8-15 보강거더 단면

보강트러스의 내풍안정성을 증가시키는 방법으로서 ① 트러스 상하면에 강한 수평브레이싱을 설치하여 비틀림 강성을 높이고, ② 교상(橋床)에 개상부를 설치하여 바람의 저항을 적게 하는 방법, ③ 세로보나 난간의 형상을 바람의 흐름을 흐트러지지 않도록 하는 방법 등이 있다.

보강거더의 지점은 중소 현수교에서는 1단을 고정 슈로 하는 수도 있으나 장대현수교에서는 경간 중앙 부근에서 케이블의 교축방향 이동이 비교적 커서, 1단을 구속하면 케이블과의 상대변위가 짧은 행거에 큰 부담이 되므로 양단 가동단으로 한다.

횡방향 하중에 대한 반력은 연직반력과는 별도로 윈드 슈(wind shoe)로 받게 한다. 윈드 슈는 교축 직각방향의 이동만을 구속하고, 교축방향의 이동과 회전에 대한 저항은 하지 않는다. 횡하중이 케이블에 전달하는 크기는 연직하중에 비하여 작으므로 장경간 현수교가 되면 보강거더에 대한 지배하중이 풍하중이 될 경우도 있다. 또 수평브레이싱에도 비교적 강한 단면이 요구된다.

(3) 탑

탑은 케이블의 연직반력을 지지하고 하부구조에 전달하는 것을 주목적으로 하며 현수교의 경관미를 좌우하는 중요한 구조부분이다. 특히 장대현수교에서는 탑에 의하여 그 교량의 특징이 좌우된다고도 할 수 있다.

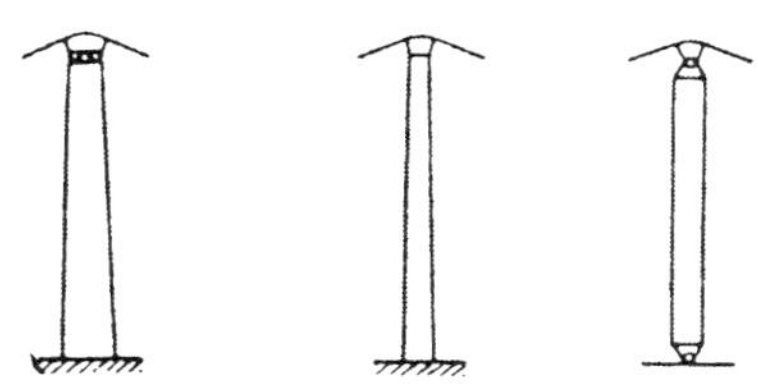

(a) 강(剛)한 탑 (b) 가요성탑 (c) 요주형탑

그림 8-16 탑의 형식

탑 마루에서 케이블의 교축방향 이동을 구속하면 아주 큰 반력이 생기므로 사실상 탑의 설계가 불가능하게 된다. 따라서 탑은 다음과 같은 구조형식을 취한다.

① 탑은 강구조(剛構造)로 하고 케이블을 가동받침으로 받친다.

② 탑의 기초부를 고정하고 탑을 가요성으로 한다.

③ 탑의 상하에 힌지를 설치하고 탑 자체를 요주형(搖柱型)으로 한다.

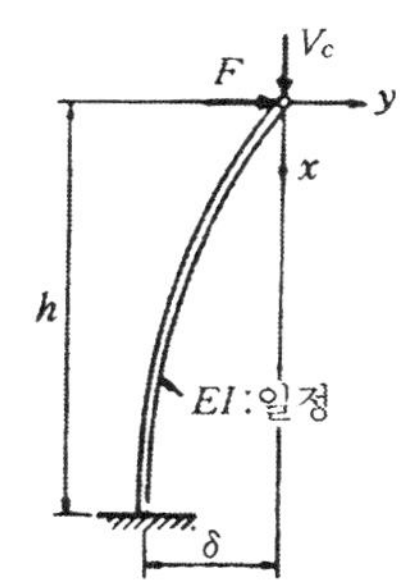

그림 8-17

①의 형식은 비교적 옛날의 현수교로서 최근에는 거의 사용하지 않는다. ③의 요주형은 중소현수교에서 많이 볼 수 있고 장대현수교의 주탑은 거의 ②의 형식으로 설계되고 있다. 탑의 완전한 가요성은 케이블의 연직반력이 프리 스탠딩(free standing) 상태에서 탑주의 좌굴하중과 같을 때 얻어진다.

즉 그림 8-17의 등단면 기둥에서 마루의 지점을 없애고 하중 V_c를 가하면 V_c가 다음 식의 값과 같을 때 기둥은 좌굴한다.

$$V_c = \frac{\pi^2}{4}\frac{EI}{h^2} \qquad (8\text{-}3\text{-}10)$$

한편, 그림 8-17의 상태에서의 해는 방정식

$$EI\frac{d^4y}{dx^4}+V\frac{d^2y}{dx^2}=0 \tag{8-3-11}$$

을 경계조건

$$x=0\ :\ y=\frac{d^2y}{dx^2}=0$$

$$x=h\ :\ y=-\delta,\ \frac{dy}{dx}=0$$

를 주면서 풀면 얻어지는데 그 해는 다음과 같다.

$$\left.\begin{aligned} y&=\frac{\delta}{\alpha h\cos\alpha h-\sin\alpha h}(\sin\alpha x-\alpha x\cos\alpha h)\\ \alpha&=\sqrt{\frac{V}{EI}}\end{aligned}\right\} \tag{8-3-12}$$

이 때 탑마루부의 수평반력 F는

$$F=EI\left(\frac{d^3y}{dx^3}\right)_{x=h}=\frac{\alpha\delta}{\alpha h-\tan\alpha h}V \tag{8-3-13}$$

식(8-3-13)에 식(8-3-11)의 V를 대입하면

$$V=V_c,\ \alpha=\frac{\pi}{2h}$$

$$F=\frac{\alpha\delta}{\alpha h-\tan\pi/2}V=0 \tag{8-3-14}$$

즉 프리스탠딩시의 좌굴하중 V_c만에 의해서는 탑 마루에 수평반력 F는 생기지 않는다. 가요성의 탑은 케이블의 연직반력이 V에 일치하는 휨강성을 갖도록 설계한다. 실제에 있어서는 탑은 변단면 기둥이고 또 마루부의 연직반력 외에 탑 자중도 탑주의 축방향력이 되므로 설계계산시 이 점도 고려해야 한다.

한편, 교축 직각방향면 내에서는 가요성 탑이라도 충분한 강성이 있어야 한다. 강성을 주는 방법으로는 2개의 탑주 사이에 트러스를 조립하는 방법, 전체를 라멘 형식으로 하는 방법 또는 그 중간적인 방법 등으로 한다. 장대현수교의 전형적인 주탑형식은 그림 8-18과 같다.

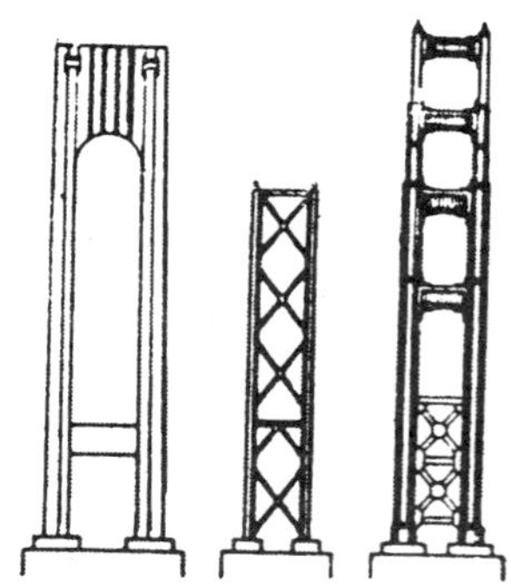

그림 8-18 주탑형식

8-4 사장교

1. 개설

사장교의 원리는 거더가 길어지면 자신의 휨강성만으로는 부족할 경우 거더를 인장재로 매달아 보강한 것이다. 트러스나 아치계의 구조물이 안정될 때와 같은 역학적 지식이 없어도 이와 같은 착상은 가능하며, 사장형식의 교량은 현수교나 아치와 함께 옛날부터 있었을 것으로 생각된다. 옛날의 가설된 것 중 철이나 강으로 된 사장교의 예를 들면 표 8-2와 같다.

표 8-2 9세기의 사장교

건설연도	국 명	지 간	비 고
1817	영국	33 m	보도교
1824	독일	77 m	건설한 다음해 군중하중으로 인하여 파괴
1840	영국	불명	
1873	영국	120 m	Albert Bridge(도로교로 현재 사용중)

20세기에 와서 전반에는 사장교가 전연 가설한 예가 없어서 이 형식의 교량을 잊은 듯 하였으나 1950년 이후에 서독을 중심으로 대형화한 형태로 사장교가 등장하여 대형교량으로서의 한 몫을 차지하게 되었다. 사장교가 재인식된 요인을 들면 다음과 같다.

① 인장재 재료의 개발
② 전자계산기의 이용으로 응력해석상의 발전
③ 강상판의 사용으로 교체의 경량화 가능
④ 그 형식 자체가 현대가 요구하는 대형화 교량에 적합하다.
⑤ 노면상 주행감이 일반상로교와 거의 같다.
⑥ 현수교에 비하여 처짐강성이 크다.

종래부터 장대경간의 대표적 교량형식이 현수교인 것은 현재에도 변함이 없지만 사장교가 주목을 끌게 된 것은 거더교의 경제적 상한(150～200m)과 현수교의 경제적 하한(300～400m) 사이를 메우는데 가장 적합한 존재이기 때문이다. 참고로 교량형식과 지간길이 및 강중을 비교하면 그림 8-19, 그림 8-20과 같다.

최근 구조물의 대형화의 경향은 선박, 건축, 항공기 등 여러 분야와 마찬가지로 교량에서도 지간이 장대화되고 있으며, 금후 사장교도 지간길이가 장대화되면서 점점 널리 보급될 것으로 예상된다. 사장교 실적을 조사한 그림 8-26은 사장교의 지간이 대형화되고 있는 경향을 나타내고 있다. 사장교의 또 다른 이점은 대경간에서도 거더높이가 낮아지는 것이다. 예를 들면 거더교로서 세계 제2의 지간길이를 가진 유고슬라비아의 사와(save)강 교량의 거더높이/지간길이= 10/260 = 1/26 인데 비하여 거의 동지간의 사장교 Rees교에는

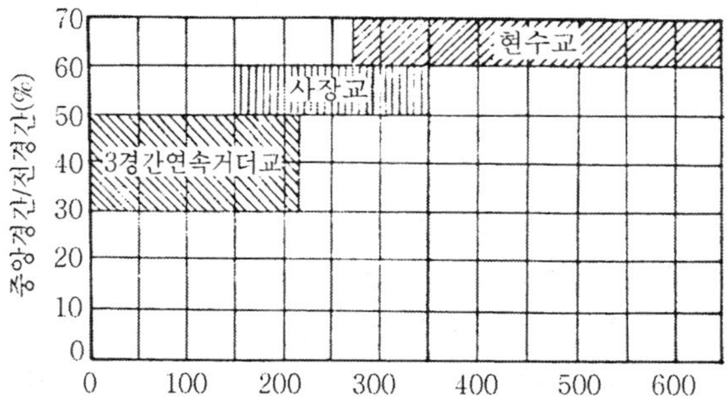

그림 8-19 교량형식과 스팬의 비교

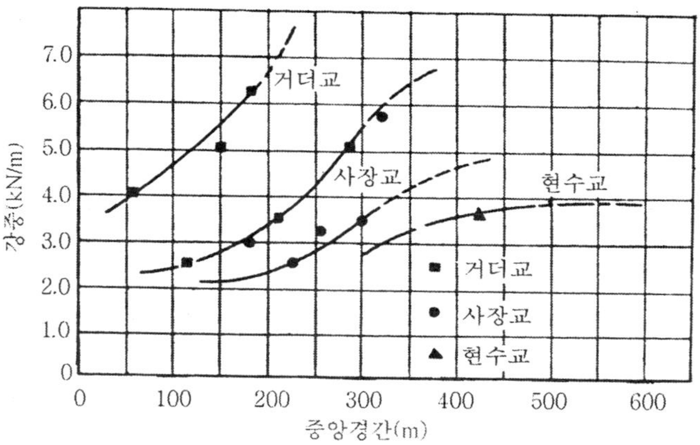

그림 8-20 교량형식과 강중의 비교

3.5/255 = 1/73이다. 시야를 가리지 않는다는 점에서 일반상로교와 똑같은 주행감각을 가질 수 있으면서 노면 계획고를 낮게 취할 수 있어 연결도로의 공비를 감축시킬 수 있다.

또 그림 8-20에서 알 수 있듯이 중량면에서도 대지간의 경우 사장교는 거더교와 비교하여 훨씬 적다. 전기 Rees교의 사용강중은 교량 $1m^2$당 3.7kN이지만 동지간 정도의 거더교는 4.0kN 이상이 된다.

사장교를 계획할 때 검토할 점은

첫째, 내풍안정을 포함한 진동대책을 들 수 있는 데 일반 도로교의 경우는 통행차량에 의한 정적 처짐량이 시방서에 규정한 범위 내이면 안전하다고 판단하지만 바람에 의한 교체의 진동은 처짐강성만으로는 판단할 수 없다. 다른 구조물의 경우와 같이 사장교의 대풍안정성을 조사하는데 중요한 요소가 되는 것은 거더의 공기 동역학적 특성, 교체의 구조감쇠 및 처짐강성 등 세 가지이다. 한 번 발생하면 교체 파손을 일으킬 수 있는 유동 조사는 물론 사장교의 경우 종종 문제가 되는 것은 저풍속(10~20m/sec) 영역에서의 풍금진동에 대해서도 충분한 검증을 해야 한다.

현재 사장교의 내풍안정성 확보를 위한 방책 중 주관을 두고 있는 것은 전기 세 가지

중 거더의 공력적 특성의 개선 검토에 있다 해도 좋을 것이다. 한국의 교량은 구미 각국의 것에 비해 폭이 좁으므로 교체의 단위길이, 자중이 가볍다는 점 등 다른 나라와 조건이 다르므로 계획할 때는 먼저 내풍에 대한 모형실험을 해두는 것이 좋을 것이다.

사장교는 현재 지간 900m 정도까지 사용되어 사용 중에 있고 혹은 더욱 큰 대경간에도 설계 가능하다는 이론도 있어 상한을 예측하기는 어렵지만, 더욱 대형화하여 현수교와 같은 대경간에도 쓸 수 있다면 매우 다행스러운 일이다.

사장교는 그 형식 자체가 산뜻한 구조물이기 때문에 계획에 있어서도 외관면에 대하여 충분히 고려해야 할 것이다. 우선 탑의 형상이나 케이블의 배치방법이 완성교량의 인상을 좌우할 것이다.

현재 우리나라 서해안 고속도로의 아산만지역에 건설된 서해대교는 2000년 11월에 준공·개통되었으며 그림 8-21에서 보는 바와 같이 중앙지간이 470m 이고 전 교량길이가 990m 이다. 또한 현재 시공 중에 있는 인천과 영종도를 잇는 인천대교는 중앙지간이 800m 로 세계적인 교량이다.

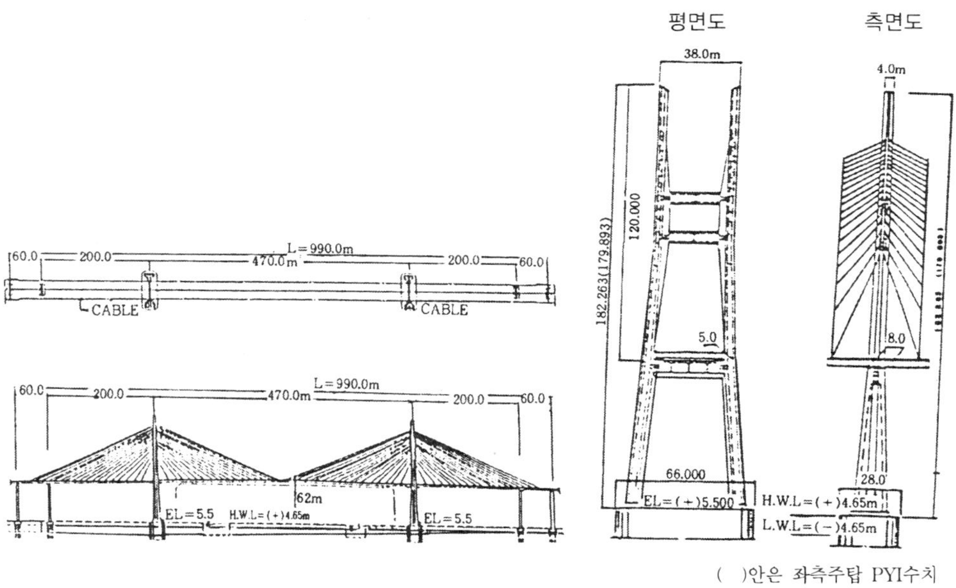

일반도 주탑단면도

그림 8-21 서해대교

2. 구조

(1) 케이블 및 탑의 배치

케이블을 설치하는 방법은 교축방향으로 보아 분류하면 1평면 내에 설치하는 방법과 2평면에 나누어 설치하는 방법이 있다. 전자는 외관이 좋고, 노면 주행시의 해방감이 있으며 교각의 폭이 좁아도 된다는 이점이 있는 반면, 중앙분리대가 있어야 하고 비틀림 강성이 큰 상자형 거더를 사용해야 한다. 후자의 경우는 케이블이 노면 양쪽에 정착되어 우력을 일으키므로 거더의 비틀림강성은 큰 문제가 되지 않으며 케이블 1개당의 장력도 전자보다 작으므로 거더 단면 구성상의 임의성은 보다 풍부하다.

케이블의 정착관계로 아무래도 거더가 최외측에 오게 되어 필연적으로 교각의 폭은 크게 하지 않을 수 없다. 이들 설치방법에 따라 탑의 형상은 그림 8-22와 같은 세 종류가 있다. 또 측면 형상에 따라 분류하면 그림 8-23과 같다.

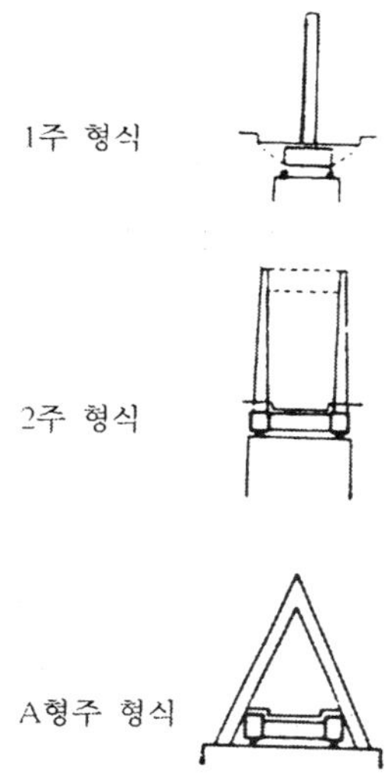

그림 8-22 탑의 종류

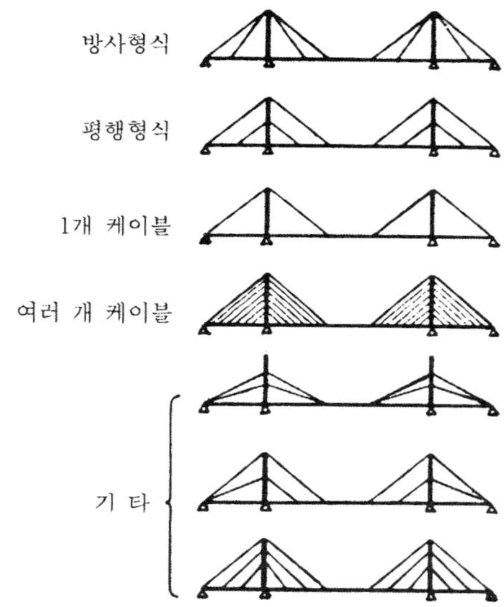

그림 8-23 케이블의 배치방법

일반적으로 탑의 하단이 교각에 강하게 정착되고, 탑이 휨변형에 대해 지극히 큰 강성을 갖고 있지 않는 한 측경간의 케이블 중 적어도 1개가 단지점 부근에 달하여 탑마루의 교축방향 변위를 지지하도록 하는 것이 교체의 강성 확보상 꼭 필요하다. 방사형식은 처짐강성이 크고 탑에 휨모멘트가 생기지 않으며 주거더에 대하여 큰 경사각을 취할 수 있어 연직지지력이 크고 주거더의 축방향력이 작아지므로 널리 사용되고 있다. 평행형식은 미관이 좋고 횡방향으로 2중평면을 이루는 경우에도 케이블은 시각적으로 교차 하지 않으며 케이블이 탑의 전 높이에 분포되므로 케이블의 접합이 매우 간단하게 되는 등의 이점이 있으나 탑의 도중에 케이블이 관통 또는 정착하므로 구조가 까다롭고 탑에 휨모멘트가 생기지 않도록 하기 위하여 과반의 새들(saddle)을 가동지지로 해야 하는 등 구조상 해결해야 할 문제점이 있다.

한편, 1개 케이블만의 형식은 단순하다는 점에서 외관상으로는 좋지 못하나 케이블의 장력이 커지고 정착점에서의 응력집중 및 좌굴안정 등의 문제를 구조적으로 잘 처리해야 한다. 이와는 반대로 케이블을 극단적으로 많이 쓰는 형식이 최근에 늘어나고 있는데 도면상으로 볼 때 번잡한 것 같으나 각 케이블이 가늘고 외적 미관이 아름답다고 생각된다. 이

형식의 이점은 케이블 1개당의 장력이 작다는 점이다. 로크트 코일(rocked coil) 1개 로도 견딜 수 있게 한 것이다. 장력이 작기 때문에 케이블의 정착은 극히 간단한 구조로도 족하고 시공에 있어서도 캣 워크(cat work)는 필요 없으며, 케이블의 방식유지도 문제없으나 케이블의 경우가 많기 때문에 정밀도 관리에 특히 정확을 기해야 한다.

(2) 교탑

교탑은 현장조건, 설계조건, 케이블의 배치 등에 따라 여러 형태가 있다. 가장 간단한 형태는 각 케이블 면에 교탑을 세우는 것이다. 사다리형 탑은 횡방향 저항에 강하며 이중 평면의 경사 케이블 배치에도 또 단일평면 케이블 배치에도 사용된다.

(3) 교량거더

교량거더에는 여러 가지 종류가 사용된다. P.S.C보가 사용된 예도 있기는 하지만 거의 모두 강재가 사용되어 왔다. 바닥판으로는 강판과 콘크리트를 합성한 것과 강상판이 사용된다. 그림 8-24는 흔히 사용되는 주거더와 바닥판 단면의 종류들이다.

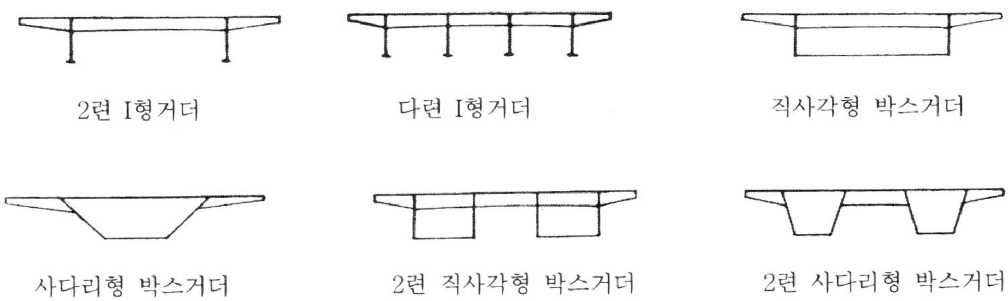

그림 8-24 바닥단면

대개 2개 이상의 I형 거더를 사용하는데 이들은 비틀림강성(torsional rigidity)이 약하다. 일반적으로 단일평면 케이블 배치의 경우에는 박스거더를 쓰는 것이 좋다.

(4) 케이블

케이블은 유연한 인장재를 총칭하는 용어이며 하나의 케이블은 여러 개의 로프(rope)나 여러 개의 스트랜드(strand)로서 구성된다. 케이블을 구성하고 있는 하나의 로프와 스트랜드는 또 여러 개의 강선(wire)으로 구성되는데 로프는 보다 작은 여러 개의 강선군으로 이루어지는 데 반하여 스트랜드는 중심의 강선 주위를 여러 개의 강선이 여러 층으로 둘러 싸여진다.

스트랜드와 로프의 중요한 차이점은 다음과 같다.

① 스트랜드는 같은 크기의 로프보다 높은 파괴강도를 갖는다.

② 스트랜드는 로프보다 탄성계수가 크다.

③ 스트랜드는 로프보다 곡선상을 만들기 어렵다.

④ 스트랜드는 같은 크기의 로프보다 낱낱의 단면이 큰 강선이 사용된다.

이러한 차이점으로 볼 때 사장교의 경우 스트랜드가 유리하다. 그러므로 사장교의 케이블은 스트랜드로 만들어지는데 하나의 케이블로서 하나의 스트랜드를 사용하거나, 또는 여러 개를 설치한 후 한데 묶어서 사용하게 된다.

스트랜드는 구성단면의 낱낱의 강선 형상과 배치방법에 따라

① 나선으로 감은 일반 스트랜드

② 평행강선 스트랜드

③ 강선이 서로 물리도록 배치한 물린 스트랜드(locked coil strand)로 구분할 수 있다. ③의 중심부는 원형 강선들로 구성되며, 이 주위를 여러 층의 쐐기형 강선에 둘러싸이고 최외쪽의 몇 개 층은 Z 또는 S형의 강선들이 배치된다(그림 8-25). 이 형태의 스트랜드는 유럽에서 사장교에 많이 쓰이고 강선은 나선형으로 배치된다.

현재 미국에서 생산되는 구조용 일반 스트랜드의 표준치수는 지름이 1.3~10 cm 이며 파괴강도는 136~8,400 kN 이다.

스트랜드로 된 케이블은 장력을 받으면서 단면이 치밀해지기 때문에 초기 신장은 보통 공장에서 스트랜드에 일정기간 소정의 하중을 미리 주고 사전에 신장을 주어 제거시킬 수 있다. 사전에 신장을 한 스트랜드의 탄성계수는 나선형 스트랜드의 경우 1.4×10^5~1.7×10^5 MPa 이고, 평형강선 스트랜드의 경우 1.97×10^5~2.05×10^5 MPa 이다.

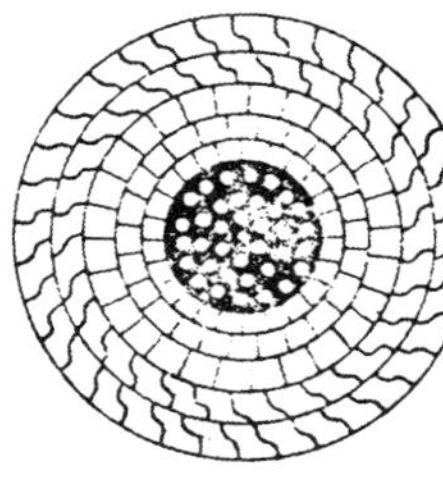

그림 8-25 물린 스트랜드

3. 해석법

사장교는 부정정구조로서 주거더가 케이블에 의해 탄성적으로 지지된 연속거더로서 거동한다. 만일 이 구조를 선형탄성계라고 가정한다면 표준강도계수를 적용한 강도법(剛度法)을 적용하여 선형해석을 할 수 있으나 사장교는 비선형 탄성계로 보고 있다.

근래에 많은 연구를 통해 케이블을 직선부재로 고려하여 이에 상응하는 탄성계수를 사용하고 축방향력과 휨모멘트의 상호작용을 고려한 선형해석을 반복 시행함으로써 비선형 해석의 근사치를 얻고 있다.

4. 실 례

지금까지 세계 각국에서 시공한 사장교를 지간장과 완성년도에 따라 플로트한 것이 그림 8-26이다. 이것을 분석해 보면 1955년부터 5~6년간은 소수의 시공 예에 의해 가능성을 모색한 행적을 보여주고 있으며 그 후는 급격히 시공된 실례가 증가하고 규모 면에서도 대형화되어 있음이 명백하다.

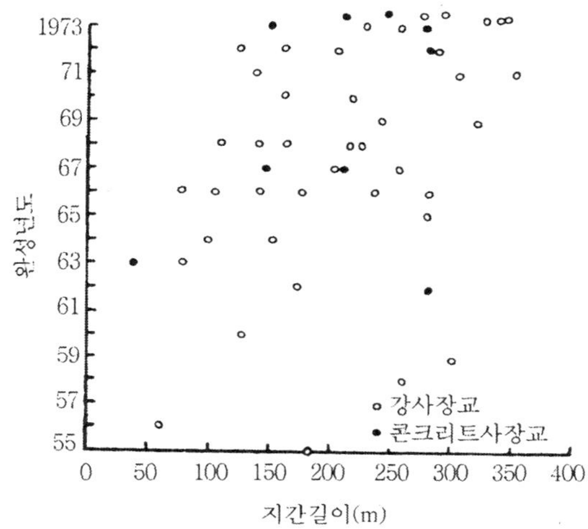

그림 8-26 사장교의 완성년도별 지간길이 추이

교량형식에 따른 장대교의 준공년도와 국명을 부록[Ⅶ]에 수록하였으므로 이들 표를 참고하기 바랍니다.

부 록 I

부록[I] 도로교 설계기준 2005년 2월 발행

제 3 장 강 교

3.1 일반사항

3.1.1 적용범위

이 장은 지간이 200m 이하이고 주로 강교의 상부구조에 적용한다.

3.1.2 용어의 정의

(1) 강축 : 부재의 단면상에서 휨에 대하여 강한 축
(2) 교량 거더 폭 : 주거더 중심간의 거리
(3) 니브레이스 : 수평재와 수직재가 만드는 모서리부를 보강하기 위해 설치하는 사재(귀잡이라고도 한다.)
(4) 다이어프램 : 박스형 단면 등의 폐단면부재 형상을 유지하기 위하여 내부 부재축에 직각으로 배치하는 판, 휨을 받는 상자형 부재의 좌굴현상을 방지하고, 비틀림에 대하여 단면형상을 유지하기 위해 설치된다.
(5) 다재하 경로구조 : 한 부재의 파괴로 인하여 전체적인 파괴가 일어나지 않도록 한 구조물
(6) 단재하 경로구조 : 한 부재의 파괴만으로 전체 구조가 붕괴되는 구조물
(7) 맞대기 이음 : 둘 이상의 모재의 단과 단을 거의 동일한 평면 내에서 맞붙여서 접합하는 이음
(8) 모재 : 절단, 용접 등에 의해 가공되는 구조의 본체가 되는 재료
(9) 목두께 : 용접의 유효단면두께
(10) 볼트의 선간거리 : 볼트의 인접선간의 거리, L형 등의 형강의 뒷면으로부터 첫 번째 볼트선까지의 거리
(11) 볼트의 순간격 : 인접한 볼트구멍 가장자리 간의 거리
(12) 볼트의 순연단거리 : 부재 끝에서 볼트구멍 가장자리까지의 거리
(13) 볼트의 연단거리 : 볼트 구멍의 중심에서 판의 연단까지의 거리
(14) 볼트의 피치 : 힘의 작용선 방향으로 잰 볼트구멍 중심간의 거리
(15) 상세범주 : 피로분석시 허용피로응력범위 결정의 기준이 되는 연결부의 등급
(16) 세장비 : 부재의 지지점간의 거리를 부재의 단면회전반경으로 나눈 값
(17) 스터드 : 강재 주거더와 콘크리트 슬래브와의 전단연결재로서 머리부와 줄기로 이루어짐
(18) 약축 : 부재의 단면상에서 휨에 대하여 약한 축

(19) 용접부 : 용착금속 및 열영향부를 포함한 부분의 총칭

(20) 필렛용접 : 겹친이음, T이음, +자 이음, 각이음 등에 있어서 교차하는 두 모재의 모서리부를 용접하는 삼각형상의 단면을 갖는 용접

(21) 홈용접 : 양쪽 강판 사이에 홈을 두어 서로 맞대거나 또는 T형 이음에서 양쪽 모재 사이의 홈에 용접금속을 놓는 방법으로 목두께의 방향이 적어도 모재의 표면과 직각 또는 거의 직각을 이루게 해야 한다.

3.1.3 기 호

A : 나사부 바깥지름을 기준으로 계산한 볼트의 공칭단면적(mm²)

A_b, A_c : 거더 및 기둥의 단면적(mm²)

A_g : 부재의 총단면적(mm²)

A_l : 종방향 보강재 한 개의 단면적(mm²)

A_s : 보강재의 전체 면적(mm²), 인장측 앵커볼트군의 단면적(mm²)

A_w : 복부판의 총단면적(mm²)

a : 보강거더 측경간의 지간길이, 수직보강재의 간격, 횡방향 보강재의 간격, 용접의 유효두께(목두께, mm)

B : 가로보강재의 간격(mm)

b : 판의 고정연 사이의 거리, 세로리브의 간격, 아치축선의 간격, 상하 양플랜지의 순간격 또는 복부판 간격의 1/2 또는 플랜지 돌출폭(그림 3.8.3, mm)

b_r : 다이어프램의 플랜지 폭(mm)

d : 구멍 뚫린 판의 두께(mm), 볼트구멍의 지름(볼트의 공칭지름 +3, mm)

E : 탄성계수(MPa)

e : 안쪽 용접선으로부터 구멍까지 폭, 아치축선과 서로 인접한 격점을 잇는 직선과의 간격, 응력방향으로 잰 최소 연단거리(mm)

i : 응력구배계수

F : 라멘 모서리부 플랜지의 집중력

f : 수직응력(MPa), 용접부에 생기는 축방향력과 휨모멘트에 의한 수직응력(MPa), 아치의 높이(mm)

f_{01}, f_{i1} : 휨모멘트 및 축방향력에 의한 거더 플랜지의 응력(MPa)

f_{02}, f_{i2} : 휨모멘트 및 축방향력에 의한 기둥 플랜지의 응력(MPa)

f_1, f_2 : 판의 양연에서의 응력(MPa)

f_a : 허용인장응력(MPa)

f_a, τ_a : 3.3.2.1에서의 허용인장응력 및 전단응력(MPa)

f_b : 휨응력(MPa)

f_{ba} : 콘크리트의 허용지압응력(MPa)

f_{bao} : 표 3.3.4의 국부좌굴을 고려하지 않은 허용휨압축응력(MPa)

f_{bagy} : 표 3.3.4 국부좌굴을 고려하지 않은 강축(y축) 둘레의 허용휨압축응력 (MPa)

f_{bcy}, f_{bcz} : 각각 강축(y축) 및 약축(z축) 둘레에 작용하는 휨모멘트에 의한 압축응력(MPa)

f_{bty}, f_{btz} : 각각 강축(y축) 및 약축(z축) 둘레에 작용하는 휨모멘트에 의한 휨인장응력(MPa)

f_{ca} : 편측 아치부재의 $L/4$ 점의 3.3.2.1에 규정한 허용축방향 압축응력(MPa)

f_{ca}, H, A_g : 3.11.4에서 정해진 값

f_{ca}^A : 아치부재의 허용축방향 압축응력의 평균값(MPa)

f_{cal} : 양연 지지판, 자유돌출판 및 보강된 판에 대해서 각각 3.4.2.1, 3.4.2.2, 3.4.2.3에 규정된 국부좌굴응력에 대한 허용응력(MPa)

f_{caz} : 식(3.3.1)에 의해 산축되는 약축(z축) 방향의 허용응력(MPa)

f_{ck} : 콘크리트의 설계기준강도(MPa)

f_{cr} : 복부판의 휨좌굴응력(MPa)

f_{Ey}, f_{Ez} : 각각 강축(y축) 및 약축(z축) 둘레의 허용 오일러 좌굴응력

f_s : 앵커 볼트의 인장응력(MPa)

f_{sa} : 강재의 허용휨압축응력(MPa)

f_t, f_c : 각각 단면에 작용하는 축방향력에 의한 인장 및 압축응력(MPa)

f_{ta} : 표 3.3.1의 허용축방향 인장응력(MPa)

f_{ta} : 보강거더의 하부 플랜지의 허용인장응력의 평균값(MPa)

f_{wa} : 뒴비틀림에 의한 수직응력(MPa)

G : 전단탄성계수(MPa)

g : 볼트의 응력에 직각방향의 간격(gauge)(mm)

H : 재하에 의하여 편측 아치부재에 작용하는 축방향력의 수평성분(그림 3.11.1, kN)

h^A : 아치부재의 부재높이 전길이에 걸친 평균값(mm)

h^G : 보강거더의 부재높이 전길이에 걸친 평균값(mm)

I : 부재의 총단면 중립축에 대한 단면 2차모멘트, 아치면 내의 휨에 대한 편측 아치부재의 단면 2차모멘트의 평균치(보강아치의 경우에는 아치와 보강거더의 합을 취한다. mm^4)

I_A : 아치면 내의 휨에 대한 편측 아치부재의 단면 2차모멘트가 평균치(mm^4)

I_G : 편측 보강거더의 단면 2차모멘트 평균치(mm^4)

I_l : 종방향 보강재 한 개의 단면 2차모멘트(mm^4)

I_t : 횡방향 보강재 한 개의 단면 2차모멘트(mm^4)

I_w : 뒴비틀림 상수(mm^6)

I_z : 편측 아치부재의 연직축 주위에 대한 단면 2차모멘트 평균치(mm^4)

K : 순수비틀림 상수(mm^4)

k : 행어 또는 지주가 분담하는 하중비

L : 부재의 지간(m)

L_D : 중간 다이어프램 간격(m)

L_1, L_2 : 변곡점 사이의 거리(m)

l : 지점간의 부재길이, 용접의 유효길이, 인장부재의 경우 골조의 길이, 압축부재의 경우 유효좌굴길이(mm)

$\frac{l}{r}$: 아치부재의 세장비

M : 휨모멘트, 용접 및 볼트 이음부의 설계에 쓰이는 휨모멘트(kN-m)

n : 격점수, 종방향 보강재에 의해서 구분되는 패널의 수

P : 축방향 압축력, 용접 및 볼트 이음부에 작용하는 축력 및 전단력(kN)

p : 볼트의 응력방향의 간격(pitch)(mm)

p, w : 주구조에 작용하는 등분포활하중 및 고정하중

r_y : y축에 관한 단면2차 반경(mm)

r_z : z축에 관한 단면2차 반경(mm)

s : 필렛용접의 치수(mm)

S_r : 설계대상 단면의 슬래브와 주거더 사이의 수평전단력 범위(kN/mm)

Q : 부재 총단면의 중립축에 대한 전단력을 계산하는 접합선 외측의 단면1차 모멘트(mm^3)

Q_a : 전단 연결재의 허용전단력(kN)

t : 판의 두께(mm)

t_o : 표 3.4.7에 표시된 보강판의 두께(mm)

t_b : 베이스 플레이트의 판두께(mm)

t_d : 다이어프램의 복부판 두께(mm)

t_f : 거더의 플랜지 두께(mm)

t_r : 다이어프램 플랜지 두께(mm)

V : 휨모멘트에 따르는 전단력(kN), 계산하는 단면에 작용하는 전단력(kN)

V_r : 충격을 포함하는 활하중에 대한 전단력 범위(kN)

v : 전단응력(MPa), 용접부에 생기는 전단응력(MPa)

v_a : 허용전단응력(MPa)

v_b : 용접부에 생기는 축방향력과 휨모멘트에 의한 전단응력(MPa)

v_{cr} : 복부판의 전단좌굴응력

V_s : 순수비틀림에 의한 전단응력, 용접부에 생기는 전단력에 의한 전단응력 (MPa)

v_w : 뒴비틀림에 의한 전단응력(MPa)

W_b, W_c : 거더 및 기둥의 단면계수(mm^3)

y : 중립축으로부터의 거리(mm)

y_i : 볼트로부터 중심축까지의 거리(mm)

y_n : 가장자리 볼트 중심축으로부터의 거리

α : 선팽창계수, 볼트와 모재와의 허용전단응력비, 아치 면내 좌굴계수, 보강판의 형상비

α_0 : 보강판의 한계 형상비

β : 각 반복횟수에 대한 허용수평 전단력 범위를 구하기 위한 상수(표 3.11.2)

γ_l^* : 종방향 보강재의 소요강비

γ_l : 사용된 종방향 보강재의 강비

δ_l : 종방향 보강재 한 개의 단면적 비

λ : 플랜지의 한쪽 유효폭(mm)(그림 3.8.3)

ρ : 볼트 1개에 작용하는 힘(kN)

ρ_a : 볼트 1개의 허용력(kN)

ρ_h : 수평방향으로 연결하는 볼트에 작용하는 힘(kN)

ρ_m : 휨모멘트에 의한 볼트 1개의 작용력(kN)

ρ_p : 축방향력에 의한 볼트 1개의 작용력(kN)

ρ_s : 전단력에 의한 볼트 1개의 작용력(kN)

ϕ : 크리프계수, 응력구배, 아치형식에 따른 좌굴길이 보정계수

3.1.4 참고기준

① 콘크리트 구조설계기준, 건설교통부, 2004. 2

② 철도 설계기준, 철도청, 2004. 12

③ 강도로교 상세부 설계지침, 건설교통부. 1997

④ 도로교표준시방서, 건설교통부, 2005

3.2 재료 및 설계일반

3.2.1 설계일반

구조의 각 부재는 될 수 있는 대로 간단한 구조로 하고 제작, 운반, 가설, 검사, 도장, 배수, 청소 등에 편리하도록 설계하여야 한다.

3.2.2 설계계산

(1) 부재의 설계에 있어서 2.2.2에 규정된 하중의 조합에 의해 생기는 응력이 3.3 및 구조형식에 따르는 각 장에 규정된 허용응력 이하인지를 검사하는 것으로 한다.
(2) 설계계산은 최종단계에서 유효숫자를 3자리 이상 얻도록 하는 것을 원칙으로 한다. 다만, 부재의 응력은 휨응력 계산에서는 0.1 MPa, 전단응력은 0.01 MPa, 강재의 응력은 1.0 MPa의 단위까지 계산하면 충분하다.

3.2.3 처짐의 허용값

충격하중을 포함한 활하중에 의한 강교의 주거더 및 가로보의 최대 처짐은 표 3.2.1 값 이하이어야 한다. 이 경우 처짐은 부재의 총단면적으로 계산한다. 그러나 라멘교에 대해서는 3.14의 규정에 따른다.

표 3.2.1 허용처짐값

<table>
<tr><th colspan="3">교 량 형 식</th><th colspan="2">최 대 처 짐(m)</th></tr>
<tr><td rowspan="5">플레이트 거더 형식</td><td>종 류</td><td>지 간</td><td>단순지지 거더 및 연속거더</td><td>게르버 거더의 캔틸레버부</td></tr>
<tr><td rowspan="3">철근콘크리트 슬래브가 있는 플레이트거더</td><td>$L \le 10$m</td><td>$L/2,000$</td><td>$L/1,200$</td></tr>
<tr><td>$10 < L \le 40$m</td><td>$\frac{L}{20,000/L}$</td><td>$\frac{L}{12,000/L}$</td></tr>
<tr><td>$L < 40$m</td><td>$L/500$</td><td>$L/300$</td></tr>
<tr><td colspan="2">기타의 슬래브가 있는 플레이트거더</td><td>$L/500$</td><td>$L/300$</td></tr>
<tr><td colspan="3">현수교 형식</td><td colspan="2">$L/350$</td></tr>
<tr><td colspan="3">사장교 형식</td><td colspan="2">$L/400$</td></tr>
<tr><td colspan="3">기타 형식</td><td>$L/600$</td><td>$L/400$</td></tr>
</table>

3.2.4 설계의 전제조건

3.14까지의 규정은 도로교표준시방서 1장에서 규정한 시공의 조건을 지키는 것을 전제로 한다. 그러나 도로교표준시방서 1장의 규정을 따르기 어려울 때에는 이 점을 설계에서 고려해야 한다.

표 3.2.2 판두께에 따른 강재 종류 선정기준

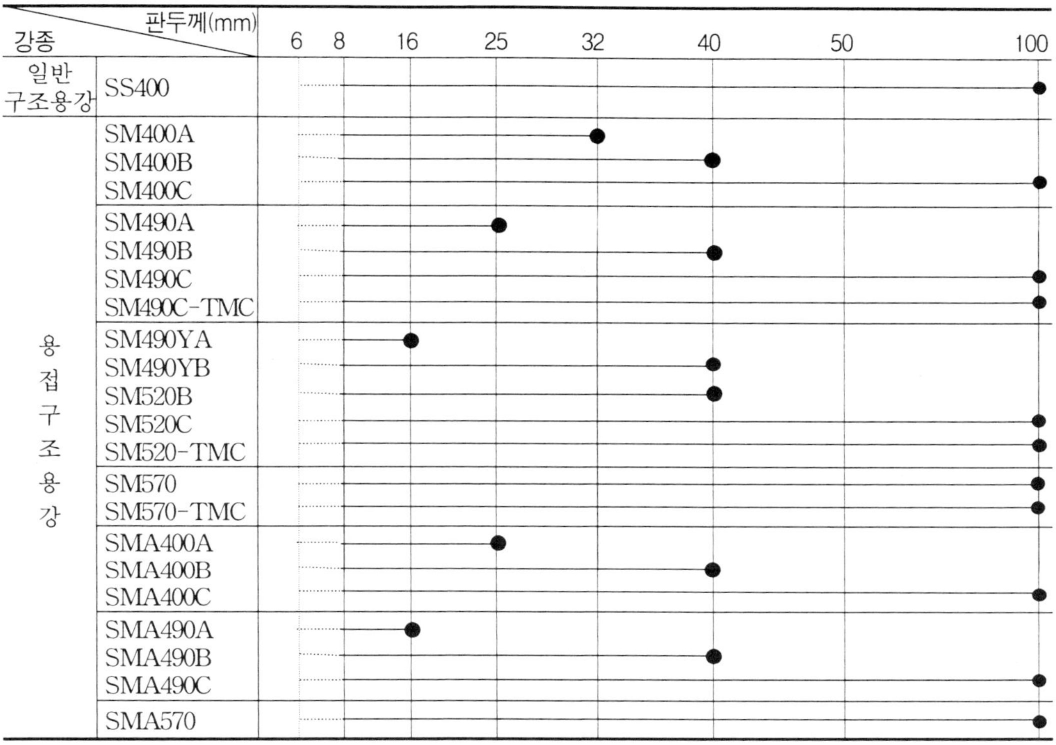

주) 1. 판두께가 8mm 미만의 강재에 대해서는 3.6.2.7(강바닥판 구조세목)에 따른다.
2. 판두께가 40mm를 초과하는 강재에 대해서는 허용응력 감소를 고려해야 한다.
3. 판두께 25mm로부터 32mm 사이의 SM490YB는 진정강괴로 제조되어야 한다.

3.2.5 강재의 선정

강판은 KS D 3505(일반구조용 압연강재) KS D 3515(용접구조용 압연강재) 및 KS D 3529(용접구조용 내후성 열간압연 강재)의 규격에 적합한 것을 표준으로 한다. 강종은 판의 두께에 따라 표 3.2.2를 기준으로 하여 선정하는 것을 원칙으로 한다. 기온이 현저하게 저하되는 지방에서는 강종 선정에 특별한 배려를 기울여야 한다. 판두께에 따른 기준 항복점 및 인장강도는 표 3.2.3과 같다.

표 3.2.3 판두께에 따른 기준항복점 및 인장강도

강 종	SS 400 SM 400 SMA 400		SM 490		SM 490Y SM 520 SMA 490			SM 570 SMA 570		
강재의 판두께(mm)	40 이하	40 초과 100 이하	40 이하	40 초과 100 이하	40 이하	40 초과 75 이하	75 초과 100 이하	40 이하	40 초과 75 이하	75 초과 100 이하
기준항복점 (MPa)	240	220	320	300 (320)주1)	360	340 (360)주1)	330 (360)주1)	460	440 (460)주1)	430 (460)주1)
인장강도 (MPa)	400∼520		490∼620		500∼620 520∼650주2)			570∼730		

주) 1) TMC 강재일 경우 ( )의 값을 적용한다.
2) SM 520 강재일 경우

3.3 허용응력

3.3.1 일 반

(1) 주하중 및 주하중에 해당하는 특수하중에 따른 부재 각 부분의 허용응력은 3.3.2 및 3.3.3에 규정한 값으로 한다.

(2) 부하중 및 부하중에 해당하는 특수하중을 고려하는 경우의 허용응력은 3.3.2 및 3.3.3에 규정한 허용응력에 표 2.2.1에 주어진 증가계수를 곱한 값으로 한다.

(3) 가설하중으로 시공시의 풍하중 또는 지진의 영향을 고려하는 경우에는 공통편에 규정된 증가계수와는 별도로 가교지점의 조건, 시공 중의 구조물 등을 고려해서 정하기로 한다.[주)]

주) 가설하중에 대한 증가계수는 가설시의 계산과 본 구조물에 대한 계산에 사용되는 여러 조건이 같은 정밀도를 갖는 경우에만 적용된다. 특히 가설기간이 길거나 또는 국내에서 최초로 시도되는 신공법에서는 허용능력을 증가시킬 수 없다.

3.3.2 강재의 허용응력

3.3.2.1 구조용 강재의 허용응력

(1) 구조용 강재의 허용축방향 인장응력 및 허용휨인장응력은 표 3.3.1에 표시된 값으로 한다.

표 3.3.1 허용축방향 인장응력 및 허용휨인장응력(MPa)

강종 강재 판두께(mm)	SS 400 SM 400 SMA 400	SM 490	SM 490 Y SM520 SM 490	SM 570 SMA 570
40 이하	140	190	210	260
40 초과 75 이하	130	175 (190)[주)]	200 (210)[주)]	250 (260)[주)]
75 초과 100 이하			195 (210)[주)]	245 (26)0[주)]

주) TMC 강재일 경우에는 ( )의 값을 적용한다.

표 3.3.2 국부좌굴을 고려하지 않은 허용축방향 압축응력(MPa)

<table>
<tr><th>판두께(mm) \ 강 종</th><th>SS 400
SM 400
SMA 400</th><th>SM 490</th><th>SM 490Y
SM 520
SMA 490</th><th>SM570
SMA 570</th></tr>
<tr><td>40 이하</td><td>$140 : \frac{l}{r} \leq 20$
$140-0.84\left(\frac{l}{r}-20\right)$
$: 20 < \frac{l}{r} \leq 93$
$\frac{1,200,000}{6,700+\left(\frac{l}{r}\right)^2}$
$: 93 < \frac{l}{r}$</td><td>$190 : \frac{l}{r} \leq 15$
$190-0.13\left(\frac{l}{r}\right)$
$: 15 < \frac{l}{r} \leq 80$
$\frac{1,200,000}{5,000+\left(\frac{l}{r}\right)^2}$
$: 80 < \frac{l}{r}$</td><td>$210 : \frac{l}{r} \leq 14$
$210-1.5\left(\frac{l}{r}-14\right)$
$: 14 < \frac{l}{r} \leq 76$
$\frac{1,200,000}{4,500+\left(\frac{l}{r}\right)^2}$
$: 76 < \frac{l}{r}$</td><td>$260 : \frac{l}{r} \leq 18$
$260-2.2\left(\frac{l}{r}-18\right)$
$: 18 < \frac{l}{r} \leq 67$
$\frac{1,200,000}{3,500+\left(\frac{l}{r}\right)^2}$
$: 67 < \frac{l}{r}$</td></tr>
<tr><td>40 초과
75 이하</td><td rowspan="2">$130 : \frac{l}{r} \leq 20$
$130-0.75\left(\frac{l}{r}-20\right)$
$: 20 < \frac{l}{r} \leq 97$
$\frac{1,200,000}{7,300+\left(\frac{l}{r}\right)^2}$
$: 97 < \frac{l}{r}$</td><td rowspan="2">$175 : \frac{l}{r} \leq 15$
$175-1.1\left(\frac{l}{r}-15\right)$
$: 15 < \frac{l}{r} \leq 83$
$\frac{1,200,000}{5,300+\left(\frac{l}{r}\right)^2}$
$: 83 < \frac{l}{r}$</td><td>$200 : \frac{l}{r} \leq 14$
$200-1.4\left(\frac{l}{r}-14\right)$
$: 14 < \frac{l}{r} \leq 78$
$\frac{1,200,000}{4,700+\left(\frac{l}{r}\right)^2}$
$: 78 < \frac{l}{r}$</td><td>$250 : \frac{l}{r} \leq 18$
$250-2.1\left(\frac{l}{r}-18\right)$
$: 18 < \frac{l}{r} \leq 69$
$\frac{1,200,000}{3,600+\left(\frac{l}{r}\right)^2}$
$: 69 < \frac{l}{r}$</td></tr>
<tr><td>75 초과
100 이하</td><td>$195 : \frac{l}{r} \leq 14$
$195-1.3\left(\frac{l}{r}-14\right)$
$: 14 < \frac{l}{r} 79$
$\frac{1,200,000}{4,900+\left(\frac{l}{r}\right)^2}$
$: 79 < \frac{l}{r}$</td><td>$245 : \frac{l}{r} \leq 18$
$245-2.2\left(\frac{l}{r}-18\right)$
$: 18 < \frac{l}{r} \leq 69$
$\frac{1,200,000}{3,700+\left(\frac{l}{r}\right)^2}$
$: 69 < \frac{l}{r}$</td></tr>
<tr><td>비 고</td><td colspan="4">l : 부재의 유효좌굴길이(mm)(표 3.3.3 참조)
r : 부재 총단면의 단면 회전반경(mm)</td></tr>
</table>

주) TMC 강재일 경우에는 판두께에 상관없이 판두께 40mm 이하에 해당하는 값을 적용한다.

표 3.3.3 기둥의 유효좌굴 길이

	1	2	3	4	5	6
좌굴모양이 점선과 같은 경우	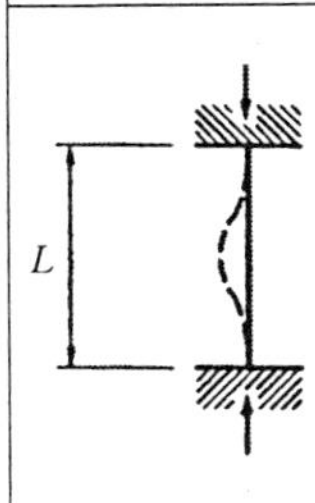	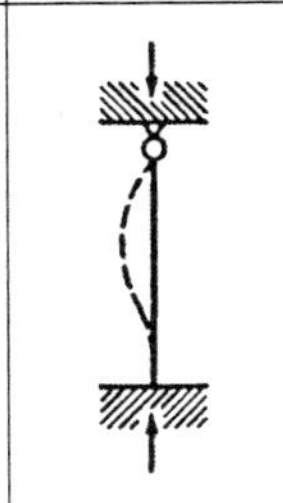	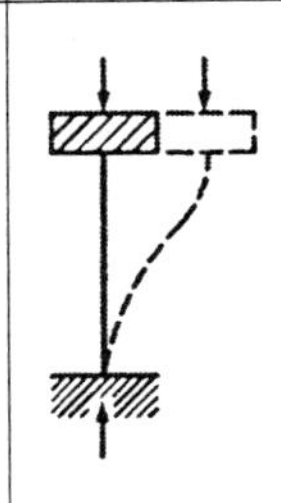	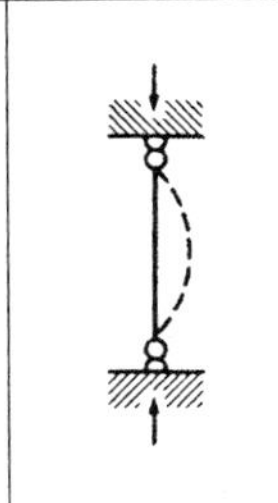	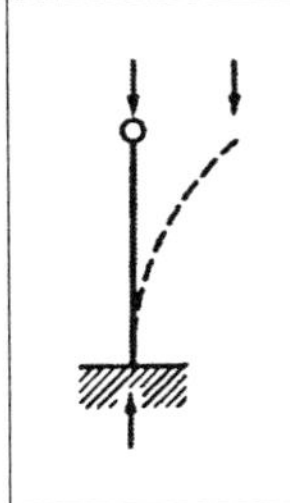	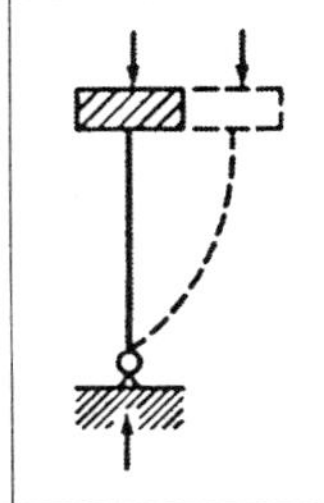
β의 이론값	0.50	0.7	1.0	1.0	2.0	2.0
β의 설계값	0.65	0.8	1.2	1.0	2.1	2.0

구속조건	회 전	수평변위
	고 정	고 정
	자 유	고 정
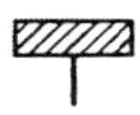	고 정	자 유
	자 유	자 유

여기서, L : 부재의 길이

β : 유효길이 계수

(2) 구조용 강재의 허용축방향 압축응력은 식(3.3.1)에 의해 산출된 값으로 한다.

$$f_{ca} = f_{cag} \cdot f_{cal} / f_{cao} \qquad (3.3.1)$$

여기서,

f_{ca} : 허용축방향 압축응력(MPa)

f_{cag} : 표 3.3.2에 표시된 국부좌굴을 고려하지 않은 허용축방향 압축응력(MPa)

f_{cal} : 3.4.2.1, 3.4.2.2 및 3.4.2.3에 규정한 국부좌굴에 대한 허용응력(MPa)

f_{cao} : 표 3.3.2의 국부좌굴을 고려하지 않은 허용축방향 압축응력의 상한값(MPa)

(3) 구조용 강재의 허용휨 압축응력은 다음의 규정을 따라야 한다.

1) 부재 압축연의 허용휨 압축응력은 표 3.3.4(a) 및 표 3.3.4(b)에 표시된 값으로 한다.

2) 3.4.2.1, 3.4.2.2. 및 3.4.2.3에 규정된 국부좌굴에 대한 허용응력이 표 3.3.4에 표시된 값보다 작은 경우에는 ①항의 규정에 관계없이 3.4.2.1, 3.4.2.2 및 3.4.2.3에 규정된 국부좌굴에 대한 허용응력을 허용휨 압축응력으로 한다.

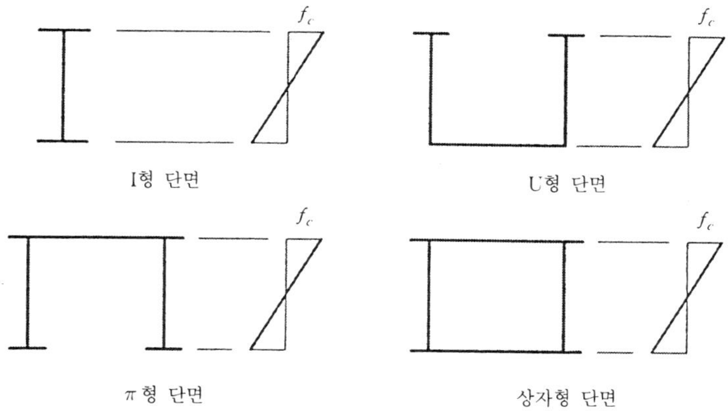

그림 3.3.1 단면의 분류

여기서, f_c : 압축연응력, f_t : 인장연응력

3) 응력을 검사할 단면을 포함하는 압축플랜지의 고정점 간의 부재에서, 부재 양단의 휨모멘트 값이 다르고, 양단 사이에서 휨모멘트가 직선적으로 변화하는 경우에는 표 3.3.4에 표시된 값에 (M/M_{eq})를 허용응력을 증가시킬 수 있다. 다만, 이렇게 증가된 허용응력은 표 3.3.4의 상한값 혹은 3.4.2.1, 3.4.2.2 및 3.4.2.3에 규정한 국부좌굴에 대한 허용응력을 넘어서는 안 된다.

여기서,

M : 응력을 조사할 단면의 휨모멘트(kN-m)

M_{eq} : 등가환산휨모멘트(kN-m). 식(3.3.2) 및 식(3.3.3) 중 큰 값으로 한다.

$$M_{eq} = 0.6M_1 + 0.4M_2 \tag{3.3.2}$$

$$M_{eq} = 0.4M_1 \tag{3.3.3}$$

M_1, M_2 : 각각 부재 양단의 휨모멘트(kN-m). $M_1 \geq M_2$로서, 부호는 고려하는 플랜지에 압축응력이 발생할 경우를 정으로 한다. 다만, 부재 중간에 최대 모멘트가 발생하는 경우에는 그 값을 M으로 한다.

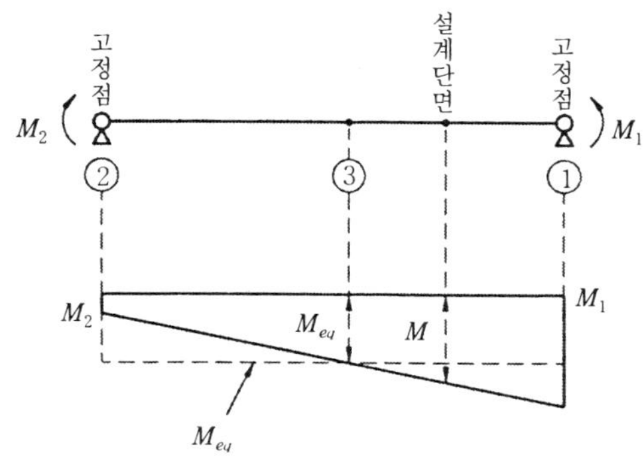

그림 3.3.2 양단 사이에서 휨모멘트가 직선적으로 변화하는 경우

표 3.3.4(a) 허용휨 압축응력(MPa)

(압축 플랜지가 콘크리트 바닥판 등에 직접 고정되어 있는 경우 및 상자형 단면, Π형 단면과 같이 횡좌굴이 일어나기 어려운 경우)

강재 판두께(mm) \ 강종	SS 400 SM 400 SMA 400	SM 490	SM 490 Y SM 520 SMA 490	SM 570 SMA 570
40 초과	140	190	210	260
40 초과 75 이하	130	175 (190)주)	200 (210)주)	250 (260)주)
75 초과 100 이하			195 (210)주)	245 (260)주)

주) TMC 강재일 경우에는 ( )의 값을 적용한다.

표 3.3.4(b) 허용휨 압축응력(MPa^2)(표 3.3.4(a)에 규정한 이외의 경우)

	판두께(mm) \ 강종	SS 400 SM 400 SMA 400	SM 490	SM 490 Y SM 520 SMA 50	SM 570 SMA 570
$\frac{A_w}{A_c} \leq 2$	40 이하	$140 : \frac{l}{b} \leq 4.5$ $140-2.4\left(\frac{l}{b}-4.5\right)$ $: 4.5 < \frac{l}{b} \leq 30$	$190 : \frac{l}{b} \leq 4.0$ $190-3.8\left(\frac{l}{b}-4.0\right)$ $: 4.0 < \frac{l}{b} \leq 30$	$210 : \frac{l}{b} \leq 3.5$ $210-4.4\left(\frac{l}{b}-3.5\right)$ $: 3.5 < \frac{l}{b} \leq 27$	$260 : \frac{l}{b} \leq 5.0$ $260-6.6\left(\frac{l}{b}-5.0\right)$ $: 5.0 < \frac{l}{b} \leq 25$
	40 초과 75 이하	$130 : \frac{l}{b} \leq 5.0$ $130-2.2\left(\frac{l}{b}-5.0\right)$ $: 5.0 < \frac{l}{b} \leq 30$	$175 : \frac{l}{b} \leq 4.0$ $175-3.5\left(\frac{l}{b}-4.0\right)$ $: 4.0 < \frac{l}{b} \leq 30$	$200 : \frac{l}{b} \leq 4.0$ $200-4.2\left(\frac{l}{b}-4.0\right)$ $: 4.5 < \frac{l}{b} \leq 27$	$250 : \frac{l}{b} \leq 5.0$ $250-6.2\left(\frac{l}{b}-5.0\right)$ $: 5.0 < \frac{l}{b} \leq 25$
	75 초과 100 이하			$195 : \frac{l}{b} \leq 4.0$ $195-4.0\left(\frac{l}{b}-4.0\right)$ $: 4.0 < \frac{l}{b} \leq 27$	$245 : \frac{l}{b} \leq 5.0$ $245-6.0\left(\frac{l}{b}-5.0\right)$ $: 5.0 < \frac{l}{b} \leq 25$
$\frac{A_w}{A_c} > 2$	40 이하	$140 : \frac{l}{b} \leq \frac{9}{K}$ $140-1.2\left(K\frac{l}{b}-9\right)$ $: \frac{9}{K} < \frac{l}{b} \leq 30$	$190 : \frac{l}{b} \leq \frac{8}{K}$ $190-1.9\left(K\frac{l}{b}-8\right)$ $: \frac{8}{K} < \frac{l}{b} \leq 30$	$210 : \frac{l}{b} \leq \frac{7}{K}$ $210-2.2\left(K\frac{l}{b}-7\right)$ $: \frac{7}{K} < \frac{l}{b} \leq 27$	$260 : \frac{l}{b} \leq \frac{10}{K}$ $260-3.3\left(K\frac{l}{b}-10\right)$ $: \frac{10}{K} < \frac{l}{b} \leq 25$

<table>
<tr><th colspan="2">강종
판두께(mm)</th><th>SS 400
SM 400
SMA 400</th><th>SM 490</th><th>SM 490 Y
SM 520
SMA 50</th><th>SM 570
SMA 570</th></tr>
<tr><td rowspan="2">$\frac{A_w}{A_c} > 2$</td><td>40 초과 75 이하</td><td rowspan="2">$130 : \frac{l}{b} \leq \frac{10}{K}$
$130 - 1.1\left(K\frac{l}{b} - 10\right)$
$: \frac{10}{K} < \frac{l}{b} \leq 30$</td><td rowspan="2">$175 : \frac{l}{b} \leq \frac{8}{K}$
$175 - 1.75\left(K\frac{l}{b} - 8\right)$
$: \frac{8}{K} < \frac{l}{b} \leq 30$</td><td>$200 : \frac{l}{b} \leq \frac{8}{K}$
$200 - 2.1\left(K\frac{l}{b} - 8\right)$
$: \frac{8}{K} < \frac{l}{b} \leq 27$</td><td>$250 : \frac{l}{b} \leq \frac{10}{K}$
$250 - 3.1\left(K\frac{l}{b} - 10\right)$
$: \frac{10}{K} < \frac{l}{b} \leq 25$</td></tr>
<tr><td>75 초과 100 이하</td><td>$195 : \frac{l}{b} \leq \frac{8}{K}$
$195 - 2.0\left(K\frac{l}{b} - 8\right)$
$: \frac{8}{K} < \frac{l}{b} \leq 27$</td><td>$245 : \frac{l}{b} \leq \frac{10}{K}$
$245 - 3.0\left(K\frac{l}{b} - 10\right)$
$: \frac{10}{K} < \frac{l}{b} \leq 25$</td></tr>
<tr><td colspan="2">비 고</td><td colspan="4">A_W : 복부판의 총단면적(mm^2)
A_c : 압축플랜지 총단면적(mm^2)
l : 압축플랜지의 고정점간 거리(mm)
b : 압축플랜지 폭(mm)
$K = \sqrt{3 + \frac{A_w}{2A_c}}$</td></tr>
</table>

주) TMC 강재일 경우에는 판두께에 상관없이 판두께 40mm 이하에 해당하는 값을 적용한다.

(4) 구조용 강재의 허용전단응력 및 허용지압응력은 각각 표 3.3.5에 표시된 값으로 한다.

표 3.3.5 허용전단응력 및 허용지압응력(MPa)

<table>
<tr><th colspan="3">강 종
판두께(mm)
응력 종류</th><th>SS 400
SM 400
SMA 400</th><th>SM 490</th><th>SM 490 Y
SM 520
SMA 490</th><th>SM 570
SMA 570</th></tr>
<tr><td colspan="2" rowspan="3">전단응력</td><td>40 이하</td><td>80</td><td>110</td><td>120</td><td>150</td></tr>
<tr><td>40 초과 75 이하</td><td rowspan="2">75</td><td rowspan="2">100
(110)주)</td><td>115
(120)주)</td><td>145
(145)주)</td></tr>
<tr><td>75 초과 100 이하</td><td>100
(120)주)</td><td>140
(145)주)</td></tr>
<tr><td rowspan="6">지압응력</td><td rowspan="3">강판과 강판 사이의 지압응력</td><td>40 이하</td><td>210</td><td>280</td><td>310</td><td>390</td></tr>
<tr><td>40 초과 75 이하</td><td rowspan="2">195</td><td rowspan="2">260
(280)주)</td><td>300
(310)주)</td><td>375
(390)주)</td></tr>
<tr><td>75 초과 100 이하</td><td>290
(310)주)</td><td>365
(390)주)</td></tr>
<tr><td rowspan="3">헤르츠공식으로 산출하는 경우</td><td>40 이하</td><td rowspan="3">600</td><td rowspan="3">700</td><td rowspan="3">-</td><td rowspan="3">-</td></tr>
<tr><td>40 초과 75 이하</td></tr>
<tr><td>75 초과 100 이하</td></tr>
</table>

주) TMC 강재일 경우에는 ( )의 값을 적용한다.

3.3.2.2 주단조품의 허용응력

받침부 등에 사용하는 주단조품의 허용응력은 표 3.3.6에 따른다.

표 3.3.6 주단조품의 허용응력(MPa)

주단조품의 종류 \ 응력의 종류		축방향 응력		휨응력		전단응력	지압응력			
		인장	압축[1]	인장	압축[1]		미끄러지지 않는 평면접촉[2]	미끄러지는 평면접촉[2]	헬츠공식으로 계산한 경우의 지압: 지압응력	헬츠공식으로 계산한 경우의 지압: 필요경도 (H_B)[3]
단조품	SF490A	140	140	140	140	80	210	105	600	125 이상
	SF540A	170	170	170	170	110	250	125	700	145 이상
주강품	SC450	140	140	140	140	80	210	105	600	125 이상
	SCW410	140	140	140	140	80	210	105	600	125 이상
	SCW480	170	170	170	170	100	250	125	700	145 이상
	LMnSC1A	170	170	170	170	100	250	125	700	143 이상
	LMnSC2A	190	190	190	190	110	280	140	780	163 이상
주철품	GC250	60	120	60	120	50	120	60	650	135 이상
	GCD400[4]	140	140	140	140	80	210	-	-	-

주) 1) 허용압축응력은 좌굴을 고려하지 않은 경우의 값이다.

2) 곡면접촉일 때에는 그림 3.3.3에 표시한 γ_1 과 γ_2 의 비 γ_1/γ_2 가 원주면과 원주면에서는 1.02 미만. 구면과 구면에서는 1.01 미만일 경우 평면접촉으로 취급한다. 이러한 경우의 허용지압응력은 투영면적에 대해서 산출한 응력에 대한 값이다.

3) H_B는 KS B 0805의 규정에 의한 브리넬 경도를 나타낸다.

4) GCD400에 대해서는 규정값이 없는 항목은 사용하지 않는 것으로 한다.

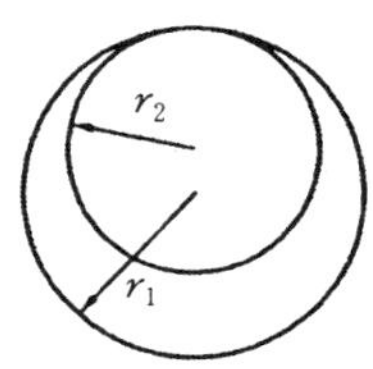

그림 3.3.3 곡면 접촉

3.3.2.3 용접부 및 이음용 강재의 허용응력

(1) 용접부의 허용응력은 표 3.3.7과 같다. 강도가 서로 다른 강재를 이을 때는 강도가 작은 쪽의 강재에 대한 값을 취한다.

표 3.3.7 용접부의 허용응력(MPa)

강 종			SM 400 SM A400		SM 490		SM 490Y, SMA 490 SM520			SM 570, SMA 570		
강재 판두께(mm)			40 이하	40 초과 100 이하	40 이하	40 초과 70 이하	40 이하	40 초과 75 이하	75 초과 100 이하	40 이하	40 초과 75 이하	75 초과 100 이하
공장용접	전단면 용입 홈용접	압축응력	140	130	190	175 (190)[주)]	210	200 (210)[주)]	195 (210)[주)]	260	250 (260)[주)]	245 (260)[주)]
		인장응력	140	130	190	175 (190)[주)]	210	200 (210)[주)]	195 (210)[주)]	260	250 (260)[주)]	245 (260)[주)]
		전단응력	80	75	110	100 (110)[주)]	120	115 (120)[주)]	110 (120)[주)]	150	145 (150)[주)]	140 (150)[주)]
	필렛용접 부분용입 홈용접	전단응력	80	75	110	100 (110)[주)]	120	115 (120)[주)]	110 (120)[주)]	150	145 (150)[주)]	140 (150)[주)]
현장용접			공장용접에 준하는 품질을 얻을 수 없는 경우에 있어서 상기의 90%로 한다.									

주) TMC 강재일 경우에는 ( )의 값을 적용한다.

(2) 고장력볼트의 허용력 및 허용응력

1) 마찰이음용 고장력볼트의 허용력은 표 3.3.8에 표시한 값으로 한다.

표 3.3.8 마찰이음용 고장력볼트의 허용력(kN)(1볼트 1마찰면마다)

볼트의 등급 / 나사호칭	F 8 T	F 10 T	S 10 T[주)]
M 20	31	39	39
M 22	39	48	48
M 24	45	56	56

주) S 10 T : T/S볼트의 기계적 성질에 따른 등급을 나타내는 기호

2) 지압이음용 고장력볼트의 허용전단응력 및 허용지압응력은 각각 표 3.3.9 및 표 3.3.10에 표시한 값으로 한다.

표 3.3.9 지압이음용 고장력볼트의 허용전단응력(MPa)

볼트의 등급	B 8 T	B 10 T
허용전단응력	150	190

표 3.3.10 지압이음용 고장력볼트의 허용지압응력(MPa)

모재 및 거세트판의 강종 / 강재 판두께(mm)	SS 400 SM 400 SMA 400	SM 490	SM 490Y SM 520 SMA 490	SM 570 SMA 570
40 이하	240	320	360	460
40 초과 75 이하	220	300 (320)[주)]	340 (360)[주)]	440 (460)[주)]
75 초과 100 이하			330 (360)[주)]	430 (460)[주)]

(3) 앵커 볼트, 핀, 다듬볼트의 허용응력은 표 3.3.11에 표시한 값과 같다.

표 3.3.11 앵커 볼트 등의 허용응력(MPa)

응력종류 \ 부재종류 \ 강종		SS 400	SM 35C	SM 45 C
전단응력	앵커 볼트	60	80	80
	핀	100	140	150
휨응력	핀	190	260	290
지압응력	핀(회전을 동반하지 않는 경우)	210	280	310
	핀(회전을 동반하는 경우)	105	140	155

3.3.2.4 강관 및 철근의 허용응력

(1) 강관구조에 사용되는 강재의 허용응력은 3.13.3과 같다.

(2) 철근의 허용응력은 3.6.1.7의 규정을 따른다.

3.3.3 콘크리트의 허용응력

(1) 바닥판 콘크리트의 허용응력은 3.6.1.9의 규정에 따른다.

(2) 합성거더 콘크리트의 허용응력은 3.9.3.1의 규정을 따른다.

(3) (1)항 및 (2)항을 제외한 콘크리트의 허용응력은 제4장 콘크리트교의 규정을 따른다.

3.3.4 반복하중 및 인성에 대한 고려

3.3.4.1 허용피로응력 범위

반복응력을 받는 부재와 이음부의 설계시 최대 응력이 3.3.1과 3.3.2에 규정한 기본 허용응력을 초과하지 않아야 한다. 또한, 응력범위는 표 3.3.12에 규정된 허용피로응력 범위를 초과하지 않아야 한다.

표 3.3.12 허용피로응력 범위

다재하 경로구조[1)]				
상세범주 [표 3.3.13 참조]	허용응력 범위, f_{sr}(MPa)[3)]			
	10만 회	50만 회	200만 회	200만 회 이상
A	442	260	168	168
B	344	203	126	112
B′	374	161	101	84
C	250	147	91	70 84[4)]
D	196	112	70	49
E	154	91	56	31
E′	112	64	40	18
F	105	84	63	56

단재하 경로구조[2]				
상세범주 [표 3.3.13 참조]	허용응력 범위, f_{sr}(MPa)[3]			
	10만 회	50만 회	200만 회	200만 회 이상
A	351	203	168	168
B	274	161	112	112
B′	218	126	77	77
C	196	112	70	63
			84	77[4]
D	154	91	56	35
E[5]	119	70	42	16
E′	84	49	28	9
F	84	63	49	42

주) 1) 한 부재의 파괴로 인하여 전체적인 파괴가 일어나지 않도록 한 구조물
2) 한 부재의 파괴만으로 전체 구조가 붕괴되는 구조물
3) 응력범위는 최대 응력과 최소 응력과의 대수차를 의미한다.
4) 거더 복부판과 플랜지의 수직보강재 용접의 경우
5) 단재하경로 구조물의 경우 플랜지의 두께가 20mm 이상이면 부분용접한 덮개판을 사용하지 않는다.

표 3.3.13 응력의 종류 및 범주

조 건	개 요	응력의 종류	상세범주*	적용 예(그림 3.3.4 참조)**
단순부재	압연면 또는 매끈한 표면을 갖는 모재	인장 또는 교번[1]	A	1,2
조립부재	응력방향과 평행하게 연속 완전용입 홈용접(뒷댐판 제거) 또는 연속필렛용접으로 접합된 부착물이 없는 부재의 모재와 용접금속	인장 또는 교번	B	3,4,5,7
	응력방향과 평행하게 연속 완전용입 홈용접(뒷댐판 미제거) 또는 연속부분 용입 홈용접으로 접합된 부착물이 없는 부재의 모재와 용접금속	인장 또는 교번	B′	3,4,5,7
	거더의 복부판이나 플랜지에 설치된 수직보강재 용접 끝에서 계산한 휨응력	인장 또는 교번	C	6
	끝부분의 돌림용접 여부에 관계없이 덮개판 폭이 플랜지보다 좁은 경우, 또는 끝부분을 돌림용접한 덮개판 폭이 플랜지보다 넓은 경우의 덮개판 끝에서의 모재			
	(a) 플랜지 두께 ≤2.0mm	인장 또는 교번	E	7
	(b) 플랜지 두께 >20mm	인장 또는 교번	E′	7
	끝부분이 돌림용접되지 않은 덮개판 폭이 플랜지보다 넓은 부분용접된 덮개판 끝에서의 모재	인장 또는 교번	E′	7
홈용접 연결부	비슷한 단면을 갖는 압연단면 또는 용접 조립단면이 완전용입 홈용접된 이음부나 인접부의 모재와 용접금속(작용응력 방향으로 용접부를 연마하고 비파괴검사를 실시한 경우)	인장 또는 교번	B	8,10

표 3.3.13 응력의 종류 및 범주(계속)

조 건	개 요	응력의 종류	상세범주*	적용 예(그림 3.3.4 참조)**
홈용접 연결부	부재의 폭방향으로 변화부 반경이 600mm인 완전용입홈용접된 이음부 또는 인접부의 모재와 용접금속(작용응력 방향으로 용접부를 연마하고 비파괴검사를 실시한 경우)	인장 또는 교번	B	13
	부재의 폭이나 두께방향 변화부의 경사가 1 : 2.5 이하가 되도록 갈아낸 후 완전용입 홈용접한 이음부 또는 인접부의 모재와 용접금속(작용응력 방향으로 용접부를 연마하고 비파괴검사를 실시한 경우)	인장 또는 교번	B′	11,12
	연결부재의 변화부가 없거나 1 : 2.5 이하인 변화부 경사를 갖는 완전용입 홈용접된 이음부나 인접부의 모재와 용접금속(용접덧살을 제거하지 않고 비파괴검사를 실시한 경우)	인장 또는 교번	C	8,10,11,12
종방향으로 응력을 받은 홈용접 부착물	용접방향으로의 이음부 길이 L이 50mm 이하인 경우 완전 또는 부분용입 홈용접된 부착물에 인접한 모재	인장 또는 교번	C	6,15
	응력방향으로의 이음부 길이 L이 50mm와 판두께의 12배(다만, 100mm 이하) 사이에 있는 경우 완전 또는 부분용입 홈용접된 부착물에 인접한 모재	인장 또는 교번	D	15
	응력방향으로의 이음부 길이 L이 판두께의 12배 이상이거나 100mm 이상인 경우 완전 또는 부분용입 홈용접된 부착물에 인접한 모재 (a) 연결부재의 두께<25mm (b) 연결부재의 두께≥25mm	 인장 또는 교번 인장 또는 교번	 E E′	 15 15
	이음부 길이에 관계없이 변화부 반경 R을 가지며, 완전 또는 부분용입 홈용접된 부착물에 인접한 모재 -용접 끝을 매끈하게 연마한 경우 (a) 변화부 반경≥600mm (b) 600mm>변화부 반경≥150mm (c) 150mm>변화부 반경≥ 50mm (d) 50mm>변화부 반경≥ 0mm -용접 끝을 매끈하게 연마하지 않은 모든 변화부 반경에 대하여	 인장 또는 교번 인장 또는 교번	 B C D E E	 16 16
횡방향으로 응력을 받는 홈용접 부착물[2)]	이음부 길이와 무관하고 비파괴검사를 실시하여 응력의 수직방향이 용접 건전성이 확인되고 변화부 반경이 R인 완전용입 홈용접된 부착물 -동일한 판두께이고 용접덧살이 있는 경우 (a) 변화부 반경≥600mm	 인장 또는 교번	 B	 16

표 3.3.13 응력의 종류 및 범주(계속)

조 건	개 요	응력의 종류	상세범주*	적용예(그림 3.3.4 참조)**
횡방향으로 응력을 받는 홈용접 부착물[2)]	(b) 600mm＞변화부 반경≥150mm		C	
	(c) 150mm＞변화부 반경＞ 50mm		D	
	(d) 50mm＞변화부 반경≥ 0mm		E	
	-동일한 판두께이고 용접덧살이 있는 경우	인장 또는 교번		16
	(a) 변화부 반경≥150mm		C	
	(b) 150mm＞변화부 반경≥50mm		D	
	(c) 50mm＞변화부 반경≥ 0mm		E	
	-다른 판두께이고 용접덧살이 없는 경우	인장 또는 교번		16
	(a) 변화부 반경≥50mm		D	
	(b) 50mm＞변화부 반경≥0mm		E	
	-다른 판두께이고 용접덧살이 제거되지 않은 경우, 모든 변화부 반경에 대하여	인장 또는 교번	E	16
필렛용접 연결	횡방향으로 하중을 받고 응력방향에 수직으로 필렛용접된 연결부재의 모재			
	(a) 연결부재의 두께≤12.5mm	인장 또는 교번	C	14
	(b) 연결부재의 두께＞12.5mm	인장 또는 교번	주 참조[3)]	
	부분적으로 끊어진 필렛용접부의 모재	인장 또는 교번	E	
	필렛용접 목부에 작용하는 전단응력	전단응력	F	9
종방향으로 응력을 받는 필렛용접 부착물[4)]	응력방향으로 용접길이 L이 50mm 이하로 필렛용접된 부착물과 스터드 형태의 전단연결재에 인접한 모재	인장 또는 교번	C	15,17,18,20
	응력방향으로의 이음부 길이 L이 50mm 이상 판두께의 12배(다만, 100mm 이하) 이하인 경우 필렛용접부에 인접한 모재	인장 또는 교번	D	15.17
	응력방향으로의 용접길이 L이 판두께의 12배 이상, 또는 100mm 이상인 경우 필렛용접부에 인접한 모재			
	(a) 연결부재의 두께＜25mm	인장 또는 교번	E	7,9,15,17
	(b) 연결부재의 두께≥25mm	인장 또는 교번	E′	7,9,15
	연결부의 길이에 관계없이 반경 R의 변화부를 갖는 필렛용접부에 인접한 모재			
	-용접부 끝을 매끈하게 연마하는 경우	인장 또는 교번		16
	(a) 변화부 반경≥50mm		D	
	(b) 50mm＞변화부 반경≥0mm		E	
	-용접부 끝을 연마하지 않은 모든 변화부 반경에 대하여	인장 또는 교번	E	16

표 3.3.13 응력의 종류 및 범주(계속)

조 건	개 요	응력의 종류	상세범주*	적용예(그림 3.3.4 참조)**
주응력방향으로 된 횡방향 응력을 받는 필렛용접 부착물	-연결부의 길이에 관계없이 변화부 반경 R을 갖는 필렛용접(범주 F로 필렛용접목에 작용하는 전단응력)으로 연결된 부재의 모재 -용접부 끝을 매끈하게 연마한 경우 (a) 변화부 반경≥50mm (b) 50mm>변화부 반경≥0mm	인장 또는 교번	 D E	16
	-용접부 끝을 연마하지 않은 모든 변화부 반경에 대하여	인장 또는 교번	E	16
볼트 및 리벳 연결	연결재에 면외 휨을 일으키는 축방향 응력을 받는 연결부를 제외한 고장력볼트 마찰이음 전단면에서의 모재	인장 또는 교번	B	21
	고장력볼트 지압이음의 순단면에서의 모재	인장 또는 교번	B	21
	리벳 연결부의 순단면에서의 모재	인장 또는 교번	D	21

주) ＊와 ＊＊는 각각 표 3.3.12 및 그림 3.3.4 참조

1) 인장응력 범위와 인장과 압축이 동시에 발생하는 응력범위를 나타낸다.
2) 응력방향이 용접종축과 수직인 경우에는 부분용입 홈용접을 피해야 한다.
3) 횡방향 응력을 받는 필렛용접 목두께에 대한 허용피로응력 범위는 유효목두께(mm)와 판두께(mm)의 함수이다.(Frank and Fisher, ASCE Vol.105, NO. ST9, Sept, 1979 참조)

$$f_r = f_r{}^c\left(\frac{0.094 + 1.23H/t_p}{t_p{}^{1/6}}\right)$$

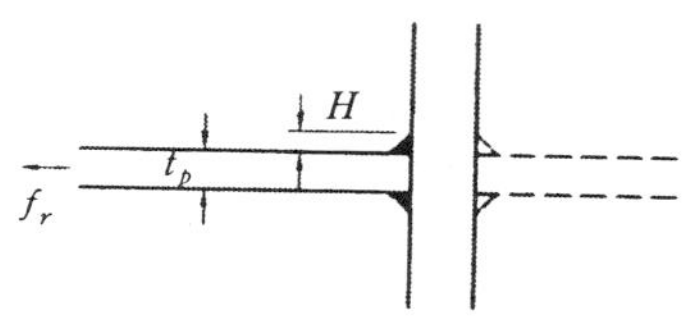

여기서, $f_r{}^c$는 표 3.3.12에 나타낸 범주 C에 대한 허용응력 범위와 같다. 이것은 용접루트에서 관통되지 않는 것으로 가정한 경우이다.

4) 거더 플랜지의 바깥면에 연결되는 거세트판은 횡방향 필렛용접만으로 부착시키지 않는다.

3.3.4.2 설계응력 반복횟수

(1) 설계시 최대 응력범위의 반복횟수는 교통량과 하중조사 및 특별한 고려사항이 없으면 표 3.3.14에 따른다.

(2) 허용피로응력은 활하중이나 풍하중을 포함하는 하중조합에 대해 적용한다.

(3) 고정하중과 풍하중의 조합에 따른 응력 반복횟수는 특수한 경우를 제외하고는 10만회로 한다.

표 3.3.14 설계응력 반복횟수

주부재(종방향)		
도로의 종류	트럭하중	차로하중[1)]
고속도로, 국도 등 주간선도로	2백만[2)]	50만
기타 도로	10만	10만

윤하중을 받는 횡방향 부재와 상세부	
도로의 종류	트럭하중
고속도로, 국도 등 주간선도로	2백만 이상
기타 도로	10만

주) 1) 종방향 부재는 트럭하중에 대하여 반드시 검토해야 한다.
2) 표준 트럭하중 1차로 재하시의 경우에도 반드시 피로검토를 해야 하며, 이 경우 설계응력 반복횟수는 2백만 회 이상으로 한다.

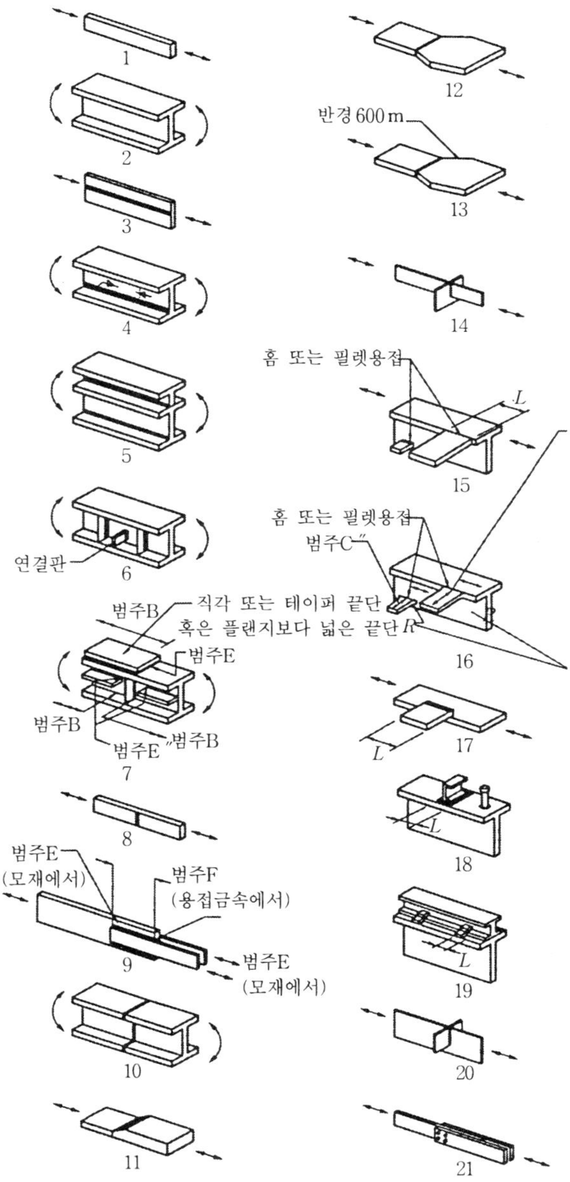

용접조건	범 주
다른 두께-보강부 존재	E
다른 두께-보강부 제거	D
같은 두께-보강부 존재	C
같은 두께-보강부 제거	B

* 횡방향 하중에 대해-가능한 하급 범주에 대한 변화부 반경을 검토

R	범 주	
	필렛	홈
R>610	D	B
610>R>150	D	C
150>R>50	D	D
50>R	E	E

* 횡방향 하중에도 같이 적용함.

그림 3.3.4 범주의 분류 예

3.3.4.3 인성요구조건

(1) 인장응력을 받는 주부재는 샬피 흡수에너지에 따른 규격이 명시되어야 한다.
(2) 인성요구조건은 강재의 종류, 조립 및 접합 방법에 따라 변할 수 있으며, 최소 공용 온도에 따라 결정된다.
(3) 적용될 부재에 대한 인성요구조건은 도면과 공사시방서 등에 명시하여야 한다.

3.4 부재에 관한 일반사항

3.4.1 총 칙

3.4.1.1 일반

부재의 각 부분은 되도록 간단하고 제작, 운반, 가설, 검사, 도장, 배수, 청소, 유지관리 등에 편리하도록 설계해야 한다.

3.4.1.2 2차응력

구조의 각 부재는 부재의 편심, 격점의 강성, 단면의 급변, 가로보의 처짐, 부재길이의 변화에 의한 바닥틀을 변형, 자중에 의한 부재의 처짐 등의 영향에 의해 발생하는 2차응력이 될 수 있는 한 작아지도록 설계해야 한다.

3.4.1.3 강재의 최소두께

(1) 강재의 두께는 8mm 이상으로 해야 한다. 다만, I형강, ㄷ형강의 복부에서는 7.5mm 이상으로 할 수 있다.
(2) 난간용 재료, 채움재, 보도용 바닥판 등은 이 규정에 따르지 않아도 좋다.
(3) 주요 부재로서 사용하는 강관의 두께는 7.9mm 이상으로 한다. 다만, 2차 부재로서 사용하는 강관의 두께는 6.9mm 이상으로 한다.

3.4.1.4 부재의 세장비

부재의 세장비는 표 3.4.1에 표시된 값 이하이어야 한다. 여기서 아이바, 봉강, 와이어로프 등은 제외된다.

표 3.4.1 부재의 세장비

부 재		세장비 (l/r)
압축부재	주요부재	120
	2차부재	150
인장부재	주요부재	200
	2차부재	240

여기서,

l : 인장부재의 경우 골조길이, 압축부재의 경우 유효좌굴길이(mm)

r : 부재 총단면의 단면 회전반경(mm)

주요부재란 주구조와 바닥틀을 말하며, 2차 부재란 주요부재 이외의 2차적인 기능을 가진 부재를 말한다. 수직브레이싱이나 수평브레이싱은 주요 부재로서의 기능을 부여하지 않을 때는 2차 부재로 보아 설계해도 된다.

3.4.2 압축응력을 받는 판 및 보강판

3.4.2.1 압축응력을 받는 양연 지지판

축방향 압축력 또는 축방향 압축력과 휨모멘트를 동시에 받는 부재에서 압축응력을 받는 양연지지판의 두께 및 국부좌굴에 대한 허용응력은 다음 규정에 따른다. 다만, 플레이트 거더의 복부판에는 적용시키지 않는다.

(1) 압축응력을 받는 양연지지판의 두께는 표 3.4.2에 표시한 값 이상으로 해야 한다. 다만, 가설시에만 일시적으로 압축응력을 받는 경우의 판두께는 식(3.4.1)을 만족시켜야 한다.

$$\left.\begin{aligned} & t \geqq \frac{b}{80i} \\ & \text{다만, } t \geqq \frac{b}{220} \end{aligned}\right\} \qquad (3.4.1)$$

여기서,

t : 판두께(mm)

b : 판의 고정연 사이의 거리(mm)

i : 응력구배 계수, $i = 0.65\phi^2 + 0.13\phi + 1.0$

ϕ : 응력구배, $\phi = \dfrac{f_1 - f_2}{f_1}$

f_1, f_2 : 각각 판의 양연에서 응력(MPa)

다만, $f_1 \geq f_2$이며 압축응력을 정(+)으로 한다.(그림 3.4.2)

표 3.4.2 압축응력을 받는 양연지지판의 최소 판두께

<table>
<tr><th>강종 / 강재 판두께(mm)</th><th>SS 400
SM 400
SMA 400</th><th>SM 490</th><th>SM 490Y
SM 520
SMA 490</th><th>SM 570
SMA 570</th></tr>
<tr><td>40 이하</td><td>$\frac{b}{56i}$</td><td>$\frac{b}{48i}$</td><td rowspan="2">$\frac{b}{46i}$</td><td rowspan="2">$\frac{b}{40i}$</td></tr>
<tr><td>40 초과 75 이하</td><td rowspan="2">$\frac{b}{58i}$</td><td rowspan="2">$\frac{b}{50i}$</td></tr>
<tr><td>75 초과 100 이하</td><td>$\frac{b}{48i}$</td><td>$\frac{b}{42i}$</td></tr>
</table>

주) TMC 강재일 경우에는 판두께에 상관없이 40mm 이하인 값을 적용한다.

(2) 축방향 압축력 또는 축방향 압축력과 휨모멘트를 동시에 받는 부재에서 압축응력을 받는 양연지지판의 국부좌굴을 고려한 허용응력은 표 3.4.3에 표시된 값을 기준으로 한다.

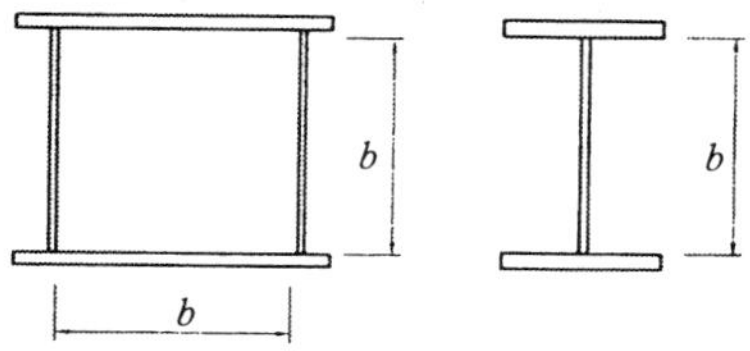

그림 3.4.1 판의 고정연 사이의 거리 b

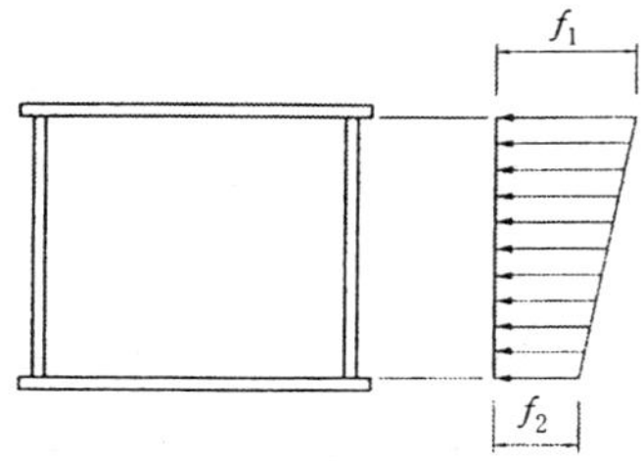

그림 3.4.2 압축과 휨에 의한 연응력

표 3.4.3 양연지지판의 국부좌굴에 대한 허용응력

강종	강재 판두께(mm)	국부좌굴에 대한 허용응력(MPa)
SS 400 SM 400 SMA 400	40 이하	140 : $\frac{b}{39.6i} \le t$ $220,000\left(\frac{ti}{b}\right)^2$: $\frac{b}{80i} \le t < \frac{b}{39.6i}$
	40 초과 100 이하	130 : $\frac{b}{41.1i} \le t$ $220,000\left(\frac{ti}{b}\right)^2$: $\frac{b}{80i} \le t < \frac{b}{41.1i}$
SM 490	40 이하	190 : $\frac{b}{34.0i} \le t$ $220,000\left(\frac{ti}{b}\right)^2$: $\frac{b}{80i} \le t < \frac{b}{34.0i}$
	40 초과 100 이하	175 : $\frac{b}{35.5i} \le t$ $220,000\left(\frac{ti}{b}\right)^2$: $\frac{b}{80i} \le t < \frac{b}{35.5i}$
SM 490Y SM 520 SMA 490	40 이하	210 : $\frac{b}{32.4i} \le t$ $220,000\left(\frac{ti}{b}\right)^2$: $\frac{b}{80i} \le t < \frac{b}{32.4i}$
	40 초과 75 이하	200 : $\frac{b}{33.2i} \le t$ $220,000\left(\frac{ti}{b}\right)^2$: $\frac{b}{80i} \le t < \frac{b}{33.2i}$
	75 초과 100 이하	195 : $\frac{b}{33.6i} \le t$ $220,000\left(\frac{ti}{b}\right)^2$: $\frac{b}{80i} \le t < \frac{b}{33.6i}$

SM570 SMA58	40 이하	260 : $\frac{b}{29.1i} \leq t$ $220,000\left(\frac{ti}{b}\right)^2$: $\frac{b}{80i} \leq t < \frac{b}{29.1i}$
	40 초과 75 이하	250 : $\frac{b}{29.7i} \leq t$ $220,000\left(\frac{ti}{b}\right)^2$: $\frac{b}{80i} \leq t < \frac{b}{29.7i}$
	75 초과 100 이하	245 : $\frac{b}{30.0i} \leq t$ $220,000\left(\frac{ti}{b}\right)^2$: $\frac{b}{80i} \leq t < \frac{b}{30.0i}$

주) TMC 강재일 경우에는 판두께에 상관없이 40mm 이하인 값을 적용한다.

3.4.2.2 압축응력을 받는 자유돌출판

축방향 압축력 또는 축방향 압축력과 휨모멘트를 동시에 받는 부재에서 압축응력을 받는 자유돌출판의 두께 및 국부좌굴에 대한 허용응력은 다음 규정에 따른다.

(1) 축방향 압축력 또는 축방향 압축력과 휨모멘트를 동시에 받는 부재에서 압축응력을 받는 자유돌출판의 두께 t는 자유돌출폭 b의 1/16 이상이어야 한다.

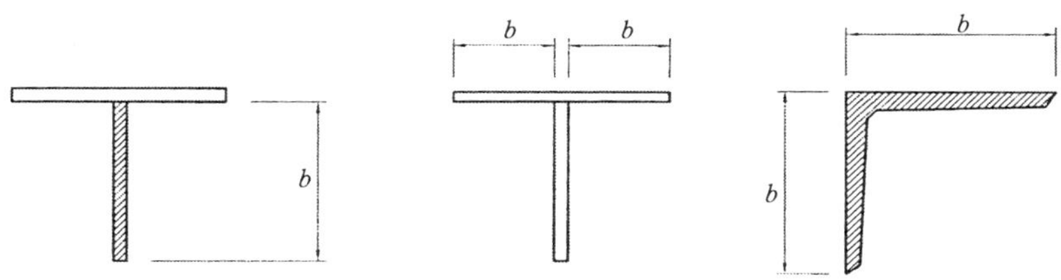

그림 3.4.3 자유돌출폭

(2) 축방향 압축력 또는 축방향 압축력과 휨모멘트를 동시에 받는 부재에서 압축응력을 받는 자유돌출판의 국부좌굴에 대한 허용응력은 표 3.4.4에 표시된 값으로 한다.

표 3.4.4 자유돌출판의 국부좌굴에 대한 허용응력

강 종	강재판 두께(mm)	국부좌굴에 대한 허용응력(MPa)
SS400 SM400 SMA400	40 이하	140 : $\frac{b}{13.1} \leq t$ $24,000\left(\frac{t}{b}\right)^2$: $\frac{b}{16} \leq t < \frac{b}{13.1}$
	40 초과 100 이하	130 : $\frac{b}{13.6} \leq t$ $24,000\left(\frac{t}{b}\right)^2$: $\frac{b}{16} \leq t < \frac{b}{13.6}$

SM 490	40 이하	190 : $\frac{b}{11.2} \leq t$ $24,000\left(\frac{t}{b}\right)^2$: $\frac{b}{16} \leq t < \frac{b}{11.2}$
	40 초과 100 이하	175 : $\frac{b}{11.7} \leq t$ $24,000\left(\frac{t}{b}\right)^2$: $\frac{b}{16} \leq t < \frac{b}{11.7}$
SM 490 Y SM 520 SMA 490	40 이하	210 : $\frac{b}{10.7} \leq t$ $24,000\left(\frac{t}{b}\right)^2$: $\frac{b}{16} \leq t < \frac{b}{10.7}$
	40 초과 75 이하	200 : $\frac{b}{11.0} \leq t$ $24,000\left(\frac{t}{b}\right)^2$: $\frac{b}{16} \leq t < \frac{b}{11.0}$
	75 초과 100 이하	195 : $\frac{b}{11.1} \leq t$ $24,000\left(\frac{t}{b}\right)^2$: $\frac{b}{16} \leq t < \frac{b}{11.1}$
SM 570 SMA 570	40 이하	260 : $\frac{b}{9.6} \leq t$ $24,000\left(\frac{t}{b}\right)^2$: $\frac{b}{16} \leq t < \frac{b}{9.6}$
	40 초과 75 이하	250 : $\frac{b}{9.8} \leq t$ $24,000\left(\frac{t}{b}\right)^2$: $\frac{b}{16} \leq t < \frac{b}{9.8}$
	75 초과 100 이하	245 : $\frac{b}{9.9} \leq t$ $24,000\left(\frac{t}{b}\right)^2$: $\frac{b}{16} \leq t < \frac{b}{9.9}$

주) TMC 강재일 경우에는 판두께에 상관없이 40mm 이하인 값을 적용한다.

3.4.2.3 압축응력을 받는 보강된 판

압축응력을 받는 양연이 지지된 보강된 판에 3.4.2.4의 규정을 만족시키는 보강재가 등간격으로 배치되어 있는 경우에, 보강된 판의 두께 및 국부좌굴에 대한 허용응력은 다음 규정에 따른다. 다만, 플레이트거더의 복부판과 강 바닥판에는 적용되지 않는다.

(1) 압축응력을 받는 보강된 판의 두께는 표 3.4.5에 표시된 값 이상으로 해야 한다. 다만, 가설시에만 일시적으로 압축응력을 받는 보강된 판의 두께는 식(3.4.2)를 만족시켜야 한다.

$$t \geq \frac{b}{80in} \tag{3.4.2}$$

여기서,

t : 보강된 판의 두께(mm)

b : 보강된 판의 폭(cm)(그림 3.4.4 참조)

n : 종방향 보강재에 의해 구분되는 패널의 수($n \geq 2$)

i : 응력구배 계수

$$i = 0.65\left(\frac{\phi}{n}\right)^2 + 0.13\left(\frac{\phi}{n}\right) + 1.0$$

ϕ : 응력구배 $\phi = \dfrac{f_1 - f_2}{f_1}$

f_1, f_2 : 각각 보강된 판의 양연의 응력(MPa)

다만, $f_1 \geq f_2$ 이며, 압축응력을 정으로 한다.(그림 3.4.5)

표 3.4.5 압축응력을 받는 보강된 판의 최소 판두께

<table>
<tr><th>강종 / 강재 판두께(mm)</th><th>SS 400
SM 400
SMA 400</th><th>SM 490</th><th>SM 490 Y
SM 520
SMA 490</th><th>SM 570
SMA 570</th></tr>
<tr><td>40 이하</td><td>$\frac{b}{56in}$</td><td>$\frac{b}{48in}$</td><td rowspan="2">$\frac{b}{46in}$</td><td rowspan="2">$\frac{b}{40in}$</td></tr>
<tr><td>40 초과 75 이하</td><td rowspan="2">$\frac{b}{58in}$</td><td rowspan="2">$\frac{b}{50in}$</td></tr>
<tr><td>75 초과 100 이하</td><td>$\frac{b}{48in}$</td><td>$\frac{b}{42in}$</td></tr>
</table>

주) TMC 강재일 경우에는 판두께에 상관없이 40mm 이하인 값을 적용한다.

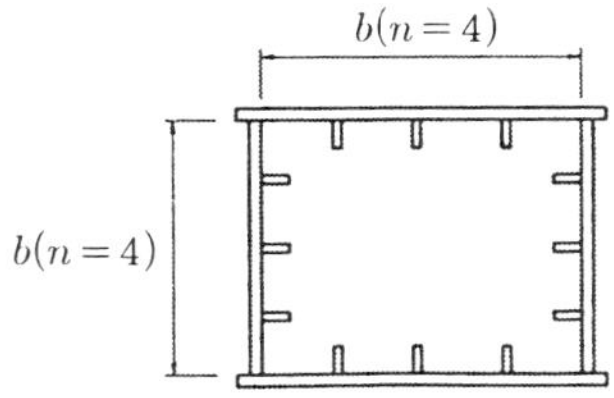

그림 3.4.4 보강된 판의 전폭

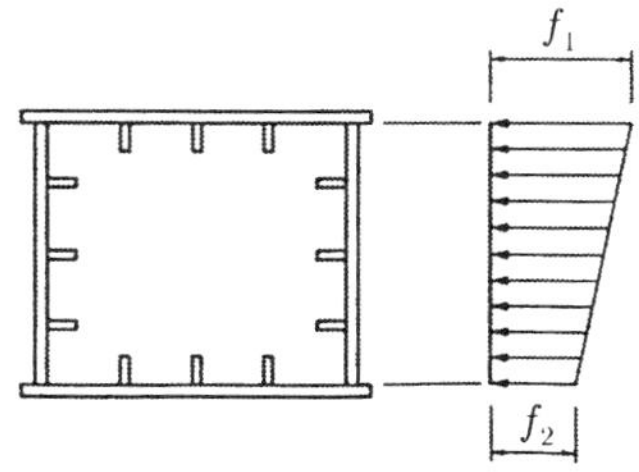

그림 3.4.5 보강된 판의 연응력

(2) 압축응력을 받는 양연이 지지된 보강된 판의 국부좌굴에 대한 허용응력은 표 3.4.6에 표시된 값으로 한다.

표 3.4.6 보강된 판의 국부좌굴에 대한 허용응력(MPa)

<table>
<tr><th>강종 / 판두께(mm)</th><th>SS 400
SM 400
SMA 400</th><th>SM 490</th><th>SM 490 Y
SM 520
SMA 490</th><th>SM 570
SMA 570</th></tr>
<tr><td>40 이하</td>
<td>$140 : \frac{b}{28in} \le t$
$140 - 2.5\left(\frac{b}{tin} - 28\right)$
$: \frac{b}{56in} \le t < \frac{b}{28in}$
$220{,}000\left(\frac{tin}{b}\right)^2$
$: \frac{b}{80in} \le t < \frac{b}{56in}$</td>
<td>$190 : \frac{b}{24in} \le t$
$190 - 3.9\left(\frac{b}{tin} - 24\right)$
$: \frac{b}{48in} \le t < \frac{b}{24in}$
$220{,}000\left(\frac{tin}{b}\right)^2$
$: \frac{b}{80in} \le t < \frac{b}{48in}$</td>
<td>$210 : \frac{b}{22in} \le t$
$210 - 4.5\left(\frac{b}{tin} - 22\right)$
$: \frac{b}{46in} \le t < \frac{b}{22in}$
$220{,}000\left(\frac{tin}{b}\right)^2$
$: \frac{b}{80in} \le t < \frac{b}{46in}$</td>
<td>$260 : \frac{b}{22in} \le t$
$260 - 6.7\left(\frac{b}{tin} - 22\right)$
$: \frac{b}{40in} \le t < \frac{b}{22in}$
$220{,}000\left(\frac{tin}{b}\right)^2$
$: \frac{b}{80in} \le t < \frac{b}{40in}$</td></tr>
<tr><td>40 초과
75 이하</td>
<td rowspan="2">$130 : \frac{b}{28in} \le t$
$130 - 2.2\left(\frac{b}{tin} - 28\right)$
$: \frac{b}{58in} \le t < \frac{b}{28in}$
$220{,}000\left(\frac{tin}{b}\right)^2$
$: \frac{b}{80in} \le t < \frac{b}{58in}$</td>
<td rowspan="2">$175 : \frac{b}{24in} \le t$
$175 - 3.3\left(\frac{b}{tin} - 24\right)$
$: \frac{b}{50in} \le t < \frac{b}{24in}$
$220{,}000\left(\frac{tin}{b}\right)^2$
$: \frac{b}{80in} \le t < \frac{b}{50in}$</td>
<td>$200 : \frac{b}{22in} \le t$
$200 - 4.1\left(\frac{b}{tin} - 22\right)$
$: \frac{b}{46in} \le t < \frac{b}{22in}$
$220{,}000\left(\frac{tin}{b}\right)^2$
$: \frac{b}{80in} \le t < \frac{b}{46in}$</td>
<td>$250 : \frac{b}{22in} \le t$
$250 - 6.3\left(\frac{b}{tin} - 22\right)$
$: \frac{b}{40in} \le t < \frac{b}{22in}$
$220{,}000\left(\frac{tin}{b}\right)^2$
$: \frac{b}{80in} \le t < \frac{b}{40in}$</td></tr>
<tr><td>75 초과
100 이하</td>
<td>$195 : \frac{b}{22in} \le t$
$195 - 3.8\left(\frac{b}{tin} - 22\right)$
$: \frac{b}{48in} \le t < \frac{b}{22in}$
$220{,}000\left(\frac{tin}{b}\right)^2$
$: \frac{b}{80in} \le t < \frac{b}{48in}$</td>
<td>$245 : \frac{b}{22in} \le t$
$245 - 6.0\left(\frac{b}{tin} - 22\right)$
$: \frac{b}{42in} \le t < \frac{b}{22in}$
$220{,}000\left(\frac{tin}{b}\right)^2$
$: \frac{b}{80in} \le t < \frac{b}{42in}$</td></tr>
</table>

주) TMC 강재일 경우에는 판두께에 상관없이 40mm 이하인 값을 적용한다.

3.4.2.4 보강재

3.4.2.3에 의해 설계되는 보강판의 보강재는 다음 규정을 만족시켜야 한다.

(1) 보강재의 강종은 보강되는 판의 강종과 동등 이상의 것이어야 한다.

(2) 종방향 보강재는, 가급적 등간격으로 배치해야 한다.

(3) 보강재의 단면 2차모멘트는 보강재가 판의 한쪽에만 배치되어 있는 경우에는 보강되는 판의 보강재쪽 표면에 관하여 양쪽에 모두 배치되어 있는 경우에는 보강되는 판의 중립면에 관하여 구한다.

(4) 종방향 보강재의 한 개의 단면 2차모멘트 I_l 및 단면적 A_l은 다음 식을 만족해야 한다.

$$I_l \geq \frac{bt^3}{10.92}\gamma_l^* \tag{3.4.3}$$

$$A_l \geq \frac{bt}{10n} \tag{3.4.4}$$

여기서,

t : 보강된 판의 두께(mm)

b : 보강된 판의 폭(mm)

n : 종방향 보강재에 의하여 나누어지는 패널의 수

γ_1^* : (5)항에 의해 산출되는 종방향 보강재의 소요강비

(5) 종방향 보강재의 소요강비 γ_1^*은 다음과 같이 산출한다.

① $\alpha \leq \alpha_0$ 이면서 횡방향 보강재 한 개의 단면 2차모멘트 I_t 가 식(3.4.6)을 만족하는 경우 :

$$\begin{aligned}\gamma_l^* &= 4\alpha^2 n\left(\frac{t_o}{t}\right)^2(1+n\delta_l) - \frac{(\alpha^2+1)^2}{n} \qquad (t \geq t_o)\\ &= 4\alpha^2 n(1+n\delta_l) - \frac{(\alpha^2+1)^2}{n} \qquad (t < t_o)\end{aligned} \tag{3.4.5}$$

$$I_t \geq \frac{bt^3}{10.92}\left(\frac{1+n\gamma_l^*}{4\alpha^3}\right) \tag{3.4.6}$$

2) 횡방향 보강재가 없거나 ①의 규정을 만족하지 않는 경우 :

$$\begin{aligned}\gamma_{l\cdot reg} &= \frac{1}{n}\left\{\left[2n^2\left(\frac{t_o}{t}\right)^2(1+n\delta_l)\right]^2 - 1\right\} \qquad (t \geq t_0)\\ &= \frac{1}{n}\left\{\left[2n^2(1+n\delta_l)-1\right]^2 - 1\right\} \qquad (t < t_o)\end{aligned} \tag{3.4.7}$$

여기서,

α : 보강판의 형상비, $\alpha = \dfrac{a}{b}$

α_o : 한계형상비, $\alpha_o = \sqrt[4]{1+n\gamma_l}$

a : 횡방향 보강재의 간격(mm)

δ_l : 종방향 보강재 1개의 단면적비, $\delta_l = \dfrac{A_l}{bt}$

γ_l : 사용된 종방향 보강재의 강비, $\gamma_l = \dfrac{I_l}{bt^3/10.92}$

t_o : 표 3.4.7에 표시된 보강되는 판의 두께(mm)

표 3.4.7 판두께, t_o (mm)

강 종	SS 400 SM 400 SMA 400	SM 490	SM 490 Y SM 520 SMA 490	SM 570 SMA 570
t_o	$\frac{b}{28in}$	$\frac{b}{24in}$	$\frac{b}{22in}$	$\frac{b}{22in}$

여기서,

i : 3.4.2.3에 표시된 응력구배 계수

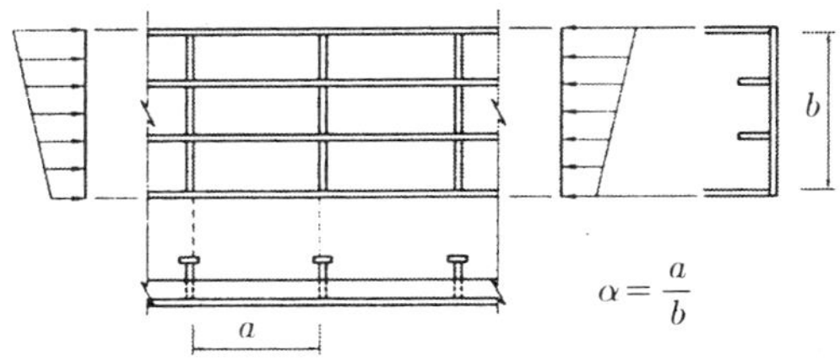

그림 3.4.6 보강판의 종횡치수비 α

3.4.3 축방향력 및 휨모멘트를 받는 부재

축방향력과 휨모멘트를 동시에 받는 부재는 다음의 각 항에 의해 검사를 하여야 한다.

(1) 축방향력이 인장인 경우

$$f_t + f_{bty} + f_{btz} \leq f_{ta} \tag{3.4.8}$$

$$-\frac{f_t}{f_{ta}} + \frac{f_{bcy}}{f_{bagy}} + \frac{f_{bcz}}{f_{bao}} \leq 1.0 \tag{3.4.9}$$

$$-f_t + f_{bcy} + f_{bcz} \leq f_{cal} \tag{3.4.10}$$

(2) 축방향력이 압축인 경우

$$\frac{f_c}{f_{caz}} + \frac{f_{bcy}}{f_{bagy}\left(1-\frac{f_c}{f_{Ey}}\right)} + \frac{f_{bcz}}{f_{bao}\left(1-\frac{f_c}{f_{Ez}}\right)} \leq 1 \tag{3.4.11}$$

$$f_c + \frac{f_{bcy}}{\left(1-\frac{f_c}{f_{Ey}}\right)} + \frac{f_{bcz}}{\left(1-\frac{f_c}{f_{Ez}}\right)} \leq f_{cal} \tag{3.4.12}$$

여기서,

f_t, f_c : 각각 단면에 작용하는 축방향력에 의한 인장 및 압축응력 단, 축방향 인장응력 계산시는 순단면적, 압축응력 계산시는 총단면적 사용(MPa)

f_{bty}, f_{btz} : 각각 강축(y축) 및 약축(z축) 둘레에 작용하는 휨모멘트에 의한 휨 인장응력(MPa)

f_{bcy}, f_{bcz} : 각각 강축(y축) 및 약축(z축) 둘레에 작용하는 휨모멘트에 의한 휨 압축응력(MPa)

f_{ta} : 표 3.3.1의 허용축방향 인장응력(MPa)

f_{caz} : 식(3.3.1)에 의해 산출되는 약축(z축)방향의 허용응력(MPa)

f_{bagy} : 표 3.3.4의 국부좌굴을 고려하지 않은 강축(y축) 둘레의 허용 휨압축 응력(MPa)

f_{bao} : 표 3.3.3의 국부좌굴을 고려하지 않은 허용휨 압축응력의 상한값(MPa)

f_{cal} : 양연지지판, 자유돌출판 및 보강된 판에 대하여 각각 3.4.2.1., 3.4.2.2, 3.4.2.3에 규정된 국부좌굴 응력에 대한 허용응력(MPa)

f_{Ey}, f_{Ez} : 각각 강축(y축) 및 약축(z축) 둘레의 허용 오일러 좌굴응력

$$f_{Ey}=1,200,000/\left(\frac{l}{r_y}\right)^2 \tag{3.4.13}$$

$$f_{Ez}=1,200,000/\left(\frac{l}{r_z}\right)^2 \tag{3.4.14}$$

l : 각 장에 규정되어 있는 유효좌굴길이(mm)

γ_y, γ_z : 각각 y축 및 z축 둘레의 단면2차 반경(mm)

3.4.4 구멍뚫린 판

(1) 구멍뚫린 판의 최소 판두께 및 안쪽 용접선으로부터 구멍까지의 최대 폭은 표 3.4.8에 표시된 값으로 한다.

표 3.4.8 구멍뚫린 판

강종	최소 판두께(mm)	안쪽 용접선으로부터 구멍까지의 최대폭(mm)
SS 400 SM 400 SMA 400	$d/50$	13 t
SM 490	$d/40$	11 t
SM 490Y SM 520 SMA 490	$d/40$	11 t
SM 570 SMA 570	$d/35$	10 t

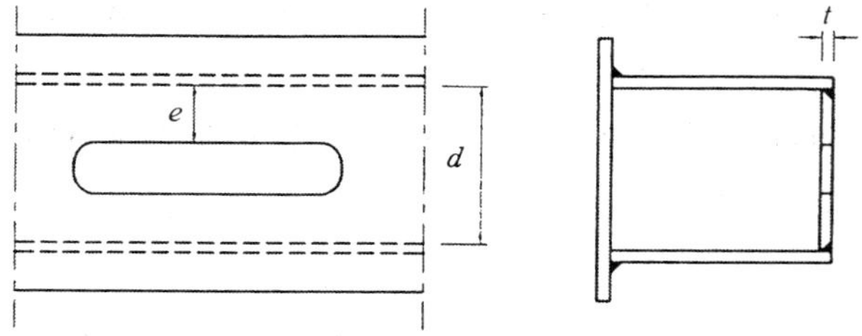

그림 3.4.7 구멍뚫린 판

여기서,

t : 구멍뚫린 판의 두께(mm)

d : 안쪽 용접선간의 거리(mm)

e : 안쪽 용접선으로부터 구멍까지의 폭(mm)

(2) 응력방향으로 잰 구멍의 길이는 구멍 폭의 2배 이하로 해야 한다

(3) 응력방향으로 잰 구멍과 구멍 간의 판의 길이는 d보다는 커야 한다. 다만, 단부 구멍의 연에서 구멍뚫린 판의 단부까지 거리는 $1.25d$보다 커야 한다.

(4) 구멍 연의 곡률 반경은 40mm 이상이어야 한다.

3.4.5 L형 및 T형 단면을 갖는 압축부재

(1) 그림 3.4.8과 같이 플랜지가 거세트판에 연결된 L형 및 T형 압축부재는 다음 식으로 설계해도 좋다.

$$\frac{P}{A_g} \leq f_{ca}\left(0.5 + \frac{l/\gamma_x}{1,000}\right) \tag{3.4.15}$$

여기서,

P : 축방향 압축력(N)

A_g : 부재의 총단면적(mm^2)

f_{ca} : l/r_x를 사용하여 3.3.2.1의 규정으로부터 계산한 허용압축응력(MPa)

l : 유효좌굴길이(mm)

r_x : 단면의 중심을 지니고 거세트판면에 평행한 축(그림 3.4.8의 x축)에 관한 단면 회전반경(mm)

(2) (1)항에 따르지 않는 경우에는 그 부재 단면의 중심을 지나 거세트판면에 평행한 축에 대한 편심으로 생기는 휨모멘트 및 축방향 압축력을 받는 부재로서 3.4.3의 규정에 따라 부재를 설계한다. 다만, f_{ca}는 허용압축응력의 상한치를 사용한다.

이때 편심 압축력은 거세트판 면 내에 작용하는 것으로 하고, 단면 회전반경은 휨변형이 생기는 축에 관한 것을 사용한다.

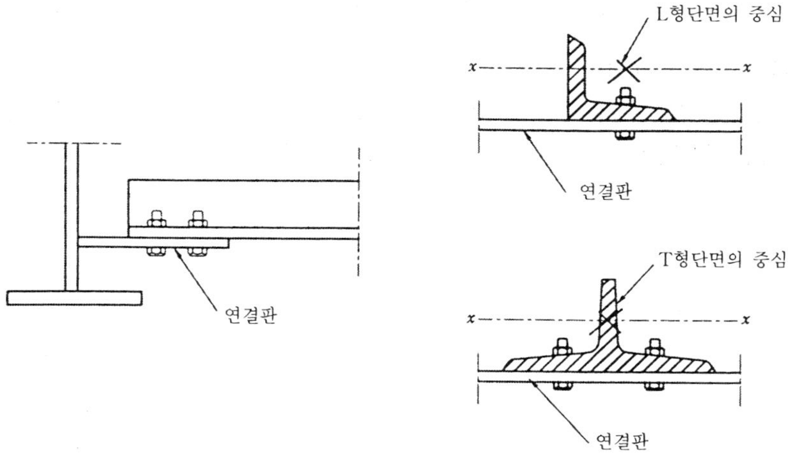

그림 3.4.8 L형 및 T형 단면을 가진 압축부재

3.4.6 인장 L형강의 유효단면적

(1) 한 개의 L형강으로 된 인장재, 혹은 한 장의 거세트판의 같은 쪽에 등을 맞대어 붙인 2개의 L형강으로 된 인장재의 유효단면적은, 거세트판에 연결된 변의 순단면적에 연결되어 있지 않는 변의 순단면적의 1/2을 더한 것으로 한다.

(2) 2개의 L형강으로 된 인장재가 거세트판의 양쪽에 등을 맞대어 붙여진 경우는 그의 전 순단면적을 유효단면적으로 한다.

3.4.7 수직브레이싱과 수평브레이싱

3.4.7.1 일반

(1) 교량에서는 수직브레이싱과 수평브레이싱을 설치하는 것을 원칙으로 한다.

(2) 고정하중으로 인한 주구조의 처짐이 큰 경우, 주구조의 변형이 수직브레이싱 및 수평브레이싱에 미치는 영향을 고려하는 것이 바람직하다.

(3) 수직브레이싱과 수평브레이싱에 대하여 그 교량의 주구조에 적용되는 장에 규정되어 있는 경우에는 그 규정을 따라야 한다.

(4) 수직브레이싱과 수평브레이싱은 각각의 구조형식에 해당하는 장의 규정은 만족시켜야 한다.

3.4.7.2 수직브레이싱과 수평브레이싱의 구조

(1) 복사재 형식의 수직브레이싱 또는 수평브레이싱을 사용할 경우에는 부재의 교점을 서로 연결해야 한다.

(2) 수직 및 수평브레이싱에 쓰이는 L형강의 최소 치수는 75mm×75mm로 한다.

(3) 주구조를 평면구조물로 취급하는 경우나, 수직브레이싱 또는 수평브레이싱을 트러스

구조로 할 경우, 그 세장비는 3.4.1.4에 구성된 2차 부재의 규정을 사용해도 좋다.

3.4.7.3 지점부 수직브레이싱

교량의 지점부에서는 원칙적으로 상부 수평브레이싱에 작용하는 전횡하중을 받침부에 원활하게 전달할 수 있는 지점부 수직브레이싱(교문브레이싱 포함)을 두어야 한다.

3.5 연 결

3.5.1 부재의 연결

3.5.1.1 일반

(1) 부재의 연결은 작용응력에 대하여 설계하는 것을 원칙으로 한다.

(2) 주요부재의 연결은 (1)의 규정을 따르는 외에, 적어도 모재의 전강도의 75% 이상의 강도를 갖도록 설계해야 한다. 다만, 전단력에 대해서는 작용응력을 사용하여 설계해도 좋다.

(3) 부재의 연결부 구조는 다음 사항을 만족하도록 설계하여야 한다.

1) 연결부의 구조가 단순하여 응력의 전달이 확실할 것.

2) 구성하는 각 재편에 있어서 가급적 편심이 일어나지 않도록 할 것.

3) 해로운 응력집중이 생기지 않도록 할 것.

4) 해로운 잔류응력이나 2차 응력이 생기지 않도록 할 것.

(4) 연결부에서 단면이 변하는 경우 작은 단면을 기준으로 연결의 제 규정을 적용하여야 한다.

3.5.1.2 용접, 고장력 볼트의 병용

부재의 연결에 용접과 고장력 볼트를 병용하는 경우에는 다음 규정을 따라야 한다.

(1) 홈용접을 사용한 맞대기이음과 고장력볼트 마찰이음의 병용 또는 응력방향에 평행한 필렛용접과 고장력볼트 마찰이음을 병용하는 경우에는 이들이 각각 응력을 분담하는 것으로 본다. 다만, 이들의 분담 상태에 대해서는 충분히 검토를 하여야 한다.

(2) 응력방향과 직각을 이루는 필렛용접과 고장력볼트 마찰이음을 병용해서는 안 된다.

(3) 용접과 고장력볼트 지압이음을 병용해서는 안 된다.

3.5.2 용접이음

3.5.2.1 용접의 종류와 적용

(1) 응력을 전달하는 용접이음에는 전단면 용입 홈용접, 부분 용입 홈용접 또는 연속 필렛용접을 쓰도록 한다.

(2) 용접선에 대해 직각방향으로 인장응력을 받는 이음에는 전단면 용입 홈용접을 사용함을 원칙으로 하며, 부분 용입 홈용접을 쓰면 안 된다.

(3) 플러그용접과 슬롯용접은 주요 부재에 사용해서는 안 된다. 부득이하게 쓸 경우에는 응력 전달을 고려하여야 한다.

3.5.2.2 용접부의 유효두께

응력을 전달하는 용접부의 유효두께는, 이론상의 목두께로 하고 다음의 규정에 따른다.

(1) 전단면 용입 홈용접의 목두께는 그림 3.5.1과 같이 취하고 두께가 서로 다를 경우에는 얇은 부재의 두께로 한다.

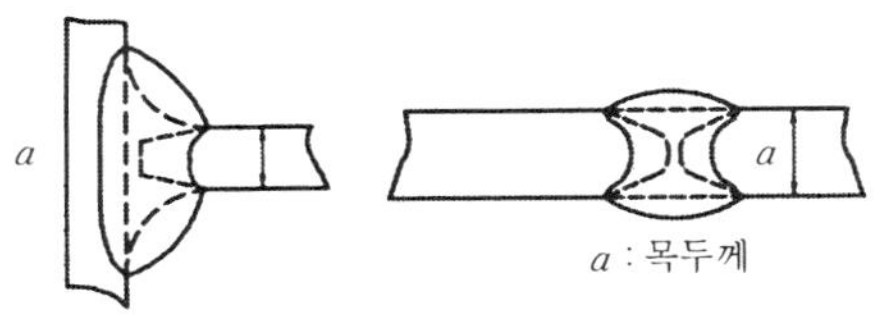

그림 3.5.1 전단면 용입 홈용접의 목두께

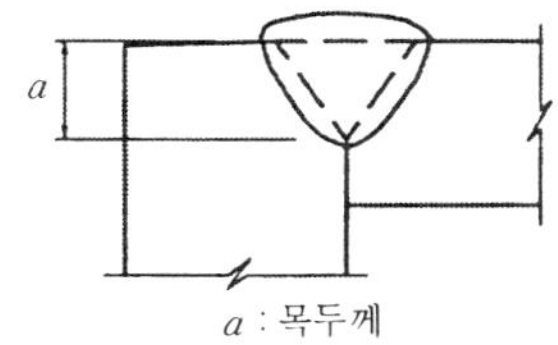

그림 3.5.2 부분 용입 홈용접의 두께

(2) 부분 용입 홈용접의 목두께는 그림 3.5.2와 같이 용입깊이로 한다.

(3) 필렛용접의 목두께는 그림 3.5.3과 같이 이음의 루트를 꼭짓점으로 하는 2등변삼각형 높이로 한다.

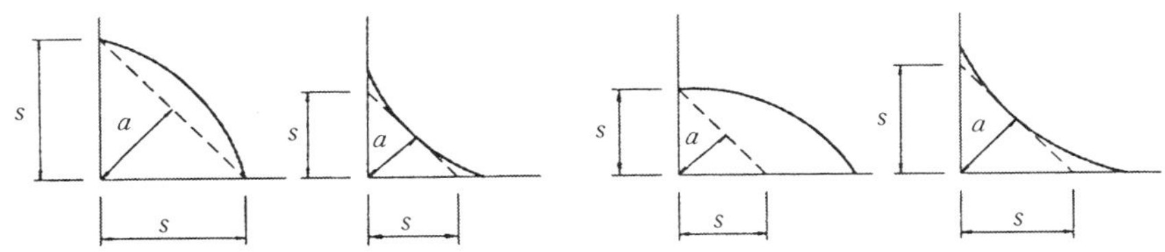

(a) 등각의 경우 (b) 부등각의 경우

그림 3.5.3 필렛용접의 목두께

3.5.2.3 용접부의 유효길이

(1) 용접부의 유효길이는 이론상 목두께를 가지는 용접부의 길이로 한다. 다만, 전단면 용입 홈용접에서 용접선이 응력방향에 직각이 아닌 경우에는 실제적인 유효길이를 응력에 직각인 방향에 투영시킨 길이로 할 수 있다.

(2) 필렛용접에서 끝돌림용접을 실시할 경우에 끝돌림용접 부분은 유효길이에 포함시키지 않는다.

3.5.2.4 필렛용접의 치수

(1) 필렛용접은 등치수로 하는 것을 원칙으로 한다.

(2) 주요부재의 응력을 전달하는 필렛용접의 치수는 다음의 제한 내에 있는 것을 표준으로 한다. 다만, 최소 모재두께가 8mm 이상인 경우에는 필렛용접 치수를 6mm 이상으로 한다.

$$t_1 > S \geq \sqrt{2t_2} \tag{3.5.1}$$

여기서,

t_1 : 얇은 쪽의 모재 두께(mm)

t_2 : 두꺼운 쪽의 모재 두께(mm)

s : 치수(mm)

3.5.2.5 필렛용접의 최소 유효길이

주요 부재의 필렛용접의 유효길이는 치수의 10배 이상, 80mm 이상으로 해야 한다.

3.5.2.6 축방향력 또는 전단력을 받는 용접이음의 응력

이음에 축방향력 또는 전단력이 작용하는 경우에 용접부에 생기는 응력은 다음 식으로 산출한다. 다만, 필렛용접 및 부분 용입홈용접의 경우에 생기는 응력은, 작용하는 힘의 종류에 관계없이 항상 전단응력을 받는 것으로 보고 식(3.5.3)으로 계산한다.

$$f = \frac{P}{\Sigma al} \tag{3.5.2}$$

$$v = \frac{P}{\Sigma al} \tag{3.5.3}$$

여기서,

f : 용접부에 생기는 수직응력(MPa)

v : 용접부에 생기는 전단응력(MPa)

P : 용접부에 작용하는 외력(N)

l : 용접의 유효길이(mm)

a : 용접의 유효두께(목두께, mm)

3.5.2.7 휨모멘트를 받는 용접이음부의 응력

휨모멘트를 받는 용접이음부에 생기는 응력은 다음 식으로 산출된다.

(1) 전단면 용입홈용접

$$f = \frac{M}{I}y \tag{3.5.4}$$

(2) 필렛용접

$$v = \frac{M}{I}y \tag{3.5.5}$$

여기서,

f : 용접부에 생기는 수직 응력(MPa)

M : 용접부의 설계에 쓰이는 휨모멘트(N-mm)

I : 목두께를 이음면에 전개한 단면의 중립축 둘레의 단면 2차모멘트(mm^4)
y : 목두께를 이음면에 전개한 단면의 중립축에서 응력을 계산하는 점까지의 거리(mm)
v : 용접부에 생기는 전단응력(MPa)

3.5.2.8 용접이음부의 합성응력의 검토

축방향력, 휨모멘트 및 전단력을 동시에 받는 용접이음에서는 식(3.5.6) 또는 식(3.5.7)을 만족해야 한다.

(1) 전단면 용입 홈용접

$$\left(\frac{f}{f_a}\right)^2 + \left(\frac{v_s}{v_a}\right)^2 \le 1.2 \tag{3.5.6}$$

(2) 필렛용접

$$\left(\frac{v_b}{v_a}\right)^2 + \left(\frac{v_s}{v_a}\right)^2 \le 1.0 \tag{3.5.7}$$

여기서,
f : 축방향력과 휨모멘트에 의한 수직응력(MPa)
v_b : 축방향력과 휨모멘트에 의한 전단응력(MPa)
v_s : 전단력에 의한 전단응력(MPa)
f_a : 허용인장응력(MPa)
v_a : 허용전단응력(MPa)

3.5.2.9 맞대기이음

단면이 서로 다른 주요부재의 맞대기 이음에 있어서는 두께 및 폭을 서서히 변화시켜 길이방향의 경사가 1/5 이하가 되도록 해야 한다.

3.5.2.10 겹침이음

(1) 응력을 전달하는 겹침이음에는 두 줄 이상의 필렛용접을 사용함을 원칙으로 하고, 얇은 쪽의 강판두께의 5배 이상 겹치게 해야 한다(그림 3.5.4(a)).
(2) 축방향력을 받는 부재의 겹침이음에서 측면 필렛용접만을 사용한 경우에는 다음의 규정을 만족시켜야 한다.
① 용접선의 간격은 얇은 쪽의 강판두께의 16배 이하로 해야 한다. 다만, 인장력만 받는 경우에는 위의 값을 20배로 한다. 부득이 이것을 넘을 때는 강판이 솟아오르는 것을 막는 방법을 강구해야 한다(그림 3.5.4(b)).
② 필렛용접길이는 용접선의 간격보다 크게 해야 한다.

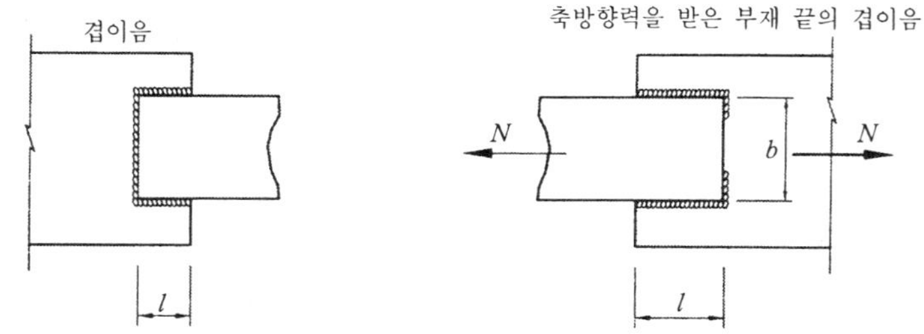

$l > 5t$
l = 부재의 겹침길이
t = 얇은쪽의 강판두께

(a)

$l > b$
$b > 16t$(또는 $20t$)
l = 부재의 겹침길이
t = 얇은쪽의 강판두께

(b)

그림 3.5.4 겹침이음의 필렛용접

3.5.2.11 T이음

(1) T이음에 쓰이는 필렛용접 또는 부분용입 홈용접은 이음의 양쪽에 배치해야 한다. 다만, 횡방향의 변형에 대해서 저항할 수 있는 구조일 때는 한쪽만으로도 좋다.

(2) 재편의 교각이 60° 미만이거나 또는 120°를 초과하는 T이음에서는 전단면 용입홈용접을 쓰는 것을 원칙으로 한다. 필렛용접 또는 부분 용입홈용접을 사용하는 경우에는 응력의 전달을 기대할 수 없다.

3.5.3 고장력볼트 이음

3.5.3.1 일반

(1) 고장력볼트 이음은 마찰이음, 지압이음 및 인장이음으로 하며 주요부재의 연결은 마찰이음을 원칙으로 한다.

(2) 고장력볼트 지압이음을 채용하는 경우에는 그 적용할 곳, 시공성 등에 대한 충분한 검토를 해야 하며, 압축부재 및 2차 부재 연결 등 부득이한 경우에 한한다.

(3) 고장력볼트 인장이음을 채용하는 경우에는 볼트의 허용응력, 체결력 이음부의 강성 및 응력상태 등에 대한 충분한 검토를 해야 한다.

3.5.3.2 볼트, 너트 및 와셔

(1) 마찰이음에 쓰이는 볼트, 너트 및 와셔는 KS B 1010에 규정된 제1종 및 제2종의 M20, M22, 및 M24를 사용하는 것을 표준으로 한다.

(2) 지압이음에는 마찰이음용 제1종 및 제2종의 고장력볼트 세트를 사용하거나 다른 KS 규격을 따르고 강도가 (1)의 고장력볼트와 같은 볼트 세트를 사용할 수 있다.

3.5.3.3 볼트의 길이

볼트의 길이는 부재를 충분히 체결할 수 있도록 선택해야 한다. 특히 지압이음에 있어서는 나사부가 전단력 작용면에 걸려서는 안 된다.

3.5.3.4 볼트의 허용력

(1) 마찰이음의 볼트의 허용력 3.3.2.3에 따른다.

(2) 지압이음의 볼트의 허용력은 나사부 바깥지름으로 산출한 단면적을 써서 계산한 허용전단력과 허용지압력 중에서 작은 값으로 한다. 이 경우에 볼트의 유효지압면적은 작은 나사부 바깥지름과 나사를 받치는 강재 두께의 곱으로 한다.

3.5.3.5 볼트의 설계

고장력볼트 이음에서 볼트의 설계는 다음 규정에 의한다.

(1) 축방향력 또는 전단력을 받는 판을 연결하는 경우의 볼트는 식(3.5.8)을 만족하도록 설계해야 한다.

$$\rho = \frac{P}{n} \leq \rho_a \tag{3.5.8}$$

여기서,

ρ : 볼트 1개에 작용하는 힘(kN)

ρ_a : 볼트 1개의 허용력(kN)

P : 축방향력(kN)

n : 볼트의 개수

(2) 휨모멘트가 작용하는 판을 연결하는 경우의 볼트는 식(3.5.9)를 만족하도록 설계해야 한다.

$$\rho = \frac{M}{\Sigma y_i^2} y_i \leq \frac{y_i}{y_n} \rho_a \tag{3.5.9}$$

여기서,

ρ : 볼트 1개에 작용하는 힘(kN)

ρ_a : 볼트 1개의 허용력(kN)

M : 휨모멘트(kN-mm)

y_i : 볼트로부터 중심축까지의 거리(mm)

Σ : 접합선의 한쪽 편에 있는 볼트군의 집합

y_n : 가장자리의 볼트의 중심축으로부터의 거리(다만, 같은 연결부의 플랜지를 볼트로 연결한 경우에는 중심축으로부터 플랜지의 압축연 또는 인장연까지의 거리(mm)

(3) 축방향력, 휨모멘트 및 전단력이 함께 작용하는 판을 연결할 경우의 볼트는 식(3.5.10)을 만족하도록 설계하여야 한다.

$$\sqrt{(\rho_p + \rho_m)^2 + \rho_s^2} \leq \rho_a \tag{3.5.10}$$

여기서,

ρ_p : 축방향력에 의한 볼트 1개의 작용력(kN)

ρ_m : 휨모멘트에 의한 볼트 1개의 작용력(kN)

ρ_s : 전단력에 의한 볼트 1개의 작용력(kN)

ρ_a : 볼트 1개의 허용력(kN)

(4) 휨에 의한 전단력을 받는 판을 수평방향으로 연결하는 경우는 식(3.5.11)을 만족하도록 설계하여야 한다.

$$\rho_h = \frac{VQ}{I}\frac{p}{n} < \rho_a \tag{3.5.11}$$

여기서,

ρ_h : 수평방향으로 연결하는 볼트에 작용하는 힘(kN)

V : 계산하는 단면에 작용하는 전단력(kN)

Q : 부재 총단면의 중립축에 대한 전단력을 계산하는 접합선 외측의 단면1차 모멘트(mm^3)

I : 부재 총단면의 중립축에 대한 단면 2차모멘트(mm^4)

p : 볼트의 피치(mm)

n : 접합선에 직각방향의 볼트의 수

ρ_a : 볼트 1개의 허용력(kN)

3.5.3.6 이음판의 설계

고장력 볼트이음에 있어서 이음판의 설계는 다음 규정에 의한다.

(1) 인장력이 작용하는 판의 이음판은 3.5.3.7에 규정된 순단면에 생기는 응력이 허용인장응력 이하가 되도록 설계하여야 한다.

(2) 압축력이 작용하는 판의 이음판은 총 단면에 생기는 응력이 3.3.2.1에 규정된 허용압축응력의 상한값 이하가 되도록 설계하여야 한다.

(3) 휨모멘트가 작용하는 판의 이음판은 식(3.5.12)를 만족하도록 설계하여야 한다.

$$f = \frac{M}{I}y \leq f_a \tag{3.5.12}$$

여기서,

f : 이음판의 연단에 생기는 응력(MPa)

M : 이음판에 작용하는 휨모멘트(N-mm)

I : 부재의 중립축에 관한 이음판의 총 단면의 단면 2차모멘트(mm^4)

y : 부재의 중립축으로부터 이음판 연단까지의 거리(mm)

f_a : 3.3.2.1에 규정된 허용응력(MPa)의 상한값

3.5.3.7 순단면적의 계산

(1) 인장재의 순단면적은 재편의 순폭과 판두께의 곱으로 한다. 이 경우, 재편의 순폭은 그 총폭으로부터 볼트구멍에 의해 잃은 폭을 뺀 값으로 한다.

(2) 부재의 순단면적을 산정할 때의 볼트구멍의 지름은 볼트의 공칭지름에 3mm를 더한 값으로 한다.

(3) 볼트를 엇갈리게 체결한 재편의 순폭은 총폭으로부터 고려하는 단면의 최초의 볼트구멍에 대해 그 볼트구멍의 지름을 공제하고, 이하 순차적으로 각 볼트구멍에 대해 다음 식으로 구한 w를 공제한 값으로 한다.

$$w = d - \frac{p^2}{4g} \text{ (mm)} \tag{3.5.13}$$

여기서,

d : 볼트구멍의 지름(볼트의 공칭지름+3mm)(mm)

p : 하중이 작용하는 방향의 엇갈린 볼트의 중심간격(mm)

g : 하중이 작용하는 방향과 직각방향의 간격(mm)

(4) T형, H형 등의 조립단면의 순단면적은 각 재편마다 위의 방법으로 구한 순단면적의 총합으로 하고, 압연형강의 경우에도 이것에 준해야 한다. 다만, L형강, ㄷ형강에서는 그림 3.5.5와 같이 전개한 모양에 대하여 순단면적을 산출한다.

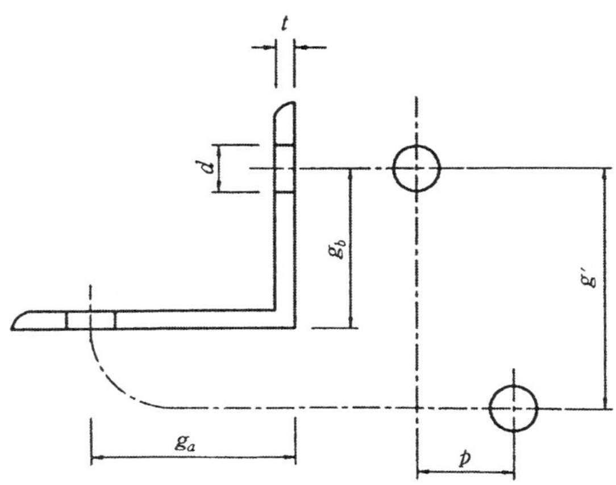

g' : L형강 뒷면에 따라 잰 볼트선간 거리(mm)($= g_a + g_b - t$)

t : L형강 다리의 두께(mm)

그림 3.5.5 L형강의 전개방법

3.5.3.8 볼트의 최소 중심간격

볼트의 최소 중심간격은 표 3.5.1에 표시한 값을 표준으로 한다. 다만, 부득이한 경우에는 볼트 지름의 3배까지 적게 할 수 있다.

표 3.5.1 볼트의 최소 중심간격(mm)

볼트의 호칭	최소 중심간격
M24	85
M22	75
M20	65

3.5.3.9 볼트의 최대 중심간격

(1) 볼트의 최대 중심간격은 표 3.5.2에 표시한 값 중에서 작은 것을 택해야 한다.

표 3.5.2 볼트의 최대 중심간격(mm)

볼트의 호칭	최대 중심간격		
	p		g
M24	170	$12t$ 지그재그인 경우 : $15t-\frac{3}{8}g$ 다만, $12t$ 이하	$24t$ 다만, 300 이하
M22	150		
M20	130		

여기서,

t : 외측의 판 또는 형강의 두께(mm)

p : 볼트의 응력방향 간격(mm)

g : 볼트의 응력에 직각방향의 간격(mm)

(2) 인장부재의 누빔볼트 응력방향의 최대 중심간격은 $24t$으로 한다. 그러나 300 mm를 초과해서는 안 된다.

3.5.3.10 연단거리

(1) 볼트구멍 중심으로부터 판의 연단까지의 최소 거리는 표 3.5.3에 표시한 값으로 한다.

(2) 볼트구멍 중심으로부터 연단까지의 최대 거리는 표면의 판두께의 8배로 한다. 다만, 150 mm를 넘어서는 안 된다.

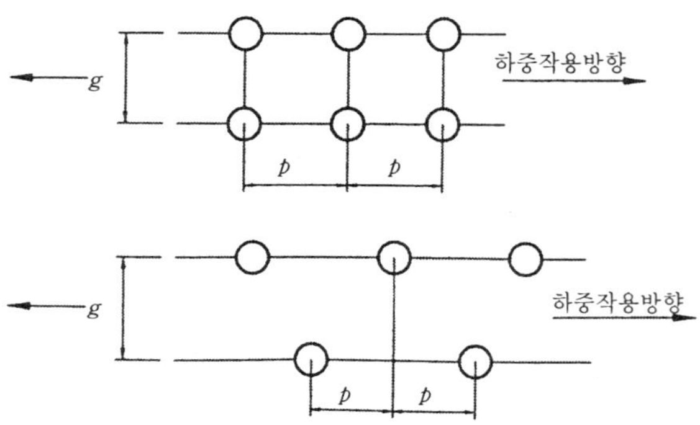

그림 3.5.6 볼트의 피치와 간격

표 3.5.3 볼트구멍의 중심에서 판의 연단까지 거리

볼트의 호칭	최소 연단거리(mm)	
	전단연, 수동가스 절단연	압연연, 다듬질연, 자동가스 절단연
M24	42	37
M22	37	32
M20	32	28

(3) 지압이음에 있어서 응력방향의 볼트수가 2개 이하인 경우, 응력방향의 최소 연단거리는 표 3.5.3에 의하되 식(3.5.14)를 만족해야 한다.

$$\left.\begin{array}{l} \text{1면 전단의 경우 } e \geq \alpha \cdot \dfrac{A}{t} \\ \text{2면 전단의 경우 } e \geq \alpha \cdot \dfrac{2A}{t} \end{array}\right\} \quad (3.5.14)$$

여기서,

e : 응력방향으로 잰 최소 연단거리(mm)
α : 볼트와 모재와의 허용전단응력의 비
A : 나사부 바깥지름을 기준으로 계산한 볼트의 공칭단면적(mm^2)
t : 1면 전단의 경우에는 얇은 쪽 판의 두께(mm)
2면 전단의 경우에는 모재의 두께와 거세트판 두께의 합계 중 얇은 쪽의 값(mm)

3.5.3.11 볼트의 최소개수

이음에서는 한 볼트 무리로서 2개 이상의 고장력볼트를 사용해야 한다.

3.5.3.12 경사진 와셔 및 곡면 와셔

(1) 볼트머리 또는 너트면과 부재면이 1/20 이상의 경사를 이룬 경우에는 경사진 채움재를 사용하든가, 경사진 와셔를 써서 볼트에 편심응력이 생기지 않도록 하여야 한다.
(2) 이음부가 곡면이어서 그 곡률 반지름이 작은 경우에는 곡면 와셔를 써야 한다.

3.5.3.13 채움판

(1) 2장 이상의 채움판을 겹쳐 사용하는 것은 피해야 한다.
(2) 마찰이음의 경우 채움판은 모재의 강종과 상관없이 일반구조용 압연강재를 사용해도 좋고 두께는 두꺼운 쪽 모재의 1/2 이하로 해야 한다.
(3) 지압이음의 경우 연결하려는 부재 또는 재편 사이에 채움판을 넣을 경우는 다음 규정에 따라야 한다.
  1) 채움판의 두께가 6mm 이상인 경우에는 채움판이 없는 경우에 필요한 볼트 수보다 30% 증가시키고, 그 두께가 6mm 미만인 경우에는 증가시킬 필요 없다.

2) 채움판의 두께가 9mm 이상인 경우에는 채움판을 밖으로 연장하고 ①항의 규정에 의해 증가된 볼트는 될 수 있는 대로 채움판과 부재와의 연결에 사용하도록 한다.

3.5.3.14 반복 인장력을 받는 볼트의 피로

반복해서 인장력을 받게 되는 볼트 접합부의 공용하중으로 인한 인장력 및 프라잉력의 합에 의한 볼트의 인장응력은 다음의 값을 초과하지 않아야 한다. 인장응력 산정시 공칭직경을 적용하며, 프라잉력은 공용하중의 60%를 초과하지 않아야 한다. 여기서 프라잉력이란 볼트 연결부에서 작용력의 편심으로 연결판의 변형이 발생할 수 있으며, 이 때 연결부에 추가로 작용하게 되는 인장력을 말한다.

표 3.5.4 반복인장력을 받는 볼트의 피로(단위 : MPa)

반복횟수	F8T	F10T	S10T
2만 회 이하	260	330	330
2만 회 이상 50만 회 이하	240	300	300
50만 회 이상	190	230	230

3.5.4 핀이음

(1) 핀으로 부재를 연결하는 경우에는 그 연결부에서 부재가 이동하지 않도록 하고, 또한 적절한 방법으로 너트가 풀리지 않도록 하여야 한다.

(2) 핀의 설계는 다음 사항을 따라야 한다.

1) 핀의 지름은 75mm 이상으로 한다.

2) 핀의 마무리부 길이는 부재의 외면 사이의 거리보다 6mm 이상 길게 하고, 핀의 양끝에는 로마스 너트 또는 와셔가 달린 보통의 너트를 사용해야 한다.

(3) 핀 구멍을 갖는 부재는 다음 사항을 따라야 한다.

1) 핀과 핀 구멍의 지름의 차는 핀 지름이 130mm 미만인 것은 0.5mm, 130mm 이상인 것은 1mm를 표준으로 한다.

2) 인장부재에서 핀 구멍 횡단면에서 순단면적은 부재 계산상 필요한 순단면적의 140% 이상, 핀 구멍 배후에서의 순단면적은 부재 계산상 필요한 순단면적 이상으로 해야 한다.

3) 핀 구멍이 있는 부분의 인장부재의 복부판 두께는 그 순폭의 1/8 이상으로 해야 한다.

3.6 바닥판

3.6.1 철근콘크리트 바닥판

이 절은 현장타설되는 철근콘크리트 교량 바닥판에 대한 기존 설계법에 대한 규정이며, 바닥판 단면 내에 발생되는 면내 압축력을 고려한 경험적 설계법 3.6.3절의 규정을 따른다.

3.6.1.1 적용범위

이 절은 2.3.1 및 2.3.2에 표시한 콘크리트(인공경량골재 콘크리트 제외) 및 철근을 사용한 변장비가 1 : 2 이상의 철근콘크리트 바닥판의 설계에 적용한다.

3.6.1.2 일반

(1) 난간 및 자동차용 방호책에 작용하는 충돌하중의 영향은 공통편의 관련 조항을 따른다.

(2) 철근콘크리트의 탄성계수비는 4.2.3절에 따른다.

(3) 이 장의 규정에 따라 철근콘크리트 바닥판을 설계하는 경우에는 바닥판의 전단력에 대한 계산을 생략할 수 있다.

3.6.1.3 바닥판의 지간

(1) 단순지지의 경우 바닥판 지간은 지지거더의 중심간격으로 설정한다. 이때 지간은 바닥판의 순지간에 바닥판의 두께를 더한 길이를 초과할 필요는 없다.

(2) 3개 이상의 지지거더 위에 연속인 바닥판의 경우, 하중분배와 휨모멘트의 계산에 사용되는 바닥판의 유효지간은 인접한 상부 플랜지 돌출폭 중앙점 사이의 거리로 산정한다.

(3) 활하중 및 고정하중에 대한 캔틸레버판의 지간은 지점이 되는 거더의 상부 플랜지 돌출폭의 중앙점으로부터 각각 그림 3.6.2에 표시한 것과 같이 재는 것으로 한다.

(4) 사교의 지간은 주철근 방향으로 재는 것으로 한다.

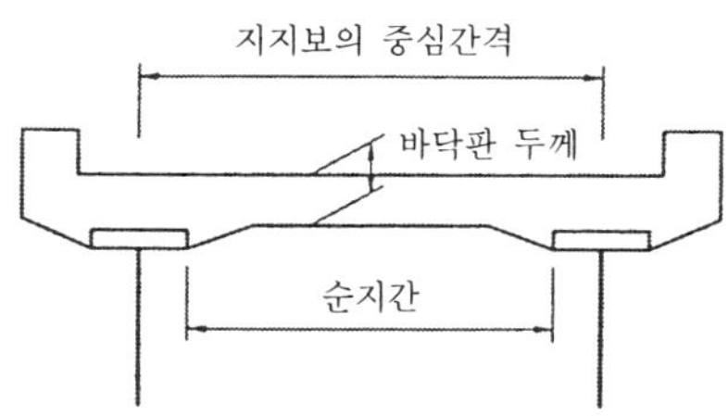

그림 3.6.1 단순판의 지간

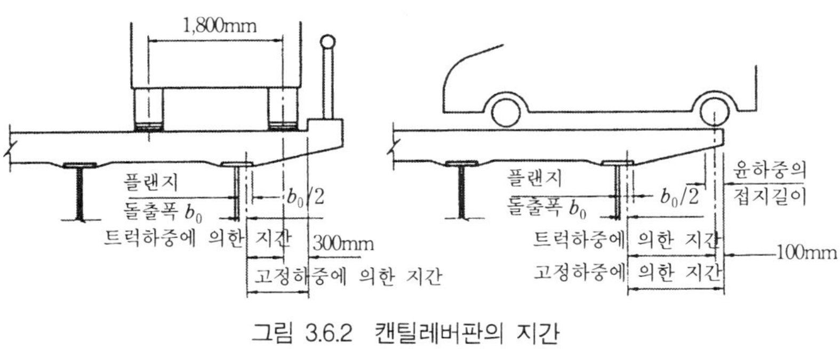

그림 3.6.2 캔틸레버판의 지간

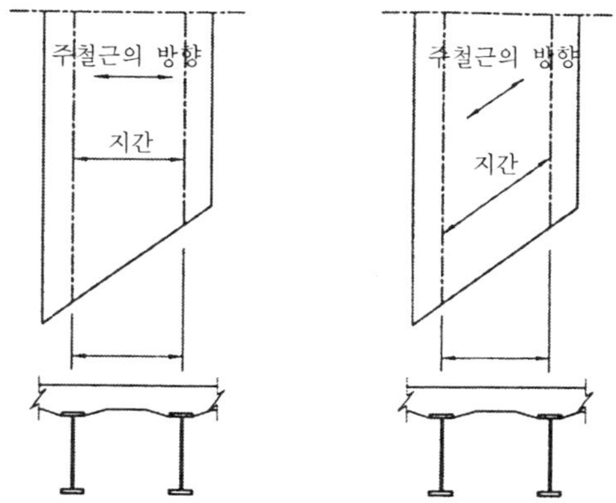

그림 3.6.3 사교의 바닥판의 지간

3.6.1.4 바닥판의 설계 휨모멘트

(1) 단순판 및 연속판

바닥판의 단위폭(1m)에 대한 활하중 휨모멘트의 크기는 주철근의 방향과 차량의 진행방향에 따라 두 가지의 방법으로 간략식을 이용하여 산정할 수 있다. 단, 차량바퀴의 접지면적을 고려한 정밀해석 방법으로 산정한 경우는 예외로 한다. 정밀해석시 요구되는 차량바퀴의 접지면적은 2.1.3의 규정에 따른다.

L : 바닥판의 지간(m)
E : 1차륜이 분포되는 바닥판의 폭(m)
P : 트럭의 1후륜 하중(kN)
P_{24} : DB-24 하중등급에 대하여 96 kN
P_{18} : DB-18 하중등급에 대하여 72 kN
$P_{13.5}$: DB-13.5 하중등급에 대하여 54 kN

① 주철근이 차량 진행방향에 직각인 경우(지간 : 0.6 m − 7.3 m)
단순판의 폭 1m에 대한 활하중 휨모멘트는 다음 식으로 계산한다(충격은 별도로 고려한다).

DB-24 : $(L+0.6)P_{24}/9.6$
DB-18 : $(L+0.6)P_{18}/9.6$ (3.6.1)
DB-13-5: $(L+0.6)P_{13.5}/9.6$

바닥판이 3개 이상의 지점을 가진 연속 슬래브의 정·부의 휨모멘트의 크기는 위의 값의 0.8 배를 취한다.

② 주철근 방향이 차량 진행방향에 평행한 경우
윤하중이 분포되는 바닥판 E는 다음 식으로 산출한다. 그러나 그 값이 2.1m 이

하이어야 한다.

$$E=1.2+0.06L \tag{3.6.2}$$

이 폭을 갖는 바닥판에 소정의 트럭 윤하중이 작용하는 것에 대하여 설계해야 한다.

(2) 캔틸레버 바닥판

캔틸레버 바닥판에 작용하는 윤하중의 분포를 고려하여 바닥판에 작용하는 휨모멘트의 크기는 주철근의 방향과 차량의 진행방향에 따라 두 가지의 방법으로 간략식을 이용하여 산정할 수 있다. 트럭 윤하중의 접지면적을 고려한 정밀한 해석방법을 사용하는 경우에는 간략식을 사용하지 않아도 된다. 정밀해석시 요구되는 트럭 윤하중의 접지면적은 2.1.3의 규정을 따른다.

① 주철근이 차량의 진행방향에 직각인 경우

캔틸레버 바닥판에 작용하는 윤하중은 다음과 같은 폭에 분포한다고 가정한다.

$$E=0.8X+1.14\,(\mathrm{m}) \tag{3.6.3}$$

이때 폭 1m당의 휨모멘트는 아래의 식을 이용하여 구한다.

$$M=\frac{P}{E}X(\mathrm{kN\text{-}m}) \tag{3.6.4}$$

여기서, X는 하중점에서 지지점까지의 거리(m)

② 주철근 방향이 차량 진행방향에 평행한 경우

캔틸레버 바닥판 위에 작용하는 트럭 윤하중은 다음과 같은 폭에 분포한다고 가정한다.

$$E=0.35X+0.98L<2.1\mathrm{m} \tag{3.6.5}$$

이때, 폭 1m당의 휨모멘트는 아래의 식을 이용하여 구한다.

$$M=\frac{P}{E}X(\mathrm{kN\text{-}m}) \tag{3.6.6}$$

(3) 종방향 단부거더

① 주철근의 방향이 차량 진행방향에 평행할 때에는 종방향으로 단부거더가 있어야 한다. 단부거더는 바닥판과 함께 거동하는 다양한 형식이 사용될 수 있는데, 바닥판의 두께 또는 철근 배근량을 늘리거나 또는 바닥판과 방호벽이 일체로 함께 거동하는 형식 등으로 구성될 수 있다.

② 단부거더의 설계에 사용되는 활하중 휨모멘트의 크기는 다음과 같다.

$M=0.10PL(\mathrm{kN\text{-}mm})$: 단순거더

$$M = 0.08PL\,(\text{kN-mm}) \text{ : 연속거더} \tag{3.6.7}$$

여기서, P = 윤하중

L = 종방향 단부거더의 지간(m)

③ 연속지간의 경우, 좀더 정확한 해석을 통하여 활하중에 의한 휨모멘트의 크기를 줄일 수 있다.

(4) 배력철근

① 집중하중으로 작용하는 활하중을 수평방향으로 분산시키기 위해 바닥판에는 주철근의 직각방향으로 배력철근을 배치해야 한다.

② 배력철근의 양은 정모멘트 구간에 필요한 주철근에 대한 비율로 나타내는 데 다음의 식을 이용하여 산정한다.

· 주철근이 차량 진행방향에 직각인 경우

$$\text{백분율} = \frac{120}{\sqrt{L}} \text{ 과 } 67\% \text{ 중 작은 값 이상} \tag{3.6.8}$$

· 주철근이 차량 진행방향에 평행할 때

$$\text{백분율} = \frac{55}{\sqrt{L}} \text{ 과 } 50\% \text{ 중 작은 값 이상} \tag{3.6.9}$$

여기서, L은 바닥판의 지간(m)

③ 주철근이 차량 진행방향에 직각인 경우, 캔틸레버부를 제외한 구간에서는 위에서 산정된 배력철근을 바닥판 지간 중앙부의 1/2 구간에 배근하며, 나머지 구간에는 산정된 배력철근량의 50% 이상만 배근해도 좋다.

④ 배근되는 배력철근량은 온도 및 건조수축에 대한 철근량 이상이어야 한다. 이때 바닥판 단면에 대한 온도 및 건조수축 철근량의 비는 0.2%이다.

3.6.1.5 바닥판의 최소두께

(1) 차도부분 바닥판의 최소두께는 표 3.6.1로부터 얻어지는 값과 220mm 중에서 큰 값으로 한다.

표 3.6.1. 차도부분의 바닥판의 최소두께(mm)

판의 구분	바닥판 지간의 방향	
	차량 진행방향에 직각	차량 진행방향에 평행
다순판	$40L+130$	$65L+150$
연속판	$30L+130$	$50L+150$
캔틸레버판	$0<L\le0.25$ $280L+180$ $L>0.25$ $80L+230$	$240L+150$

여기서,

L : 3.6.1.3에 규정된 하중에 대한 바닥판의 지간(m)

한편, 캔틸레버판의 최소두께는 그림 3.6.4에 표시한 것과 같이 재는 것으로 한다.

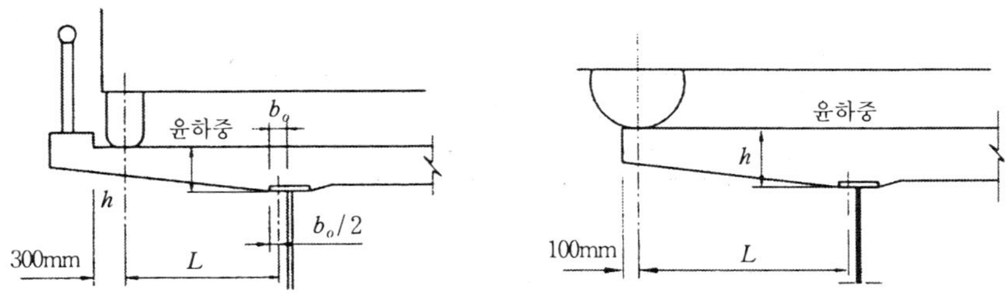

(a) 주철근이 차량방향에 직각인 경우 (b) 주철근이 차량방향에 평행인 경우

그림 3.6.4 캔틸레버판의 최소 전두께

여기서,

L : 트럭하중에 대한 캔틸레버판의 지간(m)

h : 표 3.6.1에서 얻어지는 캔틸레버판의 최소두께

(2) 바닥판의 지간이 길어져 (1)의 규정을 따라 산정된 바닥판의 최소두께가 지나치게 두꺼워지는 경우 다음과 같이 균열과 처짐에 대한 사용성이 만족되도록 바닥판의 두께를 산정할 수 있다.

① 바닥판의 설계휨모멘트 산정시 활하중 휨모멘트의 크기는 차량바퀴의 접지면적을 고려한 정밀해석방법을 이용하여 산정하는 것을 원칙으로 한다.

② 균일폭은 콘크리트편 4.4.9.3절의 허용균열폭 이하가 되어야 한다.

③ 충격을 포함한 사용활하중에 의한 처짐은 콘크리트편 4.4.4.5절의 허용치 이하가 되어야 한다.

④ 처짐계산시 바닥판의 헌치를 포함한 단면형상을 고려하여 산정하며 캔틸레버 바닥판의 경우에도 바닥판과 일체로 거동하는 방호벽 또는 단부보강부 등을 고려한다.

⑤ 바닥판의 캔틸레버 끝단은 방호벽 또는 단부보강부 등과 연속시키는 것을 원칙으로 한다.

(3) 보도부 바닥판의 최소 전두께는 140mm를 표준으로 한다.

3.6.1.6 철근의 지름 및 배근

(1) 철근은 이형철근을 쓰며 D13, D16, D19 및 D22를 표준으로 한다.

(2) 철근의 피복두께는 4.3.3절의 조항에 따른다.

(3) 철근의 중심간격은 100mm 이상 또는 300mm 이하로 한다. 다만, 바닥판 지간방향의 인장 주철근의 중심간격은 바닥판의 두께를 넘어서는 안 된다.

(4) 철근은 단면의 압축측에 적어도 인장측 철근의 1/2을 배치하는 것을 원칙으로 한다.

(5) 바닥판에 배근되는 주철근과 배력철근은 겹침이음 방법을 이용하여 연속적으로 배근하는 것이 좋다.

(6) 사교 단부의 받침부 부근에서 바닥판 지간방향의 철근은 받침선 방향으로 배치하는 것으로 한다.

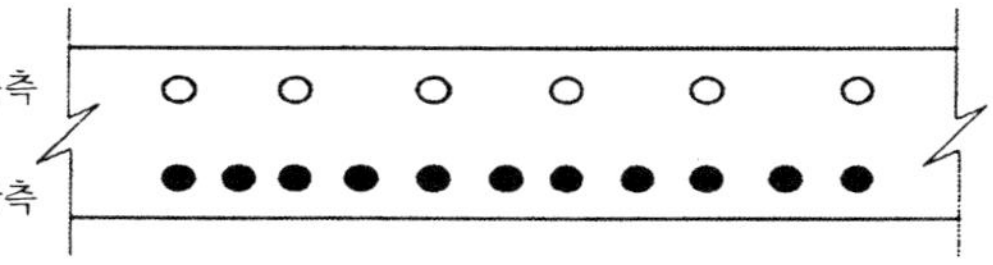

그림 3.6.5 바닥판의 배근 예

3.6.1.7 철근의 허용응력

바닥판에 사용되는 철근의 허용응력은 표 3.6.2에 표시한 값으로 한다.

표 3.6.2 철근의 허용응력(MPa)

응력의 종류 \ 철근의 종류	SD 300	SD 350	SD 400
허용인장응력	150	160	160
허용압축응력	150	175	180

3.6.1.8 콘크리트의 설계기준강도

강재 주거더와의 합성작용을 생각치 않는 콘크리트의 설계기준강도 f_{ck}는 24MPa 이상으로 한다.

3.6.1.9 콘크리트의 허용응력

강재 주거더와의 합성작용을 생각하지 않는 바닥판의 현장타설된 콘크리트의 허용휨압축력은 $0.40f_{ck}$로 한다. 그러나 이 값은 11MPa를 넘어서는 안 된다.

3.6.1.10 바닥판의 헌치

(1) 바닥판에는 강재 주거더 위에 헌치를 설치하는 것이 좋다.

(2) 바닥판의 헌치 경사는 1 : 3보다 완만한 것이 좋다.

(3) 높이가 80mm 이상의 헌치에는 헌치 아랫면을 따라 주거더의 직각방향으로 가외 철근을 배치하는 것이 좋다. 이 경우 가외 철근은 D13 이상으로 한다.

3.6.1.11 주거더 단부의 바닥판

(1) 주거더 단부의 차도부분 바닥판은 단가로보 및 단브래킷 등으로 지지시키는 것이 좋다. 이 경우 단가로보 단독으로 윤하중에 저항해야 한다.

(2) 주거더 단부의 중간지간의 바닥판을 단가로보 등으로 지지하지 않는 경우, 주거더

단부로부터 바닥판 지간의 1/2 사이에 있는 바닥판에 대해서는 주거더 단부 이외의 중간지간에 있는 바닥판에서 필요한 주철근량의 2배를 주철근으로 배치하여야 한다.

(3) 주거더 단부의 캔틸레버부 바닥판을 단브래킷 등으로 지지하지 않는 경우, 주거더 단부 이외의 캔틸레버부 바닥판에서 필요한 주철근량의 2배를 주철근으로 배치해야 한다.

그러나 이 부분에는 주거더 단부 이외의 캔틸레버부 바닥판의 상측에 배력철근량의 2배의 배력철근을 배치하여야 한다.

(4) 주거더 단부의 차도부분 바닥판은 바닥판 두께를 헌치높이 만큼 증가시켜야 한다.

3.6.2 강바닥판

3.6.2.1 적용범위

이 절은 포장이 되고 바닥 강판에 세로리브 및 가로리브로 보강된 바닥판인 강바닥판의 설계에 적용한다.

3.6.2.2 일반

(1) 강바닥판이 주거더의 일부로 작용하는 경우에는 다음 규정에 의해 설계한다.

① 강바닥판은 다음의 두 작용에 대하여 각각 안전하도록 설계되어야 한다.

가) 주거더의 일부로서의 작용

나) 바닥판 및 바닥틀로서의 작용

② 강바닥판은 ①에 표시한 두 작용을 동시에 고려한 경우에 대하여 안전하도록 설계되어야 한다. 이 경우 각각의 작용에 대하여 강바닥판이 가장 불리하게 되는 재하상태에 대하여 계산하고, 그 합계가 허용응력 이내이어야 한다.

(2) 바닥판 및 바닥틀로서의 작용

① 이 경우의 활하중으로는 2.1.3(1)에 표시한 트럭하중을 사용한다.

② 1등교로 설계하는 교량에서 가로리브의 설계에 쓰이는 단면력은 다음의 식에 의해 계산된 할증계수를 곱한 값을 설계단면력으로 한다.

$$k = k_0 \qquad (L \le 4)$$

$$k = k_0 - (k_0 - 1) \times \frac{L-4}{6} \qquad (4 < L \le 10)$$

$$k = 1.0 \qquad (L > 10)$$

다만,

$$k = 1.0 \qquad (B \le 2)$$

$$k = 1.0 + 0.2 \times (B-2) \quad (2 < B \le 3)$$

$$k = 1.2 \qquad (B > 3)$$

여기서,

L : 가로리브의 지간(m)

B : 가로리브의 간격(m)

③ 활하중에 대한 충격계수는 세로리브에 대해 0.3, 가로리브에 대해서는 식(2.1.2)로 계산하고 L은 가로리브 지간으로 한다.

설계는 위 ①, 2)의 각각의 작용에 대해 강바닥판의 각 부분이 최대의 영향을 받는 재하상태에 대하여 실시한다.

또한, 이 경우의 합계에 대해서는 3.6.2.6에 대해 검산해야 한다.

3.6.2.3 포장에 의한 하중분포

바닥강판 위에 재하하는 윤하중에 대해서는 여름철 포장의 연화를 감안하여 포장에 의한 하중의 분포를 고려하지 않는다.

3.6.2.4 바닥틀에 대한 바닥강판의 유효폭

종방향 보강재 혹은 종방향 리브의 상부 플랜지 역할을 하는 바닥판의 유효폭은 표 3.6.3의 규정에 따른다.

표 3.6.3 리브가 있는 바닥판의 유효폭

구 분	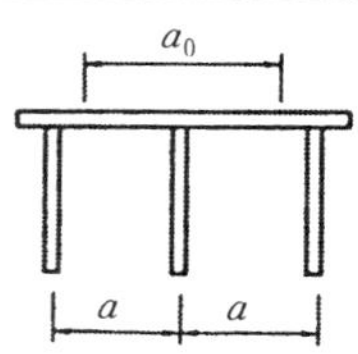	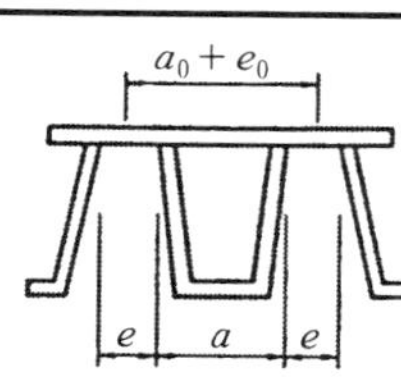
바닥판의 강성 계산과 고정하중에 의한 휨 효과 계산을 위한 리브의 단면값	$a_0=a$	$a_0+e_0=a+e$
윤하중에 의한 휨 효과 계산시 사용하는 리브의 단면값	$a_0=1.1a$	$a_0+e_0=1.3(a+e)$

상부구조의 종방향 주부재 또는 가로보의 상부플랜지 역할을 하는 바닥판의 유효폭은 인정된 해석방법을 사용하거나 그림 3.6.6의 규정을 사용하여 결정한다. 그림 3.6.6에서 L_1, L_2로 표시된 유효지간길이는 단순지지된 경우는 실제 지간길이로 간주하고, 연속경간에서는 고정하중에 의한 처짐곡선의 변곡점 사이 거리를 취한다.

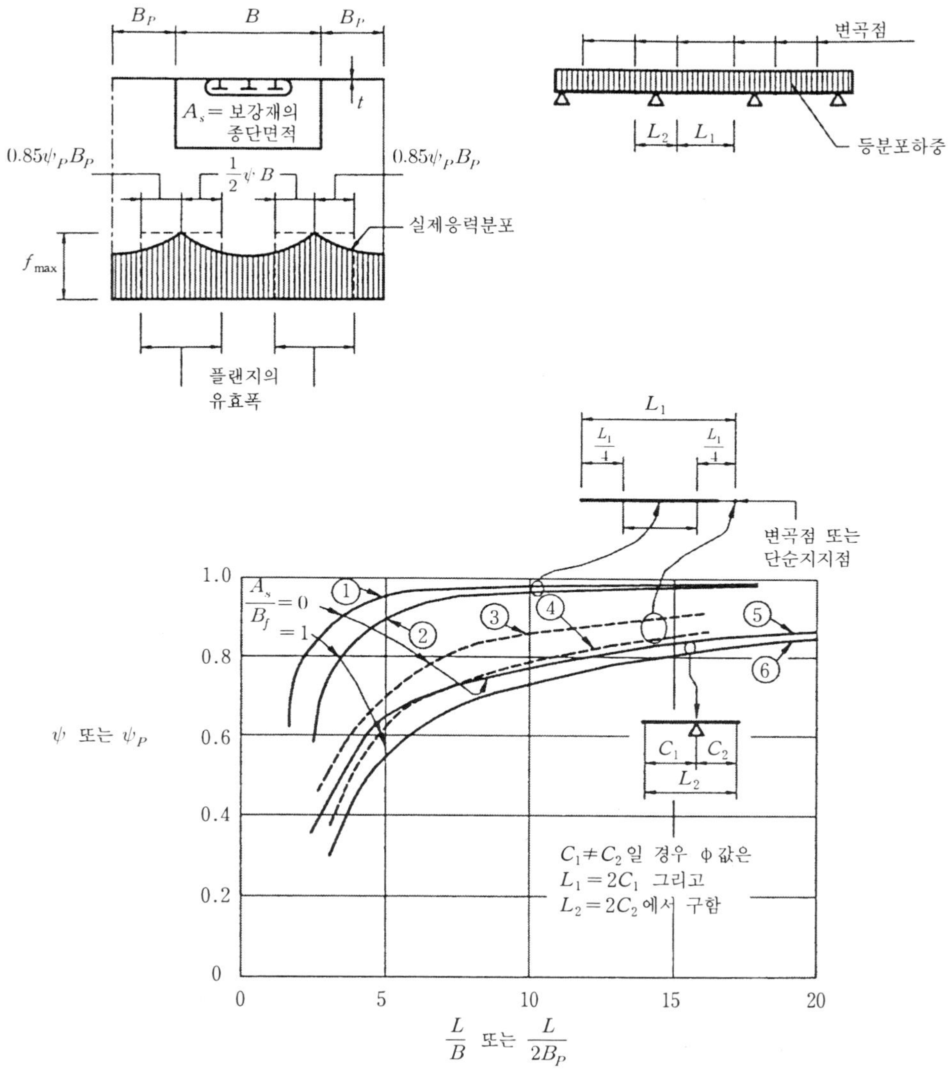

그림 3.6.6 바닥강판의 유효폭

가로보와 같이 거동하는 바닥강판의 유효폭을 결정하기 위해 그림 3.6.6을 사용한다.

B ＝그림 3.6.6에서 거더의 간격(mm)

L_1, L_2 ＝그림 3.6.6에서 거더의 변곡점 사이의 간격(mm)

A_s ＝보강재의 전체 면적(mm^2)

t ＝플랜지 판의 두께(mm)

가로보의 내민 부분에서는 L을 실제 길이의 두 배로 취한다.

3.6.2.5 바닥강판의 최소두께

바닥강판의 최소두께 t(mm)는 다음 식으로 구한 값 이상이어야 한다.

$$\left.\begin{array}{l} \text{차도부분} \quad t = 0.043b \ (\text{다만, } t \geq 14\text{mm}) \\ \text{주거더로서의 작용 일부를 받는 보도부} \\ \qquad t = 0.025b \ (\text{다만, } t \geq 10\text{mm}) \end{array}\right\} \qquad (3.6.10)$$

여기서,

b : 세로리브의 간격(mm)

3.6.2.6 허용응력의 증가

주거더의 일부로서 작용 및 바닥판과 바닥틀로서의 작용을 동시에 고려하여 이들 응력의 합계에 대해 검산하는 경우의 허용응력은 표 3.6.4에 표시한 값으로 한다.

그러나 표 3.6.4에 표시한 이외의 강재의 허용응력은 별도로 고려하기로 한다.

표 3.6.4 강재의 허용응력(MPa)

강재판 두께(mm) \ 강종	SM 400 SMA 400	SM 490	SM 490Y SM 520 SMA 490	SM 570 SMA 570
40 이하	200	270	300	370
40 초과 75 이하	180	245	280	350
75 초과 100 이하			275	345

주) TMC 강재일 경우에는 판두께에 상관없이 40mm 이하인 값을 적용한다.

3.6.2.7 구조세목

(1) 강바닥판은 용접에 의한 변형이 작은 구조로 하지 않으면 안 된다.

(2) 세로리브는 특별한 경우를 제외하고 가로리브의 복부를 통해 연속시키는 것이 좋다. 한편, 세로리브로부터의 전단력을 확실히 가로리브에 전달할 수 있는 구조로 해야 한다.

(3) 강바닥판은 온도차에 의한 영향은 다음 그림과 같은 온도분포를 고려하는 것으로 한다.

(4) 세로리브의 최소두께는 개단면인 경우 6mm, 폐단면인 경우는 8mm로 한다.

(5) 강바닥판의 세로리브는 폐단면 리브를 표준으로 한다. 곡선교의 경우나 교량폭이 변하는 경우에 부분적으로 개단면 리브를 사용해도 좋다.

(6) 가로리브는 바닥강판을 상부 플랜지로 복부판과 하부 플랜지로 구성된 I형 단면으로 하며, 가로리브의 간격(세로리브의 지간)은 폐단면 세로리브를 사용하는 경우에 2~3m, 개단면 세로리브를 사용하는 경우에는 1.3~2.0m를 표준으로 한다.

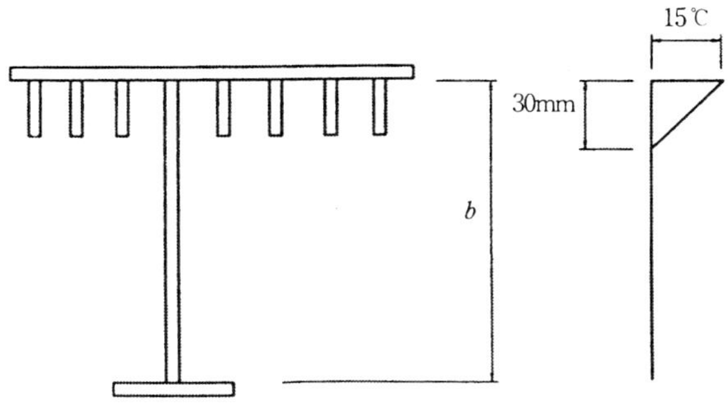

그림 3.6.7 강바닥판의 온도분포

(7) 강바닥판 단부는 세로리브의 단면력 증가 등을 고려하여 충분한 보강이 이루어져야 한다.

(8) 포장시공시 고온의 혼합물로 인한 강바닥판의 열변형, 받침의 이동 여유량 및 신축이음장치의 유간 등에 대하여 검토하여야 한다.

3.6.2.8 포장

강바닥판의 아스팔트 포장의 두께는 50~80mm로 하는 것이 좋다.

3.6.3 경험적 설계법

3.6.3.1 적용범위

(1) 경험적 설계법은 이 절 이외의 어떤 항에도 적용할 수 없다.

(2) 이 설계법은 3개 이상의 강재 주거더와 합성으로 거동하고, 바닥판의 지간방향이 차량 진행방향에 직각인 경우의 철근콘크리트 바닥판에만 적용할 수 있다.

(3) (2)의 경우 이외의 3.6.3.3에 규정된 설계조건을 만족시키는 경우에 한하여 경험적 설계법을 적용할 수 있다.

(4) 이 절의 조항들은 캔틸레버 바닥판에 적용할 수 없으며, 캔틸레버 바닥판에 대한 설계는 3.6.1의 설계방법을 따른다.

(5) 연속구조물의 내부지점부는 경험적 설계법을 적용할 수 없으며 부모멘트에 저항할 수 있도록 3.6.1의 설계법을 이용하여 설계한다.

3.6.3.2 유효지간

경험적 설계법을 사용하여 바닥판을 설계할 때, 바닥판의 유효지간은 3.6.1.3의 규정을 따른다.

3.6.3.3 설계조건

(1) 바닥판의 설계두께는 바닥판의 홈집, 마모면, 그리고 보호덮개를 제외한 수치로 하며,

다음의 조건들을 만족시킬 경우에만 경험적 설계법을 적용할 수 있다.

1) 지지부재들이 강재 주거더인 경우
2) 콘크리트가 현장타설되고 습윤양생되어야 함.
3) 주거더 플랜지부의 헌치와 같이 국부적으로 두껍게 한 곳을 제외한 상태에서 전체적으로 바닥판의 두께가 일정해야 함.
4) 바닥판의 두께에 대한 유효지간이 비가 6 이상 15 이하인 경우
5) 바닥판의 상부와 하부에 배근된 철근의 외측면 사이의 두께가 150mm 이상인 경우
6) 3.6.1.3절에 명시된 유효지간이 표준차선폭 3.6m 이하인 경우
7) 바닥판의 홈집, 마모면, 그리고 보호덮개층을 제외한 바닥판의 최소두께가 240mm 이상인 경우
8) 캔틸레버부의 길이가 내측 바닥판 두께의 5배 이상이거나, 캔틸레버부의 길이가 내측 바닥판 두께에 3배 이상이고, 구조적으로 연속적인 콘크리트 방호책과 합성이 된 경우
9) 콘크리트의 28일 압축강도는 27MPa 이상인 경우
10) 철근콘크리트 바닥판은 바닥판을 지지하는 구조부재들과 완전 합성거동을 해야 함.

(2) 강합성구조로된 연속거더의 부모멘트부에는 전단연결재 600mm 이하의 간격으로 설치해야 한다.

3.6.3.4 철근 배근량

(1) 현장타설되는 콘크리트 바닥판에는 4개 층의 철근을 배근한다. 철근은 콘크리트 피복두께 요구조건에 의해 허용되는 한도에서 바깥 표면에 가까이 배근하며, 유효지간 방향으로 배근되는 철근을 가장 바깥쪽 층에 배근한다.
(2) 배근해야 되는 4개 층의 최소 철근량은 다음과 같다.

지간방향 : 하부 철근량＝콘크리트 바닥판 단면의 0.4% 이상
상부 철근량＝콘크리트 바닥판 단면의 0.3% 이상
지간방향에 직각방향 : 하부 철근량＝콘크리트 바닥판 단면의 0.3% 이상
상부 철근량＝콘크리트 바닥판 단면의 0.3% 이상

3.6.3.5 철근의 종류 및 배치

(1) 배근되는 철근은 SD40이거나 그 이상의 인장강도를 확보하여야 한다.
(2) 모든 철근은 직선으로 배근하며 겹침이음만 사용할 수 있다.
(3) 철근의 중심간격은 100mm 이상 또는 300mm 이하로 한다. 다만, 바닥판 지간방향의 하부 인장 주철근의 중심간격은 바닥판의 두께를 넘어서는 안 된다.
(4) 사교의 경사각이 20°를 넘는 경우, 단부 바닥판의 철근은 단부 끝단에서 바닥판의 유효지간에 해당하는 위치까지 3.6.3.4의 철근량의 2배를 배근한다.

3.6.4 프리캐스트 바닥판

3.6.4.1 일반사항

(1) 이 절은 철근이 배근된 프리캐스트 콘크리트 바닥판에 대해 적용할 수 있으며, 이 장의 규정 이외에 3.6.1에 있는 규정을 따르는 것으로 한다.

(2) 3.6.4.2와 3.6.4.3의 경우 마모, 흠집, 보호덮개층을 제외한 프리스트레싱되지 않는 프리캐스트 바닥판의 최소두께는 220 mm 이상이어야 하며, 횡방향 또는 종방향으로 프리스트레싱되는 프리캐스트 바닥판의 경우 바닥판의 최소두께는 200 mm 이상이어야 한다.

(3) 3.6.4.4에 규정된 현장타설되는 콘크리트와 합성되는 프리캐스트 콘크리트 패널의 두께는 합성된 최종 바닥판 두께의 55%를 초과할 수 없으며 90 mm 보다 커야 한다.

(4) 이 절에 규정되어 있지 않은 다른 형태의 프리캐스트 바닥판을 사용하는 경우에는 정밀한 해석이나 또는 실험 등에 의해 사용성과 안전성을 확인해야 한다.

3.6.4.2 횡방향으로 연결된 프리캐스트 바닥판

(1) 프리캐스트 바닥판의 횡방향 연결부는 전단키 또는 철근(겹침이음 또는 루프 철근) 등에 의해 연결될 수 있다.

(2) 전단키만을 이용하여 연결되는 바닥판의 경우 휨모멘트에 대해 불연속이라고 가정하여 해석하며, 이 때 전단키의 형상과 횡방향 연결부에 그라우팅되는 무수축 모르타르는 연결에 적합한 구조로 설계되어야 한다.

(3) 겹침이음 철근 또는 루프철근 등에 의해 연결되는 경우에는 휨모멘트에 대해 연속으로 가정하여 해석한다.

3.6.4.3 교축방향으로 포스트텐션된 프리캐스트 바닥판

(1) 프리캐스트 부재들은 거더 위에 설치될 때, 교축방향 포스트텐션에 의해 서로 연결된다.

(2) 프리캐스트 바닥판의 횡방향 연결부에 도입되는 종방향 긴장력의 크기는 손실을 고려한 후의 유효긴장력만으로도 횡방향 연결부에 발생할 수 있는 균열을 억제할 수 있어야 한다.

(3) 프리캐스트 부재 사이의 횡방향 연결부와 쉬스관의 공간들은 24시간에 최소 압축강도가 35 MPa를 가지는 무수축 모르타르를 이용하여 채우며 쉬스관의 공간을 채우지 않는 경우에는 긴장재의 부식을 억제할 수 있는 방안을 마련해야 한다.

(4) 전단 연결부의 공간은 전단 연결재 주위의 바닥판에 설치되어야 하고, 긴장력 도입 후에 무수축 모르타르를 이용하여 채워야 한다.

3.6.4.4 프리캐스트 콘크리트 패널

(1) 주거더 사이의 지간 사이에 영구 거푸집의 역할을 하는 프리캐스트 프리스트레스트 콘크리트 패널은 추가 고정하중과 활하중을 지지하기 위해 현장타설되는 부분과 합성으로 설계되어야 한다.

(2) 프리캐스트 패널은 자중, 시공하중, 그리고 현장타설 콘크리트의 무게를 지지하는 것으로 가정하여 해석하며, 현장타설 콘크리트와 합성으로 작용하여 추가 고정하중과 활하중에 의한 모멘트를 지지하는 것으로 가정하여 해석한다.

(3) 프리캐스트 프리스트레스트 콘크리트 패널의 두께는 자중과 시공하중, 그리고 현장타설되는 콘크리트의 고정하중에 대해 안전성을 확보할 수 있을 정도의 강성을 지닐 수 있는 두께여야 한다.

(4) 지지거더 부위의 부모멘트에 발생되는 바닥판의 응력을 계산할 때에는 프리스트레싱에 의한 압축력이 작용하지 않는다고 가정한다.

3.7 바닥틀

3.7.1 바닥틀의 지간

(1) 세로보의 지간은 세로보의 방향으로 잰 가로보의 중심간격으로 한다.

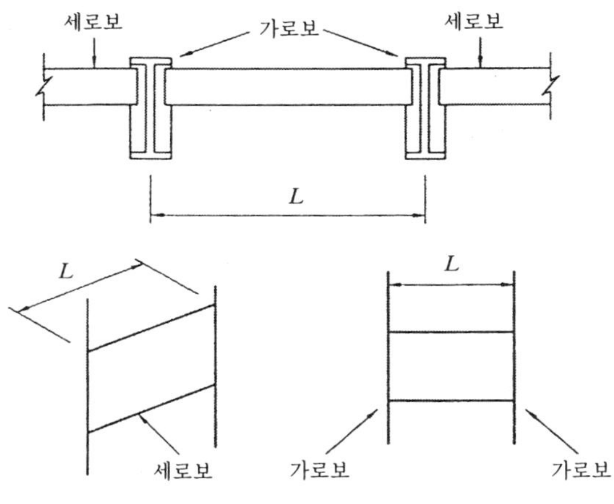

그림 3.7.1 세로보의 지간

(2) 가로보의 지간은 가로보의 방향으로 잰 주거더에 붙은 복부판의 중심간격으로 한다.

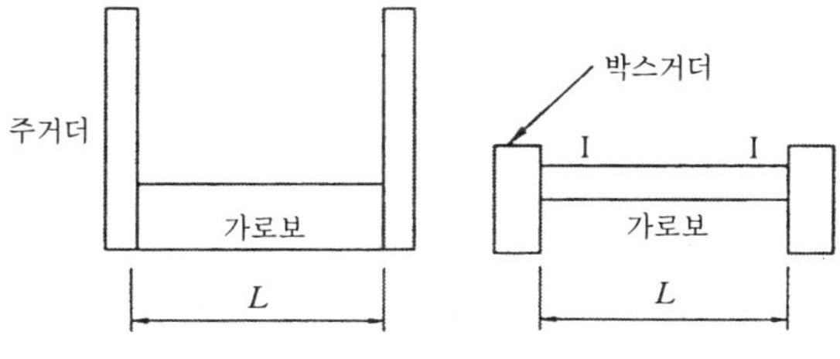

그림 3.7.2 가로보의 지간

3.7.2 세로보의 자동차 윤하중 분포

세로보 설계시 자동차의 윤하중에 의해 발생되는 휨모멘트의 크기는 격자구조 해석 또는 유한요소해석 등 구조설계에 적합한 정밀해석을 통하여 산정할 수 있다. 정밀한 해석과정을 거치지 않고 세로보를 설계하는 경우에는 간략식을 사용하여 하중 크기를 산정할 수 있다.

자동차의 윤하중이 철근콘크리트 바닥판을 거쳐 강도가 거의 같은 세로보에 작용하는 경우, 세로보의 휨모멘트와 전단력 계산에 사용되는 하중은 다음과 같은 간략식을 이용할 수 있다. 이때 윤하중의 세로방향 분포는 없다고 가정한다.

(1) 세로보의 휨모멘트 계산에 쓰이는 하중

1) 내측의 세로보 또는 주거더

$$\begin{array}{lll} \text{1차선의 경우} : & (L/2.10)\times P & L\leq 3.00 \\ \text{2차선 이상인 경우} : & (L/1.65)\times P & L\leq 4.20 \end{array} \qquad (3.7.1)$$

여기서,

L : 세로보의 간격(m)

P : 자동차의 후륜 또는 전륜하중

다만, 세로보의 간격이 1차선의 경우에 3.0m, 2차선의 경우에 4.2m를 초과할 때는 바닥판을 단순거더로 가정하여 산출한 세로보 위의 반력으로 한다.

2) 외측의 세로보 또는 주거더

바닥판을 단순거더로 가정하여 산출한 세로보 위의 반력으로 한다. 4개 이상의 세로보가 있을 경우의 외측 세로보에 대한 윤하중의 반력은 다음의 값 이상이어야 한다.

$$\begin{array}{lll} (L/1.65)\times P & : & L<1.80 \\ [L/(1.20+0.25L)]\times P & : & 1.80\leq L<4.20 \end{array} \qquad (3.7.2)$$

여기서,

L : 외측 세로보와 인접 내측 세로보 사이의 간격(m)

L이 4.2m 이상일 때에는 세로보 사이의 바닥판을 단순거더로 가정하여 산출한 세로보 위의 반력으로 한다.

(2) 세로보의 전단력 계산에 쓰이는 하중

전단력을 결정하려는 점에 놓이는 윤하중의 가로방향 분포는 없다고 가정한다. 다른 위치에 있는 윤하중의 분포는 휨모멘트 때와 같다.

(3) 외측세로보의 강성은 내측세로보의 강성 이상이어야 한다.

(4) 1격간 또는 인접하는 가로보 사이에 있는 모든 세로보 강도의 총계는 그 격간에 재하되는 활하중 및 고정하중을 지지하는데 충분한 강도 이상이어야 한다.

3.7.3 연속 세로보의 휨모멘트 및 전단력

(1) 지간 및 휨강성이 거의 같은 연속 세로보의 최대 휨모멘트 및 전단력은 정밀한 해석을 통하여 산정하며, 정밀해석을 수행하지 않는 경우에는 다음에 표시한 간략식을 이용하여 계산할 수 있다.

1) 휨모멘트

활하중의 최대 휨모멘트는 표 3.7.1에 표시한 값을 사용할 수 있다.

표 3.7.1 연속 세로보의 휨모멘트(kN · m)

단지간		$0.9M_0$
중간지간		$0.8M_0$
중간지점	$L < 12$	$-0.7M_0$
	$L \geq 12$	$-(0.22+0.04L)M_0$

여기서,

M_0 : 단순거더로 본 지간 중앙의 휨모멘트(kN · m)

L : 세로보의 지간(m)

2) 전단력

전단력은 단순거더로 가정하여 계산한다.

(2) 연속 세로보의 중앙지점의 휨모멘트를 위(1)의 1)에 의해 계산하지 않을 경우, 그 전후에 트럭하중을 재하해야 한다. 이때 충격은 고려하지 않는다.

3.7.4 가로보의 자동차 윤하중 분포

세로보가 없고 철근콘크리트 바닥판이 직접 가로보에 지지되어 있는 경우, 가로보의 휨모멘트와 전단력의 계산에 사용되는 하중은 다음과 같은 간략식을 이용하여 산정할 수 있다. 이때 윤하중의 횡방향 분포는 없다고 가정한다.

(1) 가로보 휨모멘트 계산에 쓰이는 하중

$$\frac{L}{1.80} \times P \quad L \leq 1.80 \qquad (3.7.3)$$

여기서,

L : 가로보의 중심간격(m)

P : 자동차의 후륜하중

그러나 가로보의 간격이 1.80m를 초과할 때에는 바닥판을 단순거더로 가정하여 산출한 가로보 위의 반력으로 한다.

(2) 가로보의 전단력 계산에 쓰이는 하중

전단력을 결정하는 점에 놓이는 윤하중의 세로방향 분포는 없는 것으로 가정한다. 다른 위치에 있는 윤하중의 분포는 휨모멘트의 경우와 같다.

3.7.5 바닥틀의 연결

(1) 연속거더로 설계된 세로보와 가로보의 연결부는 계산 휨모멘트 및 전단력으로 설계하는 것으로 한다. 그러나 연속 세로보를 3.7.3의 (1)에 의해 설계하는 경우에는 3.7.3의 (1)로 구한 값을 쓰는 것으로 한다.

(2) 세로보를 가로보의 플랜지 위에 붙이는 경우에는 그림 3.7.3의 예와 같이 세로보의 가로방향에 대한 강성과 안전성을 확보할 수 있는 구조로 해야 한다.

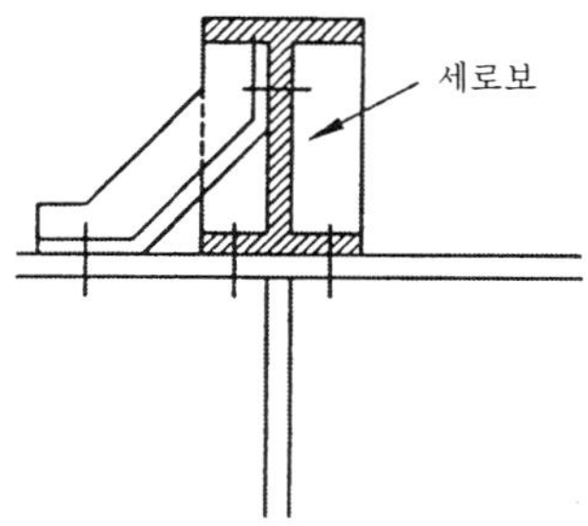

그림 3.7.3 세로보와 가로보의 연결방법의 예

(3) 바닥틀 브래킷의 붙임부는 그림 3.7.4의 예와 같이 휨응력을 세로보, 가로보, 다이어프램 등에 원활히 전달할 수 있는 구조로 해야 한다.

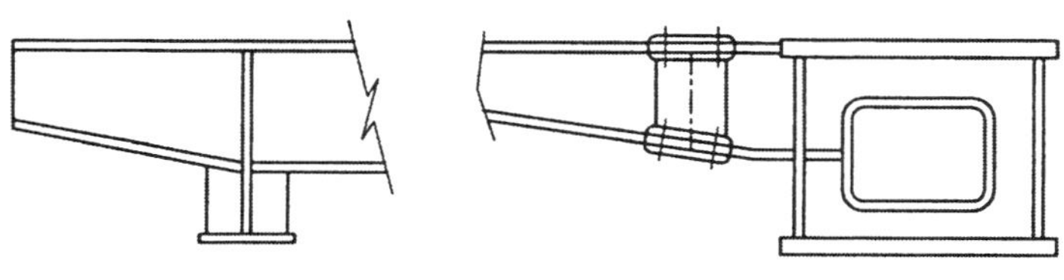

그림 3.7.4 바닥틀 브래킷의 연결방법의 예

(4) 세로보 또는 가로보의 연결에 있어서는 휨모멘트 및 전단력을 받는 이음의 합성응력 검산 및 여러 방향의 응력을 받는 경우의 플랜지 합성응력의 검산은 3.8.2.4 및 3.8.2.5에 따라야 한다.

3.7.6 수직브레이싱

세로보 사이에는 3.8.8.1에 의하여 수직브레이싱을 설치한다.

3.8 플레이트거더

3.8.1 적용범위

이 절은 I형 단면 π형 단면 및 상자형 단면의 주거더를 주구조로 하는 상부구조의 설계에 작용한다.

3.8.2 설계일반

3.8.2.1 플레이트거더의 휨응력

휨모멘트에 의한 플레이트거더 단면의 휨응력을 다음 식으로 산출한다.

$$f = \frac{M}{I} y \qquad (3.8.1)$$

여기서,

f : 휨응력(MPa)

M : 휨모멘트(kN-mm)

I : 휨 단면의 중립축에 대한 단면 2차모멘트(mm^4)

y : 중립축으로부터의 거리(mm)

그러나 인장플랜지에 볼트 등의 구멍이 뚫렸을 경우에는 위 식(3.8.1)에 인장플랜지 응력에 (인장플랜지 총단면적/인장플랜지 순단면적)을 곱해야 한다.

3.8.2.2 복부판의 전단응력

복부판의 휨에 따르는 복부판의 전단응력은 다음 식으로 산출한다.

$$v_b = \frac{V}{A_w} \qquad (3.8.2)$$

여기서,

v_b : 휨모멘트에 따르는 전단응력(MPa)

V : 휨모멘트에 따르는 전단력(N)

A_w : 복부판의 총단면적(mm^2)

3.8.2.3 비틀림모멘트를 고려하는 범위

설계에서 비틀림모멘트를 고려해야 할 경우에는 순수비틀림에 따르는 전단응력과 뒴비틀림에 의한 전단응력과의 합계 및 뒴비틀림에 의한 수직응력을 산출하도록 한다.

그러나 비틀림 상수비 $\alpha < 0.4$일 경우에는 순수비틀림에 따른 응력계산을, 비틀림 상수비 $\alpha > 10$일 경우에는 뒴비틀림에 의한 응력계산을 각각 생략할 수 있다.

$$\alpha = l\sqrt{\frac{GK}{EI_w}} \tag{3.8.3}$$

여기서,

l : 지점간의 부재길이(mm)

G : 전단탄성계수(MPa)

K : 순수비틀림 상수(mm^4)

E : 탄성계수(MPa)

I_w : 뒴비틀림 상수(mm^6)

3.8.2.4 합성응력의 검산

(1) 휨모멘트 및 휨에 따르는 전단력만이 작용하는 단면에서 휨응력과 휨에 의한 전단응력이 다같이 3.3.2.1에서 규정된 허용응력의 45%를 초과할 경우에는 휨모멘트 및 휨에 따르는 전단력이 각각 최대로 되는 하중상태에 대하여 다음 식에 의한 검산을 거쳐야 한다.

$$\left[\frac{f_b}{f_a}\right]^2 + \left[\frac{v_b}{v_a}\right]^2 \le 1.2 \tag{3.8.4}$$

$$f_b \le f_a, \quad v_b \le v_a$$

(2) 비틀림모멘트를 고려할 경우에는 휨모멘트 및 휨에 따르는 전단력이 각각 최대로 되는 하중상태에 대하여 다음 식에 의한 검산을 거쳐야 한다.

$$\left[\frac{f}{f_a}\right]^2 + \left[\frac{v}{v_a}\right]^2 \le 1.2 \tag{3.8.5}$$

$$f \le f_a, \quad v \le v_a$$

여기서,

$f = f_b + f_w$

$v = v_b + v_s + v_w$

f_b : 휨응력(MPa)

v_b : 휨에 따르는 전단응력(MPa)

v_s : 순수비틀림에 의한 전단응력(MPa)

f_w : 뒴비틀림에 의한 수직응력(MPa)

v_w : 뒴비틀림에 의한 전단응력(MPa)

f_a, v_a : 3.3.2.1에서의 허용인장응력 및 전단응력(MPa)

3.8.2.5 2축응력 상태의 검산

주거더의 플랜지와 라멘 가로보의 플랜지가 직접 연결되는 경우와 같이 주거더의 2방향 응력이 작용하는 부분은 다음 식으로 검산해야 한다.

$$\left[\frac{f_x}{f_a}\right]^2-\left[\frac{f_x}{f_a}\right]^2\left[\frac{f_y}{f_a}\right]+\left[\frac{f_y}{f_a}\right]^2+\left[\frac{v}{v_a}\right]^2\leq 1.2 \qquad (3.8.6)$$

여기서,

f_x, f_y : 검산하는 곳에서 서로 직교하는 방향으로 작용하는 수직응력(MPa)

v : 검산하는 곳에 작용하는 전단응력(MPa)

f_a, v_a : 3.3.2.1에 따른 허용인장응력과 허용전단응력(MPa)

다만, f_x, f_y는 인장응력을 (+), 압축응력을 (−)로 한다.

3.8.3 플랜지

3.8.3.1 자유돌출부의 판두께

(1) 압축력을 받는 플랜지의 자유돌출부 판두께는 3.4.2.2의 규정에 따른다.

(2) 인장력을 받는 플랜지의 자유돌출부 판두께는 강재의 종류에 관계없이 플랜지 자유돌출부 폭의 1/16 이상으로 한다.

3.8.3.2 박스거더의 플랜지 두께

(1) 박스거더의 압축플랜지 두께는 3.4.2.1 또는 3.4.2.3의 규정에 따른다.

(2) 박스거더의 인장플랜지 두께는 복부판 중심간격의 1/80 이상으로 한다.
그러나 충분한 강성을 가진 보강재가 있는 경우에는 복부판 중심간격 대신에 복부판 중심간격을 사용해도 좋다.

3.8.3.3 외측 플랜지판

(1) 플랜지는 1장 또는 2장으로 만드는 것을 원칙으로 한다. 플랜지를 2장의 판을 겹쳐서 만들 경우 외측 플랜지판은 본 조의 규정에 따라야 한다.

(2) 외측 플랜지판의 두께는 내측 플랜지판 두께의 1.5배 이하이어야 하고, 압축플랜지에서는 외측 플랜지판 폭의 1/24 이상, 인장플랜지에서는 외측 플랜지판 폭의 1/32 이상으로 해야 한다.(그림 3.8.1)

(3) 외측 플랜지판의 길이는 거더 높이의 2배에 1,000 mm를 더한 값보다 커야 한다.
외측 플랜지판의 양단에는 이론값보다 각각 300 mm 이상, 또 외측 플랜지판 폭의

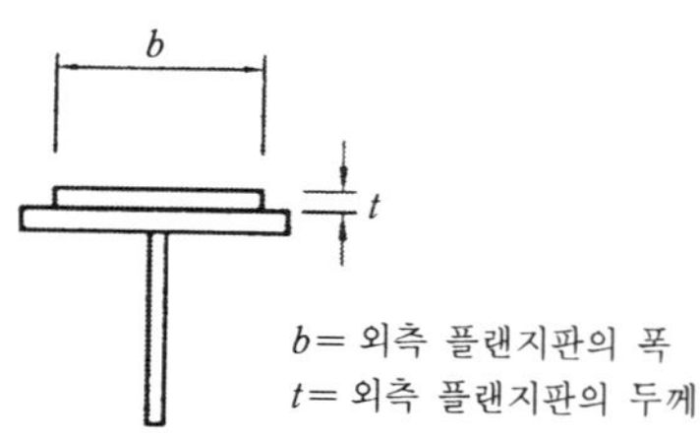

그림 3.8.1 외측 플랜지

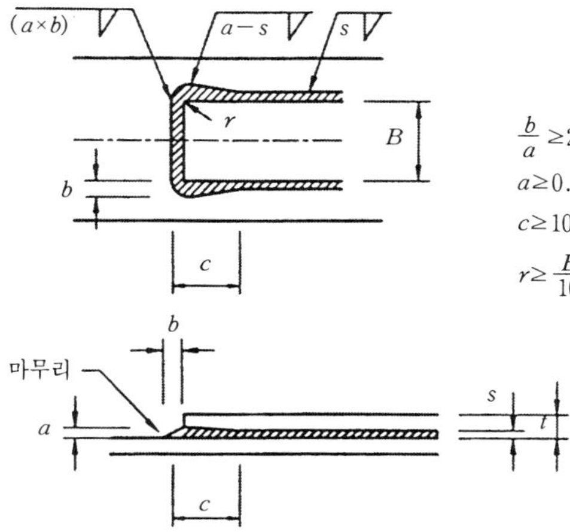

그림 3.8.2 부등치수의 연속필렛용접

1.5배 이상인 여유길이가 있어야 한다. 특히 인장측에 사용되는 외측 플랜지판의 양단은 외측 플랜지를 제외하고 계산한 플랜지의 연응력이 허용응력의 90%가 되는 곳까지 연장해야 한다.

(4) 외측 플랜지판의 단부에 사용하는 필렛용접은 부등치수의 연속필렛용접으로 하고 응력이 매끄럽게 전달되도록 배려해야 한다.(그림 3.8.2)

3.8.3.4 플랜지의 유효폭

응력과 변형을 계산하기 위한 플랜지의 유효폭 λ는 식(3.8.7), 식(3.8.8) 또는 그림 3.8.4에 의해 계산하도록 한다. 여기서 주거더 사이에 있는 플랜지의 폭을 b, 주거더의 등가지간장을 l로 놓는다.

등가지간장 l과 실제의 지간장 L과의 관계 및 식(3.8.7), 식(3.8.8)의 적용방법을 표 3.8.1에 표시한다. 여기서, 중간지점과 지간중앙부 사이의 유효폭은 표 3.8.1에 보인 바와 같이 직선적으로 변화한다고 본다.

$$\left.\begin{array}{ll} b/l \leq 0.05 & \lambda_L = b \\ 0.05 < b/l < 0.30 & \lambda_L = 1.1 - 2(b/l) \cdot b \\ b/l \geq 0.3 & \lambda_L = 0.15l \end{array}\right\} \quad (3.8.7)$$

$$\left.\begin{array}{ll} b/l \leq 0.02 & \lambda_s = b \\ 0.02 < b/l < 0.30 & \lambda_s = 1.06 - 3.2(b/l) + 4.5(b/l)2 \cdot b \\ b/l \geq 0.30 & \lambda_s = 0.15l \end{array}\right\} \quad (3.8.8)$$

여기서,

λ : 플랜지의 한쪽 유효폭(mm)(그림 3.8.3)

b : 복부판 간격의 1/2, 또는 플랜지 돌출폭(mm)(그림 3.8.3)

l : 등가지간 길이(mm)(표 3.8.1)

표 3.8.1 등가지간 길이와 적용식

	유효폭의 변화상태	구간	등가지간 길이	적용식
단순거더	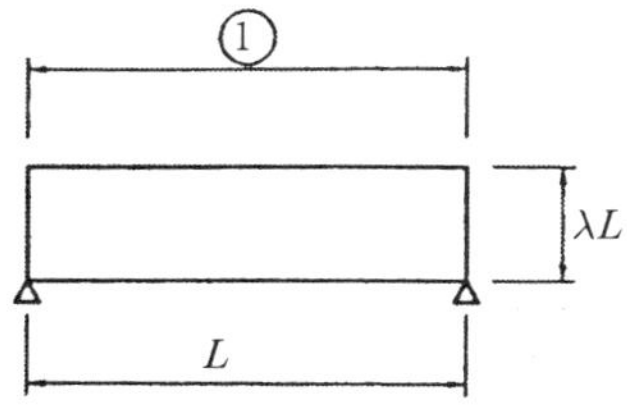	①	λL (거더 전길이) : $l = L$	(3.8.7)
연속거더	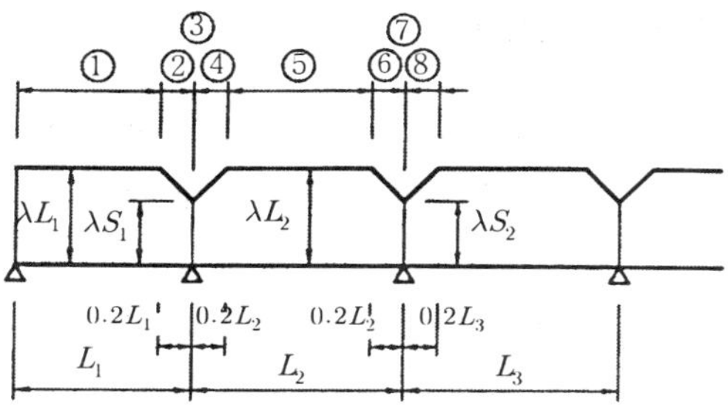	①	λL_1 (지간 중앙부) : $l = 0.8L_1$	(3.8.7)
		⑤	λL_2 (지간 중앙부) : $l = 0.6L_2$	(3.8.7)
		③	λS_1 (중간지점) : $l = 0.2(L_1 + L_2)$	(3.8.8)
		⑦	λS_2 (중간지점) : $l = 0.2(L_2 + L_3)$	(3.8.8)
		②④ ⑥⑧	양단에 유효폭을 사용하여 직선적으로 변화한다.	
게르버 거더	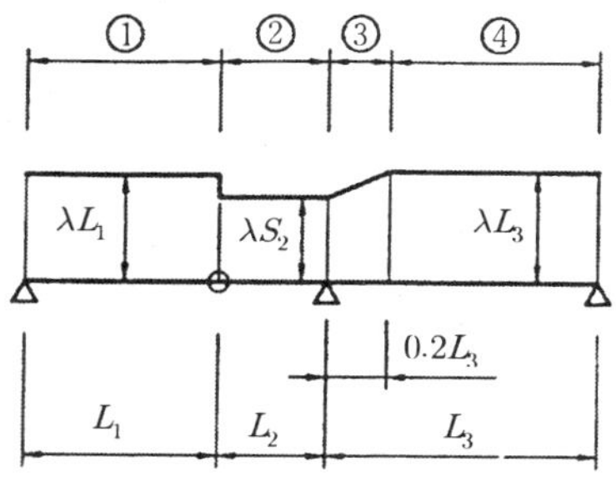	①	λL_1 (지간 중앙부) : $l = L_1$	(3.8.7)
		④	λL_3 (지간 중앙부) : $l = 0.8L_3$	(3.8.7)
		②	λS_2 (캔틸레버부) : $l = 2L_2$	(3.8.8)
		③	양단의 유효폭을 사용하여 직선적으로 변화한다.	

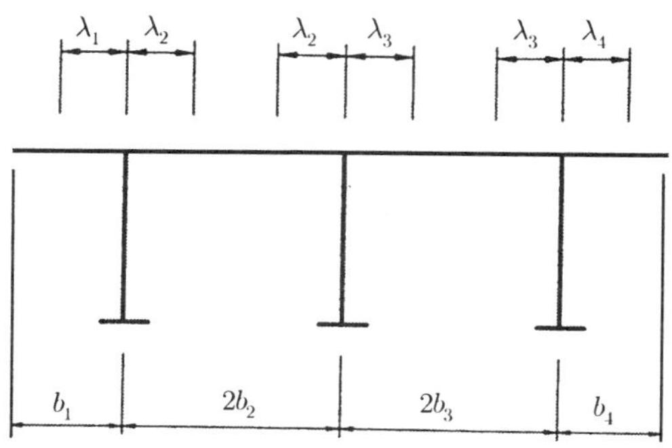

그림 3.8.3 플랜지의 유효폭

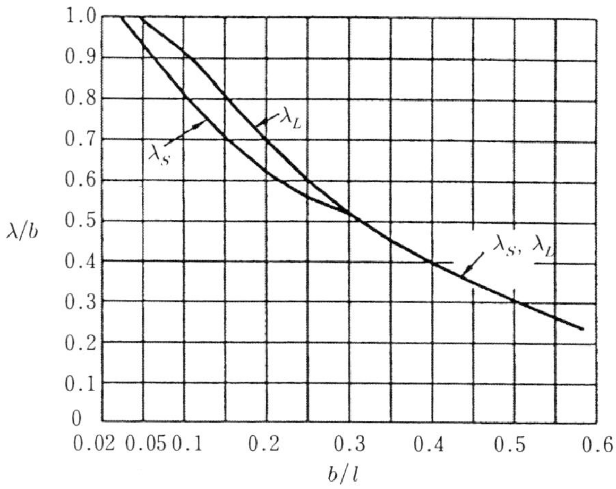

그림 3.8.4 플랜지의 유효폭 산정

3.8.3.5 바닥판 앵커

콘크리트 바닥판과 접하는 플랜지에 전단연결재가 없을 경우에는 바닥판 앵커를 붙여야 한다.

3.8.4 복부판

3.8.4.1 비합성 플레이트거더의 복부판

비합성 플레이트거더의 복부판 두께는 표 3.8.2의 값 이상이 되어야 한다. 계산응력이 허용응력에 비해 적을 경우에는 표 3.8.2의 분모에 $\sqrt{\text{허용휨압축응력 상한치/계산 휨압축응력}}$ 값을 곱하되 이 값이 1.2배를 넘어서는 안 된다.

표 3.8.2 비합성 플레이트거더의 복부판 최소두께

강 종	SS400 SM400 SMA400	SM490	SM490Y SM520 SMA490	SM570 SMA570
수평보강재가 없을 때	$\frac{b}{152}$	$\frac{b}{130}$	$\frac{b}{123}$	$\frac{b}{110}$
수평보강재가 1단을 사용할 때	$\frac{b}{256}$	$\frac{b}{220}$	$\frac{b}{209}$	$\frac{b}{188}$
수평보강재가 2단을 사용할 때	$\frac{b}{310}$	$\frac{b}{310}$	$\frac{b}{294}$	$\frac{b}{262}$
수평보강재를 3단 이상 사용할 때	플레이트거더의 최소 복부판 두께는 임의로 정할 수 있다. 다만, 보강재로 구분되는 패널의 국부좌굴응력은 3.4.2.3에 의하여 검토해야 한다.			

여기서, b : 상하 양플랜지의 순간격(mm)

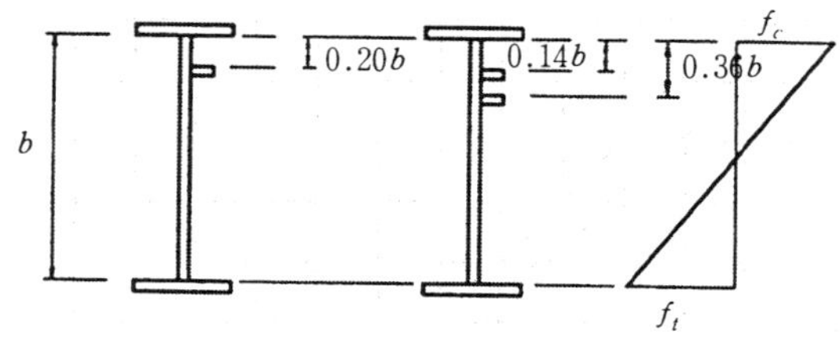

그림 3.8.5 복부판의 응력과 수평보강재의 위치

3.8.4.2 합성 플레이트거더의 복부판

(1) 합성 전

합성 전 고정하중에 의해 발생하는 강재의 최대 휨압축응력이 허용휨 압축응력보다 작을 때는 표 3.8.2에 규정된 비합성 플레이트거더 복부판의 최소 두께 값에 $\sqrt{\text{최대휨압축응력/허용휨압축응력의 상한치}}$를 곱하되 이 값이 1.2배를 넘어서는 안 된다.

(2) 합성 후

합성 후 정모멘트 구간에서는 표 3.8.2의 b 대신 압축응력상태에 있는 복부판 높이 b_c에 2를 곱한 값을 사용한다, 다만, b_c가 0인 경우에는 복부판에 휨응력에 의한 국부좌굴이 발생하지 않으므로 최소두께의 규정을 적용시킬 필요가 없다.

부모멘트를 받는 구간에서는 표 3.8.2를 적용시킨다.

3.8.5 수직보강재

3.8.5.1 수직보강재의 간격

수직보강재의 간격은 다음 식의 관계를 만족하도록 결정해야 한다. 다만, 지점부에서는 $a/b \le 1.5$로 하고, 그 밖에는 $a/b \le 3.0$으로 한다.

(1) 수평보강재를 사용하지 않을 경우

$$\frac{a}{b} > 1, \quad \left[\frac{b}{100t}\right]^4 \left[\left[\frac{f}{365}\right]^2 + \left\{\frac{v}{81+61(b/a)^2}\right\}^2\right] \le 1$$

$$\frac{a}{b} \le 1, \quad \left[\frac{b}{100t}\right]^4 \left[\left[\frac{f}{365}\right]^2 + \left\{\frac{v}{61+81(b/a)^2}\right\}^2\right] \le 1 \qquad (3.8.9)$$

(2) 수평보강재 1단을 사용할 경우

$$\frac{a}{b} > 0.80, \quad \left[\frac{b}{100t}\right]^4 \left[\left[\frac{f}{950}\right]^2 + \left\{\frac{v}{127+61(b/a)^2}\right\}^2\right] \le 1$$

$$\frac{a}{b} \le 0.80, \quad \left[\frac{b}{100t}\right]^4 \left[\left[\frac{f}{950}\right]^2 + \left\{\frac{v}{95+81(b/a)^2}\right\}^2\right] \le 1 \qquad (3.8.10)$$

(3) 수평보강재 2단을 사용할 경우

$$\frac{a}{b} \le 0.64,\ \left[\frac{b}{100t}\right]^4 \left[\left[\frac{f}{3,150}\right]^2 + \left\{\frac{v}{197+61(b/a)^2}\right\}^2\right] \le 1$$

$$\frac{a}{b} \le 0.64,\ \left[\frac{b}{100t}\right]^4 \left[\left[\frac{f}{3,150}\right]^2 + \left\{\frac{v}{148+81(b/a)^2}\right\}^2\right] \le 1 \qquad (3.8.11)$$

(4) 수평보강재를 3단 이상 사용할 경우
수직보강재의 간격을 임의로 정한 후 전체 보강판의 안정성에 대해 검토한다. 판의 좌굴이론에 의하여 휨좌굴응력 및 전단좌굴응력을 구하는 경우에는 다음 식으로 검토한다.

$$\left[\frac{f}{f_{cr}}\right]^2 + \left[\frac{v}{v_{cr}}\right]^2 \le \left[\frac{1}{1.25}\right]^2 \qquad (3.8.12)$$

여기서,
a : 수직보강재의 간격(mm)
b : 상하 양플랜지의 순간격(mm)
t : 복부판의 두께(mm)
f : 복부판 연섬유 압축응력(MPa)
f_{cr} : 복부판의 휨좌굴응력(MPa)
v : 복부판의 전단응력(MPa)
v_{cr} : 복부판의 전단좌굴응력(MPa)

(5) 상하플랜지의 순간격이 표 3.8.3의 값 이하일 때는 수직보강재를 설치하지 않아도 좋다. 계산전단응력이 허용전단응력에 비해 작을 경우에는 표 3.8.3의 값에 $\sqrt{\text{허용전단응력}/\text{계산전단응력}}$을 곱하되 이 값이 1.2배를 넘어서는 안 된다. 이때 허용전단응력 v_a은 다음 식으로 구한다.

$$v_a = \frac{F_y}{2.9} \qquad (3.8.13)$$

여기서,
v_a : 수직보강재가 없는 부복판의 허용전단응력(MPa)
F_y : 사용한 부재의 최소 공칭항복응력(MPa)

표 3.8.3 수직보강재를 생략할 수 있는 플랜지 순간격의 최대치

강 종	SS 400 SM 400 SMA 400	SM 490	SM 490 Y SM 520 SM 490	SM 570 SMA 570
상하 양플랜지의 순간격	$70t$	$60t$	$57t$	$50t$

3.8.5.2 수직보강재의 강도

3.4.2.4 (3)항에 의하여 계산한 수직보강재의 단면 2차모멘트는 식(3.8.13)로 구한 값 이상이어야 한다.

$$I = \frac{b \cdot t^3}{10.92}\gamma \tag{3.8.14}$$

여기서,

$\gamma = 8.0\left[\dfrac{b}{a}\right]^2$: 수직보강재의 소요강비

b : 상하 양플랜지의 순간격(mm)

a : 수직보강재의 간격(mm)

t : 복부판의 두께(mm)

또 수직보강재의 폭은 복부판 높이의 1/30에 50mm를 가산한 것보다 크게 잡는 것이 좋다. 그러나 수직보강재의 두께는 그 폭이 1/13 이상이 되어야 한다.

3.8.5.3 수직보강재의 부착방법

(1) 지점부와 같은 집중하중을 받는 위치에 설치되는 수직보강재는 완전용입 홈용접으로 양쪽 플랜지에 접합시킨다.
(2) 다이어프램이나 수직브레이싱 등의 거세트판으로도 상용되는 중간 수직보강재는 양쪽 플랜지에 볼트나 용접으로 접합시킨다.
(3) 수직보강재 용접단부의 인장플랜지 용접단부와의 복부판 두께는 4배 이상 6배 이하의 간격을 띄워야 한다.
(4) 바닥판과 접하는 인장플랜지에는 수직보강재를 용접으로 접합시킨다.

3.8.5.4 수직보강재의 강종

수직보강재의 강종은 복부판의 강종과는 관계없이 SS400급의 강재를 사용해도 좋다.

3.8.6 수평보강재

3.8.6.1 수평보강재의 위치

3.8.4에 규정한 바와 같이 수평보강재 1단을 사용할 경우에는 $0.20b$ 부근, 2단을 사용할 경우에는 $0.14b$와 $0.36b$ 부근으로 정하는 것을 원칙으로 한다.

3.8.6.2 수평보강재의 강도

3.4.2.4(3)항에 의해 계산된 수평보강재의 단면 2차모멘트는 식(3.8.14)로 구한 값 이상으로 되어야 한다.

$$I = \frac{b \cdot t^3}{10.92} \gamma \tag{3.8.15}$$

여기서,

$\gamma = 30.0 \left[\frac{a}{b} \right]$: 수평보강재의 소요강비

b : 상하 양플랜지간의 순간격(mm)

a : 수직보강재의 간격(mm)

t : 복부판의 두께(mm)

3.8.6.3 수평보강재의 부착방법

수평보강재와 수직보강재는 복부판의 같은 쪽에 붙일 필요는 없지만 같은 쪽에 붙일 경우에 수평보강재는 수직보강재 사이에서 가능하면 폭을 넓혀서 붙이는 것이 좋다. 그러나 수직보강재를 관통하여 연속시키거나 수직보강재에 밀착시킬 필요까지는 없다.

또한 복부판의 현장이음부에서는 수평보강재를 생략해도 좋다.

3.8.6.4 수평보강재의 강종

수평보강재는 그 부착 위치의 복부판에 생기는 최대 응력과 같은 응력이 발생한다고 보고 강재의 종류를 결정해야 한다.

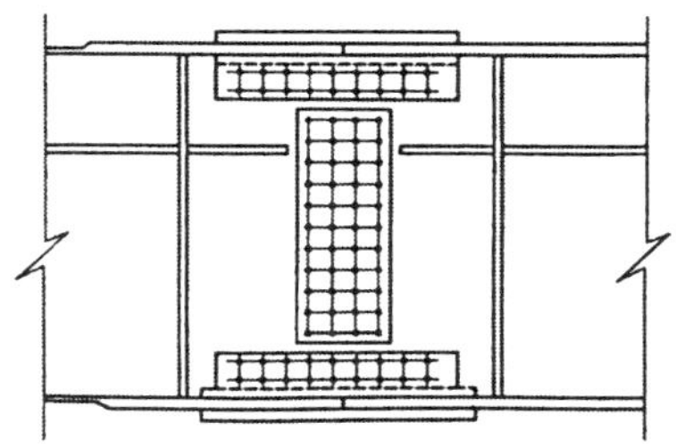

그림 3.8.6 수평보강재의 생략

3.8.7 하중 집중점의 보강재

3.8.7.1 하중 집중점의 보강재

플레이트거더의 지점 및 가로보, 세로보, 수직브레이싱 등의 연결부와 같은 하중 집중점에는 반드시 보강재를 설치해야 한다. 지점부에 설치하는 수직보강재는 압축력을 받는 기둥이라 보고 3.3.2.1에 규정한 허용축방향 압축응력에 따라 설계한다. 이때 보강재 전단면과 복부판 가운데 보강재 부착부에서 양쪽으로 각각 복부판 두께의 12배까지를 유효단면이라 생각할 수 있다. 그러나 전체 유효단면은 보강재 단면의 1.7배를 넘어서는 안 된다.

허용응력 계산에 사용하는 단면 회전반경은 복부판의 중심선에 대해 구하고 유효좌굴길이는 플레이트거더 높이의 1/2로 한다.

3.8.7.2 설계세목

(1) 보강재와 복부판과의 연결은 보강재가 집중하중 전부를 받는 것으로 보고 설계하여야 한다.

(2) 보강재 돌출각의 판두께는 3.4.2.2의 규정을 만족하여야 한다.

(3) 지점상의 보강재는 양쪽에 대칭으로 설치되도록 하고, 상하연 플랜지까지 연장시키는 것을 원칙으로 한다.

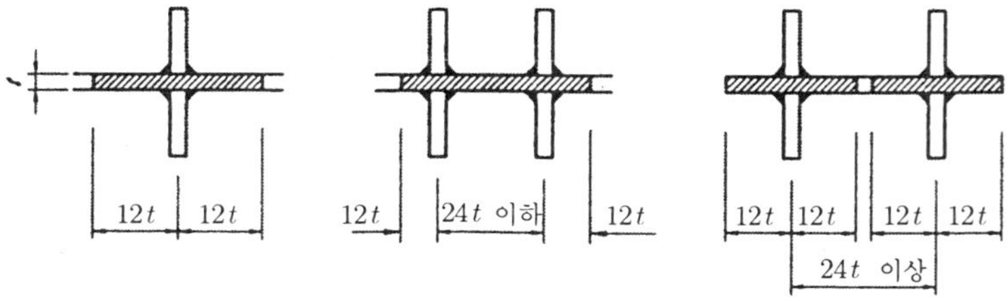

그림 3.8.7 하중 집중점 보강재의 유효단면적

3.8.8 수직브레이싱과 수평브레이싱

3.8.8.1 수직브레이싱

(1) 플레이트거더교 지점부에는 각 주거더 사이에 수직브레이싱을 설치해야 한다.

(2) I형 단면 및 π형 단면의 플레이트거더교에서는 수직브레이싱 간격을 6m 이내로 설계하되 플랜지폭의 30배를 점지 않는 간격으로 중간 수직브레이싱을 설계해야 한다. 상자형 단면의 플레이트거더교에서도 여기에 준하는 것이 좋다.

(3) 바닥판이 3개 이상의 주거더로 지지되고 주거더의 지간이 10m를 넘을 경우에는 강성이 큰 하중분배 가로보를 설치해야 한다. 하중분배 가로보의 설치간격을 20m를 넘지 않아야 한다.

(4) 하중분배 작용을 하는 수직브레이싱은 주부재로 간주하여 DL하중으로 설계해야 한다.

(5) 하로플레이트 거더교에서는 가로보와의 연결부에서 니브레이스 등을 사용하여 주거더와 가로보의 수직보강재를 결합함으로써 횡방향 변형을 보강해야 한다. 이 경우 니브레이스판, 보강재 등 각 부분의 구조는 지간내 압축플랜지 최대 축력 1%에 해당하는 횡력에 대하여 안전하도록 설계해야 한다. 이 축력은 압축플랜지 내에서 각 가로보 연결점의 플랜지 직각방향에 작용하는 것으로 본다. 내하력을 기대하지 않는 경우에도 니브레이스판의 자유변 길이는 그 두께의 60배를 넘어서는 안 된다. 이 경우 압축플랜지의 허용휨응력 계산에 쓰이는 고정점간 거리는 니브레이스의 중심간격을 사용하도록 한다.

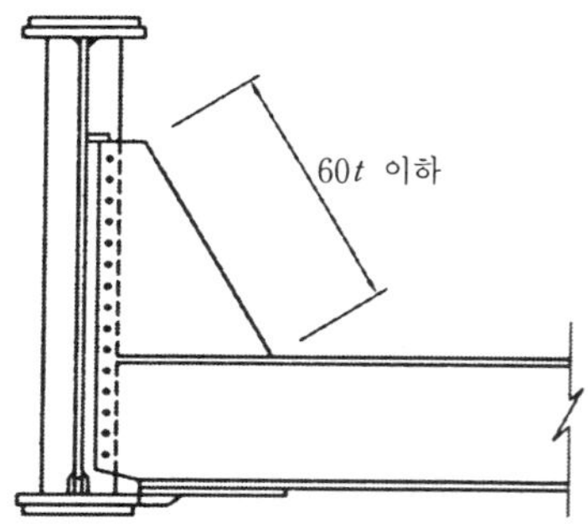

그림 3.8.8 니브레이스의 자유변

3.8.8.2 수평브레이스

(1) I형 단면의 플레이트거더교에서는 횡하중을 지지점에 원활히 전달하기 위해 상부 수평브레이싱과 하부 수평브레이싱을 설치하는 것을 원칙으로 한다. 상로 플레이트거더교에서 주거더가 강상판 또는 철근콘크리트 바닥판과 결합되어 있어 횡방향 좌굴 등의 변형에 견딜 수 있을 때에는 상부 수평브레이싱을 생략할 수 있다. 지간이

25m 이하이면서 튼튼한 수직브레이싱이 있는 경우에는 하부 수평브레이싱에서도 생략할 수 있다. 그러나 곡선교에서는 하부 수평브레이싱을 생략할 수 없다.

(2) 수평브레이싱의 뼈대선은 수평브레이싱면에 있어서 주거더의 뼈대선으로부터 현저하게 편심되는 일이 없도록 해야 한다. 부득이 편심되는 경우에는 이에 따른 응력을 고려해야 한다.

3.8.9 중간다이어프램의 간격

3.8.9.1 일반

시공 중 및 사용하중 하에서 발생하는 단면의 뒤틀림 및 이때 발생하는 뒤틀림 응력을 억제하기 위하여 박스거더 내부에 적절한 간격으로 중간다이어프램을 설치해야 한다.

3.8.9.2 중간다이어프램의 간격

그림 3.8.9에 주어진 형식을 갖는 중간다이어프램의 간격은 다음 식으로 구한다.

$$L_D < 6.0\,\mathrm{m} \qquad (L \le 50\,\mathrm{m})$$
$$L_D \le (0.14L - 1.0)\,\mathrm{m} \qquad (L > 50\,\mathrm{m}) \qquad (3.8.9.1)$$

단, $L_D \le 20\,\mathrm{m}$

여기서, L_D : 중간다이어프램의 간격(m)

L : 교량의 지간 길이(m)

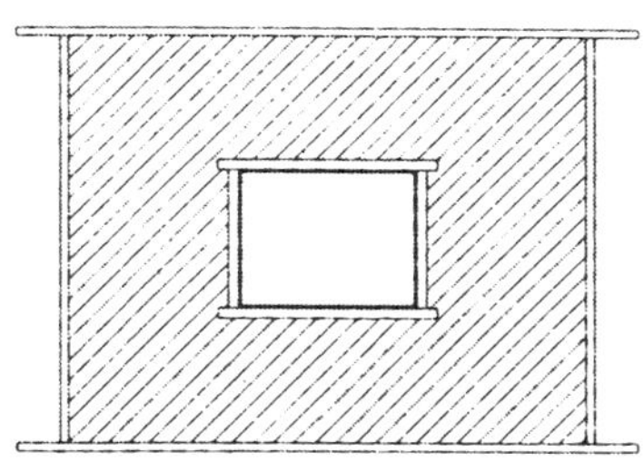

(가) 충복식

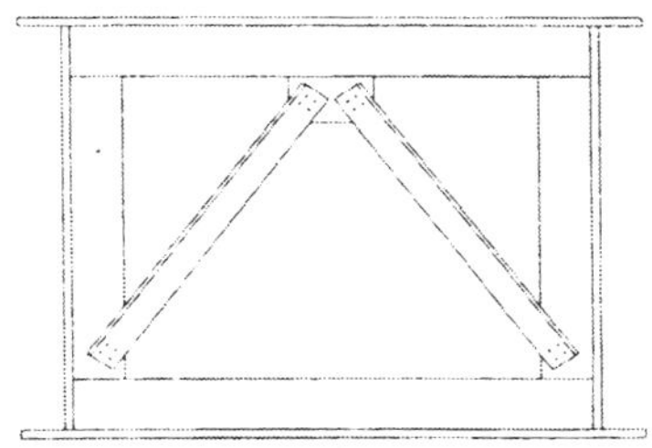

(나) K형

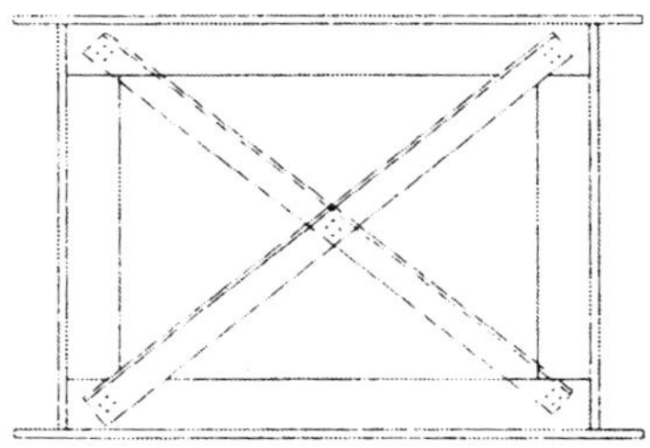

(다) X형

그림 3.8.9 중간다이어프램의 형식

3.8.10 기타 구조세목

3.8.10.1 솟음

지간 25m 이상의 플레이트 거더에서는 고정하중에 대하여 노면이 소정의 높이에 이를 수 있는 솟음을 설치하는 것을 원칙으로 한다.

3.8.10.2 배수 구멍

박스 거더의 내부 온도차로 인한 결로 및 누수에 의한 물고임 방지를 위하여 배수구멍을 하부 플랜지의 적절한 위치에 설치한다.

3.9 합성거더

3.9.1 일 반

3.9.1.1 적용범위

이 절은 강재 주거더와 현장타설 콘크리트 바닥판이 전단연결재에 의해 결합되어 주거더와 바닥판이 일체로 된 합성단면으로 하중에 저항하는 교량의 설계에 적용한다.

3.9.1.2 바닥판의 합성작용

(1) 주거더의 단면응력을 산출하는 경우 바닥판의 합성작용을 취급함에 있어서 표 3.9.1과 같이 한다. 전단연결재는 그림 3.9.1과 같이 주거더의 전장에 걸쳐 붙이는 것을 원칙으로 한다.

또 연속합성 거더에서 표 3.9.1에 따라 설계하는 경우에는 내부지점 부근의 균열에 대해 방수층 등의 처리를 강구함과 동시에 고정하중에 의한 휨모멘트의 부호가 변하는 부근에는 강한 하중분배 가로보를 설치하는 것으로 하고, 전단연결재의 배치 및 응력의 변동상태 등을 충분히 검토해야 한다.

(2) 주거더의 탄성변형 및 부정정력을 계산하는 경우에는 표 3.9.1의 규정에 관계없이 바

닥판 콘크리트의 합성작용을 고려한다.

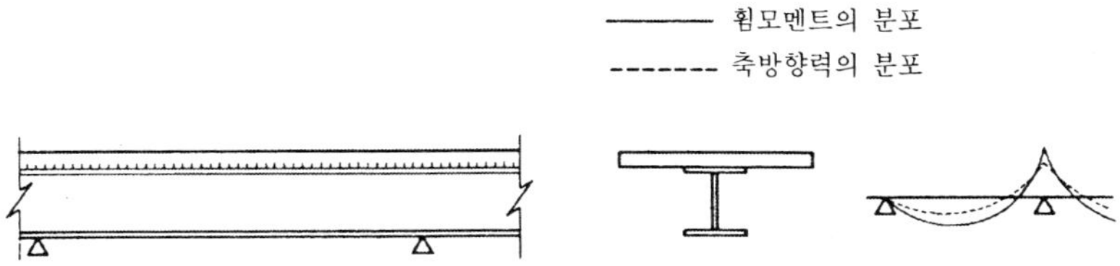

그림 3.9.1 전단연결재의 배치

표 3.9.1 합성작용의 취급

휨모멘트의 종류	합성작용의 취급	적 용
정	바닥판 콘크리트를 주거더 단면의 일부로 본다.	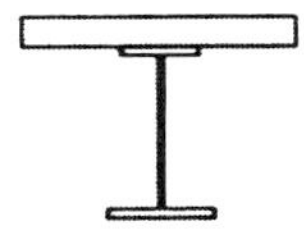
부	1. 인장응력을 받는 바닥판에서 콘크리트의 단면을 유효로 하는 경우 바닥판 콘크리트를 주거더 단면의 일부로 본다.	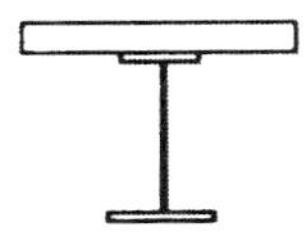
	2. 인장응력을 바든 바닥판에서 콘크리트의 단면을 무시하는 경우 바닥판내의 교축방향 철근만을 주거더 단면의 일부로 본다.	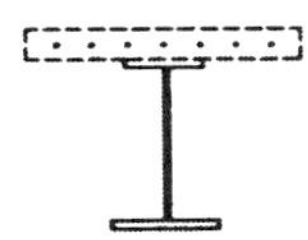

3.9.2 설계일반

3.9.2.1 바닥판 콘크리트의 설계기준 강도

바닥판 콘크리트의 설계기준강도 f_{ck}는 27 MPa 이상이 되어야 한다. 다만, 바닥판에 프리스트레스를 주는 경우에는 30 MPa 이상이 되어야 한다.

3.9.2.2 강재와 바닥판 콘크리트의 탄성계수비

주거더의 탄성변형, 부정정력 및 단면응력을 계산하는 경우에 강재와 바닥판 콘크리트의 탄성계수비 n은 8을 표준으로 한다.

3.9.2.3 인장력을 받는 바닥판의 배근

(1) 인장력을 받는 바닥판에서 콘크리트의 단면을 유효로 하는 설계를 하는 경우에는 바닥판에 작용하는 전 인장력을 철근이 받도록 해야 한다.

(2) 인장력을 받는 바닥판에서 콘크리트의 단면을 무시하고 설계를 하는 경우에는 바닥판 콘크리트 단면적의 2% 이상의 교축방향으로 철근을 배근해야 한다. 이 경우 교축방향 철근의 총 주변장의 바닥판 콘크리트의 단면적에 대한 비, 즉 주장률은 $0.0045\,\mathrm{mm/mm^2}$ 이상으로 하면 좋다. 또한 바닥판작용에 대처하기 위하여 배치된 철

근을 교축방향 철근의 일부로 볼 수 있다.

철근은 고정하중에 의한 휨모멘트의 부호가 변하는 점을 지나서 바닥판 콘크리트의 압축측에 정착시켜야 한다.

3.9.2.4 바닥판의 유효폭

바닥판의 유효폭 계산은 3.8.3.4의 규정에 의하고, λ와 b는 그림 3.9.2와 같이 한다. 이 경우 수평에 대한 헌치의 경사는 3.6.1.10의 규정에 의하지만 계산상에는 45°로 하여 취급한다.

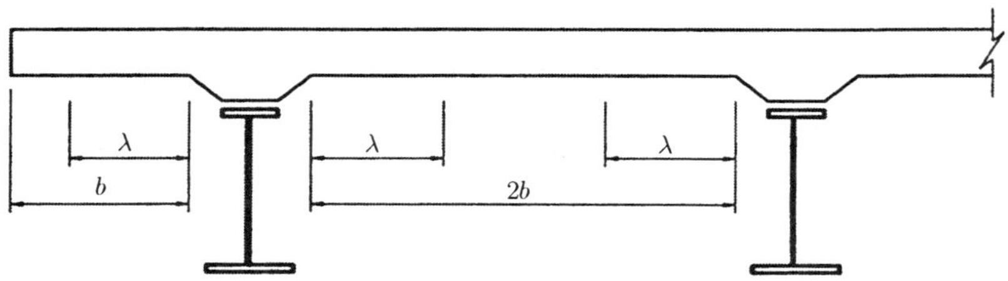

그림 3.9.2 λ와 b를 취하는 방법

3.9.2.5 주거더 작용과 바닥판 작용과의 겹침

바닥판은 일반적으로 다음 두 가지 작용을 동시에 받는 것으로 하여 설계한다.

(1) 윤하중을 지지하는 바닥판으로서의 작용(3.6 바닥판 참조)

(2) 주거더 단면의 일부로서의 작용

위의 각 경우에 대해서 바닥판에 가장 불리한 재하상태 하에서의 응력을 계산하고 그 합계에 대해 검사하여야 한다. 다만, 주거더 작용에 대한 정(+)의 휨모멘트 부분의 교축방향 철근의 응력에 있어서는 두 가지 작용의 겹침을 고려하지 않아도 좋다.

3.9.2.6 바닥판 콘크리트의 크리프

합성단면으로서의 바닥판 콘크리트에 지속하중이 작용하는 경우 바닥판 콘크리트의 크리프에 의한 응력의 계산에 쓰이는 크리프 계수 ϕ_1은 2.0을 표준으로 한다.

3.9.2.7 바닥판 콘크리트와 강재 주거더와의 온도차

바닥판 콘크리트와 강재 주거더와의 온도차는 10℃를 표준으로 하고 현저한 온도차가 생기는 경우에는 별도로 고려하여야 한다.

온도분포는 강재 주거더 및 바닥판 콘크리트에 있어서 각각 균일한 것으로 본다.

바닥판 콘크리트와 강재의 선팽창계수 α는 12×10^{-6}으로 한다.

3.9.2.8 바닥판 콘크리트의 건조수축

바닥판 콘크리트의 건조수축에 의한 응력의 계산에 사용하는 최종 수축률 ϵ_s는 27×10^{-5}, 크리프계수 ϕ_2는 $\phi_2 = 2\phi_1 = 4.0$을 표준으로 한다.

3.9.3 허용응력

3.9.3.1 허용응력

합성거더에 있어서 콘크리트와 강재의 허용응력은 다음 규정에 따라야 한다.

(1) 바닥판 콘크리트의 허용압축응력은 표 3.9.2와 같이 한다.

표 3.9.2 콘크리트의 허용압축응력

하중의 조합			허용응력(MPa)
1	주하중	1) 바닥판으로서의 작용	$0.4f_{ck}$
		2) 주거더 단면의 일부로서의 작용	
		3) 1)과 2)를 동시에 고려할 때	
2	주하중+바닥판 콘크리트와 강재 주거더와의 온도차		1.1)항의 15% 증가
3	프리스트레스 도입 직후		1.1)항의 25% 증가

(2) 인장력을 받는 바닥판에 있어서 콘크리트의 단면을 유효로 하는 설계를 할 경우 바닥판 콘크리트의 허용인장응력은 표 3.9.3과 같이 한다.

표 3.9.3 콘크리트의 허용인장응력

	하중의 조합	허용응력(MPa)	
1	주하중	바닥판의 상하연	$0.07f_{ck}$로 하되 2.5 이하
		바닥판 두께의 중심	$0.04f_{ck}$로 하되 1.5 이하
2	활하중, 충격을 제외한 주하중	0	
3	주하중+바닥판 콘크리트와 강재 주거더와의 온도차	1항의 15% 증가	
4	가설시 하중	$0.025f_{ck}$로 하되 1.0 이하	

(3) 철근의 허용응력은 3.6.1.7의 규정에 따른다. 다만, 주거더 단면의 일부로서의 작용과 바닥판으로서의 작용을 동시에 고려할 경우에는 허용응력을 20% 증가할 수 있다.

(4) 강재의 허용응력은 3.2의 규정에 따르되, 하중의 조합을 고려하는 경우 강재 주거더의 허용응력은 표 3.9.4의 비율에 따라 증가시킬 수 있다.

표 3.9.4 강재 주거더의 허용응력 증가율

하중의 조합			증가율(%)	
			정의 휨모멘트를 받는 부분	부의 휨모멘트를 받는 부분
1	크리프의 영향과 건조수축의 영향을 제외한 주하중		0	0
2	주하중	압축연	15	0
		인장연	0	0
3	주하중+바닥판 콘크리트와 강재 주거더와의 온도차	압축연	30	15
		인장연	15	15
4	가설시 하중	압축연	25	25
		인장연	25	25

3.9.3.2 항복에 대한 안전도 검사

(1) 활하중(충격을 포함)의 2.15배와 고정하중의 1.3배, 프리스트레스, 바닥판 콘크리트의 건조수축 및 크리프의 영향, 바닥판 콘크리트와 강재 주거더와의 온도차에 의한 응력 중 가장 불리한 조합에 대하여 검사하는 것으로 한다.
(2) 바닥판 콘크리트가 인장력을 받는 경우에는 이를 단면 계산에 넣지 않고, 다만 바닥판 콘크리트 내의 교축방향 철근과 PS강재만을 고려한다.
(3) 탄성변형 및 부정정력을 계산하는 경우에는 바닥판 콘크리트의 합성작용을 고려하도록 하고 탄성계수비 n은 8로 한다.
(4) 이 경우 강재 주거더의 연응력 및 교축방향 철근의 응력은 표 3.9.5에 표시한 사용강재의 항복점 응력을 바닥판 콘크리트의 압축응력은 f_{ck}의 3/5를 넘어서는 안 되며, PS강재에 대해서는 관련 시방서에 의한다.

표 3.9.5 항복에 대한 안전도 검사에 사용하는 강재의 항복점 응력(MPa)

강 종	구조용 강재				철근콘크리트용 봉강		
	SS 400 SM 400 SMA 400	SM 490	SM 490Y SM 520 SMA 490	SM 570 SMA 570	SD 300	SD 350	SD 400
항복응력	240	320	360	460	300	350	400

3.9.4 바닥판

3.9.4.1 일 반

바닥판 설계는 이 절에 제시된 것 외에 3.6의 규정에 의한 것으로 한다.

3.9.4.2 전단력이 집중하는 부분의 구조

(1) 스터드와 같이 연성이 충분한 전단연결재를 사용하는 경우에는 별도의 보강철근을 배치하지 않아도 된다. 다만, 하부 횡방향 철근이 스터드 머리 아래에 위치하도록 해야 한다.
(2) 스터드의 배치가 집중되는 경우에는 바닥판의 전단강도를 검토하여야 한다.

3.9.4.3 구조이음

바닥판 콘크리트에는 구조이음을 설치해서는 안 된다.

3.9.4.4 합성작용을 줄 때의 바닥판 콘크리트 압축강도

바닥판 콘크리트에 합성작용을 줄 때에 바닥판 콘크리트 압축강도는 f_{ck}의 80% 이상이 되어야 한다.

3.9.5 전단연결재

3.9.5.1 전단연결재의 종류

(1) 전단연결재는 스터드를 표준으로 한다.

(2) 전단연결재는 전단력에 대하여 충분한 내하력을 가짐과 동시에 바닥판이 들뜨는 것을 방지하는 데 대해서도 유효한 구조로 해야 한다.

(3) 피로설계시 적용할 스터드 전단 연결재의 높이/지름(L/d)비는 4.0보다 크거나 같아야 한다.

3.9.5.2 전단연결재의 설계

(1) 전단연결재는 각종 하중의 조합에 의한 강재 주거더와 바닥판 콘크리트 사이의 전단력이 가장 크게 되는 경우에 대하여 설계하는 것으로 한다.

(2) 전단연결재의 설계에는 허용응력의 증가를 고려해서는 안 된다.

(3) 전단연결재는 3.9.5.9에 따라 피로에 대비한 전단연결재 간격을 결정하고 3.9.5.10에 따른 극한강도를 검토하여 설계할 수 있다.

3.9.5.3 바닥판 콘크리트의 건조수축 및 바닥판 콘크리트와 강재 주거더의 온도차에 의해서 생기는 전단력

(1) 바닥판 콘크리트의 건조수축 및 바닥판 콘크리트와 강재 주거더와의 온도차에 의해 생기는 전단력은 바닥판의 단부에서 주거더 간격 a(a가 $L/10$보다 큰 때에는 $L/10$으로 한다)의 범위에 있는 전단연결재에 부담시켜야 한다.

(2) 전단연결재의 계산에서 그림 3.9.3에 표시한 바와 같이 전단력의 전부를 지점상에서 최대로 되는 삼각형 분포로 가정한다.

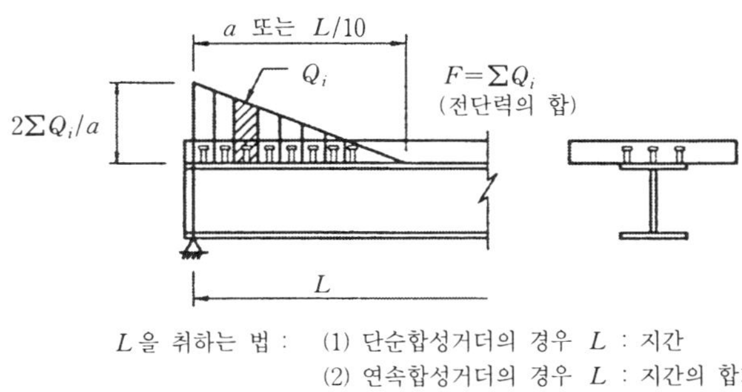

그림 3.9.3 전단력의 분포

3.9.5.4 전단연결재의 최대 간격

전단연결재의 최대 간격은 바닥판 콘크리트 두께의 3배로 하고 600mm를 넘지 않도록 한다. 다만, 연속교의 내부지점부의 경우 높은 인장응력이 발생되는 곳의 전단연결재 설치를 피하기 위해 이 간격을 넓힐 수도 있다.

3.9.5.5 전단연결재의 최소 간격

교축방향의 최소 중심간격은 $5d$ 또는 100mm로 하고 교축 직각방향의 최소 중심간격은 $d+30$mm로 한다. 여기서 d는 스터드 줄기의 지름이다.

또 스터드와 플랜지 연단과의 최소 순간격은 25mm로 한다.

3.9.5.6 허용전단력

전단연결재의 허용전단력은 다음 식으로 계산하고 바닥판 콘크리트와 강재 주거더의 플랜지 사이의 부착력은 무시한다.

$$Q_a = 9.5d^2\sqrt{f_{ck}} \quad (H/d \geq 5.5) \tag{3.9.1}$$

$$Q_a = 1.74dH\sqrt{f_{ck}} \quad (H/d < 5.5) \tag{3.9.2}$$

여기서,

Q_a : 전단연결재의 허용전단력(N)

H : 스터드의 전 높이로서 150mm 정도를 표준으로 한다(mm).

d : 스터드 줄기의 지름으로서 19mm, 22mm로, 25mm로 한다(mm).

f_{ck} : 콘크리트의 설계기준강도(MPa)

3.9.5.7 연속합성거더의 내부지점 부근의 전단연결재

고려하는 단면의 휨모멘트 부호에 관계없이 바닥판 콘크리트의 단면을 유효로 하여 전단연결재의 계산을 하는 것으로 한다.

3.9.5.8 전단연결재의 안전도의 검사

스터드에 대해서는 일반적으로 안전도 검사를 하지 않아도 좋다.

3.9.5.9 피로강도를 고려한 전단연결재의 간격

(1) 전단연결재의 최대 간격은 600mm를 넘지 않도록 하고, 단지 연속교의 내부지점부의 경우 높은 인장응력이 발생하는 위치에 전단연결재가 설치되는 것을 피하기 위해 간격을 넓힐 수도 있다.

(2) 수평전단력의 범위는 다음 식에 의해 계산한다.

$$S_r = \frac{V_r Q}{I} \tag{3.9.3}$$

여기서,

S_r : 설계대상 단면의 슬래브와 주거더 사이의 수평전단력 범위(N/mm)

V_r : 충격을 포함하는 활하중에 대한 전단력의 범위(N)

Q : 정모멘트부 콘크리트의 환산단면 또는 부모멘트부 철근면적의 합성단면 중립축에 대한 단면1차 모멘트(mm^3)

I : 합성단면의 단면2차 모멘트(mm^4)

(3) 각 전단연결재의 허용수평전단력 범위, Z_r 은 다음과 같다.(단위 : N)

$$Z_r = \beta d^2 \tag{3.9.4}$$

여기서,

d : 스터드의 지름(mm)

β : 반복횟수 100,000 에 대해 91
반복횟수 500,000 에 대해 74
반복횟수 2,000,000 에 대해 55
반복횟수 2,000,000 이상에 대해 39

(4) 전단 연결재의 간격은 주거더 위의 한 단면에 횡방향으로 설치된 모든 전단 연결재의 허용수평전단력 범위의 합(ΣZ_r)을 수평전단력 범위 S_r 로 나누어 결정하며 다음 식과 같다.(연속교 내부지점부의 높은 인장응력이 발생되는 곳에 전단연결재가 설치되는 것을 피하기 위해 간격은 조절할 수 있으나 필요한 전체 개수는 반드시 일치해야 한다.)

$$d_0 = \frac{\Sigma Z_r}{S_r} \tag{3.9.5}$$

여기서,

d_0 : 전단연결재의 간격(mm)

$\Sigma Z_r = nZ_r$(N)

n : 한 단면에 설치된 전단연결재 개수

(5) 부모멘트부의 합성단면값 산정시 철근을 고려하지 않은 경우 추가의 전단연결재를 변곡점 부분에 설치해야 하며, 추가되어야 할 전단연결재의 개수는 다음과 같이 구한다.

$$N_c = \frac{A_r f_r}{Z_r} \tag{3.9.6}$$

여기서,

N_c : 각 주거더의 변곡점 부분에 추가될 전단연결재 개수

A_r : 내부 지점부 유효슬래브 폭 내에 설치된 종방향 철근의 총 단면적(mm^2)

f_r : 지점부 위 종방향 철근의 응력범위(MPa)
(정확히 산정된 값 대신에 $f_r = 70$MPa를 적용하여도 좋다)

추가 전단연결재는 고정하중 변곡점에서 바닥판 유효폭의 1/3 거리 이내에 설치되어야 한다.

3.9.5.10 극한강도 검토

(1) 피로에 대해 설계된 전단연결재는 충분한 극한강도를 지니고 있는지 검토해야 한다.

(2) 전단연결재의 개수는 다음 식에 의해 산정되는 수 이상이 되어야 한다.

$$N_1 = \frac{P}{\phi V_u} \tag{3.9.7}$$

여기서,

N_1 : 최대 정모멘트부와 인접한 교대 지점부 사이의 전단연결재 개수

P : 다음에 정의되는 슬래브에 작용하는 힘 P_1 또는 P_2 (N)

ϕ : 감소계수(0.85)

V_u : 아래 주어진 식에 따른 전단연결재의 극한강도(N)

최대 정모멘트부의 슬래브에 작용하는 힘은 다음 두 식의 값 중 작은 값을 취한다.

$$P_1 = A_s f_y \tag{3.9.8}$$

또는 $$P_2 = 0.85 f_{ck}\, b\, t_s \tag{3.9.9}$$

여기서,

A_s : 덮개판을 포함하는 강재 단면의 총면적(mm^2)

f_y : 사용된 강재의 최소 공칭항복응력(MPa)

f_{ck} : 콘크리트의 28일 압축강도(MPa)

b : 3.9.2.4에 주어진 슬래브의 유효폭(mm)

t_s : 콘크리트 슬래브의 두께(mm)

(3) 최대 정모멘트부와 인접한 최대 부모멘트부 사이에 필요한 전단 연결재의 개수, N_2는 다음 식에 의해 산정되는 수 이상이어야 한다.

$$N_2 = \frac{P + P_3}{\phi V_u} \tag{3.9.10}$$

최대 부모멘트부의 슬래브에 작용하는 힘은 다음과 같다.

$$P_3 = A_s^r\, f_y^{\,r} \tag{3.9.11}$$

여기서,

A_s : 지점부 유효슬래브 폭 내에 설치된 종방향 철근의 총면적(mm^2)

$f_y^{\,r}$: 철근의 최소 항복응력(MPa)

(4) 전단연결재의 극한강도는 다음 식에 의해 산정한다.

$$V_u = 0.4d^2\sqrt{f_{ck}E_c} \le A_{sc}f_u \tag{3.9.12}$$

여기서,

V_u : 전단연결재의 극한강도(N)

d : 전단연결재의 지름(mm)

f_{ck} : 콘크리트의 28일 압축강도(MPa)

E_c : 콘크리트의 탄성계수(MPa)

A_{sc} : 전단연결재의 단면적(mm^2)

f_u : 전단연결재의 인장강도(MPa)

3.9.5.11 스터드

(1) 합성거더에 사용되는 스터드 줄기의 지름은 19mm, 22mm 및 25mm를 표준으로 한다.

(2) 스터드의 재질, 종류, 형상, 치수 및 그 허용차 등은 표 3.9.6 표 3.9.7 표 3.9.8 등을 표준으로 한다.

표 3.9.6 화학성분

탈산형식	화학성분(%)					
	C	Si	Mn	P	S	Al
Silicone chelatd	0.2 이하	0.15~0.35	0.30~0.90	0.040 이하	0.040 이하	-
Alumimium chelatd	0.2 이하	0.10 이하	0.30~0.90	0.040 이하	0.040 이하	0.02 이상

표 3.9.7 기계적 성질

항복점 또는 0.2% 내력(MPa)	인장강도(MPa)	신장률(%)
240 이상	410~560	20 이상

표 3.9.8 형상, 치수 및 허용차(mm)

호 칭	줄기지름(d)		머리지름(D)		머리두께(T) 최소	헌치부 반지름(r)	표준형상 및 치수 표시기호
	기준치수	허용차	기준치수	허용차			
19	19.0		32.0				
22	22.0	±0.4	35.0	±0.4	10	2~3	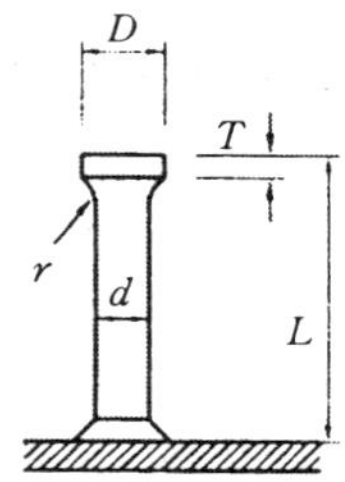
25	25.0		38.0				

3.9.6 강재 주거더 플랜지 두께

전단연결재를 설치하는 플랜지의 판두께는 3.8의 규정에 따르는 외에 10mm 이상으로 하여야 한다.

3.9.7 솟 음

특별한 경우를 제외하고 합성거더의 강재 주거더에는 고정하중에 대하여 노면이 소정의 높이에 이를 수 있는 솟음을 설치하는 것을 원칙으로 한다.

3.10 트러스

3.10.1 적용범위

이 절은 주구조가 트러스인 상부구조의 설계에 적용한다. 스팬드럴 브레이스드 아치, 트러스보강형 아치의 트러스 부재 등은 이 장을 준용할 수 있다.

3.10.2 부 재

3.10.2.1 일반

(1) 교량을 구성하는 부재의 일반사항에 관한 것은 3.4의 규정에 따른다.

(2) 이 장은 트러스를 구성하는 부재를 대상으로 하여 이들이 안전하게 그 기능을 다 할 수 있도록 하기 위한 설계상 필요한 사항을 규정한다.

3.10.2.2 부재 단면의 구성

(1) 단면의 구성에 있어서 단면의 도심이 가능한 한 단면의 중심과 일치하도록 하고, 또한 골조선에 일치하도록 배려하는 등, 2차응력은 가능한 한 작게 되도록 해야 한다.

(2) 부재의 조합에 있어서 용접부가 좌우는 물론 상하로도 가급적 대칭인 위치에 오도록

고려하여 설계하는 것으로 한다.

(3) 압축력을 받는 현재, 단부수직재 및 내부지점에 연결되는 사재 등은 원칙적으로 상자형 또는 π형 단면으로 하며, 또한 수직축에 관한 단면 회전반경에 대한 세장비는 수평축에 관한 것보다 작게 하여야 한다.

(4) 상자형 단면을 갖는 부재에서 트러스면과 평행하게 배치된 판(이하 복부판이라 함)의 단면적은 부재 총단면적의 40% 이상으로 하는 것이 좋다.

3.10.2.3 부재의 길이

(1) 트러스 부재의 길이는 골조의 길이로 한다.

(2) 압축부재의 유효좌굴길이는 3.10.2.4의 규정에 따른다.

(3) 인장력을 받는 복부재의 트러스면 내의 세장비를 구할 때의 부재의 길이는 골조길이의 0.9배로 하여도 좋다. 또한 그림 3.10.1과 같은 수평브레이싱의 경우에는 수평브레이싱면에 수직한 면 내에서는 $\overline{pp}$, 그 이외의 면 내에서는 $\overline{pa}$를 부재의 길이로 본다. 이 경우 세로보 등으로부터 견고한 행어로 수평브레이싱 부재를 지지하는 경우에는 수평브레이싱면에 수직한 면 내에서는 $\overline{bb}$ 또는 $\overline{pb}$를, 기타의 면 내에서는 $\overline{ab}$ 또는 $\overline{pb}$를 부재의 길이로 취할 수 있다.

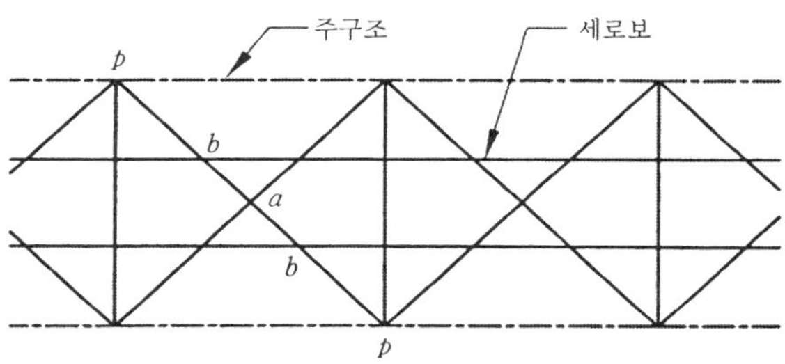

그림 3.10.1 수평브레이싱에서 부재의 길이

3.10.2.4 트러스 부재의 유효좌굴길이

(1) 트러스 면 내

1) 현재의 유효좌굴길이는 부재의 골조길이로 한다.

2) 거세트판에 의해 현재에 연결된 복부재의 유효좌굴길이는 연결고장력 볼트군의 중심간 거리를 취해도 좋다. 다만, 골조길이의 0.8배 이하가 되어서는 안 된다. 또한 수평브레이싱이나 수직브레이싱 등의 부재에서 부재의 양면에 거세트판을 대지 않은 구조에서는 골조길이의 0.9배를 취하도록 한다.

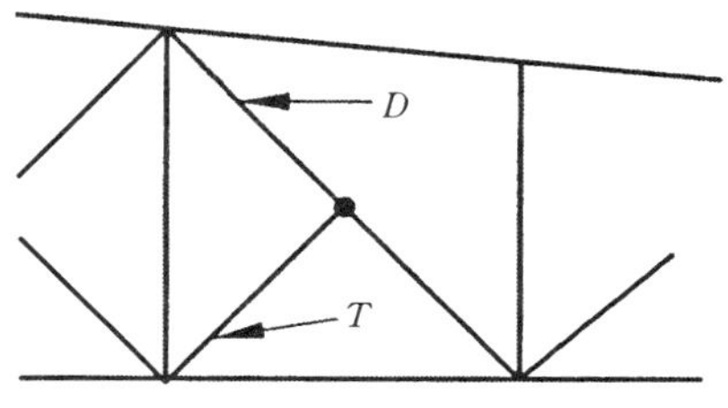

그림 3.10.2 버팀부재가 있는 사재

3) 부재의 중간점을 다른 부재가 유효하게 지

지하는 경우에는 그 지지점간을 유효좌굴길이로 해도 좋다. 여기에서 유효하게 지지한다는 뜻은 예를 들면, 그림 3.10.2와 같이 사재 D와 버팀부재 T와의 연결이 충분하고, 또한 버팀부재가 3.4.1.4에 규정된 압축2차 부재로 설계되어 있는 경우를 말한다. 이때 사재 D와 버팀부재 T와의 강도는 적어도 사재 D와 현재와의 연결부 강도의 1/4 이상으로 하여야 한다.

(2) 트러스면 외

트러스면 외의 유효좌굴길이는 부재의 골조길이로 함을 원칙으로 한다. 다만, 3.10.5에 규정된 수평브레이싱, 수직브레이싱 및 교문브레이싱에 의해 지지된 주트러스 현재 및 복부재는 그 지지점간을 유효좌굴길이로 해도 좋다.

(3) 축력이 다른 트러스 부재의 면외 유효좌굴길이

그림 3.10.3에 표시된 $\overline{aa}$ 부재와 같이 $\overline{ab}$, $\overline{ba}$에 크기가 다른 압축력이 작용하고 트러스면 외에 버팀부재가 없는 경우, 부재 $\overline{aa}$의 트러스면 외에 대한 유효좌굴길이 l은 식(3.10.1)에 의해 구할 수 있다.

$$l=\left(0.75+0.25\frac{P_2}{P_1}\right)L \qquad (3.10.1)$$

여기서, P_1, P_2는 부재 $\overline{aa}$의 각 격간 $\overline{ab}$, $\overline{ba}$에 작용하는 합축력이며 $P_1 \geq P_2$이다. 또한 그림 3.10.4에 표시된 K트러스의 수직재 $\overline{aa}$와 같이 $\overline{ab}$, $\overline{ba}$에 부호가 반대인 축력이 작용하고 트러스면 외에 버팀부재가 없는 경우, 부재 $\overline{aa}$의 트러스면 외에 대한 유효좌굴길이 l은 식(3.10.2)에 의해 구할 수 있다.

$$\begin{aligned} l&=\left(0.75-0.25\frac{P_2}{P_1}\right)L && (P_1 \geq P_2) \\ l&=0.5 && (P_1 < P_2) \end{aligned} \qquad (3.10.2)$$

다만, P_1은 압축력의 절대치, P_2는 인장력의 절대치이다. 또한 이들 식은 부재 $\overline{aa}$의 단면이 일정한 경우에 적용할 수 있다.

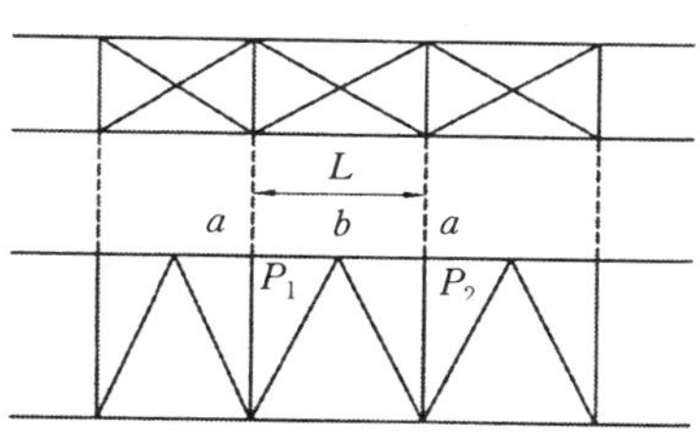

그림 3.10.3 축력이 다른 트러스 부재의 면외 유효좌굴길이(1)

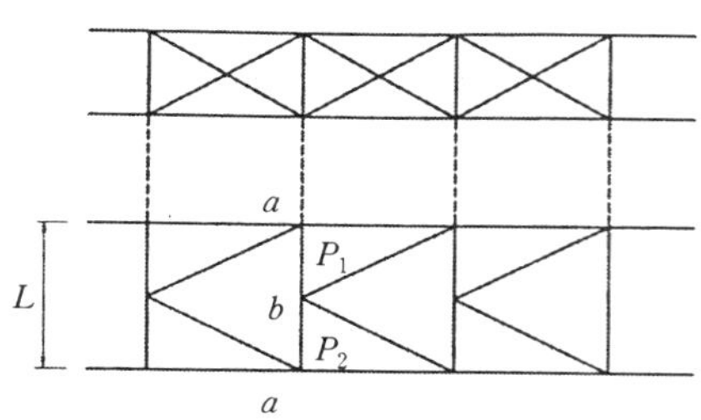

그림 3.10.4 축력이 다른 트러스 부재의 면외 유효좌굴길이(2)

3.10.3 격 점

3.10.3.1 일반

(1) 트러스의 격점은 힘의 전달이 합리적이면서 확실하게 이루어지도록 설계해야 할 뿐만 아니라 가능하면 단순한 구조로 설계하여 각 부재의 연결이 쉽고 또한 검사나 배수, 청소 등의 유지작업이 지장 없이 시행될 수 있도록 배려해야 한다.

(2) 부재로 강관을 쓰는 구조인 경우에는 3.13의 규정에 따른다.

3.10.3.2 거세트판

(1) 부재를 연결하는 거세트판의 고장력볼트는 가급적 부재축에 대칭이 되도록 배치해야 하며, 또한 부재와 거세트판의 접촉면 전체에 걸쳐 배치되어야 한다.

(2) 주트러스 격점에서 현재의 복부판에 거세트판을 겹쳐 붙이는 구조로서 부재 양면에 거세트판을 사용하는 경우, 그 거세트판의 두께는 강재의 종류에 관계없이 다음 식에 의해 산출된 값을 표준으로 한다.

$$t = 2 \times \frac{P}{b} \tag{3.10.3}$$

여기서,

t : 거세트판의 두께(mm)

P : 거세트판으로 연결되는 단주 또는 복부재에 작용하는 최대 부재력(kN)

b : 거세트판으로 연결되는 단주 또는 복부재의 거세트판면에 접하는 부분의 폭(mm)

(3) 거세트판과 현재 또는 단주의 복부판을 일체로 하는 구조에서는 거세트판의 두께는 복부판보다 얇게 해서는 안 된다.

또한 이 경우 식(3.10.3)으로 산출되는 값 및 다음의 조건을 만족해야 한다.

1) 인장력을 받는 현재의 경우

$$t \geq t_w\left[0.8 + 0.2\left(\frac{h}{r_f}\right)^{2/3}\right] \tag{3.10.4}$$

여기서,

t : 거세트판 두께(mm)

t_w : 거세트판과 일체가 되는 현재 또는 단주 복부판의 두께(mm)

h : 거세트판과 일체가 되는 현재 또는 단주 복부판의 높이(mm)

r_f : 그림 3.10.5에 표시된 필렛의 반지름(mm)

2) 압축력을 받는 현재의 경우

이 경우에 식(3.10.4)에 따르지 않아도 좋지만, r_f는 h의 1/5 이상으로 해야 한다.

(4) 거세트판의 최소두께는 9 mm로 한다.

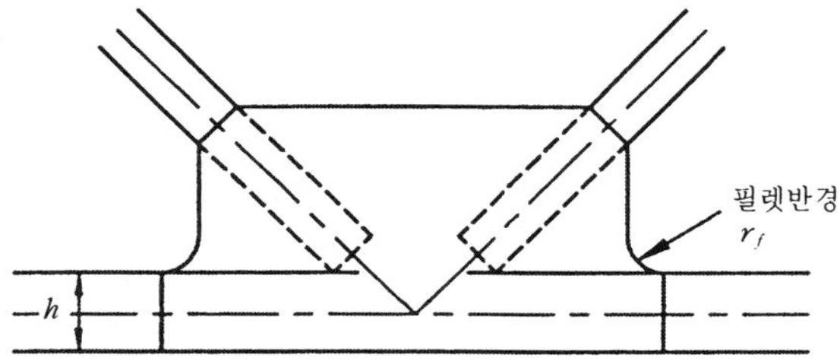

그림 3.10.5 필 렛

3.10.4 다이어프램

(1) 트러스의 격점, 트러스 부재의 중간부에서 수평브레이싱 등을 연결하는 곳과 현장 이음부의 양쪽에는 다이어프램을 설치해야 한다. 다만, 현장 이음부의 양쪽 다이어프램은 밀폐형으로 한다.

(2) 트러스의 받침부, 가로보의 연결부와 같이 집중력이 작용하는 부분의 현재 및 거세트판에는 다이어프램을 설치하여 힘의 전달이 확실히 되도록 해야 한다.

3.10.5 브레이싱

3.10.5.1 일반

(1) 수평브레이싱, 수직브레이싱 및 교문브레이싱은 주트러스와 함께 교량이 입체적인 기능을 유지할 수 있도록 충분한 강성을 가져야 하고 그 배치가 적당해야 한다.

(2) 수평브레이싱이나 수직브레이싱에서 부재를 서로 교차시키는 경우에 부재의 교점은 연결되어야 한다.

3.10.5.2 수평브레이싱

(1) 트러스의 상현과 하현에는 각각 안정된 수평브레이싱을 설치함을 원칙으로 한다.

(2) 비재하현에 설치하는 수평브레이싱 부재를 현재에 연결하는 부분에서 수평브레이싱 높이가 현재 높이보다 낮고 스트럿이 그 부분에 없다면 수평브레이싱 부재의 연결부 부근을 현재 높이와 같게 확대해서 현재의 전 높이에 걸쳐 연결하는 것이 좋다.

(3) 하로 트로스교의 스트럿의 높이는 적어도 부착할 현재의 높이와 같게 해야 한다.

(4) 압축현에 부착되는 수평브레이싱과 스트럿은 통상적으로 고려하는 횡하중 또는 그 부재들이 압축현과 부착되는 격점의 좌우 현재에 작용하는 최대 압축력의 합계의 1%에 상당하는 하중에 저항할 수 있어야 한다. 이 하중은 주하중으로 설계해야 한다.

(5) 수평브레이싱은 주트러스 현재 응력의 일부를 분담할 뿐만 아니라 중간 수직브레이싱의 영향에 의한 부가응력을 받는 경우가 있기 때문에 여유 있는 설계를 하는 것이 좋다.

3.10.5.3 수직브레이싱

(1) 트러스의 각 격점에는 수직브레이싱을 설치함을 원칙으로 한다.

(2) 상로 트러스는 가로보와 하현재 사이의 전높이에 걸쳐 트러스로 엮어야 함을 원칙으로 한다. 상로 트러스의 지점상 수직브레이싱은 특별한 이유가 없는 한 트러스로 엮어 충분한 강성을 확보하고, 또한 상현에 작용하는 횡하중의 전반력을 지점에 전달할 수 있는 능력을 가져야 한다

3.10.5.4 교문브레이싱

(1) 하로 트러스교의 교문브레이싱은 상현에 작용하는 횡하중의 모든 반력을 지점에 전달하는 구조로서, 가능한 한 상자형 단면의 부재를 사용하여 단주 및 상현재의 플랜지에 직접 연결시키는 것이 좋다.

(2) I형 단면의 부재를 사용하는 경우에는 단주의 도심 위치에 연결하고 다이어프램 등을 이용하여 응력 전달이 확실히 이루어지도록 설계해야 한다.

3.10.6 트러스의 2차응력

(1) 트러스의 격점은 강결의 영향으로 인한 2차응력이 가능한 한 작게 되도록 설계해야 하고, 주트러스 부재의 부재높이는 부재길이의 1/10보다 작게 하는 것이 좋다.

(2) 격점의 강결에 의한 2차응력이 무시할 수 없는 범위에 있는 경우에는 2차응력을 고려한 부재의 응력 검토를 시행해야 한다.

3.10.7 포니 트러스

(1) 포니 트러스의 수직재, 가로보 및 수직재와 가로보의 연결은 식(3.10.5)에 의해 산출된 횡력은 트러스의 각 상격점에 작용하는 것으로 간주한다.

$$H = \frac{P}{100} \qquad (3.10.5)$$

여기서,

H : 횡력(kN)

P : 상현재에 작용하는 최대 축방향 압축력(kN)

(2) 포니 트러스 상현재의 수직축에 대한 단면 회전반경은 수평축에 대한 단면 회전반경의 1.5배 이상이어야 한다.

3.10.8 바닥판을 직접 지지하는 현재

주트러스의 현재가 직접 철근콘크리트 바닥판을 지지하는 구조인 경우에 현재는 주트러스 부재로 보고 산출한 응력과 바닥틀 부재로 보고 산출한 응력이 동시에 작용하는 부재로 설계되어야 한다. 또한 이 경우의 허용응력으로 그 상한값을 사용하며 증가율에 의해 증가시키지 않는다.

3.10.9 솟 음

트러스에는 고정하중에 대하여 노면이 소정의 높이에 이를 수 있는 솟음을 설치하는 것을 원칙으로 한다.

3.10.10 전체 좌굴에 대한 검사

주트러스의 지간길이에 비해 그 간격이 매우 좁은 트러스교에서는 전체 좌굴에 관하여 합리적인 방법으로 검사하는 것이 좋다.

3.11 아 치

3.11.1 적용범위

이 절은 아치교의 주구조의 설계에 적용한다. 아치교의 수평브레이싱, 교문브레이싱, 수직브레이싱의 설계에는 3.4와 3.10에 정해진 각각의 항을 준용한다.

휨과 축방향력을 받는 부재 또는 축방향력만을 받는 부재로서의 설계는 각각에 해당하는 항에 정해진 바에 의한다.

3.11.2 일 반

(1) 아치교의 아치부분 부재축선은 골조선과 일치시키는 것을 원칙으로 한다.

(2) 아치교의 구조해석에서 활하중에 의해 생기는 골조선의 모양의 변화는 이를 배려한 3.11.3의 규정에 의해 검사하여 무시할 수 없는 경우에는 그 영향을 고려해야 한다.

(3) 아치의 모양과 부재 단면의 모양을 선정할 때에 아치로서의 면 내·외의 전체 좌굴이 생기지 않도록 배려함과 동시에 부재는 휨모멘트와 축방향력을 받는 부재로서도 안전하도록 설계해야 한다.

3.11.3 변위의 영향

1개 아치구조당 고정하중 강도가 식(3.11.1)로 산출되는 w보다 큰 아치교에서는 고정하중과 활하중을 재하함에 따라 생기는 골조선의 변위 영향을 고려하여 주구조를 설계해야 한다. 그러나 보강거더에 축방향력이 생기는 아치교에서는 이것을 무시해도 좋다.

$$w = \frac{8\alpha}{\gamma} \cdot \frac{EI}{L^3} \cdot \frac{f}{L} \qquad (3.11.1)$$

여기서,

E : 종탄성계수(MPa)

I : 아치면 내의 휨에 대한 편측 아치부재의 단면2차모멘트의 평균치(mm^4), 보강아치의 경우에는 아치와 보강거더의 합을 취한다.

L : 아치의 지간(mm)

f : 아치의 높이(mm)

α : 표 3.11.1에 나타낸 아치의 면내 좌굴계수

γ : 표 3.11.1에 나타낸 보정계수

여기서,

(a) $\lambda = \dfrac{a}{L}(1 + I_A/I_G)$ (3.11.2)

여기서,

a : 보강거더의 측경간의 지간길이(mm)

L : 아치의 지간길이(mm)

I_A : 아치면 내의 휨에 대한 편측 아치부재의 단면2차모멘트 평균치(mm^4)

I_G : 편측 보강거더의 단면2차모멘트의 평균치(mm^4)

(b) f/L 및 λ가 표 3.11.1에 표시한 값의 중간값으로 될 경우에는 α를 직선적으로 보간하여 산출해도 좋다.

표 3.11.1 면내 좌굴계수 α 및 보정계수 γ

<table>
<tr><td colspan="4" rowspan="2">구조형식 \ f/L</td><td colspan="5">α</td><td rowspan="2">γ</td></tr>
<tr><td>0</td><td>0.10</td><td>0.15</td><td>0.20</td><td>0.30</td></tr>
<tr><td rowspan="2">무보강 아치</td><td colspan="3">2힌지 아치</td><td>39.5</td><td>36.0</td><td>32.0</td><td>28.0</td><td>20.0</td><td rowspan="2">9</td></tr>
<tr><td colspan="3">고정아치</td><td>81.0</td><td>76.0</td><td>69.5</td><td>63.0</td><td>48.0</td></tr>
<tr><td rowspan="7">보강거더에 축방향력이 생기지 않는 2힌지 보강 아치</td><td colspan="3">측경간이 없는 경우</td><td>39.5</td><td>36.0</td><td>32.0</td><td>28.0</td><td>20.0</td><td rowspan="7">12</td></tr>
<tr><td rowspan="6">측경간이 있는 경우</td><td rowspan="6">λ</td><td>0</td><td>81.0</td><td>76.0</td><td>69.5</td><td>63.0</td><td>48.0</td></tr>
<tr><td>0.25</td><td>63.0</td><td>58.5</td><td>52.5</td><td>47.0</td><td>34.5</td></tr>
<tr><td>0.50</td><td>55.5</td><td>51.5</td><td>46.5</td><td>41.5</td><td>30.5</td></tr>
<tr><td>0.75</td><td>51.5</td><td>48.0</td><td>43.0</td><td>38.5</td><td>28.5</td></tr>
<tr><td>1.0</td><td>49.0</td><td>45.5</td><td>41.0</td><td>36.5</td><td>27.0</td></tr>
<tr><td>2.0</td><td>45.0</td><td>41.0</td><td>36.5</td><td>32.0</td><td>22.5</td></tr>
</table>

3.11.4 아치의 면외좌굴

(1) 주구간격이 지간에 비해 작은 아치교에서는 면외좌굴에 대해 안전한가를 조사해야 한다.

(2) 아치교의 면외좌굴은 그림 3.11.1에 나타낸 재하상태에 대해 조사하는 것을 원칙으로 한다.

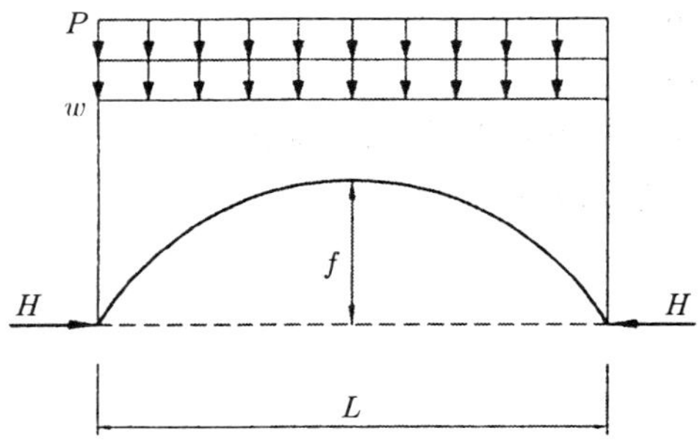

그림 3.11.1 면외좌굴의 조사에 사용되는 재하상태

여기서,

p, w : 주구조에 작용하는 등분포 활하중 및 고정하중

(3) 아치축선이 연직면 내에 있고 대칭 포물선을 이루며 부재가 대체적으로 같은 높이의 아치에서 수평브레이싱과 수직브레이싱이 3.10.5의 규정에 준하여 설치되어 있는 경우에는 아치의 면외좌굴 조사는 식(3.11.3)에 따른다.

$$\frac{H}{A_g} \leq 0.85\ f_{ca} \tag{3.11.3}$$

여기서,

H : 그림 3.11.1에 표시한 재하에 의하여 편측 아치부재에 작용하는 축방향력의 수평성분(N)

A_g : 편측 아치부재의 총단면적 평균치(mm^2)

f_{ca} : 편측 아치부재의 $L/4$ 점의 3.3.2.1에 규정한 허용축방향 압축응력(MPa). 다만, 유효좌굴길이(mm) 및 단면 2차반지름(mm)은 (4)항에 따른다.

(4) (3)항의 조사에 있어서 유효좌굴길이 l 및 단면 2차반지름 r은 각각 식(3.11.4)에 따른다.

$$\left.\begin{aligned} l &= \phi\beta L \\ r &= \sqrt{\{I_z + A_g(b/2)^2/A_g\}} \end{aligned}\right\} \tag{3.11.4}$$

여기서,

I_z : 편측 아치부재의 연직축 주위에 대한 단면 2차모멘트의 평균치(mm^4)

A_g : 편측 아치부재 총단면적 평균치(mm^2)

b : 아치축선의 간격(mm)

β : 표 3.11.2에 표시한 값, 여기서 f/L의 중간값에 대해서는 직선적으로 보간한다.

ϕ : 다음에 규정하는 값

$$\left.\begin{array}{ll} \text{i) 하로 보강아치} & \phi = 1 - 0.35k \\ \text{ii) 상로 보강아치} & \phi = 1 + 0.45k \\ \text{iii) 중로 보강아치} & \phi = 1 \end{array}\right\} \qquad (3.11.5)$$

k : 그림 3.11.1의 재하상태에 있어서 행어 또는 지주가 분담하는 하중을 $(p+w)k$로 보고 구해지는 k의 값. 다만, 상로 보강아치에서 아치와 보강거더를 아치 크라운 부위에서 강결하지 않았을 때는 $k=1$로 한다.

표 3.11.2 β의 값

단 면 \ 아치높이의 비 f/L	0.05	0.10	0.20	0.30	0.40
I_z =일정	0.50	0.54	0.65	0.82	1.07
$I_z(x) = I_{z.c} / \cos\theta_x$	0.50	0.52	0.59	0.71	0.86

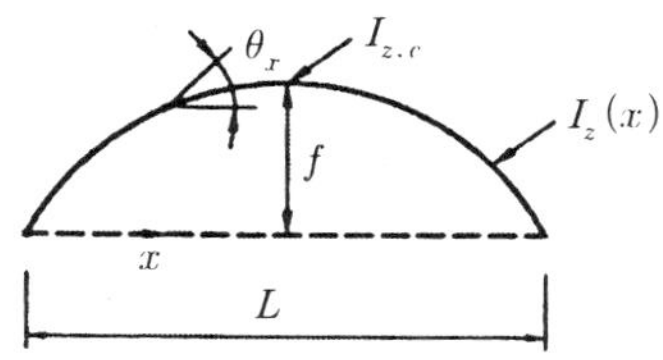

3.11.5 아치부재의 설계

아치부재는 축방향력과 휨모멘트를 받는 부재로서 설계함을 원칙으로 한다.

(1) 휨모멘트와 축방향력을 받는 부재의 설계는 3.4.3에서 정한 규정에 의거하는 것으로 한다.

(2) 3.3.2.1에 규정한 환산 휨모멘트의 산출에 있어서는 부재 단면의 도심의 골조선에 대한 편심량 및 부재축선이 곡선을 이루는 경우 서로 인접하는 격점을 잇는 직선과 부재축선과의 간격을 고려해야 한다. 이 경우 격점의 휨모멘트보다 격간 중앙점의 휨모멘트가 크다면 큰 것을 환산 휨모멘트로 해도 무방하다. 또한 아치 곡선이 연속곡선인 경우에 서로 인접하는 격점을 잇는 직선과 아치축선과의 격간 중앙점에 있어서 간격을 다음 식으로 구한다.

$$e = \frac{f}{n^2} \qquad (3.11.6)$$

여기서,

e : 아치축선과 서로 인접한 격점을 잇는 직선과의 간격(mm)

f : 아치의 높이(mm)

n : 격점수

(3) 3.11.3에 규정된 변위의 영향을 고려할 필요가 없이 아치축선이 각 격점간에서 직선을 이루며, 부재 단면에 편심이 없고 부재높이가 격간의 1/10 이하이면서 다음의 조건을 충족시키는 경우에는 아치부재를 축방향력만을 받는 부재로 설계해도 좋다. 또한 이 경우의 유효좌굴길이는 격간길이로 한다.

$$\beta \frac{f_{ca}^A}{f_{ta}} \times \frac{h^G}{h^A} > 1 \qquad (3.11.7)$$

여기서,

h^A : 아치부재의 부재높이의 전길이에 걸친 평균값(mm)

h^G : 보강 거더의 부재높이의 전길이에 걸친 평균값(mm)

f_{ca}^A : 3.3.2.1에 의한 아치부재의 허용축방향 압축응력의 평균값(MPa)

f_{ta} : 보강거더의 하부 플랜지의 허용인장응력의 평균값(MPa)

β : $1.75\left(0.04 + 0.004\frac{l}{r}\right)$ (보강거더에 축력이 생기는 경우)

$0.04 + 0.004\frac{l}{r}$ (보강거더에 축력이 생기지 않는 겨우)

$\frac{l}{r}$: 아치부재의 세장비

3.11.6 극한강도의 검사

3.11.3의 규정에 의하여 변위의 영향을 고려할 경우에는 고정하중의 1.7배 및 충격을 포함한 활하중의 1.7배에 의해 생기는 응력은 식(3.11.8)에 나타낸 응력 f_u를 넘어서는 안 된다.

$$f_u = 1.7 f_{ta} \text{ (인장응력의 경우)} \qquad (3.11.8)$$
$$1.7 f_{cal} \text{ (압축응력의 경우)}$$

여기서,

f_{ta} : 표 3.3.1에 표시한 허용축방향 인장응력(MPa)

f_{cal} : 표 3.4.3, 표 3.4.4 및 표 3.4.6에 표시한 국부좌굴에 대한 허용응력(MPa)

3.11.7 행어 또는 지주

행어 또는 지주의 단면력을 산출할 때는 이들 양단에서 아치면 내의 변형에 대해서 핀이라고 가정해도 된다. 행어 또는 지주를 보강거더 또는 아치리브에 연결시키는 세부구조의 설계에 있어서 연결부에 응력집중이나 2차응력의 발생으로 인한 결함이 생기지 않도록 주의해야 한다.

3.11.8 처 짐

처짐의 허용량은 3.2.3에 의한다. 처짐의 산출에 있어서는 3.11.3에 규정된 활하중에 의해 생기는 골조선 형상의 변화를 무시해도 좋다.

3.12 케이블

3.12.1 적용범위

(1) 이 절은 사장교, 현수교 및 아치교 등의 교량구조물에 사용하는 강선 또는 강봉으로 구성된 주케이블과 행어에 적용된다.

(2) 이 절은 주케이블 및 행어를 설계함에 있어 일반적으로 적용할 수 있는 설계사항을 규정한 것으로서 각종 실험과 연구 등의 합리적인 방법으로 상세검토를 시행하는 경우에는 본 절에 규정된 사항을 적용할 수 있다.

3.12.2 주케이블 및 행어의 종류

(1) 주케이블 및 행어의 종류는 다음과 같은 것을 원칙으로 한다.

1) 스트랜드 로프
2) 록코일 로프(LCR)
3) 평행강선 케이블
4) PS 강연선 케이블
5) PS 강봉 케이블

(2) 스트랜드 로프는 현수교 및 사장교의 주케이블로는 사용할 수 없다.

3.12.3 강선 및 강봉

로프 및 케이블용 강선 및 강봉은 다음의 KS 규격을 따른다.

(1) 로프 : KS D 3510 경강선, KS D 3559 경강선재, KS D 3514 와이어로프

(2) 평행강선 케이블 : KS D 3509 피아노선재, KS D 3556 피아노선

(3) PS 강연선 케이블 : KS D 7002 PC 강선 및 PC 강연선

(4) PS 강봉 케이블 : KS D 3505 PC 강봉

3.12.4 탄성계수

(1) 설계에 사용하는 로프 및 케이블의 재료적인 탄성계수는 표 3.12.1에 표시된 값을 표준으로 한다.

표 3.12.1 로프 및 케이블의 탄성계수

종 류	탄성계수(MPa)
스트랜드 로프	1.3×10^5
록코일 로프(LCR)	1.6×10^5
평행강선 케이블	2.0×10^5
PS 강연선 케이블	2.0×10^5
PS 강봉 케이블	2.0×10^5

(2) 스트랜드 로프 및 록코일 로프는 공장에서 미리 잡아당겨서 가설 도중 늘어나는 것을 사전에 제거한 후 사용하여야 한다.

3.12.5 허용응력

(1) 주케이블 및 행어의 허용응력은 강선 또는 강봉의 인장강도 f_s에 대해 다음 값으로 규정한다.

1) 사장교용 주케이블 $0.45f_s$
2) 현수교용 주케이블 $0.40f_s$
3) 행어－직선부 $0.33f_s$
　　　－곡선부 $0.25f_s$

(2) 가설시 주케이블 및 행어의 허용응력은 (1)항에 규정한 허용응력에 증가계수 1.25를 곱한 값으로 한다.

(3) 사장교의 주케이블과 현수교 및 아치교의 행어 설계시 반드시 주케이블 또는 행어의 교체 및 파단에 의한 영향을 고려하여야 한다. 이때 케이블 또는 행어의 허용응력은 (1)항에 규정한 허용응력에 다음의 증가계수를 곱한 값으로 한다.

1) 교체시(활하중 부분재하) 1.25
2) 파단시(활하중 만재시) 1.33

3.12.6 피로설계

(1) 케이블의 피로설계는 트럭하중 또는 풍하중에 대해 검토해야 한다. 트럭하중 재하시에는 충격계수를 고려하여야 하며 충격계수 산정시 식(2.1.2)의 L은 케이블에 최대 인장응력을 발생시키는 재하길이로 한다. 다만, 현수교의 주케이블에는 충격을 고려하지 않는다.

(2) 케이블의 피로 검토시 하중재하에 의한 최대변동응력범위가 표 3.12.2에 표시된 허용피로응력범위 이하가 되도록 설계하여야 한다. 이때 하중반복횟수는 트럭하중 조합시 2백만 회, 풍하중 조합시 10만 회로 한다.

(3) 케이블 정착구의 허용피로응력범위는 사용하고자 하는 케이블 정착구에 대해서 국제적으로 공인된 시험기관에서의 피로시험을 통하여 그 값이 인증되어야 한다.

표 3.12.2 케이블 및 정착구의 허용피로응력

케이블 종류	반복횟수	허용피로 응력범위(MPa)
• 스트랜드 로프 • 록코일 로프(LCR) (상세범주 'C')	2×10^6 1×10^5	91 250
• 평행강선 케이블 (상세범주 'B'+35MPa)	2×10^6 1×10^5	161 379
• PS 강연선 케이블 • 연결부가 없는 PS 강봉 케이블[1)] (상세범주 'B')	2×10^6 1×10^5	126 344
• 연결부가 있는 PS 강봉 케이블[2)] (상세범주 'D')	2×10^6 1×10^5	70 196

주) 1) PS 강봉이 전 길이에 걸쳐 일체로 제작되어 연결부가 없는 경우
2) PS 강봉의 연결을 위하여 커플러(coupler)를 사용하는 경우

3.12.7 케이블의 진동

(1) 케이블 또는 행어는 설계단계에서 풍우진동(rain-wind induced vibration)을 포함한 바람에 의한 진동과 주탑이나 주거더의 진동에 의한 지점가진 진동에 대해서 검토하여야 한다.

(2) 검토 결과 케이블에의 유해진동 가능성이 예상되는 경우에는 적절한 진동 저감방안을 수립하여 설계에 반영하여야 한다.

3.12.8 온도하중

(1) 케이블과 주거더 및 주탑에 작용하는 온도변화의 영향은 2.1.12의 규정에 따른다.

(2) 케이블을 사용하는 구조물에서 케이블과 주거더 또는 케이블과 주탑의 온도차에 의한 영향을 설계에 고려하여야 하며, 그 값은 케이블의 표면이 흰색이나 밝은 색일 경우에는 8℃, 검정색일 경우에는 22℃를 표준으로 한다.

3.12.9 현수교용 케이블의 구조세목

(1) 정착

주케이블 및 행어는 소켓에 의하여 정착하는 것을 표준으로 한다. 다만, 에어스피닝 공법에 의한 주케이블은 스트랜드슈에 의하여 정착한다.

(2) 주케이블 및 행어의 곡률반지름

1) 주케이블의 절곡점에 설치하는 새들(saddle)의 곡률반지름은 케이블 지름의 8배 이상으로 한다.

2) 주케이블이 정착되는 스트랜드슈의 반지름은 강선지름의 50배 이상으로 하는 것을 표준으로 한다.

3) 행어에 곡선부를 설치하는 경우 곡선부의 곡률반지름은 행어의 지름의 5.5배 이상으로 한다.

(3) 방식

주케이블의 부식 방지를 위해 적절한 방식방안을 고려해야 하며, 특히 밴드 부분, 새들 부분, 정착 부분에서는 방수에 대하여 특별히 주의하여야 한다.

(4) 케이블 밴드

케이블 밴드는 케이블을 균일하게 조이고, 조이는 힘의 감소가 가능한 적은 구조로 하여야 한다. 활동에 대한 안전율은 3.5를 표준으로 한다.

3.12.10 사장교용 케이블의 구조세목

(1) 정착

1) 공작에서 조립·제작되는 케이블은 소켓에 의하여 정착하는 것을 표준으로 한다. 다만, 현장에서 직접 조립 설치하는 케이블은 정착판에 의하여 정착한다.

2) 주케이블의 정착부에는 가설시 또는 완공 후의 장력 또는 솟음(camber) 조정을

위한 별도의 조정장치를 설치하여야 한다.

(2) 6방식

1) 주케이블의 방식을 위해 이를 구성하는 개개의 강선 또는 강봉에 대한 방식방안과 주케이블의 표면에 대한 방식방안을 고려하여야 한다.
2) 주케이블에는 가급적 복수 이상의 방식방안을 실시하여 완벽한 방식이 되도록 설계하여야 한다.

(3) 진동저감장치

케이블의 진동저감장치로 댐퍼를 설치할 때 설치위치는 케이블의 새그(sag) 변화를 고려하여 충분한 유격(storke)이 확보되도록 설계되어야 하며 설치 후 현장 검측을 실시하여야 한다.

3.13 강관구조

3.13.1 적용범위

이 절은 강관부재를 사용하는 상부구조 및 강재 교각의 설계에 적용하며, 부재의 최소두께 3.4.1.3에 준한다.

3.13.2 강 재

강관부재로 사용되는 강재는 다음의 규격에 적합한 것을 표준으로 한다.

(1) 기성 강관을 사용하는 경우에는 표 3.13.1에 준하는 것으로 한다.

표 3.13.1 기성 강관의 규격과 종류

규격번호 및 명칭	종 류	강 종
KS D 3566 일반구조용 탄소강관	2종	STK 400
	4종	STK 490
	3종	STK 500

(2) 4종 STK 490의 인장강도의 상한치는 시험편을 띠강 또는 강판으로부터 채취했을 경우 620 MPa 강관으로부터 채취했을 경우 650MPa으로 한다.

제작방법에 따른 강관의 종류와 그 선정방법은 표 3.13.2에 의한다.

주요부재로 사용되는 강관의 이음매 부분은 원칙적으로 KS D 0835(맞대기 용접이음의 롤러 구부림 시험방법)에 규정하는 표면 휨시험을 하여 휘어진 부분의 외측에 균열 또는 다른 뚜렷한 결함이 없는 것이 확인되어야 한다.

그렇지만 축방향의 단면력을 받는 부재로 응력 여유가 있는 경우에는 표면 휨시험을 생략해도 좋다.

휨시험에 쓰이는 시험편의 수는 같은 무리(lot)에 의한 같은 치수의 관 1,250m 또는 그 단수(端數)마다 1개씩 선택한 관 끝의 용접부에서 채취한 것이다.

표 3.13.2 강관의 선정

부 재	제조방법에 따른 분류	강 종
주요부재	아크용접 강관	STK 400, STK 490, STK 500
	전기저항 용접 강관	STK 400
2차부재	아크용접 강관	STK 400, STK 490, STK 500
	전기저항 용접 강관	STK 400
	이음매 없는 강관	
	단접강관	

(3) 롤러 구부림법에 의한 제작관에 사용하는 강판은 표 3.13.3에 준한 것으로 한다.

표 3.13.3 관 제작에 사용하는 강판의 종류

규격 번호 및 명칭	종 류	강 종
KS K 3503 일반구조용 압연강재	2종	SS 400
KS D 3515 용접구조용 압연강재	1종 2종 3종 4종 5종	SM 400 A, B, C SM 490 A, B, C SM 490Y A, B SM 520 B, C SM 570
KS D 3529 용접구조용 내후성 열간 압연강재	1종 2종 3종	SMA 400 A, B, C(W, P) SMA 490 A, B, C(W, P) SMA 570 (W, P)

표 3.13.3은 주로 지름 300mm 이상, 두께 6.9mm 이상의 강관을 대상으로 한다. 강관은 강판을 롤러에 의해 원통형으로 가공한 후에 이음매부분을 아크 용접으로 제작하는 것으로 한다. 강관의 두께에 따른 강종의 선정방법은 3.2.5의 규정에 의한다.

3.13.3 허용응력

(1) 강관의 허용축방향 인장응력, 허용휨 인장응력, 허용축방향 압축응력 및 허용휨 압축응력은 각각 3.3.2.1(1), (2), (3)항에 규정한 값으로 하지만, 표 3.3.4를 적용할 때에는 각각의 강종에 대한 상한값을 사용해도 좋다.

또한 3.3.2.1(2), (3)항 및 3.4.3절을 적용할 때, 국부좌굴에 대한 허용응력 f_{cal}은 표 3.13.4에 표시한 값으로 한다.

STK 400은 SM 400에, STK 490은 SM 490에, STK 500은 SM 520에 준하는 것으로 한다.

표 3.13.4 국부좌굴에 대한 허용응력

강 종	강관의 판두께(mm)	국부좌굴에 대한 허용응력(MPa)
SS 400 SM 400 SMA 400 STK 400	40 이하	140 : $\frac{R}{at} \leq 50$ $130-0.42\left(\frac{R}{at}-50\right)$: $50 < \frac{R}{at} \leq 200$
	40 초과 100 이하	130 : $\frac{R}{at} \leq 50$ $130-0.42\left(\frac{R}{at}-55\right)$: $55 < \frac{R}{at} \leq 200$
SM 490 STK 490	40 이하	190 : $\frac{R}{at} \leq 40$ $190-0.61\left(\frac{R}{at}-40\right)$: $40 < \frac{R}{at} \leq 200$
	40 초과 100 이하	175 : $\frac{R}{at} \leq 40$ $175-0.55\left(\frac{R}{at}-40\right)$: $40 < \frac{R}{at} \leq 200$
SM 490Y SM 520 SMA 490 STK 500	40 이하	210 : $\frac{R}{at} \leq 35$ $210-0.67\left(\frac{R}{at}-35\right)$: $35 < \frac{R}{at} \leq 200$
	40 초과 75 이하	200 : $\frac{R}{at} \leq 35$ $200-0.64\left(\frac{R}{at}-35\right)$: $35 < \frac{R}{at} \leq 200$
	75 초과 100 이하	195 : $\frac{R}{at} \leq 35$ $195-0.63\left(\frac{R}{at}-35\right)$: $35 < \frac{R}{at} \leq 200$
SM 570 SMA 570	40 이하	260 : $\frac{R}{at} \leq 25$ $260-0.83\left(\frac{R}{at}-25\right)$: $25 < \frac{R}{at} \leq 200$
	40 초과 75 이하	250 : $\frac{R}{at} \leq 30$ $250-0.82\left(\frac{R}{at}-30\right)$: $30 < \frac{R}{at} \leq 200$
	75 초과 100 이하	245 : $\frac{R}{at} \leq 30$ $245-0.81\left(\frac{R}{at}-30\right)$: $30 < \frac{R}{at} \leq 200$

여기서,

R : 강관의 반지름(중심으로부터 연단까지의 거리)(mm)

t : 강관의 판두께(mm)

$$\alpha = 1 + \frac{\phi}{10}$$

$$\phi=\frac{f_1-f_2}{f_1},\ 0\le\ \phi\le\ 2$$

f_1 : 휨에 의해 강관에 압축이 발생한 쪽의 합응력(MPa)(다만, 부호는 압축응력을 부(−)로 한다.

f_2 : 휨에 의해 강관에 인장이 발생한 쪽의 합응력(MPa)(다만, 부호는 압축응력을 부(−)로 한다.)

(2) 강관의 허용전단응력은 표 3.13.5에 표시한 값으로 한다.

표 3.13.5 허용전단응력

강종	강관의 판두께(mm)	허용전단응력(MPa)	
		보강재를 설치한 경우	보강재를 설치하지 않는 경우
SS 400 SM 400 SMA 400 STK 400	40 이하	$80-0.0019\left(\frac{R}{t}\right)^2 : \left(\frac{R}{t}\right)\le125$ $7,500/\left(\frac{R}{t}\right)-90 : 125<\left(\frac{R}{t}\right)\le200$	500
	40 초과 100 이하	$75-0.0016\left(\frac{R}{t}\right)^2 : \left(\frac{R}{t}\right)\le130$ $7,500/\left(\frac{R}{t}\right)-9.0 : 130<\left(\frac{R}{t}\right)\le200$	
SM 490 STK 490	40 이하	$110-0.0044\left(\frac{R}{t}\right)^2 : \left(\frac{R}{t}\right)\le95$ $7,500/\left(\frac{R}{t}\right)-9.0 : 95<\left(\frac{R}{t}\right)\le200$	600
	40 초과 100 이하	$100-0.0034\left(\frac{R}{t}\right)^2 : \left(\frac{R}{t}\right)\le100$ $7,500/\left(\frac{R}{t}\right)-9.0 : 100<\left(\frac{R}{t}\right)\le200$	
SM 490 Y SM 520 SMA 490 STK 500	40 이하	$120-0.0057\left(\frac{R}{t}\right)^2 : \left(\frac{R}{t}\right)\le85$ $7,500/\left(\frac{R}{t}\right)-9.0 : 85<\left(\frac{R}{t}\right)\le200$	−
	40 초과 75 이하	$115-0.0050\left(\frac{R}{t}\right)^2 : \left(\frac{R}{t}\right)\le90$ $7,500/\left(\frac{R}{t}\right)-9.0 : 90<\left(\frac{R}{t}\right)\le200$	
	75 초과 100 이하	$110-0.0044\left(\frac{R}{t}\right)^2 : \left(\frac{R}{t}\right)\le95$ $7,500/\left(\frac{R}{t}\right)-9.0 : 95<\left(\frac{R}{t}\right)\le200$	
SM 570 SMA 570	40 이하	$150-0.0106\left(\frac{R}{t}\right)^2 : \left(\frac{R}{t}\right)\le70$ $7,500/\left(\frac{R}{t}\right)-9.0 : 75<\left(\frac{R}{t}\right)\le200$	−

SM 570 SMA 570	40 초과 75 이하	$145-0.0096\left(\frac{R}{t}\right)^2 : \left(\frac{R}{t}\right) \leq 75$ $7,500/\left(\frac{R}{t}\right)-9.0 : 75<\left(\frac{R}{t}\right) \leq 200$	—
	75 초과 100 이하	$140-0.0087\left(\frac{R}{t}\right)^2 : \left(\frac{R}{t}\right) \leq 75$ $7,500/\left(\frac{R}{t}\right)-9.0 : 75<\left(\frac{R}{t}\right) \leq 200$	

(3) 관이 축방향 압축응력과 전단응력을 동시에 받는 경우에는 식(3.13.1)에 의하여 검토하는 것으로 한다.

$$\frac{f}{f_a}+\left(\frac{v}{v_a}\right)^2 \leq 1 \tag{3.13.1}$$

여기서,

f : 수직응력(MPa), 압축응력과 휨압축응력의 합을 취한다.

v : 전단응력(MPa)

f_a : (1)항에 규정한 수직응력에 대한 허용응력(MPa)

v_a : (2)항에 규정한 전단응력에 대한 허용응력(MPa)

3.13.4 보강재(補剛材)

(1) 보강재의 최대 간격

강관부재에는 전단 및 비틀림에 의한 좌굴 또는 국부적인 변형을 방지하기 위하여 환보강재(環補剛材) 또는 다이어프램을 설치하는 것을 원칙으로 하며, 그 최대 간격은 바깥지름의 3배로 한다.

다만, $R/t \leq 30$의 범위에 있는 경우에는 보강재를 생략할 수 있다.

(2) 환보강재의 강도(剛度)

환보강재의 폭과 두께는 식(3.13.2)을 만족해야 한다.

$$\left.\begin{aligned} b &\geq \frac{d}{20}+70 \\ t &\geq \frac{b}{17} \end{aligned}\right\} \tag{3.13.2}$$

여기서,

b : 환보강재의 폭(mm)

t : 환보강재의 두께(mm)

d : 강관의 바깥지름(mm)

다만, 집중하중이 작용하는 점에 대해서는 3.13.6.5의 규정에 따라야 한다.

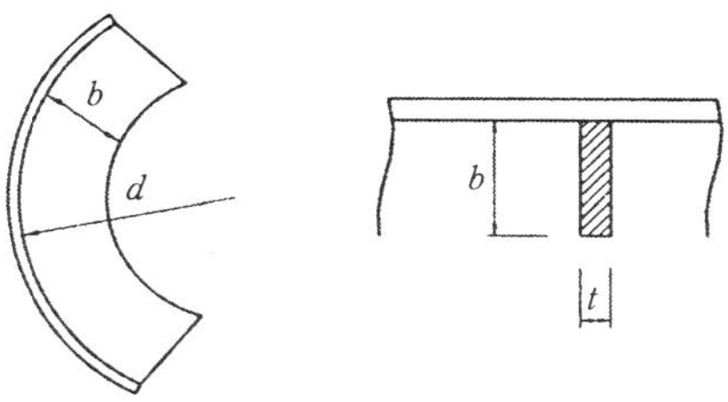

그림 3.13.1 환보강재

3.13.5 강관의 연결

강관과 강관을 축방향으로 연결하는 경우에는 고장력볼트 또는 용접에 의한 직접 연결을 원칙으로 한다. 다만, 2차부재로 부득이한 경우에는 플랜지 연결로 할 수도 있다.

부재축 방향이 다르거나 강관과 다른 모양의 단면을 갖는 부재를 연결하는 경우에는 거세트판 연결 또는 가지연결로 한다.

3.13.6 구조세목

3.13.6.1 직접연결

강관의 직접 연결에 고장력볼트를 사용하는 경우에 고장력볼트의 배치는 등방성을 유지하고 응력의 불균등한 전달을 피하기 위해 원주방향으로 일정하게 해야 하며, 선간거리 및 간격을 변화시키지 않는 것을 원칙으로 한다. 그리고 거세트판의 분할은 4개소 이내로 하는 것을 원칙으로 한다.

3.13.6.2 플랜지 연결

플랜지 연결은 2차 부재로 사용되는 지름이 작은 강관의 연결수단으로 채택하며 연결방법은 겹플랜지 연결(그림 3.13.2(2)) 또는 리브가 붙은 플랜지 연결(그림 3.13.2(1))로 한다.

다만, 리브가 없는 플랜지 연결은 적용해선 안 된다.

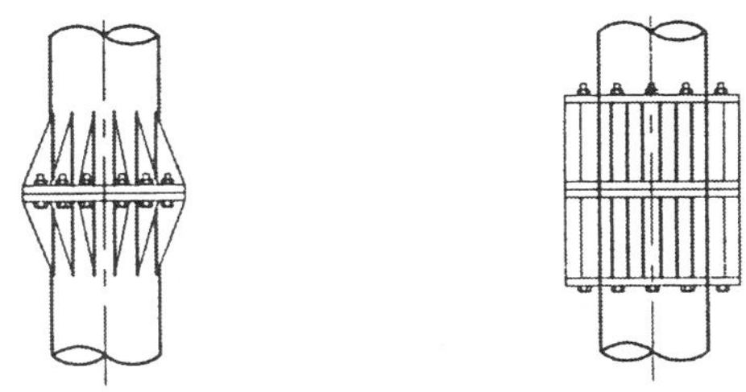

(1) 리브가 붙은 플랜지 연결 (2) 겹플랜지 연결

그림 3.13.2 플랜지 이음

3.13.6.3 거세트판 연결

(1) 거세트판을 주관의 축방향으로 붙이는 경우에는 관통 거세트판으로 하든가, 리브를 붙여서 주관을 보강해야 한다(그림 3.13.3(1), (2)). 다만, 수직브레이싱에서처럼 지관에서 힘이 비교적 작고 또 그것이 주관의 축방향으로 작용하는 경우에는 제한을 받지 않는다.

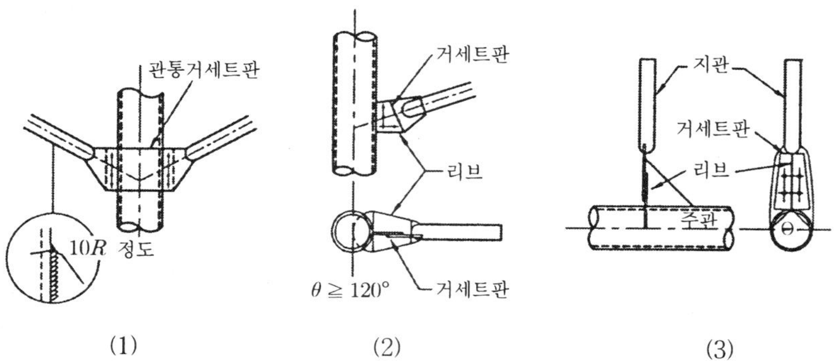

그림 3.13.3 거세트판 연결

(2) 환보강재가 없는 격점에 있어서 관축에 직각방향인 거세트판과 보강 리브의 붙임폭은 강관의 중심각이 120° 이상이 되도록 정해야 한다(그림 3.13.3 (2), (3)). (3)과 같은 경우에는 필요에 따라 거세트판을 리브로 보강해야 한다. 거세트판의 지관쪽 앞부분은 돌림용접을 한 후 충분한 끝 다듬질을 해야 한다(그림 3.13.3(1)).

3.13.6.4 가지연결

강관을 가지연결하는 경우에는 다음의 조건을 만족시켜야 한다.(그림 3.13.4)

(1) 주관의 두께는 $R/30$ 이상으로 하고, 또 원칙적으로 지관의 두께와 같거나 그 이상이어야 한다.

(2) 지관의 바깥지름은 주관의 바깥지름의 1/3 이상이어야 한다.

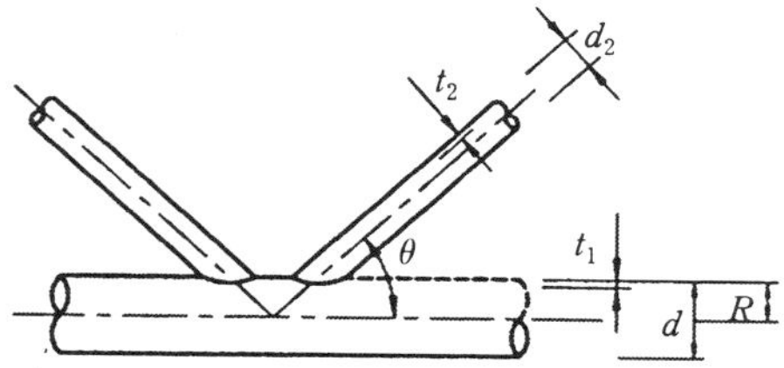

(a) $t_2 \leq t_1,\ t \geq \dfrac{R}{30}$

(b) $d_2 \geq \dfrac{1}{3} d_1$

(c) $\theta \geqq 30°$

그림 3.13.4 가지연결

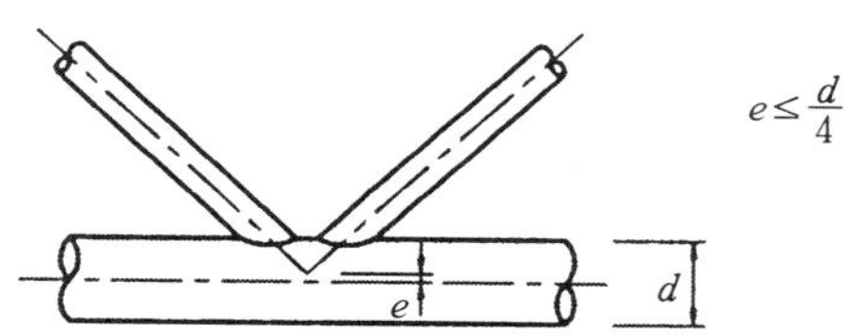

그림 3.13.5 편심이 있는 가지연결

(3) 양관이 이루는 교각은 30° 이상이어야 한다.

(4) 양관의 관축에 편심이 있어서는 안 된다. 다만, 지관이 2차 부재로서 부득이한 경우에는 지관측으로 $d/4$의 범위에서 편심시킬 수 있다.(그림 3.13.5)

(5) 지관 단부의 절단은 강관 자동절단기를 사용한다.

3.13.6.5 격점구조

(1) 이 조항은 아치, 보강아치 등의 주구조 부재나 라멘 교각의 기둥 등에 지름이 큰 강관을 사용했을 경우, 그 구조물들의 격점부나 받침부에 관하여 규정한다.

(2) 집중하중이 작용하는 격점부나 받침부에서는 강관의 국부적 변형을 막기 위하여 환보강재 또는 칸막이를 설치하여 보강하는 것을 원칙으로 한다.

(3) 보강재는 식(3.13.3)을 만족할 만큼 충분한 강성을 가진 것이어야 한다,

$$\delta \leq \frac{R}{500} \qquad (3.13.3)$$

여기서,

δ : 격점부의 변형량(mm)

R : 강관의 반지름(mm)

(4) 단면 2차모멘트가 일정한 환보강재를 사용하는 경우에 격점부의 변형량은 식(3.13.4)에 의해 구해도 좋다.

1) 지지재를 병용하는 경우(그림 3.13.6(1))

$$\delta = 0.007\frac{PR^3}{EI} \qquad (3.13.4(a))$$

2) 환보강재만 사용하는 경우(그림 3.13.6(2))

$$\delta = 0.045\frac{PR^3}{EI} \qquad (3.13.4(b))$$

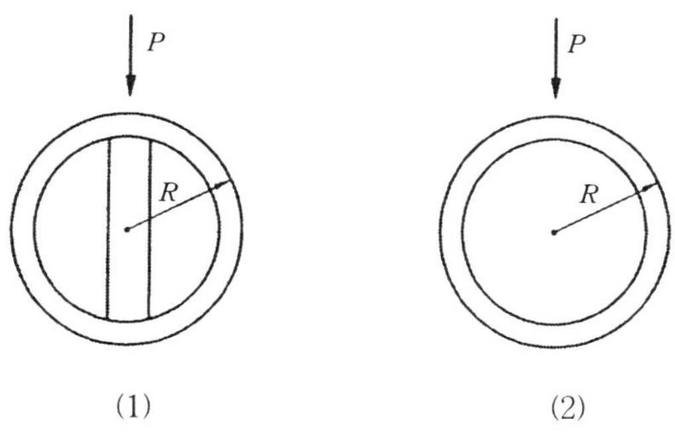

그림 3.13.6 환보강재의 구조

여기서,

P : 작용하중(N)

I : 환보강재의 단면2차모멘트(mm^4)

E : 종탄성계수(MPa)

(5) 환보강재의 단면2차모멘트를 산출할 때, 강관의 유효폭은 식(3.13.5)에 의한 것으로 한다.

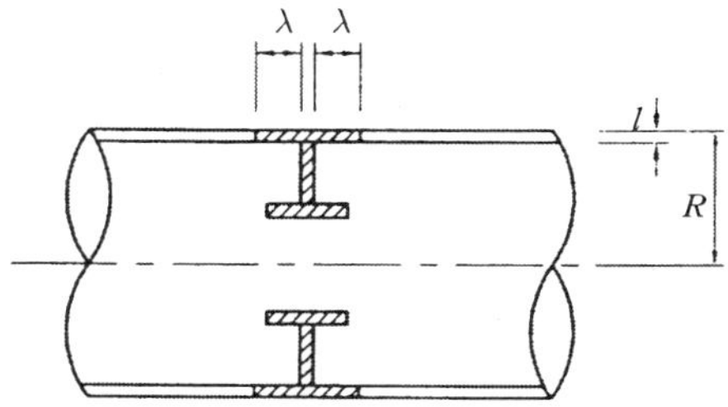

그림 3.13.7 강관의 유효폭

$$\lambda = 0.78\sqrt{R \cdot t} \qquad (3.13.5)$$

여기서,

λ : 강관의 유효폭(mm)

t : 강관의 두께(mm)

3.13.6.6 단일강관 부재

(1) 강관을 세장비가 큰 행어, 지주 또는 트러스 부재 등에 사용하는 경우에는 바람에 의한 진동을 제한하기 위해 그 강관의 바깥지름은 식(3.13.6)을 만족시켜야 한다. 다만, 특별히 진동에 대한 대책을 고려한 후 그 효과를 풍동시험 등으로 확인한 경우나 또 수평브레이싱처럼 직접 바람의 영향을 받지 않는 부재에 대해서는 예외로 한다.

$$d \geq \frac{l}{30}\sqrt{\frac{8}{t}} \quad \text{다만, } d \geq \frac{l}{40} \qquad (3.13.6)$$

여기서,

l : 부재의 길이(m) 또는 유효좌굴길이(m)

d : 강관의 바깥지름(m)

t : 강관의 두께(mm)

(2) (1)조항의 규정에 따라서 설계된 강관 부재의 단부를 용접이음하는 경우에는 반드시 전주용접을 해야 하고 그 방법은 일반적으로 필렛용접으로 해야 하며, d가 $l/25$ 이하의 것에 대해서는 그림 3.13.8과 같이 V형 용접으로 해야 한다.

(3) 부득이 거세트판이나 리브를 붙일 경우 그 앞부분은 피로강도가 저하되기 쉽기 때문에 3.13.6.3의 규정에 의한 용접을 한 후에 매끈하게 다듬질을 하여야 한다.

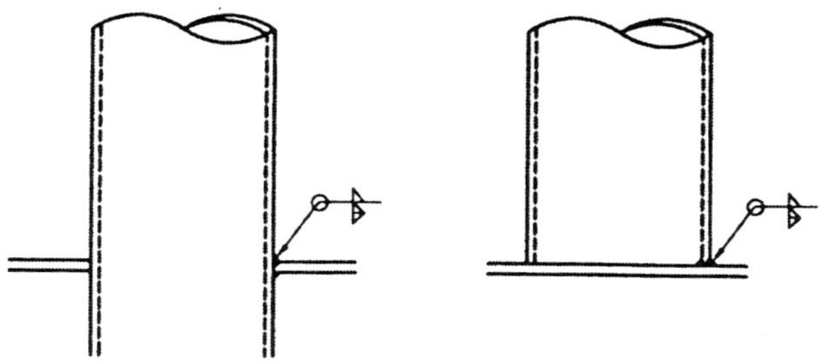

(1) 행거의 예　　　　　(2) 지주의 예

그림 3.13.8 단일강관 부재 단부의 용접방법($d \leq l/25$)

3.13.6.7 굴곡관의 꺾임각

굴곡관을 써서 부재를 구성하는 경우에는 굴곡부의 국부응력을 검토해야 한다. 다만, 꺾임각이 식(3.13.7)을 만족하는 경우에는 직선부재로 설계해도 좋다.

$$\theta \leq 0.04\frac{d}{L} \tag{3.13.7}$$

여기서,

θ : 꺾임각(라디안)

원호 아치의 경우, $\theta = L/R_a$

d : 강관의 지름(m)

L : 직선부재의 길이(m)

R_a : 아치의 곡률반경(m)

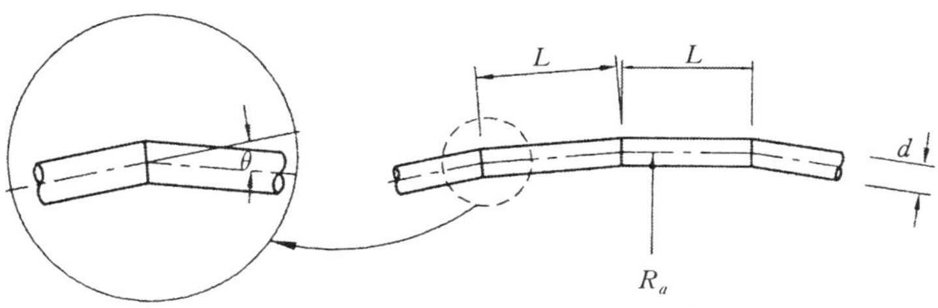

그림 3.13.9 굴곡관

3.14 라멘구조

3.14.1 적용범위

이 절은 라멘구조를 사용한 상부구조 및 교각의 설계에 적용한다.

3.14.2 구조해석의 기본사항

(1) 구조해석에 이용하는 골조선은 부재 중심선으로 하며, 라멘의 계산에 있어서는 각 부재마다 강도를 가정하여 단면력을 산출한다.

(2) 라멘교각의 활하중은 상부구조의 반력이 라멘의 고려하는 점에 대해서 가장 불리하게 되도록 상부구조에 재하하며, T형교각의 경우에는 상부구조의 활하중에 의한 최대 반력을 사용해도 좋다. 이때 상부구조가 라멘교각상에서 연속구조가 아닌 경우 인접하는 두 개의 상부구조에 작용하는 활하중에 의한 지점반력 가운데 고려하는 점에 큰 영향을 주는 쪽을 사용한다.

(3) 강 라멘교각의 설계에서는 활하중에 의한 충격력을 고려하여야 한다. 풍하중은 2.1.11에 규정된 하부구조에 작용하는 풍하중 산정 기준에 준하며, 기초구조의 회전이나 상대적 이동이 예상될 때 그 영향을 고려한다.

3.14.3 설계일반

3.14.3.1 모서리부의 설계

(1) 설계 휨모멘트

모서리부에 작용하는 휨모멘트는 그림 3.14.1의 A-A단면에 대해 M_1, B-B 단면에 대해 M_2를 사용하여 단면을 결정하는 것을 원칙으로 한다.

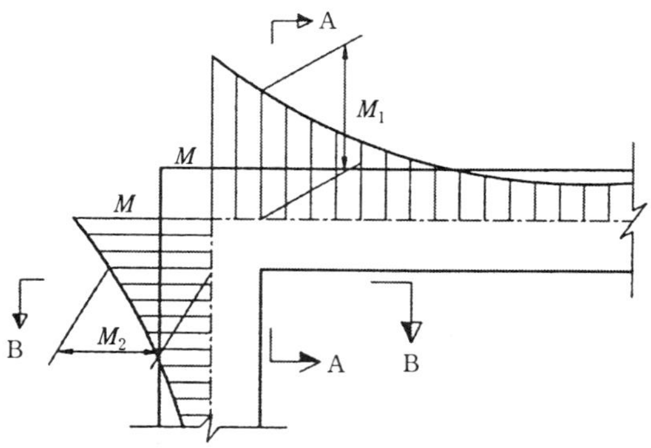

그림 3.14.1 모서리부의 설계 휨모멘트

(2) 모서리부 응력의 검토

1) 플랜지 단면은 전단지연을 고려한 수직응력에 대해 설계한다. 또한 수직응력은 플랜지와 복부판이 분담하는 것으로 한다. 다만, 원형 단면의 기둥과 상자형 단면의 거더의 모서리부는 복부판을 끼워넣지 않는 것을 원칙으로 하고, 수직응력은 플랜지 단면만으로 부담하도록 설계한다.

거더 또는 기둥의 플랜지의 수직응력은 그림 3.14.2의 AD 또는 AB부분에서 전단응력의 부호가 바뀌기 때문에 집중하중을 받는 것과 동일한 조건이 되고, 전단지연에 의한 응력의 증가를 고려하여 결정해야 한다.
플랜지의 최대 수직응력은 휨모멘트와 축력에 의한 수직응력과 전단지연에 의한 수직응력을 합한 값이며 다음의 방법에 의해 구한다.

· 휨모멘트와 축력에 의한 수직응력

$$f_{o1} = \frac{M_1}{W_1} - \frac{N_1}{A_1}, \quad f_{i1} = -\frac{M_1}{W_1} - \frac{N_1}{A_1}$$

$$f_{o2} = \frac{M_2}{W_2} - \frac{N_2}{A_2}, \quad f_{i2} = -\frac{M_2}{W_2} - \frac{N_2}{A_2} \qquad (3.14.1)$$

· 전단지연에 의한 수직응력

$$\left.\begin{aligned} & f_{sl} = \frac{b}{d} \cdot \frac{F}{A_w} \cdot S_I \\ & S = \frac{A_w}{A_f} \\ & S_I = 7.805 \times \frac{S}{(S+3)^2}\sqrt{\frac{10S+30}{10S+3}} \end{aligned}\right\} \qquad (3.14.2)$$

· 플랜지의 최대 수직응력

$$f_{fmax} = f_{bc} + f_{sl} \qquad (3.14.3)$$

여기서,

M_1, M_2 : 거더 및 기둥에 작용하는 휨모멘트(N · mm)

N_1, N_2 : 거더 및 기둥에 작용하는 축방향력(N)

V_1, V_2 : 거더 및 기둥에 작용하는 전단력(N)

f_{bc} : f_{o1}, f_{o2}, f_{i1}, f_{i2}의 응력, 즉 거더와 기둥의 외측 및 내측 플랜지의 휨모멘트 및 축방향력에 의한 응력(MPa)

f_{sl} : AD 및 AB 단면의 전단지연에 의한 플랜지 응력(MPa)

f_{fmax} : 거더 및 기둥의 플랜지 최대 응력(MPa)

A_f : 거더 및 기둥의 플랜지 단면적(상 · 하 동일한 플랜지 전체면적)(mm^2)

A_w : 거더 및 기둥의 복부판 단면적(좌우 복부판 전체면적)(mm^2)

S_I : S에 대한 값으로 식(3.14.2) 또는 그림 3.14.3으로부터 구한다.

b : 복부판 중심간격(mm)

d : 거더 및 기둥의 플랜지 중심간격(mm)

F : 플랜지의 집중력(그림 3.14.2)으로 거더의 전단지연응력은 기둥의 것을, 기둥의 전단지연응력은 거더의 것을 사용한다.

$$F_{o1}=\frac{M_1}{d_1}-\frac{N_1}{2},\ F_{i1}=\frac{M_1}{d_1}+\frac{N_1}{2},\ F_{o2}=\frac{M_2}{d_2}-\frac{N_2}{2},\ F_{i2}=\frac{M_2}{d_2}+\frac{N_2}{2}$$

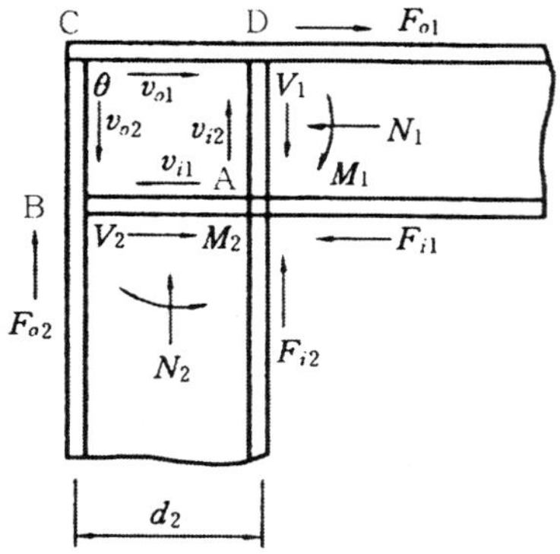

그림 3.14.2 모서리부에 작용하는 외력

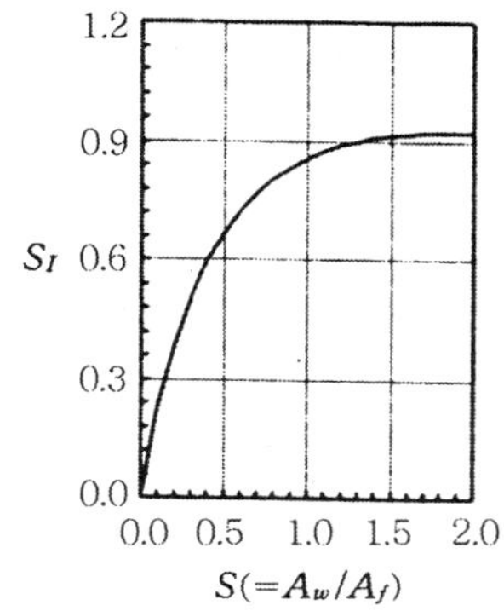

그림 3.14.3 전단지연의 추정도

2) 원형단면의 기둥과 박스형 단면거더로 구성된 모서리부에서 거더 플랜지의 전단지연에 의한 응력은 원형기둥을 그림 3.14.4(a)의 개념을 이용하여 그림 3.14.4(b)에 나타낸 것과 같은 박스형 단면으로 환산하며 식(3.14.2)에 의해 계산한다.
3) 복부판의 판두께는 전단응력에 의해 결정되며, v_a 이하가 되어야 한다. 이때 복부판의 전단응력은 작용전단응력을 기준으로 한다.

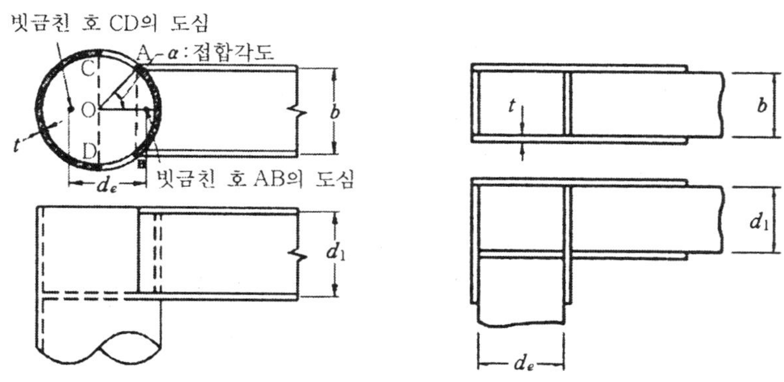

(a) 실제 단면 $\left(d_e=\frac{2R}{\pi}+\frac{R\sin(\alpha)}{\alpha}\right)$ (b) 환산 단면

그림 3.14.4 원형기둥의 모서리부

(3) 다이어프램

1) 박스형 단면 모서리부의 다이어프램에는 모서리부의 플랜지와 동일한 두께의 판을 사용한다.
모서리부의 다이어프램에 맨홀을 설치할 경우 단면의 중앙 부근에 설치하는 것을 원칙으로 하고 단면 손실분을 리브로 보강한다. 이 리브와 다이어프램의 필렛용접은 응력을 전달할 수 있을 만큼 충분한 크기를 취해야 한다.

2) 원형 단면 모서리부의 다이어프램 규격은 응력검토 결과에 따라 정하는 것을 원칙으로 한다. 그러나 다음의 경우에는 다이어프램의 응력계산을 생략해도 좋으며, 이때 재질은 거더 플랜지의 재질과 동일한 것으로 한다.

① $R \leq 1,500\,\text{mm}$

② $t_f \leq 25\,\text{mm}$

③ $r \leq \frac{R}{2}$

④ $t_{dw} \geq f$ 또는 $t_{dw} = \frac{b_{dw}}{17}$

⑤ $t_{df} \cdot b_d \geq 250 t_f$

여기서,

R : 원형기둥의 반경(mm)
r : 맨홀의 반경(mm)
t_f : 거더의 플랜지 두께(mm)
t_{dw} : 다이어프램의 복부판 두께(mm)
t_{df} : 다이어프램의 플랜지 두께(mm)
b_d : 다이어프램의 플랜지 폭(mm)
b_{dw} : 다이어프램의 복부판 높이(mm)

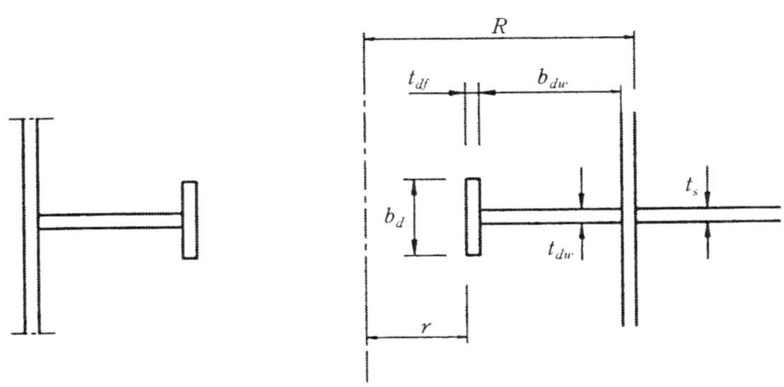

그림 3.14.5 원형 기둥의 다이어프램

3.14.3.2 기둥 기초부의 설계

(1) 설계 기본방침

교각 기둥 기초부의 설계에 있어서 베이스 플레이트 하면의 콘크리트는 압축력에 저항하고, 인장력에 대해서는 앵커볼트 및 앵커프레임으로 저항하는 것으로 한다.

(2) 베이스부의 설계

1) 앵커볼트의 인장응력 및 콘크리트의 압축응력은 합성단면의 중립축 위치를 고려하여 계산하며, 원형단면의 경우는 속빈 원형단면의 콘크리트 부재의 설계계산식을 이용하여 구하는 것을 원칙으로 한다.
2) 기둥기초부에 작용하는 수평력은 앵커볼트로 저항하는 것으로 하며, 그 전단력은 모든 앵커볼트에 균등하게 분포하는 것으로 한다.
3) 베이스 플레이트의 두께 결정
베이스 플레이트의 설계는 특별히 엄밀한 해석을 행하지 않을 경우에는 다음 식에 의해 구하는 것으로 한다.

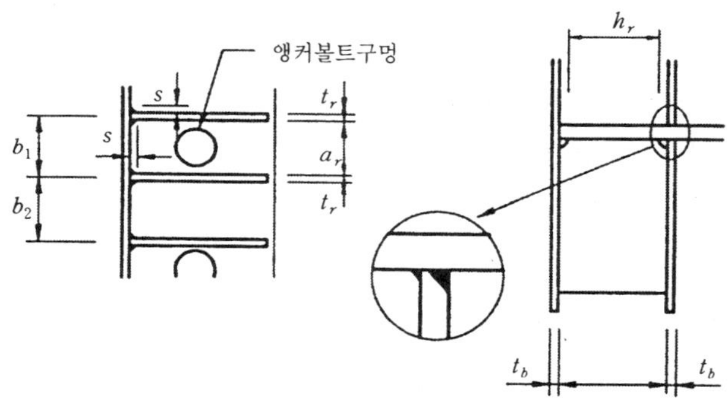

그림 3.14.6 리브의 설치

$$m = k\ \beta p\ a_r^2 \tag{3.14.4}$$

여기서,

- m : 베이스 플레이트가 받는 휨모멘트(N-mm/mm)
- k : 계수, 앵커볼트 구멍이 있는 구획에 대해 $k = 1.7$, 앵커볼트 구멍이 없는 구획 $k = 1.0$
- p : 베이스 플레이트에 작용하는 최대 등분포 압축력(MPa)
- a_r : 리브의 내측간격
- β : 계수(표 3.14.1)

$$t_b > \sqrt{\frac{6\mathrm{m}}{f_{sa}}} \tag{3.14.5}$$

여기서,

t_b : 베이스 플레이트의 판두께(mm) ≥25mm

또한, 앞 식에 의해 결정되는 판두께에 대해서는 전단응력에 대한 검토를 해야 한다. 베이스 플레이트에 작용하는 전단력(q)는

$$q = k\alpha p a_r \tag{3.14.6}$$

여기서, α : 계수(표 3.14.2)

표 3.14.1 휨에 대한 계수(β)

b/a	0.6	0.7	0.8	0.9	1.0	1.25	1.5 이상
β	0.0728	0.0764	0.0793	0.0817	0.0834	0.0847	0.0823

표 3.14.2 전단력에 대한 계수(α)

b/a	0.6	0.7	0.8	0.9	1.0	1.25	1.5 이상
α	0.750	0.717	0.685	0.656	0.628	0.570	0.527

4) 상하 베이스 플레이트 사이에는 리브를 설치하며, 리브의 판두께는 앵커볼트로부터의 압축력, 전단력, 그리고 편심에 의한 휨모멘트를 검토하여 결정한다.

(3) 앵커프레임의 설계

1) 앵커프레임은 베이스로부터 작용하는 힘을 확실하게 기초 콘크리트에 전달할 수 있도록 다음의 규정을 따라 설계해야 한다.

2) 앵커빔에는 앵커볼트 위치를 지점으로 한 연속거더로서의 응력이 작용하고 앵커빔의 상부 플랜지에는 콘크리트의 지압에 의한 판으로서의 응력이 작용하는 것으로 가정한다.

3) 앵커빔에 작용하는 볼트축력은 복부판과 다이어프램의 지압에 의해 받는 것으로 한다. 이때 다이어프램의 간격은 너트의 마주보는 면 사이의 거리 중 작은 것을 표준으로 한다.

4) 플랜지 판두께

(가) 판구조에 대한 계산

그림 3.14.7에 있어서 콘크리트의 지압을 검토할 경우, Ⓐ부분은 4변고정으로, Ⓑ부분은 3변고정, 1변자유인 판으로 보고 응력검토를 한다.

(나) 거더의 휨에 대한 계산

콘크리트의 지압은 볼트위치를 지점으로 고려하여 거더의 휨모멘트를 계산하고 그에 따른 앵커빔 단면의 휨에 대하여 응력을 검토한다. 이때 그림 3.14.8에서와 같이 볼트구멍을 공제한 사선부분의 단면만을 고려한다.

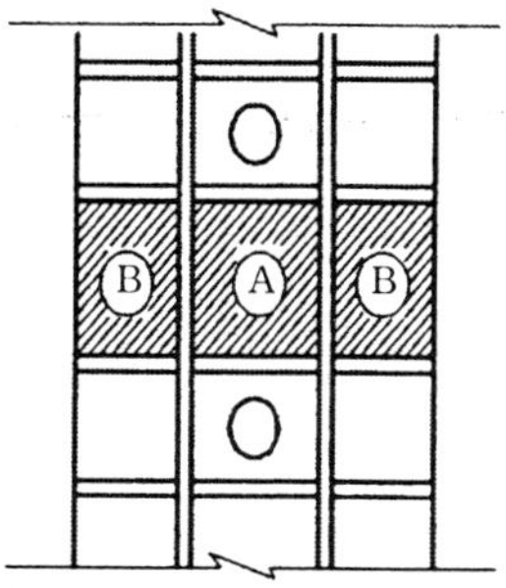

그림 3.14.7 판구조

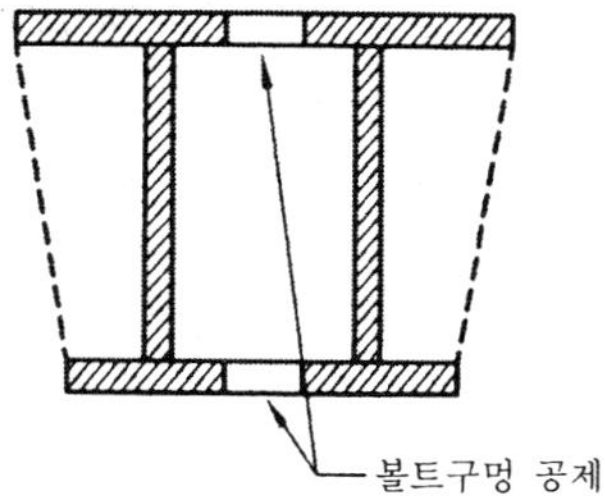

그림 3.14.8 거더구조

(다) 합응력

콘크리트의 지압을 받는 플랜지의 판두께는 (가)항과 (나)항에서 계산한 응력의 합으로 검토하여 판두께를 결정한다.

5) 전단저항면

인장력을 받는 앵커볼트군의 인발력에 대해서 콘크리트의 전단저항면을 고려해야 한다. 이때 콘크리트의 허용전단응력은 주하중에 대해서 $v_a = 0.5\mathrm{MPa}$로 한다.

3.14.3.3 부재

(1) 거더 및 기둥

1) 부재의 판두께 변화는 그림 3.14.9에서 보는 바와 같이 화살표(⇨) 방향으로 변화를 주는 것을 원칙으로 한다. 거더 및 기둥의 단면변화수는 설계조건에 따라 변경할 수 있다.

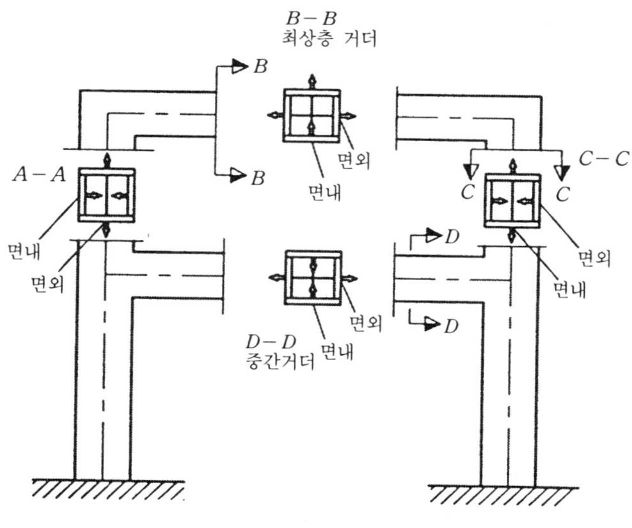

그림 3.14.9 판두께 변화의 방향

이 단면수는 거더의 경우 거더의 전길이, 기둥의 경우 각 기둥의 층별 높이에 적용한다. 또한 모서리부 단면은 이에 포함하는 것으로 한다. 단면이 변할 때 인접하는 단면의 판두께 차이는 최대 12mm를 기준으로 하며, 모서리로부터 일반단면으로 이동하는 곳은 부득이한 경우 최대 20mm까지 허용해도 좋다.

2) 모서리부 단면으로부터 일반부 단면으로 이동하는 위치는 상자형 단면의 경우 모서리부로부터 거더의 복부판 간격의 1/2 이상, 원형단면의 경우 외경의 1/2 이상 떨어진 지점으로 한다(그림 3.14.10 참조).

3) 기둥 부재로 원형단면을 사용하는 경우, 기둥의 외경은 1,000mm 이상으로 하는 것을 원칙으로 한다.

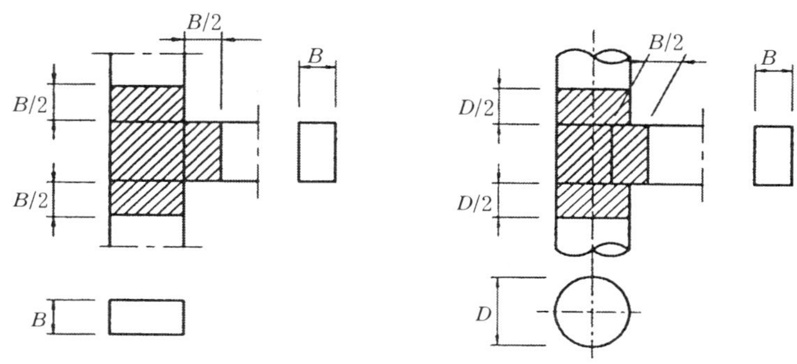

그림 3.14.10 모서리부 범위

(2) 베이스부

1) 베이스 플레이트의 두께는 25mm 이상이어야 한다.
2) 와셔의 두께는 22mm를 표준으로 한다.
3) 앵커볼트의 지름은 50mm 이상이어야 한다.
4) 와셔의 지름은 앵커볼트 지름의 2배 정도로 한다.
5) 기둥의 외측 연단과 앵커볼트 중심까지의 거리는 200mm 이상으로 한다.

(3) 앵커프레임

앵커프레임과 베이스부 사이에는 설치시 높이 조정이 가능하도록 최소로 필요한 범위내로 적절한 높이조절용 장치를 설치하는 것을 고려하여야 한다.

(4) 다이어프램

1) 상부구조 교량 받침부에는 상부반력을 전달하기에 충분한 강성을 갖는 다이어프램을 설치하는 것으로 한다.
2) 교량 받침부 이외의 일반부에 있어서는 5m 이내의 간격으로 중간 다이어프램을 설치하는 것을 원칙으로 한다. 다만, 원형단면 기둥의 경우, 외경의 3배 이내로 설

치한다.

3) 원형 단면 모서리부의 다이어프램은 그림 3.14.5와 같이 하는 것을 표준으로 한다.

(가) 다이어프램의 맨홀 지름은 원형기둥 외경의 1/2을 표준으로 한다.

(나) 다이어프램의 내측(맨홀측)에는 플랜지를 설치하고, 다이어프램의 판두께 t_d는 플랜지 두께 t_f 이상으로 한다.

(5) 종리브

1) 상자형 단면의 플랜지 또는 복부판에는 좌굴방지를 위한 종리브를 설치한다.

2) 기둥 단면에 사용하는 종리브의 재질은 플랜지 또는 복부판과 동일한 것으로 한다.

3) 상자형 단면의 폭 또는 높이가 1,500mm 이하의 경우, 종리브는 단면 산정시 고려하지 않는 것이 좋다. 또한 이 경우 종리브는 연결하지 않는 것이 좋다. 다만, 이음부에 있어서 판의 국부좌굴에 대해 특별히 주의를 해야 한다.

3.14.3.4 허용응력의 증가

라멘구조부의 허용응력 증가는 3.3.1의 규정에 따른다.

3.14.4 구조세목

3.14.4.1 맨홀

맨홀은 내부에 우수가 침투되지 않는 구조로 하고 강도 및 외관상 큰 지장이 없는 곳에 설치하도록 한다.

맨홀 위치는 기둥의 경우 지상으로부터 2m 이상인 위치에, 거더의 경우는 거더의 선단 혹은 상부 플랜지의 단면이 여유 있는 위치에 설치하는 것이 좋다. 맨홀의 최소 치수는 400mm×600mm로 한다.

3.14.4.2 교량받침의 설치

강재 교각상에 설치하는 교량받침은 용접에 의해 연결하는 것을 원칙으로 한다.

(1) 교량받침의 용접은 거더의 상부 플랜지와 교량받침 사이의 높이에 따라 다음과 같이 적용한다.

1) $H<130$ 인 경우 판받침 사용

2) $H>130$ 인 경우 상자형 받침 사용

다만, 용접 목두께가 12mm를 초과하는 등 부득이한 경우는 볼트로 연결한다.

(2) 상향력이 작용하는 교량받침부의 용접은 안전성이 확보되도록 충분히 검토해야 한다.

3.14.5 라멘의 전체좌굴

3.14.5.1 라멘의 유효좌굴길이

라멘기둥의 유효좌굴길이 l은 특별히 엄밀한 계산을 하지 않을 때는 표 3.14.3에 따른다.

표 3.14.3 라멘기둥의 유효좌굴길이

부 재 \ 좌굴형식		면내좌굴
1층의 기둥 (그림 3.14.11 ①-⑥)	하단 고정	$l=1.5h \quad k\leq 5$ $l=\{1.5+0.04(k-5)\}\cdot h, \quad 5<k\leq 10$
	하단 힌지	$l=3.5h \quad k\leq 5$ $l=\{3.5+0.2(k-5)\}\cdot h, \quad 5<k\leq 10$
2층 이상의 기둥(그림 3.14.11⑦-⑧)		$l=1.9h \quad k\leq 5$ $l=\{1.9+0.14(k-5)\}\cdot h, \quad 5<k\leq 10$
외다리 기둥(그림 3.14.11⑨)		$l=2.0h$
2층 이상의 외다리 기둥(그림 3.14.11⑩)		$l=2.2h$

여기서,

$$k=\frac{I_c/h}{I_b/L}$$

I_c : 기둥의 단면 2차모멘트의 평균치(mm^4)

h : 그림 3.14.11에 표시된 것 같은 각층의 라멘기둥 높이

I_b : 거더의 단면 2차모멘트의 평균치(mm^4)

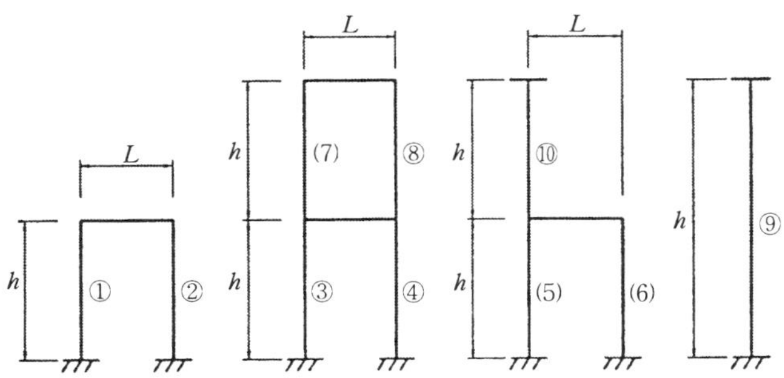

그림 3.14.11 라멘의 부재길이

3.14.5.2 축방향 압축력과 휨모멘트가 작용하는 라멘부재

축방향 압축력과 휨모멘트가 함께 작용하는 라멘부재의 좌굴에 대한 검토는 3.4.3의 규정을 따른다. 이 경우 허용압축응력 f_{ca}는 표 3.14.3에 표시한 유효좌굴길이 l을 사용하여 3.3.2의 규정에 따라 구한다.

그러나 특수한 구조형식의 라멘이나 단면이 현저하게 변화하는 경우에 대해서는 별도로 엄밀한 검토를 해야 한다.

3.14.6 합성응력의 검사

수직응력과 전단응력이 각각 그들의 허용응력의 45% 이상인 경우, 강재교각의 경우는 식(3.14.7), 앵커프레임이나 베이스 플레이트와 같은 기둥기초부의 경우는 식(3.14.8)에 의거하여 검토하여야 한다.

$$\left(\frac{f_b}{f_a}\right)^2+\left(\frac{v_b}{v_a}\right)^2\leq 1.2 \tag{3.14.7}$$

$$\left(\frac{f_b}{f_a}\right)^2+\left(\frac{v_b}{v_a}\right)^2\leq 1.0 \tag{3.14.8}$$

$$f_b\leq f_a,\ v_b\leq v_a$$

여기서,

f_b : 휨응력(MPa)

v_b : 휨에 따른 전단응력(MPa)

f_a, v_a : 3.3.2.1에서의 허용인장 및 전단응력(MPa)

3.14.7 라멘교의 처짐

라멘교의 활하중(충격을 포함하지 않음)에 의한 최대 처짐은 다음 식을 만족해야 한다.

$$\delta \leq L/500 \tag{3.14.9}$$

여기서,

δ : 활하중(충격을 포함하지 않음)에 의한 최대 처짐(mm)

L : 지간(mm)(그림 3.14.12 참조)

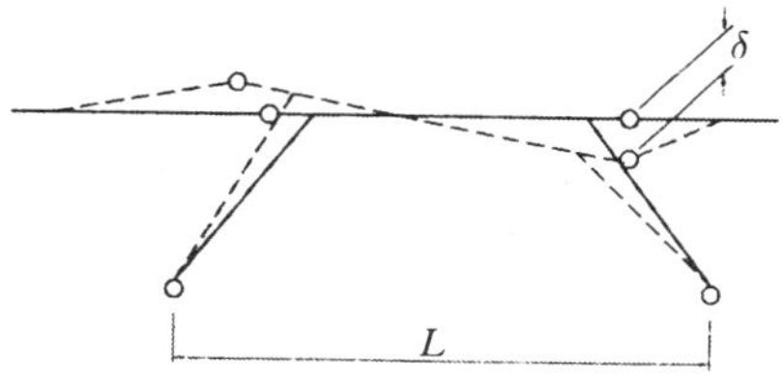

그림 3.14.12 라멘교의 처짐

3.14.8 라멘교각의 처짐

주거더를 라멘교각으로 받칠 경우 활하중(충격을 포함하지 않음)에 의한 라멘교각의 최대 처짐은 다음 식을 만족해야 한다

$$(\delta_1+\delta_2) \text{ 또는 } (\delta_2+\delta_3) \text{ 중 큰 쪽} \leq (L_1+L_2+L_3)/500 \tag{3.14.10}$$

그림 3.14.13(1)의 경우

$$\delta_1 \leq L_1/300 \tag{3.14.11}$$

$$\delta_3 \leq L_3/300 \tag{3.14.12}$$

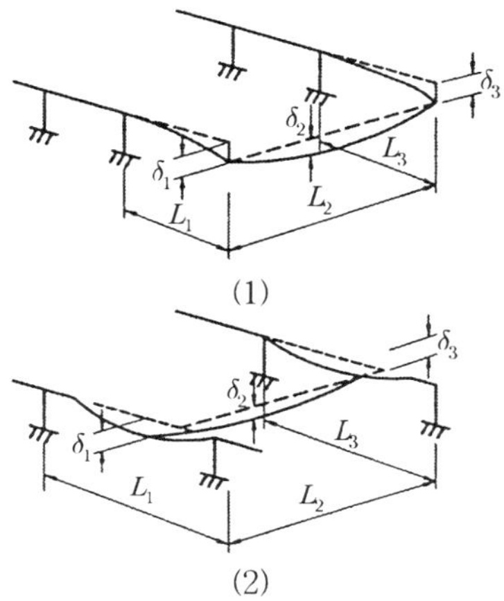

δ_1, δ_3 : 라멘가로보의 주거더 위치에서의 처짐
δ_2 : 주거더의 처짐

그림 3.4.13 라멘교각의 처짐

그림 3.14.13(2)의 경우

$$\delta_1 \leq L_1/500 \tag{3.14.13}$$

$$\delta_3 \leq L_3/500 \tag{3.14.14}$$

또 위 식을 만족하는 경우라도 상부구조의 응력이 δ_1 또는 δ_3에 의해 무시할 수 없는 영향을 받는다고 생각될 경우에는 주거더를 탄성받침상의 거더로 보고 해석해야 한다.

3.14.9 π형 라멘교 수평변위의 영향

π형 라멘교의 신축장치, 교량받침 등의 설계에 있어서 활하중(충격을 포함함)에 의한 수평변위의 영향을 고려해야 한다.

3.14.10 방 식

흙속 또는 수중에 있는 라멘구조의 기둥부분은 피복콘크리트, 방식판, 방식도장 등으로 보호해야 한다. 또 폐합 단면의 경우는 내부에 물이 고이지 않도록 물빼기 등의 구조세목에 주의해야 한다.

부록 〔Ⅱ〕~ 부록 〔Ⅵ〕

강 재 표

부록 〔Ⅱ〕 등변 L형강
부록 〔Ⅲ〕 부등변 L형강
부록 〔Ⅳ〕 I 형강
부록 〔Ⅴ〕 ㄷ형강
부록 〔Ⅵ〕 H형강

부록 〔Ⅶ〕 교량형식별 장대교 일람표

부록 〔Ⅷ〕 SI 단위와 단위환산표

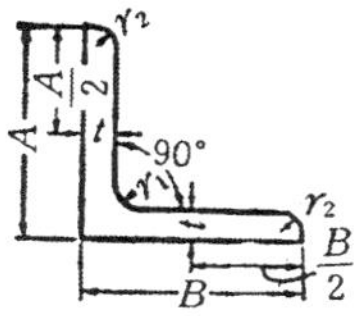

부록 〔II〕 등변 L 형강

단면 2차모멘트 $I=ai^2$
단면 2차 반지름 $i=\sqrt{I/a}$
단면계수 $Z=I/e$
($a=$ 단면적)

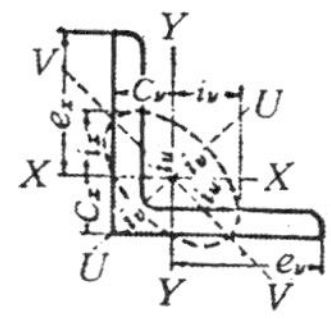

표준단면치수 [mm]				단면적 [cm²]	단위 중량 [kgf/m]	중심의 위치 [cm]		단면 2차모멘트 [cm⁴]				단면 2차반지름 [cm]				단면계수 [cm³]	
$A\times B$	t	r_1	r_2			C_x	C_y	I_x	I_y	최대 I_u	최소 I_v	i_x	i_y	최대 i_u	최소 i_v	z_x	z_y
40×40	3	4.5	2	2.336	1.83	1.09	1.09	3.53	3.53	5.60	1.45	1.23	1.23	1.55	0.79	1.21	1.21
40×40	5	4.5	3	3.755	2.95	1.17	1.17	5.42	5.42	8.59	2.25	1.20	1.20	1.51	0.77	1.91	1.91
45×45	4	6.5	3	3.492	2.74	1.24	1.24	6.50	6.50	10.3	2.69	1.36	1.36	1.72	0.88	2.00	2.00
50×50	4	6.5	3	3.892	3.06	1.37	1.37	9.06	9.06	14.4	3.74	1.53	1.53	1.92	0.98	2.49	2.49
50×50	6	6.5	4.5	5.644	4.43	1.44	1.44	12.6	12.6	20.0	5.24	1.50	1.50	1.88	0.96	3.55	3.55
60×60	4	6.5	3	4.692	3.68	1.61	1.61	16.0	16.0	25.4	6.62	1.85	1.85	2.33	1.19	3.66	3.66
60×60	5	6.5	3	5.802	4.55	1.66	1.66	19.6	19.6	31.2	8.06	1.84	1.84	2.32	1.18	4.52	4.52
65×65	6	8.5	4	7.527	5.91	1.81	1.81	29.4	29.4	46.6	12.1	1.98	1.98	2.49	1.27	6.27	6.27
65×65	8	8.5	6	9.761	7.66	1.88	1.88	36.8	36.8	58.3	15.3	1.94	1.94	2.44	1.25	7.97	7.97
70×70	6	8.5	4	8.127	6.38	1.94	1.94	37.1	37.1	58.9	15.3	2.14	2.14	2.69	1.37	7.33	7.33
75×75	6	8.5	4	8.727	6.85	2.06	2.06	46.1	46.1	73.2	19.0	2.30	2.30	2.90	1.47	8.47	8.47
75×75	9	8.5	6	12.69	9.96	2.17	2.17	64.4	64.4	102	26.7	2.25	2.25	2.84	1.45	12.1	12.1
75×75	12	8.5	6	16.56	13.0	2.29	2.29	81.9	81.9	129	34.5	2.22	2.22	2.79	1.44	15.7	15.7
80×80	6	8.5	4	9.327	7.32	2.19	2.19	56.4	56.4	89.6	23.2	2.46	2.46	3.10	1.58	9.70	9.70
90×90	6	10	5	10.55	8.28	2.42	2.42	80.7	80.7	129	32.3	2.77	2.77	3.50	1.75	12.3	12.3
90×90	7	10	5	12.22	9.59	2.46	2.46	93.0	93.0	148	38.3	2.76	2.76	3.48	1.77	14.2	14.2
90×90	10	10	7	17.00	13.3	2.58	2.58	125	125	199	51.6	2.71	2.71	3.42	1.74	19.5	19.5
90×90	13	10	7	21.71	17.0	2.69	2.69	156	156	248	65.3	2.68	2.68	3.38	1.73	24.8	24.8
100×100	7	10	5	13.62	10.7	2.71	2.71	129	129	205	53.1	3.08	3.08	3.88	1.97	17.7	17.7
100×100	10	10	7	19.00	14.9	2.83	2.83	175	175	278	71.9	3.03	3.03	3.83	1.95	24.4	24.4
100×100	13	10	7	24.31	19.1	2.94	2.94	220	220	348	91.0	3.00	3.00	3.78	1.93	31.1	31.1
120×120	8	12	5	18.76	14.7	3.24	3.24	258	258	410	106	3.71	3.71	4.68	2.38	29.5	29.5
130×130	9	12	6	22.74	17.9	3.53	3.53	366	366	583	150	4.01	4.01	5.06	2.57	38.7	38.7
130×130	12	12	8.5	29.76	23.4	3.64	3.64	467	467	743	192	3.96	3.96	5.00	2.54	49.9	49.9
130×130	15	12	8.5	36.75	28.8	3.76	3.76	568	568	902	234	3.93	3.93	4.95	2.53	61.5	61.5
150×150	12	14	7	34.77	27.3	4.14	4.14	740	740	1,176	304	4.61	4.61	5.82	2.96	68.2	68.2
150×150	15	14	10	42.74	33.6	4.24	4.24	888	888	1,410	365	4.56	4.56	5.75	2.92	82.6	82.6
150×150	19	14	10	53.38	41.9	4.40	4.40	1,090	1,090	1,730	451	4.52	4.52	5.69	2.91	103	103
175×175	12	15	11	40.52	31.8	4.73	4.73	1,170	1,170	1,860	479	5.37	5.37	6.78	3.44	91.6	91.6
175×175	15	15	11	50.21	39.4	4.85	4.85	1,440	1,440	2,290	588	5.35	5.35	6.75	3.42	114	114
200×200	15	17	12	57.75	45.3	5.47	5.47	2,180	2,180	3,470	891	6.14	6.14	7.75	3.93	150	150
200×200	20	17	12	76.00	59.7	5.67	5.67	2,820	2,820	4,490	1,160	6.09	6.09	7.63	3.90	197	197
200×200	25	17	12	93.75	73.6	5.87	5.87	3,420	3,420	5,420	1,410	6.04	6.04	7.61	3.88	242	242
250×250	25	24	12	119.4	93.7	7.10	7.10	6,950	6,950	11,000	2,860	7.63	7.63	9.62	4.89	388	388
250×250	35	24	18	162.6	128	7.45	7.45	9,110	9,110	14,400	3,790	7.48	7.48	9.42	4.38	519	519

부록 〔III〕 부등변 L형강

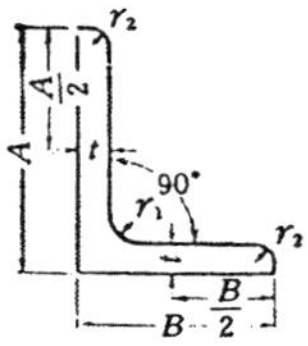

단면 2차모멘트 $I = ai^2$

단면 2차 반지름 $i = \sqrt{I/a}$

단면계수 $Z = I/e$

(a = 단면적)

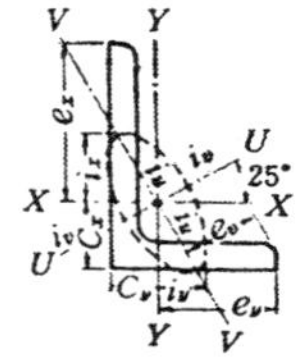

표준단면치수 [mm]				단면적 [cm²]	단위 중량 [kgf/m]	중심의 위치 [cm]		단면 2차모멘트 [cm⁴]				단면 2차반지름 [cm]				tan α	단면계수 [cm³]	
$A \times B$	t	r_1	r_2			C_x	C_y	I_x	I_y	최대 I_u	최소 I_v	i_x	i_y	최대 i_u	최소 i_v		z_x	z_y
90×75	9	8.5	6	14.04	11.0	2.75	2.10	109	68.1	143	34.1	2.78	2.20	3.19	1.56	0.676	17.4	12.4
100×75	7	10	5	11.87	9.32	3.06	1.84	118	57.0	144	30.7	3.15	2.19	3.49	1.61	0.584	17.0	10.1
100×75	10	10	7	16.50	13.0	3.18	1.94	159	76.1	194	41.3	3.11	2.15	3.43	1.58	0.543	23.3	13.7
125×75	7	10	5	13.62	10.7	4.10	1.64	219	60.4	243	36.4	4.01	2.11	4.23	1.63	0.362	26.1	10.3
125×75	10	10	7	19.00	14.9	4.23	1.75	298	80.9	330	49.0	3.96	2.06	4.17	1.61	0.357	36.1	14.1
125×75	13	10	7	24.31	19.1	4.35	1.87	376	101	414	61.9	3.93	2.04	4.13	1.60	0.352	46.1	17.9
125×90	10	10	7	20.50	16.1	3.95	2.22	318	138	380	76.1	3.94	2.59	4.30	1.93	0.506	37.2	20.4
125×90	13	10	7	26.26	20.6	4.08	2.34	401	165	479	87.2	3.91	2.51	4.27	1.82	0.499	47.5	24.8
150×90	9	12	6	20.94	16.4	4.96	2.00	484	133	537	80.2	4.81	2.52	5.06	1.96	0.362	48.2	19.0
150×90	12	12	8.5	27.36	21.5	5.07	2.10	619	168	684	102	4.75	2.47	5.00	1.93	0.357	62.3	24.3
150×100	9	12	6	21.84	17.1	4.77	2.32	502	179	580	101	4.79	2.86	5.15	2.15	0.441	49.0	23.3
150×100	12	12	8.5	28.56	22.4	4.88	2.41	642	229	738	133	4.74	2.83	5.08	2.15	0.435	63.4	30.2
150×100	15	12	8.5	35.25	27.7	5.01	2.53	781	276	897	161	4.71	2.80	5.04	2.14	0.432	78.2	37.0

부록 〔IV〕 I형강

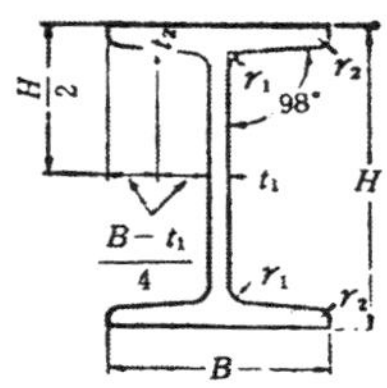

단면 2차모멘트 $I = ai^2$

단면 2차 반지름 $i = \sqrt{I/a}$

단면계수 $Z = I/e$

(a = 단면적)

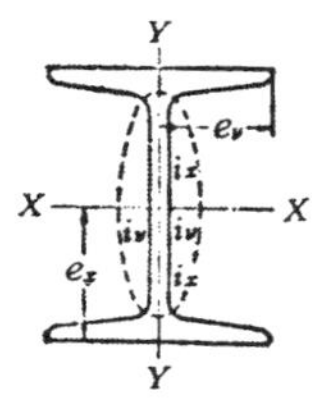

표준단면치수 [mm]					단면적 [cm²]	단위 중량 [kgf/m]	중심의 위치 [cm]		단면 2차모멘트 [cm⁴]		단면 2차반지름 [cm]		단면계수 [cm³]	
$H \times B$	t_1	t_2	r_1	r_2			C_x	C_y	I_x	I_y	i_x	i_y	z_x	z_y
100×75	5	8	7	3.5	16.43	12.9	0	0	283	48.3	4.15	1.72	56.5	12.9
125×75	5.5	9.5	9	4.5	20.45	16.1	0	0	540	59.0	5.14	1.70	86.4	15.7
150×75	5.5	9.5	9	4.5	21.83	17.1	0	0	820	59.1	6.13	1.65	109	15.8
150×125	8.5	14	13	6.5	46.15	36.2	0	0	1,780	395	6.21	2.92	237	63.1
180×100	6	10	10	5	30.06	23.6	0	0	1,670	141	7.46	2.17	186	28.2
200×100	7	10	10	5	33.06	26.0	0	0	2,180	142	8.11	2.07	218	28.4
200×150	9	16	15	7.5	64.16	50.4	0	0	4,490	771	8.37	3.47	449	103
250×125	7.5	12.5	12	6	48.79	38.3	0	0	5,190	345	10.3	2.66	415	55.2
250×125	10	19	21	10.5	70.73	55.5	0	0	7,340	560	10.2	2.81	587	89.6
300×150	8	13	12	6	61.58	48.3	0	0	9,500	600	12.4	3.12	633	80.0
300×150	10	18.5	19	9.5	83.47	65.5	0	0	12,700	886	12.4	3.26	849	118
300×150	11.5	22	23	11.5	97.88	76.8	0	0	14,700	1,200	12.3	3.38	981	149
350×150	9	15	13	6.5	74.58	58.5	0	0	15,200	715	14.3	3.10	871	95.4
350×150	12	24	25	12.5	111.1	87.2	0	0	22,500	1,230	14.2	3.33	1,280	164
400×150	10	18	17	8.5	91.73	72.0	0	0	24,000	887	16.2	3.11	1,200	118
400×150	12.5	25	27	13.5	122.1	95.8	0	0	31,700	1,290	16.1	3.25	1,580	172
450×175	11	20	19	9.5	116.8	91.7	0	0	39,200	1,550	18.3	3.64	1,740	177
450×175	13	26	27	13.5	146.1	115	0	0	48,800	2,100	18.3	3.79	2,170	240
600×190	13	25	25	12.5	169.4	133	0	0	98,200	2,540	24.1	3.87	3,270	267
600×190	16	35	38	19	224.5	176	0	0	130,000	3,700	24.0	4.06	4,330	390

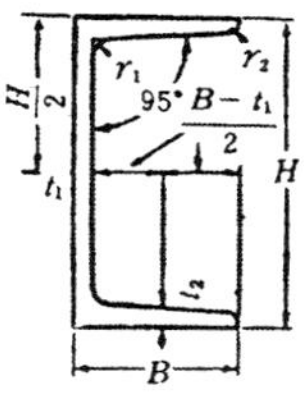

부록 〔V〕 ㄷ형강

단면 2차모멘트 $I=ai^2$

단면 2차 반지름 $i=\sqrt{I/a}$

단면계수 $Z=I/e$

(a= 단면적)

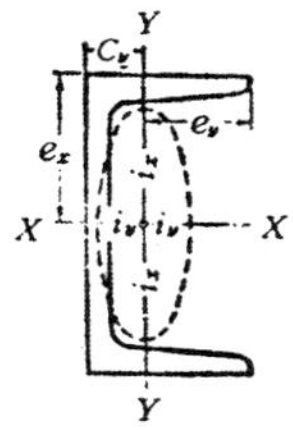

표준단면치수 [mm]					단면적 [cm²]	단위 중량 [kgf/m]	중심의 위치 [cm]		단면 2차모멘트 [cm⁴]		단면 2차반지름 [cm]		단면계수 [cm³]	
$H\times B$	t_1	t_2	r_1	r_2			C_x	C_y	I_x	I_y	i_x	i_y	z_x	z_y
75×40	5	7	8	4	8.818	6.92	0	1.27	75.9	12.4	2.93	1.19	20.2	4.54
100×50	5	7.5	8	4	11.92	9.36	0	1.55	189	26.9	3.98	1.50	37.8	7.82
125×65	6	8	8	4	17.11	13.4	0	1.94	425	65.5	4.99	1.96	68.0	14.4
150×75	6.5	10	10	5	23.71	18.6	0	2.31	864	122	6.04	2.27	115	23.6
150×75	9	12.5	15	7.5	30.59	24.0	0	2.31	1,050	147	5.86	2.19	140	28.3
180×75	7	10.5	11	5.5	27.20	21.4	0	2.15	1,380	137	7.13	2.24	154	25.5
200×70	7	10	11	5.5	26.92	21.1	0	1.85	1,620	113	7.77	2.04	162	21.8
200×80	7.5	11	12	6	31.33	24.6	0	2.24	1,950	177	7.89	2.38	195	30.8
200×90	8	13.5	14	7	38.65	30.3	0	2.77	2,490	286	8.03	2.72	249	45.9
250×90	9	13	14	7	44.07	34.6	0	2.42	4,180	306	9.74	2.64	335	46.5
250×90	11	14.5	17	8.5	51.17	40.2	0	2.39	4,690	342	9.57	2.58	375	51.7
300×90	9	13	14	7	48.57	38.1	0	2.23	6,440	325	11.5	2.59	429	48.0
300×90	10	15.5	19	9.5	55.74	43.8	0	2.33	7,400	373	11.5	2.59	494	56.0
300×90	12	16	19	9.5	61.90	48.6	0	2.25	7,870	391	11.3	2.51	525	57.9
380×100	10.5	16	18	9	69.39	54.5	0	2.41	14,500	557	14.5	2.83	762	73.3
380×100	13	16.5	18	9	78.96	62.0	0	2.29	15,600	584	14.1	2.72	822	75.8
380×100	13	20	24	12	85.71	67.3	0	2.50	17,600	671	14.3	2.80	924	89.5

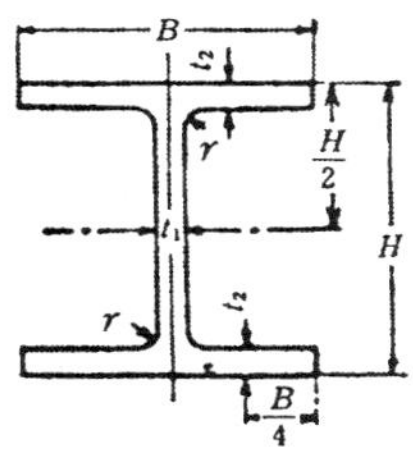

부록 〔VI〕 H형강

단면 2차모멘트 $I=ai^2$

단면 2차 반지름 $i=\sqrt{I/a}$

단면계수 $Z=I/e$

(a= 단면적)

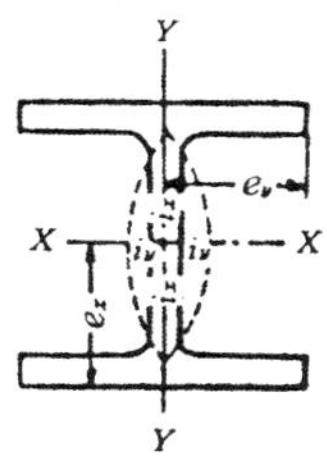

표준단면치수 [mm]				단면적 [cm²]	단위 중량 [kgf/m]	단면 2차모멘트 [cm⁴]		단면 2차반지름 [cm]		단면계수 [cm³]	
$H\times B$	t_1	t_2	r			I_x	I_y	i_x	i_y	z_x	z_y
500×200	10	16	20	114.2	89.6	47,800	2,140	20.5	4.33	1,910	214
596×199	10	15	22	120.5	94.6	68,700	1,980	23.9	4.05	2,310	199
600×200	11	17	22	134.4	106	77,600	2,280	24.0	4.12	2,590	228
606×201	12	20	22	152.5	120	90,400	2,720	24.3	4.22	2,980	271
582×300	12	17	28	174.5	137	103,000	7,670	24.3	6.63	3,530	511
588×300	12	20	28	192.5	151	118,000	9,020	24.8	6.85	4,020	601
692×300	13	20	28	211.5	166	172,000	9,020	28.6	6.53	4,980	602
700×300	13	24	28	235.5	185	201,000	10,800	29.3	6.78	5,760	722
792×300	14	22	28	243.4	191	254,000	9,930	32.3	6.39	6,410	662
800×300	14	26	28	267.4	210	292,000	11,700	33.0	6.62	7,290	782
890×299	15	23	28	270.9	213	345,000	10,300	35.7	6.16	7,760	688
900×300	16	28	28	309.8	243	411,000	12,600	36.4	6.39	9,140	843
912×302	18	34	28	364.0	286	498,000	15,700	37.0	6.56	10,900	1,040

부록 〔Ⅶ〕 교량형식별 장대교 일람표

부록 표 7-1 현수교

교 량 명	중 앙 지 간(m)	준 공 년 도	국 명
明石(Akashi)대교	1990	1998	일본(Kobe-Naruto)
East교	1624	1996	덴마크(Korsor)
Humber교	1410	1981	영국(Kingston-upon-Hull)
Jiangyin	1385	1999	중국(Jiangsu)
Tsing Ma	1377	1997	중국(Hong Kong)
Verrazano-Narrows교	1298	1964	미국(New York)
Golden Gate교	1280	1937	미국(San Francisco)
Hoga Kusten	1210	1997	스웨덴(Kramfors)
Mackinac Straits교	1158	1957	미국(Mackinaw city)
南備讃瀬戶(Minami isan-seto)대교	1100	1988	일본(Kojima-Sakaide)
Bosporus II 교	1090	1988	터키(Istanbul)
광안대교	500	2002	한국(부산)
남해대교	404	1973	한국(Hadong-Namhae)
영종대교	300	2000	한국(인천)
적금대교	850	공사중	한국(여수)

부록 표 7-2 사장교(Cable stayed bridge)

교 량 명	중 앙 지 간(m)	준 공 년 도	국 명
多多羅(Tatara)대교	890	1999	일본(Onomichi-Imabari)
Normandy교	856	공사중	프랑스
名港中央대교	590	공사중	일본
Skarnsundet교	530	1991	노르웨이
서해대교	470	2000	한국
Alex Fraser교	465	1986	캐나다
Yokohama Bay교	460	1989	일본
Second Hooghly교	457	1989	인도
Chao Phya교	450	1987	태국
진도대교	345	1984	한국
돌산대교	280	1984	한국
인천대교(인천 제2연육교)	800	공사중	한국

부록 표 7-3 트러스교(Truss bridge)

교 량 명	중 앙 지 간(m)	준 공 년 도	국 명
Quebec교(Rallway)	549	1917	캐나다(Quebec)
Forth Railway교	521	1890	영국
港대교	510	1974	일본
Chester대교	501	1974	미국
New Orleans I 및 II교	480	1958, 1987	미국
Hawrah교	457	1943	인도
San Francisco-Oakland Bay교	427	1936	미국
성수대교(1994년 10월 붕괴 후 복구)	120	1979	한국
성산대교	120	1980	한국

부록 표 7-4 아치교(Arch bridge)

교 량 명	중 앙 지 간(m)	준 공 년 도	국 명
New River George(steel)	518	1977	미국(Fayetteville)
Bayonne교	504	1931	미국
Sydney Harbour교	503	1932	호주
Wanxian(콘크리트 아치)	425	1997	중국
Fremont교	383	1972	미국
Port-Mann교	366	1964	캐나다
Laviolette교	335	1967	캐나다
大三島교	297	1979	일본
백야대교(Nielsen Arch)	183	2005	한국(여수)
방화대교, 단항대교	180, 180	2000, 2003	한국(서울, 창선도와 늑도 사이)
부산대교	160	1979	한국
한강대교	63	1981	한국

부록 표 7-5 강거더교(Steel girder bridge) 및 PSC 거더교

교 량 명	중 앙 지 간(m)	준 공 년 도	국 명
Rio-Niteroi교(강거더)	300	1973	브라질
Neckar Tal교	263	1978	서독
Save Ⅰ-Ⅱ교	261	1956, 1977	유고슬라비아
Köln-Zoo교	259	1966	서독
Auckland Harbour교	244	1969	뉴질랜드
浜名교	240	1976	일본
彦島교	236	1975	일본
Koblenz Süd교	235	1961	서독
Foyle교	234	1983	영국
Konrad Adenauer교	230	1972	서독
San Mateo Mayward교	229	1967	미국
Stolmasundet(PS 콘크리트 거더)교	301	1998	노르웨이

부록 표 7-6 국내 장대교량(종합)

교 량 명	중 앙 지 간(m)	준 공 년 도	구조형식
광안대교	500	2002	복층현수교
서해대교	470	2000	강합성 사장교
남해대교	404	1973	현수교
진도대교	345	1984	사장교
영종대교	300	2000	복층현수교
돌산대교	280	1984	사장교
백야대교	183	2005	니일센 아치교
방화대교	180	2000	강아치 트러스교
부산대교	160	1979	강아치교
올림픽대교	150	1989	사장교
강동대교	125	1991	PSC 박스거더교
성수 및 성산대교	120	1979, 1980	게르버 트러스교

부록 〔Ⅷ〕 SI 단위와 단위환산표

• 길이의 환산

1 inch = 1in = 2.54 cm

1 foot = 1 ft = 12 in = 30.48 cm

• 질량의 환산

1 pound = 1 lb = 453.6 g

• 힘의 환산

1 Newton = 1N = 질량 1kg의 물체에 작용하여 $1\,m/sec^2$의 가속도를 내게 하는 힘

$$=1\,(kg)\times 1(m/sec^2)=1\,\frac{kg\cdot m}{sec^2}$$

1 kgf = 1 kg의 무게 또는 힘 $=1(kg)\times 9.8(m/sec^2)$

$$=9.8\frac{kg\cdot m}{sec^2}=9.8\,N \qquad \therefore\ 1N=\frac{1}{9.8}\,kgf=0.102\,kgf$$

1 lbf = 1파운드의 무게 또는 힘 $=1\,lb\times 32.2(ft/sec^2)=32.2\ \frac{lb\cdot ft}{sec^2}$

$$=32.2\times\frac{0.4536\,kg\times 0.3048\,m}{sec^2}=4.45\frac{kg\cdot m}{sec^2}=4.45\,N$$

$$\therefore\ 1N=\frac{1}{4.45}\,lbf=0.2247\,lbf$$

부록 표 8-1 각 단위계별 단위 기호표

양 / 단위	길 이	질 량	시 간	힘	응 력	압 력
SI 계	m	kg	s	N	N/m^2 또는 Pa	Pa(Pascal)
CGS 계	cm	g	s	dyn	dyn/cm^2	dyn/cm^2
MKS 계	m	kg	s	kgf	kgf/cm^2	kgf/cm^2
미국관용단위계	ft	lb	s	lb	psi(lb/in^2)	psi(lb/in^2)

부록 표 8-2 국제단위계의 단위용 접두어

단위에 곱하는 배수	접두어의 명칭	기 호	단위에 곱하는 배수	접두어의 명칭	기 호
10^{12}	테라(tera)	T	10^{-1}	데시(deci)	d
10^{9}	기가(giga)	G	10^{-2}	센티(centi)	c
10^{6}	메가(mega)	M	10^{-3}	밀리(milli)	m
10^{3}	킬로(kilo)	k	10^{-6}	마이크로(micro)	μ
10^{2}	헥토(hecto)	h	10^{-9}	나노(nano)	n
10	데카(deca)	da	10^{-12}	피코(pico)	p

부록 표 8-3 힘의 단위

N	gf	kgf	tonf	ounce	lb
1.0	101.97	0.10197	0.000102	3.59689	0.22481
0.009807	1.0	0.001	0.0000001	0.03527	0.00220
9.80665	10^3	1.0	0.001	35.273	2.2046
9806.65	10^6	10^3	1.0	35273.4	2204.59
0.278018	28.43592	0.02835	0.000028	1.0	0.0625
4.44822	453.59	0.45360	0.00045	16.0	1.0

부록 표 8-4 모멘트의 단위

N · m	kgf · cm	kgf · m	tf · m	lb · in	lb · ft
1.0	10.1972	0.10197	0.0001020	8.850627	0.737552
0.098067	1.0	0.01	0.00001	0.86795	0.072329
9.80665	100.0	1.0	0.001	86.795	7.2329
9806.65	10^5	10^3	1.0	86795	7232.9
0.112987	1.15214	0.011521	0.0000115	1.0	0.08333
1.35584	13.8257	0.13826	0.000138	12.0	1.0

부록 표 8-5 단위길이당 힘

N/m	kgf/m	tf/m	lb/in	lb/ft	lb/yd
1.0	0.10197	0.000102	0.0057101	0.068522	0.205565
9.80665	1.0	0.001	0.0560	0.67195	2.0159
9806.65	10^3	1.0	55.996	671.95	2015.9
175.127	17.858	0.01786	1.0	12.0	36.0
14.5943	1.4882	0.001488	0.08333	1.0	3.0
4.86469	0.49606	0.000496	0.02778	0.3333	1.0

부록 표 8-6 단위면적당 힘(응력)

MPa(N/mm^2)	N/m^2(pa)	kgf/cm^2	tf/m^2	lb/in^2(psi)	lb/ft^2
1.0	1,000,000	10.197	101.97	145.05	20,885
0.000001	1.0	0.0000102	0.000102	0.00014	0.020885
0.09807	98066.5	1.0	10.0	14.223	2048.1
0.00981	9806.65	0.1	1.0	1.4223	204.81
0.00689	6894.86	0.70308	0.70308	1.0	144.0
0.000048	47.8803	0.000488	0.00488	0.006944	1.0

참 고 문 헌

1. Wang, C. T., Applied Elasticity, Mc-Grawhill Book Co., 1952.
2. Bleick, F., Buckling Strength to Metal Structures, Mc-Grawhill Book Co., 1952.
3. Norris, C. H., Wilbur, J.B., and Utku, S., Elementary Structural Analysis, 3r d Ed, Mc-Grawhill Book Co., 1976.
4. American Institute of Steel Construction, Manual of Steel Construction, 1973.
5. American Association of State highway Officials, Standard Specifications for highway Bridge, 1973.
6. Robert W. Abbett, American Engineering Practice, Volume, Ⅰ·Ⅱ·Ⅲ, John wiley & Son, 1957.
7. Frederick S. Merritt, Structural Steel Designer's handbook, Mc-Grawhill Book Co., 1972.
8. Manabu ItD 外, Cable-stayed Bridges, Recent Developments and their Future, Elsever, Tokyo Japan, 1991.
9. Gaylord, Design of Steel Structures, 2nd Ed, Kogakusha, 1970.
10. 小西一郎, 鋼橋·基礎編. 設計編, 丸善株式會社, 1975.
11. 小松定夫. 橋善雄共譯, 鋼橋の 理論と 計算, 山海堂 1965.
12. 日本土木學會編, 土木工學ハンドブック, 上卷, 中卷, 下卷, 技報堂, 1974.
13. 福田武雄. 安宅勝. 友永和夫, 橋梁設計例, オーム, 社, 1970.
14. 古川一郎, 橋梁工學, 森北出版株式會社, 1975.
15. 樋浦大三, 橋梁工學, コロナ社, 1970.
16. 安宅勝. 古川一郎. 小西保則, 橋梁力學, 森北出版株式會社, 1975.
17. 高島春生, 道路橋の 横分配實用計算法·前編, 後編, 現代社, 1966.
18. 菊池洋一, 近藤明雅, 大學課程, 橋梁工學(5版) 및 橋梁設計例(6版)オーム社, 1993.
19. 成瀨勝武, 鈴木俊男, 橋梁工學(鋼橋編), 森北出版(株), 1990.
20. 橋善雄, 中井博, 橋梁工學, 共立出版(株), 1991.
21. 건설교통부제정, 콘크리트 표준시방서 해설, 한국콘크리트학회편, 기문당, 2004. 2
22. 건설교통부제정, 콘크리트구조설계기준·해설, 한국콘크리트학회편, 기문당, 2004. 2
23. 한국철도시설공단, 철도설계기준(철도교 편), 한국철도시설공단, 2004. 12
24. 건설교통부제정, 도로교설계기준, 한국도로교통협회, 2005. 2
25. 건설교통부제정, 도로의 구조·시설기준에 관한 규칙, 해설 및 지침, 기문당, 2000. 4

강구조공학

김생빈

서울대학교 공과대학 토목공학과 졸업
일본동경공업대학 토목공학과 객원교수
건국대학교 대학원 토목공학과 공학박사
한국콘크리트학회 회장, 대한토목학회 부회장 역임
동국대학교 토목환경공학과 교수 및 부총장 역임
동국대학교 명예교수

유우수

동아대학교 공과대학 건설공학부 교수 역임
기술사사무소 건설문제연구소 대표
토목구조기술사
동아대학교 건설공학부 명예교수

김기대

영남대학교 토목공학과 졸업
영남대학교 대학원 토목공학과 공학석사
인하대학교 대학원 토목공학과 공학박사
일본 교토대 교량연구실 연구교수
대구대학교 공과대학 토목공학과 교수

2012년 8월 25일 개정판 인쇄
2012년 8월 30일 개정판 발행

저 자	김생빈 · 유우수 · 김기대
발 행 인	강 해 작
발 행 처	기 문 당
주 소	서울시 성동구 무학봉 28길 4-1 (왕십리동 966-22)
전 화	02) 2295-6171(代)~5
팩 스	02) 2296-8188
출판등록	1976. 10. 7 (1-44)
홈페이지	http : // 기문당 http : // www.kimoondang.com
I S B N	978-89-6225-434-1 93530
정 가	25,000원